AF331522

DICTIONNAIRE

DES

SCIENCES NATURELLES.

TOME XLIX.

SERR — SOUG.

DICTIONNAIRE

DES

SCIENCES NATURELLES,

DANS LEQUEL

ON TRAITE MÉTHODIQUEMENT DES DIFFÉRENS ÊTRES DE LA NATURE, CONSIDÉRÉS SOIT EN EUX-MÊMES, D'APRÈS L'ÉTAT ACTUEL DE NOS CONNOISSANCES, SOIT RELATIVEMENT A L'UTILITÉ QU'EN PEUVENT RETIRER LA MÉDECINE, L'AGRICULTURE, LE COMMERCE ET LES ARTS.

SUIVI D'UNE BIOGRAPHIE DES PLUS CÉLÈBRES NATURALISTES.

Ouvrage destiné aux médecins, aux agriculteurs, aux commerçans, aux artistes, aux manufacturiers, et à tous ceux qui ont intérêt à connoître les productions de la nature, leurs caractères génériques et spécifiques, leur lieu natal, leurs propriétés et leurs usages.

PAR

Plusieurs Professeurs du Jardin du Roi, et des principales Écoles de Paris.

TOME QUARANTE-NEUVIÈME.

F. G. LEVRAULT, Éditeur, à STRASBOURG, et rue de la Harpe, N.º 81, à PARIS.

LE NORMANT, rue de Seine, N.º 8, à PARIS.

1827.

Liste des Auteurs par ordre de Matières.

Physique générale.

M. LACROIX, membre de l'Académie des Sciences et professeur au Collége de France. (L.)

Chimie.

M. CHEVREUL, membre de l'Académie des sciences, professeur au Collége royal de Charlemagne. (Chev.)

Minéralogie et Géologie.

M. BRONGNIART, membre de l'Académie des Sciences, professeur à la Faculté des Sciences. (B.)

M. BROCHANT DE VILLIERS, membre de l'Académie des Sciences. (B. de V.)

M. DEFRANCE, membre de plusieurs Sociétés savantes. (D. F.)

Botanique.

M. DESFONTAINES, membre de l'Académie des Sciences. (Desf.)

M. DE JUSSIEU, membre de l'Académie des Sciences, professeur au Jardin du Roi. (J.)

M. MIRBEL, membre de l'Académie des Sciences, professeur à la Faculté des Sciences. (B. M.)

M. HENRI CASSINI, associé libre de l'Académie des sciences, membre étranger de la Société Linnéenne de Londres. (H. Cass.)

M. LEMAN, membre de la Société philomatique de Paris. (Lem.)

M. LOISELEUR DESLONGCHAMPS, Docteur en médecine, membre de plusieurs Sociétés savantes. (L. D.)

M. MASSEY. (Mass.)

M. POIRET, membre de plusieurs Sociétés savantes et littéraires, continuateur de l'Encyclopédie botanique. (Poir.)

M. DE TUSSAC, membre de plusieurs Sociétés savantes, auteur de la Flore des Antilles. (De T.)

Zoologie générale, Anatomie et Physiologie.

M. G. CUVIER, membre et secrétaire perpétuel de l'Académie des Sciences, prof. au Jardin du Roi, etc. (G. C. ou CV. ou C.)

M. FLOURENS. (F.)

Mammifères.

M. GEOFFROY SAINT-HILAIRE, membre de l'Académie des Sciences, prof. au Jardin du Roi. (G.)

Oiseaux.

M. DUMONT DE S.te CROIX, membre de plusieurs Sociétés savantes. (Ch. D.)

Reptiles et Poissons.

M. DE LACÉPÈDE, membre de l'Académie des Sciences, prof. au Jardin du Roi. (L. L.)

M. DUMÉRIL, membre de l'Académie des Sciences, professeur au jardin du Roi et à l'École de médecine. (C. D.)

M. CLOQUET, Docteur en médecine. (H. C.)

Insectes.

M. DUMÉRIL, membre de l'Académie des Sciences, professeur au jardin du Roi et à l'École de médecine. (C. D.)

Crustacés.

M. W. E. LEACH, membre de la Société roy. de Londres, Correspond. du Muséum d'histoire naturelle de France. (W. E. L.)

M. A. G. DESMAREST, membre titulaire de l'Académie royale de médecine, professeur à l'école royale vétérinaire d'Alfort, membre correspondant de l'académie des Sciences, etc.

Mollusques, Vers et Zoophytes.

M. DE BLAINVILLE, membre de l'Académie des Sciences, professeur à la Faculté des Sciences. (De B.)

M. TURPIN, naturaliste, est chargé de l'exécution des dessins et de la direction de la gravure.

MM. DE HUMBOLDT et RAMOND donneront quelques articles sur les objets nouveaux qu'ils ont observés dans leurs voyages, ou sur les sujets dont ils se sont plus particulièrement occupés. M. DE CANDOLLE nous a fait la même promesse.

M. PRÉVOT a donné l'article *Océan*; M. VALENCIENNES plusieurs articles d'Ornithologie ; M. DESPORTES l'article *Pigeon domestique*, et M. LESSON l'article *Pluvier*.

M. F. CUVIER, membre de l'académie des Sciences, est chargé de la direction générale de l'ouvrage, et il coopérera aux articles généraux de zoologie et à l'histoire des mammifères. (F. C.)

DICTIONNAIRE

DES

SCIENCES NATURELLES.

SER

SERRA. (*Bot.*) C'est probablement par une faute typographique que Gmelin inscrit sous ce nom le *Senra* de Cavanilles, ou *Senræa* de Willdenow, genre de Malvacées. (J.)

SERRA. (*Ichthyol.*) Nom donné par Pline à la scie, *pristis antiquorum.* (Voyez Scie.)

C'est aussi le nom nicéen du labre plombé, *labrus livens.* Voyez Labre. (H. C.)

SERRA MARINA. (*Ichthyol.*) Belon a ainsi appelé la Scie. Voyez ce mot. (H. C.)

SERRAGINE. (*Bot.*) La bugle ou consoude moyenne est ainsi nommée dans le pays de Vaud, suivant l'auteur du Dictionnaire économique. (J.)

SERRAN, *Serranus.* (*Ichthyol.*) Sur plusieurs côtes de la Méditerranée on désigne par le mot *serran* un poisson dont M. Cuvier a fait le type d'un genre qui appartient à la famille des acanthopomes de M. Duméril, et qui est reconnoissable aux caractères suivans :

Branchies complètes; opercules garnies de piquans; des dentelures seulement et pas d'échancrure aux préopercules; une seule nageoire du dos continue; lèvres non charnues; catopes thoraciques; mâchoires armées de dents aiguës ou en crochet.

Il est facile de distinguer les Serrans des Dentés, qui n'ont aux opercules ni piquans, ni dentelures : des Bodians et des Lutjans, qui ont des dentelures au préopercule et point de piquans à l'opercule; des Cirrhites, dont les catopes sont

presque abdominaux ; des Diacopes, qui ont le préopercule
fortement échancré ; des Plectropomes, dont le bas du préopercule est épineux ; des Canthères, des Cicles, des Pristi-
pomes, des Scolopsis, des Diagrammes, des Micropteres, des
Grammistes, des Priacanthes, des Polyprions, des Gremilles,
des Stellifères, qui ont les dents en velours ; des Sandres et
des Centropomes, des Perches, des Sciènes, qui ont deux
nageoires dorsales ou une nageoire profondément divisée.
(Voyez ces divers noms de genres et Acanthopomes dans le
Supplément du tom. Ier de ce Dictionnaire.)

Parmi les serrans que Bloch et de Lacépède avoient réunis
aux holocentres d'Artédi, nous parlerons en particulier des
suivans, que l'on peut ranger en trois sections.

§. 1.er *Serrans dont l'opercule porte trois épines.*

Le Mérou : *Serranus gigas* ; = *Holocentrus merou*, Lacép. ;
Perca gigas, Brunnich ; *Holocentrus gigas*, Schn. Corps et
queue comprimés ; mâchoires également avancées ; bouche
grande ; langue lisse ; palais et gosier hérissés de petites dents ;
chacune des mâchoires armée de dents aiguës et placées sur
plusieurs rangs ; quatre dents coniques et plus longues, en
avant de la supérieure ; nageoire dorsale bordée de filamens.

Ce poisson a une teinte générale d'un gris rougeâtre, avec
des taches brunes et nébuleuses. On le pêche dans la Méditerranée, et il parvient à la taille de plus de trois pieds.

C'est encore à cette section des serrans que M. Cuvier rapporte l'*holocentrus virescens* de Bloch, décrit déjà dans ce Dictionnaire (tom. XXI, p. 289), et qui n'est que le serran le
plus commun de la mer Méditerranée, et les *holocentrus ti-
grinus, argentinus, ongus,* du même auteur, également décrits ci-dessus (tom. XXI, p. 288, 296, 299) ; son *epinelephus
marginalis,* qui est l'holocentre bordé de Lacépède (p. 302) ;
les *holocentres rosmare* et *océanique* de Lacépède (p. 304 et
305) ; son *holocentre merra* (p. 302) ; le *salmoïde* (p. 296) ; le
Tauvin (p. 295) ; l'*epinelephus brunneus* de Bloch (p. 302).

§. 2. *Serrans dont l'opercule porte deux épines.*

C'est à cette section que se rapportent les *holocentres lan-
cette, à bandes, rouge, siagonote,* dont nous avons parlé aux

pages 295, 299, 300 et 303, du tom. XXI de ce Dictionnaire. Nous noterons seulement ici que l'*holocentre à bandes* n'est peut-être que le *marin* mal colorié, comme l'a dit M. Cuvier, et que l'*holocentre siagonote* de Delaroche est probablement le même poisson que les *labrus hepatus* et *adriaticus* de Gmelin.

§. 3. *Serrans dont l'opercule n'est armée que d'une épine.*

C'est à cette section qu'appartiennent les *holocentres africain* et *à points bleus*, décrits à la pag. 301 du tom. XXI de ce Dictionnaire, et les *holocentrus striatus* et *punctatus* de Bloch, ainsi que la *perca lunulata* de Parkins.

Le Barbier: *Serranus anthias*, Cuvier; *Anthias sacer*, Bloch; *Labrus anthias*, Linnæus; *Lutjanus anthias*, Lacép.; *Sparus anthias*, Shaw; *Labre barbier*, Bonnaterre. Second ou troisième rayon de la nageoire dorsale très-long; tête courte et toute couverte de petites écailles; mâchoire inférieure plus avancée que la supérieure; langue lisse; ligne latérale interrompue; nageoire caudale à deux lobes, l'inférieur plus long que le supérieur.

Ce poisson, qui ne parvient qu'à la taille de sept à huit pouces, vit dans la Méditerranée, où il se nourrit de petits crustacés et de jeunes animaux de sa classe. Des nuances de rouge les plus variées et rivalisant d'éclat avec les teintes des plus belles fleurs de nos parterres, brillent sur tout son corps, où l'on voit un assemblage de rubis et de grenats marié à la couleur tendre de la rose, qui se fond dans des reflets argentés, tandis que le feu de la topaze orientale resplendit sur ses grandes nageoires.

Son histoire est fort embrouillée. Rondelet, Bloch et Fr. Delaroche paroissent seuls, jusqu'à ces derniers temps, avoir eu occasion de l'observer.

Rondelet, le premier ichthyologiste qui en ait parlé, l'a regardé, sans raisons bien valables, comme l'*anthias* des anciens, en quoi il a été imité par les auteurs qui l'ont suivi dans les 16.ᵉ et 17.ᵉ siècles. Artédi, d'autre part, a fait de ce même *anthias* des anciens son *labrus totus rufescens caudâ bifurcâ*, qui paroît un être imaginaire; et Linnæus l'a rangé dans le même genre Labre, sous la dénomination de *labrus*

anthias, lui rattachant un poisson d'Amérique décrit par Catesby et bien différent de l'*anthias* de Rondelet, qu'il lui
rapporte également. De Lacépède en a fait un lutjan, et,
enfin, M. Shaw l'a considéré comme un spare.

Fr. Delaroche n'a vu qu'un seul individu de cette espèce
de poisson. Il avoit été pris, à l'aide de palangres, aux environs d'Iviça, dans une profondeur de soixante-dix brasses,
et les pêcheurs le rencontroient pour la première fois. Ce
savant distingué ignoroit quelles étoient les mœurs de cet
animal, mais il ne pensoit pas qu'il fût bien rationnel de lui
attribuer, ainsi que l'a fait Bloch, tout ce que les anciens
ont dit de leur anthias, qui, suivant Aristote (*Hist. anim.*,
lib. 9, *cap.* 32), vivoit en troupe, jetoit ses œufs en été,
chassoit les poissons voraces des lieux qu'il fréquentoit, et
étoit, pour cette raison, appelé des pêcheurs grecs ἱερὸς ἰχθὺς,
c'est-à-dire *poisson sacré*. Aristote nous apprend encore qu'on
le nommoit indifféremment aussi ανθιας et Ἀυλωπίας, et
Athénée lui donne l'épithète de κάλλιχθυς, qui semble se rat-
tacher à la beauté de son ensemble.

Quant au titre de *sacré* qu'il portoit, il le partageoit, remarque le même Athénée, avec plusieurs autres animaux de
sa classe, sans même, dit Plutarque, qu'il fût possible de
savoir pourquoi. Ælien le croyoit plus fort que le thon, dont
cependant il n'égaloit pas le volume ; Ératosthène le confondoit avec le κρυσόφρυς, qui est la *dorade* des modernes (voyez
Coryphène et Daurade) ; d'autres ne savoient point le distinguer de l'ελλοψ. Dans son histoire, tout porte donc l'empreinte de l'obscurité du côté des auteurs grecs ; obscurité
que n'ont dissipée ni Pline, ni Ovide, chez les Latins.

Quoi qu'il en soit encore, rare et difficile à prendre, l'anthias n'étoit commun que sur les côtes de la Pamphylie, contrée d'Asie, vers le 47.ᵉ degré de latitude bor. et le 49.ᵉ de
longitude. Là, il étoit l'objet d'une pêche particulière, que
Pline a décrite avec des circonstances qui dénotent la facilité
avec laquelle les récits fabuleux des pêcheurs trouvoient
crédit auprès de lui. (H. C.)

SERRARIA. (*Bot.*) A ce nom d'un genre de Protéacées,
donné par Burmann, MM. Salisbury et R. Brown ont substitué celui de *serruria*. (J.)

SERRASALME, *Serrasalmus*. (*Ichthyol.*) De Lacépède a donné ce nom à un genre de poissons holobranches abdominaux, qui appartient à la famille des dermoptères de M. Duméril, et à celle des salmones de M. Cuvier.

On le reconnoît aux caractères suivans :

Branchies complètes ; catopes abdominaux ; opercules lisses ; deux nageoires dorsales, dont une adipeuse ; ventre caréné et dentelé en scie ; corps élevé ; dents triangulaires, tranchantes , dentelées et disposées sur une rangée aux intermaxillaires et à la mâchoire inférieure seulement ; maxillaire sans dents , traversant obliquement sur la commissure.

Il est facile de distinguer les Serrasalmes des Raiis, qui ont les dents prismatiques ; des Piabuques, qui ont le corps alongé : des Tétragonoptères, des Hydrocins, des Curimates, des Anostomes, des Citharines, des Aulopes, des Truites, des Osmères, des Saures, des Corégones et des Argentines, enfin, qui ont le ventre arrondi. (Voyez ces divers noms de genres et Dermoptères.)

On ne connoît encore qu'un Serrasalme.

Le Piraya de Marcgrave : *Serrasalmus rhombeus*, Lacép. ; *Salmo rhombeus*, Linnæus. Nageoire caudale bordée de noir et en croissant ; dos très-élevé au-dessus de la première dorsale ; ouverture de la bouche grande ; écailles molles et petites ; un appendice auprès de chaque catope ; un piquant à trois pointes au-devant de la première nageoire dorsale.

Ce poisson parvient à une grosseur considérable. Il vit dans les rivières de l'Amérique méridionale et surtout de Surinam. Il est si vorace qu'il poursuit les canards et même les hommes qui se baignent, et leur emporte la peau.

Sa chair est blanche , grasse et délicate.

Sa teinte générale , d'un rougeâtre plus ou moins clair, est relevée par des points noirs. Ses flancs sont argentés et ses nageoires grises. (H. C.)

SERRATULE, *Serratula*. (*Bot.*) Genre de plantes de la famille des *composées*, de la division des *flosculeuses*, appartenant à la *syngénésie polygamie égale* de Linnæus, dont le caractère essentiel consiste dans un réceptacle velu ou garni de paillettes ; l'aigrette des semences plumeuse ou dentée ; le calice cylindrique , imbriqué , sans épines.

En me chargeant de la rédaction de ce genre, M. Cassini ne m'a point communiqué les réformes qu'il devoit y faire : plusieurs, à la vérité, ont déjà été mentionnées dans les articles Liatris et quelques autres genres voisins; mais j'ignore également et le caractère qu'il doit donner à ce genre, et les espèces qu'il doit y conserver. Quand ce savant auteur aura publié la totalité de son travail, le lecteur pourra reporter au genre convenable les espèces que je vais faire connoître ici, me bornant à celles qui sont le plus connues, et me renfermant, d'ailleurs, dans le caractère essentiel, tel qu'il se trouve dans Willdenow. On sait que, depuis Linné, ce genre a éprouvé beaucoup d'autres réformes, sur lesquelles les auteurs ne sont pas plus d'accord que sur les noms génériques qu'ils y ont appliqués.

Serratule des teinturiers : *Serratula tinctoria*, Linn., *Sp.; Fl. Dan.*, tab. 281; Dod., *Pempt.*, 42, fig. 5; *Carduus tinctorius*, Scop., *Carn.*, 1012; Lob., *Ic.*, 534, fig. 1; vulgairement Sarrète. Belle espèce, d'un port agréable, dont les tiges sont droites, hautes au moins de deux pieds, glabres, fermes, un peu striées, munies, vers le sommet, de quelques rameaux paniculés. Les feuilles sont pétiolées, assez grandes, ovales, oblongues, lancéolées, glabres à leurs deux faces, la plupart pinnatifides ou ailées, terminées par un grand lobe étroit, lancéolé; les supérieures beaucoup plus étroites, presque sessiles, ordinairement incisées, dentées en scie vers le sommet. Ces feuilles présentent un très grand nombre de variétés. Les fleurs sont solitaires, terminales, et forment par leur ensemble une panicule lâche. Leur calice est cylindrique, imbriqué d'écailles vertes ou purpurines, ovales, oblongues, aiguës, pubescentes et blanchâtres à leurs bords; la corolle purpurine, quelquefois blanchâtre; les semences sont oblongues; les aigrettes sessiles, roussâtres; les paillettes du réceptacle scarieuses, linéaires. Cette plante croît dans les bois, sur les hauteurs, aux environs de Paris, à Belle-James, Marcoussi. Elle fournit une assez belle couleur jaune, qu'on applique sur les étoffes par le moyen de l'alun. Elle est recommandée comme vulnéraire et détersive, propre à prévenir les suites funestes des chutes : elle est peu recherchée par les troupeaux.

Serratule couronnée : *Serratula coronata*, Linn., *Spec.;*

Bocc., *Mus.*, 2 , tab. 57. Cette espèce, un peu rapprochée de la précédente, est remarquable par ses dimensions toutes au moins trois fois plus grandes. Sa tige est haute d'environ trois pieds, cannelée, roide, rameuse; les feuilles radicales sont très-amples, longues au moins d'un pied et demi, presque en lyre ou profondément pinnatifides à leur partie inférieure , terminées par un très-grand lobe divisé en trois autres, dont celui du milieu large, ovale, aigu; toutes les découpures incisées ou crénelées, glabres, un peu mucronées; les feuilles caulinaires, surtout les supérieures, beaucoup plus petites, presque sessiles, pinnatifides, à dentelures un peu épineuses. Les fleurs sont disposées en un corymbe terminal: elles sont fort grosses, de couleur purpurine ou violette; les écailles calicinales brunes ou d'un vert foncé , aiguës , un peu scarieuses à leur contour; les fleurons de la circonférence, plus longs que les autres, sont femelles et fertiles : ceux du disque hermaphrodites. Cette plante croit en Italie et dans la Sibérie.

Serratule a cinq feuilles; *Serratula quinquefolia*, Willd., *Spec.* Cette plante a des tiges droites, glabres, anguleuses, fortement striées, hautes de trois ou quatre pieds, rameuses. Les feuilles sont alternes, pétiolées, ailées, avec une impaire, glabres , d'un vert foncé, légèrement dentées en scie; les inférieures à cinq folioles un peu courantes sur le pédoncule; lancéolées, aiguës; la supérieure beaucoup plus grande. Les feuilles caulinaires supérieures à trois folioles très-inégales: les terminales entières. Les fleurs sont terminales, solitaires, lâchement paniculées; les calices très-serrés, très-glabres; les écailles intérieures colorées, alongées, en paillettes; la corolle purpurine, composée de fleurons tous hermaphrodites. Cette plante croit dans les provinces méridionales de la Perse. On la cultive au Jardin du Roi.

Serratule a tige basse : *Serratula humilis*, Desf., Fl. atlant., 2 , tab. 220; Bocc., *Mus.*, tab. 109; *Serratula mollis*, Cavan., *Ic. rar.*, 1 , tab. 90. fig. 1 ; *Serratula subacaulis*, Poir., Encycl. J'ai acquis la preuve, d'après les échantillons des trois plantes ci-dessus nommées, qu'elles appartenoient à la même espèce. La racine est dure, épaisse, tortueuse : la tige très-courte, rarement feuillée. Les feuilles radicales sont pinnatifides, glabres en dessus, blanchâtres et tomenteuses en dessous,

larges d'environ un pouce, longues de six ou sept ; les pinnules distantes, lancéolées, presque linéaires, obtuses ou un
peu aiguës, entières ou un peu dentées à leur base ; les pétioles un peu ailés. Les fleurs sont solitaires, terminales,
assez grosses : elles ont le calice court, cylindrique ; les folioles
linéaires, subulées, presque égales, placées sur trois ou quatre
rangs, lâches au sommet : les corolles couleur de rose, toutes
flosculeuses, hermaphrodites ; leur limbe à quatre découpures étroites, linéaires. Les semences sont glabres, oblongues, striées, surmontées d'une longue aigrette sessile, blanchâtre, un peu plumeuse ; le réceptacle est garni de paillettes
acuminées, déchirées à leur sommet. Cette plante croît dans
les lieux secs et pierreux des montagnes, en Espagne, dans
les Cévennes, les Pyrénées. M. Desfontaines l'a observée dans
les montagnes de l'Atlas, aux environs de Tlemsen.

SERRATULE A FEUILLES SIMPLES : *Serratula simplex*, Poir., Encycl.; *Carduus mollis*, Linn., *Amœn.*, 4, pag. 328; Jacq.,
Vind. 276, et *Fl. Aust.*, tab. 18 ; Clus., *Hist.*, 2, pag. 151,
fig. 1. Cette plante a des tiges très-simples, peu élevées, tomenteuses, presque nues, ou munies de deux ou trois feuilles
très-courtes, linéaires ; les feuilles radicales sont oblongues,
linéaires, à peine pinnatifides, plus ordinairement laciniées,
vertes en dessus, tomenteuses en dessous, roulées à leurs
bords. Les fleurs sont solitaires à l'extrémité des tiges, qui
leur servent de pédoncule ; leur calice est composé d'écailles
non épineuses, ovales, lancéolées, scarieuses ; la corolle ne
renferme que des fleurons tous hermaphrodites ; les semences
sont couronnées d'une aigrette sessile ; les poils un peu plumeux ou chargés d'aspérités. Cette plante croît en Autriche,
en Allemagne.

SERRATULE MUCRONÉE ; *Serratula mucronata*, Desf., Fl. atlant.,
tab. 219. Plante glabre sur toutes ses parties. Ses tiges sont
droites, grêles, profondément striées, hautes d'environ un
pied et demi, nues à leur partie supérieure, simples ou divisées en deux ou trois rameaux très-inégaux. Les feuilles sont
alternes, très-entières, ou légèrement denticulées, longues
d'environ six pouces sur un ou deux de large, très-glabres ;
les feuilles inférieures ovales, lancéolées, rétrécies en pétiole et un peu courantes ; les supérieures sessiles, plus étroites,

acuminées. Les fleurs sont terminales, solitaires ; leur calice est ovale, avec ses écailles fortement imbriquées, lancéolées, mucronées, terminées par une pointe roide, scarieuse, un peu réfléchie ; les corolles d'un violet mêlé de rose, toutes hermaphrodites, ayant leur limbe à cinq découpures linéaires ; l'aigrette des semences est sessile ; le réceptacle garni de poils au lieu de paillettes. Cette plante a été découverte par M. Desfontaines dans les environs de Mascar, au royaume d'Alger, et sur le mont Atlas.

SERRATULE AILÉE : *Serratula alata*, Poir., Encycl. ; Desf., *Catal. hort. Paris.* Belle espèce à tiges droites, anguleuses, striées, rameuses, hautes de deux pieds. Les feuilles inférieures sont fort amples, pétiolées, pinnatifides à leur base, courantes en partie sur le pétiole, plus ou moins sinuées à leurs bords, très-blanches et cotonneuses en dessous, glabres en dessus ; les supérieures et celles des rameaux beaucoup plus petites, sessiles, sinuées irrégulièrement, ovales, lancéolées, courantes sur les tiges. Les fleurs sont grosses, d'une belle couleur purpurine ou rougeâtre, solitaires sur de très-longs pédoncules presque nus, nombreux, très-simples, ou rarement à deux ou trois rameaux, formant une ample et belle panicule ; les écailles calicinales imbriquées, terminées par une pointe un peu épineuse, recourbée aux écailles extérieures. Le lieu natal de cette plante n'est pas connu ; elle a été admise dans nos jardins comme plante d'ornement.

SERRATULE A FEUILLES DE CENTAURÉE : *Serratula centauroides*, Linn. ; Gmel., *Sibir.*, 2, tab. 17. Cette plante a le port de la centaurée musquée, mais elle n'a point de fleurons neutres. Ses tiges sont droites, glabres, cylindriques ; les feuilles alternes, toutes profondément pinnatifides ; les supérieures glabres, sessiles ; les découpures étroites, oblongues, linéaires, un peu incisées et munies de quelques petites dents aiguës. Les fleurs sont solitaires à l'extrémité des rameaux ; leurs calices composés d'écailles imbriquées, très-glabres, sèches, terminées par une pointe un peu épineuse ; les intérieures scarieuses et plus longues ; les corolles purpurines ; les semences surmontées d'une aigrette sessile ; le réceptacle est garni de paillettes sèches, étroites. Cette plante croît dans la Sibérie.

SERRATULE A FEUILLES VARIABLES : *Serratula heterophylla*, Poir.,

Encycl.: Desf., *Catal. Paris.*; Dec., Fl. fr., 4. pag. 86; *Carduus lycopifolius*, Vill., Dauph., 3, tab. 19. Cette plante a une racine oblique et traçante; elle produit une tige droite, simple, striée, presque glabre, nue à sa partie supérieure, garnie inférieurement de feuilles alternes; celles du bas ovales, aiguës, presque glabres, légèrement tomenteuses sur leurs nervures, longues de deux ou trois pouces, à dentelures médiocrement épineuses, rétrécies à leur base et un peu décurrentes sur un très-long pétiole. Les feuilles supérieures sont presque sessiles, plus étroites, plus alongées, découpées, à leur base ou dans toute leur longueur, en lanières profondes, linéaires, comme pinnatifides, aiguës. La tige se termine par une seule fleur droite, fort grosse, de couleur purpurine; les écailles du calice sont élargies, glabres, ovales; les intérieures lancéolées, un peu mucronées; les fleurons tous égaux : les extérieurs pourvus d'un stigmate simple; les intérieurs munis d'un style, un peu bifurqué. Les semences sont surmontées de poils jaunâtres, roides, friables, inégaux. Cette plante croît dans les Alpes et sur les montagnes du Dauphiné.

SERRATULE PINNATIFIDE : *Serratula pinnatifida*, Desf., *Cat. Par.*; *Carduus radiatus*, Waldst. et Kit., *Pl. Hung.*, 1, tab. 11. Cette espèce a des tiges rameuses : ses feuilles sont rudes, sans épines; les inférieures pétiolées; les supérieures sessiles, vertes à leurs deux faces, pectinées, pinnatifides, à découpures linéaires, aiguës, très-entières; la terminale grande, ovale, médiocrement dentée. Les fleurs sont nombreuses : elles ont le calice ovale, composé d'écailles ovales, mucronées : les intérieures pâles, scarieuses, linéaires, aiguës, point épineuses, ouvertes en étoile; les corolles violettes; l'aigrette capillaire. Cette plante croît en Hongrie, sur les collines calcaires.

SERRATULE EN ÉPI : *Serratula spicata*, Andr., *Bot. rep.*, tab. 401 ; Ait., *Hort. Kew.*, 3, pag. 38. Cette belle espèce a des tiges simples, droites, cylindriques, longues de deux pieds, un peu cannelées. Les feuilles sont alternes, sessiles, linéaires, très-simples, acuminées, longues de huit ou dix pouces et plus, larges d'environ huit lignes à leur base, puis rétrécies jusqu'à leur sommet, entières, ciliées à leur partie inférieure : les supérieures plus étroites et plus courtes. Les fleurs sont disposées en un bel épi simple, feuillé, long au moins de dix pouces : ces fleurs sont nombreuses, sessiles, axillaires, longues d'un pouce ; le calice est composé d'écailles fortement imbriquées, glabres, obtuses ; la corolle purpurine. Cette plante croit dans l'Amérique septentrionale.

Serratule a feuilles aiguës : *Serratula acutifolia*, Poir., Encycl. Cette plante a des tiges grêles, dures, cylindriques, divisées en rameaux droits, effilés, pubescens, garnis de feuilles nombreuses, éparses, fort petites, à demi embrassantes, lancéolées, entières, pubescentes, très-aiguës, longues de trois ou quatre lignes, à peine larges de deux. Les fleurs sont presque sessiles, peu nombreuses, axillaires, très-rapprochées ; leur calice est cylindrique, alongé, un peu resserré au sommet, avec les écailles glabres, roussâtres, membraneuses ; les corolles sont jaunes ; les semences surmontées d'une aigrette sessile, pileuse ; le réceptacle est garni de paillettes étroites, coriaces, un peu spatulées. Cette plante a été découverte par Commerson à Monte-Video. (Poir.)

SERRATULE. (*Foss.*) Luid a donné le nom de *serratulum* à un moule intérieur de coquille bivalve ; Luid, *Lith. brit.*, n.° 358. (D. F.)

SERRAUT. (*Ornith.*) Ce nom et celui de *servant* sont des dénominations vulgaires du bruant commun, *emberiza citrinella*, Linn. (Ch. D.)

SERRÉ. (*Bot.*) Cette épithète s'applique aux branches qui touchent presque la tige par leur sommet (peuplier d'Italie), à la panicule dont les ramifications sont dressées et appliquées contre l'axe (*arundo epigeios, hypericum montanum*, etc.) ; à l'ombelle, au corymbe, dont les pédoncules sont rapprochés les uns des autres (*daucus carotta, achillœa millefolium*, etc.) ; aux verticilles, lorsqu'ils ne sont pas sensiblement séparés (*rumex maritimus, mentha sylvestris*, etc.). (Mass.)

SERRE-FINE. (*Ornith.*) Un des noms vulgaires de la mésange charbonnière, *parus major*, Linn., qui se nomme en Provence *serro-fino*. (Ch. D.)

SERRE-MONTAGNARDE. (*Ornith.*) C'est un des noms vulgairement donnés à la grive litorne, *turdus pilaris*, Linn. (Ch. D.)

SERRELLE. (*Foss.*) On a donné le nom de *serella* à une

espèce de dent de poisson fossile qui a les côtés crénelés ou dentés comme une scie. Les glossopètres triangulaires, qu'on trouve dans l'île de Malte, ont ces dentelures. (D. F.)

SERRES. (*Ornith.*) On nomme ainsi les ongles ou les griffes des rapaces. (Cн. **D.**)

SERRETA. (*Bot.*) Nom languedocien de la sarrète ou serratule des teinturiers, *serratula tinctoria*, cité par Gouan. (J.)

SERRETH. (*Bot.*) Nom arabe du genêt, cité par Mentzel. (J.)

SERRETTA. (*Bot.*) Voyez Terrette. (J.)

SERREUR. (*Erpét.*) Voyez Acontias. (H. C.)

SERRICAUDES ou UROPRISTES. (*Entom.*) Nous avons désigné sous ces noms, qui signifient, en latin comme en grec, *scie à la queue*, la famille des insectes hyménoptères, dont l'abdomen est sessile et qui comprend les Mouches à scie (Tenthrèdes) et autres genres voisins (voyez Uropristes), que M. Latreille a désignés dans ces derniers temps sous le nom de porte-scie. (C. **D.**)

SERRICORNES ou PRIOCÈRES. (*Entom.*) Noms que nous avons affectés à une famille d'insectes, de l'ordre des coléoptères pentamérés, dont les élytres durs sont alongés et couvrent le ventre, et dont les antennes en masse sont dentelées ou feuilletées d'un seul côté; tels sont les lucanes ou cerfs-volans, figurés dans l'atlas de ce Dictionnaire, pl. 5, n.° 1 — 5. Consultez pour plus de détails l'article Priocères. (C. **D.**)

SERRIROSTRES. (*Ornith.*) On appelle ainsi les oiseaux dont le bec est dentelé, comme le harle, le canard, le flammant. (Cн. **D.**)

SERRO. (*Ichthyol.*) A Nice, selon M. Risso, on donne ce nom à la scie vulgaire. Voyez Scie. (H. C.)

SERROPALPE, *Serropalpus.* (*Entom.*) Nom d'un genre d'insectes coléoptères hétéromérés, que nous avons rangé dans la famille des sylvicoles ou ornéphiles. Il est caractérisé par la forme du corselet, qui est à la base presque aussi large que long; dont les palpes maxillaires sont en scie et terminés par un article en forme de hache ou sécuriforme, et dont les antennes sont en fil.

Fabricius, en adoptant ce genre, lui a donné le nom de

melandrya, dont nous ignorons l'étymologie, tandis que celle de serropalpe est évidemm.ent empruntée du latin *serra*, et de *palpus*, palpe en scie.

Nous avons fait figurer une espèce de ce genre dans l'atlas de ce Dictionnaire, pl. 12, n.° 2.

Ce nom est encore un malheureux exemple de l'arbitraire qui a régné dans la science sous le rapport de la nomenclature. Employé primitivement par Hellenius, Fabricius rapporta d'abord quelques espèces au genre Lymexylon ; d'autres à celui des Hélops, et deux autres espèces au genre Notoxe. Olivier, Panzer, proposèrent d'autres changemens. Kugelann en fit quatre genres, dont deux nouveaux sous les noms de Brontes et de Mystax. Paykull, dans la Faune suédoise, a formé de quelques espèces les genres *Xylita*, *Hypalus*, *Hallomenus* ; enfin, pour terminer toute cette synonymie, Fabricius, dans son dernier ouvrage sur les éleuthérates, publié en 1801, a rangé les espèces dans deux genres, qu'il a fort éloignés ; les Serropalpes, qu'il a placés entre les cychres de la famille des créophages, et les Hélops, qui sont hétéromérés, et qui appartiennent en effet à la famille des ornéphiles, tandis que sous le nom de *Dircea* il a réparti dans un autre volume un grand nombre d'espèces près des lymexylons, de la famille des térédyles.

M. Bosc a décrit et donné le dessin de la principale espèce de ce genre dans les Mémoires d'histoire naturelle, petit in-folio : c'est la même dont nous avons indiqué la figure plus haut. Il ressemble un peu à un taupin ; c'est :

Le Serropalpe caraboïde : *Serropalpus caraboides ; Melandrya serrata* de Fab. ; *Tenebrio rufibarbis*, Schall.

Car. Noir, à élytres d'un bleu foncé.

Nous l'avons trouvé dans des saules cariés, près de la forêt de Bondy. (C. D.)

SERRURIA. (*Bot.*) Genre de plantes dicotylédones, de la famille des *protéacées*, de la *tétrandrie monogynie* de Linnæus, offrant pour caractère essentiel : Des fleurs agrégées, réunies dans un involucre commun ; point de calice propre ; une corolle à quatre divisions presque égales, séparées à leurs onglets ; quatre étamines presque sessiles, placées sur les divisions de la corolle ; un ovaire supérieur ; un style ; un stiginate glabre et vertical ; quatre écailles sur le réceptacle pour chaque fleur. Le fruit est une noix ventrue, médiocrement pédicellée ; le réceptacle commun couvert de paillettes imbriquées, persistantes.

Un grand nombre d'espèces placées parmi les *protea*, doivent être rapportées à ce genre, ainsi que beaucoup d'autres décrits par M. R. Brown, auteur de ce genre.

SERRURIA SCARIEUX : *Serruria scariosa*, Rob. Brown, *Trans. linn.*, 10, page 128 ; *Protea sphærocephala*, Thunb., *Prodr.*, 25. Arbrisseau distingué par ses têtes de fleurs globuleuses, argentées, portées sur des pédoncules terminaux, écailleux et velus. Les tiges s'élèvent à la hauteur d'un pied ; elles sont droites, flexueuses, presque simples, garnies à leur partie supérieure de feuilles glabres, nombreuses, longues d'un pouce et plus, deux fois ailées ; les pinnules alternes, filiformes, aiguës, roussâtres, glanduleuses au sommet. Les têtes de fleurs sont de la grosseur d'une noix, souvent agglomérées, supportées par des pédoncules velus, écailleux, à peine de la longueur des têtes ; les écailles de l'involucre imbriquées, larges, ovales, acuminées. roussâtres, velues à leur base ; la corolle est couverte de longs poils argentés et couchés. Cette plante croît au cap de Bonne-Espérance.

SERRURIA A BOUQUETS : *Serruria florida*, Rob. Brown, *loc. cit.*; *Protea florida*, Thunb., *Diss. bot. de Prot.*, tab. 1, fig. 1. Belle espèce, remarquable par ses larges et grandes bractées purpurines. Ses tiges sont droites, hautes d'un à deux pieds, presque simples. Les feuilles sont éparses, filiformes ; les inférieures pinnatifides ; les supérieures trifides, droites, longues de quatre ou cinq pouces, très-glabres ; les pinnules opposées. Les fleurs forment de petites têtes terminales, supportées par des pédoncules alternes, longs d'un à cinq pouces, garnies dans toute leur longueur de bractées éparses. lancéolées, longues d'un pouce et plus, de couleur purpurine. Les écailles de l'involucre sont glabres. membraneuses, lancéolées, ciliées à leur contour par des poils longs et jaunâtres. Les corolles sont glabres, plus courtes que les bractées. Cette plante croît sur les montagnes au cap de Bonne-Espérance.

SERRURIA COUCHÉ : *Serruria decumbens*, Rob. Brown, *loc. cit.*; *Protea decumbens*, Thunb., *Diss. bot. de Prot.*, 14. Petit

arbrisseau remarquable par ses tiges grêles, rampantes, d'un
rouge sanguin, longues d'environ un pied; les rameaux couchés, toutes les feuilles sont redressées, comme unilatérales,
glabres, alternes, longues de quatre ou cinq pouces, à trois
divisions filiformes, qui se subdivisent en deux ou trois
autres opposées, aiguës. Les fleurs forment de petites têtes,
de la grosseur d'un pois, munies d'écailles glabres, imbriquées, ovales, aiguës, de moitié plus courtes que la corolle;
celle-ci est tubulée à sa partie inférieure, un peu arquée,
couverte extérieurement de poils fins, soyeux et roussâtres.
Cette plante croît dans les plaines sablonneuses et arides du
cap de Bonne-Espérance.

Serruria de Burman: *Serruria Burmanni*, Rob. Brown, *loc.
cit.*; *Protea serruria*, Thunb., *Diss. bot. de Prot.*, 17; *Leuca-
dendron serruria*, Linn., *Spec.*; Pluken., *Mant.*, tab. 329,
fig. 1; Burm., *Afr.*, tab. 99, fig. 1. Cette espèce a des tiges
droites, glabres, hautes de deux ou trois pieds; les rameaux
alternes, un peu flexueux, pubescens. Les feuilles sont très-
nombreuses, remarquables par le nombre et la finesse de
leurs divisions; les dernières bifurquées ou ternées, hérissées de quelques poils rares, très-fins. Les fleurs sont petites,
réunies en têtes serrées, pédonculées, presque en corymbe à
l'extrémité des rameaux; les pédoncules filiformes, pubescens, plus longs que les fleurs; les écailles de l'involucre très-
courtes, velues, lancéolées; les corolles pubescentes. Cette
plante croît dans les plaines sablonneuses au cap de Bonne-
Espérance.

Serruria triterné: *Serruria triternata*, Rob. Brown, *loc.
cit.*; *Protea triternata*, Thunb., *Diss. bot. de Prot.*, 18; *Protea
argentiflora*, Andr., *Bot. rep.*, tab. 447. Sa tige est haute
d'environ deux pieds, un peu anguleuse, flexueuse à sa partie
supérieure, garnie de feuilles très-nombreuses, situées vers
l'extrémité des rameaux, droites, glabres, filiformes; les
premières divisions opposées; les secondes alternes, aiguës,
glanduleuses au sommet. Les fleurs sont réunies en petites
têtes terminales, de la grosseur d'un pois; les pédoncules
alternes, tomenteux, flexueux, inclinés, longs d'un pouce,
munis à leur base d'une bractée glabre et subulée. Les écailles
de l'involucre, ainsi que les paillettes du réceptacle, sont

lancéolées, velues; la corolle est revêtue extérieurement d'un duvet lanugineux et argenté. Cette plante croît au cap de Bonne-Espérance.

Serruria glabre; *Serruria glaberrima*, Rob. Brown, *loc. cit.* Arbrisseau couché, parfaitement glabre sur toutes ses parties. Sa tige se divise en rameaux filiformes, un peu flexueux. Les feuilles sont alternes, distantes, un peu plus grêles que les rameaux, entières ou trifides, longues de deux ou trois pouces. Les fleurs sont réunies en têtes axillaires, pédonculées, droites, composées d'environ huit fleurs. Les écailles de l'involucre sont arrondies, concaves, scarieuses, mucronées; la corolle est droite, un peu velue sur ses onglets. Cette plante croît au cap de Bonne-Espérance.

Serruria élevé; *Serruria elevata*, Rob. Brown, *loc. cit.* Arbrisseau dont la tige est droite, haute de six pieds, divisée en rameaux tomenteux et cendrés. Les feuilles sont nombreuses, filiformes, vertes, un peu pileuses, deux fois ailées; les inférieures glabres, longues d'un pouce et demi, terminées par des callosités. Les pédoncules sont axillaires, longs de trois pouces, cendrés, tomenteux, munis de bractées alternes, lancéolées, étalées; les têtes de fleurs de la grosseur d'une cerise, contenant environ vingt fleurs. Les écailles de l'involucre sont orbiculaires, cunéiformes, mucronées, soyeuses et tomenteuses; les intérieures presque mutiques; les corolles courbées, un peu barbues; les noix velues, médiocrement mucronées. Cette plante croît au cap de Bonne-Espérance.

Serruria d'Aiton; *Serruria Aitoni*, Rob. Brown, *loc. cit.* Cette plante a des rameaux roides, tomenteux, longs d'un pied. Ses feuilles sont dressées, nombreuses, longues de huit à dix lignes, très-étroites, tomenteuses, presque argentées, profondément trifides; les divisions deux fois pinnatifides; celle du milieu un peu plus longue et plus divisée. Les pédoncules sont longs d'un pouce et plus, tomenteux et cendrés, réunis en corymbe; les bractées lancéolées, subulées; les têtes de fleurs globuleuses, de la grosseur d'une noix, contenant environ vingt fleurs; les écailles de l'involucre presque glabres, cunéiformes, un peu ciliées, mucronées; la corolle longue de sept à huit lignes, plumeuse et barbue sur les onglets ; le stigmate alongé en massue ; les noix chargées de poils noirs et soyeux ; les écailles du réceptacle subulées, persistantes. Cette plante croît au cap de Bonne-Espérance.

Serruria a feuilles simples ; *Serruria simplicifolia*, Rob.
Brown, *loc. cit.* Arbrisseau d'un pied et demi de haut. Sa
tige est presque simple, glabre, légèrement pubescente vers
le sommet, garnie de feuilles longues d'environ un pouce
et demi, entières, canaliculées, quelquefois trifides, velues
dans leur jeunesse ; les radicales sont alongées, plus épaisses ;
les pédoncules solitaires, terminaux, tomenteux et blanchâtres ; les bractées presque glabres, lancéolées, distantes ; la tête
de fleurs est de la grosseur d'une cerise, contenant environ
vingt fleurs ; les écailles de l'involucre sont arrondies, tomenteuses, médiocrement acuminées ; la corolle est couverte de
poils blancs et plumeux. Cette plante croît dans les terrains
sablonneux au cap de Bonne-Espérance.

Serruria ailé : *Serruria pinnata*, Rob. Brown, *loc. cit.;*
Protea pinnata. Andr., *Bot. rep.*, tab. 212 ; *Folia nimis longa.*
Cette plante est entièrement couchée, à tige ligneuse, divisée
dès sa base en rameaux pubescens, longs d'un pied. Les feuilles
sont unilatérales, redressées, presque longues d'un pouce et
demi, un peu pileuses, souvent pinnatifides, à trois ou cinq
découpures ; les pédoncules sont axillaires, terminaux, tomenteux, ascendans ; les bractées presque glabres, ovales,
lancéolées, acuminées ; les têtes de fleurs globuleuses, de la
grosseur d'une noix ; les écailles velues, lancéolées, acuminées ; les onglets de la corolle soyeux ; les lames terminées
par des poils en pinceau ; le stigmate est redressé, presque en
massue, creux et dilaté au sommet. Cette plante croît sur
les montagnes arides au cap de Bonne-Espérance.

Serruria des sables ; *Serruria arenaria*, Rob. Brown, *loc.
cit.* Petit arbrisseau long d'un pied, pubescent, médiocrement rameux, garni de feuilles nombreuses, souvent unilatérales, longues d'un pouce au plus, trifides ou pinnatifides ;
les pédoncules sont courts, solitaires, terminaux ; la tête de
fleurs est plus longue que les pédoncules ; les écailles de l'involucre sont ovales, lancéolées, velues ; le limbe de la corolle
a quatre divisions, dont trois sont plumeuses et barbues, la

quatrième presque glabre ; les onglets sont garnis de quelques poils. Cette plante croît sur les montagnes sablonneuses au cap de Bonne - Espérance.

Serruria de Nivène : *Serruria Niveni*, Rob. Brown , *loc. cit.*; *Protea decumbens*, Andr., *Bot. rep.*, tab. 349. Arbrisseau très-rameux, couché, diffus , long de six pieds. Les rameaux sont glabres, cylindriques et rougeâtres ; les feuilles deux fois ternées ou deux fois pinnatifides. glabres, à peine longues d'un pouce ; les découpures canaliculées, très-aiguës, celles des rameaux presque unilatérales ; les têtes de fleurs sont à peine pédonculées, terminales, solitaires, de la grosseur d'une cerise ; les écailles extérieures de l'involucre très-glabres, à peine acuminées. celles du milieu plus longues ; les autres soyeuses, presque glabres au sommet ; la corolle soyeuse, très-barbue ; le stigmate est cylindrique , à peine plus épais que le style. Cette plante croît sur les rochers des montagnes, au cap de Bonne-Espérance.

Serruria hérissé : *Serruria hirsuta*, Rob. Brown, *loc. cit.*; *Protea phylicoides*, Thunb., *Diss.*, n.° 9. Cette plante s'élève sur une tige ligneuse, à la hauteur de deux ou trois pieds. Ses rameaux sont roides, disposés en ombelle, hérissés de poils étalés, persistans ; les feuilles sont nombreuses, longues d'environ un pouce et demi, médiocrement étalées, hérissées dans leur jeunesse, deux fois ailées ; les découpures étroites, très-aiguës ; les pédoncules terminaux, très-souvent solitaires ; les écailles de l'involucre linéaires-lancéolées, hérissées ; les têtes de fleurs sont de la grosseur d'une noix, plus longues que les feuilles supérieures ; la corolle légèrement arquée, plu-meuse et barbue ; le stigmate cylindrique, en massue. Cette plante croît sur les collines pierreuses au cap de Bonne - Es-pérance.

Serruria a feuilles de fenouil : *Serruria fœniculacea*, Rob. Brown, *loc. cit.* Cette espèce a des tiges droites, hautes de deux pieds ; ses rameaux sont glabres, rougeâtres, disposés en ombelles ; les feuilles médiocrement étalées, deux fois ailées, longues d'un pouce et demi , très-glabres ; les décou-pures sont grêles. filiformes, très-aiguës. Les têtes de fleurs sont presque sessiles, solitaires, terminales, de la grosseur d'une cerise , garnies de bractées imbriquées, presque nulles :

les écailles de l'involucre glabres, ovales, acuminées, un peu ciliées; le stigmate est alongé en forme de massue. Cette plante croît au cap de Bonne-Espérance.

SERRURIA CILIÉ : *Serruria ciliata*, Rob. Brown, *loc. cit.* Ses tiges sont droites, très-rameuses; les rameaux glabres, rougeâtres, les plus jeunes un peu pubescens. Les feuilles sont deux fois ternées ou presque deux fois pinnatifides, glabres, longues d'un pouce; les pédoncules solitaires, quelquefois fasciculés, terminaux; les bractées subulées, glabres, scarieuses, hérissées à leurs bords. Les têtes de fleurs sont turbinées, en ovale renversé, de la grosseur d'une petite cerise; les écailles de l'involucre presque glabres, hérissées de points saillans; la corolle est arquée, soyeuse; le stigmate cylindrique, en massue. Cette plante croît dans les sols sablonneux au cap de Bonne-Espérance.

SERRURIA A FLEURS SERRÉES; *Serruria congesta*, Rob. Brown, *loc. cit.* Dans cette espèce la tige est droite; les rameaux sont épars, nombreux, presque glabres ou légèrement velus; les feuilles droites, longues d'un demi-pouce, presque deux fois ternées, quelquefois pinnatifides; les découpures entières; les têtes de fleurs sessiles, terminales, souvent fasciculées, à peine de la grosseur d'une petite cerise; les bractées subulées, très-velues à leurs bords; les écailles du réceptacle chargées de points nombreux et saillans, velues dans leur jeunesse; la corolle est très-velue; le stigmate cylindrique, en massue. Cette plante croît aux lieux sablonneux au cap de Bonne-Espérance.

SERRURIA A FEUILLES DE BACILE : *Serruria crithmifolia*, Rob. Brown, *loc. cit.* Arbrisseau dont la tige est simple et droite; les feuilles sont longues de trois ou quatre pouces, deux et trois fois pinnatifides; les découpures presque cylindriques, terminées par une callosité obtuse. Le pédoncule est terminal, en forme de hampe, souvent muni à sa base d'une grappe longue de huit à dix pouces, ordinairement plus courte que la hampe, munie de huit à dix fleurs. Les bractées sont peu nombreuses; les pédicelles glabres, dilatés à leur base avec une attache en forme d'écusson; les têtes de fleurs sont globuleuses, de la grosseur d'une noisette, contenant près de trente fleurs; les écailles plus larges que longues, terminées par une pointe très-courte ; la corolle est longue de six lignes ; les noix sont pubescentes ; les pédicelles très-courts, glabres et ridés. Cette plante croît au cap de Bonne - Espérance.

Serruria de Roxburg ; *Serruria Roxburgii*, Rob. Brown , *loc. cit.* Arbrisseau à tige droite , haute de trois ou quatre pieds. Ses rameaux sont nombreux, pubescens, en ombelle, longs de six pouces ; les feuilles triternées, à peine longues de six lignes, étalées en éventail, glabres dans leur vieillesse , à découpures très - aiguës ; les têtes de fleurs sont sessiles, réunies en une seule, de la grosseur d'une petite noix, peu garnies de fleurs ; les bractées lancéolées, ovales, blanchâtres. acuminées, très-velues ; leur pointe est presque nue ; la corolle argentée et soyeuse ; les poils sont lâches et couchés ; le stigmate est cylindrique, en massue. Cette plante croît au cap de Bonne - Espérance. (Poir.)

SERRURIER. (*Ornith.*) Ce nom est quelquefois donné aux pics à cause des coups de bec qu'ils portent sur les arbres, et aux mésanges, surtout à la charbonnière, dont le cri paroît exprimer le mot *stiti* , plusieurs fois répété de suite. (Ch. D.)

SERSALISIA. (*Bot.*) Genre de plantes dicotylédones , à fleurs complètes , monopétalées, de la famille des *sapotées*, de la *pentandrie monogynie* de Linnæus, très-voisin des *Sideroxylum* , offrant pour caractère essentiel : Un calice à cinq divisions ; une corolle monopétale, à cinq lobes ; cinq étamines stériles, en forme d'écailles, alternant avec cinq autres, fertiles ; un ovaire à cinq loges ; un style ; un stigmate entier ; une baie à une ou à cinq semences dépourvues de périsperme, couverte d'une enveloppe crustacée ; une cicatrice longitudinale.

D'après M. Rob. Brown , il faut ranger dans ce genre deux espèces découvertes à la Nouvelle-Hollande : 1.° le *Sersalisia sericea* , Rob. Brown, *Nov. Holl.*, 1, pag. 530. Cette plante a des feuilles ovales obtuses ou en ovale renversé, tomenteuses en dessous. Les fleurs sont portées par des pédoncules tomenteux, ainsi que le calice ; la corolle est velue en dehors ; le tube est plus long que le calice ; le limbe partagé en cinq lobes ; les filamens des étamines stériles sont lancéolées ; le style filiforme, velu à sa base. 2.° Le *Sersalisia obovata*, Rob. Brown , *loc. cit.* Dans cette espèce les feuilles sont en ovale renversé, un peu rétrécies vers leur base, médiocrement soyeuses en dessous. Le calice est presque glabre ; la corolle glabre, à cinq divisions orbiculaires, souvent plus longues que les fila-mens, stériles et lancéolées ; le stigmate sessile, en forme de sphincter. Ces plantes croissent sur les côtes de la Nouvelle-Hollande. (Poir.)

SERSIFIS. (*Bot.*) Altération du mot *salsifis*, quelquefois employée par les gens du peuple. (Lem.)

SERTA, SERTULA. (*Bot.*) Selon Daléchamps, le mélilot recevoit le premier de ces noms de Caton, et le second de Celse et de Pline. Celui-ci est encore donné au *trigonella cor-niculata*, suivant Durantez, cité par C. Bauhin. (J.)

SERTE. (*Ichthyol.*) On donne ce nom à une espèce de cyprin, qui doit être rangée parmi les brêmes. Voyez Brême et Cyprin. (H. C.)

SERTOLARIA. (*Actinoz.*) Nom italien des sertulaires. (Desm.)

SERTULAIRE , *Sertularia.* (*Polyp.*) Dans l'état actuel de cette partie de la zoologie, on réserve le nom de *sertulaire* à un nombre encore assez considérable de petits polypiers cor-nés, flexibles, phytoïdes, fixés, dont les tiges et les rameaux, creux et fistuleux, sont garnis de cellules polypifères, calyci-formes, saillantes comme des dents, éparses ou sur deux rangs alternes, contenant un polype à tentacules simples, au nom-bre de six , et entremêlées de quelques vésicules gemmifères plus grosses, du moins en suivant le système de distribution des espèces du grand genre Sertulaire de Linné, adopté par M. Lamouroux, comme nous l'avons fait dans ce Dictionnaire ; car M. de Lamarck comprend aussi dans son genre Sertulaire toutes les espèces qui, avec les caractères ci-dessus, ont les cellules disposées sur deux rangs opposés, et qui constituent le genre Dynamène de Lamouroux (voyez ce mot). Ainsi cir-conscrit, le genre Sertulaire contient encore des espèces véritablement assez hétérogènes, si l'on a égard à la forme générale du polypier, à la disposition et même à la nature de ses tiges. Malheureusement les animaux qui le forment sont trop peu connus pour qu'on puisse s'en aider pour l'éta-blissement des coupes génériques qu'on seroit porté à y faire.

Nous allons, au reste, revenir là-dessus à l'article Sertulariés. On trouve des sertulaires dans toutes les mers, et même
en assez grande quantité, fixées sur tous les corps submergés.

La Sertulaire sapinette : *S. abietina*, Linn., Gmel., p. 3845,
n.° 5; Ellis, *Corall.*, pl. 1, n.° 2, fig. *b*, *B*. Polypier simple,
pinné par des rameaux alternes, portant des cellules ovales,
à bord entier, ventrues du côté interne et presque opposées.

Cette espèce est très-commune dans toutes nos mers.

La S. pectinée : *S. pectinata*, de Lamarck, Anim. sans vert.,
tom. 2, pag. 116 ; *S. pinaster*, Soland. et Ellis, pag. 55, tab. 6,
fig. *b*, *B*. Polypier à tige simple, largement pinnée par des
rameaux très-longs, alternes, nombreux, filiformes, portant
des cellules tubuleuses, arquées, très-petites, subopposées.
Vésicules anguleuses, à quatre dents au sommet. Couleur d'un
noir rougeàtre. Hauteur, environ quatre pouces.

De l'océan des grandes Indes.

La S. *pinaster* de Solander et Ellis a ses rameaux plus courts.

La S. tridentée ; *S. tridentata*, Lamouroux, Polyp. flex.,
pag. 187, n.° 3. Polypier à tiges simples, droites, pinnées
par des rameaux divergens ; cellules à ouverture oblique
garnie de trois dents sur son bord ; couleur jaunâtre : deux
pouces de haut.

Des mers de l'Australasie.

La S. millefeuille ; *S. millefolium*, de Lamk, *loc. cit.*, n.° 5.
Polypier à tiges également pinnées ; rameaux courts, distiques; cellules tubuleuses, presque alternes; vésicules bicornes.

Des mers australes.

Je rapporterai à cette espèce celle que M. Lamouroux a
nommée S. alongée, *S. elongata*, pl. 5, fig. 3 *a*, *B*, *C*, de son
ouvrage, dont la tige, simple, pinnée, rarement bipinnée,
alongée, est pourvue de cellules petites, rapprochées, ciliées
sur les bords, et dont les vésicules, ovales, tronquées, sont
bicornes. Elle vient en effet de l'Australasie.

La S. lycopode : *S. lycopodium*, de Lamk., *ibid.*, n.° 6. Polypier à tiges nombreuses, filiformes, alongées, pinnées ; rameaux étroits, prolifères, portant des pinnules ou ramuscules courts, très-nombreux ; cellules subopposées ; vésicules
ovales et bidentées : cinq à six pouces de hauteur.

Des mers de la Nouvelle-Hollande.

La Sertulaire filicule : *S. filicula*, Linn., Gmel., p. 3855, n.° 56; Soland. et Ellis, p. 57, n.° 52, tab. 6, fig. *c* et *C*, I. Polypier à tiges flexueuses, très-rameuses, portant à chaque angle alterne un rameau; cellules ovales, tubuleuses, presque alternes; vésicules obovales, tubulées au sommet : deux pouces de hauteur.

Des mers d'Europe.

La S. tamarisque : *S. tamarisca*, Linn., Gmel., p. 3845, n.° 4; Ellis, *Corall.*, p. 17, tab. 1, n.° 1, fig. *a*, *A*. Polypier à rameaux alternes, à cellules tubulées, crénelées à leur bord; vésicules comprimées, ovales-tronquées, tubuleuses à leur orifice bidenté.

Des mers d'Europe.

La S. dentée; *S. dentata*, Lamouroux, *loc. cit.*, pag. 188, n.° 315. Polypier rameux; cellules pyriformes, à bord denté; vésicules grandes, ovales, à ouverture grande et noire; six à sept pouces de hauteur.

De la baie de Cadix.

La S. polyzone : *S. polyzonias*, Linn., Gmel., pag. 3856, n.° 25; Ellis, *Corall.*, pag. 19, tab. 2, n.° 5, fig. *a*, *b*, *A*, *B*. Polypier fort petit, à rameaux rares, épars, avec des cellules ovales, subdenticulées sur leur bord; vésicules ovoïdes, zonées en travers et denticulées à l'ouverture.

Des mers d'Europe.

La S. roide; *S. rigida*, Lamx., *ibid.*, n.° 519. Polypier dichotome, à rameaux divergens, fragiles, portant des cellules assez grandes, distantes, coniques, mucronées au bord extérieur de leur ouverture ovale. Couleur gris verdâtre; hauteur, un à deux pouces.

Des mers australes.

La S. distante : *S. distans*, id., *ibid.*, n.° 520. Polypier peu rameux. Cellules campanulées, gibbeuses, très-distantes les unes des autres, dentées et rétrécies à leur ouverture : six à neuf lignes de haut.

Des mers australes.

La S. luisante; *S. splendens*, id., *ibid.*, n.° 521. Polypier articulé, rameux, portant à chaque articulation deux cellules alternes, presque cylindriques, garnies, à l'ouverture, de trois dents, dont l'externe beaucoup plus longue que les autres ; vésicules presque cylindriques : un pouce et demi de haut au plus.

De la baie de Cadix.

La Sertulaire arbrisseau ; *S. arbuscula*, *id.*, *ibid.*, pl. 5, fig. 4 *a*, *B*, *C*. Polypier à tige grosse, courte, rameuse dès sa base ; rameaux et ramuscules nombreux, courts et épars ; cellules petites, campanulées, ventrues, à bord entier ; vésicules ovoïdes, alongées, avec une petite ouverture au sommet. Couleur brun foncé : hauteur, un pouce et demi à deux pouces.

Des mers australes.

La S. argentée : *S. argentea*, Linn., Gmel., p. 3847, n.ª 48 ; Ellis, *Corall.*, pag. 20, tab. 2, n.° 4, fig. *c*, *C*. Polypier alongé, à rameaux et ramuscules nombreux, alternes, paniculés ; cellules tubuleuses ou oblongues, subopposées, serrées contre la tige, atténuées et mucronées obliquement à l'extrémité : six à sept pouces de haut.

Des mers d'Europe et d'Amérique.

La S. confervoïde ; *S. confervæformis*, Esper, *Suppl.*, 2, t. 33, et de Lamarck, *loc. cit.*, p. 120, n.° 18. Polypier très-rameux, à tiges grêles, alongées, portant des rameaux alternes, divisés, subpaniculés, sétacés ; cellules peu marquées ; vésicules ventrues : quatre pouces de hauteur.

Des mers d'Europe.

La S. cyprès : *S. ceprassina*, Linn., Gmel., p. 3847, n.° 6, Ellis, *Corall.*, p. 21, tab. 3, n.° 5, fig. *a*, *A*. Polypier élevé, à rameaux et ramuscules subpaniculés ; cellules subopposées, adhérentes dans presque toute leur longueur, tronquées obliquement à l'extrémité.

Cette espèce, bien voisine de la précédente et un peu moins grande qu'elle, est des mêmes mers.

La S. thuya : *S. thuia*, Linn., Gmel., p. 3848, n.° 9 ; Ellis, *Corall.*, p. 24, tab. 5, n.° 7, fig. *b*, *B*. Polypier élevé, rameux, à tige flexueuse anguleusement, roide et portant à chaque angle un rameau dichotome ; cellules comprimées, alternes et disposées sur deux rangs longitudinaux ; vésicules ovales, marginées.

Des mers d'Europe.

La S. cupressoïde : *S. cupressoides*, Linn., Gmel., p. 3846,

n.° 47; Lepechin, *Act. Petrop.*, 1780, p. 224, tab. 9, fig. 5
et 4. Polypier paniculé, à rameaux dichotomes, épars, articulés ; cellules à peine saillantes, simples, tronquées obliquement; vésicules ovales, à orifice subtubuleux.

De la mer Blanche.

La Sertulaire de Misène : *S. misenensis*, Linn., Gmel., p. 3854,
n.° 62 ; Cavol., Polyp. mar., 3, page 187, tab. 7, fig. 1 et 2.
l'olypier très-rameux, dichotome. Cellules alternes, très-petites, divariquées; vésicules ovales, pédonculées et axillaires.

De la mer Méditerranée, près le cap Misène.

La S. lichenastre: *S. lichenastrum*, Linn., Gmel., p. 3857,
n.° 27; Ellis, *Corall.*, p. 25, n.° 10, tab. 6, fig. *a*, *A*. Polypier à tige articulée, pinnée. Cellules déprimées, disposées
bout à bout sur deux rangs longitudinaux ; vésicules ovales,
campanulées et plus petites.

Des mers d'Europe.

M. de Lamarck fait de cette espèce et de la S. *thuia*, qui,
en effet, en est fort rapprochée, des espèces de cellaires.
M. Lamouroux rapporte au *S. lichenastrum* de Pallas le *S. lonchitis* et *S. articulata* du même, mais avec doute.

La S. rameuse: *S. ramosa*, Linn., Gmel., p. 3854, n.° 63;
Cavol., Polyp. mar., 3, p. 160, tab. 6, fig. 1 et 2. Polypier à
tige droite, cylindrique, rameuse, opaque, cornée, à rameaux arqués ; cellules éparses; vésicules en grappes.

De la Méditerranée.

La S. brunâtre : *S. fuscescens*, Linn., Gmel., page 3846,
n.° 44; *S. pinnata*, Pallas, *Elenchus*, pag. 136, n.° 83; Baster.
Opuscul. sub., 1, liv. 1, tab. 1, fig. 6. Polypier pinné, de
couleur brunâtre. Cellules presque opposées, tubuleuses,
vésicules rapprochées, petites, à trois tubercules.

Côte de Cornouailles.

La S. en épi: *S. spicata*, Linn., Gmel., p. 3853, n.° 58 ; d'a-
près Ellis et Soland., p. 58, n.° 34. Polypier à tige tubuleuse,
paniculée, annelée, portant des rameaux très-rapprochés,
verticillés, trichotomes. Cellules cylindriques, ternées, à ouverture très-petite; vésicules ovales et axillaires.

Cette espèce, dont la patrie est inconnue, appartient-elle
à ce genre ?

La S. noire : *S. nigra*, Linn., Gmel., p. 3846, n.° 43 ; d'après Pallas , *Elenchus*, p. 135, n.° 82. Polypier fixé par de petits tubes entrelacés, pinné, de couleur noirâtre. Cellules presque opposées, très-petites ; vésicules très-grandes , ovales et quadrangulaires ; quatre pouces de haut.

De l'océan Américain ou Indien et de la côte de Cornouailles , suivant Pallas.

La SERTULAIRE CÈDRE : *S. cedrina*, Linn., Gmel. , p. 3857, n.° 28 ; d'après Pallas, *Elench.*, pag. 139, n.° 86. Polypier subrameux, à rameaux dichotomes, obtus, et plus gros au sommet. Cellules tubuleuses, presque cylindriques, imbriquées sur quatre rangs.

Des mers du Kamtschatka.

La S. POURPRE : *S. purpurea*, Linn., Gmel., p. 3857, n.° 29 ; d'après Pallas, *ibid.*, n.° 87. Polypier dichotome , quadrangulaire. Cellules subovales, tubuleuses , subimbriquées sur quatre rangs ; vésicules droites, campanulées.

Des mêmes mers.

La S. OBSOLÈTE : *S. obsoleta*, Linn., Gmel., pag. 3846 , n.° 45 ; Lepechin , *Act. Petrop.*, 1778, 2, p. 157, tab. 7, fig. *B*. Polypier pinné , à rameaux alternes, portant des cellules ovales, subcordiformes, placées en quinconce sur huit rangs. Couleur cornée ; hauteur , cinq pouces.

De la mer Glaciale.

M. Lamouroux, en parlant de ce corps organisé, dit qu'il ne connoît aucun polypier dont le *facies* approche de la sienne ; aussi paroit-il convaincu qu'il a plus de rapport avec les thalassiophytes qu'avec les polypiers.

La S. PIN : *S. pinaster*, Linn. , Gmel. , p. 3846, n.° 46 ; d'après Lepechin , *ibid.*, 1780 , 1 , p. 223 , tab. 9, fig. 1 et 2. Polypier corné , pinné, à rameaux subalternes, cylindriques et comme hérissés par les cellules le plus souvent disposées sur six rangs ; vésicules utriculaires, renflées, subdiaphanes, à ouverture simple.

De la même mer.

La S. CUSCUTE : *S. cuscuta*, Linn., Gmel., p. 3852 , n.° 18 ; Ellis, *Corall.*, tab. 14, n.° 26, fig. *c*, *C*. Polypier cylindrique, rampant, géniculé, portant des rameaux simples, opposés ; cellules nulles ou très-petites ; vésicules ovales, opposées ou groupées en verticilles à l'endroit des articulations.

Cette espèce, qui vit communément dans toutes les mers d'Europe, adhérente à tous les corps, diffère trop sensiblement des véritables sertulaires, pour pouvoir être comprise sous la même caractéristique.

J'ai dit plus haut que M. de Lamarck n'a pas adopté la subdivision des sertulaires proposée par M. Lamouroux ; aussi, sous le nom de *sertulaires proprement dites*, qu'il divise en deux sections, suivant que les cellules sont subpédicellées ou sessiles, il place quelques espèces dont il n'est pas question ici.

La *Sertularia antipathes*, qui, avec la *S. laxa* ou *fruticosa* d'Esper, ou *Sauvagesii* de Lamouroux, constituent la première section, sont des espèces de Laomédées pour celui-ci. Il en est de même des *S. spinosa* et *geniculata*.

Dans la seconde section les *S. operculata*, *serra*, *rosacea*, *pumila*, *bicuspidata*, ayant les cellules opposées, appartiennent au genre Dynamène de Lamouroux, et ont été décrites à ce mot.

La *S. halecina* est le type du genre *Thoa* de Lamouroux ou de celui que M. Oken a nommé *Halecium*.

La *S. quadridentata* entre dans le genre *Pasythea* de Lamouroux.

La *S. rugosa* est une espèce du genre Clytie de celui-ci, dont elle s'éloigne cependant, puisque ses cellules ne sont pas pédiculées. Elle est, du reste, fort petite, et ses vésicules, ovales, ventrues, sont extrêmement rugueuses et tridentées à l'orifice, comme on peut le voir dans la figure *a*, *A*, de la planche 15 des Corallines d'Ellis.

La *S. ciliata* de M. de Lamarck, et qu'il définit, sertulaire très-petite, rameuse, à rameaux dichotomes, hérissés de cellules nombreuses, éparses, turbinées, calyciformes, ciliées sur le bord, pourroit bien n'être que la *Crisia ciliata* de Lamouroux, de la famille des cellariés.

Gmelin, ayant fort bien senti que les Sertulaires passent insensiblement aux Cellaires, n'a pas adopté ce dernier genre, mais il a réparti les espèces en deux sections, qui correspondent aux deux genres. De soixante-dix-sept espèces qu'il définit, toutes ont été reprises par Lamouroux, sauf trois : savoir :

La Sertulaire pustuleuse : *S. pustulosa*, p. 3852, n.° 52; Ellis, *Corall.*, p. 54, t. 27, fig. *R*, *b*, *B*. Polypier transparent, tubuleux, articulé, dichotome, à la manière des corallines, et portant des verrues ou pustules ayant une petite tache au milieu. Hauteur, trois à quatre pouces.

Des côtes de l'ile de Wight, dans la Manche.

Il est fort douteux que ce soit une sertulaire.

La S. fruticante : *S. fruticans*, Linn., Gmel., p. 3858, n.° 67 ; d'après Pallas, *Elench.*, p. 157, n.° 99. Polypier subruguex ou subéreux rugueux, rameux, pinné. Les ramuscules alternes; cellules semi-campanulées. Couleur gris jaunâtre : hauteur, six pouces.

Des mers d'Amérique.

La S. parasite : *S. parasitica*, Linn., Gmel., p. 3860, n.° 57; dans la division des Cellaires, Cavol., Polyp. mar., 3, p. 181, t. 6, fig. 8 — 13. Polypier adhérent, d'un rouge obscur, avec des rameaux translucides, portant des denticules terminales, verticillées, turbinées, ciliées, ovifères dans les adultes.

Des mers du Nord et de la Méditerranée.

Ce n'est sans doute pas une sertulaire. (De B.)

SERTULARIÉS, *Sertulariœa*. (*Polyp.*) Les zoologistes modernes, en divisant et subdivisant le grand genre Sertulaire, tel qu'il avoit été établi par Linné, Pallas et Gmelin, en plusieurs sections génériques, auxquelles ils ont donné des dénominations particulières, ont dû élever au rang de famille la coupe linnéenne. Fort heureusement ils lui ont laissé pour titre un nom qui indique son origine; mais il en résulte toujours que c'est à cet article que nous devons exposer les généralités qui concernent ces animaux singuliers, que pendant long-temps on a pu regarder comme de véritables plantes marines. Ils ont suivi le sort de tous les coraux et de beaucoup d'autres productions marines, qui, depuis l'époque de la découverte de Peyssonet sur le corail proprement dit, ont passé du règne végétal ou du règne minéral dans le règne animal. Nous avons fait l'histoire de ce grand changement à l'article Corail, et nous y renvoyons.

Le mot de sertulaire, employé pour la première fois par Linné comme nom de genre dans la sixième édition de son

Systema naturæ, en 1748, paroît avoir été pris d'Imperato, qui avoit employé la dénomination (napolitaine sans doute) de *sertolara*, pour désigner une espèce de cette famille. Avant Linné, tous ces corps organisés étoient indiqués dans les auteurs de botanique sous le titre de corallines. C'est au point qu'Ellis lui-même, dans son ouvrage classique sur les corallines en général, imitant Ray, a traité des sertulaires sous le nom de *Corallines vésiculeuses*, dénomination qui, du reste, les groupe et les sépare très-bien de tous les autres polypiers flexibles; mais, depuis Linné, il n'y a plus eu de variations, surtout depuis que Pallas, fort de ses observations et de celles d'Ellis, eut traité de toutes les espèces de ce genre dans son excellent ouvrage, intitulé *Elenchus zoophytorum*.

Outre les deux ouvrages que je viens de citer et qui font encore la base de presque tout ce qu'on a dit sur les sertulariés, il faut étudier ceux de Baster, *Observationes de corallinis iisque insidentibus polypis*, etc., dans les Transactions philosophiques, vol. 41, et *Opuscula subseciva*; de Donati, sur la mer Adriatique; de Marsilli, sur l'Histoire de la mer; d'Olivi, sur les Productions de la mer Adriatique; de Cavolini, Mémoire pour servir à l'histoire des polypes marins; de Bertoloni, *Specimen zoophytorum portus Lunæ*, et ceux de MM. de Lamarck et Lamouroux, qui ont eu pour but principal la distribution méthodique des espèces, mais, malheureusement, sans avoir eu le moindre égard aux animaux.

Lœfling, observateur suédois, paroît être le premier qui ait connu la structure curieuse du polypier arborescent qui porte les polypes des sertulaires; mais Ellis et Pallas ont été plus loin. Ce dernier dit positivement qu'une sertulaire est une espèce d'hydre rameuse, contenant dans une enveloppe cornée des pores couronnés ou *calycules*, de laquelle l'animal sort ses têtes pourvues de cirrhes ou tentacules, et se reproduisant par des germes vivans, caducs, développés dans des vésicules éparses sur leur enveloppe. Voyons jusqu'à quel point est fondée cette définition, qu'il a transformé en langage linnéen de cette manière : *Animal vegetans plantæ habitu; stirps tubulosa, cornea, calyculis obsita, emittentibus ; 1.° medullæ animalis continens flosculos polypiformes; 2.° ovaria, vesiculæ singulares, polypos majores germiniferos continentes.*

Toutes les espèces de sertulaires que j'ai pu examiner, il est vrai à l'état de dessiccation, sont formées par une tige ou tronc principal, droit ou flexueux, vertical ou horizontal, libre ou adhérent, de nature entièrement cornée et traversé par une cavité dans toute son étendue : c'est cette cavité qui, dans l'état frais, est remplie par une substance molle, que tous les auteurs s'accordent à nommer médullaire, et qui est certainement vivante. Les parois de ce tube, étant plus ou moins épaisses, donnent plus de solidité ou de résistance à la sertulaire. Lorsqu'elle est verticale, la tige principale commence par une partie atténuée, rampante. et qui est considérablement fortifiée par un nombre variable, mais souvent considérable, de petits tubes flexueux, constituant des espèces de racines qui adhèrent également en rampant aux corps submergés. Cette disposition, qui se trouve constamment dans certaines espèces, paroit n'exister que fortuitement dans d'autres, comme dans les *S. abietina, setacea* et *cupressina;* celle-ci même offre cela de curieux, qu'outre ces radicules, elle a une espèce d'empâtement analogue à ce qu'on voit dans les gorgones. Il se pourroit donc que les tubes radiculaires, dont le nombre, le mode d'intrication, l'étendue sur le corps solide et sur la tige de la sertulaire, varient à l'infini, se développassent proportionnellement à la hauteur, à l'étendue à laquelle est parvenue la sertulaire, et, par conséquent, aux efforts des causes destructrices. Quoi qu'il en soit, on en voit même qui donnent naissance à de nouvelles tiges, comme dans la *S. antennina,* type du genre *Antennularia* de M. de Lamarck.

La tige des sertulaires présente une première différence, en ce que dans un certain nombre d'espèces elle est simple ou à peine divisée d'une extrémité à l'autre, tandis que dans un plus grand nombre des rameaux, portant eux-mêmes des ramuscules, se développent sur elle, et qui, placés d'une manière régulière ou irrégulière, donnent à tout le polypier une forme pinnée, dichotome ou paniculée. et tout-à-fait arborescente.

Le plus souvent la tige des sertulaires est continue d'un bout à l'autre, ainsi que dans les rameaux et les ramuscules ; mais aussi quelquefois elle est articulée ou subarticulée. c'est-à-dire, qu'en de certains endroits elle est moins solide, moins résistante que dans le reste de son étendue.

Une autre différence tient à ce que presque toujours entièrement cornée et ne faisant, par conséquent, aucune effervescence avec les acides, mais du reste assez variable, suivant les espèces, elle est presque gélatineuse dans les *S. gelatinosa, geniculata*; elle est quelquefois plus solide, plus résistante, moins flexible, et par conséquent est peu cassante dans les *S. filicina, myriophyllum*.

Mais les espèces qui diffèrent le plus des autres sous le rapport de la composition de la tige, sont celles chez lesquelles elle est formée entièrement de tubes capillaires, atténués, pour produire les rameaux, qui semblent n'être ainsi que des divisions de la masse fasciculaire. Ces tubes contiennent toujours à l'intérieur une matière gélatineuse, comme dans les autres sertulaires; mais, en outre, ils sont quelquefois agglutinés les uns avec les autres, à l'aide d'une substance gélatineuse dans les *S. gelatinosa* et *sericea*; d'autres fois ils sont plus compactes, plus roides, comme dans la *S. halecina*, type du genre *Thoa* de Lamouroux; enfin, dans les *S. fruticans* et *pinnularia* ils constituent une tige assez solide, noirâtre, un peu semblable à l'écorce subéreuse de certains arbres.

Les loges polypifères, subcontinues avec la tige ou les ramifications, dont elles semblent n'être que des dentelures, varient considérablement de forme; quelquefois subpédiculées, le plus souvent elles sont sessiles, libres ou plus ou moins collées et adhérentes contre les rameaux.

L'ordre dans lequel ces cellules (*calyculi*, Pallas; *denticuli*, Linn., Ellis) se disposent sur l'arbre polypifère, est assez variable et fixe pour chaque espèce. Assez souvent elles sont sur deux rangs opposés, deux à deux, comme dans toutes les espèces, qu'à cause de cela justement M. Lamouroux a nommées dynamènes. Quelquefois elles sont aussi sur deux rangs; mais placées les unes à la suite des autres, comme dans les *S. lichenastrum* et *thuia*. Le plus souvent elles sont alternes ou éparses; quelquefois elles forment une série sur un seul côté, comme dans les espèces du genre *Aglaophenia* de Lamouroux: *Plumularia* de M. de Lamarck. Enfin, dans la *S. lendigera* les cellules sont sur un seul côté, serrées les unes contre les autres par paquets, comme les tuyaux d'une flûte de pan, et dans la *S. spiralis* la série des cellules est continuée d'un bout à l'autre de la tige, formant ainsi une longue spirale.

Outre ces cellules, quelquefois d'une telle petitesse qu'elles sont fort difficiles à apercevoir, surtout sur les échantillons desséchés, on trouve attachées en différens endroits de la tige et des rameaux des sertulaires, des vésicules toutes dissemblables en forme et en grandeur, quoique, comme pour les cellules, il y ait continuité de substance externe et interne avec le polypier. D'après ce qu'en dit Ellis, ces vésicules contiendroient des polypes comme les cellules, mais beaucoup plus gros et même, à ce qu'il semble, d'une autre forme, et renfermant une masse de molécules ou de germes reproducteurs, d'où Pallas pense que celles-là doivent être regardées comme des ovaires et celles-ci comme des ovules.

Quoi qu'il en soit de cette opinion, qui n'est peut-être pas hors de doute, ces ovaires ou ces espèces de péricarpes diffèrent considérablement de position et de forme. Dans un certain nombre d'espèces ils naissent indistinctement entre la double série de cellules ; dans d'autres c'est constamment de la dichotomie des ramifications ou de leurs ramuscules. Enfin, sur quelques espèces c'est seulement au tronc de la sertulaire qu'ils sont attachés. En général, c'est sur les plus petits et probablement les plus jeunes individus qu'on en trouve davantage, tandis que les plus grands en sont entièrement dépourvus. Il y a même quelques espèces où l'on n'en a pas encore observé.

La forme des vésicules est ovale, globuleuse ou subcylindrique. Leur surface peut être lisse ou striée en travers ; mais elles sont toujours percées à leur extrémité libre et dans leur axe par un orifice ordinairement très-étroit, quelquefois, au contraire, fort large, mais presque toujours fermé par un opercule.

La substance interne, qui remplit toute la sertulaire, depuis la base et ses racines jusqu'aux extrémités des ramifications, forme donc une masse continue d'un aspect homogène et évidemment vivante. Avec elle se confond, d'une manière tout-à-fait certaine, l'extrémité postérieure des polypes, au point que Pallas, comme nous l'avons dit plus haut, en fait un animal ramifié à plusieurs têtes.

Ces polypes paroissent avoir beaucoup de ressemblance avec les hydres vertes. Leur corps est cependant en général plus court, plus urcéolé; ce qui dépend au reste de la forme de leur loge, et il est terminé à son origine par une bouche entourée d'un cercle simple de tentacules ou de cirrhes en nombre, à ce qu'il semble, assez variable, du moins s'il faut s'en rapporter aux figures d'Ellis. Je ne connois aucune autre observation sur leur organisation.

Toutes les sertulaires jusqu'ici observées vivent dans les eaux de la mer, constamment fixées, soit verticalement, soit horizontalement, sur les corps de différente nature qui y sont submergés.

Il ne paroit pas que le polypier tout entier, ni même ses ramifications les plus fines, soient susceptibles d'aucun mouvement général, quoiqu'on puisse cependant le concevoir. Chaque polype est, au contraire, susceptible de sortir et de rentrer dans l'intérieur de sa loge, de manière cependant à ce que l'extrémité de son corps reste toujours adhérente à la substance interne. Chacun d'eux peut également étendre les tentacules, dont sa bouche est couronnée, les agiter dans tous les sens, probablement pour saisir les animalcules qui se trouvent à leur portée : c'est du moins ce que suppose Ellis.

La nourriture des sertulaires est donc à peu près certainement animale et consiste, sans doute, en animaux microscopiques ou du moins d'une très-petite taille, qui se trouvent en grande abondance dans la mer.

Nous ne connoissons absolument rien sur le mode de reproduction d'aucune espèce de ce groupe d'animaux. Nous avons dit plus haut qu'on supposoit que les polypes des vésicules contenoient des gemmes reproducteurs; mais cela n'est rien moins que certain. Si l'on en croit Lesling et Baster, les extrémités des sertulaires s'alongent en un tube simple, rempli de la substance médullaire, et il en sort des gemmules qui s'éfflorissent en cellules contenant les polypes : ce qui nous paroit plus probable. La durée de leur vie nous est également inconnue.

On connoît des espèces de cette famille dans toutes les mers, sous toutes les latitudes.

C'est, en général, sur les rivages qu'on les rencontre, à d'assez grandes profondeurs, et même dans des lieux qui sont abandonnés par les eaux à marée basse, fixées sur des rochers, des galets, des coquilles de toutes sortes, des balanes et même sur des crustacés. Quelques espèces paroissent préférer de croître sur certains fucus; aussi Pallas fait l'observation que la *S. pluma* ne se trouve dans nos mers que sur le *fucus siliquosus*, tandis que le *S. pumila* croit essentiellement sur les *fucus nodosus* et *vesiculosus*, et le *S. geniculata*, sur le *fucus serratus*.

Les plus élevées ne dépassent guère sept ou huit pouces de hauteur; mais il y en a qui ont à peine un demi-pouce.

Leur couleur, quand on les tire de l'eau, est en général d'un gris jaunâtre, qui passe au jaune de corne, au brun, et même quelquefois au noir, par la dessiccation.

Les animaux qui étoient épanouis dans l'eau se retirent assez vîte dans leurs cellules, de manière que pour les observer il faut mettre les sertulaires immédiatement dans un seau d'eau de mer. Au bout de quelque temps de repos, on les voit se développer et agiter leurs tentacules, comme ils le faisoient auparavant. Malheureusement ils n'ont pas été étudiés d'une manière suffisante, même par Ellis, en sorte que la distinction des espèces de sertulariés, et, par conséquent, leur répartition en groupes génériques, n'ont pu être établies que sur leur enveloppe cornée, que Pallas nomme leur squelette, qu'il compare à l'enveloppe cornée des insectes, et que M. de Lamarck a réuni sous le nom extrêmement vague de polypiers. Encore ces prétendus polypiers ont-ils été examinés d'une manière bien superficielle, même par Lamouroux.

Ellis, en décrivant assez complétement la plupart de ses vingt-six espèces de corallines vésiculeuses, parmi lesquelles un certain nombre ne sont réellement pas de cette famille, n'a, en aucune manière, essayé de les ranger dans un ordre quelconque.

Quoique Pallas ait assez augmenté le nombre des espèces qu'il a définies sous le nom de sertulaires, puisqu'il le porte à trente-cinq, en en retranchant son *S. gorgonia*, qui paroît n'être qu'un *S. fruticans*, développé sur une espèce de gorgone ou d'antipate, il ne paroît pas non plus avoir essayé de les disposer d'après leurs affinités les unes avec les autres.

Quoique Solander et Ellis aient encore beaucoup accru le nombre des espèces de sertulariés, ils n'ont pas davantage essayé de mettre un peu d'ordre dans leur rapprochement. Ce qu'a fait encore moins Gmelin dans sa treizième édition du *Systema naturæ*; et, cependant, en recueillant avec soin les espèces définies par les trois ou quatre auteurs précédens, et en y joignant celles qu'il a trouvées dans Cavolini, Muller, Othon Fabricius, etc., il n'en caractérise pas moins de soixante-dix-sept, en y comprenant, il est vrai, une vingtaine de véritables cellaires.

Tous les autres auteurs qui se sont occupés avec plus ou moins de suite de quelques espèces seulement de sertulariés, ont dû encore moins que les précédens s'occuper de la distribution méthodique des espèces. C'est donc probablement à M. Lamouroux qu'est due l'initiative de leur répartition en plusieurs genres, puisqu'il paroît que la première ébauche de son travail sur les polypiers flexibles est de 1810, dans un mémoire lu à l'Institut et publié en extrait dans le Bulletin par la société philomatique en 1812. Il est cependant probable que M. de Lamarck avoit eu la même idée depuis assez long-temps, et peut-être avant M. Lamouroux, puisque dans le prodrome de son cours, publié en 1812, il cite déjà les divisions génériques parmi les sertulariés, dont, sans doute, il développoit les caractères dans ses leçons orales. Ce qu'il y a de plus malheureux pour la science, c'est que souvent ces deux auteurs ont établi les mêmes genres sous des dénominations différentes, et surtout qu'ils ont caractérisé sans description des espèces nouvelles, provenant du voyage de Péron et Lesueur, sous des noms également différens, de manière qu'il est souvent fort difficile de reconnoître leur identité, et, par conséquent, d'établir une bonne synonymie. Toutefois il faut remarquer que MM. de Lamarck et Lamouroux, ayant pris pour principe général de leur distribution méthodique des sertulariés la position des cellules polypifères, sans avoir le moindre égard aux animaux, ni même à la composition de la tige, ils sont arrivés, à très-peu de chose près, à l'établissement des mêmes genres, dont voici l'analyse.

A. Espèces qui ont leurs cellules alongées et groupées en séries intermittentes ou continues : Genres AMATHIA, Lamx. ; SERIALARIA, de Lamk.

B. Espèces subarticulées, dont les cellules, extrêmement petites, sont portées par des ramuscules ou cils verticillés : G. NEMERTESIA, Lamx. ; ANTENNULARIA, de Lamk.

C. Espèces à rameaux pinnés, portant des cellules sur un seul côté : G. AGLAOPHENIA, Lamx. ; PLUMULARIA, de Lamk.

D. Espèces peu rameuses, à cellules opposées et régulièrement distiques : G. DYNAMENA, Lamx. ; SERTULARIÆ, de Lamk.

a. Les cellules séparées par une tige évidente : G. DYNAMENA.

b. Les cellules contiguës, lagéniformes et divergentes : G. DIASMYA, Savigny.

c. Les cellules contiguës dans toute leur longueur : G. GEMELLARIA, Savigny, Égypt., zooph., pl. 13.

A cette dernière division, que je trouve indiquée dans la pl. 14 des Polypes du grand ouvrage d'Égypte par M. Savigny, il faut, sans doute, rapporter le *S. pumila* de Pallas et de Gmelin, sur lequel Ellis nous a donné des détails intéressans.

E. Espèces plus ou moins rameuses, à tige ordinairement flexueuse et portant des cellules alternes : G. SERTULARIA, Lamx., de Lamk., en y comprenant le genre précédent.

a. Espèces qui ont de véritables cellules dentiformes, éparses et alternes : G. SERTULARIA.

b. Espèces dont les cellules, non dentiformes, sont sur une seule face du polypier et de ses ramifications. (Comme dans les *S. thuya* et *lichenastra*.)

c. Espèces rampantes. Les cellules à l'extrémité des ramuscules, comme dans la *S. cuscuta*.

F. Espèces phytoïdes, à rameaux et à cellules régulièrement alternes : G. PRISTIS, Lamx.

G. Espèces peu rameuses, ordinairement filiformes, volubiles ou grimpantes, à cellules alternes, campanulées, et plus ou moins stipitées : G. CAMPANULARIA, de Lamk.

a. Cellules longuement pédicellées : G. CLYTIA, Lamx.

b. Cellules stipitées ou substipitées : G. Laomedea, Lamx.

H. Espèces phytoïdes, rameuses, à tige complexe, à cellules alternes et dentiformes : G. Thoa, Lamx.; Sert., Lamk.

I. Espèces phytoïdes, articulées, avec les cellules longues, cylindriques, accolées quatre à quatre avec leur ouverture sur la même ligne : G. Salacia, Lamx.

K. Espèces fistuleuses, subarticulées, avec des cellules cylindriques, alternes ou opposées, à orifice terminal : G. Cymodocea, Lamx.

Ces deux dernières divisions n'ont plus les véritables caractères des sertulaires et font évidemment le passage aux tubulaires, de même que les *S. thuya* et *lichenastra* passent aux cellaires, les dynamènes et surtout les diasmya et gemellaires de M. Savigny aux flustres et eschares. En général, comme nous l'avons dit plus haut, il seroit important que toutes les espèces de sertulariés fussent examinées, comparées de nouveau. MM. Lesueur et Desmarest avoient entrepris ce travail, il y a déjà quelques années. Il seroit à souhaiter qu'ils le terminassent et nous le fissent connoître. (De B.)

SERTULE. (*Bot.*) Nom donné par M. Richard à l'ombelle, lorsqu'elle est simple; exemple : primevère officinale. (Mass.)

SERU, SURO. (*Bot.*) Noms arabes du cyprès, cités par Daléchamps. (J.)

SERULA. (*Ornith.*) On nomme ainsi, à Venise, le harle huppé, *mergus serrator*, Linn. (Ch. D.)

SÉRUM DU LAIT. (*Chim.*) C'est le liquide transparent qui reste après qu'on a séparé le beurre et le fromage du lait. Voyez Lait. (Ch.)

SÉRUM DU SANG. (*Chim.*) C'est le liquide transparent qui se sépare peu à peu du sang coagulé spontanément. (Ch.)

SERUOI. (*Mamm.*) Les sarigues ou didelphes d'Amérique sont désignés par ce nom dans quelques anciens voyageurs. (Desm.)

SERVAL. (*Mamm.*) Nom que les Portugais, au dire du père Vincent-Marie, donnent dans l'Inde à un animal un peu plus gros que le chat sauvage, et qui ressemble à la panthère par les couleurs. Buffon transporta ce nom à une espèce de chat dont il ne connoissoit pas l'origine, et depuis il a été appliqué à une troisième espèce, originaire d'Afrique, qui est

celle que nous avons décrite sous ce même nom à l'article
Chat. Voyez ce mot. (F. C.)

SERVANT. (*Ornith.*) L'une des dénominations vulgaires
attribuées au bruant. (Desm.)

SERVERIA. (*Bot.*) Nom sous lequel Necker désigne le
Tigarea d'Aublet, genre réuni au *Tetracera* de Linnæus dans
la famille des dilléniacées. (J.)

SERVILLA, SERVILLUM. (*Bot.*) Voyez Sisaron. (J.)

SÉRY. (*Ornith.*) Nom françois, donné anciennement aux
petits mammifères du genre des musaraignes. (Desm.)

SES. (*Ornith.*) C'est, chez les Kourils, le même oiseau que
le *gagari* des Russes, *colymbus maximus*, Steller. (Ch. D.)

SÉSAME, *Sesamum*. (*Bot.*) Genre de plantes dicotylédones,
à fleurs complètes, monopétalées, de la famille des *bignoniées*,
de la *didynamie angiospermie* de Linnæus, offrant pour caractère essentiel : Un calice persistant, à cinq divisions inégales;
une corolle campanulée, à cinq lobes; l'inférieur plus grand;
quatre étamines didynames; le rudiment d'une cinquième :
un ovaire supérieur; un style; un stigmate à deux lames,
lancéolé; une capsule à quatre loges, comprimée, tétragone;
plusieurs semences imbriquées sur un seul rang.

Sésame d'Orient : *Sesamum orientale*, Linn., *Spec.*; Lamk.,
Ill. gen., tab. 528; Dodon., *Pempt.*, 532, vulgairement Jugeoline; *Chitelu*, Rhéed., *Malab.*, 9, tab. 54. Plante connue
depuis très-longtemps. et fort intéressante par ses propriétés
économiques. Sa tige est droite, herbacée, velue, presque
cylindrique, haute d'environ deux pieds et plus, munie à
sa partie inférieure de quelques rameaux courts, inégaux,
un peu velus, légèrement quadrangulaires. Les feuilles sont
ovales, oblongues; les inférieures opposées. à longs pétioles,
entières ou garnies de quelques dents fort distantes, en scie;
les supérieures presque alternes. à peine pétiolées, beaucoup
plus étroites, entières, acuminées, vertes à leurs deux faces,
garnies de quelques poils rares et courts, veinées et ciliées.
Les fleurs sont solitaires, axillaires; les pédoncules courts,
accompagnés à leur base de deux bractées linéaires, entre
chacune desquelles est placée une glande jaunàtre, perforée.
Le calice est un peu cilié, à cinq découpures lancéolées,
aiguës, la supérieure plus courte; la corolle blanche, assez

semblable à celle de la digitale purpurine; le limbe à cinq lobes obtus, inégaux; les capsules oblongues, un peu comprimées, marquées de quatre sillons profonds, terminées par le style persistant, subulé, s'ouvrant par le sommet en deux valves, chaque valve divisée en deux loges. Cette plante, originaire des Indes, croît aux îles de Ceilan et de Malabar. On la cultive en Égypte, et dans plusieurs contrées de l'Orient, comme plante économique. Elle est cultivée au Jardin du Roi.

Le Sésame, connu aussi sous le nom de *Jugeoline*, et qui porte en Égypte celui de *Semsem*, y est cultivé avec beaucoup de soin, ainsi que dans le Levant et l'Italie. On retire de ses semences une huile que les Arabes nomment *siritch*. Cette plante et son huile ont été de tout temps en grande réputation dans l'Orient. Les Babyloniens ou anciens habitans de Bagdad ne se servoient, au rapport d'Hérodote, que de l'huile qu'ils exprimoient du sésame. Pline en parle comme étant également bonne à manger et à brûler, et Dioscoride dit que les Égyptiens en faisoient un grand usage. Il est probable, dit Sonnini, que les peuples actuels des mêmes pays, fort ignorans dans la manipulation des huiles, puisque celle qu'ils retirent de l'olive est très-mauvaise, et propre seulement à la fabrique du savon et à l'usage des manufactures, ne savent pas donner à l'huile de sésame les qualités qu'elle pourroit avoir, et qu'elle possédoit vraisemblablement autrefois. Les Égyptiens donnent le nom de *tahiné* au marc de l'huile de sésame, auquel ils ajoutent du miel et du jus de citron. Ce ragoût est fort en vogue, et ne mérite guère de l'être.

Outre les propriétés économiques, le sésame et ses préparations sont encore en usage chez les Égyptiens comme remède et comme cosmétique. Les femmes prétendent que rien n'est plus propre pour leur procurer cet embonpoint que toutes recherchent, pour leur nettoyer la peau et lui donner de la fraîcheur et de l'éclat, pour entretenir la beauté de leurs cheveux, enfin, pour augmenter la quantité de leur lait, lorsqu'elles deviennent mères. La médecine égyptienne y trouve également des moyens réels ou supposés de guérison dans plusieurs maladies. On la recommande surtout dans les ophthalmies, quoiqu'elle n'y produise presque aucun effet.

Sésame des Indes : *Sesamum indicum*, Linn., Rumph., *Amb.*, 5, tab. 76, fig. 1 ; Pluken., *Almag.*, tab. 109, fig. 4. Cette espèce, très-rapprochée de la précédente, en diffère par son port ; ses tiges sont droites, herbacées, plus élevées et plus ramifiées, ordinairement glabres. Les feuilles sont portées par de très-longs pétioles, à peine dentées en scie, ovales ou lancéolées, acuminées ; les inférieures trifides ou divisées en trois lobes aigus ; les supérieures oblongues, plus étroites, entières ou à peine dentées, alternes ; les pétioles bien plus courts, munis dans leur aisselle de deux grosses glandes presque globuleuses, jaunâtres, creuses à leur sommet, placées également dans les aisselles où il n'y a point de fleurs. Celles-ci sont solitaires, axillaires, médiocrement pédonculées. Cette plante croît dans les Indes. D'après Forskal, on la cultive en Égypte où elle est employée aux mêmes usages que la précédente. On retire, particulièrement de ses semences, une huile employée dans les alimens et à éclairer.

Sésame lacinié ; *Sesamum laciniatum*, Willd., *Spec.* Cette espèce, qui paroît tenir le milieu entre les deux précédentes, en diffère par ses tiges étendues sur la terre, garnies de poils roides, divisées en rameaux nombreux, ascendans ou redressés à leur partie supérieure. Les feuilles sont opposées, médiocrement pétiolées, profondément partagées en trois lobes obtus à leur sommet, fortement dentées, vertes en dessus, un peu blanchâtres en dessous, rudes à leurs deux faces. Les fleurs sont solitaires, axillaires, médiocrement pétiolées ; le calice a cinq divisions lancéolées, aiguës, hispides à leurs bords. Les capsules sont oblongues, obtuses à leurs deux extrémités, s'ouvrant en deux valves, divisées en quatre loges, terminées par le style persistant, large, aigu. Cette espèce croît aux Indes orientales, dans les environs d'Hydrabad.

Miller cite une autre espèce de sésame sous le nom de *Sesamum trifoliatum*, qui paroît avoir de très-grands rapports avec l'espèce précédente. On la cultive, dit-il, dans toutes les contrées de l'Orient, ainsi qu'en Afrique, comme une plante légumineuse. Elle a été depuis peu transportée dans la Caroline par les Nègres africains, où elle a très-bien réussi. Les habitans de ces contrées expriment de ses graines une

huile qui se conserve plusieurs années, et ne contracte aucune odeur, ni goût de rance ; mais, au contraire, elle devient tout-à-fait douce au bout de deux ans : elle perd alors
le goût chaud qu'elle avoit d'abord, de sorte qu'on s'en sert
pour des salades, et qu'elle remplace fort bien l'huile d'olive.
Les Nègres font aussi usage de cette plante comme aliment :
ils la font sécher sur le feu, la mêlent avec de l'eau et l'étu-
vent avec d'autres ingrédiens, ce qui fait une nourriture
saine. On en fait aussi quelquefois une espèce de *poudding*,
de même qu'avec le riz et le millet, que bien des personnes
trouvent agréable. On lui donne à la Caroline le nom de
benny ou *bonny*.

Sésame a fleurs jaunes : *Sesamum luteum*, Willd., *Spec.*, 3,
pag. 368 ; Retz, *Obs.*, 6, pag. 51. Cette plante a des tiges
droites, un peu flexueuses, particulièrement à leur partie
supérieure, feuillée dans toute leur longueur. Les feuilles
sont alternes, portées sur de longs pétioles, lancéolées, aiguës, garnies, tant sur leurs nervures qu'à leurs bords, de
poils très-courts. Les fleurs sont d'un jaune foncé, solitaires,
axillaires, médiocrement pédonculées ; le pédoncule conni-
vent avec la base du pétiole ; le calice, ainsi que la corolle,
chargés de poils roides. Cette plante croît dans les forêts,
aux Indes orientales. (Poir.)

SESAMOÏDES. (*Bot.*) Ce nom a été donné par Daléchamps
à une thymelée, *Daphne tarton-raira* ; par J. Bauhin au *Passe-
rina hirsuta* ; par Cordus à l'*Adonis vernalis* ; par Clusius au
Cucubalus otites ; par Morisson au *Thesium linophyllum* ; par
Césalpin au *Reseda lutea*, et à d'autres congénères. Tournefort l'avoit appliqué à un genre différant du *Reseda* seulement par sa capsule divisée plus profondément en cinq lobes ;
mais Linnæus n'a pas cru ce caractère suffisant pour séparer
ce genre du *Reseda*. (J.)

SESAMONAGRIOS. (*Bot.*) Voyez Scorpiuros. (J.)

SESAN. (*Bot.*) Nom égyptien du *cherleria sedoides*, selon
Forskal. (J.)

SESARMA. (*Crust.*) Nom d'un genre de crustacés déca-
podes brachyures, fondé par Say (Journ. Acad. scienc. nat.
phil., tom. 1, pag. 73), et que ce naturaliste a réuni plus
tard à celui des grapses. (Desm.)

SESBANE , *Sesbania*. (*Bot.*) Genre de plantes dicotylédones,
à fleurs complètes, papilionacées, de la famille des *légumineuses*, de la *diadelphie décandrie* de Linnæus, offrant pour
caractère essentiel : Un calice urcéolé, persistant, à cinq
dents ou cinq divisions presque égales ; une corolle papilionacée ; l'étendard étalé et réfléchi ; les ailes plus courtes ; dix
étamines diadelphes ; un ovaire supérieur ; un style ascendant ;
une gousse oblongue, un peu comprimée, à deux valves,
point articulée ; plusieurs semences séparées par des cloisons
transversales.

Sesbane a grandes fleurs : *Sesbania grandiflora*, Poir., Enc. ;
Æschinomene grandiflora, Linn., *Spec.* ; *Coronilla grandiflora*,
Willd., *Spec.* ; *Dolichos arboreus*, Forsk., *Ægypt.*, 154 ; *Turia*,
Rumph., *Amboin.*, 1, tab. 76 ; *Agaty*, Rhéed., *Hort. Malab.*,
1, tab. 51 ; *Agati grandiflora*, Desv., Journ. bot., 3, pag. 12 ;
Decand., *Prodr.*, 2, pag. 66. Arbrisseau très-élégant, remarquable par la grandeur et la beauté de ses fleurs. Sa tige est
droite, haute d'environ six pieds et plus ; les rameaux étalés,
un peu touffus ; les feuilles nombreuses, alternes, pétiolées,
ailées avec une impaire ; les folioles nombreuses, opposées,
petites, oblongues, glabres, entières. Les fleurs sont de la
grosseur d'un œuf de poule, réunies en petites grappes un
peu pendantes ; le calice est glabre, presque campanulé ; la
corolle, très-grande, jaune ou presque couleur de rouille, a
l'étendard ovale ; les ailes oblongues, un peu courbées en faucille ; la carène semblable aux ailes ; le style un peu barbu
au sommet. Les gousses sont grêles, fort longues ; les semences
en rein : on assure qu'elles fournissent un assez bon aliment.
Cette plante croît sur la côte de Malabar, dans les Indes
orientales. Forskal l'a observée en Égypte. On la cultive
dans les serres au Jardin du Roi. Cet arbrisseau seroit une
acquisition bien précieuse pour nos bosquets de décoration, si
on pouvoit l'acclimater dans nos contrées.

Sesbane a fleurs écarlates : *Sesbania coccinea*, Poir., Enc. ;
Æschinomene coccinea, Linn., *Suppl.* ; *Coronilla coccinea*, Willd.,
Spec. ; *Tocrimera*, Rumph., *Amboin.*, 1, tab. 77 ; *Agati coccinea*, Desv., *loc. cit.* ; Decand., *Prodr.*, *loc. cit.* Cette espèce
n'est pas inférieure en beauté à la précédente. Ses fleurs sont
presque aussi grandes, mais d'une belle couleur écarlate. Sa tige

est droite, rameuse, assez élevée; les rameaux glabres; les feuilles alternes, pétiolées, ailées; les folioles glabres, ovales, oblongues, presque linéaires, entières, couvertes d'une poussière blanchâtre ou cendrée, les unes obtuses et un peu mucronées, les autres échancrées au sommet. Les fleurs sont disposées en petites grappes; le calice et la corolle semblables à l'espèce précédente. Les gousses sont fort longues, très-étroites, un peu cylindriques et arquées, subulées au sommet. Cette plante croît dans les Indes orientales, aux îles des Amis et à Botany-Bai.

Sesbane d'Égypte : *Sesbania ægyptiaca*, Poir., Enc.; *Æschinomene sesbania*, Linn., *Spec.*; Forsk., *Ægypt.*; *Coronilla sesbania*, Willd., *Spec.*; *Sesbania*, Prosp. Alp., *Ægypt.*, tab. 34. Cette plante a des tiges glabres, un peu spongieuses, un peu anguleuses, hautes de quatre ou six pieds et plus, rameuses, garnies de feuilles alternes, pétiolées, ailées avec une impaire; les folioles un peu pédicellées, opposées, petites, linéaires, glabres, obtuses, entières, mucronées, très-nombreuses; le pétiole articulé à sa base; une forte callosité pour stipule. Les grappes sont un peu ramifiées; le calice est court, à cinq dents égales; la corolle petite, de couleur jaune; l'étendard en cœur, tacheté de rouille en dessous, rétréci en un onglet linéaire, muni de deux petites dents glanduleuses, redressées; la carène un peu blanchâtre; les gousses sont très-longues, cylindriques, un peu relevées en bosse à chaque semence. Cette plante croît en Égypte, où elle est généralement cultivée pour former des haies et séparer les possessions. Elle est d'un aspect agréable et croît très-promptement: en moins de trois ans elle parvient à sa plus grande hauteur. Sa tige est au moins de la grosseur du bras, ce qui rend cet arbrisseau d'une très-grande ressource pour le chauffage, surtout dans une contrée où il n'existe point de forêts et où le bois est très-rare.

Sesbane épineuse : *Sesbania aculeata*, Poir., Enc.; *Coronilla aculeata*, Willd., *Spec.*; *Æschynomene bispinosa*, Jacq., *Ic. rar.*, 3, tab. 564; Pluken., *Phyt.*, tab. 164, fig. 5, et 165, fig. 2; *Kedangu*, Rhéed., *Malab.*, 6, tab. 27. Cette espèce diffère de la précédente par sa tige herbacée, sa racine annuelle et ses pétioles chargés de quelques petites épines. Ses rameaux sont glabres, cylindriques; ses feuilles ailées; les folioles opposées, médiocrement pédicellées, oblongues, linéaires, entières, obtuses, mucronées, glabres et vertes à leurs deux faces; les pétioles munis dans leur longueur et quelquefois seulement à leur base de deux petites épines. Les fleurs sont d'une grandeur médiocre, réunies en petites grappes peu garnies, placées dans l'aisselle des feuilles supérieures, plus courtes que ces feuilles; le calice est glabre, court, divisé en cinq petites dents; la corolle jaune; les gousses sont très-longues, grêles, droites, cylindriques, un peu noueuses, mais point articulées; de cinq à six fleurs placées à chaque grappe, il n'en fructifie guère que deux ou trois. Cette plante croît à l'île de Ceilan et à la côte de Malabar.

Sesbane d'Amérique : *Sesbania occidentalis*, Poir., Enc.; *Coronilla occidentalis*, Willd., *Spec.*; Plum., *Icon. Amer.*, 125, fig. 1. On peut considérer cette espèce comme placée entre les deux précédentes; elle diffère de la première par ses fleurs bien moins nombreuses, par ses pétioles dépourvus d'épines, par sa tige ligneuse, pourvue de rameaux grêles, nombreux, très-glabres, inégaux. Les feuilles sont alternes, pétiolées, ailées, composées d'un petit nombre de folioles opposées, légèrement pédicellées, glabres, entières, elliptiques, vertes à leurs deux faces, obtuses à leurs deux extrémités. Les fleurs sont jaunâtres, petites, disposées en grappes peu garnies. Les gousses sont cylindriques, fort longues, très-étroites, presque filiformes. Cette plante croît dans l'Amérique.

Sesbane effilée : *Sesbania virgata*, Poir., Enc.; *Æschinomene virgata*, Cavan., *Icon. rar.*, 5, tab. 293; *Coronilla virgata*, Willden., *Spec.*; *Coursetia virgata*, De Candolle, *Prodr.*, 2, page 264. Cette plante s'élève à la hauteur de deux pieds sur une tige droite, glabre, simple, cylindrique. Les feuilles sont ailées, sans impaire, composées de dix ou onze paires de folioles opposées, ovales, légèrement pédicellées, glabres, entières, obtuses, mucronées; les pétioles munis à leur base de petites stipules lancéolées, caduques. Les grappes sont simples, axillaires, un peu pendantes, plus courtes que les feuilles; le calice est campanulé, à cinq dents inégales; la corolle jaune; l'étendard fort grand, échancré au sommet; les gousses sont longues, comprimées, tétragones, aiguës à leurs deux extrémités ; elles renferment des semences ovales, luisantes, un peu en rein. Cette plante croît à la Nouvelle-Espagne.

SESBANE A FLEURS PONCTUÉES : *Sesbania picta*, Poir., Enc. ; *Æschinomene picta*, Cavan., *Icon. rar.*, 4, tab. 314 ; *Coronilla picta*, Willd., *Spec.* Cette plante a des tiges glabres, droites, cylindriques, hautes de cinq à six pieds, chargées de rameaux nombreux et diffus. Les feuilles sont ailées, sans impaire, composées d'environ dix-huit paires de folioles linéaires-lancéolées, très-glabres, obtuses ou un peu échancrées au sommet, longues d'environ un demi-pouce, opposées, pédicellées ; les bractées caduques et subulées. Les grappes sont axillaires, pendantes, plus longues que les feuilles ; les pédicelles filiformes, longs d'environ un pouce, munis à leur base d'une bractée très-courte, et sous le calice de deux autres subulées et caduques. Le calice est glabre, campanulé, à cinq dents presque égales ; la corolle grande, d'un beau jaune ; l'étendard presque orbiculaire, un peu réfléchi à son sommet, parsemé, à sa partie antérieure, d'un grand nombre de petits points et de taches noirâtres ; les gousses sont cylindriques, un peu arquées, oblongues, composées d'environ seize nœuds ovales, renfermant chacun une semence. Cette plante croît à la Nouvelle-Espagne et au cap de Bonne-Espérance.

SESBANE CHANVRÉE : *Sesbania cannabina*, Poir., Enc. ; *Æschinomene cannabina*, Retz, *Obs.*, 5, page 26 ; *Coronilla cannabina*, Willd., *Spec.* La tige de cette plante est herbacée, anguleuse, striée, un peu velue. Les feuilles sont pétiolées, alternes, ailées, composées de folioles nombreuses, opposées, un peu velues, pédicellées, glauques en dessous, linéaires, obtuses, mucronées ; les pédicelles barbus au point de leur insertion. Les fleurs sont petites, situées dans l'aisselle des feuilles, sur des pédoncules simples, solitaires, uniflores. Le calice est glabre, campanulé ; les gousses fort longues, linéaires, très-lisses, comprimées, un peu tétragones. Cette plante croît dans les Indes orientales et sur la côte de Malabar. Ses tiges, traitées comme celles du chanvre, fournissent des fils d'un bon usage. (POIR.)

SESEBAN. (*Bot.*) Nom arabe de l'*æschynomene grandiflora* de Linnæus, que Forskal nommoit *dolichos arboreus*, et qui a été ensuite successivement nommée *coronilla* par Willdenow, *sesbania* par M. Persoon , *agati* par MM. Desvaux et De Candolle , en conservant toujours le nom spécifique *grandiflora*. Voyez SESBANE. (J.)

SÉSÉLI ; *Seseli*, Linn. (*Bot.*) Genre de plantes dicotylédones polypétales, de la famille des *ombellifères*, Juss., et de la *pentandrie digynie*, Linn., dont les principaux caractères sont les suivans : Collerette universelle presque nulle; collerettes partielles à plusieurs folioles; un calice très-court, entier; cinq pétales égaux ; cinq étamines ; un ovaire infère, surmonté de deux styles divergens, terminés par des stigmates obtus ; fruit ovale, petit, strié ou cannelé, composé de deux graines convexes et striées extérieurement, planes et accolées l'une à l'autre du côté interne.

Les sésélis sont des plantes herbacées, à feuilles alternes, une ou deux fois ailées, composées de folioles étroites, linéaires : leurs fleurs sont blanches ou quelquefois un peu rougeâtres, disposées en ombelles, dont les ombellules sont courtes, ramassées et un peu globuleuses. On en connoît une trentaine d'espèces, la plupart naturelles aux parties méridionales de l'Europe.

Les Grecs donnoient le nom de séséli à quatre espèces de plantes, que Dioscoride désignoit sous les noms de séséli de Marseille, de séséli d'Éthiopie, de séséli du Péloponèse et de séséli de Crète. La graine et la racine de la première de ces plantes, ou du séséli de Marseille, sont échauffantes, dit cet auteur, et on les emploie contre la difficulté d'uriner, contre la toux, les fièvres, les accouchemens difficiles, etc. D'après l'opinion de la plus grande partie des botanistes qui ont cherché à reconnoître les plantes des anciens, le séséli de Marseille seroit le *seseli tortuosum*, Linn.

Le séséli d'Éthiopie et le séséli du Péloponèse ont, toujours en suivant Dioscoride, les mêmes propriétés que le séséli de Marseille ; mais le premier est fort incertain aujourd'hui : plusieurs auteurs ont cru que ce pouvoit être le *buplevrum fruticosum*, et d'autres l'ont rapporté au *laserpitium libanotis* ou *laserpitium trilobum*. Il est également incertain à quelle plante connue maintenant on doit rapporter le second ; selon Matthiole ce seroit l'espèce que Linnæus a nommée depuis *ligusticum peloponense* ; mais, d'après C. Bauhin , ce seroit plutôt le *ligusticum austriacum* , tandis que Fuchsius voudroit que ce fût l'*athamantha cervaria* , Linn. , qui est le *selinum glaucum* , Lamk. , et qu'Anguillara le rapporteroit au *scandix odorata* , et quelques autres, enfin , au *thapsia villosa*.

Quant au séséli de Crète ou *Tordylium* , qui, d'après Dioscoride, étoit aussi employé à peu près dans les mêmes maladies que les trois autres, les auteurs ont fait différentes suppositions, d'après lesquelles cette plante pourroit être le *tordylium officinale* , ou deux autres espèces du même genre, le *T. maximum* et *T. apulum* ou l'*æthusa meum*. Comme de nouvelles recherches sur un pareil sujet seroient plus curieuses qu'utiles, et que les descriptions incomplètes que les anciens nous ont laissées de leurs sésélis, ne permettront jamais de lever tous les doutes qu'on peut avoir sur l'identité de leurs espèces avec les nôtres, je ne m'arrêterai pas davantage sur ce sujet, et je vais passer à la description de quelques-unes des espèces qui appartiennent au genre *Seseli* des botanistes modernes.

Séséli de montagne ; *Seseli montanum* , Linn. , *Spec.* , 372. Sa racine est pivotante, blanchâtre, vivace ; elle produit ordinairement plusieurs tiges, dont les feuilles radicales sont rapprochées en une sorte de gazon. Ces tiges sont cylindriques, roides, hautes d'un pied ou un peu plus. garnies de feuilles ailées, d'une couleur glauque, portées sur des pétioles membraneux ; les inférieures deux fois ailées, les supérieures une fois ailées seulement, et ayant toutes leurs folioles trifides, à découpures linéaires. Les fleurs sont blanches, avec des involucelles à peine aussi longues que les rayons de l'ombellule , et les fruits sont légèrement pubescens. Cette plante croît dans les lieux secs et montueux en France et dans une grande partie de l'Europe.

Séséli glauque ; *Seseli glaucum* , Linn. , *Spec.* , 372. Cette espèce a les plus grands rapports avec le séséli de montagne ; elle ne paroit guère en différer que parce qu'elle s'élève en général un peu plus, et que les folioles des involucelles sont un peu membraneuses en leurs bords, ordinairement plus longues que les rayons de l'ombellule. et que ses fruits sont parfaitement glabres. Elle se trouve dans les mêmes lieux que l'espèce précédente.

SÉSÉLI ANNUEL; *Seseli annuum*, Linn., *Sp.*, 373. Cette espèce ressemble beaucoup aux deux précédentes; elle s'en distingue principalement par ses pétioles ventrus, **membraneux en leurs bords**; les folioles de ses involucelles sont membraneuses en leurs bords et plus longues que les rayons de l'ombellule. Ce séséli croît dans les prés secs et sur les bords des bois, en France et ailleurs en Europe. Sa racine est bisannuelle.

SÉSÉLI HYPPOMARATHRE; *Seseli hyppomarathrum*, Linn., *Sp.*, 374. Quant au port, cette plante peut aisément être confondue avec le séséli de montagne et le séséli glauque; mais elle se distingue facilement de l'un et de l'autre par un caractère très-prononcé; la collerette partielle de ses ombellules est monophylle, membraneuse et irrégulièrement dentée en son bord. Ce séséli croît en Alsace, en Autriche, en Carniole, etc.

SÉSÉLI ÉLEVÉ; *Seseli elatum*, Linn., *Spec.*, 375. Sa tige est cylindrique, flexueuse, haute d'un à deux pieds, divisée souvent dès sa base en rameaux étalés. Ses feuilles sont deux fois ailées dans le bas des tiges, simplement ailées dans leur partie supérieure, composées de folioles alongées, filiformes, canaliculées. Les ombelles se composent de quatre à six rayons; les collerettes partielles sont plus courtes que les ombellules, et les fruits ovales-arrondis, hérissés. Cette espèce croit dans les lieux pierreux et entre les fentes des rochers, dans le Midi de la France et de l'Europe.

SÉSÉLI VERTICILLÉ; *Seseli verticillatum*, Desf., Flor. atl., 1, p. 260. Sa racine est annuelle, grêle; elle produit une tige droite, cylindrique, grêle elle-même, haute de huit pouces à un pied, divisée, dans sa partie supérieure, en quelques rameaux étalés, presque filiformes. Ses feuilles inférieures sont longuement pétiolées, simplement ailées, à folioles profondément pinnatifides, rapprochées les unes des autres, et paroissant presque verticillées, ayant leurs découpures linéaires et acuminées. Dans les feuilles supérieures les folioles sont beaucoup moins nombreuses, à découpures plus longues et presque capillaires. Ses fleurs sont blanches, très-petites, disposées en ombelles dont les rayons sont inégaux, filiformes, au nombre de huit ou environ. Cette espéce a été trouvée dans le royaume d'Alger, par M. Desfontaines, et retrouvée à Bonifacio en Corse par M. de Pouzolz.

Séséli tortueux, vulgairement Séséli de Marseille; *Seseli tortuosum*, Linn., *Sp.*, 373. Sa racine est vivace: elle produit une tige haute de huit à quinze pouces, dure, presque ligneuse inférieurement, tortueuse, divisée en rameaux nombreux, étalés. Ses feuilles inférieures sont grandes, deux fois ailées, d'un vert glauque, à folioles divisées en découpures linéaires; les supérieures ne consistent qu'en un pétiole élargi en gaîne demi-embrassante et terminée par trois à cinq petites folioles linéaires. Ses fleurs sont blanches, petites, disposées en ombelles terminales et axillaires, composées de quatre à cinq rayons. Cette plante croît dans les fentes des rochers et dans les lieux pierreux du Midi de la France et de l'Europe. Ses graines étoient autrefois employées en médecine comme verminatives, anthelmintiques et emménagogues; depuis un certain nombre d'années elles sont tombées en désuétude. (L. D.)

SÉSÉLI. (*Bot.*) Ce nom, donné d'abord par Dioscoride à une plante ombellifère, a été successivement appliqué par les anciens à d'autres plantes de la même famille, citées par C. Bauhin et réparties maintenant en dix ou douze genres différens. Linnæus paroit avoir pris pour type le *seseli massiliense* de Dodoëns, Daléchamps et d'autres, qu'il nomme *seseli tortuosum*, et que Bauhin indique avec doute comme la plante de Dioscoride. Celui que cite Daléchamps est, selon lui, le *sisalios* des Arabes. (J.)

SÉSÉLI COMMUN. (*Bot.*) La livêche commune et une espéce de berle portent vulgairement ce nom. (L. D.)

SÉSÉLI DE CRÈTE. (*Bot.*) Nom vulgaire du tordyle officinal. (L. D.)

SÉSÉLI DE MONTPELLIER. (*Bot.*) Nom vulgaire du peucédane silaüs. (L. D.)

SESELIS. (*Bot.*) Nom égyptien du *caucalis*, plante ombellifère, cité par Ruellius et Mentzel. (J.)

SESENEOR. (*Bot.*) Nom égyptien de la cardiaire, *dipsacus*, cité par Ruellius et Mentzel. (J.)

SESERINUS. (*Ichthyol.*) M. Cuvier a donné ce nom à un genre de la seconde tribu des poissons squamipennes, voisin des Fiatoles, des Stromatées, des Piméleptères, et reconnoissable aux caractères suivans :

Forme générale ovale ; écailles du corps et des nageoires extraordinairement menues ; une rangée de petites dents pointues : lignes latérales doubles ; première épine des nageoires dorsale et anale couchée en avant ; une épine unique représentant à elle seule les deux catopes.

Le type de ce genre est un petit poisson que Rondelet a nommé *seserinus*, et qui pourroit bien, comme le soupçonne M. Cuvier, ne pas différer du *chœtodon alepidotus* de Linnæus. (H. C.)

SESIA. (*Bot.*) Genre établi par Adanson sur un champignon figuré et décrit par Vaillant sous le nom d'*Agaricus* (*Bot. par.*, pl. 1, fig. 1, 2), et qu'il caractérise ainsi : Chapeau orbiculaire, doublé en dessous de sillons rayonnans, inégaux ou ondés ; attaché par le côté, sans tige. Substance subéreuse ; graines ovoïdes, couvrant la surface interne des sillons. La plante de Vaillant est le *dædalea sepiaria* de Fries, *Syst. mycol.*, 1, pag. 333. Elle a été long-temps considérée comme une espèce d'*agaricus*. C'est l'*agaricus sepiarius* de Wulfen, Persoon ; l'*agaricus hirsutus*, Schæff., pl. 76. Quelques auteurs l'ont porté dans le genre *Merulius*, ce qui tient à ses caractères un peu ambigus. L'espèce croît partout sur le bois de sapin pourri. Elle est vivace, sessile ; son chapeau est châtain, coriace, avec des zones rugueuses et tomenteuses. Ses lames ou sillons sont rameux et anastomosés, d'abord jaunâtres, ainsi que le bord du chapeau, puis ferrugineux ou bruns.

Vaillant représente, pl. 1, fig. 3, de son *Botanicon parisiense*, un champignon dans une situation renversée pour montrer ses sillons. Fries y voit la même plante que celle ci-dessus nommée. On l'a rapportée aussi au *merulius labyrinthiformis*, ce qui ne nous paroît pas exact. Enfin, Adanson y voit un genre particulier, qu'il nomme *Serda*, essentiellement distingué du *Sesia* par son chapeau doublé en dessus de sillons rayonnans, inégaux ou ondés, et attaché par toute sa surface inférieure. Mais, pour bien comprendre Adanson, il suffit de faire remarquer qu'il nomme surface inférieure, celle qui est réellement la supérieure, et réciproquement la supérieure celle inférieure. Au reste, Vaillant ne donne aucune description de sa plante fig. 3 ; il se contente de dire qu'elle est très-noire, et il est encore douteux pour nous qu'on puisse être de l'avis de Fries, quant à la réunion en une seule espèce. (Lem.)

SÉSIE, *Sesia*. (*Entom.*) Genre d'insectes lépidoptères, de la famille des fusicornes ou clostérocères, c'est-à-dire, dont les antennes sont en fuseau ou en prismes, plus grosses au milieu qu'aux extrémités, et dont le bord externe de l'aile inférieure se trouve muni d'une soie roide, qui fait l'office d'un ardillon.

Ce genre, dont les espèces avoient été rangées avec les sphinx, en a été séparé par Fabricius d'une manière très-arbitraire en apparence, parce que les caractères ne sont pas faciles à exprimer. Il réunit cependant des espèces qui ont entre elles de grandes analogies.

Leur nom, qui paroît tiré du grec Σης-ήΐοι, et qui est celui d'une espèce de ver qui ronge le bois, *vermiculus lignum corrodens*, convient en effet à la plupart des larves qui produisent les sésies.

Ces insectes, au premier aperçu, ont sous l'état parfait une ressemblance complète avec certains hyménoptères ou quelques diptères alongés, parce que leurs ailes sont en général transparentes, munies de nervures longitudinales ; mais elles sont en outre bordées d'une sorte de frange. Leur abdomen est ordinairement terminé par des faisceaux de poils roides, serrés, qui forment une sorte de brosse souvent divisée en trois lobes. Leurs pattes sont grêles, alongées, épineuses, semblables à celle des teignes et des ptérophores. On les trouve sur les fleurs, dont elles viennent sucer les nectaires pendant la chaleur et la clarté du jour.

Leurs larves ou leurs chenilles se développent, à la manière des cossus, dans l'épaisseur des tiges et des racines des arbres et de quelques plantes. Elles sont par cela même blanches, étiolées et presque sans poils. C'est là qu'elles subissent leurs métamorphoses ou qu'elles se changent en chrysalides, après avoir construit une coque soyeuse, à la surface de laquelle elles collent des débris du bois qu'elles ont rongé. Ces chrysalides ressemblent à celles des cossus ou aux larves d'oestres (voyez dans l'atlas de ce Dictionnaire, pl. 51, fig. *A a*, *A b*), c'est-à-dire, que les anneaux du corps sont garnis de verticilles ou de couronnes de poils roides, dirigés tous en arrière. Leur tête est en outre munie de deux cornes ou pointes saillantes, qui paroissent destinées à user comme avec un trépan, d'abord la coque, puis l'écorce de la racine ou du tronc, tandis qu'à l'aide des épines, dont les anneaux de l'abdomen sont garnis, l'insecte avance et chemine jusqu'à ce qu'il soit arrivé à l'air libre ; alors seulement l'insecte parfait fend sa coque et en laisse les débris à l'entrée ou plutôt à la sortie de la galerie qu'il s'est creusée.

Nous avons fait figurer un insecte parfait appartenant à ce genre sur la planche 42, fig. 2, de l'atlas de ce Dictionnaire : c'est une des plus grosses espèces des environs de Paris et celle que nous décrirons d'abord ; c'est :

1. La Sésie crabroniforme ou frelon : *Sesia crabroniformis; Sphinx apiformis*, Linn.; *S. sireciformis* de quelques auteurs.

Car. De la grosseur et de l'apparence d'une grosse guêpe ; abdomen non terminé par des brosses ; corps d'un brun rougeàtre avec des poils jaunes, disposés par taches ou par zones.

C'est une des plus grandes espèces et certainement des plus grosses. La tête est jaune-citron entre les antennes, qui sont noires ; les cuisses sont jaunes en dehors ; les jambes et les tarses sont fauves ; les ailes sont transparentes, bordées de brun-rougeàtre.

Cette espèce vit sous l'écorce des peupliers et des saules. Nous l'avons trouvée souvent sur les troncs des peupliers au Jardin du Roi.

2. La Sésie asiliforme, *Sesia asiliformis.*

Car. Noir bronzé, avec une bande jaune au-devant du corselet, en forme de collier ; abdomen à trois anneaux jaunes ; ailes supérieures noires, opaques, inférieures transparentes.

On croit que sa chenille vit dans le bouleau et dans le peuplier d'Italie. L'insecte parfait se trouve sur les fleurs du troëne et du seringat-philadelphe.

3. La Sésie sphéciforme, *Sesia spheciformis.*

Car. Noire ; deux taches sur le corselet et un anneau à la base de l'abdomen, jaunes ; ailes supérieures transparentes, avec les nervures et les extrémités noires.

4. La Sésie scoliéforme, *Sesia scoliæformis.*

Car. Noire ; un collier, deux lignes obliques sur le corselet, deux cerceaux de l'abdomen jaunes ; brosse de l'anus trilobée, de couleur rouge jaunâtre ; ailes supérieures transparentes, à extrémités noires ; pattes jaunes.

Il y a une vingtaine de petites espèces de ce genre aux environs de Paris. M. Godart les a fait connoître dans les 5.ᵉ et 6.ᵉ livraisons du tome 3 de ses Papillons de France. (C. D.)

SESLÈRE ; *Sesleria*, Arduin. (*Bot.*) Genre de plantes monocotylédones, de la famille des *graminées*, Juss., et de la *triandrie digynie*, Linn., dont les principaux caractères sont les suivans : Calice glumacé, à deux valves presque égales, terminées en pointe et contenant deux à trois fleurs, quelquefois quatre à cinq ; corolle de deux balles, dont l'extérieure est divisée à son sommet en trois à cinq pointes, et l'intérieure en deux ; trois étamines à filamens capillaires, portant des anthères oblongues, bifides à leurs deux extrémités ; un ovaire supère, surmonté de deux styles velus, terminé chacun par un stigmate simple ; une seule graine oblongue, renfermée dans les balles de la corolle.

Les seslères sont des plantes herbacées, dont les feuilles sont linéaires, alternes, et les fleurs disposées en épis. On en connoît une douzaine d'espèces, dont la plus grande partie croît en Europe. Les suivantes se trouvent en France.

Seslère bleue : *Sesleria cærulea*, Arduin, *Spec.*, 2, pag. 18, t. 6, fig. 3, 4 et 5 ; Host., *Gram.*, 2, p. 69, t. 98 ; *Cynosurus cæruleus*, Linn., *Spec.*, 106. Ses chaumes sont hauts de dix à douze pouces. Ses feuilles sont planes, une ou deux fois plus courtes que le chaume, et disposées en gazons très-touffus. Ses fleurs sont blanchâtres, souvent mélangées de bleuâtre, disposées en un épi long de quatre à dix lignes. Chaque calice est muni à sa base d'une bractée ou écaille à peu près entière, et ses valves sont ovales, subitement rétrécies en pointe aiguë, contenant deux à trois fleurs ayant leur balle extérieure à trois et souvent à cinq pointes. Cette espèce croît dans les pâturages des montagnes, dans les Alpes, les Pyrénées, etc.

Seslère alongée; *Sesleria elongata*, Host., *Gram.*, 2, p. 69, t. 97. Cette espèce diffère de la précédente par ses feuilles aussi longues ou plus longues que les chaumes; par son épi alongé, ayant dix-huit lignes à trois pouces; par les valves de ses glumes, qui sont lancéolées, rétrécies insensiblement en pointe, et presque toujours plus longues que les corolles; enfin, parce que la balle extérieure de celles-ci ne se termine le plus souvent que par trois pointes, dont la moyenne est beaucoup plus grande que les deux autres. Cette plante croît dans les lieux secs et sur les collines, dans le Midi de la France et en Autriche.

Seslère en tête; *Sesleria sphærocephala*. Host., *Gram.*, 2, p. 70, t. 99. Ses chaumes sont hauts de trois à six pouces, moitié plus longs que les feuilles, qui viennent en gazon. Ses fleurs sont bleuâtres, rapprochées en tête globuleuse, munies à leur base d'une bractée tronquée à son sommet, presque aussi longue que le calice, et terminée par deux ou trois dents inégales. Les valves de la glume sont ovales-lancéolées, acuminées, et elles contiennent deux fleurs, dont la balle extérieure est ovale-lancéolée, prolongée au sommet en une seule pointe. Cette espèce croît sur les rochers des plus hautes Alpes.

Seslère délicate; *Sesleria tenella*, Host., *Gram.*, 2, p. 71, t. 100. Ses chaumes sont hauts de deux à quatre pouces, une fois plus longs que les feuilles. Ses fleurs sont bleuâtres, disposées en un petit épi ovoïde. Les glumes sont à deux valves ovales, terminées brusquement en pointe alongée, et elles contiennent deux ou plus rarement trois fleurs ayant leur balle extérieure à cinq pointes, dont trois assez longues, en forme d'arêtes. Cette plante croît sur les rochers des hautes Alpes. (L. **D.**)

SESONTLÉ. (*Ornith.*) Nom donné par Gemelli Carreri et autres au moqueur, *turdus polyglottus*, Linn. (Cʜ. **D.**)

SESSÉE, *Sessea*. (*Bot.*) Genre de plantes dicotylédones, à fleurs complètes, monopétalées, de la famille des *bignoniacées*, de la *pentandrie monogynie* de Linnæus, offrant pour caractère essentiel: Un calice persistant, tubulé, à cinq angles; une corolle en entonnoir; le tube une fois plus long que le calice, globuleux à son orifice; le limbe plissé, à cinq lobes dressés;

cinq étamines insérées vers le milieu du tube; les filamens courbés, velus à leur base; l'ovaire supérieur; un style; un stigmate à deux lobes; une capsule cylindrique, une fois plus longue que le calice, à une seule loge, à deux valves bifides; les semences imbriquées, membraneuses à leurs bords.

Ruiz et Pavon, auteurs de ce genre, l'ont dédié à Martin Sessé, directeur du Jardin royal de botanique au Mexique.

Sessée stipulée; *Sessea stipulata*, Ruiz et Pav., *Fl. per.*, 2, tab. 115, fig. *B*. Arbrisseau d'une odeur fétide, qui s'élève à la hauteur de cinq ou six pieds, et présente le port d'un *cestrum*. Sa tige est cylindrique; ses rameaux sont dressés, alternes; ses feuilles alternes, pétiolées, la plupart lancéolées, échancrées en cœur, d'autres plus étroites, ovales oblongues, entières, acuminées, longues de trois ou cinq pouces, larges d'un ou deux, glabres en dessus, blanchâtres et cotonneuses en dessous; les stipules axillaires, opposées, assez grandes, ovales, obtuses, un peu en cœur à leur base, caduques. Les fleurs sont disposées en une sorte de panicule terminale, composée de grappes droites, lanugineuses, les unes axillaires, d'autres terminales; les pédoncules presque ramifiés en corymbe, supportant plusieurs fleurs presque sessiles, munies de petites bractées caduques et subulées. Le calice est tubulé, lanugineux, terminé par cinq dents courtes, obtuses. La corolle est jaune, velue, tubulée, une fois plus longue que le calice. Cette plante croît sur les montagnes du Pérou, aux lieux frais. Elle passe pour émolliente, anodine, ainsi que l'espèce suivante.

Sessée a grappes pendantes; *Sessea dependens*, *Fl. per.*, *loc. cit.* Arbrisseau qui a beaucoup de rapports avec le précédent, dont il diffère principalement par ses grappes longues et pendantes. C'est d'ailleurs un arbre qui parvient à la hauteur de vingt-cinq ou trente pieds, sur un tronc droit, revêtu d'une écorce cendrée. Ses rameaux sont cylindriques, pendans, flexueux dans leur jeunesse. Les feuilles sont alternes, éparses, pétiolées, oblongues, lancéolées, échancrées en cœur à leur base, entières, aiguës, pulvérulentes en dessous, à nervures simples, confluentes vers les bords, longues de trois ou quatre pouces, sur un ou deux de large, dépourvues de stipules; les pétioles au moins longs d'un pouce, sillonnés et pubescens. Les fleurs sont disposées en très-longues grappes simples, terminales, pendantes, un peu flexueuses, ordinairement réunies en paquets alternes, sessiles ; les calices tubulés, pulvérulens ; la corolle est presque deux fois plus longue que le calice ; le tube noirâtre; le limbe jaune, pubescent en dehors ; les capsules sont noires. Cette plante croit au Pérou, le long des rivages. (Poir.)

SESSILE. (*Bot.*) On applique cette épithète à la feuille sans pétiole (*mentha sylvestris*, etc.); à la fleur sans pédoncule (*daphne mezereum*, etc.); au pétale sans onglet apparent (*vitis*, etc.); à l'anthère sans filet (*aristolochia*, etc.); à l'ovaire qui n'est exhaussé ni par un gynophore, ni par un podogyne (*lilium. prunus*, etc.); à la graine privée de funicule (primulacées, etc.); au stigmate dépourvu de style (*parnassia*, etc.); à l'aigrette, lorsque le limbe du calice qui la produit ne se rétrécit pas au-dessous d'elle en un support grêle ou pédile (*carduus, centaurea*, etc.); aux poils qui partent d'une surface plane, au lieu d'être élevés sur des mamelons; aux glandes qui ne sont pas supportées par des poils, etc. (Mass.)

SESSILIOCLES. (*Crust.*) Nom donné anciennement par M. de Lamarck aux crustacés dont les yeux ne sont pas mobiles, et portés sur des pédoncules, et qui formoient le second ordre de sa méthode, comprenant les ligies, les cymothoés, les aselles ou cloportes, etc. Ce nom correspond exactement à celui d'edriophthalme que M. Leach a proposé plus tard. (Desm.)

SESURI-CHINA. (*Bot.*) Nom du *sisymbrium indicum* à Java, suivant Burmann. (J.)

SÉSUVE, *Sesuvium*. (*Bot.*) Genre de plantes dicotylédones, à fleurs incomplètes, de la famille des *ficoïdes*, de l'*icosandrie trigynie* de Linnæus, offrant pour caractère essentiel : Un calice campanulé, persistant, coloré en dedans, à cinq divisions; point de corolle; des étamines nombreuses, insérées au sommet du tube du calice; un ovaire supérieur; trois styles; une capsule entourée par le calice, à trois loges, s'ouvrant transversalement un peu au-dessus de sa base; les semences nombreuses, attachées à un axe central.

Ce genre renferme des plantes glabres, charnues, herbacées, tombantes. Les feuilles sont entières, opposées, sans nervures sensibles, rétrécies en un pétiole embrassant. Les fleurs sont solitaires, axillaires; le nombre des styles et les loges de la capsule varient de trois à quatre.

Sésuve a feuilles de pourpier : *Sesuvium portulacastrum,* Linn., *Spec.;* Lamk., *Ill. gen.,* tab. 454, fig. 1 ; Jacq., *Amer.,* 155, tab. 95; Plum., *Ic.,* tab. 223, fig. 2; *Bot. Mag.,* t. 1701; Herm., *Parad.,* tab. 212. Plante rampante, dont les tiges sont rameuses, glabres, charnues, étalées sur la terre; les rameaux opposés, redressés. Les feuilles sont médiocrement pétiolées, opposées, oblongues, lancéolées, obtuses, épaisses, charnues, longues d'un ou deux pouces, larges de trois ou cinq lignes. Les fleurs sont pédonculées, solitaires, alternes, axillaires. Le calice est glabre, campanulé, à cinq divisions profondes, verdâtre en dehors, de couleur rouge ou purpurine en dedans; point de corolle; les étamines sont nombreuses, placées sur plusieurs rangs vers l'orifice du tube du calice, plus courtes que ses divisions; l'ovaire est sessile, ovale-elliptique; les trois styles sont capillaires, plus courts que les étamines. La capsule est ovale, oblongue, obtuse, couronnée par les styles, recouverte par le calice, glabre, verdâtre, membraneuse, à trois loges polyspermes, longues de trois lignes; les semences sont lenticulaires. Cette plante croît dans plusieurs contrées de l'Amérique, à la Jamaïque, à Saint-Domingue, etc., le long des côtes maritimes.

Sésuve spatulé ; *Sesuvium spatulatum,* Kunth *in* Humb. et Bonpl., *Nov. gen.,* 6, pag. 87. Cette espèce a des tiges renversées et rampantes, rameuses, alongées, presque longues d'un pied, charnues, glabres, rougeâtres. Les feuilles sont planes, opposées, spatulées, obtuses, charnues, très-entières, rétrécies en un pétiole court, embrassant. Les fleurs sont solitaires, axillaires, alternes, pédonculées; les pédoncules trois fois plus courts que dans l'espèce précédente. Le calice est glabre, charnu, vert en dehors, de couleur rose en dedans, à cinq divisions profondes, aiguës, ovales, oblongues, un peu inégales; les étamines sont bien moins nombreuses; les filamens linéaires, subulés; les anthères elliptiques, échancrées, bifides à leur base, attachées par le dos, à deux loges, s'ouvrant à la face antérieure. La capsule est ovale, obtuse, de la longueur du calice, verte, membraneuse, longue de deux lignes; elle contient des semences lenticulaires, un peu renflées, noires, luisantes. Cette plante croit sur les rochers maritimes, à l'ile de Cuba, proche la Havane.

Sésuve a feuilles roulées : *Sesuvium revolutifolium*, Orteg., Dec.; Lamk., *Ill. gen.*, tab. 434, fig. 2; Jacq., *Hort.*, tab. 95. Plante grasse, épaisse, herbacée, à tiges nombreuses, couchées, tétragones, un peu comprimées, rameuses, presque dichotomes. Les feuilles sont opposées, ovales-oblongues, charnues, très-entières, roulées à leurs bords, rétrécies à leur base en un pétiole à demi embrassant, muni sur ses bords d'une aile blanchâtre, membraneuse. Les fleurs naissent dans la bifurcation des rameaux; elles sont solitaires; les inférieures pédonculées, les supérieures sessiles. Le calice, de couleur purpurine intérieurement et à ses bords, a ses divisions roulées en forme de capuchon avant leur épanouissement. Les filamens sont pourpres, nombreux; les intérieurs graduellement plus courts; les anthères purpurines, versatiles, échancrées en cœur; l'ovaire est ovale, oblong, surmonté de trois ou quelquefois de six styles ou cinq. Le fruit est une capsule à trois, six ou cinq loges, contenant des semences noirâtres, en rein, couvertes d'une arille blanchâtre très-mince. Cette plante croit à l'ile de Cuba. Le *sesuvium revolutifolium* de Willdenow, *Enum.*, 1, page 521, me paroit une plante différente de celle-ci : ses feuilles sont linéaires, lancéolées, roulées à leurs bords; elle offre une seule fleur terminale et sessile. (Poir.)

SÉTACÉ, ÉE ou EN SOIE. (*Entom.*) On nomme ainsi chez les insectes certaines parties de forme alongée, semblables à une soie de cochon, c'est-à-dire, à extrémité libre, plus grêle que la base. Les palpes, les antennes, les filamens qui terminent l'abdomen, offrent cette conformation dans quelques familles ou dans quelques genres d'insectes. (C. D.)

SÉTAIRE, *Setaria*. (*Bot.*) Genre de plantes monocotylédones, à fleurs glumacées, de la famille des *graminées*, de la *polygamie monoécie* de Linnæus, offrant pour caractère essentiel : Des fleurs polygames; un involucre unilatéral, sétacé, persistant; un calice biflore, à deux valves membraneuses, mutiques; deux valves corollaires pour la fleur hermaphrodite; une ou deux pour la fleur mâle ou stérile; trois étamines; deux stigmates en pinceau.

Ce genre, établi par Palisot de Beauvois pour plusieurs espèces de *panicum*, a été admis et modifié par M. Kunth. Il a de bien grands rapports avec le *Pennisetum* de Richard et Rob. Brown, ainsi qu'avec l'*Orthopogon* de ce dernier : il me semble que ces genres, si peu distincts, devroient être réunis en un seul.

Sétaire grêle; *Setaria gracilis*, Kunth, *in* Humb. et Bonpl., *Nov. gen.*, 1, pag. 109. Cette plante a des tiges ascendantes, rameuses dès leur base, glabres, striées, longues de sept à huit pouces. Les feuilles sont étroites, linéaires, rudes à leurs bords, velues en dedans vers leur base, ainsi qu'à l'orifice de leur gaîne, occupé par une membrane très-courte. L'épi est filiforme, cylindrique, long d'un pouce et demi; les épillets sont solitaires, un peu pédicellés, fort petits, ovales, aigus, entourés d'un involucre à cinq ou six soies rudes, blanchâtres, deux et trois fois plus longues que les épillets. Cette plante croît à la Nouvelle-Grenade, aux lieux couverts.

Sétaire purpurine; *Setaria purpurascens*, Kunth, *loc. cit.* Cette plante a des tiges droites, réunies en gazon, longues d'un ou de deux pieds, glabres, rameuses, comprimées, striées; les feuilles planes, linéaires, rudes, acuminées, souvent pileuses vers leur base; les gaînes ciliées à leur orifice; un épi touffu, cylindrique, long d'un à deux pouces; les épillets solitaires, à peine pédicellés; un involucre unilatéral, composé de dix soies rudes, brunes, de la longueur des épillets, disposées en deux paquets; le rachis trigone, pubescent; les valves du calice glabres, purpurines, trois fois plus courtes que la fleur hermaphrodite; les anthères et les stigmates violets. Cette plante croît sur les montagues du Chili.

Sétaire a gros épis : *Setaria macrostachya*, Kunth, *loc. cit.*; *Panicum setosum*, Swartz, *Fl. Ind. occid.*, 139; Willd., *Spec.* Cette plante a des tiges droites, presque simples, réunies en gazon; les feuilles rudes; leur gaîne presque glabre. Les fleurs sont disposées en une panicule en forme d'un gros épi; les épillets sont solitaires, touffus, unilatéraux; l'involucre composé d'une seule soie, plus longue que les épillets, glabre, verte, un peu rude. Le calice est glabre; la valve inférieure de la fleur hermaphrodite, ondulée, striée transversalement;

les anthères et les stigmates rougeâtres. Cette plante croît au Mexique et à la Jamaïque.

SÉTAIRE A ÉPIS RAMEUX ; *Setaria composita* , Kunth, *in* Humb., *loc. cit.* Les tiges, dans cette espèce, sont fort hautes, rudes, striées ; les feuilles élargies, planes, linéaires, rudes à leurs deux faces, cartilagineuses et denticulées à leurs bords ; les gaînes pubescentes vers leur sommet, pileuses à leur orifice ; la panicule est rameuse, cylindrique, ramassée en un épi touffu, presque longue d'un pied, avec le rachis anguleux et velu et les épillets médiocrement pédicellés ; l'involucre a une seule soie rude, jaunâtre, beaucoup plus longue que les épillets. Les valves calicinales sont glabres, un peu obtuses, verdâtres, à cinq nervures ; le calice de la corolle blanchâtre ; l'inférieure aiguë, concave, striée. Cette plante croît aux environs de Cumana, dans la Nouvelle-Andalousie.

SÉTAIRE INCLINÉE ; *Setaria cernua* , Kunth , *loc. cit.* Cette plante a des tiges droites, hautes de trois ou quatre pieds, striées, parsemées de quelques poils épars. Les feuilles sont planes, pubescentes, linéaires, acuminées, rudes à leurs bords ; les gaînes velues à leur orifice. La panicule est simple ; elle forme un épi cylindrique, touffu, incliné, long de six ou sept pouces : les rameaux sont courts et pileux ; le rachis anguleux et velu ; les épillets pédicellés ; les supérieurs munis d'une soie rude, de la longueur de l'épillet : les valves du calice sont verdâtres, glabres, ovales, aiguës ; l'inférieure une fois plus courte ; la supérieure à cinq nervures ; dans la fleur hermaphrodite, les fleurs sont blanchâtres, un peu obtuses ; les anthères violettes ; les stigmates blancs. Cette plante croît sur les montagnes dans le royaume de Quito. (POIR.)

SÉTAKO. (*Bot.*) Marsden cite sous ce nom une petite plante rosacée de Sumatra, dont le calice, couvert de poils rouges, renferme beaucoup d'étamines. (J.)

SETARIA. (*Bot.*) Acharius, dans son *Prodromus lichenographiæ suecicæ*, a nommé *setaria* la vingt-septième tribu du genre *Lichen*, tel qu'il l'admettoit alors. Depuis, le *setaria* est devenu son ALECTORIA (voyez ce mot, tom. 1, Suppl.). Acharius avoit d'abord rapporté au *setaria* le *Roccella tinctoria* et quelques autres lichens étrangers à ce genre. (LEM.)

SETERAGI. (*Bot.*) Mentzel cite ce nom arabe du *thlaspi*,

et il nomme la fumeterre *seteregi*. Voyez SCHEITEREGI. (J.)

SETEREGI. (*Bot.*) Ce nom arabe de la fumeterre est cité, d'après Avicenne, par Mentzel. (J.)

SÉTEUX. (*Bot.*) Garni ou bien composé de bractées roides comme des soies de porc; exemples : clinanthe du chardon, aigrette de la bardane, etc. (MASS.)

SÉTICAUDES ou NÉMATOURES. (*Entom.*) Ce nom, qui signifie soie à la queue, a été donné par nous à une famille d'insectes aptères, qui comprend les *forbicines*, les *machiles* et les *podures*, figurés sur la planche 54 de l'atlas de ce Dictionnaire. Voyez NÉMATOURES. (C. D.)

SÉTICORNES ou CHÉTOCÈRES. (*Entom.*) Ce nom, qui signifie antennes en soie, a été appliqué par nous à la dernière famille des insectes lépidoptères nocturnes, tels que les *noctuelles*, les *crambes*, les *phalènes*, les *teignes*, les *pyrales*, les *ptérophores*, dont on peut voir les figures, pl. 43 de l'atlas de ce Dictionnaire. Voyez CHÉTOCÈRES. (C. D.)

SETIFER. (*Mamm.*) M. Cuvier désigne le genre Tenrec par ce nom latin. (DESM.)

SETIGERA. (*Mamm.*) Nom d'une famille de mammifères, fondée par Illiger, et qui correspond au genre *Sus* de Linné. (DESM.)

SÉTIPODES, *Setipoda*. (*Entomoz.*) Dénomination employée pendant quelque temps par M. de Blainville dans son Système de nomenclature zoologique pour désigner la classe des animaux articulés, ou entomozoaires, dont les articulations sont pourvues de pinceaux de soies roides en place de pieds. Mais comme elle étoit hybride, il l'a remplacée par le nom de CHÉTOPODES. Pour les généralités d'organisation, de mœurs et de classification de cette classe d'animaux, voyez VERS A SANG ROUGE. (DE B.)

SÉTON. (*Ichthyol.*) Nom spécifique d'un poisson. Voyez CHÉTODON et POMACENTRE. (H. C.)

SETOURA. (*Entom.*) Ce nom a été employé par Browne, pour désigner les forbiscines et les lépismes. (DESM.)

SETT-EL-HOFN. (*Bot.*) Nom arabe de l'*ipomœa palmata* de Forskal, cultivé dans les jardins à cause de la beauté de ses fleurs violettes qui couronnent les arbres sur lesquels il grimpe. (J.)

SETUL, SECUL. (*Bot.*) Noms du hantol des Moluques ou *sandoricum* de Rumph dans l'île d'Amboine. (J.)

SEULE. (*Ichthyol.*) Un des anciens noms de la Sole. Voyez ce mot. (H. C.)

SEUTHOLAPATHUM, SEUTHOMALACHIS. (*Bot.*) Ces deux noms ont été donnés anciennement, suivant C. Bauhin, à l'épinard à graine épineuse, comme signifiant une plante qui tient le milieu entre la poirée et la patience. (J.)

SEUTHON. (*Bot.*) Nom grec de la poirée, *beta*, cité par Mentzel et Adanson. (J.)

SEUTHOSTAPHYLLINUM. (*Bot.*) Un des noms anciens, rappelés par C. Bauhin, de la betterave à grosse racine. (J.)

SEVANTI. (*Bot.*) Nom brame du *tsjetti-pu* du Malabar, *chrysanthemum indicum*, qui, sous le nom de chrysanthème, fait maintenant l'ornement des jardins sur la fin de l'automne. (J.)

SEVARANTOU. (*Bot.*) Nom d'une espèce de bignone à feuilles pennées, *bignonia compressa* de M. de Lamarck, cueillie à Madagascar par Poivre et conservée dans notre herbier. (J.)

SÉVE. (*Bot.*) La séve est, à proprement parler, le fluide transparent et incolore que le végétal puise dans la terre et dans l'air, c'est-à-dire l'eau qui tient en dissolution un peu de gaz acide carbonique, de gaz oxigène, de gaz azote, de terres, de sels minéraux, et de matières animales et végétales.

Considérée sous ce point de vue, la séve doit être à peu près semblable dans tous les végétaux ; mais on ne l'obtient jamais pure. Elle est mêlée à des principes immédiats, en sorte qu'elle diffère suivant les espèces ; néanmoins l'eau en constitue toujours la majeure partie.

La séve pénètre dans les vaisseaux de l'étui médullaire et du bois ; elle y éprouve un balancement très-marqué ; elle se dissipe par la transpiration insensible des parties herbacées et se renouvelle par la succion des racines et des feuilles.

Elle s'élabore en parcourant les vaisseaux du végétal ; elle se mêle dans sa route avec certains principes immédiats, et quelquefois elle forme avec les gommes résines une émulsion laiteuse ; mais, dans ce dernier cas, elle reçoit le nom de suc propre : car les physiologistes s'accordent jusqu'à présent à ne donner le nom de séve qu'à des liqueurs incolores et limpides.

Les arbres contiennent ordinairement plus de séve en hiver qu'en été ; mais la séve d'hiver est stagnante et visqueuse, tandis que la séve d'été est fluide, et qu'elle n'entre dans le végétal que pour en sortir bientôt après par la transpiration ; en sorte que, durant quelques heures d'un jour d'été, il passe souvent dans les vaisseaux d'un arbre une quantité de séve beaucoup plus considérable que celle qui est en réserve dans ce même arbre durant tout un hiver.

Les forestiers observent que les bois coupés dans la belle saison sont plus sujets à la vermoulure et plus perméables à l'humidité que ceux que l'on abat au temps du repos de la séve. Il est probable que cela tient particulièrement à la qualité de ce fluide. Mirb., Élém. (Mass.)

SÉVÈRE. (*Erpét.*) Nom spécifique d'une Vipère. Voyez ce mot. (H. C.)

SÉVOLE, *Scævola.* (*Bot.*) Genre de plantes dicotylédones, à fleurs complètes, monopétalées, de la famille des *campanulacées*, de la *pentandrie monogynie* de Linnæus, offrant pour caractère essentiel : Un calice persistant, à cinq divisions ; une corolle infundibuliforme, irrégulière ; le tube long, fendu latéralement dans sa longueur ; le limbe latéral, à cinq lobes ; cinq étamines ; un ovaire inférieur ; un style épaissi vers son sommet ; le stigmate velu, urcéolé ; un drupe renfermant un noyau à deux loges ; une semence dans chaque loge.

Sévole de Kœnig : *Scævola Kœnigii*, Vahl, *Symb.*, 3, p. 36 ; Lamk., *Ill. gen.*, tab. 124, fig. 2 ; *Scævola lobelia*, Herb., Linn. ; *Cerbera salutaris*, Lour., *Flor. Coch.*, 168, *ex Herb.* Banks ; Rob. Brown, *Nov. Holl.*, 583. Arbrisseau dont les rameaux sont glabres, cylindriques, garnis de feuilles sessiles, alternes, très-glabres, longues d'environ trois pouces, en ovale renversé, un peu sinuées à leur sommet, munies dans leur aisselle d'une touffe de poils lanugineux. Les fleurs sont axillaires, pédonculées, disposées en corymbe ; les pédoncules longs d'environ un pouce, dichotomes à leur sommet ; une fleur dans la dichotomie, une autre à l'extrémité de chaque pédicelle, chaque fleur accompagnée à sa base de deux

bractées lancéolées, plus courtes que les pédicelles, lanugineuses dans leur aisselle ; le calice à cinq divisions profondes,
subulées, de la longueur de l'ovaire. La corolle est longue
d'un pouce ; le tube fendu latéralement presque jusqu'à sa
base, un peu velu en dedans à sa partie inférieure ; les lobes
du limbe sont glabres, lancéolés, aigus ; les filamens de moitié
plus courts que le tube ; les anthères point rapprochées ;
l'ovaire est inférieur, ovale ; le style velu à sa base ; le stigmate
en coupe, garni en dedans de poils blancs très-abondans. Le
fruit est un drupe glabre, toruleux, à cinq côtes peu élevées, couronné par les divisions du calice. Cette plante croît
dans les Indes orientales, sur le bord des rivages.

SÉVOLE SOYEUSE : *Scævola sericea*, Vahl, *Symb.*, 2, pag. 37 ;
Forst., *Prodr.*, *ex Herb.* Banks ; Rob. Brown, *Nov. Holl.*, 583.
Sa tige est ligneuse, à rameaux velus, de couleur brune,
hérissés d'aspérités par l'impression des feuilles tombées,
celles-ci sont éparses, presque sessiles, en ovale renversé,
molles, velues, vertes à leurs deux faces, obtuses, un peu
dentées au sommet, rétrécies presque en pétiole à leur base ;
barbues dans leur aisselle. Les fleurs sont disposées en corymbes axillaires, rameux ; les ramifications opposées, munies de deux bractées à la base de la dichotomie du pédoncule. Le calice est à cinq découpures profondes, lancéolées ;
la corolle velue en dehors, avec le tube long d'un pouce, et
les lobes latéraux et obtus ; les filamens sont de la longueur du
style ; les anthères oblongues, un peu rapprochées sous le
stigmate, qui est en forme de coupe, transparent, un peu
denticulé a ses bords. Le fruit est un drupe velu, globuleux,
de la grosseur d'un pois, couronné par le calice. Cette plante
croît dans l'Islande, le long des rivages.

SÉVOLE DES MONTAGNES; *Scævola montana*, Labill., *Sert. austr.
Caled.*, p. 41, tab. 42. Arbrisseau d'environ six pieds et plus,
dont les rameaux, à leur partie inférieure, sont sans feuilles,
rudes, couverts de cicatrices. Les feuilles sont alternes, touffues, glabres, ovales-oblongues, un peu coriaces, très-entières, ondulées ou légèrement crénelées, rétrécies à leur
base en pétiole court, portant, dans leur aisselle, une touffe
de poils blancs et soyeux. Les fleurs sont disposées en une
cime pileuse, terminale ou axillaire, solitaires sur chaque

pédicelle, sessiles dans la dichotomie, munies à chaque division de deux bractées opposées. Le calice est à cinq découpures ovales, oblongues, obtuses; la corolle tubulée; le tube
ouvert par une fente latérale, qui ouvre passage aux étamines;
le limbe, dejeté de côté, à cinq lobes ovales, lancéolés, acuminés, lisses et membraneux à leurs bords; les étamines sont
placées sous la corolle; les anthères conniventes; le style est
pileux, plus long que les étamines; le stigmate urcéolé, lamelleux et cilié en dedans; le drupe ovale, oblong, contenant une noix à deux loges. Cette plante croît sur les montagnes, dans la Nouvelle-Calédonie.

Sévole a petits fruits : *Scævola microcarpa*, Cavan., *Icon.
rar.*, 6, tab. 507; *Goodenia lævigata*, Curt., *Magaz.*, tab. 297.
Sa tige, glabre, anguleuse, haute d'un pied, se divise en rameaux alternes, garnis de quelques feuilles un peu pétiolées,
en ovale renversé, glabres, dentées ou presque incisées, obtuses. Les fleurs sont solitaires, axillaires, latérales, munies
de deux bractées opposées, linéaires; le calice a cinq divisions très-courtes, ovales, aiguës. La corolle est d'un violet
clair; le tube court, d'un vert obscur, strié, jaune en dedans, fendu dans sa longueur; le limbe à cinq lobes ovales,
traversés par cinq côtes épaisses; les étamines sont placées autour de l'ovaire. Le style est velu, plus court que la corolle,
le stigmate incliné, urcéolé, cilié à ses bords. Le fruit est
un drupe ovale, fort petit, placé entre deux bractées conniventes, sec, ridé. Cette plante croit au port Jackson, dans
la Nouvelle-Hollande.

Sévole globuleuse; *Scævola globulifera*, Labill., *Nov. Holl.*,
1, tab. 78. Cette plante a des tiges droites, cylindriques, un
peu ligneuses, hautes d'un pied et demi. Les feuilles sont à
demi embrassantes, un peu charnues, à larges dentelures,
glabres, sans nervures sensibles; les supérieures très-entières.
Les fleurs sont sessiles, axillaires, solitaires ou quelquefois
géminées, munies de deux bractées subulées; les divisions du
calice très-courtes, obtuses; le tube de la corolle est pileux
en dedans, garni à son orifice de douze ou dix-huit glandes
capitées, pédicellées; les filamens aplatis; les anthères oblongues, à deux loges; l'ovaire est ovale; le style pileux; le stigmate urcéolé, cilié à son orifice; l'urcéole muni en dedans

d'une cloison détachée des bords; le drupe ovale, renfermant une noix tuberculée, à quatre loges; les semences sont ovales. Cette plante croît à la Nouvelle-Hollande, à la terre de Van-Leuwin.

Sévole a feuilles charnues; *Scævola crassifolia*, Lab., *Nov. Holl.*, 1, tab. 79. Arbrisseau d'environ trois pieds, divisé en rameaux cylindriques. Les feuilles sont pétiolées, ovales, arrondies, épaisses, charnues, assez grandes, rétrécies en coin, dentées à leur contour; les inférieures opposées. Les fleurs sont disposées en épis courts, terminaux, touffus, beaucoup plus courts que les feuilles; les fleurs inférieures, solitaires, situées dans l'aisselle d'une foliole linéaire; le tube de la corolle est velu en dedans, nu à son orifice; le style comprimé, un peu velu; le stigmate légèrement velu à son orifice, urcéolé, cloisonné en dedans. Le drupe est strié, en ovale renversé, subéreux, renfermant une noix à deux loges, strié; les semences sont solitaires dans chaque loge, convexes d'un côté, planes de l'autre.

Sévole cunéiforme; *Scævola cuneiformis*, Labill., *loc. cit.*, tab. 80. Cette espèce est, dans toutes ses parties, légèrement pileuse. Ses rameaux sont alternes, comprimés; les feuilles inférieures lancéolées, rétrécies en coin à leur base, dentées vers leur sommet, longues de deux ou trois pouces; les supérieures plus courtes, alternes; les florales lancéolées, entières, accompagnées de plusieurs autres feuilles plus petites dans leur aisselle, d'où résulte, par le développement, un épi alongé et feuillé avec deux ou trois bractées dans chaque aisselle. Les découpures du calice sont ciliées; le style très-glabre, comprimé; le stigmate barbu d'un côté et cilié. Le fruit est un drupe sec, ovale, ridé, contenant une noix à une seule loge. Les semences sont blanches et ovales. Cette plante croît au cap Van-Diémen, à la Nouvelle-Hollande. (Poir.)

SEVRIOUGA. (*Ichthyol.*) Nom russe de l'esturgeon étoilé. Voyez Esturgeon. (H. C.)

SEWROUGA. (*Ichth.*) Un des noms russes du sterlet. (H. C.)

SEXANGULAIRE. (*Ichthyol.*) Nom d'une espèce de Syngnathe. Voyez ce mot. (H. C.)

SEXES. (*Phys.*) Voyez Système de la génération. (F.)

SEXES [dans les insectes]. (*Entom.*) Nous avons donné

quelques détails à ce sujet à l'article Insectes, tome XXIII de ce Dictionnaire, page 465 et suivantes, ainsi qu'à l'article Accouplement, auxquels nous renvoyons le lecteur. (C. D.)

SEXKANDAD SPINA. (*Ichthyol.*) Nom suédois du syngnathe trompette. Voyez Syngnathe. (H. C.)

SEXRANDING. (*Ichthyol.*) Nom islandois de l'aspidophore armé. Voyez Aspidophore. (H. C.)

SEXTATRIX. (*Ichthyol.*) Le poisson appelé *perca sextatrix* par Linnæus, est le spare sauteur de feu de Lacépède. Voyez Spare. (H. C.)

SEY. (*Ichthyol.*) Nom spécifique d'un merlan décrit dans ce Dictionnaire, tome XXX, p. 126. (H. C.)

SEYAL. (*Bot.*) Nom arabe, cité par M. Delile, de son *acacia seyal*, arbre des déserts de l'Égypte, très-épineux, dont la gousse est linéaire, courbée en faux, suivant l'observation qu'il a insérée dans le Catalogue des plantes recueillies par M. Caillaud, dans son voyage à Meroë. Il croit que c'est l'épine des déserts, mentionnée par Théophraste et Pline, laquelle résiste à la sécheresse des déserts des Coptes. C'est le *mimosa sejal* de Forskal. (J.)

SEYLEM, ZEVEN. (*Bot.*) Noms arabes de l'ivraie, *lolium temulentum*, cités par Daléchamps. (J.)

SEYMERIA. (*Bot.*) Genre de plantes dicotylédones, à fleurs complètes, monopétalées, irrégulières, de la famille des *personées*, de la *didynamie angiospermie* de Linnæus, offrant pour caractère essentiel : Un calice persistant, campanulé, à cinq divisions linéaires, égales ; une corolle campanulée ; le tube court ; le limbe à cinq lobes presque égaux, étalés ; quatre étamines non saillantes ; un ovaire supérieur ; un style ; un stigmate simple ; une capsule à deux valves, à deux loges polyspermes, s'ouvrant au sommet.

Ce genre est très-rapproché des *Gerardia ;* c'est le même que l'*Afzelia* de Walter et de Gmelin, que Michaux avoit cru devoir supprimer, que Pursh, d'abord de la même opinion, a ensuite établi sous un autre nom et avec des caractères plus développés. Smith a employé pour une autre plante le nom d'Afzelia. (Voyez ce mot.)

Seymeria pectinée ; *Seymeria pectinata*, Pursh, *Flor. Amer. Suppl.*, 2, pag. 737. Toute cette plante est pubescente et visqueuse. Ses tiges sont très-rameuses; les rameaux branchus, étalés, garnis de feuilles pectinées, pinnatifides; les découpures entières, linéaires, aiguës; les fleurs petites, disposées en une sorte d'épi, le long des rameaux. Le calice est en cloche, à cinq découpures égales, linéaires; la corolle jaunâtre; le tube plus court que le calice; le limbe à cinq lobes étalés, alongés, presque égaux; les quatre étamines ont les filamens courts, insérés a l'orifice de la corolle, et les anthères droites, nues, alongées; l'ovaire est surmonté d'un style incliné, de la longueur des étamines; le stigmate simple. Le fruit est une capsule arrondie, à deux valves, à deux loges, s'ouvrant au sommet; les semences sont nombreuses. Cette plante croît dans la Caroline. (Poir.)

SEYREN ou SEÏREN. (*Entom.*) On trouve ce nom dans Aristote, Histoire des Animaux, chap. 40, Σερὴν, pour désigner des hyménoptères, voisins des abeilles ou des guêpes. (C. D.)

SFARDJEL. (*Bot.*) Nom arabe du *pyrus hadiensis* de Forskal. L'*anona glabra* de cet auteur est nommé *sferdjel-bindi.* (J.)

SFERRO-CAVALLO. (*Bot.*) Césalpin cite sous ce nom italien le Fer-à-cheval, *Hippocrepis*, genre de plantes légumineuses. (J.)

SFOGLIA. (*Ichthyol.*) Nom italien des Pleuronectes. Voyez ce mot. (H. C.)

SGAA. (*Bot.*) Nom arabe du *lithospermum hispidum* de Forskal, qui est l'*heliotropium undulatum* de Vahl. (J.)

SGARZA. (*Ornith.*) C'est le héron, *ardea*, en italien. (Ch. D.)

SGIAIA. (*Ornith.*) On appelle ainsi, en Italie, le pic noir, *picus martius*, Linn. (Ch. D.)

SGOMBRO. (*Ichthyol.*) Voyez Scombro. (H. C.)

SGRAMPHO, SGRANFO. (*Ichthyol.*) Noms vénitiens de la Torpille. Voyez ce mot. (H. C.)

SGUACCO. (*Ornith.*) L'espèce de petit crabier connue sous ce nom en Italie et dans les vallées du Boulonnois, est l'*ardea comata*, Linn. (Ch. D.)

SGURABOURSOT. (*Ornith.*) Nom piémontois du héron blongios, *ardea minuta* et *danubialis*, Gmel. (Ch. D.)

SHADDOCIR. (*Ornith.*) Levaillant, dans l'Histoire des

guépiers, tome 3 des Oiseaux dorés, page 64, donne l'oiseau décrit sous ce nom par Forskal et par Sonnini, comme un jeune de l'espèce du guépier Savigny. (Ch. D.)

SHADDOEK. (*Bot.*) Nom donné dans les Indes occidentales à l'oranger pampelmous, suivant Kolbe. (J.)

SHAGA-RAG. (*Ornith.*) Espèce de rollier ainsi nommée par le docteur Shaw dans son Voyage en Barbarie. (Ch. D.)

SHAGAWA. (*Ornith.*) Ce nom, qui signifie oiseau de Serghile, est donné par les Papous au paradisier superbe, *paradisea superba*, Lath. (Ch. D.)

SHAGG. (*Ornith.*) Des voyageurs appellent ainsi les nigauds, espèces de cormorans, *pelecanus graculus*, Linn. (Ch. D.)

SHAL. (*Ichthyol.*) Voyez Synodonte. (H. C.)

SHALACH. (*Ornith.*) Ce nom, qu'on écrit aussi *schalach*, désigne en hébreu le héron, *ardea*, Linn. (Ch. D.)

SHALENUA. (*Ornith.*) C'est le héron en chaldéen. (Ch. D.)

SHAN-HU. (*Ornith.*) Ce nom désigne un merle en chinois. (Ch. D.)

SHAP-WAGTERJE [petit Patre]. (*Ornith.*) Nom donné par les Hollandois du cap de Bonne-Espérance à un oiseau que M. Vieillot rapporte à l'espèce du Traquet pâtre. (Desm.)

SHARMUTH. (*Ichthyol.*) Nom spécifique d'un Macroptéronote. Voyez ce mot. (H. C.)

SHASYWINE. (*Ornith.*) Ce nom est, à la baie d'Hudson, celui d'une hirondelle que M. Vieillot décrit sous le nom d'*hirundo bicolor*, tome 1, page 61 de son Histoire naturelle des oiseaux de l'Amérique septentrionale, où elle est peinte sur la 31.ᵉ planche. (Ch. D.)

SHATAR. (*Bot.*) Voyez Sathar. (J.)

SHAWIA. (*Bot.*) Voyez, dans notre article Myriadène (tom. XXXIV, pag. 40), ce que nous avons dit sur le *Shawia* de Forster. Ajoutons seulement ici que M. De Candolle paroît croire (*Prodr. syst. nat. regn. veg.*, tom. 2, pag. 3) que ce genre *Shawia*, qu'il attribue par erreur à Linné, est le même que le *Turpinia* de M. Bonpland; mais cette opinion, qui ne peut avoir été suggérée à son auteur que par certaines analogies apparentes et superficielles, est absolument inadmissible, soit que l'on consulte les caractères techniques ou les affinités naturelles : car, sous le premier rapport, on trouve que l'aigrette est simple et le stigmate bifide dans le *Shawia*, que l'aigrette est plumeuse et le stigmate indivis dans le *Turpinia;* et sous le second rapport, on doit reconnoître que le *Turpinia* est une Carlinée-Barnadésiée, tandis que le *Shawia* est très-probablement une Vernoniée. (H. Cass.)

SHAWIE, *Shawia*. (*Chétopod.*) Lamouroux (Polyp. flexibles, page 227) a proposé d'établir sous ce nom un genre particulier avec un animal que le docteur Shaw a nommé *tubularia magnifica* (Soc. linn. de Londr., vol. 2, page 228, tab. 9), et qui pourroit bien être une espèce d'Amphitrite, comme paroît le penser M. de Lamarck. Voyez Tubulaire. (De B.)

SHEAH. (*Bot.*) Voyez Scheha. (J.)

SHEAT-FISH. (*Ichthyol.*) Nom anglois du glanis ou mal. Voyez Silure. (H. C.)

SHEFFIELDIE, *Scheffieldia*. (*Bot.*) Genre de plantes dicotylédones, à fleurs complètes, monopétalées, de la famille des *primulacées*, de la *décandrie monogynie* de Linnæus, offrant pour caractère essentiel : Un calice persistant, à cinq divisions ; une corolle campanulée, à cinq lobes; dix filamens : cinq stériles, cinq fertiles opposées aux lobes de la corolle; les anthères échancrées en cœur ; un ovaire supérieur; un style; un stigmate en tête; une capsule uniloculaire, à cinq valves; les semences nombreuses, attachées à un réceptacle central.

Sheffieldie rampante : *Scheffieldia repens*, Linn. fils, *Suppl.*, 135; Forst., *Gen.*, tab. 9; *Samolus repens*, Pers., *Synops*. Petite plante à tige rampante, étalée, qui, par son port, par la forme, la grandeur et la disposition de ses feuilles, ressemble au *peplis portulaca*, dont elle n'est distinguée que par la fructification, qui en est très-différente. Le calice est partagé en cinq divisions aiguës; la corolle campanulée, plus longue que le calice. Son limbe se divise en cinq lobes ovales, réfléchis. Les étamines sont au nombre de dix; les filamens subulés, insérés sur le tube de la corolle; cinq fertiles opposées aux lobes du limbe; cinq stériles, sans anthères : celles-ci sont acuminées, échancrées en cœur; l'ovaire est supérieur, oblong, surmonté d'un style filiforme, de la longueur des étamines, terminé par un stigmate simple, en tête. Le fruit est une capsule conique, à une seule loge, s'ouvrant en cinq valves, renfermant un grand nombre de semences globuleuses, attachées à un réceptacle central. Cette plante croit dans la Nouvelle-Zélande et dans les îles de Pâques.

SHEFFIELDIE BLANCHE; *Scheffieldia incana*, Labill., *Nov. Holl.*, 1, tab. 54. Cette plante a des tiges droites, blanchâtres, ainsi que toutes ses autres parties, de plus chargées de poils nombreux et de glandes saillantes. Les feuilles sont épaisses, alternes, oblongues, acuminées, rétrécies à leur partie inférieure. Les fleurs sont axillaires, pédonculées, terminales. Le calice est persistant, à cinq découpures ovales, aiguës; la corolle presque campanulée; son limbe divisé en cinq lobes presque orbiculaires; les filamens des étamines sont au nombre de dix, subulés, cinq alternes, stériles; les anthères hastées. L'ovaire est ovale, à demi inférieur, à une seule loge, s'ouvrant au sommet en cinq valves opposées aux divisions du calice, renfermant plusieurs semences oblongues, arquées, noirâtres, insérées sur un réceptacle central, turbiné. Cette plante croît au cap Van-Diémen, à la Nouvelle-Hollande. (POIR.)

SHEILD-APPLE. (*Ornith.*) Nom anglois du bec-croisé, *loxia curvirostra*, Linn. (CH. D.)

SHEILD-RAKE. (*Ornith.*) Ce nom, qui s'écrit aussi *shild-rak*, désigne, dans la Zoologie britannique, le tadorne, *anas tadorna*, Linn. (CH. D.)

SHELLI, TORAHA, TORÆBA. (*Bot.*) Noms arabes, suivant Forskal, de son *ipomœa verticillata*, espèce de quamoclit. (J.)

SHELTOBRINSCHKA. (*Ornith.*) Cette espèce de hochequeue est le *motacilla citreola*, Lath. (CH. D.)

SHELTOPUSIK. (*Erpét.*) Voyez l'article BIPÈDE dans le Supplément du tome IV, page 104, de ce Dictionnaire. (H. C.)

SHEP-SHEP. (*Ornith.*) Cette espèce de bruant, qui est le cul-rousset de Buffon, est nommée, par Latham, *fringilla ferruginea*, et par M. Vieillot, *emberiza pratensis*. (CH. D.)

SHEPHERDIA. (*Bot.*) Genre de plantes dicotylédones, à fleurs dioïques, de la famille des *osyridées?* de la *dioécie octandrie* de Linnæus, offrant pour caractère essentiel : des fleurs dioïques ; dans les fleurs mâles, un calice à quatre dents; point de corolle ; huit étamines incluses, alternes avec huit glandes ; dans les fleurs femelles, un calice supérieur, campanulé, à quatre dents ; point de corolle ; un ovaire inférieur, un style ; un stigmate oblique ; une baie monosperme.

SHEPHERDIE DU CANADA : *Shepherdia canadensis*, Nuttal, *Amer.*, 2, pag. 240; *Hippophae canadensis*, Willd., *Sp.*; *Hyppophae argentea*, Pursh, *Amer.* Arbrisseau rameux, épineux, un peu blanchâtre, qui s'étend en rameaux irréguliers. Ses feuilles sont alternes, rapprochées, ovales ou ovales-oblongues, vertes à leur face supérieure, parsemées en dessous de poils disposés par faisceaux, divergens, à peine visibles ; de plus couvertes d'écailles, qui les font paroître argentées, avec des points écailleux d'une couleur ferrugineuse. Les fleurs naissent en petites grappes simples et droites, entre les feuilles, et au moins de la même longueur; elles sont dioïques : les fleurs mâles renferment huit étamines dans un calice à quatre dents, sans corolle; dans les femelles l'ovaire est infère, surmonté d'un style et d'un stigmate simple. Le fruit est une baie à une seule semence. Cet arbrisseau croît au Canada. (POIR.)

SHÉRARDE ; *Sherardia*, Linn. (*Bot.*) Genre de plantes monocotylédones, de la famille des *rubiacées*, Juss., et de la *tétrandrie monogynie*, Linn., qui offre pour caractères : Un calice court, à quatre dents; une corolle monopétale, infundibuliforme, à limbe partagé en quatre lobes, quatre étamines à filamens insérés dans le haut du tube et terminés par des anthères simples; un ovaire infère, surmonté d'un style filiforme, chargé de deux stigmates; deux graines oblongues, accolées l'une à l'autre.

Les shérardes sont des plantes herbacées, ou des arbustes, à feuilles entières, verticillées, et à fleurs terminales ou axillaires. On n'en connoît que deux espèces.

SHÉRARDE DES CHAMPS ; *Sherardia arvensis*, Linn., *Spec.*, 149. Sa racine est annuelle; elle produit une tige plus ou moins rameuse et plus ou moins redressée, haute de six à huit pouces, garnie de feuilles lancéolées, verticillées cinq à six ensemble et hérissées de poils roides. Ses fleurs sont purpurines ou bleuàtres, ramassées, au sommet des tiges et des rameaux, en ombelles garnies d'une collerette formée de folioles glabres et disposées en étoile. Cette espèce croit dans les champs, en France et en d'autres contrées de l'Europe.

Shérarde frutiqueuse; *Sherardia fruticosa*, Linn., *Spec.*, 149. Cette espèce est un arbuste dont les rameaux sont légèrement tétragones, garnis de feuilles étroites, lancéolées, glabres, roulées en leurs bords et verticillées par quatre. Ses fleurs sont blanches, sessiles et axillaires. Cette plante croit dans l'île de l'Ascension. (L. D.)

SHEREGRIG. (*Ornith.*) Nom sous lequel est connue, en Syrie, en Arabie et en Abyssinie, l'espèce de rollier que Bruce a décrite et figurée, tom. 5, in-4.°, pag. 214. C'est le rollier à longs brins, *coracias abyssinica*, Lath., et *galgulus caudatus*, Vieill. (Ch. D.)

SHEWIL-NOSED-SHARK. (*Ichthyol.*) Nom qu'à la Jamaïque on donne au Pantouflier. Voyez ce mot et Zygène. (H. C.)

SHINITILLA. (*Bot.*) A Ceilan on nomme ainsi le *chironia trinervia*, suivant Linnæus. (J.)

SHIRLÉE. (*Ornith.*) C'est, dans Edwards, une espèce de troupiale. (Ch. D.)

SHISKY. (*Ornith.*) Espèce de faucon au Kamtschatka. (Ch. D.)

SHISTURE, *Schisturus*. (*Entoz.*) Genre de vers intestinaux, établi par M. Rudolphi dans son *Systema entozoorum*, tom. 2, part. 2, p. 257, pour un animal trouvé par Redi dans l'estomac et les intestins d'une lune (*tetrodon mola*), et qu'il caractérise ainsi : Corps alongé, cylindrique, divisé, bifide en arrière et terminé en avant par une trompe. Redi, qui donne la figure de ce ver, tab. 20, fig. 1—4, de son Traité des animaux vivant dans les animaux vivans, figure qui a été copiée par M. Rudolphi, *loc. cit.*, tab. 12, fig. 4, donne une assez longue description de cet animal, que celui-ci nomme le Shisture paradoxal, *Schisturus paradoxus*. Son corps, long de cinq à six pouces sur trois lignes de large, et de couleur blanche, arrondi, alongé, d'un diamètre égal dans toute son étendue, est terminé à une extrémité par une sorte de tête subelliptique, plus grosse que le corps, et à l'autre par deux appendices d'un septième environ de la longueur totale, cylindriques, grêles et percés à l'extrémité. Au milieu de leur racine est un orifice pour l'anus. Le canal intestinal, étroit en avant, se dilate presque aussitôt son origine en trois ou quatre renflemens ou nœuds, après quoi il redevient d'un diamètre égal jusqu'à l'anus. Redi parle d'une sorte de cœur hexagone avec une aorte et une veine cave ; mais il ne l'explique pas par des figures. Il ajoute que dans l'individu mâle il y a un canal spermatique, moniliforme, simple en avant, divisé en arrière en deux cornes, qui se terminent par une gaîne continue, dans laquelle sont les appendices mâles, extrêmement aigus. Dans la femelle l'oviducte est très-long dans sa partie simple : elle se termine par un utérus subglobuleux, duquel sortent deux cornes plus courtes que celles du mâle ; elles sont également moniliformes et finissent dans des vagins tout droits.

Redi compare ce ver avec l'échinorhynque du xiphias. Il dit en avoir trouvé vingt individus libres dans la matière blanche et pultacée du canal intestinal du poisson lune. Véritablement il est bien difficile de pouvoir dire ce que c'est. J'ai pensé que ce pourroit être un animal introduit par déglutition dans l'estomac du poisson où il a été trouvé, et qu'il pourroit avoir quelques rapports avec une singulière espèce de siponcle, dont M. Rolando a fait un genre sous le nom de *Bonellia* ; mais cela est peu vraisemblable. L'animal de M. Rolando a cependant aussi l'extrémité postérieure de son corps pourvue de deux longs appendices. (De B.)

SHOREA. (*Bot.*) En parlant du Dipterocarpus de M. Gærtner fils (voyez ce mot), nous avons dit que ce genre, le *Shorea* et le *Dryobalanops*, paroissoient devoir être réunis au *Pterigium* de Correa, publié antérieurement dans les Annales du Muséum, vol. 8 et 10 : ils ont tous un calice en gaîne, étroitement appliqué contre le fruit, sans lui adhérer, et terminé par cinq lobes égaux ou inégaux, dont les plus longs sont en forme d'ailes ou de spatules. Le fruit ne contient qu'une graine dont l'embryon, dénué de périsperme, a les lobes minces et grands, roulés autour de la radicule montante, comme dans les Myrobolanées, différentes par l'adhérence du calice au fruit. Ces genres ont plus d'affinités par la non-adhérence avec les laurinées ; mais dans celles-ci les lobes sont droits et épais, non roulés autour de la radicule, et le *pterigium* n'a avec elles qu'une affinité incomplète. (J.)

SHOREBIRD. (*Ornith.*) Nom anglois de l'hirondelle de rivage, *hirundo riparia*, Linn. (Cʜ. D.)

SHORLITE. (*Min.*) Kirwan a décrit sous ce nom le minéral qui paroît être le même que celui qui a été désigné ailleurs sous celui de leucolite, de picnite, et qu'on regarde maintenant comme une variété ou une sous-espèce de topaze. Cependant les lieux et les auteurs qu'il cite à l'occasion de cette pierre, font naître de grands doutes sur ce rapprochement. (B.)

SHORT-SUN-FISH. (*Ichthyol.*) Voyez à l'article Sᴜɴ-ꜰɪsʜ. (H. C.)

SHORTEAD. (*Mamm.*) Les jeunes baleineaux encore à la mamelle sont ainsi nommés par les Anglois. (Dᴇsᴍ.)

SHORTER-PIPPE. (*Ichthyol.*) Nom anglois du syngnathe trompette. Voyez Sʏɴɢɴᴀᴛʜᴇ. (H. C.)

SHOULL-FALL. (*Ornith.*) C'est, en écossois, le pinson commun, *fringilla cœlebs*, Linn. (Cʜ. D.)

SHOUT. (*Ornith.*) Le P. Kenneth Macaulay, dans son Histoire de Saint-Kilda, pag. 180 de la traduction françoise, renvoie, pour ce mot et celui d'*eligug*, aux mots Lᴀᴠɪᴇ et Rᴀᴢᴏʀʙɪʟʟ. Voyez-les dans ce Dictionnaire; voyez aussi Eʟɪɢᴜɢ. (Cʜ. D.)

SHOVEL. (*Ichthyol.*) Nom anglois du calliomore indien. Voyez Cᴀʟʟɪᴏᴍᴏʀᴇ. (H. C.)

SHREITZ. (*Ornith.*) Ce nom, qui s'écrit aussi *shrite*, désigne, en anglois, la grive draine, *turdus viscivorus*, Linn. (Cʜ. D.)

SHRO-SAGGI. (*Ornith.*) Nom japonois qui, selon Kæmpfer, désigne le héron blanc. (Dᴇsᴍ.)

SHRŒKKE. (*Ornith.*) C'est, en danois, le harle huppé, *mergus serrator*, Linn. (Cʜ. D.)

SHULZIA, *Shulzia*. (*Bot.*) Genre de plantes dicotylédones, à fleurs complètes, irrégulières, monopétalées, de la famille des orobanchées, de la *didynamie angiospermie* de Linnæus, offrant pour caractère essentiel : Un calice persistant, à deux divisions; une corolle tubulée, à deux lèvres; la supérieure bifide, l'inférieure entière; quatre étamines didynames; l'ovaire supérieur ; un stigmate sessile ; une capsule uniloculaire, à deux valves; les semences nombreuses.

Ce genre ne contient qu'une seule espèce, jusqu'alors peu connue, le *shulzia obolarioides*, Schmalt., Journ. bot., 1, p. 219. Cette plante a des feuilles opposées, sessiles, ovales; les fleurs disposées en épis, accompagnées de bractées, qui renferment chacune trois fleurs. Cette plante croît dans la Pensylvanie. (Poir.)

SI, KAKI, ONOKAKI. (*Bot.*) L'arbre cité sous ces noms japonois par Kæmpfer et par Thunberg, est un plaquemi-nier, *diospyros kaki* de Linnæus. Thunberg mentionne encore sous les noms de *si* ou *jesu-ige*, le *ssi* ou *karatas-banna* de Kæmpfer, *citrus trifolia*; et il écrit *si* ou *kuntsjinas*, le *ssi* ou *kuntsjinas* de Kæmpfer, *gardenia florida*. Voyez l'article Ssi. (J.)

SI-SIP. (*Ornith.*) C'est, chez les Klistenaux, une espèce de canard, indiquée par Makensie, tom. 1.er de son Voyage dans l'intérieur de l'Amérique septentrionale. (Ch. D.)

SIA. (*Ichthyol.*) Nom maltois de la scie commune. Voyez Scie. (H. C.)

SIA-SIN-SO. (*Bot.*) Voyez Siaden. (J.)

SIAANVISCH. (*Ichthyol.*) Selon Ruysch, on donne ce nom à un poisson des Indes qui n'a point de dents, dont la langue est épaisse, qui a le dos bleu et le ventre jaune. Ces renseignemens sont bien insuffisans pour faire reconnoître exactement cet animal. (H. C.)

SIACHAL. (*Mamm.*) On a indiqué ce nom comme synonyme de celui de chacal. (Desm.)

SIADEN, SIA-SIN-SO. (*Bot.*) Noms japonois du grand plantain, cités par Thunberg. (J.)

SIAGA, SAGA. (*Bot.*) Noms japonois de l'*iris squalens*, cités par Thunberg. (J.)

SIAGONE, *Siagona*. (*Entom.*) M. Latreille a employé ce nom, tiré du grec, et qui annonce une forte mâchoire, pour désigner un genre d'insectes coléoptères créophages, placés auparavant dans les genres Carabe et Galérite de Fabricius, dont ils se distinguent par le développement de la ganache, qui forme ainsi un menton prolongé. (C. D.)

SIAGONIE. (*Entom.*) M. Kirby a fait connoître sous ce nom

de genre une espéce de coléoptères brachélytres, rangée auparavant avec les staphylins. (C. D.)

SIAGONOTE. (*Ichthyol.*) Nom spécifique d'un holocentre décrit dans ce Dictionnaire, tom. XXI, p. 295. (H. C.)

SIAGONOTES. (*Ichthyol.*) D'après le mot grec Σιαγῶν, qui signifie *mâchoire*, M. Duméril a donné ce nom à une famille de poissons holobranches abdominaux, reconnoissables aux caractéres suivans :

Mâchoires extrêmement prolongées, ponctuées ; opercules lisses ; catopes abdominaux ; rayons des nageoires pectorales réunies.

Le tableau suivant donnera une idée de la distribution des genres qui composent cette famille.

Famille des Siagonotes.

au-dessus ou au-devant des catopes — à appendice	ELOPE.
au-dessus ou au-devant des catopes — sans appendice	SYNODON.
à un rayon plus long	MÉGALOPE.
non apparentes	GALAXIE.
apparentes ; dorsale — vis-à-vis l'anale	ESOCE.
apparentes ; dorsale — peu en arrière des catopes	MICROSTOME.
court ; dorsale — opposée à l'anale	STOMIAS.
court ; dorsale — opposée à l'intervalle de catopes et pectorale	CHAULIODE.
se reployant en dessus	SALANX.
aux mâchoires seulement	ORPHIE.
osseuses, très-solides, comme articulées	LÉPISOSTÉE.
double au moins — deux seulement	SPHYRÈNE.
double au moins — plus de deux, c'est-à-dire — seize à dix-huit	POLYPTÈRE.
double au moins — plus de deux, c'est-à-dire — sept, dont six petits	SCOMBRÉSOCE.

(Nageoire du dos : unique ; en arrière des catopes ; écailles de corne : dorsale ; sans rayons plus longs ; dents dans plusieurs part. de la bouche autres que les mâchoires ; opercules ordinaires ; museau prolongé ; écailles.)

Voyez ces divers noms de genres, et Abdominaux dans le Supplément du tome Ier de ce Dictionnaire. (H. C.)

SIAGUE. (*Ornith.*) Les Papous de la Nouvelle-Guinée donnent ce nom à l'oiseau de paradis émeraude, que les naturels de Waigiou appellent *mambéfore.* (Ch. **D.**)

SIAKUNA. (*Bot.*) Voyez Mucago-Nisin. (J.)

SIALIS. (*Entom.*) Nom donné par M. Latreille à un genre d'insectes névroptères, de la famille des stégoptères. Voyez Semblide. (C. D.)

SIALITE. (*Bot.*) Voyez Dillenia, Syalita. (J.)

SIALLOUS. (*Bot.*) Ce nom et ceux de *souillous* et de *nissoulous* dérivent du latin *suillus*, et sont donnés, dans divers endroits des provinces méridionales de la France, à diverses espéces de champignons des genres Boletus, Polyporus et Suillus. Voyez ces mots. (Lem.)

SIAM. (*Ichthyol.*) Ruysch parle, sous cette dénomination, d'un poisson dont les Chinois font grand cas, et qu'ils mangent en général grillé. Il a proche de la queue une espèce de dard. (H. C.)

SIAM BLANC. (*Conchyl.*) Nom vulgaire donné quelquefois à la turbinelle poire. (Desm.)

SIAMISEN - TSULU, KAIKINSJA. (*Bot.*) Thunberg cite ces noms japonois de son *ophioglossum japonicum*, qui est maintenant le *lygodium japonicum* de Swartz et un *hydroglossum* de Willdenow. (J.)

SIAMOISE. (*Entom.*) Un insecte hémiptère des environs de Paris et du genre Scutellère a été nommé *punaise siamoise* par Geoffroy, à cause des raies noires et rouges dont son corps est marqué. (Desm.)

SIAMOISE ou SIAMOISE A COLLIER. (*Conchyl.*) Nom vulgaire d'une coquille du genre Natice, *Natica canrena*. (Desm.)

SIASIA. (*Bot.*) Nom donné dans le Pérou à deux palmiers décrits dans la Flore de ce pays, le *morenia* et le *martinezia interrupta*, qui ont tous les deux le feuillage penné. (J.)

SIASMIN. (*Bot.*) Nom malabare du *pentapetes phœnicea* de Linnæus. (J.)

SIATCH. (*Ornith.*) Les Kamtschadales désignent par ce nom différentes espèces d'aigles blancs et noirs, suivant Kraschenninikow. (Ch. D.)

SIBA, FISAKAKI. (*Bot.*) Noms japonois, cités par Thunberg, de son *eurya japonica*. Le châtaignier est nommé *sibakuri*. (J.)

SIBBALDIE; *Sibbaldia*, Linn. (*Bot.*) Genre de plantes dicotylédones polypétales, de la famille des *rosacées*, Juss., et de la *pentandrie pentagynie*, Linn., dont les principaux caractères sont les suivans : Calice monophylle, découpé jusqu'à moitié en cinq ou dix découpures très-ouvertes et alternativement plus étroites; une corolle de cinq pétales ovales, insérés sur le calice; cinq étamines à filamens capillaires, plus courts que la corolle et insérés sur le calice; cinq ou dix ovaires supères, ovales, chargés chacun d'un style latéral, terminé par un stigmate en tête; autant de graines enveloppées par le calice persistant.

Les sibbaldies sont des plantes herbacées, à feuilles ternées, découpées ou pinnatifides, et à fleurs terminales ou axillaires. On en connoît six espèces naturelles aux contrées septentrionales, surtout dans l'ancien continent.

* *Calice à six divisions.*

SIBBALDIE COUCHÉE; *Sibbaldia procumbens*, Linn., *Spec.*, 406. Sa racine est vivace; elle produit ordinairement plusieurs tiges légèrement velues, foibles, la plupart couchées, longues de deux à quatre pouces, garnies à leur base de feuilles ternées, portées sur de longs pétioles, et composées de trois folioles ovales-cunéiformes, velues et soyeuses, surtout dans leur jeunesse. Les fleurs sont jaunes, petites, pédonculées, disposées en un petit corymbe terminal. Cette espèce croît en France, sur les montagnes alpines, et dans les contrées septentrionales de l'Europe, de l'Asie et de l'Amérique.

** *Calice à cinq divisions.*

SIBBALDIE DROITE; *Sibbaldia erecta*, Linn., *Spec.*, 407. Ses tiges sont grêles, droites, rameuses, un peu velues, garnies de feuilles alternes, presque sessiles, divisées jusqu'à leur base en plusieurs découpures linéaires, étroites, aiguës. Les fleurs sont d'un rouge clair, disposées, à l'extrémité des tiges et des rameaux, en petits corymbes formant, dans leur ensemble, une sorte de panicule étalée. Cette espèce croît en Sibérie. (L. D.)

SIBERI-FIJU, UMA-BIJU. (*Bot.*) Noms japonois du pourpier ordinaire, selon Kæmpfer. (J.)

SIBERISK-GAAS. (*Ornith.*) Ce nom a été donné à des espèces d'oies par Linné; mais, quoique ces oies se soient multipliées en domesticité dans la Sibérie, elles sont originaires des pays chauds, et ce sont les mêmes que les oies de Guinée, *anseres guineenses*, Briss. (CH. D.)

SIBÉRITE. (*Min.*) C'est le nom qu'on a voulu donner à une sorte particulière de tourmaline rouge, parce qu'on l'a trouvée en premier lieu en Sibérie. On l'a nommée aussi daourite, pour spécifier davantage la partie de cette immense con-

trée où on l'a trouvée plus particuliérement. Voyez Tourmaline. (B.)

SIBI. (*Bot.*) Nom japonois, cité par Kæmpfer, du *lager-
stræmia indica*, arbrisseau cultivé dans les jardins d'ornement
du Japon. Le *sibi kaki* est le *diospyros kaki* de Linnæus. (J.)

SIBILANTE. (*Erpét.*) Voyez Malpole. (H. C.)

SIBINIE, *Sibinia* ou *Sibynes*. (*Entom.*) Genre d'insectes coléoptères rhinocéres, établi sous le premier nom par M. Germar, et sous le second, par M. Schœnherr, pour y ranger
quelques charansons; tels que celui du *lychnis viscaria* de la
potentille. Voyez, à l'article Rhinocères, le genre indiqué sous
le n.° 143. (C. D.)

SIBITO-BANNA. (*Bot.*) Voyez Seki-San. (J.)

SIBON. (*Erpét.*) Nom spécifique d'une couleuvre décrite
dans ce Dictionnaire, tome XI, pag. 198. (H. C.)

SIBTHORPE; *Sibthorpia*, Linn. (*Bot.*) Genre de plantes
dicotylédones monopétales, de la famille des *rhinanthées*,
Juss., et de la *didynamie angiospermie*, Linn., dont les principaux caractéres sont les suivans : Calice monophylle, turbiné, à cinq divisions ; corolle monopétale, à tube court, à
limbe partagé en cinq lobes égaux, ouverts; quatre étamines
didynames ; un ovaire supére, arrondi, portant un style cylindrique surmonté d'un stigmate simple ; capsule orbiculaire,
comprimée, à deux loges s'ouvrant par leur sommet, et contenant plusieurs graines.

Les sibthorpes sont des plantes herbacées, à feuilles alternes
et à fleurs axillaires. On en connoît trois espéces, dont deux
sont exotiques ; la suivante est la plus connue.

Sibthorpe d'Europe; *Sibthorpia europæa*, Linn., *Spec.*, 384.
Sa racine est vivace ; elle produit des tiges grêles, rampantes,
velues, longues d'un pied ou environ, garnies de feuilles pétiolées, orbiculaires ou réniformes, crénelées en leurs bords.
Ses fleurs sont jaunes, petites, portées, dans les aisselles des
feuilles, sur des pédoncules solitaires, beaucoup plus courts
que les pétioles. Cette plante croît dans les lieux humides
et sur les bords des eaux en Angleterre, en Portugal; on la
trouve aussi en France, dans la Bretagne, l'Aquitaine, la
Normandie et même aux environs de Paris. (L. D.)

SIBURATIA. (*Bot.*) Ce genre de M. du Petit-Thouars, fait

à Madagascar, a été réuni au *bæobotrys* de Forster, qui lui-même est congénère du *mæsa*, dans la famille des éricinées. (J.)

SIC-SIC. (*Ornith.*) Suivant MM. Lesson et Garnot, zoologistes de l'expédition de *la Coquille*, les habitans du port Praslin, à la Nouvelle-Irlande, donnent ce nom à un souïmanga, *cynniris equestris*. (Ch. D.)

SICCIRIA. (*Bot.*) Nom africain de l'aneth, cité par Ruellius. (J.)

SICELION. (*Bot.*) Un des noms donnés, suivant Pline, au *psyllium*, lequel. conforme à celui que nous connoissons par ses graines qui ressemblent à des puces, en diffère beaucoup par sa tige qu'il dit sarmenteuse, par ses fruits terminaux, imitant des grains de poivre et charnus; d'où il résulte qu'on ne sait pas quel est le *psyllium* de Pline. (J.)

SICELIOTICON. (*Bot.*) Voyez Cataphysis. (J.)

SICELIUM. (*Bot.*) Genre de P. Browne qu'Adanson réunissoit au *coccocipsilum*, et que nous avons cru devoir rapprocher du *tontanea* dans la famille des rubiacées. (J.)

SICHAM. (*Bot.*) Nom africain du panais sauvage, suivant Ruellius et Mentzel. (J.)

SICHETRA. (*Ornith.*) Flacourt (Histoire de Madagascar, p. 166) fait mention de cet oiseau parmi ceux qui habitent les bois, et dit qu'il est de la taille du merle, que son plumage est noir, et qu'il a une grande plume blanche de la longueur d'un pied. (Ch. D.)

SICHLER. (*Ornith.*) C'est, dans Gesner, le courlis vert ou ibis vert, *tantalus falcinellus*, Lath. (Ch. D.)

SICKINGIA (*Bot.*), Willd., *Nov. act. Berol.*. 2; Schrad., *Journ. bot.*, 1800, p. 291. Ce genre nous est encore très-peu connu : il appartient à la *pentandrie monogynie* de Linnæus, et offre pour caractère essentiel : Un calice a cinq dents; une corolle campanulée; cinq étamines; un ovaire supérieur; un style; une capsule ligneuse, à deux loges, à deux valves; les semences ailées.

Ce genre renferme deux espèces : 1.° le *sickingia erytroxylon*, dont les feuilles sont oblongues, dentées au sommet, pubescentes en dessous, est un arbre de trente a quarante pieds, dont le bois est très-dur, qui croît sur les montagnes boisées, aux environs de Caracas. On trouve dans les mêmes localités,

2.° le *sickingia longifolia*, dont les feuilles sont glabres à leurs deux faces, très-entières à leurs bords, oblongues, en ovale renversé. (Poir.)

SICOMORE. (*Bot.*) Nom vulgaire de l'érable faux-platane. (L. D.)

SICOURI. (*Ornith.*) Les Créoles et les Nègres de Cayenne nomment ainsi le guit-guit sucrier, *certhia flaveola*, Linn. (Ch. D.)

SICRIN. (*Ornith.*) Cet oiseau, qui appartient au genre Choquart, *Pyrrho-corax*, Cuv., et dont parle Levaillant, Afr., tom. 2, pag. 92, se distingue par trois tiges sans barbes, aussi longues que le corps, qu'il porte, de chaque côté, parmi les plumes qui couvrent son oreille. (Ch. D.)

SICUPNOES. (*Bot.*) Le panicaut ou chardon roulant, *eryngium*, étoit ainsi nommé chez les Daces, suivant Ruellius et Mentzel, qui disent aussi que c'étoit le *sisartos* dans le pays des Mages. (J.)

SICUREL. (*Ichthyol.*) Voyez Sieurel. (H. C.)

SICUS. (*Entom.*) Voyez Sique. (Desm.)

SICYOIDES. (*Bot.*) Ce genre de Tournefort et de Plumier est le *sicyos* de Linnæus. (J.)

SICYOS. (*Bot.*) Genre de plantes dicotylédones, à fleurs monoïques; de la famille des *cucurbitacées*, de la *monoécie monadelphie* de Linnæus, offrant pour caractère essentiel : Dans les fleurs mâles, une corolle (calice) campanulée, le limbe à cinq divisions; le calice soudé avec la corolle, à cinq dents linéaires-subulées; les étamines monadelphes : dans les fleurs femelles, le calice et la corolle comme dans les mâles; un ovaire inférieur; un style; un stigmate trifide; une baie ovale, hérissée de poils; une seule semence.

Sicyos anguleuse : *Sicyos angulata*, Linn., *Sp.*; Lamk., *Ill. gen.*, tab. 796; Pluken., *Alm.*, tab. 26, fig. 4; Dill., *Elth.*, tab. 51, fig. 59; Herm., *Parad.*, tab. 133. Cette plante a des tiges grêles, longues, grimpantes, herbacées, rudes, chargées de poils très-courts, un peu velues à leurs nœuds, munies de vrilles axillaires, filiformes, crêpues, ramifiées, opposées aux pédoncules. Les feuilles sont pétiolées, alternes, distantes, rudes a leurs deux faces, échancrées en cœur à leur base, divisées à leur contour en cinq lobes courts, anguleux, acuminés, garnis de cils très-courts ; les pétioles plus courts que les feuilles, velus, presque lanugineux. Les fleurs sont disposées en grappes solitaires, axillaires, plus longues que les feuilles ; les fleurs mâles portées sur de longs pédoncules velus ; chacune d'elles pédicellée : les fleurs femelles sessiles, réunies en tête à l'extrémité d'un pédoncule au moins une fois plus court que celui des fleurs mâles, sortant souvent de l'aisselle des vrilles. Les corolles sont petites, blanchâtres ; les drupes ovales, oblongs, assez petits, hérissés de poils fins un peu épineux. Cette plante croît dans les contrées septentrionales et méridionales de l'Amérique, ainsi qu'au cap de Bonne-Espérance.

Sɪᴄʏᴏs ᴀ ᴘᴇᴛɪᴛᴇs ғᴇᴜɪʟʟᴇs ; *Sicyos microphylla*, Kunth, *in* Humb. et Bonpl., *Nov. gen.*, 2, pag. 119. Herbe grimpante, vrillée, dont les rameaux sont un peu glabres ; les feuilles alternes, pétiolées, profondément sinuées en cœur, à sept lobes denticulés, à cinq nervures membraneuses, un peu rudes, longues d'un pouce ; les lobes aigus, ou un peu acuminés, les inférieurs très-petits : les pétioles longs de huit à dix lignes, pileux ; les vrilles opposées aux feuilles, un peu glabres, trifides ; ses divisions en spirale ; les fleurs sont portées par de longs pédoncules pileux. Les pédoncules des fleurs femelles sont réunis dans les mêmes aisselles avec les fleurs mâles, longs de trois ou quatre lignes ; les fleurs réunies trois ou quatre ensemble. La corolle mâle est hémisphérique, verdâtre, campanulée, hérissée, à cinq découpures ; le calice adhérent, à cinq dents subulées, alternes avec les divisions de la corolle ; les filamens sont connivens ; les anthères fortement rapprochées et formant presque un seul corps ; les fruits agglomérés en tête, ovales, sessiles, monospermes, hérissés de longues pointes rudes, sétiformes. Cette plante croît au Mexique.

Sɪᴄʏᴏs ᴀ ᴘᴇᴛɪᴛᴇs ғʟᴇᴜʀs : *Sicyos parviflora*, Willd., *Spec.*, 4, p. 626 ; Kunth, *loc. cit.* Cette espèce est grimpante ; sa tige garnie de vrilles ; ses rameaux glabres ; les feuilles alternes, pétiolées, ovales, un peu arrondies, aiguës, presque anguleuses, profondément échancrées en cœur, denticulées, membraneuses, à cinq nervures, un peu rudes à leurs deux faces ; les pétioles hispides, longs d'un ou deux pouces ; les pédoncules axillaires, géminés ; les vrilles opposées aux feuilles, trifides, un peu hispides : des deux pédoncules l'un porte des fleurs mâles nombreuses, en grappes; la corolle est en roue, campanulée, anguleuse, à cinq divisions, blanchâtre, presque glabre; les divisions linéaires, subulées, celles du calice soudées, ovales, aiguës; les filamens sont courts et connivens; les anthères rapprochées; les fleurs femelles sessiles, en ombelle capitée; l'ovaire est conique, armé de très-petites épines; le style glabre; le stigmate à trois lobes; les baies, en tête agglomérées ou solitaires, sont parsemées de petites épines. Cette plante croît sur les montagnes de Quito, dans les contrées tempérées.

Sicyos laciniée; *Sicyos laciniata*, Linn., *Spec.*, Plum., *Amer. et Icon.*, 243. Plante grimpante, dont les tiges sont grêles, presque filiformes, glabres, tortueuses, comme celles des liserons. Les feuilles sont alternes, pétiolées, larges, fortement échancrées en cœur à leur base, presque palmées, glabres en dessus, rudes, hérissées de poils roides en dessous, divisées en plusieurs lobes très-profonds, irréguliers, chacun d'eux inégalement incisé. Les vrilles sortent de l'aisselle des feuilles; elles se divisent, à leur sommet, en trois parties; celle du milieu beaucoup plus longue que les deux autres. Les fleurs femelles sont sessiles, agrégées, axillaires, ainsi que les baies charnues, arrondies, hérissées de pointes nombreuses. Cette plante croît dans les contrées méridionales de l'Amérique.

Sicyos a feuilles de vigne; *Sicyos vitifolia*, Willd., *Spec.*, 4, pag. 626. Toute cette plante est visqueuse, couverte d'un léger duvet. Les feuilles, moins profondément découpées que dans les espèces précédentes, sont divisées, à peu près jusque vers leur milieu, en cinq lobes dentés; elles ont à leur base une échancrure en cœur, arrondie : elles répandent une odeur qui se rapproche de celle d'une sauge. Les fleurs, tant mâles que femelles, sont disposées comme celles du *Sicyos angulata*, mais elles sont une fois plus petites. Le lieu natal de cette plante n'est pas connu. (Poir.)

SIDA. (*Bot.*) Suivant Adanson, ce nom a été donné par Hippocrate au grenadier, *punica*; par Théophraste au nénuphar, *nymphœa*. Le *sida* des modernes est un genre de Malvacées très-nombreux en espèces. Voyez ci-après. (J.)

SIDA. (*Bot.*) Genre de plantes dicotylédones, à fleurs complètes, polypétalées, de la famille des *malvacées*, de la *monadelphie polyandrie* de Linné, offrant pour caractère essentiel : Un calice persistant, simple, anguleux, à cinq divisions ; cinq pétales ; un grand nombre d'étamines réunies en un seul faisceau, libres à leur partie supérieure ; un ovaire supérieur, orbiculaire ; un style à plusieurs divisions ; plusieurs capsules réunies, renfermant chacune une ou trois semences.

Ce genre renferme un très-grand nombre d'espèces, toutes étrangères à l'Europe ; mais elles offrent l'avantage de pouvoir être cultivées facilement et sans exiger beaucoup de soins. Il leur faut une bonne terre et une exposition au soleil. Les fleurs sont belles, d'un jaune plus ou moins foncé, rarement blanches, et dans quelques espèces violettes ou purpurines ; la plupart sont fort agréables par leur port, par l'élégance et la grandeur de leur corolle, par leurs grandes et belles feuilles presque toujours cotonneuses, douces au toucher. Le nom de *Sida* est celui d'une ville de Béotie. Il a été employé par Théophraste pour une plante qui croît vers le lac Orchomène ; elle nous est inconnue : Adanson la soupçonne un *nymphæa*.

Le grand nombre d'espèces a fait établir des subdivisions que Willdenow a appuyées sur la forme des feuilles, sur les pédoncules uniflores, très-fréquent, ou multiflores. Cavanilles leur a donné plus d'étendue, plus de naturel, en les établissant sur les fruits. Il forme d'abord deux grandes coupes d'après le nombre des semences, d'une à trois dans chaque capsule ; chaque coupe est de nouveau divisée selon le nombre des capsules pour chaque fruit, de cinq à sept, de sept à dix, de dix à trente.

Quoique ces coupes ne soient pas sans difficultés, cependant Cavanilles, d'après l'examen d'un grand nombre d'espèces, a essayé d'établir quelques principes généraux dont il dit avoir vu peu d'exceptions ; c'est ainsi que dans les espèces dont les fruits ne contiennent pas au-delà de dix capsules monospermes, il a remarqué que la corolle avoit ses pétales échancrés en deux lobes inégaux, l'un plus alongé et souvent aigu, l'autre plus large et plus court ; mais lorsque les fruits ont plus de dix capsules monospermes, ou lorsque les capsules contiennent plusieurs semences, alors les pétales sont entiers, crénelés ou à peine échancrés. Les capsules varient quant au nombre des semences : elles en contiennent deux à trois, quelquefois deux par avortement dans celles qui doivent en avoir trois. Le nombre des capsules est presque toujours impair dans les fruits, jamais au-dessous de cinq. Les capsules monospermes vont jusqu'à dix, rarement trente ; celles à plusieurs semences vont de cinq à trente et plus. Les fruits, à capsules monospermes, sont renfermés dans le calice et plus courts que lui : c'est le contraire pour les capsules polyspermes.

Il est à remarquer que le pédoncule des fleurs est muni, vers son sommet ou un peu au-dessous du calice, d'un anneau assez saillant dans quelques espèces, semblable à une articulation, remplacé dans d'autres par une ligne circulaire, d'où vient l'expression de *pédoncule articulé* ou *annulaire*, employée par Cavanilles. C'est, dans les deux cas, une véritable articulation ; c'est le point où les fruits et même les fleurs se détachent du pédoncule. Le nombre des styles est égal à celui des capsules ; mais ces styles, rarement libres, sont plus ordinairement adhérens en tube autour de l'ovaire, à leur partie inférieure.

§. 1.er *Capsules à une seule semence.*

* Cinq capsules.

Sida a feuilles étroites : *Sida angustifolia*, Lamk., Encycl. ; Cavan., *Diss.*, 1, tab. 2, fig. 2 ; l'Hérit., *Stirp. nov.*, 1, t. 52. Sous-arbrisseau qui s'élève à la hauteur de trois ou quatre pieds, et à rameaux grêles, redressés ; les feuilles sont molles, douces au toucher, étroites, presque linéaires, pétiolées ; elles varient dans leur longueur, et sont d'autant plus étroites qu'elles se rapprochent davantage du sommet des rameaux. Les stipules sont sétacées ; les pétioles courts : les fleurs jaunes, axillaires, assez petites, solitaires. Les anthères sont petites, arrondies ; l'ovaire est orbiculaire, à cinq sillons ; les cinq styles sont de couleur purpurine, à peine connivens à leur base ; les stigmates globuleux ; le fruit, renfermé dans le calice, est composé de cinq capsules, terminées par deux pointes presque épineuses ; les semences sont un peu triangulaires et noirâtres. Cette plante croît aux îles de France et de Bourbon.

SIDA ÉPINEUX : *Sida spinosa*, Linn., *Spec.;* Cavan., *Diss.*, 1, tab. 1, fig. 9; Pluken., *Almag.*, tab. 9, fig. 6; Commers., *Hort.*, 1, tab. 2. Plante herbacée, dont la tige s'élève à la hauteur de deux ou trois pieds. Les feuilles sont ovales, lancéolées, presque en cœur, dentées; les stipules sétacées ; de petites callosités épineuses sont à la base des pétioles. Les fleurs sont jaunes, solitaires, axillaires, assez petites; les pétales étalés, à deux lobes peu profonds, inégaux (l'un des deux plus long, plus aigu); les anthères arrondies, placées à l'extrémité du tube des filamens; l'ovaire est orbiculaire, à cinq sillons; le style simple, à cinq divisions. Les fruits, renfermés dans le calice, contiennent cinq capsules à deux pointes. Cette plante croît dans les Indes orientales.

SIDA LIGNEUX ; *Sida frutescens*, Cavan., *Diss.*, 1, tab. 10, fig. 1. Arbrisseau à tige droite, cylindrique et rameuse, haute de quatre pieds, un peu comprimée, légèrement pubescente vers leur sommet, d'un brun foncé. Les feuilles sont alternes, pétiolées, ovales-oblongues, nombreuses, un peu pubescentes, dentées en scie; les stipules droites, capillaires. Les fleurs sont solitaires, axillaires; les pédoncules simples, géniculés, une fois plus longs que les pétioles. Le calice est anguleux, de forme pyramidale, à cinq découpures planes, aiguës; la corolle jaune, un peu ouverte, à pétales échancrés en deux lobes inégaux; l'ovaire globuleux, à cinq styles. Le fruit est renfermé dans le calice, composé de cinq capsules à deux pointes. Cette plante croît dans l'Amérique méridionale. On la cultive au Jardin du Roi.

SIDA A FEUILLES D'ORME ; *Sida ulmifolia*, Cavan., *Diss.*, 1, tab. 2, fig. 4. Ses tiges sont droites, cylindriques, rameuses, hautes de deux pieds; les feuilles alternes, pétiolées, ovales, en cœur, rétrécies au sommet en une longue pointe, glabres, crénelées, une fois plus longues que le pétiole ; les stipules droites, subulées. Les fleurs sont axillaires, solitaires; les pédoncules simples, géniculés, de la longueur des pétioles ; le calice ovale, à cinq faces, à cinq divisions renfermant cinq capsules terminées chacune par une pointe alongée, courbée en hameçon. Cette plante croît à l'île de Saint-Domingue.

Sida glutineux; *Sida glutinosa*, Cavan., *Diss.*, t. 1, 2, fig. 8. Cette plante a des tiges droites, cylindriques, couvertes d'un duvet glutineux, haute de deux pieds et plus. Les rameaux sont nombreux, paniculés; les feuilles alternes, distantes, à longs pétioles, assez grandes, ovales, en cœur, acuminées au sommet, dentées en scie, tomenteuses en dessous; les feuilles supérieures beaucoup plus étroites et plus petites; les stipules petites, sétacées, étalées; les pédoncules sont capillaires, ordinairement au nombre de deux dans les aisselles des feuilles, simples, géniculés, uniflores; quelquefois l'un d'eux porte deux ou trois fleurs pédicellées. Le calice est globuleux, médiocrement anguleux, à cinq divisions très-aiguës. Le fruit est composé de cinq capsules surmontées de pointes alongées. Cette plante croît à Saint-Domingue et à l'Isle-de-France.

Sida paniculé; *Sida paniculata*, Linn., *Aman.*, 5, p. 401; Cavan., *Diss.*, 1, tab. 12, fig. 5. Cette espèce a des tiges grêles, pubescentes, très-simples ou à peine rameuses, hautes de deux pieds. Les feuilles sont ovales, en cœur, pubescentes en dessous, acuminées, dentées en scie: les pétioles courts, un peu tomenteux: les stipules subulées, plus longues que les pétioles. Les fleurs sont axillaires, disposées en une panicule lâche, étalée, axillaire; les pédicelles très-fins, munis à leur base de très-petites bractées courtes, aiguës, le calice est un peu globuleux, à cinq divisions ovales, aiguës; la corolle petite et jaune; les fruits globuleux, de la grandeur du calice, composés de cinq capsules à deux petites pointes à peine sensibles. Cette plante croît à la Jamaïque et au Pérou.

Sida a feuilles d'aulne; *Sida alnifolia*, Linn., *Spec.*; Cavan., *Diss.*, 1, tab. 1, fig. 13. Sa tige est d'un vert brun, garnie de rameaux ouverts, légèrement velus, haute d'un pied et plus. Les feuilles sont ovales, lancéolées, obtuses, dentées, vertes en dessus, blanchâtres en dessous: les inférieures arrondies, en cœur: celles du milieu elliptiques; les stipules droites, subulées, un peu ciliées; les fleurs jaunes, petites, axillaires, presque sessiles, ordinairement réunies trois ou quatre ensemble. Cette plante croît dans les Indes orientales.

** Capsules au nombre de sept à dix.

Sida a feuilles de charme; *Sida carpinifolia*, Linn., *Suppl.*;

Cavan., *Diss.*, 5, tab. 134, fig. 1. Petit arbrisseau qui s'élève à la hauteur d'environ deux pieds sur une tige droite, divisée en rameaux diffus, étalés, comprimés, garnis de deux rangs de poils opposés. Les feuilles sont médiocrement pétiolées, glabres, ovales, lancéolées, placées sur deux rangs, finement et inégalement dentées en scie; chaque dentelure terminée par un petit poil roide; les stipules droites, subulées, conniventes, plus longues que les pétioles. Les fleurs sont solitaires ou plus souvent trois ou cinq réunies dans l'aisselle des feuilles, en forme de petites ombelles velues, de la longueur des pétioles; le calice est glabre; la corolle jaune, petite; le fruit renfermé dans le calice, composé de neuf capsules, terminées par deux pointes un peu divergentes. Cette plante croît à l'île de Madère et à Saint-Domingue.

Sɪᴅᴀ ᴀ ꜰᴇᴜɪʟʟᴇꜱ ᴇ́ᴍᴏᴜꜱꜱᴇ́ᴇꜱ; *Sida retusa*, Linn., *Spec.*, Cavan., *Diss.*, 1, tab. 3, fig. 4, et *Diss.*, 5, tab. 131, fig. 2. Plante d'environ deux pieds. Sa tige est cylindrique, très-rameuse, d'un vert cendré. Les feuilles sont petites, cunéiformes, émoussées et comme tronquées à leur sommet, où elles forment une légère échancrure, munie d'une petite pointe, vertes en dessus, blanchâtres et cotonneuses en dessous, dentées et portées sur de courts pétioles; les stipules petites, droites et subulées. Les fleurs sont jaunes; les pédoncules un peu plus longs que les feuilles; le calice est anguleux et renferme neuf capsules dépourvues de pointes. Cette plante croît dans les Indes orientales.

Sɪᴅᴀ ᴀ ᴛʀᴏɪꜱ ʟᴏʙᴇꜱ; *Sida triloba*, Cavan., *Diss.*, 1, tab. 1. fig. 11, et *Diss.*, 5, tab. 131, fig. 1; Jacq., *Hort. Schœnbr.*, 2, tab. 142. Ses tiges sont droites, ligneuses, cylindriques, rameuses, un peu velues, hautes d'environ deux pieds; les rameaux grêles, élancés; les feuilles portées sur de longs pétioles, vertes à leurs deux faces, un peu velues; les inférieures ovales, arrondies, entières, échancrées en cœur, crénelées; les supérieures plus ou moins profondément divisées en trois lobes, quelquefois en cinq, dentées; celui du milieu lancéolé, un peu aigu; les pétioles velus; les stipules lancéolées, ciliées. Les fleurs sont solitaires, axillaires; les pédoncules simples, très-longs, filiformes, géniculées, velus, inclinés à leurs articulations; le calice est glabre, anguleux, pyramidal, s'ouvrant en cinq découpures ovales, un peu aiguës; la corolle blanche, un peu plus longue que le calice, à pétales entiers, arrondis, rétrécis en onglet à leur base; les huit capsules sont obtuses, renfermées dans le calice. Cette plante croît au cap de Bonne-Espérance. On la cultive au Jardin du Roi.

Sida a feuilles de ricin : *Sida ricinoides*, l'Hérit., *Stirp. nov.*, 1, tab. 55; *Sida palmata*, Cavan., *Diss.*, 1, tab. 3, fig. 5. Espèce remarquable par la grandeur et la forme de ses feuilles. Ses tiges sont hautes d'environ trois pieds, rameuses, roussâtres et velues; les feuilles amples, à longs pétioles, semblables à celles du ricin, en cœur à leur base, en cinq grands lobes ovales, inégaux, acuminés, un peu velus, d'un vert gai, dépourvues de stipules. Les fleurs sont axillaires, solitaires; les pédoncules simples ou rameux, filiformes, articulés; le calice est glanduleux et velu, à divisions lancéolées, aiguës; la corolle d'un pourpre clair, à peine plus longue que le calice, à pétales velus, tronqués obliquement au sommet; l'ovaire conique, à huit faces; le stylé à huit divisions réfléchies au sommet; les huit capsules sont anguleuses et terminées par deux pointes roides, renfermées dans le calice. Cette plante croît au Pérou. On la cultive au Jardin du Roi.

Sida a feuilles de jatropha : *Sida jatrophoides*, l'Hérit., *Stirp.*, 1, tab. 56; Lamk., *Ill. gen.*, tab. 578; fig. 1; *Sida palmata*, Cavan., *Diss.*, 5, tab. 151, fig. 3; Jacq., *Ic. rar.*, 3, tab. 547. Cette espèce se distingue de la précédente par les lobes de ses feuilles étroits, profonds, sinués, ondulés à leur contour. Les tiges sont rameuses, hautes de deux pieds, à peine velues; les feuilles grandes et palmées, un peu velues en dessous; leurs lobes au nombre de sept, lancéolés, aigus, dentés en scie; les pétioles velus, avec des taches violettes; point de stipules. Les fleurs sont disposées presque en une panicule terminale, très-lâche, dont chaque division est accompagnée d'une petite feuille pétiolée; les pédoncules sont velus, de couleur purpurine; les divisions du calice velues, lancéolées, aiguës; la corolle, à peine plus longue que le calice, a les pétales entiers ou médiocrement échancrés; les huit capsules monospermes, à deux pointes, sont renfermées dans le calice. Cette plante a été découverte au Pérou par Dombey. On la cultive au Jardin du Roi.

Sida des Canaries : *Sida canariensis,* Willd., *Spec.; Sida alba, Diss.,* 1, tab. 3, fig. 8, vulgairement Thé des Canaries. Petit arbuste à tige glabre, cylindrique et rameuse ; les rameaux de couleur cendrée ; les feuilles sont alternes, presque sessiles, ovales, oblongues, un peu obtuses ; les supérieures plus étroites, linéaires, lancéolées, aiguës, dentées en scie, vertes et glabres en dessus, blanchâtres, douces et un peu pubescentes en dessous, longues d'un pouce et plus ; les pétioles très-courts, avec deux petites bractées sétacées. Les fleurs sont solitaires, axillaires, portées par de longs pédoncules simples, filiformes, géniculés. Le calice est glabre, verdâtre, anguleux, à divisions planes, un peu élargies, presque rhomboïdales, aiguës ; la corolle blanche, un peu plus longue que le calice ; l'ovaire globuleux, à neuf ou dix sillons ; les stigmates sont de couleur purpurine ; les neuf ou dix capsules brunes, anguleuses, monospermes, terminées par deux pointes. Cette plante croit dans les iles Canaries.

Quelques habitans des îles Canaries substituent au thé les feuilles de ce sida, qu'ils appellent *thé des Canaries :* elles passent pour sudorifiques, d'une saveur un peu amère, assez agréable. On enlève ces feuilles des tiges avec précaution, et on les met sécher dans un lieu sec, à l'abri du soleil. Pour juger si elles ont perdu toute leur humidité, on les couvre d'un papier, et l'on passe dessus des lames de fer chaud. Dès que le papier ne prend plus d'humidité, ces feuilles sont renfermées dans des vases bien propres, sans odeur, pour s'en servir au besoin.

Sida rhomboïdal; *Sida rhombifolia,* Linn., *Spec.,* Cavan., *Diss.,* 1, tab. 3, fig. 12. Ses tiges sont ligneuses, les rameaux grêles et souples, d'un brun rougeâtre ; ses feuilles ovales-lancéolées, entières, rétrécies en coin à leur base, ovales-lancéolées, rhomboïdales, molles, vertes en dessus, blanchâtres et un peu glauques en dessous, à peine pétiolées ; les stipules droites, subulées. Les fleurs sont petites, d'un jaune pâle, solitaires, axillaires, soutenues par de longs pédoncules uniflores ; les neuf capsules terminées par deux pointes. Cette plante croit dans les deux Indes.

***** Trente capsules environ.**

Sida en épi ; *Sida spicata*, Cavanilles, *Dissert.*, 1, tab. 8, fig. 1 ; Burm., *Amer.*, tab. 2, fig. 1. Arbrisseau chargé de rameaux très-longs, épais, nombreux, redressés. Les feuilles sont ovales, un peu alongées, un peu en cœur, aiguës, dentées, d'un vert blanchâtre, un peu velues ; les dentelures courtes, distantes. Les fleurs sont alternes, presque en épi terminal ; les inférieures axillaires, les autres nues ; les pédoncules géniculés, plus longs que les pétioles ; le calice est glabre, à découpures ovales, aiguës ; la corolle jaune, étalée, assez grande, à pétales élargis à leur partie supérieure et crénelés. Le fruit blanchâtre, globuleux, beaucoup plus grand que le calice, est composé d'un grand nombre de capsules monospermes, contenant des semences noirâtres. Cette plante croît à l'île de Saint-Domingue.

Sida des bois : *Sida sylvatica*, Cavan., *Diss.*, 5, tab. 133, fig. 2 ; Lamk., *Ill. gen.*, tab. 578, fig. 2. Arbrisseau d'environ dix pieds, dont la tige est très-rameuse, à rameaux pubescens, garnis de feuilles alternes, pétiolées, fort amples, ovales, en cœur, tomenteuses, dentées, longuement acuminées ; les pétioles sont très-longs ; les stipules lancéolées. Les fleurs sont axillaires, géminées ; les pédoncules fort longs, uniflores, géniculés ; le calice est oblong, à cinq angles, à cinq larges divisions acuminées ; la corolle fort grande, d'un jaune de soufre ; l'ovaire tomenteux. Le fruit est renfermé dans le calice, tomenteux, globuleux, ombiliqué, composé de trente ou trente-six capsules monospermes, mutiques. Cette plante croît dans les forêts, sur les bords du fleuve Maragnon au Pérou.

§. 2. *Capsules à trois semences.*

*** Cinq capsules.**

Sida triangulaire : *Sida triquetra*, Linn., *Spec.*, Cavan., *Diss.*, 1, tab. 1 ; Gærtn., *De fruct.*, tab. 134, fig. 5. Cette espèce a des tiges ligneuses, hautes de trois ou quatre pieds, chargée de rameaux à trois angles, munis d'un sillon sur chaque face. Les feuilles sont longuement pétiolées, en cœur, ovales, acuminées, molles, blanchâtres, un peu glauques.

Les fleurs sont petites, solitaires, à longs pédoncules; les divisions du calice étalées, aiguës; la corolle est jaune, souvent purpurine à sa base : l'ovaire prismatique, à cinq faces; le fruit beaucoup plus grand que le calice, pentagone, composé de cinq capsules glabres, mutiques, à trois semences. Cette plante croît à l'île de Saint-Domingue. On la cultive au Jardin du Roi.

SIDA ÉTOILÉ : *Sida stellata*, Cavan., *Diss.*, 1, tab. 5, fig. 4; *Sida nudiflora*, l'Hérit., *Stirp.*, 1, tab. 59 *bis*; Burm., *Amer.*, 2, Icon., 3; *Sida periplocifolia*. var. β, Linn. Ses tiges sont ligneuses, cylindriques, tomenteuses, hautes d'environ quatre pieds, divisées en rameaux élancés, nombreux, paniculés. Les feuilles sont alternes, longuement pétiolées, molles, blanchâtres, particulièrement en dessous, douces au toucher, pubescentes, ovales, arrondies, échancrées en cœur, acuminées, médiocrement dentées; les supérieures quelquefois à trois lobes; les stipules linéaires, aiguës. Les fleurs forment une longue panicule très-lâche, tomenteuse : les pédoncules sont velus, géniculés; les divisions du calice aiguës; la corolle, d'un jaune pâle, a les pétales ouverts en étoile, assez grands, entiers, un peu arrondis. Le fruit est presque rond, plus grand que le calice, de forme pentagone, ouvert en étoile au sommet, composé de cinq ou sept capsules obtuses, à trois semences noirâtres. Cette plante croît à Saint-Domingue, dans les prés secs; on la cultive au Jardin du Roi, ainsi que le *sida periplocifolia*, qui en est très-rapproché.

**** Six capsules.**

SIDA RAMEUX; *Sida ramosa*, Cavan., *Diss.*, 1, tab. 6, fig. 1. Cette plante est, sur toutes ses parties, couverte de poils mous et doux au toucher. Ses tiges sont droites, cylindriques, rameuses; les feuilles alternes, pétiolées, ovales, en cœur, aiguës, presque glabres, profondément dentées en scie; les dents très-inégales; les stipules linéaires. Les fleurs sont disposées en grappes simples, axillaires; les pédoncules alternes, uniflores, géniculés, munis à leur base d'une petite bractée assez semblable aux stipules. Le calice se divise en cinq découpures acuminées. Le fruit, plus grand que le calice, contient six capsules terminées par deux pointes : trois semences sont dans chaque capsule. Cette plante a été découverte au Sénégal par Adanson.

*** Capsules de sept à onze.

SIDA EN OMBELLE : *Sida umbellata*, Linn., *Spec.*; Cav., *Diss.*, 1, tab. 6, fig. 3, et *Diss.*, 5, tab. 129, fig. 2 ; Jacq., *Hort.*, 56. Grande et belle espèce, dont la tige est cylindrique, verdâtre, un peu rameuse, haute de deux pieds et plus. Les feuilles sont alternes, en cœur, presque anguleuses, un peu arrondies, aiguës, un peu tomenteuses et douces au toucher, dentées, aiguës, assez semblables à celles du tilleul. Les pétioles longs d'un pouce, couverts, ainsi que les nervures, de poils distans. Les pédoncules soutiennent à leur sommet plusieurs fleurs pédicellées, presque en ombelle ; la corolle est jaune, d'une grandeur médiocre ; l'ovaire arrondi, surmonté d'environ neuf styles ; les stigmates sont globuleux. Le fruit, fort petit, renfermé dans le calice, contient six à onze capsules à deux pointes ; trois semences sont dans chaque capsule. Cette plante croît dans l'Amérique méridionale.

**** Plus de dix capsules.

SIDA DE L'ILE MAURICE : *Sida mauritiana*, l'Hérit., *Stirp. nov.*, 1, tab. 62 ; Jacq., *Icon. rar.*, 1, tab. 137 ; *Sida planiflora*, Lamk., Enc. ; Cavan., *Diss. bot.*, 1, tab. 7, fig. 4, et *Diss.*, 5, tab. 135, fig. 1. Cette plante a une tige pubescente, rameuse vers son sommet, haute d'environ trois pieds. Les feuilles sont en cœur, acuminées, dentées, presque anguleuses, très-molles, blanchâtres en dessous, larges, d'environ quatre pouces ; les pétioles de même longueur ; les stipules lancéolées. Les fleurs sont jaunes, grandes, solitaires, axillaires ; les pédoncules géniculés ; la corolle est plane ; l'ovaire globuleux et velu ; le fruit hémisphérique, plus grand que le calice, composé d'environ vingt-neuf capsules surmontées d'une pointe subulée, velue ; trois semences. Cette plante croît à l'Isle-de-France. On la cultive au Jardin du Roi.

SIDA ABUTILON : *Sida abutilon*, Linn. ; Cavan., *Diss.*, p. 34 ; Gærtn., *De fruct.*, tab. 135 ; Camer., *Epit.*, 668. Toute la plante est couverte d'un duvet fin, un peu grisâtre, très-mou. Sa tige est ferme, verdâtre, haute de trois à cinq pieds ; garnie de feuilles grandes, en cœur, arrondies, molles, pendantes, crénelées, acuminées, d'un vert clair; à pétioles de la longueur des feuilles. Les pédoncules sont solitaires, axillaires, plus courts que les pétioles, chargés d'une seule fleur jaune; le calice est anguleux, presque aussi long que la corolle. Les capsules sont au nombre de quinze, velues, noirâtres, tronquées, surmontées de deux pointes; trois semences sont renfermées dans chaque capsule. Cette plante, originaire des Indes, est depuis long-temps cultivée dans les jardins; elle est même aujourd'hui naturalisée dans quelques contrées de l'Europe, telles que dans le Piémont.

Sida velouté; *Sida mollissima*, Cavan., *Diss.*, 2, tab. 14, fig. 1. Les tiges sont tomenteuses, cylindriques, très-rameuses, hautes de quatre ou cinq pieds et plus. Les feuilles sont amples, un peu arrondies, échancrées en cœur, acuminées, dentées à leur contour, très-molles, fort minces, pubescentes; les deux lobes de la base très-rapprochées; les stipules alongées, capillaires, velues, très-caduques; les pétioles très-longs; les fleurs sont solitaires, axillaires; les pédoncules droits, géniculés, plus courts que les pétioles, longs d'un pouce et plus. Le calice est à cinq angles saillans, comprimés; la corolle d'un jaune de soufre, très-ouverte, à pétales en cœur renversé, à peine plus longs que le calice; l'ovaire cannelé, globuleux, surmonté de onze styles et autant de stigmates en tête. Le fruit est un peu plus grand que le calice, ovale, tronqué, rétréci et ombiliqué à son sommet, composé de onze capsules velues, à deux pointes; trois semences sont dans chaque capsule. Cette plante croît dans les forêts, au Pérou, le long du fleuve Maragnon. On la cultive au Jardin du Roi.

Sida géant; *Sida gigantea*, Jacq., *Hort. Schœnbr*, 2, tab. 141. Arbre qui s'élève à la hauteur de vingt pieds, sur un tronc épais, cylindrique, garni de rameaux tomenteux, effilés et blanchâtres. Les feuilles sont alternes, blanchâtres et tomenteuses, molles, très-amples, en cœur, un peu arrondies, ridées en dessus, crénelées et dentées, quelquefois entières, plus souvent terminées par trois angles acuminés; les pétioles hispides, plus longs que les feuilles; les stipules petites, linéaires, lancéolées, aiguës. Les fleurs sont solitaires, axillaires; les pédoncules courts, épais, tomenteux; le calice à cinq divisions profondes, ovales, aiguës; les pétales sont striés, arrondis, très-obtus, de la longueur du calice; les anthères d'un jaune pâle; le style est filiforme, à dix découpures conniventes à leur base; les stigmates sont obtus et verdâtres. Les capsules sont au nombre de dix ou douze, brunes, velues, acuminées, disposées en rond, planes en dessus, contenant plusieurs semences brunes, comprimées, réniformes. Cette plante croit dans l'Amérique méridionale, aux environs de Caracas. On la cultive au Jardin du Roi. (Poir.)

SIDAGORIE. (*Bot.*) Le *sida retusa* est ainsi nommé à Java, selon M. Blume. Le *sandu-goric-lalakie* est le *sida acuta*. (J.)

SIDAPOU. (*Bot.*) Voyez Puspajano. (J.)

SIDAWAYA. (*Bot.*) Nom javanois du laurose ou laurier rose, *nerium oleander*, suivant Burmann. (J.)

SIDDERVIS. (*Ichthyol.*) Nom hollandois de l'anguille électrique. Voyez Gymnonote. (H. C.)

SIDE-KOBUSI, KOBUS. (*Bot.*) Noms japonois du *magnolia glauca*, cités par Kœmpfer. (J.)

SIDEN-SWANTZ. (*Ornith.*) C'est, en suédois, le jaseur, *ampelis garrulus*, Linn., et *bombycivora*, Temm. (Ch. D.)

SIDÉRITE. (*Min.*) On a donné ce nom au Lazulithe, en le considérant comme coloré par un phosphate de fer. On l'a aussi donné à une variété bleue de Quarz hyalin, qu'on a comparé au saphir ou plutôt à la Dichroïte. Voyez ces mots. (B.)

SIDERITIS. (*Bot.*) Voyez Crapaudine. (L. D.)

SIDÉRO-CALCITE. (*Min.*) C'est un des noms qu'on a voulu donner à la dolomie ou carbonate de magnésie et de chaux, lorsque d'ailleurs il renferme du fer. On voit qu'on a voulu rendre ce nom significatif et qu'on a fait un nom trop long, qui est cependant loin de dire tout ce qu'on a prétendu lui faire signifier; car, pour désigner complétement cette variété dans l'état actuel des connoissances que nous avons sur sa composition, il faudroit dire *chaux et magnésie carbonatées ferro-manganésifères*. (B.)

SIDÉRO-CLEPTE. (*Min.*) De Saussure a donné ce nom à un minéral d'un vert jaunâtre, d'un éclat gras, d'une consistance argileuse, infusible au feu du chalumeau, mais y prenant une couleur de noir-foncé, très-brillant. Ce minéral a été observé par de Saussure dans la cavité des laves du Brisgau. On le considère comme un péridot olivine altéré. (B.)

SIDÉROCRISTE. (*Min.*) J'ai rendu par cette expression, dérivée du grec, le nom d'*Eisenglimmerschiefer*, que M. Eschwege a donné à une roche composée essentiellement de fer oligiste et de quarz. Voyez la description de cette roche dans le tableau des Roches, tom. XLVI, pag. 83. (B.)

SIDERODENDRUM. (*Bot.*) Genre de plantes dicotylédones, à fleurs complètes, monopétalées, régulières, de la famille des *rubiacées*, de la *tétrandrie monogynie* de Linnæus, offrant pour caractère essentiel : Un calice à quatre dents; une corolle monopétale, en soucoupe; quatre étamines; un ovaire inférieur; un style; une baie à deux coques, à deux loges monospermes.

Siderodendrum a trois fleurs : *Siderodendrum triflorum*, Willd., *Spec.*, 1, pag. 612; Vahl, *Ecl.*, 1, pag. 10; Gærtn., *Carp.*, suppl., tab. 197; *Sideroxyloides ferreum*, Jacq., *Amer.*, 19, tab. 176, fig. 9; Pluken., *Almag.*, tab. 224, fig. 2. Arbre dont le tronc est très-élevé, chargé d'un grand nombre de branches et de rameaux, garnis de feuilles opposées, pétiolées, ovales-lancéolées, glabres, luisantes, aiguës, très-entières. Les fleurs sont axillaires; les pédoncules très-courts, chargés de deux ou trois fleurs. Cette plante croit sur les montagnes boisées à la Martinique et au Mont-Ferrat. (Poir.)

SIDÉROLINE ou SIDÉROLITE. (*Foss.*) Dans la première édition du Système des animaux sans vertèbres, M. de Lamarck présenta comme un polypier le corps auquel ce dernier nom générique fut donné. Depuis, et peut-être sur nos observations, ce savant a reconnu que c'est une coquille multiloculaire, discoïde, à tours contigus non apparens en dehors, à disque convexe des deux côtés; la circonférence bordée de lobes quelquefois inégaux et en rayons; à cloisons transverses imperforées et à ouverture distincte, sublatérale.

Nous pensons que les cloisons sont trop peu apparentes pour qu'on puisse affirmer qu'elles sont ou non imperforées, et que, quant à l'ouverture, nous n'avons jamais pu l'apercevoir, quoique nous ayons observé un grand nombre de ces coquilles. Il est extrêmement probable que, comme les numismales, elles ont été contenues en entier dans le corps des animaux qui les ont formés.

Jusqu'à présent ce n'est que dans la couche craieuse de la montagne de Saint-Pierre de Maëstricht que ces petites coquilles, dont on ne connoît que deux espèces à l'état fossile, ont été trouvées.

Sidéroline calcytrapoïde : *Siderolina calcytrapoides*; *Siderolites calcytrapoides*, Lamk., Anim. sans vert., tom. 7, p. 624; Knorr, Pétrif., vol. 3, Suppl., fig. 9 — 16; Denys de Montf., Conch. syst., genre 35, pag. 150; Faujas, Montagne de Saint-Pierre de Maëstricht, p. 154, tab. 34, fig. 7 — 12; *Nautilus papillosus*, Fichtel, t. 14, fig. *D, E, F, G, H, I*, et t. 15; Encycl., pl. 470. fig. 4; Atlas de ce Diction., pl. foss. Petite coquille subpapilleuse, étoilée, à rayons saillans, quelquefois inégaux, dont le nombre varie depuis quatre jusqu'à sept, à disque granuleux. Diamètre du disque, une ligne environ.

Sidéroline lisse; *Siderolina lævigata*, Dorb., Tableau méthodique de la classe des céphalopodes, pag. 151. Elle diffère de l'espèce ci-dessus, en ce qu'elle n'est pas granuleuse. Elle pourroit avoir beaucoup de rapports avec celle que nous avons trouvée, à l'état vivant, dans des pieds de gorgone dont je ne connois pas la patrie. Fossile de Maëstricht. (D. F.)

SIDÉROLITE. (*Foss.*) Voyez Sidéroline. (D. F.)

SIDÉROSCHISOLITHE. (*Min.*) Silicate de fer et d'alumine aquifère, décrit par M. Werneckinck. Il cristallise en rhomboïdes divisibles perpendiculairement à l'axe; le clivage en travers est très-net.

Il est plus dur que le gypse et moins que le calcaire; sa poussière est d'un verdâtre foncé; sa pesanteur spécifique est de 5 environ. Il se fond au chalumeau en un globule noir magnétique; sa poussière est dissoluble dans l'acide muriatique. Il est composé, d'après l'analyse faite par M. Werneckinck, de silice 16,5 — d'oxide de fer noir 75,5 — d'alumine 4,1 — et d'eau 7,3. Total 103,2.

Ce minéral s'est trouvé à Conghonas do Campo au Brésil, dans les fissures d'une pyrite altérée en brun et avec le fer carbonaté spathique.

On croit que cette espèce a beaucoup d'analogie avec celle qui a été nommée cronstedtite. (B.)

SIDEROXYLOIDES. (*Bot.*) Ce genre de Jacquin est maintenant le *siderodendrum* de Schreber dans la famille des rubiacées. (J.)

SIDÉROXYLON. (*Bot.*) Genre de plantes dicotylédones, à fleurs complètes, monopétalées, de la famille des *sapotées*, de la *pentandrie monogynie* de Linnæus, offrant pour caractère essentiel : Un calice fort petit, persistant, à cinq divisions; une corolle courte, en roue, à cinq divisions profondes, souvent alternes avec autant de petites écailles dentées; cinq étamines insérées sur le tube de la corolle; un ovaire supérieur; le style court; le stigmate simple. Le fruit est une baie quelquefois drupacée, à cinq semences.

Les *bumelia*, très-voisins de ce genre, en diffèrent par leur fruit, qui est un drupe monosperme. Ces deux genres sont à peine distincts, surtout s'il arrive que plusieurs semences avortent dans les *sideroxylon*. On a encore établi le genre Scléroxylon pour quelques espèces de ce genre.

Sidéroxylon inerme : *Sideroxylon inerme*, Linn., Dill., *Elth.*, 557, tab. 265, fig. 544; *Sideroxylon atro-virens*, Lamk., Enc., 1, page 245 ; *Ill. gen.*, tab. 120, fig. 1; Burm., *Afr.*, tab. 84, fig. 2. Arbrisseau tortueux, peu régulier dans sa forme. Sa tige est couverte d'une écorce épaisse, crevassée, presque subéreuse, noirâtre ou d'un gris très-brun; les rameaux sont courts, diffus, tortueux, garnis vers leur sommet de feuilles médiocrement pétiolées, dures, coriaces, épaisses, ovales, obtuses, lisses, d'un vert noirâtre en dessus, traversées par une nervure blanche et finement veinées en dessous, longues d'environ deux pouces, larges d'un pouce et plus; elles rendent un suc laiteux lorsqu'on les coupe. Les fleurs sont blanchâtres, fort petites, portées chacune sur un pédoncule court, réunies trois à six par petits faisceaux dans les aisselles des feuilles. Les divisions du calice sont ovales, concaves, un peu arrondies. La corolle est divisée en cinq parties alternes avec autant d'écailles oblongues; l'ovaire muni à sa base d'une petite frange. Cette plante croît dans l'Amérique méridionale.

Sidéroxylon a feuilles de laurier : *Sideroxylon laurifolium*, Lamk., Enc.; *Sideroxylon melanophleum*, Willd., *Spec.*; Commel.. *Hort.*, 1, tab. 100; Jacq.. *Hort.*, tab. 71; Burm.. *Afr.*, tab. 92, fig. 2, vulgairement le Bois blanc. Cet arbre s'élève à la hauteur de vingt pieds et plus. Son écorce est d'un brun noirâtre; son bois dur et blanc; ses rameaux longs, flexibles, menus, peu ouverts, chargés vers le sommet de feuilles alternes, éparses, lancéolées, très-entières, aiguës à leurs deux extrémités, lisses, ondulées; les plus grandes longues de quatre ou cinq pouces, sur un pouce et demi de large; les pétioles très-courts. Les fleurs sont petites, de couleur blanche; elles sont rouges avant leur épanouissement, ainsi que les pédoncules, les jeunes pousses et même les jeunes feuilles. Ces fleurs naissent par petits faisceaux, six à neuf ensemble, dans l'aisselle des feuilles; les pédoncules sont très-courts, cylindriques; le calice est blanchâtre; les divisions de la corolle sont ovales, piquetées de rose, ouvertes en étoile, sans écailles; les anthères droites, sagittées, point saillantes; l'ovaire est globuleux; le style très-court; le stigmate épais; il en résulte de petites baies d'un vert noirâtre, selon Burman. Cette plante croît à l'Isle-de-France et dans celle de Madagascar.

Sidéroxylon a feuilles de saule : *Sideroxylon lycioides*, Linn., Duham., Arbr., 2, tab. 68; vulgairement Bois laiteux du Mississipi. Arbrisseau de huit ou douze pieds, épineux, très-rameux, qui répand un suc laiteux lorsqu'on coupe ses jeunes branches. Son écorce est d'un gris brun, légèrement crevassée; celle de ses rameaux est lisse, d'un gris roussâtre, parsemée de petits points blancs; les jeunes pousses sont verdâtres, un peu velues; les épines droites, éparses; les feuilles sont minces, lancéolées, d'un vert clair, glabres, pubescentes en dessous dans leur jeunesse, oblongues, aiguës à leurs deux extrémités. Les fleurs sont fort petites, de couleur herbacée, réunies par petits faisceaux de douze à vingt dans les aisselles des feuilles; la corolle est un peu plus longue que le calice, et chacune de ses divisions porte à sa base deux petites découpures qui se rabattent vers le pistil; les étamines forment une saillie médiocre hors de la fleur; l'ovaire se convertit en une petite baie en forme de poire, entourée à sa base par le calice. Cette plante croît à la Louisiane et dans l'Amérique septentrionale.

Sidéroxylon a dix étamines ; *Sideroxylon decandrum*, Linn., *Mant.*, 48. Cette espèce a des rameaux grisâtres, munis d'é-

pines axillaires et solitaires. Ses feuilles sont alternes, elliptiques, non persistantes ; les pédoncules sont nombreux, axillaires, uniflores, un peu plus longs que les pétioles ; chaque
fleur est pourvue d'un calice obtus, à cinq divisions ; la corolle est en entonnoir, partagée en cinq découpures concaves,
peu ouvertes, avec cinq petites écailles dentées, insérées à
la base des divisions de la corolle, renfermant dix étamines
à anthères sagittées; l'ovaire est globuleux, surmonté d'un
style fort menu : il se convertit en une baie noire, sphérique,
divisée en trois ou cinq loges, qui la plupart avortent. Cette
plante croît dans l'Amérique septentrionale.

SIDÉROXYLON MASTIC : *Sideroxylon mastichodendrum*, Jacq.,
Coll., 2, tab. 17, fig. 5 ; Lamk., *Ill. gen.*, tab. 120, fig. 2 ;
Catesb., *Carol.*, 2, tab. 75 ; *Bumelia salicifolia ?*; Swartz,
Flor. Cet arbre s'élève à la hauteur de cinquante pieds. Ses
rameaux sont souples, alongés, glabres, dépourvus d'épines,
de couleur cendrée, garnis de feuilles à longs pétioles, éparses,
coriaces, persistantes, assez larges, lancéolées, un peu aiguës,
souvent obtuses, glabres et luisantes en dessus, plus pâles en
dessous ; les pétioles grêles, presque filiformes, longs d'un
ou deux pouces et plus. Les fleurs sont jaunâtres, réunies par
fascicules axillaires. Le fruit consiste en un drupe jaune,
ovale, obtus, de la forme d'une olive. Cette plante croît à
Saint-Domingue et aux îles Bahama.

SIDÉROXYLON LANUGINEUX ; *Sideroxylon lanuginosum*, Mich.,
Flor. bor. amer., 1, page 123. Cette plante a des rameaux
très-étalés, pourvus d'épines, pubescens dans leur jeunesse.
Les feuilles sont alternes, pétiolées, ovales-lancéolées, très-
entières à leurs bords, souvent obtuses au sommet, glabres
à leur face supérieure, lanugineuses en dessous. Les fleurs
sont assez nombreuses, réunies par paquets dans l'aisselle des
feuilles, soutenues chacune par un pédoncule long d'un demi-
pouce. Cette plante croît à la Caroline, dans la Nouvelle-
Géorgie, aux lieux humides, parmi les buissons. (POIR.)

SIDEROXYLUM. (*Bot.*) Voyez ARGAN. (POIR.)

SIDION. (*Bot.*) Nom grec donné, suivant Mentzel et Adanson, au *malicorium*, qui est l'écorce du fruit du grenadier.
(J.)

SIDJAN, *Amphacanthus.* (*Ichthyol.*) D'après un mot d'origine arabe, M. Cuvier a nommé Sidjan un genre de poissons osseux holobranches, que M. Schneider avoit appelé *Amphacanthus*, que Forskal et ses successeurs avoient confondu avec les Scares, et que l'on peut reconnoître aux caractères suivans :

Une seule nageoire dorsale; dents sur une seule rangée, plates, petites, courtes, tranchantes et pointues le long de leur tranchant; un aiguillon à chaque bord des catopes, qui tiennent d'ailleurs en dedans à l'abdomen; corps très-comprimé; écailles petites, comme chagrinées; première épine de la nageoire dorsale couchée, comme chez les liches, la pointe en avant; mâchoires convexes, comme dans les scares.

Parmi les espèces de ce genre nous citerons :

Le Sidjan ordinaire : *Amphacanthus siganus*, N.; *Amphacanthus stellatus*, Sch.; *Scarus siganus*, Forsk.; *Scarus rivulatus*, Gmel. Denticules des mâchoires filiformes et d'autant plus courtes qu'elles sont plus éloignées du bout du museau; teinte générale d'un bleu céleste, relevé par des taches noires et par des raies jaunes longitudinales et ondulées; nageoire caudale fourchue.

Ce poisson, qui atteint, selon Forskal, la taille d'une aune, habite la mer Rouge, où il paroît vivre de zostères et de plantes marines.

Sa chair est d'une saveur agréable; les blessures des aiguillons de ses nageoires sont dangereuses.

Les Arabes pensent qu'à l'extérieur, sa graisse a la vertu de soulager les douleurs arthritiques.

Le Sidjan étoilé : *Amphacanthus stellatus*, N.; *Scarus stellatus*, Forsk. et Gmel.; *Chætodon guttatus*, Bloch. Ligne latérale non visible; anus caché par les catopes; un grand nombre de taches hexagonales ou de petites étoiles blanches ou jaunes, ou d'un beau noir, disséminées sur un fond noirâtre; nageoires pectorales jaunâtres; anale et dorsale jaunes; caudale rayée d'or.

Ce poisson n'a guère que huit à dix pouces de longueur; sa forme est ovale et la nageoire de sa queue bilobée.

Il habite les mêmes eaux que le précédent, qui paroît être aussi le *sparus spinus* d'Osbeck et le *theutis javus* de Gmelin. (H. C.)

SIDR. (*Bot.*) Voyez Nabq. (J.)

SIDRICHIS. (*Bot.*) Voyez Sendionor. (J.)

SIEG. (*Ichthyol.*) Nom d'une espèce de truite que l'on pêche dans les rivières de la Sibérie. (H. C.)

SIÉGE A CRAPAUD ou A GRENOUILLE, *Ranarum sedes.* (*Bot.*) Au rapport de Valerius Cordus et de Sterbeeck, l'on donne ces noms en Saxe à des champignons roux et blancs qui, en Allemagne, sont employés dans du lait pour tuer les mouches. Ces champignons sont tous suspects et paroissent être des *agaricus*, quoique l'auteur les nomme *bolets*. Notre champignon ou *agaric du fumier* paroît en faire partie. (Lem.)

SIEGESBECKIA. (*Bot.*) Voyez Sigesbeckie. (Lem.)

SIEGLINGIA. (*Bot.*) Genre de graminées, fait par M. Bernhardi, reporté par les uns au *poa*, et par d'autres au *triodia*. (J.)

SIELECOLORE. (*Ornith.*) Nom espagnol du chardonneret, *fringilla carduelis*, Linn., suivant M. Vieillot. (Ch. D.)

SIELUSSAR. (*Ichthyol.*) En Sibérie on appelle ainsi les grosses anguilles. (H. C.)

SIEMPRE-ENXUTA. (*Bot.*) Voyez Coronilla de frayles. (J.)

SIEMPRE VIVA. (*Bot.*) Nom espagnol donné dans le Chili au genre *Triptilion* de la Flore du Pérou, plante herbacée de la classe des composées, voisine du *gundelia* et des cinarocéphales. Elle est ainsi nommée parce que ses fleurs conservent leurs couleurs, soit sur la plante vivante, soit sur celle qui est desséchée. Son infusion est employée dans le Chili pour calmer les ardeurs d'urine et les douleurs néphrétiques. (J.)

SIENIC. (*Bot.*) A Java on nomme ainsi, selon M. Blume, son *cappœris fœtida*, qui croit près de Batavia. (J.)

SIÉNITE. (*Min.*) Voyez Syénite. (B.)

SIENOSTAVEZ. (*Mamm.*) Ce nom est celui que les Russes du Kolyvan donnent au pika ou lagomys. Il signifie *faucheur*, et provient sans doute de ce que cet animal fait pendant l'été de grandes provisions d'herbes, qu'il met en tas pour s'en nourrir pendant l'hiver.

Ce lagomys est aussi nommé par ces mêmes Russes *kamennaja koschka*, ce qui signifie *chat de rocher*. Enfin, les habitans des rives du fleuve Jenisseï l'appellent *pistschuha* ou siffleur. (DESM.)

SIETBACK. (*Mamm.*) Selon feu de Lacépède, ce nom est un de ceux que les Norwégiens donnent à la baleine franche. (DESM.)

SIETE. (*Ornith.*) C'est un des noms grecs de la huppe, *upupa epops*. (DESM.)

SIEUREL. (*Ichthyol.*) Un des anciens noms françois du saurel ou maquereau bâtard, *caranx trachurus*. Voyez CARANX. (H. C.)

SIEVERSIA. (*Bot.*) Ce genre fait par Willdenow est la même plante qu'il avoit nommée antérieurement *geum anemonoides*, et que M. De Candolle nomme encore de même. (J.)

SIF. (*Ichthyol.*) Voyez SEPHEN et SOEPHEN. (H. C.)

SIFFAGI. (*Bot.*) Suivant M. Thunberg on nomme ainsi, au Japon, son *chelidonium japonicum*. (J.)

SIFFLASSON. (*Ornith.*) Nom donné, en quelques endroits, au bécasseau, à cause de son cri aigu. (CH. D.)

SIFFLEUR. (*Mamm.*) Les sapajous, la marmotte monax et le pika ont souvent reçu ces dénominations dans leur pays natal. (DESM.)

SIFFLEUR. (*Ornith.*) Un des noms donnés au bouvreuil, au carouge vert, au canard wingeon, à l'espèce de gobemouche décrite par d'Azara, tom. 3, n.° 191, etc. (CH. D.)

SIFILET. (*Ornith.*) Ce nom est donné isolément au paradisier sifilet, *paradisea aurea*, Gmel. (CH. D.)

SIFONE. (*Foss.*) Ce nom italien, qui répond à notre mot siphon, a été appliqué par Volta à une espèce de spare fossile du gisement de Monte-Bolca. (DESM.)

SIGALPHE, *Sigalphus*. (*Entom.*) Nom donné par M. Latreille à un genre d'insectes hyménoptères, de la famille des entomotilles, voisin des ichneumons. (Voyez CHÉLONE, nom sous lequel M. Jurine a fait connoître ce genre). Tels sont les ichneumons décrits par Geoffroy sous les n.os 55 et 56. (C. D.)

SIGARE, *Sigara*. (*Entom.*) Fabricius a désigné sous ce nom de genre des insectes hémiptères, de la famille des hydrocorées ou rémitarses, dont Geoffroy avoit formé le genre CORISE, que nous avons décrit sous ce dernier nom et dont nous avons donné la figure dans l'atlas de ce Dictionnaire, pl. 57, n.° 5 *bis*. (C. D.)

SIGARET , *Sigaretus*. (Malacoz.) Genre d'animaux mollusques conchylifères de l'ordre des chismobranches, dans le Système de malacologie de M. de Blainville, établi par M. de Lamarck et adopté par tous les zoologistes pour un petit nombre de coquilles, parmi lesquelles se trouve comprise celle qu'Adanson a nommée sigaret, et qu'il a rangée à tort, comme il en convient, parmi les haliotides. Pour Linné et Gmelin les sigarets étoient des hélices; mais, avant M. de Lamarck, Klein et Martini avoient bien senti la nécessité de séparer ces coquilles en un genre distinct, qu'ils nommoient *Catinus*. La caractéristique de ce genre, envisageant l'animal et sa coquille, peut être ainsi rédigée : Corps ovale, épais, plat et largement gastéropode en dessous, bombé en dessus, dépassé tout autour par un manteau à bord mince, vertical, échancré obliquement en avant, et solidifié au dos par une coquille plus ou moins épaisse, intérieure, incolore, ovale ou subcirculaire, très-déprimée, à spire courte, peu élevée, latérale, à ouverture très-évasée, entière ; le bord gauche replié et tranchant; deux impressions musculaires latérales très-distantes.

Adanson, en parlant de son sigaret, ne donne aucun détail sur l'animal dont il provenoit. M. Cuvier est donc le premier qui nous ait dit quelque chose de son organisation, dans le n.° 51, pag. 52, du Bulletin par la Société philomatique. Il faut cependant faire observer que Muller, et depuis lui Othon-Fréderic Muller, en décrivant leur *Bulla velutina*, nous avoient fait connoître un véritable sigaret. Voici ce que j'ai observé moi-même sur une espèce nouvelle, dont je dois plusieurs individus à l'amitié du docteur Leach.

Le corps, considéré en général, est elliptique, fort épais, très-convexe en dessus, tout-à-fait plat en dessous, et presque semblablement arrondi aux deux extrémités. La face supérieure n'offre rien de bien remarquable que la coquille, qu'on aperçoit à travers la peau qui la recouvre, et qui est un peu plus large que le corps lui-même, du moins dans l'état de conservation dans l'esprit de vin. Le manteau, qui le déborde de toutes parts, descend tout autour presque verticalement et même un peu en dedans, de manière que la face inférieure est un peu plus étroite que la supérieure. Les bords du manteau sont épais, entiers, si ce n'est antérieurement et presque dans la ligne médiane, où se voit une échancrure assez profonde, un peu oblique et formant un demi-canal de communication avec la cavité branchiale. La face inférieure du corps offre dans son milieu un pied ou disque musculaire beaucoup plus court que la coquille; il est cependant assez grand, fort épais et plus large en avant qu'en arrière. Son bord antérieur, traversé par un sillon transverse, dépasse un peu, de manière à cacher la bouche, dont la forme est en fer à cheval et qui est ainsi placée dans un petit enfoncement. En soulevant le bord antérieur du manteau, on aperçoit deux tentacules coniques et pointus à l'extrémité, déprimés à la base et élargis, de manière à se toucher au point d'attache. A leur côté externe est un point noir, saillant pour les yeux. Enfin, au-delà la tête se renfle en une sorte de front ou mieux d'occiput bombé, au-dessus duquel est l'ouverture de la cavité branchiale.

Dans toute l'étendue du sillon, assez profond, qui sépare le bord du manteau du pied, se trouve une espèce de cordon saillant, formé d'une série de très-petites languettes triangulaires, qui ressemblent beaucoup aux lames branchiales des Patelles; aussi M. Cuvier paroît-il les avoir regardées comme telles dans ses premiers mémoires.

La *coquille*, qui est entièrement cachée sous la peau, est blanche, pellucide, ou d'une transparence laiteuse : d'abord assez molle et flexible, surtout antérieurement près de son bord, elle acquiert de la dureté par son exposition à l'air. Elle est assez grande pour couvrir tout l'animal, qu'elle déborde même un peu; elle est enroulée, comme la très-grande partie des coquilles, c'est-à-dire de droite à gauche. Son ouverture est extrêmement grande; le dernier tour beaucoup plus que la spire, qui est fort petite et à peine composée d'un tour et demi; les deux bords sont également tranchans, mais le gauche est un peu recourbé en dedans.

En découvrant cette coquille on voit que tout son bord antérieur et latéral est reçu dans une sorte de rainure que lui présente la partie supérieure du pied, et qu'elle est attachée au corps par deux muscles, l'un antérieur gauche, et l'autre droit, un peu plus reculé. Je ne crois pas que ce soit par la columelle.

Si l'on enléve ensuite cette coquille, on voit tous les viscères en position comme dans les Gastéropodes.

Toute la spire est remplie par l'ovaire : en avant et à droite est le testicule, et plus en avant se voit le plancher de la cavité branchiale, à travers lequel on aperçoit les branchies et en arrière un espace de couleur noire, ce qui indique la place de l'organe de la dépuration urinaire.

L'ouverture de la bouche se trouve, comme il a déjà été indiqué, assez profondément cachée entre la bande qui réunit les deux tentacules et la partie antérieure du pied. Pour l'apercevoir, il faut en déprimer assez fortement le bord en arrière, et alors on trouve qu'elle est ovalaire transversalement : elle n'offre aucune trace de lèvres ni de dents ; on voit seulement dans son intérieur saillir une sorte de tubercule, qui est la racine de la langue.

La masse buccale est énorme ; c'est elle qui, avançant fortement au-devant de la cavité branchiale, forme ce que nous avons nommé plus haut la tête ou le front. Elle est entièrement couverte et cachée par le bord antérieur du manteau. De chaque côté elle a un muscle qui se fixe au bord antérieur du corps, et qui, par conséquent, la porte en avant. Il y en a un de même du côté droit qui se porte, en côtoyant la verge, également jusqu'au manteau. Une autre paire, beaucoup plus forte, se dirige en arrière et se termine au pied. En enlevant ces muscles longitudinaux, on trouve une couche de fibres transversales. En fendant cette membrane, on pénètre dans la cavité buccale elle-même : toute sa partie supérieure est garnie d'espéces de petites papilles ou de petites lamelles comme branchiales ; à sa partie inférieure on trouve, entre deux espéces d'écailles demi-ovales, à bord interne presque droit et comme tranchant, le ruban lingual. Ces deux masses latérales ne sont autre chose que deux très-puissans muscles, qui agissent probablement sur la langue. Tout cet appareil est contenu dans un anneau de fibres musculaires fort épais, surtout en dessous, et c'est de la partie latérale que naissent les muscles attracteurs et rétracteurs dont il a été parlé plus haut. Outre cela, chaque partie latérale de la langue a un muscle qui se porte en avant : il est placé en dessous et embrassé par l'anneau. La masse buccale, à sa partie antérieure, se termine par un tube assez étroit, qui plonge presque verticalement pour arriver à l'orifice de la bouche.

Les glandes salivaires sont assez courtes et grosses, placées sur la partie latérale de la masse buccale, qu'elles ne dépassent presque pas en arrière.

L'œsophage est extrêmement court et assez étroit; né de la partie supérieure de la masse buccale, il se recourbe presque à angle droit, enveloppé par le cerveau, et s'ouvre presque immédiatement dans un premier estomac, qui est entouré par le foie et qui forme avec lui la masse inférieure des viscères. Cet estomac a des parois fort épaisses et trésplissées à l'extérieur.

Le foie, comme on vient de le dire, entoure ce premier estomac, ou plutôt le couvre à sa partie supérieure.

A la suite de ce premier estomac en vient un deuxième, qui est membraneux, et enfin, un troisième, placé à la partie supérieure et postérieure de l'ovaire, dans la cavité de la coquille. Le canal intestinal en naît ensuite d'une manière presque insensible; il se recourbe à droite et va se terminer au bord droit de l'ouverture de la cavité branchiale.

Cette cavité est fort considérable; elle occupe toute la partie évasée et antérieure de la coquille, en partie au-dessus de la masse buccale. Elle communique avec l'extérieur par un orifice assez large, placé immédiatement au-dessus du col. En ouvrant cette cavité, on trouve que son plancher supérieur est presque entièrement occupé par une large lame branchiale, dirigée un peu obliquement de gauche à droite, sa base en arrière, sa pointe en avant : elle est du reste formée comme dans tous les pectinibranches.

L'appareil de la circulation n'a pu être étudié avec détails; mais dans ce qu'il a été possible de voir, il n'a rien offert de particulier. Le cœur est situé vers le milieu du dos sur le côté gauche; il reçoit le sang de la branchie par une grosse et courte veine pulmonaire, presque transverse, qui s'ouvre dans une assez forte oreillette. Celle-ci, de forme triangulaire, s'ouvre elle-même dans le ventricule situé tout-à-fait sur le côté, et duquel partent immédiatement deux aortes, une antérieure et une postérieure, qui se distribuent comme dans la plupart des autres malacozoaires subcéphalés monoïques.

L'ovaire, qui fait la plus grande partie de la masse supérieure des viscères, est situé tout-à-fait à la partie postérieure; c'est lui qui remplit la spire de la coquille : il est d'un blanc jaunâtre et évidemment composé de petits grains extrêmement nombreux; de son bord antérieur et droit naît un petit canal assez court, qui, après s'être recourbé, longe le testicule.

Le testicule est assez alongé; on le voit dans la masse, à la partie postérieure et droite de la cavité branchiale. Il se continue ensuite jusqu'à la verge, qui, après s'être un peu recoquillée, sort au côté droit de la cavité branchiale. La substance de ce testicule est beaucoup plus compacte et plus blanche, que celle de l'ovaire.

Le cerveau ne nous a paru composé que de deux seuls ganglions assez gros, latéraux, réunis par un cordon transversal et du contour desquels partoient tous les nerfs.

On ne sait presque rien sur la physiologie et même sur l'histoire naturelle des sigarets; mais il est probable qu'elles ne doivent rien offrir de bien différent de ce qui existe dans les genres voisins. D'après le peu qu'en dit Othon Fabricius, il paroît que ces mollusques habitent le fond de la mer, et qu'ils marchent fort lentement, en rampant sur les pierres à la manière des patelles.

On connoît aujourd'hui dans les collections plusieurs espèces de sigarets, et il paroît qu'il en existe dans toutes les mers; mais, comme ce n'est que d'après la coquille qu'on les a distingués, qu'elle ne diffère en rien de celle du genre que j'ai nommé Cryptostome, je ne voudrois pas assurer que ces espèces fussent réellement de véritables sigarets.

Le SIGARET DÉPRIMÉ: *Sigaretus haliotideus*, de Lamk., Anim. sans vert., tom. 6. part. 2. pag. 208; *Helix haliotidea*, Linn.. Gmel., pag. 3663, n.° 152; Gualt., *Test.*, tab. 69, fig. F. Coquille assez épaisse, auriforme, ovale ou suborbiculaire, déprimée ou peu élevée, striée fortement suivant la décurrence de la spire, avec des stries d'accroissement transverses encore plus marquées; spire très-obtuse; un léger dépôt subnacré, comme dans l'intérieur, réunissant les deux bords et couvrant la place de l'ombilic : couleur d'un blanc jaunâtre, avec le sommet violacé en dehors, d'un beau blanc très-luisant en dedans.

S'il faut en croire les auteurs systématiques, cette espèce se trouveroit dans la Méditerranée, dans l'océan Atlantique, sur les côtes d'Afrique, dans la mer des Indes, et même dans les mers du Nord et dans celles d'Amérique; mais est-il bien certain que ce soit la même espèce? C'est déjà ce qu'il est difficile d'assurer pour le sigaret d'Adanson et le *patella octava* de Rumph, *Mus.*, tab. 40, fig. *R*; mais cela n'est certainement pas pour le *bulla velutina* de Muller, qui nous paroît n'être que l'*helix haliotidea* d'Othon-Fréderic Muller. En général, la coquille du véritable sigaret paroît varier beaucoup de forme, de proportions et même de couleur. Adanson dit qu'elle est quelquefois blanche, quelquefois fauve, tant en dehors qu'en dedans, et qu'alors elle est traversée par cinq ou six bandes moins foncées.

Quant à son existence dans la Méditerranée, elle est certaine, puisque M. Payraudeau la cite comme rare, il est vrai, sur les côtes de l'île de Corse, à Ajaccio, à Ventilègue et à Savone.

Le Sigaret concave; *S. concavus*, de Lamk., *loc. cit.*, n.° 2. Coquille ovale, fortement convexe en dessus, avec des stries onduleuses transversales, à spire un peu saillante; ouverture moins dilatée que dans la précédente, avec l'ombilic à demi-couvert : couleur d'un fauve roussâtre, le sommet blanc.

Cette espèce, dont M. de Lamarck ne connoît pas la patrie, diffère-t-elle bien certainement de la précédente? Quoique nous en ayons vu trois ou quatre individus assez similaires, dans la riche collection du duc de Rivoli, on peut en douter, jusqu'à ce qu'on ait observé l'animal.

Le S. lisse; *S. lævis*, de Lamk., *loc. cit.*, n.° 3. Coquille ovale, convexe, déprimée, lisse, à spire courte, obtuse, très-oblique, de couleur blanche, avec une teinte de brun roussâtre en dessus, et de jaune roussâtre sur la lèvre interne. Diamètre transverse, un pouce.

Des mers de Java.

Ne seroit-ce pas à cette espèce qu'il faudroit appliquer la figure de Rumph, tab. 40, fig. R?

Nous avons vu dans la collection du duc de Rivoli la coquille sur laquelle M. de Lamarck a établi cette espèce, et nous nous sommes assurés que son état lisse est dû au frottement qu'elle a éprouvé. Un autre individu tout semblable ne l'est pas, et a cependant tous les autres caractères assignés par M. de Lamarck à son sigaret lisse.

Le Sigaret cancellé: *S. cancellatus*, Lamk., *ibid.*, n.° 4; *Nerita cancellata*, var. β, avec un point de doute, Linn., Gmel., pag. 3671, n.° 2; d'après Chemnitz, *Conch.*, 10, tab. 165, fig. 1596 et 1597. Coquille subcirculaire, très-convexe en dessus, raccourcie, un peu scabre et treillissée par le croisement, à angle droit, des sillons longitudinaux décurrens, et des bourrelets transverses, relevés et très-saillans; spire obliquement inclinée sur le bord; ombilic bien évident, en partie couvert; ouverture peu évasée : couleur blanche. Diamètre transverse neuf lignes.

De l'océan Indien?

Le S. élégant, *S. elegans.* Coquille orbiculaire, assez convexe, subhémisphérique, à spire oblique, comme mamelonnée, élégamment treillissée par des sillons décurrens, croisés, à angle droit, par des stries transverses bien égales: spire intérieure cachée; ombilic bien ouvert: couleur toute blanche.

Cette jolie coquille, d'un peu moins d'un pouce de diamètre, a beaucoup de rapports avec le S. cancellé de M. de Lamarck; mais ses stries transverses sont plus fines et ne forment pas de sillons profonds comme dans celle-ci. On ignore sa patrie. Elle faisoit partie de la collection de Mad. Juliani, achetée par le duc de Rivoli.

Le S. translucide, *S. translucidus.* Coquille ovale, subcirculaire, fort mince, translucide. lisse, à tortillon spiral assez saillant; à spire intérieure visible jusqu'au sommet, de couleur subcitrine ou d'un blanc légèrement jaunâtre.

Cette coquille, de près d'un pouce et demi de longueur, et dont les stries d'accroissement seules sont visibles. existe dans la collection du duc de Rivoli : c'est une espèce bien distincte et évidemment intérieure, qu'il est peut-être assez difficile de distinguer des vitrines.

Le Sigaret rosé, *S. roseus*. Coquille grande (un pouce et demi de longueur), ovale, subcirculaire, très-déprimée, très-carénée à sa circonférence, sillonnée très-finement, suivant la décurrence de la spire, non ombiliquée, et sans spire visible à l'intérieur: couleur légèrement et uniformément rosée.

Patrie inconnue.

Nous avons vu un seul individu de cette espèce dans la collection du duc de Rivoli et provenant de celle de M. de Lamarck. Il étoit sur le même carton que deux individus du S. déprimé; il nous a semblé cependant qu'il devoit en être distingué.

Le S. convexe : *S. convexus*, de Blainv., pl. 42, fig. 2. 2*a*; *Bulla haliotidea*, Dorsetsh. *Catalog.*, pag. 43, tab. 22, fig. 3; Montagu, *Test. britann.*, p. 211, tab. 7, fig. 6; Pulteney *in* Hutch. *Dorsetsh.*, tab. 22, fig. 5; Maton et Rakett, *Catalog. soc. linn. Lond.*, tom. 8, p. 125; Hérissier de Gerville, Catal. Coquille fort mince, fragile, ovale, un peu alongée, finement striée en travers, à spire courte, mais saillante, comme mamelonnée, à cavité prolongée jusqu'au sommet, par absence totale de la columelle; le bord gauche un peu rentré en dedans à son origine : couleur toute blanche. Six lignes de long sur quatre à cinq de large.

Cette jolie espèce paroît être assez commune sur les côtes d'Angleterre, et même sur celles de France, dans le département de la Manche. C'est celle qui a servi à l'anatomie que nous avons donnée des sigarets. L'évidement considérable de la spire à l'intérieur la rapproche beaucoup des stomatelles.

Peut-être faudra-t-il rapporter à ce genre les *helix lævigata, balthica, neritoidea* et *perspicua* de Gmelin. Malheureusement Linné et Gmelin, en établissant ces espèces n'ont donné qu'une phrase caractéristique très-courte, sans description et sans citation de figure qui pût y suppléer. La seconde pourroit cependant bien être une limnée; quant aux deux dernières, l'*helix neritoidea*, qui est convexe, livide, marquée de quarante stries longitudinales au moins, avec un ombilic en fente, et l'ouverture subarrondie, M. de Lamarck l'a rapprochée avec doute de son S. concave; et pour l'*H. perspicua*, qui est convexe, ovale, extrêmement fragile, toute blanche, avec la cavité ouverte jusqu'au sommet, sans lèvre interne, il se pourroit aussi que ce fût quelque coquille de pleurobranche. Elle vient de la Méditerranée.

Pour l'*helix lævigata*, qui paroît être le même que l'*helix haliotoides* d'Othon Fabricius, ou le *bulla velutina* de Muller, ce n'est pas, comme le suppose M. Cuvier, une espèce de cabochon, mais le type d'un nouveau genre fort rapproché des Sigarets, et qui n'en diffère même que parce que la coquille est extérieure et un peu autrement enroulée. Voyez VELUTINE. (DE B.)

SIGARET. (*Foss.*) Les coquilles de ce genre ne se sont trouvées jusqu'à présent à l'état fossile que dans les couches plus nouvelles que la craie. Ces espèces, peu nombreuses, sont assez difficiles à déterminer, attendu que leur dépression ou leur grandeur constitue presque leur différence. J'ai cru reconnoître seulement les trois suivantes.

SIGARET CANALICULÉ : *Sigaretus canaliculatus*, Sow., Min. conch., pl. 584 (les trois figures supérieures); de Basterot, Mém. sur les foss. des envir. de Bordeaux, pag. 70. Coquille ovale, couverte de stries ondulées qui suivent les tours, à spire peu élevée, à ouverture concave et à ombilic à demi ouvert. Longueur, huit à neuf lignes.

Dans l'ouvrage ci-dessus cité M. de Basterot annonce que l'espèce qu'il décrit et qui se trouve à Hordewel en Angleterre, à Dax, à Léognan et à Saucats près de Bordeaux, est tout-à-fait semblable à la seule espèce qu'on trouve aux environs de Paris, et par conséquent identique avec celle décrite par Sowerby; mais nous croyons avoir remarqué que l'espèce qu'on trouve aux environs de Paris étoit très-différente, au moins pour la grandeur, de celle qu'on rencontre aux environs de Bordeaux, qui a quelquefois quatorze lignes de longueur et qui a de très-grands rapports avec le *sigaretus concavus*.

SIGARET DÉPRIMÉ: *Sigaretus haliotideus*, Lamk. On trouve dans le Plaisantin, aux environs de Bologne et dans le Piémont, des coquilles fossiles qui ont les plus grands rapports avec cette espèce, qui, d'après Linné, vit dans la Méditerranée, dans les mers d'Asie et de l'Amérique. Nous doutons beaucoup que la même espèce se rencontre dans des localités aussi éloignées les unes des autres. (D. F.)

SIGER. (*Bot.*) Suivant Clusius, ce nom est donné chez les Persans et les Turcs à l'arbre qui donne le girofle, qu'ils nomment *carenful;* les feuilles ont le nom de *varaqua.* (J.)

SIGER. (*Conchyl.*) Adanson a décrit et figuré sous ce nom (Sénég., page 135, pl. 9), parmi ses buccins, une petite coquille fort commune au Sénégal, dont Gmelin a fait une volute sous la dénomination de *voluta rustica*, et qui est la colombelle étoilée de M. de Lamarck. (De B.)

SIGER - INDI. (*Bot.*) Voyez Naregil. (J.)

SIGESBECKIE, *Sigesbeckia.* (*Bot.*) Ce genre de plantes, qui appartient à l'ordre des Synanthérées, à la tribu naturelle des Hélianthées, et à notre section des Hélianthées-Millériées, peut être divisé en deux sous-genres.

I. Sigesbeckie, *Sigesbeckia.*

Calathide globuleuse, radiée : disque pluriflore, régulariflore, androgyniflore ; couronne unisériée, subquinquéflore, liguliflore, féminiflore. Involucre formé de cinq bractées unisériées, étalées, égales, linéaires-spatulées, foliacées. Péricline plus court que l'involucre et que les fleurs du disque, formé de squames unisériées, demi-enveloppantes, oblongues-obovales, obtuses, foliacées, analogues aux squamelles du clinanthe. Clinanthe petit, plan, garni de squamelles plus courtes que les fleurs, demi-embrassantes, oblongues-obovales, obtuses, foliacées, analogues aux squames du péricline. Ovaires du disque et de la couronne obovoïdes-oblongs, subtétragones, arqués en dedans, épais supérieurement, terminés par un col très-épais, extrêmement court, presque nul, sans aigrette. Corolles du disque à limbe quinquélobé. Corolles de la couronne un peu irrégulières, ayant la languette courte, large, cunéiforme, trilobée au sommet, et offrant quelquefois en outre une petite languette intérieure peu régulière.

Nous avons décrit ces caractères génériques ou sous-génériques sur des individus vivans de *Sigesbeckia orientalis* cultivés au Jardin du Roi.

Sigesbeckie orientale ; *Sigesbeckia orientalis.* Linn., *Sp. pl.*, pag. 1269. C'est une plante herbacée, annuelle (vivace, suivant Linné), qui habite les Indes orientales, la Chine, et se trouve aussi, dit-on, au Mexique : ses feuilles sont opposées, pétiolées, ovales, rudes au toucher, trinervées; leur limbe, décurrent sur le pétiole, est inégalement denté sur les bords, presque triangulaire et un peu découpé à la base; les calathides, composées de fleurs jaunes, sont petites, pédonculées, terminales et axillaires; leur involucre est deux fois long comme le péricline, et garni de poils capités, glutineux; la couronne est composée de trois à cinq fleurs unilatérales.

II. TRIMÉRANTHE, *Trimeranthes.*

Calathide discoïde : disque pluriflore, régulariflore, androgyniflore; couronne unisériée, tri-quadriflore, diversiflore, féminiflore. Involucre grand, irrégulier, formé de quelques bractées unisériées, étalées, inégales, foliiformes. Péricline égal aux fleurs, formé de squames unisériées, égales, appliquées, demi-embrassantes, ovales-oblongues, foliacées. Clinanthe petit, plan, garni de squamelles plus courtes que les fleurs, demi-embrassantes, ovales-oblongues, membraneuses-foliacées, analogues aux squames du péricline. Ovaires du disque et de la couronne obovoïdes, arqués en dedans, épais et arrondis supérieurement, sans col et sans aigrette. Corolles du disque trilobées, à lobes courts, arrondis, contenant trois étamines. Corolles de la couronne anomales et diverses, à tube long, à languette courte, irrégulière, bitridentée.

Nous avons observé les caractères génériques ou sous-génériques que nous venons de décrire, sur des individus vivans de *Sigesbeckia flosculosa,* l'Hérit.. cultivés au Jardin du Roi.

TRIMÉRANTHE DICHOTOME : *Trimeranthes dichotoma,* H. Cass.; *Sigesbeckia flosculosa,* l'Hérit. *Stirp. nov.,* fasc. 2, page 37, tab. 19: *Schkuhria dichotoma,* Mœnch, *Method.,* page 566. Cette plante, qui habite le Pérou, est herbacée, annuelle, à tige rameuse, dichotome, à feuilles opposées, sessiles, ovales, dentées, un peu scabres; l'involucre et le péricline sont garnis de poils glutineux.

Le genre *Sigesbeckia,* dédié à Siegesbeck, botaniste russe, fut établi par Linné, en 1737, sur la *Sigesbeckia orientalis.* Il attribua plus tard au même genre, mais avec doute, une seconde espèce . qu'il nomma *Sig. occidentalis*, et dont Gærtner a fait, en 1791, le genre *Phaethusa*, très-différent du vrai *Sigesbeckia*. Dombey avoit rapporté du Pérou une troisième espèce, que l'Héritier décrivit. en 1784, sous le nom de *Sigesb. flosculosa*, et sur laquelle Mœnch a fondé, en 1794, son genre *Schkuhria*, qu'il ne faut pas confondre avec le *Schkuhria* de Roth, admis sous ce nom par tous les botanistes, et que Mœnch nomme *Tetracarpum*. Ce botaniste prétend que son genre *Schkuhria* diffère du *Sigesbeckia* par l'absence de la couronne, la forme de la corolle et celle du fruit. Selon lui, les fleurs de la calathide sont toutes hermaphrodites, ce qui est une erreur. Mœnch a commis une autre erreur, en attribuant le clinanthe nu au *Schkuhria* et au *Sigesbeckia;* et il semble avoir méconnu l'évidente analogie de ces deux genres, en les éloignant beaucoup l'un de l'autre dans sa bizarre classification. Enfin, il s'est trompé, en citant la *Sig. occidentalis* de Linné comme synonyme de sa *Sig. trinervata*, qui est sans doute la *Sig. orientalis*. Deux espèces, nommées *laciniata* et *iberica*, ont été plus récemment ajoutées au genre *Sigesbeckia ;* mais ne les ayant point vues, nous ignorons si elles sont vraiment congénères du type de ce genre. Nous y admettons au contraire avec confiance les deux espèces décrites en 1820 par M. Kunth, sous les noms de *Sig. cordifolia* et *jorullensis*, parce que les descriptions de cet habile botaniste sont en général si exactes et si complètes, qu'elles équivalent presque toujours pour nous au témoignage de nos propres yeux.

Il résulte de ce qui précède. 1.° que sept espèces ont été jusqu'ici successivement attribuées par divers auteurs au genre *Sigesbeckia*, sous les noms de *orientalis, occidentalis, flosculosa, laciniata, iberica, cordifolia, jorullensis;* 2.° que l'*occidentalis* doit, sans aucun doute, être exclue de ce genre pour constituer un genre particulier, nommé par Gærtner *Phaethusa;* 3.° que les *laciniata* et *iberica* doivent être considérées comme des espèces douteuses, jusqu'à ce qu'elles aient été soigneusement observées ; 4.° que les quatre espèces restantes peuvent être distribuées en deux sous-genres. dont l'un, intitulé *Sigesbeckia*, comprendroit l'*orientalis*, la *cordifolia*, la *jorullensis*, et dont l'autre, intitulé *Trimeranthes*, n'auroit que la *flosculosa*.

Le nom de *Schkuhria* étant, depuis long-temps, appliqué par tous les botanistes à un autre genre, non contesté, il seroit difficile d'adopter la nomenclature de Mœnch, qui d'ailleurs, malgré l'antériorité de sa date, ne mérite guère d'être préférée, à cause des deux erreurs que l'auteur a commises, en attribuant à son *Schkuhria* la calathide incouronnée et le clinanthe nu. C'est pourquoi nous proposons le nom de *Trimeranthes*, composé de trois mots grecs qui signifient *Fleur à trois parties*, c'est-à-dire à trois étamines et à corolle trilobée, ce qui exprime le principal caractère de ce genre ou sous-genre.

Ce caractère est remarquable, parce qu'il est fort rare chez les Synanthérées; leur fleur hermaphrodite ou mâle, ordinairement composée de cinq parties, étant assez souvent réduite à quatre, mais presque jamais à trois. La corolle staminée du *Trimeranthes* est divisée au sommet en trois lobes très-courts, arrondis, concaves, non divergens : deux de ces lobes sont peut-être composés chacun de deux parties entregreffées jusqu'au sommet, car ils ont une nervure médiaire.

Les *Sigesbeckia* et *Trimeranthes* ont beaucoup d'affinité naturelle avec notre *Biotia*, décrit dans le tome XXXIV (page 508) de ce Dictionnaire. (H. Cass.)

SIGI. (*Bot.*) Nom brame du *vaga* du Malabar, espèce d'acacia à tige sans épines, à feuilles bipennées et à fleurs en épis lâches, qui paroît différente de l'*acacia vaga* de Willdenow. (J.)

SIGIAN. (*Ichthyol.*) Nom arabe du scare sidjan des auteurs. Voyez Sidjan. (H. C.)

SIGILLÉE [Racine]. (*Bot.*) Ayant de distance en distance des impressions semblables à celles d'un cachet, lesquelles sont les cicatrices que les feuilles laissent en tombant; exemple : *convallaria polygonatum*, etc. (Mass.)

SIGILLINE, *Sigillina*. (*Malacoz.*) Genre d'ascidiens agrégés, établi par M. Savigny (Mémoire sur les animaux sans vert., Syst. des ascid., page 179) et adopté par M. de Lamarck (Syst. des anim. sans vert., tome 3, page 99), pour une espèce rapportée de la côte sud-ouest de la Nouvelle-Hollande par MM. Péron et Lesueur, et dans laquelle les petites ascidies, disposées les unes au-dessus des autres en cercles irréguliers, sont réunies dans un corps commun, gélatineux, conique, grêle, vertical, isolé, pédiculé, adhérent, à la surface duquel elles font saillie. Chaque petite ascidie a, du reste, six rayons tentaculaires, obtus, égaux, à chaque orifice. Sa cavité branchiale est très-courte et hémisphérique; l'abdomen est plus grand qu'elle, et l'ovaire, très-alongé, très-grêle, se prolonge dans la masse commune inférieurement.

L'espèce de distome ou d'ascidie agrégée, qui constitue ce genre et que M. Savigny nomme la S. AUSTRALE, *S. australis*, figurée dans l'ouvrage cité, pl. 3, fig. 2, pour l'animal entier, et pl. 14 pour les détails d'organisation, a quatre à huit pouces de haut. Sa couleur est d'un vert jaunâtre très-clair, avec les sommités particulières orales, rousses et cerclées de blanc. Elle a été pêchée à vingt brasses de profondeur. (De B.)

SIGINGALIOS. (*Bot.*) Nom donné, suivant Mentzel, à l'*arum dracunculus* dans la Mauritanie. (J.)

SIGNE. (*Ornith.*) Nom catalan du cygne. (Ch. D.)

SIGNES employés en botanique : ⊙ signifie plante annuelle; ♂ ou ②, plante bisannuelle; ♃ plante herbacée, à tige annuelle et à racine vivace; ♄ plante ligneuse; ♀ plante ou fleur femelle; ♂ plante ou fleur mâle; ☿ plante ou fleur hermaphrodite. (Mass.)

SIGNES DU ZODIAQUE. (*Astr.*) Dans les premiers temps de l'astronomie c'étoient des constellations ou groupes d'étoiles (voyez Étoiles) au nombre de douze, qui occupoient la bande appelée zodiaque, au milieu de laquelle se trouve l'Écliptique (voyez ce mot). Par suite de la précession des équinoxes (voyez Précession), ces constellations ayant cessé de répondre aux mêmes points du zodiaque, on a donné leurs noms à douze divisions égales, formées sur l'écliptique, à partir de l'équinoxe du printemps. Voici ces noms, en suivant l'ordre du cours apparent du soleil :

> Le *belier*, le *taureau*, les *gémeaux*,
> Le *cancer*, le *lion*, la *vierge*,
> La *balance*, le *scorpion*, le *sagittaire*,
> Le *capricorne*, le *verseau*, les *poissons*. [1]

---

[1] On les a rassemblés dans ces deux vers latins, faciles à retenir:
Sunt aries, taurus, gemini, cancer, leo, virgo,
Libraque, scorpius. arcitenens, caper, amphora, pisces.

Ces divisions doivent être soigneusement distinguées des constellations; d'abord parce qu'étant toutes égales, elles occupent chacune 30 degrés sur l'écliptique, dont la circonférence en contient 360; ensuite parce que le déplacement des signes, par rapport aux constellations, est tel que celle du belier ne commence maintenant que vers le 29.ᵉ degré du signe du même nom. (L. C.)

SIGNET ou SCEAU DE SALOMON ; *Polygonatum*, Tourn., Desf. (*Bot.*) Genre de plantes monocotylédones, de la famille des *asparaginées*, Juss., et de l'*hexandrie monogynie*, Linn., dont les principaux caractères sont les suivans : Calice nul; corolle monopétale, cylindrique, à limbe partagé en six divisions obtuses, peu profondes; six étamines plus courtes que la corolle, attachées à la partie moyenne ou supérieure du tube ; ovaire supère, surmonté d'un style à stigmate simple ; une capsule bacciforme, arrondie, à trois loges, renfermant chacune deux graines, ou seulement une, par avortement.

Les signets sont des plantes herbacées, à feuilles entières, alternes ou verticillées, et à fleurs axillaires. Linnæus les avoit réunis aux muguets ou *Convallaria*, M. Desfontaines les en a séparés de nouveau; on en connoît quatorze espèces, dont quelques-unes croissent en Europe, les autres en Asie et dans l'Amérique septentrionale.

SIGNET ANGULEUX, vulgairement SCEAU DE SALOMON ou GENOUILLET : *Polygonatum vulgare*, Desf., Ann. du Mus., 9, p. 48; *Convallaria polygonatum*, Linn., *Sp.*, 451. Sa racine est charnue, noueuse, blanche, horizontale, grosse comme le doigt, vivace ; elle produit une ou plusieurs tiges simples, anguleuses, un peu courbées en arc, hautes d'un pied ou plus, garnies, dans toute leur partie supérieure, de feuilles ovales, glabres, d'un vert clair, amplexicaules et tournées d'un seul côté. Ses fleurs sont blanches, mêlées d'un peu de vert en leurs bords, pendantes, solitaires ou au plus deux ensemble sur un pédoncule axillaire. Cette plante croit naturellement dans les bois.

L'un des noms vulgaires qu'elle porte lui vient sans doute de ce que sa racine, coupée un peu obliquement, présente différentes figures. Cette racine a joui autrefois d'une grande réputation comme vulnéraire et astringente. On l'employoit pour la guérison des hernies, et contre les meurtrissures et les contusions. Aujourd'hui elle est tombée en désuétude chez les médecins, et il n'y a plus guère que les gens des campagnes qui en fassent encore usage. Les fruits et les racines, pris intérieurement, provoquent le vomissement, s'il faut en croire quelques auteurs; mais cela paroît très-douteux quant aux racines, puisque Bergius dit qu'en Suède, dans un temps de disette, des paysans ont mêlé de ces racines à de la farine de froment pour se procurer une nourriture plus abondante. Le pain qui est résulté de ce mélange, étoit, selon cet auteur, d'une couleur brunâtre, d'une saveur et d'une consistance visqueuses; mais il ne dit pas qu'il ait fait vomir personne.

Signet a feuilles larges : *Polygonatum latifolium*, Desf., Ann. du Mus.; *Convallaria latifolia*, Jacq., *Fl. Aust.*, t. 232. Cette espèce diffère de la précédente par ses feuilles plus larges, rétrécies en pétiole à leur base, et surtout par ses pédoncules multiflores, pubescens, ainsi que les tiges. Elle croît dans les montagnes en Suisse, en Autriche, en Hongrie, sur le Caucase et dans l'Amérique septentrionale.

Signet multiflore : *Polygonatum multiflorum*, Desf., Ann. du Mus.; *Convallaria multiflora*, Linn., *Spec.*, 452. Sa racine est noueuse et horizontale, comme dans la première espèce; elle produit une tige presque cylindrique, simple, un peu courbée en arc, haute d'un pied à dix-huit pouces, garnie de feuilles ovales-oblongues, nerveuses, glabres. Ses fleurs sont plus petites que dans les deux plantes précédentes, pendantes, portées deux à six ensemble sur des pédoncules axillaires. Ce signet croît en France et en Europe, dans les forêts.

Signet verticillé : *Polygonatum verticillatum*, Desf., Ann. du Mus.; *Convallaria verticillata*, Linn., *Sp.*, 451. Sa tige est droite, simple, cylindrique, haute de quinze à dix-huit pouces, nue dans sa partie inférieure, garnie, dans ses deux tiers supérieurs, de feuilles lancéolées-linéaires, verticillées par quatre, quelquefois par trois ou par cinq. Ses fleurs sont blanches, un peu verdâtres à leur sommet, portées deux ensemble sur des pédoncules bifurqués, axillaires et réfléchis. Cette espèce croît dans les bois des montagnes, en France et en d'autres contrées de l'Europe. (L. D.)

SIGNIS. (*Ornith.*) Voyez Cini. (Ch. **D.**)

SIGUKTOK. (*Ornith.*) Nom groënlandois de la bécassine ordinaire, *scolopax gallinago*, Linn. (Ch. **D.**)

SIIRO SAGGI. (*Ornith.*) C'est, au Japon, le héron blanc, *ardea alba* et *ardea egretta*, Linn. (Ch. **D.**)

SIJO, ADSAI, ANSAI. (*Bot.*) Noms japonois du *viburnum tomentosum* de M. Thunberg. (J.)

SIKISTAN. (*Mamm.*) Le sikistan ou rat vagabond, *mus vagus*, Pallas, est une espèce de Rat (voyez ce mot), qui vit en Sibérie. (Desm.)

SIKO. (*Bot.*) Voyez Omodaka. (J.)

SIKORA. (*Ornith.*) C'est le nom des mésanges en Pologne. (Ch. **D.**)

SIKU, KEN, KENPOKONAS. (*Bot.*) Noms japonois cités par Kæmpfer, d'un arbre dont M. Thunberg a fait son genre *Hovenia*, de la famille des rhamnées. (J.)

SIKVI. (*Ornith.*) Ce nom désigne le coq en hébreu, langue dans laquelle la poule est appelée *sakvia*. (Ch. **D.**)

SIL. (*Min.*) Tous les savans qui ont cherché à établir une concordance entre les matières minérales désignées par les Grecs, les Romains et les modernes, conviennent que le *sil* de Pline et des Latins étoit la même chose que l'*ochra* de Théophraste et des Grecs, et s'appliquoit à l'une des ocres des modernes; mais c'est à cette dernière distinction que se borne cet assentiment.

Ainsi on convient que le sil étoit, soit notre ocre jaune, soit notre ocre brune, suivant les variétés qu'il présentoit, et qu'on désignoit par différens noms; mais on ne convient pas que le nom de sil ait jamais été donné au *rubrica* ou ocre rouge, lors même qu'on obtenoit cette dernière par la calcination de l'ocre jaune.

On convient aussi que la terre de Sinope étoit une ocre ou bol, et par conséquent une matière analogue au sil, si ce n'étoit la même chose.

Les anciens distinguoient plusieurs sortes de *sil*, qu'ils désignoient par les noms suivans :

Le *Sil atticum*, qui passoit pour le meilleur.

Le *Sil marmorosum* (sil marbré), qui n'avoit que la moitié de la valeur du précédent.

Le *Sil pressum* ou *syricum*, parce qu'on le tiroit de l'île de Syros, et qui étoit brun.

Le *Sil achaicum*, qui, étant employé pour les ombres, devoit être aussi une ocre brune.

Le *Sil lucidum*, qui venoit des Gaules, et qui, par son nom, son usage pour exprimer les clairs et les jours, et le lieu de son origine, paroît être notre ocre jaune-pâle du Berri. Voyez Ocre et Sinope. (B.)

SILAGURIUM. (*Bot.*) Nom sous lequel Rumph décrit et figure le *sida retusa*. (J.)

SILAUM. (*Bot.*) Boerhave nommoit ainsi le *peucedanum nodosum* de Linnæus. (J.)

SILAUS. (*Bot.*) La plante ainsi nommée par Pline est, selon Anguillara, une berle, *sium*; selon Césalpin, le *phellandrium*; selon C. Bauhin, avec doute, la plante que Linnæus a nommée pour cette raison *peucedanum silaus*. Suivant Pline, cette plante croît sur le bord des rivières, et on la mange comme une herbe potagère acide, utile aussi pour les affections de la vessie. (J.)

SILBERBARSCH. (*Ichthyol.*) Nom allemand du spare mélanote de feu de Lacépède. Voyez Spare. (H. C.)

SILBERDECKE, SILBERPAMPEL. (*Ichthyol.*) Noms allemands du stromatée argenté. Voyez Stromatée. (H. C.)

SILBERFORELLE, SILBERSTREIT. (*Ichthyol.*) Noms allemands du Piabuque. Voyez ce mot. (H. C.)

SILD-MOAGE. (*Ornith.*) C'est, en danois, le goéland brun, *larus catarrhactes*, Lath. (Ch. D.)

SILD-TORSK. (*Ichthyol.*) Voyez Skrey. (H. C.)

SILDQUAL. (*Mamm.*) Ce nom norwégien est, selon feu de Lacépède, appliqué à la baleine nordcaper. (Desm.)

SILENE. (*Bot.*) Lorsque Linnæus décomposa en plusieurs le genre *Lychnis* de Tournefort, très-nombreux en espèces, il donna à l'un d'eux ce nom, cité par Lobel, d'après Théophraste, et appartenant à son *silene muscipula*. (J.)

SILENE. (*Entom.*) Nom d'un papillon de la division des satyres. Voyez l'article Papillon, n.° 28, *Circe*. (C. D.)

SILÉNÉ; *Silene*, Linn. (*Bot.*) Genre de plantes dicotylédones polypétales, de la famille des *caryophyllées*, Juss., et de la *décandrie digynie*, qui a pour caractères: Un calice monophylle, tubulé, à cinq dents; une corolle de cinq pétales à onglets étroits, et à limbe plan, bifide ou entier, souvent muni à sa base de deux dents, dont l'ensemble forme une couronne à l'entrée de la gorge de la corolle; dix étamines à filamens subulés; un ovaire supère, surmonté de trois styles simples, à stigmates aigus; une capsule ovale-oblongue. cachée dans le calice persistant, à trois loges, s'ouvrant par le sommet en six parties, et renfermant chacune plusieurs graines.

Les silénés sont des plantes ordinairement herbacées, à feuilles entières, opposées, et à fleurs terminales ou axillaires. On en connoit plus de cent cinquante espèces, parmi lesquelles un grand nombre croît en Europe. Plusieurs auteurs suppriment aujourd'hui presque entièrement le genre Cucubale, et ils en reportent toutes les espèces, excepté une, dans les silénés, ce qui augmente encore les espèces déjà si nombreuses dans ce dernier genre. Ainsi M. Otth, qui a fait cet article dans le Prodrome du règne végétal de M. De Candolle, ne compte pas moins de deux cent dix-sept espèces de silénés, qu'il divise en huit sections, auxquelles il donne des noms particuliers. comme de sous-genres, ainsi que le fait toujours M. De Candolle dans les genres un peu nombreux.

Voici ces divisions ou sections, avec leurs noms particuliers, tels que les établit M. Otth.

Section 1, *Nanosilene*. Tiges presque nulles, disposées en gazon; pédoncules uniflores; calices un peu renflés. Sect. 2, *Behenantha*. Des tiges; fleurs solitaires ou paniculées; calices vésiculeux-renflés. Sect. 3, *Olites*. Des tiges; fleurs verticillées et disposées en épi. Sect. 4, *Conoimorpha*. Des tiges; calice conique, à fond ombiliqué et à dents très-longues. Sect. 5, *Stachymorpha*. Des tiges; fleurs axillaires, non opposées et formant l'épi; calice à dix stries. Sect. 6, *Rupifraga*. Tiges droites et roides; pédoncules filiformes; calices campanulés ou cylindriques. Sect. 7, *Siphonomorpha*. Des tiges; fleurs paniculées ou rarement solitaires; pédicelles courts et opposés; calices tubulés. Sect. 8, *Atocion*. Des tiges; fleurs en corymbe; calices en massue et à dix stries.

Les silénés, malgré leur grand nombre, ne présentent que

peu d'intérêt; je me bornerai à en décrire quelques-uns, divisés seulement en quatre sections.

* *Tige uniflore ou pauciflore.*

Siléné sans tige ; *Silene acaulis*, Linn. , *Sp.*, 6o3. Ses tiges sont nombreuses, diffuses, longues d'un à trois pouces, garnies de beaucoup de feuilles et ramassées en un gazon serré. Ses feuilles sont courtes, linéaires, très-glabres. Ses fleurs sont d'un rouge clair, quelquefois blanches, solitaires au sommet, des tiges, sessiles ou presque sessiles dans une variété, portées, dans une autre, sur des pédoncules d'un à deux pouces de longueur. Cette espèce croît dans les prairies et sur les bords des ruisseaux, dans les Alpes, les Pyrénées et les autres montagnes alpines de l'Europe : elle est vivace.

Siléné saxifrage; *Silene saxifraga*, Linn., *Sp.*, 6o2. Ses tiges sont grêles, nombreuses, étalées à leur base, ensuite redressées, glabres, ainsi que toute la plante, hautes de trois à quatre pouces, garnies de feuilles linéaires, disposées par paires assez rapprochées. Les fleurs sont blanches, un peu rougeâtres en dehors, solitaires au sommet des tiges et portées sur des pédoncules grêles. Leur calice est court et en massue. Cette espèce est vivace; elle croit dans les lieux pierreux et sur les rochers exposés au soleil, dans le Midi de la France et de l'Europe.

Siléné du Valais ; *Silene vallesia*, Linn. , *Sp.*, 6o3. Sa racine est un peu ligneuse, vivace; elle produit plusieurs tiges couchées à leur base, ensuite redressées, simples ou peu rameuses, hautes de quatre à cinq pouces, un peu velues et visqueuses, comme toute la plante, garnies de feuilles oblongues-lancéolées, plus rapprochées dans la partie inférieure des tiges que dans la supérieure. Les fleurs sont roses ou blanches intérieurement, d'un rouge brun en dehors, portées, au sommet des tiges, sur des pédoncules droits et ordinairement solitaires; leur calice est cylindrique, marqué de dix raies verdâtres ou rougeâtres. Ce silène croit dans les lieux stériles et élevés des Alpes de la Suisse, du Piémont, etc.

** *Fleurs éparses.*

Siléné de nuit; *Silene noctiflora*, Linn., *Sp.*, 599. Sa tige

est droite, dichotome, velue, haute d'un pied ou environ,
garnie de feuilles lancéolées, rétrécies à leur base, pubescentes. Ses fleurs sont blanches, portées, dans la bifurcation
et au sommet des rameaux, sur des pédicelles hérissés de
poils, ainsi que les calices qui sont striés, renflés après la
floraison, terminés par des dents fort longues. Cette espèce
croît dans le Midi de la France et dans d'autres pays de
l'Europe.

Siléné de Virginie; *Silene virginica*, Linn., *Sp.*, 600. Ses
tiges sont cylindriques, striées, visqueuses, pubescentes, couchées ou redressées, hautes de six pouces à un pied. Ses
feuilles sont ovales-oblongues, sessiles, aiguës à leur sommet.
Ses fleurs sont d'un rouge foncé, portées sur des pédoncules
dans la bifurcation des rameaux et à leur sommet. Cette espèce est originaire de la Virginie; elle est vivace.

Siléné a fleurs sanguines; *Silene ornata*, Ait., *Hort. Kew.*,
tom. 2, pag. 96. Ses tiges sont droites, cylindriques, velues
et visqueuses, ainsi que toutes les parties de la plante, rameuses, surtout dans leur partie supérieure, garnies de
feuilles lancéolées, pubescentes, sessiles et connivantes à leur
base. Ses fleurs sont d'un rouge de sang foncé, disposées dans
la bifurcation des rameaux et à leur extrémité. Cette espèce
est originaire du cap de Bonne-Espérance. Elle est bisannuelle; on la cultive dans les jardins comme plante d'ornement.

Siléné des rochers; *Silene rupestris*, Linn., *Sp.*, 602. Sa racine est bisannuelle; elle produit plusieurs tiges simples inférieurement, dichotomes dans leur partie supérieure, glabres et d'un vert glauque, ainsi que toute la plante, garnies
de feuilles ovales-lancéolées ou oblongues-lancéolées. Ses
fleurs sont d'un blanc pur, placées dans les dernières bifur-
cations des rameaux ou terminales. Cette espèce se trouve
dans les lieux ombragés et pierreux des Alpes, des Pyrénées
et des autres montagnes alpines de l'Europe.

*** *Fleurs en grappe ou en épi.*

Siléné a cinq taches; *Silene quinquevulnera*, Linn., *Sp.*, 595.
Sa racine est annuelle; elle produit une tige droite, velue,
simple ou peu rameuse, haute de huit pouces à un pied,

garnie de feuilles oblongues, presque spatulées et un peu rudes au toucher. Ses fleurs sont purpurines, bordées de blanc, portées sur de courts pédoncules dans la partie supérieure des tiges, et disposées en une petite grappe tournée d'un seul côté; leurs pétales sont entiers, et le calice est strié, hérissé de longs poils. Cette plante croît dans les champs sablonneux du Midi de la France et de l'Europe.

SILÉNÉ DE FRANCE; *Silene gallica*, Linn., *Sp.*, 595. Sa racine est annuelle, comme dans la précédente; elle produit une tige droite, plus ou moins rameuse, velue, haute de huit à douze pouces, garnie de feuilles oblongues, un peu en spatule, chargées de poils qui les rendent rudes au toucher. Ses fleurs sont petites, blanchâtres ou roses, alternes sur de courts pédoncules, et disposées en grappe terminale; leur calice est hérissé, strié, et les pétales sont entiers. Les fruits sont ovoïdes, droits et serrés contre la tige. Cette espèce croît dans les champs, en France, en Italie, etc.

SILÉNÉ D'ANGLETERRE; *Silene anglica*, Linn., *Sp.*, 594. Cette espèce ne diffère de la précédente que parce que ses pétales sont plus grands, échancrés, et parce que les fruits inférieurs de la grappe, au lieu d'être serrés contre l'axe, sont divergens. Elle se trouve dans les champs, en Angleterre et en France.

**** *Fleurs paniculées ou en corymbe.*

SILÉNÉ ARMÉRIA; *Silene Armeria*, Linn., *Sp.*, 601. Sa racine, qui est annuelle ou bisannuelle, produit une tige droite, glabre, comme toute la plante, simple ou rameuse, haute d'un pied ou environ, enduite, dans sa partie supérieure, d'un suc visqueux, et garnie de feuilles ovales, d'un vert glauque; les inférieures sont oblongues-lancéolées. Ses fleurs sont purpurines, quelquefois blanches, disposées, au sommet des tiges et des rameaux, sur des pédoncules réunis en faisceau et disposés en corymbe terminal. Cette espèce croît dans le Midi de la France et de l'Europe. On la cultive pour l'ornement des jardins.

SILÉNÉ ATOCION; *Silene Atocion*, Linn., *Syst. veget.*, pag. 421. Ses tiges sont droites, rameuses, un peu visqueuses dans leur partie supérieure, garnies de feuilles ovales, rétrécies en un assez long pétiole et comme spatulées, glabres, un peu charnues, légèrement ciliées en leurs bords, principalement en leur partie inférieure et sur leur pétiole. Les fleurs sont d'une couleur purpurine claire, portées, au sommet des tiges et des rameaux, sur des pédoncules trichotomes, et disposées en un petit corymbe. Les pétales sont bifides et munis, en outre, d'une petite dent de chaque côté. Cette espèce est originaire du Levant, et on la cultive au Jardin du Roi. Elle est annuelle.

Siléné penché; *Silene nutans*, Linn., *Sp.*, 596. Sa racine est vivace; elle produit une ou plusieurs tiges cylindriques, pubescentes, visqueuses dans leur partie supérieure, garnies de feuilles écartées : les inférieures ovales-oblongues, rétrécies en pétiole à leur base; les supérieures lancéolées-linéaires. Les fleurs sont blanches ou rougeâtres, un peu inclinées, et disposées, au sommet des tiges, en panicule lâche; leurs pétales sont bifides, et les calices cylindriques, pubescens. Cette espèce croît dans les bois, en France et en Europe.

Siléné a feuilles de buplèvre ; *Silene bupleuroides*, Linn., *Sp.*, 598. Sa racine est vivace ; elle produit une tige droite, roide, cylindrique, glabre, ainsi que toute la plante, haute d'un à deux pieds et même plus, divisée, dans sa partie supérieure, en rameaux grêles, nombreux. Ses feuilles sont lancéolées, traversées par une nervure longitudinale très-prononcée : les inférieures rétrécies en un long pétiole; les supérieures sessiles ou presque sessiles, et sensiblement plus étroites. Ses fleurs sont assez grandes, blanches en dedans, un peu violettes en dehors, portées, à l'extrémité des tiges et des rameaux, sur des pédoncules souvent trifurqués, quelquefois simples, et formant une panicule plus ou moins étalée ; leurs pétales sont profondément bifides. Cette espèce croît naturellement en Perse, dans le Levant, en Barbarie. On la cultive au Jardin du Roi. (L. D.)

Ce genre de plantes dicotylédones polypétales, de la famille des *ombellifères*, a été établi par Gærtner pour placer le *laserpitium aquilegifolium* de Jacquin, qui diffère des espèces de ce dernier genre par l'absence de collerette universelle, et par son fruit dépourvu d'ailes. Sprengel comprend dans le nouveau genre *Siler* deux autres espèces, le *cachrys latifolia*, Marsch. , dont il fait le *siler caucasicum*, et le *sison salsum* , Linn. fils, auquel il conserve le même nom spécifique. (L. D.)

SILER. (*Bot.*) Pline citoit sous ce nom un arbre que Césalpin croyoit être le fusain, *evonymus*, et que Daléchamps assimiloit à la bourgène, *rhamnus frangula*. Le même nom étoit donné au saule marceau, *salix capræa*, par Anguillara ; mais d'un autre côté on le trouve, dans C. Bauhin, cité comme synonyme de plusieurs herbes ombellifères, et surtout d'un laser, que Linnæus a nommé pour cette raison *laserpitium siler*. (J.)

SILEX. (*Min.*) Le silex proprement dit n'est chimiquement qu'une variété de texture du quarz, du moins on n'a trouvé dans sa composition rien d'essentiel qui puisse l'en faire séparer. Mais cette varieté, c'est-à-dire cette manière d'être de la silice pure, présente des différences d'un ordre bien plus élevé que celles qui peuvent résulter de la forme et de la couleur. Si ces différences extérieures ne résultent pas de celles que peuvent donner la différence de composition, elles résultent certainement de circonstances dans le mode d'agrégation des parties siliceuses. Tout indique dans le quarz hyalin une dissolution complète des parties dans un dissolvant d'une liquidité aqueuse ; tout indique au contraire dans les silex un état visqueux ou gélatineux, qui semble n'avoir pas permis aux molécules ce libre mouvement, d'où résultent des cristaux réguliers, soit transparens, soit à texture vitreuse, lors même qu'ils sont opaques.

La translucidité la plus grande diffère toujours de la transparence. L'éclat terne ou cireux, ou au plus résineux de la cassure qui est souvent une conséquence de la translucidité, et qui ne peut se confondre avec l'éclat vitreux, sont donc les caractères distinctifs, suffisans pour établir entre le quarz et les silex une séparation, qu'on désigne par le nom de *sous-espèce* ou de *variété principale*, et qui est d'un ordre supérieur à celle qui porte le simple nom de *variété*.

Enfin, la manière dont les silex se présentent dans la nature, les circonstances qui paroissent avoir accompagné et déterminé leur formation, ajoutent quelques motifs à cette distinction.

Mais cette sous-espèce du quarz est encore susceptible
d'être séparée en variétés nombreuses et de différens ordres,
dont nous devons présenter le tableau avant d'en donner les
caractères généraux, afin de faire apprécier les motifs, la
valeur et l'application de ces caractères.

On doit d'abord séparer les minéraux quarzeux, dont nous
traiterons sous le titre de silex, en deux divisions principales, qui sont fondées sur des caractères d'une assez grande
valeur, sur des caractères qu'on pourroit considérer comme
chimiques, puisqu'ils résultent de la présence ou de l'absence
de l'eau dans ces pierres. Mais ce corps y est en proportion
indéfinie et variable, et les chimistes ne le considèrent pas ici
comme partie essentielle du minéral. Nous laissons donc les
quarz ou silex aquifères dans la même espèce que les quarz ou
silex anhydres, en nous contentant de les séparer par une
ligne de haute division. On peut ensuite établir dans ces
deux divisions quatre variétés, et subdiviser celles-ci en sous-
variétés, fondées sur différentes considérations, soit minéralogiques, soit même technologiques, et, par conséquent,
de valeurs assez différentes.

Le tableau suivant présente cette division :

Anhydres	Silex	corné. pyromaque. Meulière. nectique. pulvérulent.
	Agate	Chrysoprase. Plasme. Héliotrope. Cornaline. Sardoine. Calcédoine.
Aquifères	Hyalite	vitreuse. laiteuse.
	Résinite	Opale. Girasol. Cacholong. Hydrophane. commun. Ménilite.

Les **SILEX** sont tous des minéraux essentiellement et presque uniquement siliceux, dont la dureté est au plus égale à celle du quarz ; qui sont, comme lui, infusibles au chalumeau ordinaire ; qui ont une translucidité plus ou moins grande et une cassure conchoïde, plus ou moins écailleuse, avec un éclat quelquefois résineux.

Les Silex anhydres joignent à ces caractères communs les caractéres particuliers, d'avoir la même dureté que le quarz, une pesanteur spécifique de 2,6, d'avoir une cassure, ou conchoïde ou droite, plus ou moins écailleuse, avec un aspect terne, enfin de ne contenir guére que 0,98 de silice, avec un mélange d'alumine, de fer, etc., et de ne point diminuer sensiblement de poids par l'action du feu.

Ils ne cristallisent pas, ou du moins, quand ils cristallisent, ils rentrent dans la sous-espèce du quarz hyalin, ou bien ils revêtent par métamorphose des formes qui ne leur appartiennent pas.

Les silex, frottés l'un contre l'autre, répandent, comme le quarz, une lumière phosphorescente, rougeâtre, et en même temps une odeur particulière.

On subdivise les silex en deux groupes de variétés, qu'on désigne par les noms généraux de *silex* proprement dits et d'agates.

Les silex étant souvent aussi purs que les agates, malgré une apparence contraire, et les agates passant par des nuances insensibles aux résinites, nous avons placé les silex les premiers dans la série.

Les Silex proprement dits ont une pâte plus grossière et moins de translucidité que les agates. Leur texture est généralement dense ; mais elle peut être aussi celluleuse, poreuse ou même pulvérulente. Leur cassure est lisse, conchoïde, écailleuse ou droite. La surface de la cassure est terne. Leurs couleurs sont sans intensité et sans vivacité. Le poli qu'ils reçoivent n'a jamais l'éclat de celui des agates.

Les sous-variétés sont les suivantes :

1. Silex corné[1]. Sa pâte est grossière. Sa cassure imparfaite-

---

[1] *Hornstein* infusible des minéralogistes allemands, tels que celui des filons de Schneeberg. (Kératite, Delamétherie.)

ment conchoïde, mais surtout écailleuse, c'est-à-dire, semblable à celle de la cire. Il est moins fragile que le silex pyromaque; il est assez translucide, et cette circonstance, avec celle de la cassure écailleuse, lui donne quelquefois l'apparence de certaines cornes. Son infusibilité au chalumeau le distingue essentiellement des pétrosilex, auxquels il ressemble beaucoup par ses caractères extérieurs. Ses couleurs les plus ordinaires sont le gris, le gris-jaunâtre, le rougeâtre, le brunâtre, le verdâtre. Ces couleurs sont pâles, incertaines, répandues assez également dans la masse.

Le *gisement* de cette variété est une des circonstances la plus caractéristique de la spécification : c'est le silex des terrains les plus anciens et des terrains les plus modernes.

On le rencontre souvent dans les filons qui traversent les terrains primordiaux de cristallisation, remplissant en partie ces filons et enveloppant les minérais qui s'y trouvent aussi. — Mine de plomb du Huelgoët en Bretagne; il est blanchâtre. — Mine d'Estressin, département de la Loire; il est gris, enveloppant des pyrites, disposés en lames. — Mine de plomb de Vienne, département de l'Isère; il est d'un verdâtre sale, très-peu translucide et très-fragmentaire. — Mines de Schneeberg en Saxe. — De Rheinbreitenbach, près Cologne.

Il se montre ensuite en rognons, formant des lits interrompus, ou même en lits presque continus dans les calcaires compactes des terrains de sédiment inférieurs et moyens. — Dans le calcaire compacte de Tivoli, près Rome. — Dans le calcaire compacte fin, gris-jaunâtre, des environs de Grenoble; il est jaunâtre. — Dans le calcaire compacte commun, dit *scaiole*, des environs de Vicence. — Dans les assises inférieures des terrains de craie, qu'on nomme craie tufau et glauconie craieuse.

On le retrouve enfin dans les bancs moyens du calcaire grossier (carrière de Gentilly au sud de Paris et de Sèvres au couchant de cette ville), et dans les lits de sable des parties supérieures de ce terrain (carrière du parc de Saint-Cloud, de Neuilly, etc.), ensuite dans les calcaires siliceux et dans le gypse (Champigny et les environs de Crécy, à l'est de Paris. — Coulommier, avec la magnésite de ce lieu: il est brun-roussâtre. — Sur le coteau de Samoireau, près Fontainebleau).

et, enfin, dans plusieurs parties du terrain lacustre supérieur au gypse à ossemens (partie supérieure du côteau d'Épernon, au sud-ouest de Paris).

Il renferme dans ces dernières positions des débris organiques, qui appartiennent à des coquilles marines ou à des coquilles d'eau douce.

Le silex corné passe par des nuances insensibles au grès luisant, au quarzite, à la calcédoine et au silex pyromaque.

2. SILEX PYROMAQUE[1]. Sa cassure est parfaitement conchoïde, tantôt lisse, tantôt d'aspect terne. Il se casse aisément. Les éclats sont à bords très-tranchans. C'est une des pierres les plus scintillantes sous le choc de l'acier. Il n'est que foiblement translucide ; il a une texture assez fine et assez homogène pour recevoir un poli, qui a généralement peu d'éclat. Ses couleurs sont assez variées, mais toujours louches, sans vivacité. Ce sont principalement les suivantes :

Brun-noirâtre, presque noir et opaque, perdant sa couleur par l'action du feu et devenant blanc grisâtre et opaque : c'est celui qui se trouve ordinairement dans la craie blanche.

Blond, assez translucide.

Rougeâtre.

Verdâtre, nommé quelquefois prase.

Jaunâtre, presque opaque et nommé aussi *silex jaspoïde*. Il est quelquefois marbré, zoné, veiné ou taché. Il se rapproche beaucoup du jaspe, dont il diffère par l'aspect luisant de sa cassure et par sa translucidité.

Les silex pyromaques se trouvent presque toujours en rognons de diverses grosseurs et de formes très-irrégulières. Ces rognons, placés dans les terrains de sédiment, à côté les uns des autres et se touchant presque, forment des lits étendus, mais interrompus par une multitude de vides, de manière à présenter, s'ils étoient dégagés de la matière terreuse qui les enveloppe, des espèces de réseau à mailles très-irrégulières en forme et en dimension. Ils se montrent aussi quelquefois en lits continus, assez minces et à surfaces sensi-

---

1 C'est-à-dire, qui fait feu pour le combat, LINN., HAÜY. — *Feuerstein*, Min. allem. — *Flint*, Min. angl. — Vulgairement pierre à fusil et à briquet.

blement parallèles; mais cette circonstance, assez commune dans les silex corné et le phtanite, est rare dans le silex pyromaque. On en a quelques exemples dans les craières de Meudon près Paris, dans le calcaire jurassique d'Aichstedt en Bavière, etc.

Les rognons de silex, et surtout ceux de la craie, ne sont pas toujours homogènes et pleins. Tantôt on remarque vers leur centre un corps organique, tel qu'un madrépore ou une coquille, qui semble leur avoir servi de noyau ; tantôt le centre est creux et les parois sont tapissées de cristaux de quarz, de fer carbonaté, de pyrites, de silex ou de calcédoine concrétionnée, ou remplis soit de silex pulvérulent à peu près pur (les rognons en sphères presque régulières, ovulaires, des bords de la forêt de Dreux), soit de silex mêlé de soufre; circonstance fort singulière et qui le devient encore plus lorsqu'on remarque que ces silex, qu'on trouve épars dans les champs, près de Poligny, dans le Jura, ont tous une forme grossièrement lenticulaire, dont une des faces est plus déprimée que l'autre, qu'ils renferment des lames de célestine, etc.

Les silex pyromaques montrent quelques altérations qui, sans être absolument particulières à cette variété, s'y présentent cependant et plus communément et mieux caractérisées.

Ils sont en général pénétrés d'humidité, qui se manifeste au moment où on les casse, lorsqu'ils viennent d'être extraits de l'intérieur de la terre, mais qui se perd assez promptement par leur exposition à l'air. Cette sorte de dessiccation les rend plus fragiles et plus fragmentaires, et couvre quelquefois les anciennes surfaces de cassure d'une couche mince de silex opaque, que l'on a pris pour du silex décomposé. On a un exemple fort remarquable de cette altération, pour ainsi dire actuelle, dans un petit buste en silex pyromaque, trouvé, il y a trente ans environ, dans les fondations d'une maison de Paris, et dont toutes les surfaces étoient couvertes de cette espèce d'écorce blanche. Ce buste, décrit dans le temps par Millin, n'avoit pas le caractère d'une très-haute antiquité.

Les silex pyromaques des couches calcaires, et notamment ceux de la craie, semblent se lier avec la pierre qui les renferme et s'y fondre par leur surface de contact , au point qu'ils paroissent avoir été corrodés par la craie. Ces transitions sont quelquefois tellement nuancées , que des silex d'un brun foncé dans le centre passent au blanc opaque à cassure luisante, puis au blanc opaque à cassure terne vers leur circonférence ; enfin leur dernière écorce est tendre et friable, et finit même par faire effervescence , comme le calcaire qui les enveloppe et qui semble les avoir pénétrés. On peut répéter cette observation dans presque tous les lieux où les silex se rencontrent, mais surtout dans les carrières de pierres à chaux de Champigny , à l'est de Paris.

Les silex pyromaques bien caractérisés appartiennent principalement au terrain de craie, et, dans ce terrain , à la partie qui consiste en craie blanche : il y a peu de pays renfermant de la craie blanche qui n'ait aussi des silex pyromaques ; ils sont ordinairement noirs ou blonds. On en voit également dans quelques autres terrains , mais presque uniquement dans les terrains calcaires. Ainsi on peut en citer d'une part, dans le calcaire compacte de sédiment inférieur, et de l'autre, dans les terrains qui sont postérieurs à la craie. On en voit de blonds, dans le calcaire lacustre inférieur (Saint-Ouen , au pied nordouest de la colline Montmartre ; de noirs, dans le calcaire lacustre supérieur du plateau de Montreuil, à l'est de Paris, etc.)

Je ne connois guère que ces terrains qui contiennent de véritables silex pyromaques. Tous les silex qu'on cite dans d'autres terrains appartiennent ou au silex corné, ou au jaspe , ou au phtanite, ou enfin à d'autres variétés de cette sousespéce : et c'est pour avoir méconnu ces différences qu'on cite souvent à l'article des Silex de cette variété tant de terrains et de lieux différens.

La formation des silex pyromaques en couches interrompues, mais parallèles , au milieu des bancs de craie, a beaucoup occupé les géologistes. Leur disposition , leur forme, et d'autres circonstances , prouvent qu'ils n'ont point été roulés et transportés au milieu de ces masses calcaires. On pense donc qu'ils s'y sont formés par infiltration , et qu'ils occupent des cavités abandonnées par des mollusques ou par des zoophytes. L'hypothèse de leur formation par infiltration , admise par le plus grand nombre des géologistes, est sujette à d'assez grandes difficultés. On demande, 1.° pourquoi la matière siliceuse s'est réunie dans les seuls points où se trouvent les silex, et n'a pas imbibé les couches supérieures ou inférieures de craie ? 2.° comment les bancs de craie, percés d'un si grand nombre de cavités quelquefois continues dans une grande étendue, ne se sont pas affaissés ? On ne peut répondre à ces questions que par de nouvelles hypothèses. On suppose que la place des silex étoit occupée par des bancs d'animaux marins, mollusques, testacés ou zoophytes, et que c'est à quelque influence de la matière de ces animaux sur la silice, qu'est due l'espèce de *départ* qui en a été fait. Une observation de M. Gillet-Laumont appuie cette supposition : il a remarqué qu'il sortoit souvent une queue de silex de la bouche des oursins fossiles renfermés dans les craies, comme si la matière animale qui s'étoit écoulée par cette ouverture, avoit été remplacée par de la silice.

Sir G. Englefield a remarqué que les silex des couches de craie de l'île de Wight, voisins des fentes verticales qui coupent quelquefois ces couches, sont brisés dans toutes sortes de direction, sans cependant être déformés. On doit faire observer que ces couches sont inclinées de 67^d à l'horizon.

Usages. Les silex calcinés et réduits en poudre sous la meule d'un moulin entrent dans la composition de la faïence fine, dite angloise, terre à pipe ou même cailloutage, à cause de l'emploi de ce caillou.

Les silex pyromaques cassés en fragmens minces et à arêtes vives, servent de pierres à briquet.

Les mêmes silex, taillés d'une manière particulière, donnent les pierres à fusil. La taille s'obtient non pas par le sciage ou le frottement, mais par une fracture ménagée et fondée sur la propriété qu'a ce silex de donner constamment une cassure conchoïde. Les opérations de la taille consistent, 1.° à rompre le bloc avec une masse de fer, en morceaux à surface plane, d'une livre et demie environ; 2.° à fendre ou écailler ces morceaux de manière à faire naître sur leurs surfaces des espaces alongés, légèrement concaves, séparés par des arêtes verticales, à peu près droites. On frappe ensuite avec un petit marteau à deux pointes sur les angles formés par ses arêtes, et on détache par cette percussion des écailles longues et minces, présentant une face plane sur le côté par lequel elles tenoient au bloc , et sur la surface opposée, l'arête qui y existoit déjà ; 5.º à former la pierre. On remarque dans une pierre à fusil cinq parties : 1. la *mèche* , ou le biseau tranchant ; 2. les *flancs* , ou bords latéraux : 3. le *talon* , bord postérieur opposé à la mèche ; 4. l'*assis* , petite face supérieure horizontale , placée entre le talon et l'arête où commence le biseau ; 5. le *dessous* de la pierre , uni et un peu convexe.

Pour tirer la pierre à fusil avec la forme qui lui convient, de l'écaille dont on vient de parler , on place cette écaille horizontalement et sur sa face plane, sur le tranchant d'un ciseau de menuisier , enfoncé verticalement dans un bloc de bois. On frappe dessus l'écaille à petits coups, avec une roulette de fer emmanchée par son centre, et on la coupe ainsi avec une assez grande précision , en autant de morceaux qu'elle peut donner de pierres à fusil. On reprend ensuite ces morceaux, et on finit de les tailler avec la roulette , sur le ciseau qui sert d'enclume, de manière à former les flancs et le talon de la pierre.

L'opération de faire une pierre, dure au plus une minute ; le plus gros bloc fournit environ cinquante pierres.

Toutes sortes de silex pyromaques ne sont pas propres à être taillés sûrement, et par conséquent économiquement en pierres à fusil : aussi compte-t-on les pays qui peuvent fournir ces pierres douées des qualités de dureté et de solidité qui leur convient. Parmi quinze à vingt lits de silex qu'on connoît dans un terrain et qu'on a mis à nu dans une exploitation, il n'y en a quelquefois qu'un seul qui soit susceptible de donner sûrement de bonnes pierres à fusil. Les ouvriers appellent *cailloux francs* , ceux qui sont propres à la taille , et *cailloux grainchus* , ceux qui ne s'y prêtent pas facilement. Les bons cailloux ont en général une écorce blanche que les ouvriers nomment *couenne;* mais, exposés pendant quelque temps aux intempéries de l'air , ils perdent la faculté d'être cassés régulièrement.

On fabrique des pierres à fusil principalement en France : dans le département de Loir-et-Cher , à Meunes, Noyer et Couffy, canton de Saint-Aignan. Ces pierres sont jaunâtres , blondes et grises. — Dans le département de l'Indre, à Lye. — Dans le département de l'Ardèche , à Maysse. —

Dans le département de l'Yonne, à Cerilly.—Dans le département de Seine-et-Oise, à la Roche-Guyon. Dans ces deux derniers endroits ces silex sont bruns.

On nomme *caillouteurs*, les ouvriers qui fabriquent ces pierres. On en comptoit plus de huit cents dans le Berri, vers 1790. Ils étoient payés à raison de 40 à 60 centimes le cent. Les pierres blondes sont généralement les plus tendres ; les jaunes sont un peu plus dures, et les noires sont ordinairement les plus dures.

On cite hors de la France des fabriques de pierres à fusil :

En Angleterre, ces pierres, noires ou grises, sont remarquables par la perfection de leur taille.

En Belgique, leur taille est négligée, mais les pierres sont noires et d'excellente qualité.

Dans l'Italie septentrionale, notamment dans le Bergamasque ou dans le Tyrol italien, près d'Avio, au pied du Mont-Baldo, les silex qui les donnent sont grisâtres, jaunâtres ou rougeâtres, presque opaques. Les pierres sont rectangulaires, sans talon ni flanc, mais présentent une mèche sur les quatre côtés, de manière à pouvoir être retournées dans la batterie à mesure qu'elles s'usent.

On fait aussi des pierres à fusil en Portugal. — Dans la Gallicie, à Brzeczan, avec les silex de Podgozze. (Héron de Villefosse.) — A Arenheira, près Rio-Mayor, dans l'Estramadure. Les silex, dont on se sert, ont un gisement très-différent de celui des précédens ; ils sont dispersés en fragmens de 3 à 5 décimètres d'épaisseur, dans un sable rougeâtre. Un homme ne fait que deux cents pierres à fusil par jour. (Link.)

L'art de tirer partie de la cassure conchoïde des silex pyromaques, pour en faire par ce moyen des instrumens tranchans, étoit connu des peuples les plus anciens, et paroît être de ceux que les hommes les plus éloignés de l'état de civilisation ont pratiqué le premier. On trouve dans tous les pays où il y a des silex pyromaques, des instrumens coupans, des espèces de haches, de couteaux, de fers de flèches, faits avec ce silex. Ces objets sont enfouis dans le sol d'atterrissement ou dans les terrains meubles post-diluviens. On a découvert même des lieux où ces anciens peuples sembloient avoir établi des fabriques de ces instrumens. C'est ainsi que M. Joannet a re-

connu à Écorne-Bœuf, près Périgueux, un nombre assez considérable de ces instrumens dans différens états de fabrication
et avec les amas de débris nombreux qui résultent toujours
de ce genre de fabrication.

3. SILEX MEULIÈRE[1]. Ce silex, qui se trouve en grandes masses,
a une texture essentiellement cellulaire, à cellules polyédri-
ques, bulleuses ou irrégulières en nombre, forme et volume.
Ces cellules sont souvent divisées ou traversées par des lames
minces ou des fibres grossières de silex.

La meulière a la cassure essentiellement droite ; elle n'est
pas aussi facile à casser que le silex pyromaque. Les surfaces
de cassure sont planes, peu brillantes, quelquefois écailleuses.

La dureté de la meulière est à peu près égale à celle du
silex pyromaque, au moins dans ses parties compactes.

Ce silex est foiblement translucide, quelquefois presque
opaque.

Ses couleurs sont pâles et sales : ce sont le blanchâtre,
le grisâtre, le jaunâtre, le rougeâtre, le gris tirant sur le
bleuâtre.

On peut distinguer dans cette variété de silex deux sous-
variétés.

La *Meulière compacte*. Elle présente dans sa texture plus
de plein que de vide. Les parties pleines ont tous les caractères des silex pyromaques jaspoïdes; leur cassure offre une
surface assez lisse.

La *Meulière cellulaire*. Il y a un très-grand nombre de cellules; le silex qui les sépare a une cassure à surface terne.
Les cellules sont souvent remplies de marne argileuse, ferrugineuse, et traversées par des filets siliceux.

Les silex meulières se trouvent en général en bancs soit
continus, soit très-interrompus. Ces bancs sont placés au milieu de terrains meubles de sable et de marne argileuse et fer-
rugineuse. Ils ont peu de puissance et peu d'étendue continues; la marne argileuse et le sable qui les accompagnent

---

1 *Petrosilex molaris*, WALL. — Quarz agate molaire, HAÜY. — Quarz
carié, R. DE L'ISLE. — Vulgairement Meulière et Pierre meulière.

pénètrent entre les bancs dans leurs fissures et dans les cavités dont ils sont comme criblés.

Les silex meulières, tels que nous les caractérisons ici, se présentent dans peu de pays : ils ne sont abondans, bien caractérisés et bien connus, que dans le bassin de Paris et dans quelques cantons qui l'avoisinent; c'est donc à ce canton qu'on doit rapporter ce qu'on va dire sur leur gisement.

Outre la marne argileuse qui remplit la plupart des cavités des meulières voisines de la surface des bancs, on remarque, tant dans ces cavités que dans celles de l'intérieur des masses, de la silice pulvérulente quelquefois un enduit noirâtre qui paroît dû à la présence d'une certaine quantité de manganèse, et enfin, des petits cristaux de quarz qui tapissent ces cavités.

La position géognostique de ce silex est bien déterminée : il fait partie des terrains lacustres ou d'eau douce, qui, dans les cantons que nous prenons pour exemples, sont supérieurs au gypse à ossemens et au terrain de sable et de grès marin qui le recouvre. Il forme donc comme la dernière couche de sédiment de l'écorce du globe. Au-dessus de ces meulières il n'y a plus que des terrains meubles ou de transport, sablonneux ou limoneux, rarement marneux.

Les meulières ou ne contiennent aucun débris de corps organisés, ou, quand elles en renferment, ils y sont quelquefois si abondans, qu'elles semblent en être pétries (les hauteurs ou plateaux de Montmorency, de Sanois, de Meudon, etc.). Ce sont ou des coquilles d'eau douce et des débris de végétaux de même habitation, ou des coquilles terrestres et des débris de végétaux appartenant au même sol. Nous ne connoissons pas d'exception réelle à cette disposition. Les coquilles n'y sont ni brisées, ni mêlées de débris; leur test est rarement conservé, et quand il l'est, il a pris une nature siliceuse. Enfin, les cavités de ces coquilles sont quelquefois tapissées de cristaux de quarz ou même de quarz concrétionné à pâte d'agate.

Les silex meulières servent à deux usages différens, suivant leurs qualités. Ceux qui sont en petites masses ou très-poreux et assez tendres, ou très-compactes et assez durs, et qui deviennent cassans par l'action des météores atmosphériques, sont employés dans les constructions, principalement dans les parties qui sont plus exposées à l'humidité, comme les soubassemens : ces meulières ont l'avantage de retenir très-bien le mortier et de s'y lier parfaitement.

Celles qui se présentent en masses plus grandes, plus homogènes, solides, quoique poreuses, servent à faire des meules de moulin très-estimées ; les meilleures ont une proportion à peu près égale de plein et de vide. Leur masse est d'un gris blanchâtre tirant sur le bleuâtre.

Les premières sortes sont très-répandues sur les hauteurs du bassin de Paris, et sur le même sol qui se prolonge encore au-delà du bassin de Paris, dans celui de la Loire; les secondes, qui sont l'objet d'une exploitation assez importante et qui doivent être douées de qualités plus rares, sont moins répandues. Nous allons citer quelques exemples de ces deux sortes de silex meulières, considérées sous le rapport de leur emploi.

1.º Au nord de Paris, sur le plateau de la forêt de Montmorency, principalement sur sa partie méridionale : ce sont des lits interrompus de meulières compactes, très-riches en coquilles d'eau douce, planorbes, limnées et potamides très-bien conservées. Ces meulières sont exploitées pour les constructions, et on peut facilement en observer le gisement et toutes les modifications, immédiatement au-dessus du village et même de l'église de Saint-Prix, sur le bord méridional du plateau, et jusqu'au-dessus du village de Saint-Leu.

2.º Sur la colline de Sanois, qui forme le côteau méridional de la vallée de Montmorency : presque tout ce vaste plateau est comme pavé de meulières compactes, qui ne diffèrent en rien de celles du plateau de Montmorency. On y trouve les mêmes coquilles dans la même abondance, et on rencontre de même les potamides sur son bord méridional. C'est au nord de Cormeil, vers l'étranglement du plateau, que se présentent les exploitations les plus nombreuses et les plus profondes de meulières.

3.º C'est près de Laferté-sous-Jouarre, et sur la partie la plus élevée du plateau, sur celle qui porte Tarteret, que se fait la plus forte exploitation de meulières, et c'est de cet endroit qu'on tire les plus belles meules.

Le dessous du plateau est du calcaire marin ; au-dessus , mais sur les bords et du côté de la rivière de Marne seulement, se trouvent des marnes gypseuses et des bancs de gypse ; le milieu du plateau est composé d'un banc de sable ferrugineux et argileux, qui a dans quelques parties près de vingt mètres de puissance.

C'est dans cet amas de sable qu'on trouve les belles meulières ; en le perçant du haut en bas, on traverse d'abord une couche de sable pur , qui a quelquefois douze à quinze mètres d'épaisseur : la présence des meulières est annoncée par un lit mince d'argile ferrugineuse, qui est remplie de petits fragmens de meulières ; on le nomme *pipois*. Vient ensuite une couche épaisse de quatre à cinq décimètres, composée de fragmens plus gros de meulière , puis le banc de meulière lui-même, dont l'épaisseur varie entre trois et cinq mètres. Ce banc, dont la surface est très-inégale, donne quelquefois, mais rarement , trois épaisseurs de meules. Quoique étendu sur presque tout le plateau, on ne le trouve pas toujours avec les qualités qui permettent de l'exploiter , et pour le découvrir, on sonde au hazard. Il est quelquefois divisé par des fentes verticales qui permettent de prendre les meules dans le sens vertical, et on a remarqué que les meules qui avoient été extraites de cette manière, faisoient plus d'ouvrage que les autres.

Les carrières à meules sont exploitées à ciel ouvert ; le terrain meuble qui recouvre ces pierres ne permet pas de les extraire autrement, malgré les frais énormes de déblaiement qu'entraîne ce genre d'extraction. Les eaux, assez abondantes , sont enlevées au moyen de seaux attachés à de longues bascules à contrepoids : des enfans montent, par ce moyen simple, les seaux remplis d'eau d'étage en étage.

Lorsqu'on est arrivé au banc de meulière, on le frappe avec le marteau : si la pierre est sonore, elle est bonne et fait espérer de grandes meules ; si elle est *sourde*, c'est un signe qu'elle se divisera dans l'extraction. On taille alors dans la masse un cylindre qui, selon sa hauteur, doit donner une ou deux meules, mais rarement trois, et jamais plus : on trace sur la circonférence de ce cylindre une rainure de neuf à douze centimètres de profondeur, qui détermine la hauteur et la séparation de la première meule , et on y fait entrer deux rangées de calles de bois; on place entre ces calles des coins de fer, qu'on chasse avec précaution et égalité dans toute la circonférence de la meule, pour la fendre également et pour la séparer de la masse; on prête l'oreille pour juger par le son si les fissures font des progrès égaux.

Les morceaux de meules sont taillés en parallélipipède et sont nommés *carreaux*. On réunit ces *carreaux* au moyen de cercles de fer et on en fait d'assez grandes meules. Ces pièces sont principalement vendues pour l'Angleterre et pour l'Amérique.

Les pores de la meulière portent chez les fabricans le nom de *frasier*, et le silex plein celui de *défense*. Il faut, pour qu'une meule soit bonne, que ces deux parties se montrent dans une proportion convenable.

Les meules *à fraisier rouge* et abondant font plus d'ouvrage que les autres; mais elles ne donnent pas une farine si blanche et sont par cela même peu estimées.

Les meules d'un blanc bleuàtre, à *frasier* abondant, mais petit et également disséminé, sont les plus estimées. Les meules de cette qualité, ayant deux mètres de diamètre, se vendent jusqu'à 1,200 francs la pièce.

Les trous et fissures de toutes les meules sont bouchés en plàtre *pour la vente*; les meules sont bordées en cerceaux de bois, pour qu'on ne les écorne pas dans le transport.

Cette exploitation de meulières remonte très-haut, et il y a des titres de plus de quatre cents ans qui en constatent dès-lors l'existence; mais on ne faisoit à cette époque que des petites meules, et ce genre d'exploitation s'appeloit *mahonner*. On a vu par ce que nous avons dit plus haut, que les meules extraites des environs de Laferté-sous-Jouarre sont recherchées dans les pays les plus éloignés.

4.° Les meulières du sud de Paris sont généralement plus poreuses, moins coquillières, plus tenaces et plus estimées que celles du nord. On remarque, en allant de l'est à l'ouest :

A. Le plateau de Meudon dans presque toutes ses parties. La meulière y est en bancs minces et interrompus, et n'est exploitée que pour les constructions. La meulière coquillière y est très-rare et seulement en lits encore plus minces sur les points les plus élevés.

B. La forêt des Alluets et toute la partie du plateau de la forêt de Marly qui avoisine les Alluets. La meulière y est plus épaisse qu'à Meudon, et on l'a autrefois exploitée pour en faire des meules.

Sur le même plateau, mais plus au sud, au-delà de Chevreuse et près de Limours, se trouve l'exploitation de pierres à meules du village dit Molières, qui en a pris son nom. Après avoir traversé environ deux mètres de terre blanche, on trouve deux à trois bancs de meulières, situés au milieu d'un sable argileux et ferrugineux. Les bancs supérieurs sont composés de meulières en fragmens. L'inférieur seul peut être exploité en meules. Il repose sur du sable ou sur un lit de marne blanche.

Le silex meulière, cette roche particulière de formation lacustre, peut être rapporté comme un exemple réel d'une formation locale et très-circonscrite : il est, ou très-rare, ou encore très-peu connu, hors du bassin de Paris, et nous ne le connoissons qu'en France, et même que dans un petit nombre d'endroits; mais s'il ne se présente pas dans tous ces lieux avec des caractères minéralogiques parfaitement semblables à ceux de la meulière de notre bassin, il offre toujours, comme on va le voir, les caractères géologiques qui doivent faire attribuer une même origine aux meulières de ces différens lieux.

Nous citerons hors du bassin de Paris :

1.° Les carrières de pierres à meules d'Houlbec près Pacy-sur-Eure : elles ont été décrites avec détail par Guettard. On voit par cette description qu'elles sont recouvertes de sable argileux et ferrugineux, de cinq à six mètres de cailloux roulés; que le banc exploité est précédé d'un lit de meulière en fragmens, appelé *rochard*, et enfin que ce banc, qui a deux mètres d'épaisseur, repose sur un lit de glaise: par conséquent, toutes les circonstances de gisement sont les mêmes dans ce lieu qu'aux environs de Paris, et qu'à Laferté, qui en est éloigné de plus de trente lieues.

2.° Les carrières de pierres meulières de Cinq-mars-lapile, bourg sur la Loire, à quatre lieues et demi au-dessous de

Tours et à une et demie au-dessus de Langeais, sur la rive droite de la Loire, arrondissement de Chinon, département d'Indre et Loire.

Je n'ai pas vu ce canton, mais j'ai reçu de M. Duvau quelques renseignemens sur leur formation, et des échantillons suffisamment caractérisés pour indiquer à quelle formation ces meulières appartiennent.

Elles sont en banc assez puissant dans un sol marneux et argileux. Ce banc solide est recouvert de fragmens de meulières et consiste principalement en silex pyromaque grisâtre ou roussâtre, assez translucide, rempli de cavités et traversé par ces tubulures sinueuses qui se montrent presque constamment dans les terrains d'eau douce. On y trouve des moules de coquilles d'eau douce, qui paroissent avoir appartenu à des limnées et à des paludines. Cette roche passe au silex corné grisâtre ou blanchâtre. Ses fissures sont couvertes de dendrites et les parois de ses cavités tapissées de concrétions siliceuses, mamelonnées.

Les meules qui proviennent de ces carrières, dont les parties les plus estimées portent les noms de *jariais noir, jariais gris, grain de sel* et *œil de perdrix*, sont transportées par Nantes dans toute la Bretagne et jusqu'en Amérique, et se vendent de 90 à 120 francs.

On indique des silex meulières de même nature et probablement de même position géognostique à la Fermeté sur Loire, département de la Nièvre. On assure qu'on y trouve de très-bonnes et de très-grandes meules, semblables à celles de la Ferté-sous-Jouarre.

Un quarz ou silex carié jaunâtre, ayant absolument l'aspect des meulières cellulaires, se trouve près Limoges, formant une sorte d'amas interposé dans un micaschiste, et faisant ainsi partie des terrains primitifs.

M. Beudant croit avoir reconnu un quarz ou silex poreux analogue aux meulières dans la partie supérieure, dite masse sableuse, qui forme des collines au pied nord-ouest du Blocksberg, dans la contrée de Bude, en Hongrie.

M. Stilson cite des meulières semblables à celles de Paris, à Sand-Creek, à soixante milles de White-Rives, état d'Indiana dans l'Amérique septentrionale.

4. **Silex nectique** [1]. Ce sont des silex à texture lâche, poreuse, spongieuse et même cellulaire, au point qu'en masse ils sont souvent plus légers que l'eau, et *surnagent* sur ce liquide.

Ils se présentent ordinairement en petites masses, ou tuberculeuses, ou ondulées, à cassure assez droite, n'ayant aucun éclat. Leur masse se laisse aisément entamer par des lames de fer; mais leur poussière, rude au toucher, a la dureté des silex.

Nous rapportons à cette variété comme sous-variétés ou comme exemples :

1.° Le *silex nectique de Saint-Ouen ;* sur le bord de la Seine, au pied de la colline de Montmartre près Paris. Il se présente en petites masses sphéroïdales ou tuberculeuses, d'un gris jaunâtre très-pâle, enveloppant du silex pyromaque blanc et même des résinites communs et engagés dans un terrain marnosiliceux d'origine d'eau douce. M. Vauquelin, qui a analysé ces pierres, les a trouvées presque entièrement siliceuses, c'est-à-dire, composées de silice 0,98 et de carbonate de chaux 0,02.

2.° Le *silex nectique concrétionné,* qui couvre le sol à l'entour des jets et sources d'eau bouillante, dits Geyser, de Reikum et d'autres lieux de l'Islande. [2]

Il est en dépôts à surfaces ondoyantes ou tuberculeuses, à texture poreuse et absorbante, à structure presque concrétionnée, quelquefois cellulaire, tantôt d'un blanc de neige, tantôt d'un blanc jaunâtre.

Il est composé, d'après Klaproth, de silice pur 98, d'alumine et de fer oxidé 2 à 5, et renferme quelquefois 21 pour cent d'eau, qui ne paroît être ici qu'interposée. Le maximum de la pesanteur spécifique de la masse est de 1,8 ; quelquefois il est plus léger que l'eau.

Il est dû sans aucun doute à un précipité chimique de silice tenue en dissolution dans l'eau bouillante de ces sources

---

1 *Quarz nectique ,* Haüy, c'est-à-dire, disposé à nager. — Levisilex. Delamétherie.

2 *Kieseltuff,* Leonh. (Excluez *Perlsinter,* fiorite.)

Kieselsinter, Kieselguhr, Geysersinter , Geyserite.

Nous distinguons cette variété de silex, non essentiellement hydratée. à texture terreuse, du résinite hyalite, à cassure résineuse , etc.

jaillissantes, qui renferment en même temps du carbonate de soude et d'autres sels à base de soude. On doit peut-être rapporter encore à cette variété un silex nectique trouvé par M. Hacquet dans les roches de Podgorzen près Cracovie, et un silex très-cellulaire, plus léger que la ponce, de Beresof en Sibérie.

5. SILEX PULVÉRULENT. Cette variété, qui ne peut se rapporter à aucune de celles que nous avons établies, ne doit pas être considérée comme du sable fin ; mais elle doit être regardée comme un précipité chimique et pulvérulent de silice.

Ce silex s'offre sous la forme d'une poussière blanche ou grise, rude au toucher, dure au point de rayer l'acier, insoluble, infusible, etc.

Il se présente tantôt en petite quantité dans la cavité des silex pyromaques sphéroïdaux, tantôt en dépôts assez considérables dans des terrains calcaires. C'est ainsi que M. L. André l'a observé dans les environs de Vierson, département du Cher. Ce silex, analysé par M. Robiquet, s'est trouvé composé de silice 97, d'alumine 2, et de fer 1.

Les **AGATES** sont des silex à pâte fine, à cassure écailleuse, à petites écailles, comme est celle de la cire, approchant quelquefois de la cassure luisante, doués de couleurs variées et vives, et susceptibles de recevoir un poli éclatant. [1]

C'est sur la considération des couleurs et des autres phénomènes lumineux que sont fondées les diverses variétés des agates.

6. AGATE CHRYSOPRASE [2]. Elle est d'un vert pur et pâle, qu'on appelle vert-pomme ; il est plus ou moins foncé. Sa cassure est imparfaitement conchoïde, cireuse et foiblement écailleuse. Sa pesanteur spécifique est de 3,25 ; enfin, elle perd en partie sa couleur au feu.

Cette agate paroît devoir sa couleur au nickel ; du moins elle renferme, d'après Klaproth, 0,01 de ce métal.

---

1 Ces caractères sont peu tranchés ; mais ils suffisent pour distinguer des groupes de variétés. On pourroit même à l'exemple de Linnæus établir ces divisions sans leur assigner de caractères.

2 Chrysoprase, WERN., et quelquefois prase. — Prasopale ; c'est une variété de chrysoprase, établie par M. Meinecke.

La chrysoprase ne s'est encore trouvée qu'en Silésie, dans les environs de Kosemiz et de Gläsendorf, et aussi sur le Grachberg près de Grachau. Elle est disposée en veines et en nodules irréguliers dans une ophiolite. Elle y est accompagnée de calcédoine, de lithomarge, de talc, d'asbeste et d'une matière terreuse verdâtre, renfermant comme elle du nickel, et à laquelle on a donné le nom de *pimélite*.

On emploie la chrysoprase en bijoux; elle est assez estimée, lorsque sa couleur est d'un vert pur et homogène. On augmente momentanément son éclat, en la tenant plongée dans l'eau quelque temps.

7. AGATE PLASME. Cette variété, introduite par Werner, est de ce vert foncé tirant sur le bleuâtre, que l'on nomme vert de porreau. Sa cassure est conchoïde et n'est point cireuse comme celle de la chrysoprase, mais elle a l'éclat vitreux.

On n'a d'abord connu cette variété que parmi les restes des pierres employées par les anciens comme objets d'ornement, et on n'indiquoit point d'autres lieux qui l'eussent présentée que les monumens antiques de l'Italie, et notamment celui qui est nommé *tombeau de Cecilia Metella*, hors d'une des portes de Rome.

Winckelmann a cité, comme fait avec cette pierre, mais sous le nom de *plasme d'émeraude*, une petite figure assise qui s'est trouvée à la *Villa-Albani*, et qu'on croit d'origine égyptienne.

On y a depuis rapporté, en croyant même que les anciens pouvoient tirer leur plasme des mêmes lieux, les agates plasmes venant du Levant, et celles qu'on trouve en Moravie. Targionni cite cette pierre parmi celles que renferme l'estomac des grues. Klaproth possédoit une agate verte qui ressembloit au plasma, et qui venoit du mont Olympe en Grèce.

Enfin M. Beudant rapporte aussi à cette variété un silex vert, en veines dans un porphyre de Königsberg en Hongrie, et dans un conglomérat ponceux de Tolesva, près Tokay, en Hongrie.

Il nous semble qu'on doit rapporter à cette variété toutes les agates vertes qui ne doivent leur couleur qu'au fer, tel que l'agate décrite sous le nom de *calcédoine verte*, observée au

Heideberg, dans le pays de Berg, par M. Bergmann de Berlin, et qui vient d'un filon traversant une traumate. Sa couleur est d'un vert bleuâtre tirant sur le vert grisâtre. Elle contient un peu de fer, de manganèse, d'alumine, et 0,02 d'eau.

8. AGATE HÉLIOTROPE[1]. Sa couleur est encore le vert, mais le vert vif et foncé. Elle est très-translucide : sa cassure est à peu près comme celle du plasme conchoïde et presque vitreuse, rarement et imparfaitement écailleuse ; elle perd sa couleur par l'action du feu.

Une particularité assez caractéristique de l'héliotrope est, de renfermer des points, taches, veines ou nuages d'un rouge de sang très-vif. Le jaspe sanguin présente le même assortiment de couleurs, mais le fond vert est opaque dans le jaspe, tandis qu'il est très-translucide dans l'héliotrope. Il paroît qu'il doit sa couleur verte au fer, dont il renferme, suivant Tromsdorf, jusqu'à 0,05.

Les belles agates héliotropes viennent d'Orient, notamment du Guzarate et de la Bucharie. On en cite aussi en Sibérie, à Jaschkenberg en Bohème ; elles y sont en filons. En général, on n'a que peu de notions précises sur les lieux d'où vient l'héliotrope, et sur la manière dont il s'y trouve.

On emploie cette pierre en bijoux ; elle prend un poli très-éclatant. On la tailloit autrefois en ornemens destinés à représenter des objets de sainteté. Les taches d'un rouge sanguin, dont elle est parsemée, rappeloient et figuroient le sang des martyrs.

9. AGATE CORNALINE. La couleur dominante de cette agate est le rouge, qui varie du rouge de sang foncé au rouge de chair

---

1 WALLERIUS, WERNER, JAMESON, etc., ont employé ce nom pour désigner cette pierre.

L'héliotrope de Pline étoit très-différent et du jaspe sanguin et de l'héliotrope des modernes. Il paroît que c'étoit une calcédoine girasol ; car Pline dit que cette pierre translucide, mise dans un vase plein d'eau, fait paroître couleur de sang les rayons du soleil qui y tombent, et que hors de l'eau elle représente l'image du soleil, et qu'elle est propre à observer les éclipses. Aucune de ces propriétés ne peut convenir à notre héliotrope.

On dit que la fameuse bague de Gygès étoit ornée d'un héliotrope.

tendre, nuancé de jaunâtre, et passant ainsi à la sardoine. La cornaline est très-translucide ; sa cassure est parfaitement conchoïde, assez lisse.

Elle perd sa couleur et devient presque opaque au feu.

Lorsque les cornalines sont d'une belle couleur foncée uniforme, elles sont fort recherchées pour les bijoux. Elles reçoivent un poli très-vif.

Il paroît que les plus belles cornalines viennent d'Orient ; on les nomme, en effet, soit pour cette cause, soit pour indiquer leurs belles qualités, *cornalines orientales*.

On assure que les Hollandois en apportent de brutes du Japon, et qu'ils les échangent à Oberstein contre des agates du pays (FAUJAS) ; ce qui est dû à la facilité que l'on trouve à Oberstein de faire tailler et polir ces pierres à très-bas prix.

On trouve des cornalines dans presque tous les lieux dont les roches renferment des agates.

10. AGATE SARDOINE[1]. Elle est d'une couleur brune orangée ; d'une translucidité, d'une finesse de pâte et d'un éclat de poli, qui lui donnent le premier rang, après la cornaline, parmi les agates. Comme cette variété se présente souvent en lits alternant avec des lits de calcédoine ou d'autres agates, c'est la plus estimée et la plus recherchée de ces pierres pour l'usage de la gravure en relief ou camée. Il y en a d'un brun si foncé qu'elles paroissent presque noires : elles font alors un très-beau fond aux camées.

Les sardoines à pâte fine et d'une belle couleur viennent en Europe par le commerce du Levant, et portent le nom d'orientales. On trouve des sardoines partout ; mais il est sûr qu'on ne connoît aucun lieu en Europe qui fournisse abondamment des sardoines du ton chaud et vigoureux, et de la finesse de celles qui étoient employées par les anciens pour la gravure en pierre dure. On en a trouvé, il y a environ

---

[1] Cornaline jaune de WERNER. — Sardonix et sarda des anciens. On dit que leur nom vient de la ville de Sardes en Lydie, où les premières ont été trouvées. S. Épiphane veut trouver l'étymologie de ce nom dans celui d'une espèce de thon, qui étoit appelée *sarda*, et dont la chair étoit d'un brun rougeâtre, couleur de la sardoine. (MONGEZ, *Encycl. méth.*)

vingt - cinq ans, à Champigny près Paris, dans le calcaire compacte et siliceux de ce canton; elles offroient des nuances de couleurs assez pures et assez vives, et qui étoient disposées en lits minces, accompagnées d'une sorte d'écorce de calcédoine.

11. AGATE CALCÉDOINE. On donne ce nom aux agates qui ont une translucidité laiteuse, c'est-à-dire, qui présentent une couleur blanc de lait, tantôt pure, tantôt comme teinte en rose, en jaune, en orangé, en bleuâtre, même en verdâtre, par l'une de ces couleurs qu'on auroit délayée dans du lait. Ces couleurs altèrent plus ou moins fortement la translucidité des calcédoines [1]. La cassure de la calcédoine est conchoïde, tantôt cireuse ou écailleuse, tantôt lisse et luisante.

Les calcédoines sont de toutes les agates à couleur simple celles qui s'offrent sous le plus grand volume, soit en couches de plusieurs décimètres d'épaisseur et d'étendue, composés de lits parallèles de diverses nuances, soit en concrétion, en stalactites tuberculeuses ou cylindroïdes, à surface mamelonnée, ondoyante, parfaitement lisse.

Elles présentent quelquefois aussi des formes régulières, qui tantôt leur sont propres et tantôt leur sont étrangères.

Dans le premier cas c'est le rhomboïde obtus, voisin du cube, qui est la forme du quarz, et alors on peut dire que la partie superficielle des masses de calcédoine, comme épurée, s'offre à l'état de quarz hyalin, dont la transparence est troublée par une nébulosité laiteuse. Cet état paroit être celui des calcédoines d'un bleu de ciel laiteux [2] de Torda et de Madgyar lapos en Transylvanie, de Tresztya au sud de Kapnik : on les trouve roulées dans les sables des ruisseaux ; mais M. Beudant soupçonne qu'elles viennent d'un terrain de diorite porphyrique.

Dans le second cas, les rhomboïdes ou d'autres formes, résultant d'une pseudomorphose de calcaire, de fluorite, etc., sont recouverts d'une couche tuberculeuse de calcédoine. On

---

1 Les lapidaires n'appellent calcédoines que celles qui ont une nuance bleuâtre. Ils nomment les autres cornalines blanches et agates.

2 On donne dans le commerce le nom de *saphirine* à cette calcédoine bleue.

reviendra sur ce sujet et sur les autres dispositions de structure et de forme extérieure de la calcédoine en traitant de la formation des agates et du silex.

Les calcédoines se trouvent dans presque tous les terrains qui renferment les autres variétés d'agate ; mais elles se montrent plus particulièrement et plus abondamment dans les îles Féroë en Islande, où elles forment ces couches à zones remarquables par leur parallélisme que nous avons citées plus haut ; à Oberstein et dans une multitude d'endroits de la Hongrie et de la Transylvanie.

Les SILEX AQUIFÈRES renferment de l'eau dans une quantité qui n'est pas moindre de 0,5. Ils ont la cassure résinoïde ; ils sont rayés par l'acier. La présence de l'eau s'y démontre facilement par l'action de la chaleur. On peut les séparer en deux sous-espèces ou groupes de variétés sous la dénomination d'hyalite et de résinite.

L'**HYALITE** a, comme son nom l'indique, une transparence presque complète : elle ressemble au quarz par ce caractère et par son éclat vitreux ; mais elle contient de l'eau depuis 0,06 jusqu'à 0,08 d'après Bucholz ; elle a la cassure et l'éclat résinoïde ; elle est plus tendre que le quarz hyalin, et devient opaque et friable au feu en perdant son eau. La surface de l'hyalite est tuberculeuse, mamelonnée, très-luisante et comme polie, et indique une formation par voie de concrétion.

On peut y établir deux variétés :

12. L'HYALITE VITREUSE[1].—Elle a la transparence et l'éclat du verre, et par la manière dont elle se présente dans la plupart des cas, elle ressemble à du verre qu'on auroit fondu sur la surface d'une roche. Elle se trouve en effet en enduit concrétionné sur des laves ou sur des trachytes, principalement aux environs de Francfort sur le Mein.

13. L'HYALITE LAITEUSE[2]. — Avec tous les caractères de la précédente elle a une translucidité laiteuse et un éclat perlé :

---

[1] Hyalite, KIRWAN, LEONHARD, BEUDANT. Quarz concrétionné. — *Müllerglas* et *Lavaglas.*

[2] Fiorite, THOMPSON ; Amiatite, SANTI.

elle se présente en concrétion plus volumineuse, mais à structure plus lâche; elle se trouve surtout près Santa-Fiora en Toscane.

Les hyalites offrent dans leur position géognostique des généralités fort remarquables. On ne les trouve que dans les terrains pyrogènes ou d'origine ancienne et évidente, soit trachytiques, soit laviques : ou d'origine problématique. Elles couvrent la surface de ces roches, dans leurs fissures ou dans leurs cavités, d'un enduit vitreux, quelquefois très-mince, quelquefois aussi plus épais et comme mamelonné, ou même uviforme (Santa-Fiora, Kaiserstuhl), enfin en veines et petits amas qu'on prendroit pour du verre fondu dans l'intérieur de certaines roches des mêmes terrains.

Les lieux que nous allons citer offriront tous des preuves de cette disposition.

Le lieu le plus anciennement connu pour avoir offert à Muller, de Francfort, la première occasion de faire remarquer cette sorte de silex, est dans les environs de Francfort sur le Mein. Les fissures des téphrines poreuses, qui forment le sol d'une partie de ce canton, notamment dans la carrière autour de la ville près d'Obersteinbach, etc., sont couvertes d'hyalite vitreuse, autrefois très-recherchée sous le nom de *Müllerglas.*

Dans le pays de Bade, dans la carrière de Limbourg près Ihringen et à Niederrothweil, au Kaiserstuhl, sur de la dolomie et intimement lié avec elle. Chaque goutte vitreuse d'hyalite semble comme enchatonnée dans la dolomie. Elle est toujours placée sur le minéral et jamais immédiatement sur le spilite, dont la dolomie tapisse les cavités. Cette hyalite contient 97,36 de silice et 2.64 d'eau (Walchner). — En Auvergne, en enduits minces sur les téphrines poreuses et sur les trachytes. — En Italie, dans un très-grand nombre de lieux et de gisemens différens; à la Solfatare de Pouzzole sur les parois des fissures ouvertes dans les trachytes et les alunites qui forment l'enceinte de cette espèce de cratère, et d'où sortent des vapeurs chaudes et humides qui leur ont fait donner le nom de fumarole, et dans les laves d'Astroni, cratère voisin. M. Thompson suppose que la silice étoit tenue en dissolution dans ces eaux à l'aide du carbonate de soude qu'elles renferment ordinairement. — A Arcidosso et à Castel-del-Piano près Santa-Fiora dans le Montamiata en Toscane. L'hyalite y est en petites concrétions uviformes, d'un blanc perlé, dans les fissures d'une roche de pépérine (Santi), sur les parois des fumaroles de l'île d'Ischia. — Elle est aussi assez commune en Hongrie, dans les fentes des trachytes de Bohünitz, à Bosok, dans le comitat de Honther; à Detwa, au pied méridional des montagnes d'Ostrosky, dans le comitat de Zolyom, dans le voisinage des opales; à Remete et à Erdo-Horvathy dans le comitat de Zemplen; avec le résinite jaspoïde; à Skalnok dans le comitat de Gömör.

On a rapproché de l'hyalite un quarz concrétionné qui enduit le minérai de fer et de manganèse de Zelesnik dans ce même comitat; mais M. Beudant a fait voir que ce quarz n'étoit point de l'hyalite, et qu'il n'offroit par conséquent pas d'exception aux règles observées jusqu'à présent dans le gisement de l'hyalite. Ce minéral accompagne l'opale dans la montagne de Dubnick, entre Éperiés et Tokay. — Il se trouve de la même manière, c'est-à-dire, dans des filons d'opale des roches de *El peñol de los Baños* sur les bords de la mer, au Mexique; dans le basalte, et en grande quantité, à Santiago dans l'île de Graciosa.

Au Kamtschatka.

A Ceilan, dans la carrière de nitre de Doomberawa, qui est située au milieu de roches granitiques et calcaires. L'hyalite incruste ces roches, et ressemble beaucoup au silex nectique concrétionné des Geyser. (John Davy.)

On cite un autre exemple d'hyalite dans un terrain qui n'a aucun caractère volcanique : c'est celle qui se trouve en enduit, en perles ou en globules rondes, tantôt isolées, tantôt formant des grappes engagées dans une masse de serpentine, qui renferme d'ailleurs des résinites et de l'asbeste, à Jordansmuhl près de Zobtenberg.

En Silésie. Cette hyalite, décrite par M. Muller, de Breslau, est grisâtre, jaunâtre, verdâtre ou d'un blanc bleuâtre.

Le **RÉSINITE** a une cassure et un éclat résineux tellement caractérisés, qu'on n'aperçoit souvent aucune différence ex-

térieure entre ces silex et un morceau de résine : il est tantôt presque opaque et tantôt très-translucide, mais il n'a
jamais la transparence complète de l'hyalite ; il a d'ailleurs
la cassure facile et le peu de dureté des silex aquifères. Sa
cassure est parfaitement conchoïde ; les fragmens ont les arêtes
vives et coupantes.

Il y a dans cette variété principale un grand nombre de
sous-variétés. Plusieurs ont reçu des noms techniques particuliers, que nous leur conserverons.

14. Résinite opale[1]. On peut dire que cette pierre célèbre, quoique ornée souvent des couleurs les plus vives et
les plus variées, n'a point de couleur propre ; car, privée
de ces couleurs, qui sont, comme on va le faire connoître,
accidentelles, elle n'a plus pour fond qu'une teinte de
blanc clair et bleuâtre, comme celle du lait étendu de
beaucoup d'eau. Mais, placée sous certains aspects, elle renvoie une multitude de reflets vifs qui offrent souvent la série
de toutes les couleurs de l'iris, parmi lesquelles il y en a quelquefois une de dominante. Ces couleurs ne sont point inhérentes à la pierre : elles sont dues à un état particulier de sa
texture ; elles disparoissent entièrement par la chaleur, en tout
ou en partie par la fraction ou le simple choc, par l'action d'un
corps gras, etc. ; ce qui prouve qu'elles sont dues non pas à un
corps étranger colorant, mais à une multitude de fissures ou
de vacuoles très-fines, qui décomposent la lumière dans l'intérieur de cette pierre. Si on fait disparoître ces fissures ou
vacuoles par les moyens qu'on vient d'indiquer, la pierre
perd ses couleurs.

L'opale est très-fragile et peu dure ; sa pesanteur spécifique est de 2,10 environ ; celle de Hongrie renferme, d'après
Klaproth, de silice 90, d'eau 10. Les chimistes et les minéralogistes ne sont pas d'accord sur la manière dont l'eau est unie à
cette pierre : les uns ne la considèrent que comme interposée ;
d'autres la regardent comme réellement combinée et comme
la cause de toutes les propriétés qui distinguent l'hyalite et
le résinite du quarz hyalin. Ces considérations nous semblent
d'une grande importance. Je suis depuis long-temps disposé

---

1 *Edler Opal.* — Quarz résinite opalin, Haüy.

à admettre que l'eau n'est pas dans un simple état d'interposition mécanique dans les résinites, et M. Beudant a énoncé la même opinion[1]. L'opale, exposée au feu, éclate, perd son eau, sa translucidité et ses couleurs.

Il y a dans certaines opales une couleur dominante qui les fait désigner dans le commerce par divers noms et qui leur donne des valeurs différentes.

Celles qui sont presque blanches et laiteuses portent le nom impropre de *pierres de lune*.

On appelle *opales orientales*, celles qui montrent les couleurs les plus étendues et les plus vives; *opales arlequines* celles qui offrent toutes les couleurs, mais par petites parties. Les opales dont la couleur dominante est le vert sont le plus estimées.

On nomme *opale de feu*[2] ou *flamboyante*, celle qui est d'une belle couleur rouge d'hyacinthe passant au jaune vineux, au rouge carmin et même au vert-pomme. Les plus belles viennent de Zimapan au Mexique.

Les opales se trouvent en général dans les mêmes terrains que les silex de la division des agates; cependant elles se rencontrent plus particulièrement dans les roches d'argilophyre, de porphyre, même de trachyte, que dans les aphanites et les spilites. Elles y sont plutôt en veines ou petits nodules pleins et intimement liés avec les roches, qu'en nodules creux et facilement séparables, comme les agates; par conséquent elles sont plus pures, plus dégagées de minéraux étrangers, et ne présentent pas, comme les géodes d'agates, ces cristaux de quarz, de calcaire, de chabasie, etc., qui leur sont ordinairement associés.

Les pays qui renferment des opales sont assez nombreux; mais ceux qui en fournissent de belles, propres à être mises avec avantage dans le commerce de la joaillerie, sont au contraire très-restreints.

C'est la Hongrie qui est la patrie des opales les plus belles des temps modernes. On en trouve dans plusieurs parties de ce pays, à Bunita, à Erdöske, près de Sovar, au sud d'Herlany, à Zamuto; mais les mines d'opale les plus remarqua-

---

1 Voyage en Hongrie, tom. 3, pag. 491.
2 *Feuer-Opal*, LEONH.

bles, celles où ces pierres sont recherchées et exploitées ac-
tivement depuis le commencement du quinzième siècle, sont
les environs de Czer-Venitza au nord de Kaschau, non loin
d'Eperies dans le comitat de Saros, et particulièrement dans
les montagnes de Dubnick, de Pred-Banya et de Libanka.
Les opales y sont en veines ou en petits amas, soit dans le
trachyte, soit dans le conglomérat résultant des débris de
cette roche. Elles n'y sont jamais en lits, et les résinites communs, jaspoïdes ou laiteux y sont et plus abondans et plus
volumineux que l'opale proprement dite[1]. Quelquefois la
roche trachytique contient aussi des pyrites, qui ont été enveloppées par l'opale. C'est un fait très-rare, mais que les
observations de MM. Mohs et Beudant mettent hors de doute.
Le peu de dureté des roches qui renferment les opales en
Hongrie, en rend en général l'exploitation assez facile.

On a distingué aussi en Hongrie une variété particulière
d'opale d'un jaune de cire ou miellé, qu'on a nommée
Wachs-Opal, et qui se trouve en nids ou en veines dans un
stigmite perlaire de Telkebanya.

Il paroît que la belle qualité des opales à fond laiteux,
ornées des plus belles couleurs de l'iris, est propre à la Hongrie : toutes celles que nous allons citer, quelque belles
qu'elles soient d'ailleurs, ont un aspect très-différent.

Le lieu où on a trouvé en Europe les opales les plus remarquables après celles de Hongrie, sont les îles Féroë. M. le comte
Vargas-Bedemar, qui a décrit ces opales et leur gisement,
fait remarquer qu'elles ont généralement un fond de couleur
dominante, orangé-rougeâtre, brunâtre, verdâtre, blanchâtre,
avec un chatoiement rougeâtre, toutes plus ou moins ornées
des couleurs de l'iris, mais généralement beaucoup moins
éclatantes que celles de Hongrie. Elles se trouvent principalement dans le Kollefiord, sur la route de ce lieu à Kalbaks-
fiord, près de Rivedig sur l'Œsteröe, etc. On a trouvé aussi
des opales à Färöern en Norwége, dans un terrain de trapp
et de spilite. Un autre lieu devenu célèbre parmi les minéralogistes par une nouvelle et belle variété d'opale que M.
Delrio y a trouvée, que M. de Humboldt en a rapportée, dont il

---

1 BEUDANT, Voyage en Hongrie, tom. 2, pag. 182 à 190.

a fait connoître le gisement, et que M. Karsten a décrite, est
Zimapan au Mexique. Cette opale, nommée opale de feu,
Feuer-Opal, par M. Karsten, a un fond d'un rouge orangé, avec
des reflets d'un rouge de feu. Elle est en veines dans les filons
de Zimapan, qui traversent une espèce de porphyre ou de
stigmite perlaire à globules rayonnans, d'un bleu de lavande :
elle perd au feu 8 p. 100 de son poids, devient friable et
d'un rouge de chair. Ce stigmite a, suivant MM. Beudant et
de Humboldt, la plus grande ressemblance avec la roche des
environs de Telkebanya, qui renferme les opales miellées.

M. Engelsbach-Larivière a décrit comme une espèce particulière, sous le nom de Zéasite, un minéral qui se trouve
au Mexique et qu'il regarde comme très-différent de l'opale
de feu. Il est d'un noir de jais ; sa pesanteur spécifique est
de 3.

On cite encore des opales dans les environs de Freiberg
en Saxe, dans un argilophyre. A Pontpean en Bretagne,
dans un felspath. Nous tirons cette citation de De Born ; mais
il faut prendre garde que plusieurs minéralogistes désignent
certains résinites par le nom d'opale, tandis que nous avons
restreint ce nom à son acception réelle et technologique ou
à la variété que les minéralogistes allemands appellent *opale
noble*.

Les opales, et surtout l'opale irisée, sont des pierres très-
estimées, très-recherchées et d'un très-haut prix. (Voyez ce
qui est relatif à ce genre de considération, à l'article OPALE
de ce Dictionnaire.)

15. RÉSINITE GIRASOL. Il n'est presque qu'une sous-variété
d'opale : c'est un résinite à translucidité en même temps laiteuse et orangée, et à reflets principalement et presque uniquement rougeâtres ou jaune-doré, lorsqu'on lui fait réfléchir
la lumière directe du soleil. Il se trouve dans les mêmes
circonstances et dans les mêmes lieux que l'opale et que les
autres résinites ; mais les plus beaux et les plus volumineux
viennent du Brésil et du Mexique.

16. RÉSINITE CACHOLONG. Il est d'un blanc de lait presque opaque ou légèrement translucide sur les bords ; cette translucidité laiteuse, qui approche quelquefois de l'opacité de l'ivoire,
est modifiée par des nuances verdâtres et surtout bleuâtres.

Sa cassure est unie, ordinairement luisante, quelquefois terne; il happe souvent à la langue : sa dureté est égale à celle des résinites, c'est-à-dire qu'il se laisse entamer par l'acier, mais moins facilement que certains résinites.

Les cacholongs accompagnent souvent les silex pyromaques, les calcédoines, et surtout les résinites. Ils paroissent être le résultat d'une altération de ces pierres, altération produite par une cause inconnue, car ils enveloppent souvent les silex que nous venons de nommer, et se lient avec eux par des nuances insensibles : c'est pourquoi on les trouve assez ordinairement dans les lieux où se rencontrent ces silex. Nous citerons particulièrement les cacholongs de Champigny, près Paris; ils sont dans les cavités d'un calcaire siliceux compacte, bréchiforme. Parmi ces cacholongs les uns sont durs et ont la cassure luisante, les autres sont tendres, légers, happent à la langue et ressemblent à de la craie; ils sont mêlés avec des silex pyromaques et même avec des calcédoines. On cite aussi des résinites de cacholongs dans les spilites des îles Féroë, du Groënland, de l'Islande. On en cite aussi dans la mine de fer de Huttenberg en Carinthie, de l'île d'Elbe, etc.; mais n'a-t-on pas confondu quelquefois les minéraux nommés pholérite, collyrite, etc., avec les cacholongs proprement dits?

Les véritables cacholongs, ceux qui ont donné leur nom à cette variété, se trouvent sur les bords du Cach, fleuve voisin des Calmoucks de Bucharie. Ils sont répandus dans les champs, sans cependant être roulés ; mais sous forme de tablettes composées de couches alternatives de cacholong et de calcédoine.

On taille quelquefois le cacholong en cabochon et on le monte en bague.

Les cacholongs des îles Féroë et de l'Islande, faisant partie de masses de calcédoine à zones droites et parallèles, et même de masses de cacholong à lits de différentes duretés et nuances, ont été employés par des artistes italiens, graveurs en pierres fines, pour faire des camées très-fouillés, dont les reliefs sont en cacholong tendre et le fond en calcédoine ou en cacholong plus dur. On a donné à ces pierres, à cause de ces différens degrés de dureté, le nom de *teneroduro*. (LEMAN.)

17. **Résinite hydrophane**[1]. On donne ce nom aux résinites qui, étant blancs ou d'une couleur foible et presque opaque, deviennent plus ou moins translucides après quelque temps d'immersion dans l'eau. Ce sont assez ordinairement des opales ou des cacholongs comme desséchés, c'est-à-dire qui, par une cause quelconque, ont perdu une partie de leur eau. Il est resté des vacuoles à la place de ce liquide : elles sont remplies momentanément par l'eau dans laquelle on les plonge. Le passage de l'opacité à la translucidité que ce changement d'état fait éprouver est la conséquence d'un phénomène d'optique dont l'explication appartient à la physique.

M. Klaproth a trouvé dans quelques hydrophanes près de 0,02 d'alumine, et toujours un peu d'eau.

L'hydrophane est évidemment poreuse. L'air renfermé dans ses pores est chassé d'une manière visible par l'eau ou par tout autre liquide plus lourd dans lequel on la plonge. Certaines hydrophanes deviennent opalines en devenant plus translucides, notamment celle d'Hubertsburg, que M. Klaproth a nommée *hydrosane*, et celle de Pecklin, en Haute-Hongrie, citée par De Born. L'une de ces pierres, qui est brunâtre, devient translucide et d'un rouge de grenat dans l'eau.

Le gisement de l'hydrophane est le même que celui de la calcédoine et de l'opale. Les lieux qui fournissent plus particulièrement cette variété de silex, sont Hubertsburg en Saxe, l'île de Féroë, Telkebanya en Hongrie, Chatelaudren en France dans un argilophyre, Musinet près de Turin. Celles de ce dernier lieu se trouvent dans des veines de calcédoine, ou même de serpentine dure, qui traversent dans tous les sens une montagne composée de serpentine. Toutes ces calcédoines ne sont point hydrophanes ; il n'y en a même que très-peu qui aient réellement cette propriété : on remarque que celles qui la manifestent le mieux ne sont ni trop transparentes ni trop opaques.

M. Desnoyer a observé, à Bellesme, département de l'Orne, dans une glauconie crayeuse, une sorte d'hydrophane terreuse, qui est composée de 95 parties de silice et de 5 d'eau

---

1 C'est-à-dire qui devient transparent par l'eau. On l'a nommé aussi *oculus mundi*, comme le girasol, *lapis mutabilis*, etc.

environ, et qui a la propriété d'être entièrement dissoluble dans une solution de potasse à la chaleur de l'eau bouillante. Il l'a appelée *silice hydrophanique*.

L'hydrophane n'est qu'une pierre de curiosité. Lorsqu'on veut augmenter l'effet que produit son passage de l'opacité à la transparence, on en fait des bijoux composés de deux plaques minces, entre lesquelles on place une figure ou une devise qui, restant opaque lorsque le reste de l'objet devient translucide, est seulement alors visible. (LEMAN.)

18. RÉSINITE COMMUN[1]. Nous réunissons sous cette dénomination toutes les variétés qui n'appartiennent à aucune de celles qui sont désignées d'une manière plus spéciale.

Le résinite commun est translucide ou presque opaque. Avec tous les caractères de cette sous-espèce, il présente des couleurs variées, quelquefois assez vives, et qui sont inhérentes à la matière même de ces variétés.

Les couleurs principales qu'offre cette variété sont :

Le *grisâtre*. Dans un calcaire compacte lacustre des environs d'Orléans. — De Campo, dans l'île d'Elbe. Il passe au cacholong.

Le *verdâtre*. De la côte de Coromandel.

Le *rose*. D'un beau rose purpurin, en veines dans un résinite grisâtre du calcaire lacustre de Mehun, département de la Nièvre. Il est susceptible de recevoir un poli éclatant. C'est à M. L. André qu'on doit la découverte de cette jolie variété.

Le *jaunâtre*. C'est un des plus communs. De Saint-Ouen, près Paris.

Le *jaune-roussâtre*. C'est une très-belle variété, qu'on trouve principalement à Telkebanya et à Libethees en Hongrie. — A Recolènes en Auvergne; ce dernier est plein de cavités qui renferment une poussière siliceuse jaunâtre. — L'opale de feu de Zimapan au Mexique est souvent accompagnée d'un résinite qui peut être rapporté à cette variété.

Le *rougeâtre*. On le trouve à la Basse-Terre, dans l'est de la Guadeloupe. Il est opaque et d'un rouge assez vif.

Le *brunâtre*. D'un brun foncé qui passe au noir. Saint-Pierre

---

1 *Halbopal*, WERN. — Quelques *Pechstein* des minéralogistes allemands. = Pissite, DELAMÉTHERIE, en excluant la variété *h*.

Aynac, près du Puy, département de la Loire. — Monac et Gergovia, au Puy-de-Dôme.

Outre les lieux que nous venons de citer comme propres à certaines variétés de couleur assez remarquables, on trouve encore des résinites dans beaucoup d'autres endroits; mais il faut se méfier des citations prises dans les auteurs allemands et dans les minéralogistes qui écrivoient il y a plus de trente ans, parce qu'ils confondoient alors les résinites infusibles avec les résinites fusibles, également nommés par eux *Pechstein.*

En France, les terrains volcaniques, notamment la montagne de Gergovia en Auvergne, la côte de Saint-Pierre Eynac, dans le département de la Loire, la colline d'Ambierle, au nord-ouest de Rouane, renferment des résinites communs.

On trouve aussi des résinites, en Angleterre, dans les filons de minérai de cuivre du comté de Cornouailles, notamment ceux de Rosewarne et d'Huëldamsel.

En Allemagne, à Steinheim, près de Hanau : ils y sont comme rubanés de gris foncé et de blanc.

L'Islande et les îles Féroë sont riches en résinites communs blancs, bruns, verdâtres, de diverses nuances.

En Sibérie, les filons de la mine de plomb de Nikolaiefskoi, dans l'Altaï, renferment des résinites en masses rougeâtres, jaunâtres, olivâtres, passant par la désagrégation à l'état d'une matière terreuse rougeâtre.

Le résinite, à raison de la texture qu'il a prise dans les corps organisés qu'il a remplacés, est susceptible de se présenter avec la forme et la texture d'un os long, circonstance rare dont je possède un exemple, ou avec celles d'un végétal ligneux. Cette dernière manière d'être, beaucoup plus commune, a donné occasion d'établir une autre variété de résinite, sous le nom de

Résinite xiloïde (*Holzopal*, Wern.), offrant plusieurs nuances de couleurs et une texture souvent très-différente, suivant qu'il est originaire d'un bois dicotylédon ou d'un bois monocotylédon, comme le palmier. Le plus remarquable est le résinite xiloïde de palmier, d'un beau jaune orangé, venant de Telkebanya en Hongrie.

M. Brandes, de Salzulfeln, a voulu savoir si les résinites
hyloïdes renfermoient encore quelques traces du végétal qu'ils
avoient remplacé, et il a examiné dans ce but les résinites
xyloïdes d'un jaune d'ocre des sept montagnes qui se trouvent
sur la route d'Obercassel à Stein, près Stieldorf, dans une
couche de sable d'un mètre et plus, qui est recouverte par
un terrain basaltique et qui est accompagnée de quelques
indices de lignite. Il a trouvé dans ces résinites les principes
suivans :

	Résinite compacte.	Résinite fibreux.
Silice.	86	93
Alumine	0,50	0,12
Fer oxidé et soufre interposé.	3,38	0,37
Eau	9,96	6,12.

Résinite ménilite[1]. Cette variété, bien caractérisée, ne s'est
encore trouvée que dans le bassin de Paris. Elle est presque
opaque ; sa cassure est moins conchoïde et moins résinoïde
que celle des autres variétés ; elle offre souvent une structure
presque fissile. Elle se présente sous forme de petites masses
aplaties, tuberculeuses, mamelonnées même, dont la pesanteur spécifique est ordinairement de 2,88.

Analysée par Klaproth, elle lui a donné 85 de silice et 11
d'eau. Bayen y avoit démontré la présence de la magnésie :
cette terre venoit certainement de la marne argileuse et ma-
gnésienne au milieu de laquelle se trouve ce résinite, et qui
renferme une assez grande quantité de silicate de magnésie.

Il y a deux sous-variétés de ménilite.

Le *ménilite brun* (*Kalkopal*, Oken), qui est en tablettes ou
rognons d'un brun tirant sur le bleuâtre.

Il vient principalement de Menil-Montant et du nord de
Paris.

Le *ménilite gris* (*grauer Menilite*, Hoffm.), qui est en rognons souvent plus gros. mais déprimés, d'un gris pâle ou
jaunâtre, et qui, suivant Hoffmann, est plus pesant que le
premier dans le rapport de 2,37 à 2,18.

---

1 Quarz subluisant. Haüy. — *Leberopal*, etc.

Il se trouve plus particulièrement dans les collines de Saucats, près d'Angoulême, sur les bords de la Seine à Saint-Ouen, dans le terrain gypseux près Clamart, tous lieux qui avoisinent Paris.

Le ménilite s'est aussi trouvé dans le département de l'Allier, près Vichy.

Dans tous ces lieux il est en rognons aplatis, mamelonnés, disposés en lits interrompus dans la masse stratifiée d'une marne argileuse plus ou moins massive et quelquefois très-feuilletée. Lorsque des corps organisés accompagnent cette marne, on les reconnoît pour appartenir à des mollusques ou à des crustacés terrestres ou d'eau douce, ce qui établit que le terrain qui renferme les ménilites n'est pas de formation sous-marine. Celui des environs de Paris appartient aux parties inférieures de la formation gypseuse; celui de Vichy ne fait pas exception à cette règle.[1]

* *Annotations sur les silex et les résinites.*

Les minéraux du genre Quarz, composant ces deux sous-espèces, offrent des propriétés et des particularités qui, leur étant communes et ne pouvant être décrites de préférence à l'article d'aucune d'elles, doivent être exposées à la suite de leur description.

On a pu remarquer que les silex présentent presque toutes les couleurs, à l'exception du bleu pur et du rouge pur, et encore trouve-t-on dans la calcédoine, dans la sardoine et dans les résinites, des nuances assez pures de ces couleurs. On voit même, dans quelques agates, des teintes d'un beau violet; cette variété est rare. Le Muséum de Paris en possède trois échantillons. Mais les couleurs des silex n'ont jamais la vivacité, l'éclat et surtout la pureté de celles du quarz hyalin.

La plupart de ces couleurs se trouvent quelquefois réunies dans le même morceau; cependant dans l'héliotrope il n'y

---

[1] M. Albert Petrouski a décrit, comme ménilite vert-noirâtre, se trouvant dans un schiste à polir, un silex des environs de Zancuto dans le comitat de Zemplin. M. Beudant regarde ce minéral comme un silex ordinaire, engagé dans un conglomérat ponceux.

a de mélange que le rouge, et dans la chrysoprase le vert est toujours seul.

Ces couleurs, ou seulement leurs nuances, offrent des dispositions et des arrangemens particuliers, qu'on a désignés sous différens noms. La plupart de ces dispositions peuvent se rencontrer dans tous les silex et résinites, et par conséquent ces noms s'appliquent à ces diverses sous-espèces et variétés. Cependant on fera remarquer que quelques-unes sont dominantes dans certaines variétés, tandis qu'elles paroissent entièrement exclues des autres. Les agates étant la variété qui présente le plus grand nombre de ces dispositions, c'est aussi à cette variété que s'appliquent plus particulièrement les dénominations qui les désignent. On nomme donc :

Onyx, les silex dont les couleurs ou les nuances d'une même couleur sont disposées par zones parallèles bien distinctes, droites ou sinueuses, et quelquefois très-multipliées. Le nombre de ces couleurs, le retour des mêmes séries, leur parfait parallélisme sur une étendue de plusieurs centimètres, sont des phénomènes fort remarquables, et qui donnent à ces pierres un mérite et une valeur assez grands.

Les agates sont celles qui les présentent le plus communément et le plus complétement, et parmi elles ce sont surtout les calcédoines, la cornaline et les sardoines; viennent ensuite les silex pyromaques et quelques résinites communs. Les autres variétés n'offrent pas cette disposition.

Œillés, lorsque les couleurs forment par leur disposition des cercles concentriques à une tache plus foncée. Quelques silex onyx, coupés d'une certaine manière, présentent cette disposition. Elle est bornée aux mêmes variétés que les onyx.

Ponctués. Les couleurs sont disséminées en une multitude de points quelquefois si petits qu'on ne les distingue point d'abord. Les agates, ponctuées aussi finement, semblent être teintes uniformément ou nuagées par la couleur de ces points, qui sont ordinairement rouges.

Tachés. Ce sont les silex des variétés agates, pyromaques et résinite commun, qui sont marqués de taches irrégulières de diverses couleurs. Lorsque ces taches représentent grossièrement quelque objet connu, on nomme ces pierres *agates* ou *silex figurés*, et on attachoit autrefois un grand prix à ces effets du hasard.

Herborisés ou *arborisés*. Ce sont les silex et surtout les agates qui font voir, dans leur intérieur, des linéamens ou dessins noirs, bruns, rouges ou jaunâtres, qui représentent des arbrisseaux dépouillés de leurs feuilles. On remarque que les rameaux de ces arbrisseaux ne sont pas disposés sur un seul et même plan, mais qu'ils se ramifient dans toutes les directions. On reviendra sur ce phénomène.

Les plus belles agates arborisées viennent de l'Arabie par la voie de Moka, et portent dans le commerce le nom de *pierres de Moka*. Elles ont quelquefois une très-grande valeur.

Agates mousseuses. Ce sont les agates (et il n'y a que cette variété qui présente la particularité qu'on désigne par ce nom) qui font voir dans leur intérieur des filamens verts, bruns, rougeâtres, qui s'entrelacent irrégulièrement, comme les conferves ou comme le chevelu des racines.

Daubenton, M. Macculloch depuis lui, ont cru reconnoître dans ces filamens de véritables végétaux de la famille des mousses ou des conferves, qui auroient été enveloppés par la matière siliceuse.

Quelquefois les *agates onyx* ont été *brisés* dans l'intérieur même de la terre, et leurs fragmens ont été comme recollés par une pâte de silex, mais de manière cependant que les parties d'une même zone ne se correspondent plus.

Toutes ces variations dans la finesse de la pâte des silex, dans les couleurs, dans la disposition de ces couleurs, donnent lieu aux nombreuses variétés de silex qu'on vient de passer en revue. Il faut examiner maintenant comment ces silex sont placés dans l'écorce du globe.

** *Manière d'être et gisement des silex.*

Les minéraux quarzeux qui constituent la variété principale ou la sous-espèce des silex, se rencontrent dans l'écorce du globe d'une manière si différente, qu'on ne pourroit établir clairement la généralité de leur gisement, si on vouloit le traiter ainsi.

Il n'y a pas la moindre analogie entre la manière d'être dans la nature du silex meulière et des agates, et de celle-ci avec les hyalites. Aussi avons-nous fait connoître en leur lieu la disposition et le gisement particulier de ces principales variétés. Il nous reste à exposer celui du plus grand nombre des silex, c'est-à-dire des agates et des résinites.

Les agates cornaline, sardoine et calcédoine se présentent généralement en nodules ou rognons sphéroïdaux, ellypsoïdes, ovoïdes ou tuberculeux, mamelonnés. Les nodules sont quelquefois creux et géodiques; leur intérieur est couvert de concrétions cylindroïdes ou tuberculeuses, mamelonnées et lisses, ou tapissées de cristaux divers.

Les agates se présentent aussi en petites masses lenticulaires, qui, en prenant beaucoup d'extension, passent à l'état de lits assez minces, à couches ou zones parallèles.

Enfin, ces mêmes pierres se trouvent quelquefois dans les fissures des roches, tantôt elles les remplissent entièrement, et y jouent le rôle de véritables filons; tantôt elles ne font que tapisser leurs parois de concrétions stalactiformes, ou se présenter en petites masses dans certaines parties des fissures ou filons des montagnes.

C'est dans les terrains que l'on appelle *trappéens*, qui sont uniquement ou au moins principalement composés de vakite, de phtanite, de spilite, de porphyre, de trachyte, de basanite, d'argilophyre, dans lesquels on ne voit aucune stratification, par conséquent aucun caractère de sédiment, qui offrent l'image de masses molles, qui auroient été accompagnées dans leur formation de boursouflures, c'est dans ces terrains, probablement d'origine volcanique, et dans ceux pour lesquels cette origine n'est pas douteuse, que se présentent les agates et quelques résinites. Elles remplissent ou tapissent seulement les parois des cavités qui figurent ici les boursouflures, et sont assez généralement disséminées sans ordre dans ces terrains; elles ont pénétré dans leurs fissures, et y ont pris la forme de plaques d'inégales épaisseurs, et presque toujours de peu d'étendue. Mais de quelque manière que les agates soient disposées dans ces terrains, elles ne s'y présentent jamais en grandes masses; elles s'y subdivisent plutôt presque à l'infini, en remplissant de grains pisaires ou amygdalaires jusqu'aux plus petites soufflures. Ces nodules, quel que soit leur volume, n'ont ordinairement aucune adhérence avec la roche ; ils s'en séparent nettement et même facilement par le plus léger choc, et comme une amande quitte le noyau qui l'enveloppoit.

Ce n'est, comme on vient de le dire, que dans les terrains pyrogènes et principalement trappéens que les agates se présentent ainsi : on en rencontre aussi dans les laves, ou roches volcaniques proprement dites ; mais, outre que cette circonstance est beaucoup plus rare, ce ne sont que les terrains volcaniques anciens dont les éruptions sont antérieures et au plus contemporaines à la dernière révolution du globe, qui renferment des agates dans leurs roches. Je ne connois pas d'exemple de la présence de cette variété de silex dans les terrains volcaniques actuels.

Il en résulte que les agates ne sont accompagnées dans leur gîte que des minéraux pierreux et métalliques dont la formation avoit encore lieu à l'époque où se sont formés les terrains qui les renferment. On trouve avec elles, et même au milieu d'elles, du quarz hyalin, de l'améthyste, de la chlorite, de la stilbite, de la chabasie, de la prehnite, de l'harmotome, du calcaire spathique, du calcaire brunissant, du fer carbonaté, de la barytine, du cuivre malachite et du cuivre natif, du titane, du bitume, etc.

Les agates de cette formation ne renferment ou ne sont généralement accompagnées d'aucun débris organique, soit animal, soit végétal, quoique la roche qui les enveloppe puisse en présenter quelques-uns. (Des hélices dans la vakite de Pont-du-Château, en Auvergne.)

Comme les terrains trappéens paroissent appartenir, au moins pour quelques-uns d'entre eux, à une des dernières époques géognostiques, il en résulte que les agates de ces terrains sont pareillement d'une formation très-récente.

Les résinites se trouvent aussi dans ces mêmes terrains, mais ils y sont rares, tandis que leurs gîtes spéciaux sont les porphyres, les trachytes et les argilophyres. Ils ne s'y présentent pas en nodules comme les agates, mais en veines, qui parcourent ces roches dans tous les sens, qui en pénètrent toutes les fissures, et qui se lient intimement avec elles : ils ne s'en détachent donc pas avec netteté et facilité, comme le font les agates.

C'est aux résinites de ces terrains, et par conséquent de cette époque géognostique, qu'on peut rapporter les débris organiques végétaux qu'on trouve quelquefois (en Hongrie, et en différens lieux de la terre, telle que Table-bay sur la côte nord-est de la Nouvelle-Zélande) avec les silex de cette sous-espèce, ayant pris la nature des résinites.

Des terrains d'une époque contemporaine à ces terrains pyrogènes anciens, ou peut-être encore plus nouveaux, renferment des résinites bien caractérisés, et même des silex cornés et des agates : ce sont les terrains lacustres, calcaires et siliceux, postérieurs au calcaire à cérites, et faisant, comme lui, partie des terrains de sédiment supérieurs. Les résinites communs, et surtout les blancs, les jaunes, les verdâtres, forment dans ces terrains de petits lits, des veines ou de petits amas qui sont fortement adhérens à la roche calcaire, qui semblent même se perdre dans cette roche. On voit des exemples frappans de cette disposition dans les terrains lacustres de Saint-Ouen, près Paris, de Montabusar, près d'Orléans, etc.

Les résinites ne renferment et ne sont ordinairement accompagnés d'aucune des substances minérales que nous avons nommées plus haut, ni d'aucune substance métallique ; mais ils enveloppent quelquefois des débris organiques, végétaux et animaux, qui ont appartenu à l'époque de formation de ces terrains. Ce sont des os de palæotherium, de trionix, des limnées, des planorbes, des cyclostomes, etc.; des bois de dicotylédones et de palmiers.

Le terrain de calcaire grossier à cérites, et celui d'argile plastique et de lignites, ne renferment que des silex cornés et les autres variétés, dont nous avons déjà fait connoître le gisement.

Les agates sont assez rares dans les terrains de sédiment moyens. Ces terrains recèlent plutôt des silex pyromaques et des silex cornés; mais il arrive souvent que le centre des géodes, souvent très-volumineuses, que forment ces silex, est rempli ou tapissé de concrétions cylindroïdes ou tuberculeuses qui, par la finesse de leur pâte, appartiennent aux agates, et principalement à la calcédoine. C'est aussi dans ces terrains que se trouvent des débris de végétaux, de mollusques ou de zoophytes remplacés par des agates. (Dans la craie tufau et au-dessous de cette craie, tant à Charmouth, en Angleterre, que sur les côtes de Normandie, en France; à l'île d'Aix, dans le département de la Charente : dans ce dernier lieu, les cavités laissées par des larves qui ont vécu dans le bois transformé en lignite, sont remplies d'agate calcédoine.) Les pyrites, étant abondantes dans ces terrains, accompagnent souvent les agates, surtout dans les couches et dans les parties de ces couches riches en débris organiques.

Les terrains de sédiment inférieurs renferment à peu près la même variété de silex, et de la même manière. Cependant les agates proprement dites paroissent être plus rares dans ces terrains, tels que nous les avons limités, que dans les terrains de sédiment supérieurs et moyens.

Les agates reparoissent en plus grande quantité et avec d'autres sous-espèces du genre Quarz, dans les terrains primordiaux de sédiment ou terrain de transition compacte, et en admettant dans ces terrains les ophiolites, par conséquent les magnésites anciennes et les giobertites, on y attribue une roche riche en variétés de silex.

Des silex cornés, la chrysoprase, probablement le plasme et l'héliotrope, bien certainement des calcédoines, des cacholongs, des hydrophanes, des résinites communs, se trouvent dans ces terrains en veines, en amas déprimés, mamelonnés, irréguliers, tantôt bien distincts et séparés de la roche enveloppante, ce qui est un cas assez rare, tantôt s'y liant et s'y fondant par nuances insensibles, ce qui est une circonstance beaucoup plus commune. Ils y sont accompagnés de quelques minéraux et de quelques indices métalliques; mais rarement, peut-être jamais, de débris organiques qui sont généralement étrangers aux roches ophiolitiques.

Les ophiolites sont, dans le terrain de transition compacte, presque la seule roche qui renferme les variétés de silex que nous venons de nommer; mais les silex cornés, et surtout les jaspes et les phtanites, sont abondans dans ce terrain, et y forment des lits assez étendus, assez puissans et assez réguliers, les uns au-dessus des ophiolites, les autres au milieu des différentes roches calcaires qu'on appelle de transition.

Les terrains ophiolitiques des Apennins, la montagne de Mussinet, et celles de Castella-Monte et de Baldissero, près Turin, offrent des exemples remarquables de cette disposition.

Les silex deviennent encore plus rares dans les terrains primordiaux de cristallisation. Cette rareté n'est point en raison de l'ancienneté des terrains, elle paroît suivre plutôt le rapport inverse de l'état de cristallisation, en sorte que les roches qui paroissent avoir été entièrement dissoutes et formées complétement par voie de cristallisation, telles que les granites, les gneiss, les micaschistes, les hyalomictes, le calcaire saccaroïde, ne renferment dans leur masse aucun silex; celles, au contraire, dans lesquelles la texture cristalline est moins parfaite, telles que les porphyres, les eurites, sont accompagnées quelquefois de silex; ce sont des agates calcédoines, des silex cornés, et surtout des résinites, qui y sont disposés plutôt en veines et en petits amas qu'en nodules.

On a déjà dit que les porphyres, appartenant souvent aux terrains trappéens, renferment, comme les autres roches de ces terrains, des silex agates qui s'y trouvent alors dans leur gisement principal.

De Saussure dit avoir vu dans un granite près de Vienne, département de l'Isère, des calcédoines disposées en rognons et en filons, qui renfermoient des morceaux du même granite, et qui étoient pénétrées de pyrite. Il n'est pas sûr que cette roche soit un vrai granite; d'après les échantillons que j'en ai vus, elle présente des caractères qui indiquent plutôt un porphyre granitoïde qu'un granite ancien; mais le même géologue cite dans le même lieu des lits minces de calcédoine alternant avec du gneiss.

J'ai vu, dans la collection de Delamétherie et dans d'autres collections, des nodules de calcédoine dans un porphyre très-solide.

Dans ce cas, les silex sont évidemment contemporains de la roche; mais lorsqu'ils la traversent en filons distincts et limités, ce qui est assez rare, ou lorsqu'ils font partie des filons qui la traversent, ce qui est plus commun, ces silex sont de formation postérieure, et ont été déposés dans des circonstances bien différentes de celles qui ont présidé à la formation de la roche.

C'est le cas de la plupart des silex cornés, des calcédoines et des résinites, qu'on cite dans les granites et dans les autres roches de même origine. Ils font partie de filons, et renferment ordinairement les mêmes minéraux pierreux ou métalliques que ceux qui composent ces filons.

Ainsi, on voit près de Vienne, dans le département de l'Isère, dans un filon de minérai de plomb qui traverse un stéachiste ou un gneiss talqueux, une agate tantôt homogène, tantôt bréchiforme, qui constitue quelquefois la roche du filon, et qui renferme la galène pour laquelle on l'exploite.

On cite dans l'île d'Elbe des kaolins exploités pour la fabrique de porcelaine de Florence, renfermant des nodules de résinite blanc, dont le noyau est du même kaolin que celui dans lequel ils sont disséminés. Or, le kaolin est une roche primordiale. Néanmoins M. de Ruppel, qui a fait cette observation, attribue au résinite une formation toute récente.

Les exemples de calcédoine et de silex corné, traversant des filons, ou faisant partie des filons qui traversent les roches primordiales de cristallisation, sont très-nombreux, même en ne comprenant dans ces roches que les granites, les gneiss, les diorites, les porphyres, les eurites.

Ainsi on cite, en Saxe, des agates et de la calcédoine en filons très-puissans, à Schlottwitz sur les bords de la Muglitz, à Gersdorf dans un gneiss près du village de Halsbach, où les filons sont minces, mais composés de lits parallèles d'agates de diverses couleurs, tantôt continus, tantôt brisés. On connoit dans le même pays les exemples de silex cornés et de calcédoine en nodules dans les porphyres de Chemnitz, et en filons dans celui de Hohenstein. M. de Humboldt a observé le même fait dans le porphyre de Zimapan au Mexique. Aux exemples spéciaux que nous avons donnés du gisement du silex corné, on peut ajouter qu'il se présente aussi en filons, traversant le granite et renfermant de nombreux fragmens de cette roche, près de Ruhla au Heisenberg en Thuringe, et à Carlsbad.

La plupart des résinites qui viennent de Sibérie, se rencontrent, suivant Patrin, en filons dans des roches primordiales. Ainsi le filon du minérai de plomb de Nikolaiefskoi, dans l'Altaï, le filon de minérai d'argent de Tom aussi dans l'Altaï, mais à cent lieues à l'est du précédent ; celui de Moursinsk, célèbre par l'améthyste qu'il fournit, traversent des terrains primordiaux ophiolitiques ou même de gneiss.

La même manière d'être du résinite a été observée, en Pensylvanie, dans le granite, et près Baltimore, dans l'ophiolite.

*** *Observations pour la théorie de la formation des agates et autres silex en nodules.*

Quand on visite les terrains qui renferment sous forme de nodules les diverses variétés de silex, soit les silex pyromaques, soit les agates, soit même les jaspes qui, en se présentant ainsi, ne diffèrent des agates que par leur opacité, on remarque que ces nodules sont disséminés dans ces terrains, tantôt sans aucune régularité, et c'est le cas des agates dans les terrains d'aphanite, de spilite et de porphyre, tantôt qu'ils sont disposés en lits parallèles, mais interrompus, et c'est le cas des silex pyromaques et des silex cornés dans la craie et dans les autres terrains de calcaire sédimenteux qui les renferment.

La forme de ces nodules dans ces deux sortes de positions, déjà si différentes par elles-mêmes et par la nature des terrains, offre elle-même de nombreuses différences. Dans le premier cas les nodules ont des formes assez limitées et qui présentent entre elles une sorte d'analogie : ce sont des sphéroïdes, des ellipsoïdes déprimés, mais surtout des ovoïdes atténués et même aplatis à une extrémité et présentant grossièrement ce qu'on appelle la forme de larme. Cette forme se répète dans une multitude de nodules : elle est plus sensible dans les petits et les moyens que dans les gros. Le volume varie depuis celui d'un pois et d'une amande, jusqu'à celui d'un melon.

Presque tous présentent comme une sorte de queue ou d'extrémité brisée, comme le montrent les masses de verre fondu qu'on laisse tomber dans un liquide, ou comme le montrent mieux les espaces que forment des bulles de gaz qui s'élèvent avec peine dans une masse boueuse.

On voit aussi dans les mêmes terrains des agates sous forme de lits ou de couches; mais, en suivant ces prétendus lits, on remarque que ce ne sont ordinairement que des parties d'ellipsoïdes lenticulaires, fort étendus et très-aplatis.

Enfin, pour terminer tout ce qui est relatif à la forme extérieure et au rapport des nodules d'agates avec la roche qui les renferme, on fera remarquer que ces nodules sont exactement moulés sur les parois de la cavité où ils sont placés, que leur surface est raboteuse, comme l'est celle de ces cavités; qu'ils n'ont avec la roche presque aucune adhérence, et qu'ils s'en détachent avec une si grande facilité qu'il est difficile d'avoir dans les collections un échantillon qui présente en même temps la roche et le nodule, pour peu que celui-ci soit volumineux.

Les silex pyromaques et les agates des terrains calcaires de sédiment ont une tout autre disposition : nous l'avons décrite à l'article de ces silex, et nous n'y reviendrons pas.

Si nous passons maintenant à l'examen de la structure particulière des nodules d'agate, nous aurons occasion de remarquer une disposition générale dans les diverses parties de ces rognons, qui n'est pas sans intérêt, lors même qu'on n'en pourroit encore tirer aucune lumière sur le mode de formation des agates.

Le noyau d'agate, logé et comme moulé dans la cavité de la roche, n'est pas toujours appliqué sans intermédiaire sur les parois de cette cavité. Il y a très-souvent entre eux une couche mince de terre verte, qu'on a nommée chlorite, et qui, s'étant présentée en parties volumineuses et presque isolées au Mont-Baldo, a été nommée par de Saussure *baldogée*. Cette matière s'y montre très-fréquemment et toujours dans cette même position : elle a quelquefois une épaisseur notable de quelques millimètres ; plus souvent elle ne forme sur les agates qu'un enduit mince, mais très-reconnoissable par sa couleur verte.

Tantôt le nodule est plein, c'est le cas le plus rare, tantôt il présente vers son centre une cavité plus ou moins considérable, qui lui fait donner le nom de *géode*. Presque jamais, peut-être même jamais, ce nodule n'est parfaitement homogène. Lorsqu'il est le moins varié dans sa composition, il ne présente que des nuances de la même substance, que ce soit de la calcédoine ou du jaspe. Mais il est plus souvent composé de matières très-différentes, non-seulement par leur couleur mais même par leur nature : or, ces matières sont toujours à peu près disposées de la même manière, depuis l'écorce du nodule jusque vers son centre.

Ce sont d'abord, c'est-à-dire, en commençant par l'écorce ou la surface extérieure du nodule, des zones d'agates de différentes couleurs, ou de différentes nuances lorsqu'il n'y a qu'une couleur. Ces zones, quelquefois multipliées jusqu'au nombre de plus de cent, et alors très-minces, mais toujours très-distinctes, sont souvent parfaitement parallèles entre elles et à peu près parallèles aux parois de la cavité dans laquelle le nodule s'est moulé ; mais cette dernière circonstance est sujette à varier par une multitude de causes. Lorsque ces causes ont fait naître dans une zone un sinus, une courbure, ou un dérangement quelconque qui ôte tout rapport de parallélisme avec les parois de la cavité, les zones qui suivent sont parallèles à cette sinuosité, jusqu'à ce qu'une nouvelle cause ait fait naître une nouvelle sinuosité.

Non-seulement les zones de couleur présentent cet admirable parallélisme, malgré leur multiplicité, mais elles offrent aussi quelquefois un retour périodique et régulier de la même série de couleurs ou de nuances.

Ces zones ne sont pas cependant exactement parallèles à la surface des nodules, ni dans toutes leurs directions, ni dans toute leur étendue. Si on a eu soin d'observer la disposition des nodules dans la montagne, de manière à pouvoir reconnoître sur chaque nodule les parties semblablement situées par rapport à l'horizontale, lors de la position primitive du terrain au moment de la formation des agates, et lorsqu'on est parvenu à déterminer ainsi les parties des nodules, aux-

quelles on peut donner les noms de partie supérieure et
de partie inférieure, on remarque les faits suivans dans la
disposition des zones. Si on divise le nodule par une coupe
horizontale, on obtient des zones à peu près parallèles
à la circonférence de cette coupe et parallèles entre elles;
mais si on le divise par une coupe verticale, on remarque
en général que les zones sont plus minces vers la partie supérieure et plus épaisses vers la partie inférieure.

Cette observation, qui a pu être faite par toutes les personnes qui ont étudié les agates dans leur place, a été faite
d'une manière encore plus profonde et plus complète par M.
de Buch sur les agates des terrains trappéens d'Irlande. Ces
agates sont, dans le lieu où les a étudiées cet illustre géologue,
des ellipsoïdes très-irréguliers et souvent aplatis dans le sens horizontal. Les zones de calcédoine sont plus minces vers la partie supérieure des nodules, et elles en suivent les contours;
mais elles sont beaucoup plus épaisses dans la partie inférieure,
où elles ont pris une surface horizontale et plane; on voit
une succession de ces surfaces séparées par une zone mince
de calcédoine d'une autre couleur, qui se continue et tapisse
toute la surface interne des nodules. Ces nodules sont creux;
on remarque à la surface interne et supérieure de chacun
d'eux des concrétions cylindroïdes, des espèces de stalactites
de silice, qui pendent à la voûte de ces cavités, comme si la
matière du dépôt horizontal étoit d'une autre origine et
d'une autre époque que la matière agatine des zones parallèles aux parois.

Ces observations indiquent déjà l'introduction de la silice
agatine dans la soufflure de la roche par une partie déterminée de cette cavité. Mais quelquefois la section verticale,
ou à peu près, s'est faite de manière à mettre à jour le véritable canal d'introduction de cette matière, non-seulement
dans le nodule d'agate lui-même, mais dans la roche qui l'enveloppe : dans le premier cas, on voit les zones des différentes
couleurs, minces et comme serrées dans ce canal, et parallèles à ses parois, s'épancher ensuite en divergeant dans la
cavité et acquérir d'autant plus d'épaisseur qu'elles approchent davantage du fond de cette cavité. J'ai sous les yeux
plusieurs nodules d'agate qui ne laissent aucun doute sur

cette circonstance[1]. Dans l'autre cas on voit dans la roche qui enveloppe le nodule une fissure s'ouvrant en canal et se continuant avec celui par lequel la matière siliceuse de l'agate, et probablement aussi celle des cristaux étrangers qui s'y trouvent, paroît s'être introduite. Cette observation est principalement due à M. Fréderic Hoffmann, qui l'a faite sur une agate d'Ilefeld au Harz, engagée dans un spilite.[2]

Ces nodules, comme nous l'avons vu, ne sont pas toujours pleins ; ils offrent au contraire très-souvent une cavité vers leur centre, qui a quelquefois une assez grande étendue.

Les parois de cette cavité sont tapissées ou seulement garnies de plusieurs substances minérales. Tantôt c'est de la silice dans différens états d'agrégation, et on y voit, ou des stalactites de calcédoines très-belles par la finesse de leur poli, leur translucidité, leur volume et leur élégante disposition, ou des cristaux de quarz hyalin limpide, mais plus souvent des cristaux de quarz améthyste à pyramides sans prisme. C'est, comme on l'a dit ailleurs, une disposition particulière à cette variété de quarz.

On voit en outre dans ces cavités, mais en cristaux plutôt couchés sur quelques parties de la cavité qu'en cristaux implantés sur toute la surface, et cette circonstance n'est pas à négliger, du calcaire spathique pur, du calcaire ferrifère, de la barytine, de la chabasie, etc.

Les cristaux, et surtout ceux de calcaire et de barytine, sont peu nombreux, mais très-volumineux et disposés à peu près comme ces gros cristaux qu'on trouve dans le fond des bocaux qui renferment depuis long-temps des dissolutions salines à base métallique ou terreuse.

Enfin ces géodes contiennent quelquefois de l'eau, qui tantôt est de l'eau pure, et tantôt offre, suivant M. Davy, les propriétés de l'eau renfermée dans les bulles du quarz hyalin.

Les matières qui composent les nodules d'agate y sont disposées suivant un ordre qui est remarquable par sa constance dans tous les lieux où l'on a observé des agates. On voit en général,

---

1 On en a figuré deux dans l'atlas de ce Dictionnaire.

2 Dans Leonhard, *Zeitsch.*, 1825, tome 2, page 490, fig. pl. 6.

en allant de l'extérieur à l'intérieur, d'abord cette croûte terreuse, verdâtre, dont on a parlé au commencement, ensuite les zones des différentes variétés d'agate; on remarque que les plus colorées, les moins translucides, celles, enfin, qui tiennent au jaspe ou qui appartiennent même à cette pierre, sont situées le plus près de la surface, et que la matière siliceuse va toujours en s'épurant, à mesure qu'elle approche du centre de la géode, en sorte qu'après avoir été amenée à présenter les concrétions ou les zones les plus pures et les plus translucides de la calcédoine, elle acquiert toute sa perfection de nature et de texture en cristallisant en quarz ou en améthyste.

C'est aussi dans cette cavité, et presque uniquement dans cette partie, que s'observent les minéraux cristallisés étrangers au quarz, que nous avons nommés plus haut : ils sont en général placés sur le quarz.

La matière colorante des agates n'est pas toujours également fondue et comme dissoute dans la pâte de leurs diverses variétés de couleurs : elle forme dans cette même pâte des veines sinueuses, des taches et des points, qui y sont tantôt répandus très-inégalement, et tantôt disséminés avec un espacement des plus réguliers.

Les diverses dispositions des couleurs dans les nodules expliquent assez bien les différens aspects qui ont fait donner aux agates versicolores des noms particuliers.

On voit que les *onyx* et les *camées* qu'on en tire, résultent de la coupe d'un nodule d'agate dans le sens parallèle ou à peu près à ses parois; que les agates *rubanées* sont dues à une coupe faite perpendiculairement à ces parois; qu'en coupant un nodule d'agate horizontalement et vers son centre, on coupe plusieurs concrétions stalactitiques et cylindroïdes perpendiculairement à leur axe, et que cet axe, étant quelquefois d'une couleur très-différente de celles des cercles qui l'entourent, forme comme la prunelle des yeux, dont ces cercles représentent l'iris. C'est à cette disposition et à cette coupe que sont dues le s *agates œillées*.

En général, la disposition que la silice montre à former des cercles concentriques, est encore un phénomène fort remarquable. Il s'observe dans deux circonstances très-différentes.

1.º Dans le test de plusieurs coquilles fossiles des terrains de sédiment moyen, en particulier de la glauconie sableuse (*Greensand*), du calcaire jurassique et surtout du lias. La plupart des coquilles de ces terrains, mais plus particulièrement celles de la famille des ostracés, telles que les peignes et les gryphées, présentent dans leur test une multitude d'orbicules calcédonieux, composés de cercles ou petits cordons saillans, parfaitement circulaires et parfaitement concentriques, tantôt isolés, tantôt confluens. On voit aussi ces mêmes orbicules dans le test fossile des spatangues et des térébratules. On a pris quelquefois ces orbicules pour des corps marins, parce qu'on n'avoit regardé ces objets que superficiellement; mais, en les examinant avec quelque attention, on voit qu'ils n'offrent aucune organisation et qu'ils sont de pure silice au milieu du test calcaire. Ces orbicules, très-nombreux et très-sensibles sur le *gryphea arcuata* du lias des environs d'Alais, avoient été remarqués et décrits par Sauvages dans les Mémoires de l'Académie des sciences.

2.º Sur des surfaces planes, mais naturelles, d'agates et même de grés. Ces cercles étant superficiels, on ne peut les attribuer à la coupe transversale des stalactites de calcédoine; ils sont quelquefois assez nombreux, à peine saillans, et d'une régularité telle que la pointe d'un compas n'auroit pu les faire plus exactement circulaires.

On voit de ces cercles concentriques au nombre de plus de vingt, formant des plaques circulaires de deux à deux centimètres de diamètre, tantôt isolées, tantôt confluentes, sur les surfaces de fissures d'un grés dense des carrières de May, près Caen. De beaux échantillons de ce grés ont été recueillis et donnés au Muséum de Paris, par M. Pattu, ingénieur des ponts et chaussées.

On voit aussi de ces taches, composées de lignes circulaires, sur la surface ou sur l'écorce des nodules d'agate que nous avons décrits plus haut, et qui sont engagés dans les spilites à Oberstein et ailleurs. Ces orbicules, quoique moins parfaits que ceux des coquilles fossiles, en ont d'ailleurs la forme, la structure et les connexions.

Les agates ont éprouvé quelquefois, au milieu même des roches qui les renferment, une altération fort remarquable dans leur texture et leur agrégation. Elles perdent leur translucidité, deviennent blanches et opaques. Les dépôts successifs qui forment leur masse et qui se distinguent par leur couleur, se séparent facilement en une multitude de feuillets comme mamelonnés et qui se moulent exactement l'un sur l'autre. Quelquefois aussi cette altération ne se manifeste que par le passage de la translucidité à la blancheur opaque. Ce qu'il y a de remarquable dans les petits nodules massifs et pleins qui présentent cette altération, c'est que le milieu seul l'a éprouvé. Chacun de ces nodules blancs, de la grosseur d'un pois, est entouré d'une écorce translucide, qui n'a éprouvé aucune altération. Ces phénomènes peuvent s'observer facilement sur les roches agatifères d'Oberstein.

Telles sont les observations qu'on peut faire sur la structure des agates et sur la disposition de leurs diverses parties.

Ces observations, jointes à celles des phénomènes qui se passent à la surface du globe et qui peuvent avoir quelques rapports avec la formation des agates, et appuyées par des expériences directes et méthodiques, pourront conduire un jour à la théorie de la formation des agates.

Nous allons essayer sinon de l'établir dans son entier, au moins d'en ébaucher quelques points, ou plutôt de faire voir, à l'aide de ce que nous savons, quelle classe d'explication ne peut être admise, puisqu'elle est détruite par les faits connus.

On a supposé pendant long-temps que la silice des agates, dissoute dans différens véhicules, s'étoit infiltrée à travers les pores des roches qui renferment les nodules et s'étoit réunie par voie de sédiment ou d'agrégation presque cristalline dans ces cavités.

Cette théorie peut avoir son application dans quelques cas. Ainsi on peut admettre que les molécules des corps organisés végétaux et animaux, entièrement pétrifiés en silex, ont été remplacés peu à peu par des molécules siliceuses. On peut admettre la même espèce de cementation pour la transmutation de certaines substances minérales en silex, ainsi que M. Bory Saint-Vincent l'a proposé pour expliquer la formation des silex stratifiés de la craie tufau de Maëstricht[1]. Mais en-

---

[1] Voyage souterrain dans les carrières de Saint-Pierre de Maëstricht.

core cette théorie de l'infiltration, réduite à ces applications, demanderoit-elle, pour être complète et claire, la solution de deux questions : 1.° quel est le menstrue qui a dissous et charrié la silice ; 2.° par quelle cause ou par quelle affinité cette silice, après avoir traversé des couches poreuses sans s'y arrêter, est-elle venue se concentrer, dans un degré d'isolement et même de pureté remarquable, dans une place occupée par des corps organisés végétaux et animaux, et, ce qui est encore plus singulier, par des corps minéraux denses, en chassant entièrement toutes les parties solides des corps dont elle a pris la place.

Ainsi, dans le cas des agates, on demandera pourquoi la silice s'est remise dans la place où sont ces nodules, tandis que les autres parties de la roche qui les avoisinent sont restées poreuses et n'ont retenu aucune partie de cette silice qu'elles ont laissé passer de toute part pour aller s'accumuler dans une petite cavité ; c'est une circonstance dont il est difficile de se former une idée satisfaisante. Il est également difficile de se rendre compte dans cette théorie de la dissémination égale et sans aucune apparence sédimenteuse des points rouges des agates ponctuées, de la différence d'épaisseur des zones à la partie supérieure et à la partie inférieure des agates, et surtout de la disposition sur plusieurs plans des rameaux dans les arbrisseaux des agates arborisées ; car, dans l'hypothèse du dépôt par infiltration, chaque molécule et chaque couche de molécule a dû venir s'ajouter successivement à la couche déjà déposée. Il faudroit donc supposer que l'arbrisseau existoit déjà et qu'il a été engagé peu à peu dans la succession des couches, ou qu'il s'est formé par voie d'infiltration entre les couches ; supposition, qu'on pourroit admettre si tous ses rameaux étoient sur un même plan parallèle à une fissure de dépôt ou à une fissure de retraite ; mais on sait qu'il n'en est pas ainsi, et que la disposition des rameaux sur plusieurs plans, exclut tout-à-fait la théorie du dépôt successif de la matière de l'agate.

1821, pag. 208. En admettant la posibilité d'un dépôt siliceux par voie d'infiltration, nous sommes loin d'admettre les détails et les hypothèses par lesquels on a cherché à expliquer comment s'étoit opéré et pouvoit s'opérer encore le dépôt siliceux.

Il faut donc arriver à la théorie que j'ai déjà proposée [1], et qui avoit été indiquée, mais d'une manière assez vague, par Patrin [2], en 1801.

Elle consiste à supposer que la matière siliceuse des agates étoit dans cet état particulier de dissolution qui constitue ce qu'on appelle des gelées, état dans lequel une matière homogène, réduite à ses molécules intégrantes, prend une consistance visqueuse, qui lui permet de se mouvoir en conservant une certaine forme et une certaine épaisseur, et d'être pénétrée par des corps étrangers, qui, au lieu de se précipiter et de se reunir comme ils le feroient dans un liquide parfait, peuvent se disperser également dans la masse de cette matière, y rester suspendus et s'y disposer suivant les circonstances qui tiennent à leur nature ou à leur état.

Cette supposition nous paroît la seule qui puisse expliquer d'une manière satisfaisante les taches, les points, les corps étrangers et les arborisations des agates.

Voyons maintenant quels sont les phénomènes de structure et d'autres genres qui indiquent que les agates ont été dans cet état gélatineux.

L'aspect seul des agates dites orientales suffit pour faire naître cette idée. Leur translucidité gélatineuse, les nuages légers, les ondulations de leur pâte fine et translucide, ne permettent pas d'admettre un dépôt successif de matière solide, mais indiquent une matière gélatineuse, qui a dû se solidifier en masse.

Le canal d'introduction de cette matière, si visible dans quelques géodes, et qui existe peut-être dans toutes, montre

---

1 Article DENDRITES de ce Dictionnaire, 1819, et Description géologique des environs de Paris, 1822, in-4.°, page 206, note.

2 « Il y a diverses pierres dans lesquelles la matière quarzeuse....ne
« cristallise jamais, attendu que la silice y est intimement combinée
« avec d'autres substances qui lui ont donné une *consistance gélatineuse*.
« ...Tels sont le silex, l'agate, etc. (Patrin, Hist. nat. des min., t. 2,
« p. 129.)...La matière calcédonieuse suinte à travers la substance com-
« pacte des basaltes sous la forme d'une *gelée*, qui se durcit à l'instant
« en petits mamelons, etc. (*Ibid.*, p. 170.)...La matière qui compose
« les agates, a été, à ce qu'il me semble, dans un *état gélatineux*.
« (*Ibid.*, p. 207.) »

avec la dernière évidence qu'une matière visqueuse diversement colorée, selon les époques, s'est introduite par ce canal dans la cavité produite dans la roche par un dégagement de gaz; qu'elle s'est répandue par voie d'adhérence sur les parois de la cavité; que sa viscosité, assez grande pour l'empêcher d'obéir complétement à la pesanteur et de se réunir entièrement au fond de la souflure, n'a pas cependant tellement détruit cette influence, qu'il n'y ait plus de matière agatine vers le fond que vers l'ouverture supérieure.

Les mamelons et stalactites qui terminent cette couche de silice gélatineuse solidifiée, ont une texture dense, qui est celle des matières fondues et coagulées par refroidissement, comme les métaux, et surtout comme la cire ou la graisse, et non pas cette structure cristalline des concrétions formées par une matière minérale tenue en dissolution dans un liquide, et qui s'en précipite à mesure que ce liquide s'évapore ou qu'il change de nature, comme cela a lieu dans les stalactites et concrétions de calcaire, de barytine, de fer hématite, de malachite, etc.

Enfin, j'ai rapporté ailleurs[1] un fait qui montre la silice sous une forme absolument semblable à une couche de gélatine étendue sur une pierre et desséchée : c'est une masse de calcaire siliceux, couverte de concrétions siliceuses et mamelonnées. On voit comme une membrane gélatineuse tendue sur les sommités de ces mamelons, ayant tout-à-fait l'aspect d'une matière glaireuse, qui, en se desséchant, se seroit retirée d'autant plus facilement qu'aucune adhérence ne s'y opposoit, en sorte que cette membrane est constamment beaucoup plus étroite dans les espaces où elle est libre qu'à ses points d'adhérence. Or, cette membrane, qu'on prendroit réellement pour de la colle séchée, est de nature siliceuse et calcédonieuse; elle a donc conservé, aussi bien qu'une pierre aussi dure que la calcédoine puisse le faire, les caractères de l'état gélatineux dans lequel je présume que devoit être la silice.[2]

---

[1] Descript. géolog. des envir. de Paris, 1822, pag. 206, note.

[2] On trouvera figurés en couleurs dans l'atlas de ce Dictionnaire non-seulement l'échantillon qui présente ce fait curieux, mais plusieurs autres phénomènes relatifs à la théorie des agates.

Néanmoins il reste encore des difficultés assez grandes pour rendre compte de toutes les circonstances de formation des agates; nous ne les dissimulons pas. Ainsi on ne voit pas encore clairement d'où a pu venir cette gelée de silice qui a rempli si complétement les soufflures des spilites et des autres roches qui renferment des agates ; comment elle a pu acquérir la solidité quarzeuse sans laisser, en se coagulant, une cavité considérable; on ne voit pas comment cette matière a pu s'introduire dans les nodules qui ne montrent pas le moindre indice de canal, comment, même avec la présence du canal, la matière siliceuse a pu être entièrement dirigée vers ce point; on ne conçoit pas quel fluide a pu être introduit en assez grande quantité dans ces soufflures, ou être assez fortement saturé de matière minérale, ou enfin les traverser assez long-temps pour y déposer ces gros cristaux de barytine, de calcaire et d'autres matières presque insolubles qu'on y observe. Ce sont, du moins pour nous, des problèmes qui restent encore à résoudre.

Il y avoit autrefois une difficulté plus embarrassante, que les observations des géologues et les travaux des chimistes ont déjà résolue presque entièrement; elle étoit relative à l'état gélatineux de la silice. On ne connoissoit cette substance sous cet état que dans la dissolution alcaline désignée dans les laboratoires sous le nom de *liquor silicum*. Mais la grande quantité de cette terre reconnue dans les eaux minérales, l'état gélatineux même sous lequel on l'a observée dans ces eaux, nous porte à admettre, non plus hypothétiquement, mais avec des raisons appuyées sur des faits assez nombreux, la possibilité et même l'existence réelle de la silice gélatineuse dans la nature. Cette théorie de l'état gélatineux de la silice que j'avois ébauchée, en 1819, dans l'article Dendrites de ce Dictionnaire, et en 1822, dans la Géognosie des environs de Paris, a été depuis cette époque également proposée par M. Teubner, de Blansko, en 1822; par M. Emmanuel Repetti, en 1824; et enfin, presque complétement prouvé, en 1826, par les caractères chimiques que M. Guillemin a observés sur un quarz, etc. Cet accord d'opinions émises par plusieurs physiciens, qui certainement n'avoient eu aucune connoissance de la théorie que j'avois hazardée, donne à cette théorie une plus grande importance en l'appuyant de faits nouveaux et d'autorités respectables.

M. Teubner, de Blansko, en Moravie, remarque que la magnésie de Moravie, translucide et molle dans l'intérieur de la terre, devient opaque et dure par l'action de l'air : il attribue ce changement à la silice, qui est susceptible, dit-il, de prendre avec l'eau un état gélatineux, considération qui peut jeter un grand jour sur la formation des opales, des hydrophanes, etc.[1]

Spallanzani avoit présumé que les cristaux de quarz du marbre de Carrare étoient le résultat d'une infiltration qui continueroit encore. M. Emm. Repetti a cherché à confirmer cette opinion par une observation fort singulière, qu'il lut à la Société de Georgeophyle en 1824 : il rapporte que, ayant cassé un morceau de calcaire renfermant une druse de ces cristaux, il a trouvé dans cette cavité plus d'une livre et demie d'eau siliceuse, et entre les cristaux déjà formés, des petites masses de la grosseur d'un pois, qui, exposées à l'air, se sont endurcies en prenant l'aspect calcédonieux.

M. Guillemin[2] a cru reconnoître et pouvoir établir l'état primitif gélatineux d'un quarz, auquel il a même donné le nom de *quarz gélatineux*, et qu'il a observé à Tortezais, dans le département de l'Allier. Cette sorte de résinite est d'un blanc pur, avec l'éclat résineux : elle est à peine translucide ; elle happe à la langue, absorbe l'eau, et quoiqu'elle en renferme déjà 0,11 de son poids, elle en absorbe encore 0,14, lorsqu'on la tient plongée dans ce liquide, en sorte qu'elle en sort renfermant 0,25 d'eau. Ce résinite perd son eau par l'action du feu et devient un peu plus translucide ; mais le caractère essentiel, qui établit ce que les chimistes nomment l'état gélatineux de la silice, c'est la propriété qu'il a de se dissoudre dans la potasse caustique à la chaleur de 100^d. Il donne à l'analyse, lorsqu'il a été complétement desséché:

$$\text{Silice} \dots \dots \quad 97,7$$
$$\text{Alumine} \dots \dots \quad 2,3\ ,$$

et n'indique la présence d'aucune matière alcaline.

---

1 Dans Keferstein, *Deutschl., geog.-geol. dargest.*, t. 2, 1 cah., p. 64.
2 Ann. des min., 1826, t. 13, p. 321.

Il se trouve à Tortezais dans un grès, qui passe au psammite : il sert de ciment à ce grès et s'y présente aussi en petits amas au milieu de la masse ou en petites veines dans ses fissures. Ce grès, et le résinite qu'il renferme et qui est de même époque que lui, paroît appartenir au terrain de grès rouge, inférieur à la formation houillière de ce canton.

Telles sont les principales observations et expériences qui contribuent à établir que les agates et les résinites ont été souvent dans un état gélatineux au milieu des roches qui les renferment, avant de prendre la solidité et la dureté qu'elles montrent actuellement.

Les observations suivantes donnent quelques lumières sur les moyens que la nature a mis en usage pour tenir la silice en dissolution et la précipiter, soit à l'état de gelée, soit à l'état de molécules siliceuses.

M. Mackensie[1] admet aussi la fluidité visqueuse des agates, qui lui semble démontrée par la texture et la forme des stalactites cylindroïdes de calcédoine, qui sont plus grosses à leur extrémité inférieure qu'à leur base; mais il a cherché à expliquer la formation de ces concrétions siliceuses par la fusion ignée. Ce naturaliste pense que la calcédoine a été fluide comme de la cire, et s'est consolidée comme cette substance, lorsqu'elle se fige. Il propose cette hypothèse comme la seule qui puisse donner l'explication des agates zonées.

M. J. Flemming, en 1825, en faisant remarquer la transmutation en calcédoine des débris de végétaux et d'animaux de Kiskton, aux environs de Bathgate dans le West-lothian, a rapporté ces faits comme s'opposant à la théorie des concrétions siliceuses par la fusion ignée, proposée par MM. Allan et Mackensie. Il croit qu'on ne peut les expliquer que par la dissolution aqueuse de la silice.

Mais, comme nous l'avons dit plus haut, cette dissolution n'est plus mise en doute; on connoît depuis long-temps l'abondance du dépôt siliceux que les Geyser d'Islande forment sur les bords du canal d'où s'élance l'eau bouillante qui tient cette

---

[1] *Trans. of the R. Soc. of Edimburg*, 1824, tom. 10, p. 82.

terre en dissolution. Un grand nombre d'autres faits l'établissent, et on va même plus loin, en affirmant, comme l'a fait M. de Buch, que la silice est tenue en dissolution dans la vapeur d'eau ; il fait remarquer que les vapeurs d'eau bouillante qui se dégagent du volcan de l'île de Lancerotte, déposent, sur les parois du cratère de ce volcan, des stalactites siliceux.

M. Macculloch a admis cette sublimation.

Ces faits, qui peuvent servir à expliquer plusieurs dépôts et concrétions siliceux, ne peuvent s'appliquer à la formation des agates. Ils ne sont pas en opposition avec la théorie de l'état gélatineux de la silice ; mais ils ne peuvent la suppléer dans les applications que nous en avons faites, et nous les rapportons plutôt pour compléter la théorie générale de la formation des concrétions siliceuses, que pour appuyer celle qui est spécialement relative aux nodules d'agate, aux concrétions calcédonieuses, etc.

****** *Annotations diverses sur les silex, leurs usages, etc.***

On a parlé de l'emploi particulier de plusieurs variétés de silex, d'agate et de résinite, en faisant l'histoire de ces variétés ; il ne doit donc être question ici que des usages qui n'ont pas encore été mentionnés parce qu'ils appartiennent à plusieurs variétés.

Les agates ont été plus en usage autrefois qu'à présent ; on les tailloit en coupes et en plaques pour en faire des boîtes : on en faisoit aussi des poignées de sabre, de couteau, etc. On taille et on polit encore en grand, et à un prix très-modique, les agates à Oberstein. On dégrossit d'abord la surface à polir, au moyen de grandes meules d'un grès dur et rougeâtre que l'eau fait tourner : on leur donne ensuite le poli sur une roue de bois tendre, mouillée et pénétrée de la poussière fine, mais dure, d'un tripoli rouge qui vient des environs. M. Faujas croit que ce tripoli est produit par la décomposition de la roche porphyritique qui sert de gangue aux agates.

Les anciens employoient surtout les agates pour y graver

des camées; et c'est presque le seul usage que l'on fasse encore de ces pierres. La cornaline, la chrysoprase, etc.,
sont cependant toujours très-recherchées pour être montées
en bijoux.

Les agates qui sont principalement employées pour la gra
vure en camée, sont les onyx à zones parallèles, droites et
de diverses couleurs. On choisit surtout celles qui sont composées de couches alternatives de calcédoine, de sardoine
pâle et de sardoine foncée. En enlevant ces couches avec un
certain art, on fait en sorte que la couche la plus foncée
fasse le fond du camée, et que celle de sardoine pâle et de
calcédoine soient employées, l'une pour les chairs, l'autre
pour les draperies ou les lumières. Les anciens ont pratiqué
cet art avec le plus grand succès, et nous ont laissé des ouvrages remarquables en ce genre par leurs dimensions et leur
fini précieux. Nous citerons particulièrement une plaque
ovale de sardoine à trois couches, de 31 centimètres de largeur sur 27 centimètres de hauteur, connue sous le nom
d'Apothéose d'Auguste; une coupe de sardoine brune de 12
centimètres de haut sur 14 centimètres de diamètre, sur laquelle sont figurés des objets consacrés aux mystères de Cérès
et de Bacchus. On peut voir au Musée des Médailles et des
Antiques ces sardoines et beaucoup d'autres pierres gravées
sur diverses variétés de silex.

On est étonné de l'immense quantité et de la superbe
qualité des agates sardoines, cornalines, calcédoines, etc.,
gravées par les anciens, et on se demande où étoient situées les
carrières qui les leur fournissoient. Ces pierres sont particulièrement remarquables par leur finesse, leur pureté, l'intensité de leur couleur et par leur grandeur: toutes qualités qui se
voient surtout dans les camées. Eckel a supposé que ces carrières
étoient situées dans des contrées qui ne sont plus fréquen-
tées par les Européens. Jouannon de Saint-Laurent présume
que ces carrières se trouvoient dans le territoire soumis
maintenant à la domination des Turcs. M. Mongez croit qu'on
les apportoit de l'Orient, et surtout de l'Inde; Ctesias y place
les hautes montagnes d'où l'on tiroit les sardoines, les onyx,
etc., et Pline vante les sardoines de l'Inde. Or il est certain,
continue M. Mongez, que les parties de l'Inde qui étoient

autrefois, et surtout après l'expédition d'Alexandre, souvent traversées par les voyageurs de cette époque, ne le sont plus actuellemeut. Les colonies grecques qu'il établit en Hircanie, en Bactriane et en Perse, durent faire fleurir le commerce des pierres fines; mais, depuis que les Sarrasins se sont rendus maîtres de ces pays, les communications ont été presque entièrement interrompues. On ramassoit autrefois les agates de ces contrées, en les traversant pour d'autres objets plus importans; maintenant il faudroit, pour se les procurer, faire le voyage exprès : l'importance de ce commerce n'est pas assez grande pour faire surmonter les obstacles et les dangers que présentent de pareils voyages.

Les anciens tiroient aussi de belles calcédoines du pays des Nasamons et des environs de Thèbes en Afrique.

La difficulté que l'on éprouve à présent à se procurer de belles pierres à plusieurs couches, propres à être gravées en camées, a fait chercher les moyens de donner aux calcédoines les différens lits de couleurs qui sont nécessaires à ce genre de sculpture. On a su profiter d'une propriété des agates qui semble être une dépendance du mode de formation que nous leur avons attribué, et qui consiste dans une pororité très-fine, il est vrai, mais suffisante pour qu'elles puissent s'imprégner de différentes dissolutions.

Ainsi, pour leur donner une couche ou zone noire, on commence par imprégner ces agates d'huile, soit à l'aide de la chaleur, soit par le moyen du polissage; on les fait ensuite bouillir dans de l'acide sulfurique, qui agit sur l'huile, la charbonne dans les pores mêmes de l'agate, et lui donne ainsi une couleur noire très-intense.

On fait naître une couche blanche sur les cornalines, en couvrant ces pierres d'un enduit de carbonate de soude, qu'on fait fondre à la moufle en une espèce d'émail blanc, aussi dur que la pierre, et qu'on peut ensuite graver en camée.

On rehausse aussi la couleur rouge des cornalines en les chauffant jusqu'à un certain degré dans un bain de sable.

On peut aussi donner quelques nuances verdâtre et violâtre aux agates, en les imprégnant d'une dissolution de cuivre ou d'une dissolution d'or; mais ces nuances sont foibles, inégales et peu durables. (B.)

SILICATES. (*Chim.*) On donne ce nom aux combinaisons de la silice avec les bases salifiables.

Composition.

Suivant M. Berzelius, il existe des silicates :

1.° Dans lesquels l'oxigène de la silice est égal à celui de la base. M. Berzelius les appelle *silicates.*

2° Dans lesquels l'oxigène de la silice est 2 fois celui de la base. M. Berzelius les appelle *bisilicates.*

5.° Dans lesquels l'oxigène de la silice est 3 fois celui de la base. M. Berzelius les appelle *trisilicates.*

4.° Dans lesquels l'oxigène de la silice est 6 fois celui de la base. M. Berzelius les appelle *sésilicates.*

5.° Dans lesquels l'oxigène de la base est double de celui de la silice; ce sont les *bi-sous-silicates.*

6.° Dans lesquels l'oxigène de la base est triple de celui de la silice ; ce sont les *tri-sous-silicates*, etc.

Cette nomenclature sembleroit indiquer que M. Berzelius considère les silicates dans lesquels l'oxigène de l'acide est égal à celui de la base comme des silicates neutres; cependant il n'en est pas ainsi : il pense que les silicates neutres sont ceux dont la silice contient trois fois autant d'oxigène que la base, et sous ce rappport ils correspondent aux sulfates.

Les silicates sont très-abondans dans la nature; non seulement on en trouve de *simples*, mais encore, et c'est le plus souvent , de *doubles*, de *triples*, de *quadruples*. Dans les silicates complexes les silicates simples ne sont pas en général au même état de saturation; dans ce cas les bases salifiables les plus foibles sont des sous-silicates ou des silicates. tandis que les plus fortes ou les plus énergiques sont des *bi-* ou des *trisilicates.*

Nous parlerons d'abord des silicates simples et ensuite des silicates complexes; mais par la raison que la plupart des silicates se trouvent dans la nature et n'ont pas encore été produits dans nos laboratoires, nous en parlerons plutôt pour les indiquer que pour les décrire. leur histoire appartenant encore plutôt à la minéralogie qu'à la chimie.

A. *Silicates simples.*

SILICATES D'ALUMINE.

SILICATE D'ALUMINE.

(*Néphéline.*)

Silice 45,75
Alumine . . . . 49,25.

Substances accidentelles.

Chaux. 2
Oxide de fer . . . . 1.

SILICATE D'ALUMINE HYDRATÉ.

(*Triclasite.*)

Silice 46,79
Alumine 26,75
Eau 13,50   ou 1 proportion de sili-
Magnésie 2,97   cate d'alumine, +
Oxide de fer 5,01   3 proportions d'eau.
Oxid. de manganèse 0,43.

BISILICATE D'ALUMINE.

(*Pinite d'Auvergne.*)

Silice 65
Alumine . . . 35.

BI-SOUS-SILICATE D'ALUMINE.

(*Disthène.*)

Silice 32
Alumine . . . 68.

TRI-SOUS-SILICATE D'ALUMINE HYDRATÉ.

(*Collyrite.*)

Silice 13,14
Alumine . . . 42,46
Eau . . . . . . 44,40.

QUADRO-SOUS-SILICATE D'ALUMINE.

(*Cymophane.*)

Silice 19
Alumine . . . 81.

SILICATE DE CÉRIUM HYDRATÉ.

(*Cérite.*)

Silice . . . . 68 ou 1 at. de silicate
Protoxide de cérium . . 20 et 6 at. d'eau.
Eau . . . . 12.

BISILICATE DE CHAUX.

(*Wollastonite. Spath en tables.*)

Silice 55
Chaux . . . . 47.

SILICATES DE CUIVRE.

Il en existe deux qui sont hydratés, savoir:

La *dioptase*, formée, suivant Lo-
witz, de
{ Silice 33
  Oxide de cuivre 35
  Eau . . . . 1.. }

La *kieselmalachite*, de . . . . . {
  Silice 25
  Oxide de cuivre 5.
  Eau . . . . 24. }

SILICATES DE FER.

SILICATE DE DEUTOXIDE DE FER.

(*Péridot de fer.*)

Silice 31
Protoxide de fer . . 69.

TRISILICATE DE PROTOXIDE DE FER HYDRATÉ.

(*Hedenbergite de Tunaberg.*)

Silice 40,62
Protoxide de fer 52,55
Eau 16,05
Carbonate de chaux . . . 4,95
Oxide de manganèse . . . 0.75
Alumine. . . . . 0.52.

SILICATE DE MAGNÉSIE.

(*Chondrodite.*)

Silice 43
Magnésie . . . . 57.

SILICATE DE MAGNÉSIE HYDRATÉ.

(*Serpentine.*)

$$\left. \begin{array}{l} \text{Silice . . . . . } 39 \\ \text{Magnésie . . . } 50 \\ \text{Eau . . . . . . } 11 \end{array} \right\} \begin{array}{l} 1 \text{ prop. de silicate.} \\ 3 \quad\text{—}\quad \text{eau.} \end{array}$$

TRISILICATE DE MAGNÉSIE.

(*Talc.*)

Silice 70
Magnésie . . . . 30.

TRISILICATE DE MAGNÉSIE HYDRATÉ.

(*Magnésite.*)

$$\left. \begin{array}{l} \text{Silice . . . . . } 52 \\ \text{Magnésie . . . } 23 \\ \text{Eau . . . . . . } 25 \end{array} \right\} \begin{array}{l} 1 \text{ prop. de trisilicate.} \\ 5 \quad\text{—}\quad \text{eau.} \end{array}$$

SILICATE DE MANGANÈSE HYDRATÉ.

(*Oxide de manganèse silicifère de Klaproth.*)

Silice 25,89
Protoxide de manganèse . 59,36
Eau . . . . 14,75.

BISILICATE DE MANGANÈSE.

Silice 47
Protoxide de manganèse . . 53.

TRI-SOUS-SILICATE DE MANGANÈSE.

Silice 16
Tritoxide de manganèse. . . 84.

SÉSILICATE DE NICKEL HYDRATÉ.

(*Pimélite.*)

Silice 43
Protoxide de nickel 17
Eau . . . . 40.

SILICATE DE ZINC HYDRATÉ.

(*Calamine.*)

Silice 26,23
Oxide de zinc 66,37 $=\Big\{$ 1 prop. de silicate.
Eau . . . . . . 7,40 $\Big\}$ 3 — eau.

SILICATE DE ZIRCONE.

(*Zircone.*)

Vauquelin.

Silice 31
Zircone . . . . 66.

SILICATE D'YTTRIA.

(*Gadolinite.*)

Silice 28
Yttria . . . . 72.

SILICATES DOUBLES.

2 prop. de bisilicate d'alumine et 1 prop. de quadrosilicate de glucine.

Émeraude.

Bisilicate d'alumine 52
Quadrosilicate de glucine . . 48.

2 prop. de silicate d'alumine +- 1 prop. de silicate de glucine.

Euclase.

Silicate d'alumine 61
Silicate de glucine . . . . . . 39.

Grenats.

Ils sont composés de 2 prop. de silicate d'alumine ou de peroxide de fer +- 1 prop. de silicate d'une autre base.

2 prop. de silicate d'alumine + 1 prop. de silicate de protoxide de fer.

Grenat de fer almandin.

Silicate d'alumine 39
Silicate de fer . . . . 61.

2 *prop. de silicate d'alumine* —— 1 *prop. de silicate de protoxide de manganèse.*

Grenat de manganèse.

Silicate d'alumine 59
Silicate de manganèse. . . . 61.

2 *prop. de silicate d'alumine* —— 1 *prop. de silicate de chaux.*

Grenat de chaux grossulaire.

Silicate d'alumine 43
Silicate de chaux . . . . . . 57.

2 *prop. de silicate de peroxide de fer* —— 1 *prop. de silicate de chaux.*

Grenat mélanite.

Silicate de peroxide de fer . 49
Silicate de chaux . . . . . . 51.

Les minéraux appelés *helvine* et *idocrase* ont une composition analogue à celle des grenats.

L'espèce *axinite* des minéralogistes renferme plusieurs silicates doubles d'alumine, et chacun de ces silicates doubles porte le nom d'axinite et celui de la base du silicate, uni au silicate d'alumine ; ainsi il y a un axinite de chaux, un axinite de fer et un axinite de manganèse.

4 *prop. de silicate d'alumine*, 1 *prop. de bisilicate de chaux.*

Prehnite.

Silicate d'alumine 52
Bisilicate de chaux . . . . . 48.

4 *prop. de silicate d'alumine* —— 1 *prop. de silicate de manganèse* —— 12 *prop. d'eau.*

Carpholite.

Silice 56,15
Alumine 28,67
Oxide de manganèse . . . 19,16
Oxide de fer 2,29
Chaux. 0,27
Acide fluorique 1,45
Eau . . . . 10,78.

L'épidote des minéralogistes renferme plusieurs espèces ; chacune d'elles contient 4 prop. de silicate d'alumine + 1 prop. d'un silicate ; telles sont :

L'épidote calcaire ou le zoïsite.

L'épidote de *fer* uni à l'épidote calcaire ou le thallite.

6 prop. de silicate d'alumine + 1 prop. de silicate de chaux.

Wernerite.

Silicate d'alumine 69
Silicate de chaux . . . . . . 31.

6 prop. de silicate d'alumine + 1 prop. de silicate de soude.

Lapis.

Silicate d'alumine 68
Silicate de soude . . . . 32.

La sodalite paroît avoir beaucoup d'analogie avec le lapis.

2 prop. de silicate d'alumine + 1 prop. de trisilicate de potasse.

Haüyne.

6 prop. de silicate d'alumine + 1 prop. de silicate de chaux + 15 prop. d'eau.

Thomsonite.

Silicate d'alumine 60
Silicate de chaux 27
Eau . . . . 13.

6 prop. de bisilicate d'alumine + 1 prop. de bisilicate de potasse.

Amphigène.

Bisilicate d'alumine 65
Bisilicate de potasse . . . . . 35.

6 prop. de bisilicate d'alumine + 1 prop. de bisilicate de soude + 14 prop. d'eau.

Analcime.

Bisilicate d'alumine 62
Bisilicate de soude 27
Eau . . . . 11.

2 prop. de silicate d'alumine ╾ 1 prop. de trisilicate de chaux ╾ 6 prop. d'eau.

Scolisite.

Silicate d'alumine 49
Trisilicate de chaux 38
Eau. . . . . 13.

2 prop. de bisilicate d'alumine ╾ 1 prop. de trisilicate de soude ╾ 4 prop. d'eau.

Mésotype.

Bisilicate d'alumine 51
Trisilicate de soude 40
Eau. . . . . 9.

2 prop. de bisilicate d'alumine ╾ 1 prop. de trisilicate de chaux ╾ 12 prop. d'eau.

Chabasie.

Bisilicate d'alumine 53
Trisilicate de chaux 28
Eau. . . . . 19.

3 prop. de bisilicate d'alumine ╾ 1 prop. de trisilicate de lithine.

Triphane.

Bisilicate d'alumine 69
Trisilicate de lithine. . . . . 31.

2 prop. de bisilicate de peroxide de fer ╾ 1 prop. de trisilicate de potasse.

Achmite.

Bisilicate de fer 69
Trisilicate de potasse . . . . 31.

2 prop. de trisilicate d'alumine ╾ 1 prop. de trisilicate de chaux ╾ 12 prop. d'eau.

Stilbite.

Trisilicate d'alumine 60
Trisilicate de chaux 23
Eau. . . . . 17.

Le feldspath des minéralogistes renferme plusieurs espèces,
dont chacune contient 2 prop. de trisilicate d'alumine ---
1 prop. d'atome de trisilicate alcalin.

1.° Feldspath de potasse ;

2.° Feldspath de soude, *albite;*

5.° Feldspath de chaux, *indianite.*

2 prop. de trisilicate d'alumine --- 6 de sésilicate de lithine.

Pétalite.

Trisilicate d'alumine 63

Sésilicate de lithine . . . . . 37.

8 prop. de bisilicate d'alumine --- de quadrosilicate de baryte ---
42 prop. d'eau.

Harmotome.

Bisilicate d'alumine 49

Quadrosilicate de baryte. . . 55

Eau . . . . 16.

8 prop. de bisilicate d'alumine --- 1 prop. de bisilicate de chaux
--- 96 prop. d'eau.

Laumonite.

Bisilicate d'alumine 63

Bisilicate de chaux 20

Eau . . . . 17.

8 prop. de silicate d'alumine --- 1 prop. de bisilicate de magnésie.

Cordiérite.

Silicate d'alumine 72

Bisilicate de magnésie. . . . 28.

6 prop. de bi-sous-silicate d'alumine --- bi-sous-silicate de protoxide
de fer.

Staurotide.

Bi-sous-silicate d'alumine . . 78

Bi-sous-silicate de prot. de fer 22.

La *tourmaline* et les micas des minéralogistes se composent
de plusieurs espèces de doubles silicates d'alumine, qui n'ont
point encore été parfaitement déterminées.

*6 prop. de bi-sous-silicate d'alumine ⊹ 1 prop. de trisilicate
de potasse.*

Andalousite.

Bi-sous-silicate d'alumine . .   83
Trisilicate de potasse . . . .   17.

Le *diallage* paroît être formé de 3 prop. de bisilicate de
magnésie ⊹ 1 prop. de bisilicate de protoxide de fer.

Le *pyroxène* contient plusieurs espèces qui ne sont pas encore bien déterminées ; ces espèces paroissent être formées de
deux *bisilicates*, dont les proportions sont entre elles :: 1 : 1,

1.° Pyroxène calcaréo - magnésien.

(*Sahlite et diopside.*)

2.° Pyroxène calcaréo - ferrugineux.

(*Hedenbergite.*)

3.° Pyroxène ferro - manganésien.

(*Pyrosmalite.*)

L'*amphibole* des minéralogistes comprend plusieurs espèces,
dont chacune est formée de proportions égales de trisilicate
et de bisilicate.

1.° Amphibole calcaréo - magnésien.

(*Trémolite.*)

2.° Amphibole calcaréo - ferrugineux.

(*Actinote.*)

Dans l'amphibole hornblende la silice est remplacée par
l'alumine ; on a donc un trialuminate de chaux uni à un alu-
minate de protoxide de fer.

Silicate de chaux ⊹ 4 silicate de protoxide de fer.

Ilvaïte.

Silicate de protoxide de fer .   82
Silicate de chaux . . . . . .   18.

Silicate de cérium +silicate de protoxide de fer.

Allanite.

Silicate de cérium. 58
Silicate de fer . . , ... 42.

8 Trisilicate de chaux + 1 sésilicate de potasse + 32 eau.

Apophyllite.

Trisilicate de chaux 65
Sésilicate de potasse 20
Eau. . . . . 15.

(Ch.)

SILICE. (*Chim.*) C'est le silicium saturé d'oxigène. Voyez Silicium. (Ch.)

SILICIA. (*Bot.*) Suivant Adanson, ce nom est donné par Pline au fenu-grec, *trigonella.* (J.)

SILICICALCE. (*Min.*) De Saussure a donné ce nom, beaucoup trop long et trop significatif, à une pierre qui réunit aux caractères des silex, tirés de la cassure conchoïde et de la dureté, ceux qui résultent de la présence de la chaux carbonatée. Il est difficile d'établir une limite entre ce silex et le calcaire siliceux; on a cherché cependant à le faire à l'article Silex. Voyez Silex calcifère, et Calcaire siliceux, tom. VIII, pag. 305. (B.)

SILICIQUE [Acide]. (*Chim.*) C'est le silicium saturé d'oxigène, ou la silice. On en a fait un acide d'après la considération de ses nombreuses combinaisons avec les bases salifiables. Voyez Silicium. (Ch.)

SILICIUM. (*Chim.*) Corps simple qui produit la silice lorsqu'il est saturé d'oxigène. D'après l'analogie de la silice avec les bases salifiables appelées terres, on avoit rangé provisoirement le silicium dans la première section des métaux (voyez Corps, t. X, p. 513); aujourd'hui, que M. Berzelius l'a étudié, on doit ranger ce corps auprès du bore et du carbone.

Propriétés physiques.

Le silicium est d'un brun de noisette sombre, dépourvu du brillant métallique, lors même qu'on le frotte avec un polissoir d'acier.

Il paroît infusible ou au moins il se range parmi les corps les plus difficiles à fondre.

Le silicium tache les vases de verre dans lesquels on le conserve, et adhère fortement à leurs parois.

Le silicium n'est pas conducteur de l'électricité.

Il ne prend pas feu lorsqu'on le chauffe dans l'air et même dans l'oxigène.

Le silicium, chauffé dans le chlore, prend feu et continue à brûler; il en résulte un composé liquide, qu'on peut appeler acide chloro-silicique.

Le silicium, chauffé au rouge dans la vapeur de soufre, ne brûle pas.

M. Berzelius a essayé en vain d'unir le silicium avec le phosphore, en faisant passer la vapeur de ce corps sur le premier, qui étoit chauffé au rouge.

On ignore l'action du silicium sur l'iode, l'azote, le sélénium, l'arsenic, le bore, le carbone, le molybdène, le chrome.

Il se combine difficilement aux métaux; parmi ceux-ci on ne connoît guère que les combinaisons qu'il forme avec le platine et le potassium.

Le silicium se combine à l'hydrogène dans certaines circonstances.

Il n'éprouve aucun changement de la part de l'eau, de l'acide hydrophtorique, de l'acide hydrochlorique, de l'acide nitrique, de l'acide sulfurique, de l'eau régale. Il est dissous à froid et avec rapidité par un mélange d'acide nitrique et d'acide hydrophtorique; il se dégage du gaz nitreux par la raison que l'hydrogène de l'acide hydrophtorique forme de l'eau avec une portion de l'oxigène de l'acide nitrique, tandis que le phtore se porte sur le silicium.

Le silicium détone en dégageant de la lumière, lorsqu'on le chauffe avec la potasse ou la soude hydratée. L'action a lieu au-dessous du rouge. Il y a dégagement d'hydrogène; les hydrates de baryte et de chaux se comportent comme les précédens, si ce n'est que l'émission de la lumière est moins considérable.

Le chlorate de potasse, projeté sur le silicium rouge de feu, ne le fait pas détoner. Il en est de même du nitrate de potasse, si le silicium n'est pas chauffé au rouge blanc; cela tient à ce que l'affinité de la potasse pour la silice a une grande influence sur la combustion du silicium, de sorte que cette combustion ne s'effectue qu'à la température où le nitrate de potasse est devenu alcalin.

Ce que nous disons est si vrai, que le silicium brûle très-facilement, avec une vive inflammation, lorsqu'on le chauffe avec du sous-carbonate de potasse ou du sous-carbonate de soude. Dans ce cas une partie de l'acide carbonique est réduite en oxide de carbone, tandis que l'autre l'est en carbone. Volumes égaux de silicium et de sous-carbonate brûlent aussi à une température inférieure à celle de la chaleur rouge.

Lorsqu'on chauffe au rouge du silicium avec du nitre, et qu'il n'y a pas d'action, on déterminera une vive détonation accompagnée de lumière, si on ajoute aux corps un peu de sous-carbonate de soude sec.

État.

Le silicium n'existe dans la nature qu'à l'état de corps brûlé.

Préparation.

On prend du phtoro-silicate de potasse ou de soude (ou fluate silicé de potasse ou de soude), réduit en poudre et séché au-dessus de 100^d. On met une couche de potassium dans un tube de verre fermé à un bout; on la recouvre d'une couche de phtoro-silicate, et ainsi de suite. On échauffe toute la masse en même temps : avant la chaleur rouge le silicium est mis à nu, son phtore s'unit au potassium; il ne se dégage point de gaz quand on opère avec des matières bien sèches. On délaie le résultat de l'opération dans beaucoup d'eau froide; on décante le liquide; quand on a ainsi enlevé la plus grande partie de la potasse libre, on fait bouillir le résidu avec de l'eau jusqu'à ce que le lavage évaporé ne laisse pas de matière fixe. Le silicium, ainsi obtenu, contient de l'hydrogène et de la silice. On le fait sécher, puis on le chauffe presque au rouge; après qu'il a été tenu pendant quelque temps à cette température, on pousse la chaleur jusqu'au rouge. Si le silicium s'enflammoit, on couvriroit le creuset et on diminueroit la chaleur : dans cet état le silicium ne contient plus d'hydrogène, il n'est plus combustible ni soluble dans les acides simples : on peut donc, en le traitant par l'acide hydrophtorique, lui enlever la silice qu'il contient. S'il étoit uni à du fer ou à du manganèse, il seroit dissous avec dégagement d'hydrogène. On lave le silicium et on le fait sécher.

On peut encore se procurer le silicium par le procédé suivant : on introduit dans une cornue de 10 pouces cubes de capacité, un petit vase de porcelaine sur lequel on place un morceau de potassium de la grosseur d'une grosse noisette. On fait rapidement le vide dans la cornue, puis on la met en communication avec un réservoir de gaz phtoro-silicique qui repose sur le mercure. On chauffe le potassium avec une lampe à alcool. Ce métal blanchit d'abord, passe au brun et enfin au noir ; il brûle avec une flamme rouge-foncé, volumineuse, sans intensité. Aussitôt la combustion achevée, on fait le vide et on laisse la matière se refroidir. On la retire ensuite de la cornue, on la jette dans l'eau ; il se dégage de l'hydrogène. L'eau dissout du phtorure de potassium : on décante la liqueur ; on remet de l'eau sur le résidu ; enfin, quand il ne se dégage plus d'hydrogène, on lave le silicium à l'eau bouillante, et on ne cesse les lavages qu'à l'époque où ils ne sont plus acides. On chauffe ensuite le silicium dans un creuset long-temps à la chaleur obscure, puis à la chaleur rouge. Enfin, il ne s'agit plus que de le traiter par l'acide hydrophtorique, pour le priver de silice.

Histoire.

MM. Gay-Lussac et Thénard firent les premiers réagir le potassium sur le gaz phtoro-silicique ; mais il ne séparèrent pas à l'état de pureté le silicium qu'ils obtinrent certainement dans leur expérience. Sir H. Davy réduisit ensuite la silice au moyen du potassium, mais il ne put obtenir une assez grande quantité de silicium pour en constater les propriétés. Ce fut M. Berzelius qui les fit connoître en 1824, après avoir préparé ce corps par les deux procédés que nous avons décrits.

Combinaisons du silicium avec plusieurs corps simples.

OXIDE DE SILICIUM.

Silice, Acide silicique.

Composition.

Berzelius.

Oxigène 51,975 108,22
Silicium. .... 48,025 .... 100,00.

Préparation.

On prend 1 p. d'une pierre quarzeuse ou de sable siliceux ; on la réduit en poudre fine dans un mortier de silex ; on la met dans un creuset d'argent avec 3 p. d'hydrate de potasse et une quantité d'eau suffisante pour humecter le mélange. On place le creuset découvert entre quelques charbons ; on chauffe doucement pour sécher la matière, puis on élève la température peu à peu jusqu'à en opérer la fusion. Quand on est arrivé à ce point, on maintient la chaleur pendant dix minutes, puis on laisse refroidir le creuset, et ensuite on y introduit de l'eau pour dissoudre ou au moins délayer le sous-silicate de potasse qu'on a formé. On verse la solution dans une capsule de porcelaine, et on ajoute de l'eau de manière que celle-ci soit de 80 à 100 fois le poids de la substance siliceuse. On y verse de l'acide hydrochlorique en excès, afin de tout dissoudre ; on fait évaporer la liqueur à siccité ; on ajoute de l'eau acidulée sur le résidu ; on laisse déposer la silice qui n'est pas dissoute ; on décante la liqueur ; on réitère ainsi le lavage par décantation ; enfin, on jette la silice sur un filtre, où on la lave jusqu'à ce que l'eau ne trouble plus le nitrate d'argent. La filtration ne se fait bien qu'autant que l'évaporation du sous-silicate de potasse sursaturée d'acide hydrochlorique a été poussée assez loin pour que la silice ait pris la forme pulvérulente ; car, si cette substance restoit gélatineuse, l'eau filtreroit difficilement.

Propriétés.

La silice préparée par ce procédé est en poudre blanche, rude au toucher : elle paroit formée de petites lames cristallines transparentes.

Kirwan lui assigne une densité de 2.66.

La silice se trouve cristallisée dans la nature, car l'analyse n'a rien trouvé d'étranger à cette substance dans le cristal de roche incolore.

Sa forme primitive est un rhomboèdre un peu obtus.

Quand les cristaux de roche sont colorés, ils doivent presque toujours cette propriété à des oxides de fer ou de manganèse.

La silice est une des substances les moins fusibles qu'on connoisse. Lavoisier et Guyton n'ont pu la fondre à un feu de charbon alimenté par l'oxigène. De Saussure dit en avoir fondu un atome au feu du chalumeau. Enfin, M. Vauquelin en a trouvé de très-pure dans des matières qui s'étoient sublimées dans des cheminées de fourneaux où l'on fondoit des mines de fer.

La silice est soluble dans l'eau, mais en si petite proportion qu'elle passe pour y être insoluble. Ce qu'on peut assurer, c'est que l'eau n'en dissout pas $\frac{1}{1000}$ de son poids, comme l'a prétendu Kirwan. Si des eaux naturelles contiennent une proportion de silice plus forte que celle dont nous parlons, c'est qu'il y existe des corps qui en augmentent la solubilité.

La silice en poudre ne s'unit pas à l'eau; elle n'agit sur elle que comme corps poreux. 100 p. de silice bien sèche peuvent absorber, dans une atmosphère humide, de 15 à 20 p. de vapeur d'eau.

Lorsque la silice vient a se séparer lentement d'une dissolution, par exemple de celle du sous-silicate de potasse ou de soude qu'on a concentrée doucement sur le feu, puis qu'on a abandonnée a elle-même, elle se prend en une gelée demitransparente, qui retient entre ses parties toute la liqueur d'où elle s'est séparée. Il suffit d'exposer cette gelée à une très-douce chaleur et même à un air sec, pour que la silice devienne opaque en perdant la plus grande partie de l'eau interposée qui la rendoit gélatineuse. Cette gelée ne peut être considérée comme un hydrate.

La silice chauffée au rouge ne retient pas d'eau.

Le chlore, l'iode, l'azote, le soufre, le sélénium, l'arsenic, le phosphore, le bore, n'ont pas d'action sur elle.

Les acides du chlore, de l'iode, de l'azote, du soufre, du sélénium, de l'arsenic, du carbone, n'ont aucune action bien sensible sur la silice pulvérulente; mais quand on sature une dissolution alcaline de silice très-étendue d'eau par un excès de ces acides (excepté l'acide carbonique), la silice reste en dissolution dans l'excès d'acide. Si la liqueur étoit assez concentrée pour qu'il s'y produisit des flocons gélatineux de silice, ceux-ci ne seroient pas dissous par un excès d'acide précipitant.

L'acide borique, l'acide phosphorique, chauffés avec la silice, forment des espèces de verres qui résistent d'autant plus à l'action de l'air humide qu'ils contiennent une plus forte proportion de silice.

Dès que l'acide hydrophtorique est en contact avec la silice, il se produit de l'eau et du gaz phtoro-silicique qui se dégage.

Telle est l'action de la silice sur les acides: on voit qu'elle n'a aucun des caractères des bases salifiables; car, outre qu'elle ne se dissout dans la plupart des acides que quand elle est très-divisée, elle n'eu neutralise pas les propriétés caractéristiques. Il n'en est pas de même de l'action qu'elle exerce sur les bases salifiables; elle est telle qu'on peut considérer cette substance avec MM. Smitson, Tennant et Berzelius, comme un véritable acide, et appeler, en conséquence, les combinaisons qu'elle forme avec les bases salifiables des *silicates.*

La silice peut se combiner avec les bases salifiables, 1.° par la voie des doubles affinités en versant une solution de sous-silicate de potasse ou de soude dans des solutions de sels dont les bases forment des silicates insolubles, ou plus simplement en versant un silicate dans les solutions aqueuses de ces bases quand elles sont solubles; 2.° en exposant la silice et les bases salifiables qu'on veut y combiner à l'action d'une température plus ou moins élevée.

Silice et Potasse.

Si l'on chauffe jusqu'à la fusion, dans un creuset d'argent, 3 p. d'hydrate de potasse avec 1 p. de silice, on obtient un liquide parfaitement limpide, qui, par le refroidissement, se prend en un verre déliquescent. C'est cette substance liquéfiée par l'eau qu'elle a absorbée à l'atmosphère, qui a été appelé par les anciens *liqueur de cailloux.*

Seigling, ayant abandonné de la liqueur de cailloux très-étendue d'eau dans son laboratoire, observa au bout de huit ans qu'il s'y étoit formé des cristaux en pyramides tétraèdres, que Tromsdorf reconnut être de la silice. A ce sujet je ferai remarquer qu'une personne m'ayant apporté des cristaux qui s'étoient formés à peu près dans les mêmes circonstances, je trouvai qu'ils n'étoient autre chose que du sulfate de potasse. Ce sel provenoit de la potasse avec laquelle la silice avoit été fondue.

L'eau de potasse concentrée, tenue en ébullition sur la silice très-divisée, en dissout une quantité notable.

Si l'on chauffe 3 p. de silice avec ½ p. d'hydrate de potasse, on obtient un verre transparent qui ne tombe point en déliquescence à l'air, quoiqu'il ait la propriété hygrométrique qu'on reconnoit à tous les verres.

Ce composé, comme ces derniers, bouilli avec l'eau, cède à ce liquide un sous-silicate de potasse; conséquemment le résidu contient une proportion de silice plus forte que le verre n'en contenoit avant d'avoir été soumis à l'action de l'eau bouillante. Ce résultat, que Schéele et Lavoisier ont reconnu depuis long-temps, s'est présenté de nouveau à mon observation, lorsque je cherchois à obtenir de l'eau distillée absolument pure; j'ai vu qu'il suffit de concentrer ce liquide dans une cornue de verre à base de potasse pour qu'il dissolve du sous-silicate de potasse.

On conçoit, d'après cela, comment les vases de verre se dépolissent si promptement quand ils renferment de l'eau de potasse.

Silice et Soude.

La soude se comporte avec la silice comme elle le fait avec la potasse, avec cette différence, que les verres à base de soude sont moins fusibles et moins déliquescens que le sont les verres à base de potasse.

Silice et Baryte.

L'eau de baryte versée dans du sous-silicate de potasse, en précipite un silicate de baryte.

1 p. de silice et 5 p. de baryte, chauffées ensemble, se fondent. La combinaison traitée par l'eau se réduit en eau de

baryte retenant de la silice, ou peut-être en un sous-silicate de baryte, et en un résidu de silicate de baryte.

1 p. de silice et 5 p. de baryte se réduisent, à une température de 150ᵈ en une matière poreuse porcelanisée.

1 p. de silice et 1 p. de baryte ne fondent pas à une température rouge.

Silice et Strontiane.

Ces deux substances offrent des phénomènes analogues à ceux que présentent la silice et la baryte.

Silice et Chaux.

Stuke a observé que la chaux précipite la silice de la liqueur de cailloux en s'unissant avec elle.

Parties égales de silice et de chaux se fondent en un verre qui est rarement transparent.

Silice et Magnésie.

Suivant Lavoisier, on ne peut fondre qu'imparfaitement un mélange de silice et de magnésie à parties égales.

Silice et Alumine.

Quand on mêle des volumes égaux de liqueur de cailloux et d'une solution concentrée d'alumine dans la potasse, le mélange se prend en gelée. Ce phénomène est dû à la précipitation d'un silicate d'alumine uni peut-être à du silicate de potasse qui retient entre ses particules toute la matière qui conserve l'état liquide.

La silice et l'alumine sont les bases de la plupart des poteries, depuis la plus grossière jusqu'à la porcelaine. (Voyez l'article Argile de ce Dictionnaire.)

Histoire.

Pott distingua, le premier, sous le nom de *terres siliceuses*, les quarz, les sables, les agates, la calcédoine, etc., que l'on appeloit *pierres* ou *terres vitrifiables*, parce qu'elles forment du verre quand on les chauffe avec la potasse ou la soude. Pott les appela *siliceuses*, parce qu'elles contenoient, suivant lui, une terre particulière appelée silice. La silice étoit connue de Glauber; Geoffroy pensa qu'on pouvoit la convertir en chaux, et Pott et Baumé, en alumine. Cartheuser, Schéele et Bergmann prouvèrent que cette opinion est erronnée.

Bergmann publia une excellente dissertation sur la silice, dans laquelle il décrivit ses propriétés, ainsi que les procédés propres à la préparer à l'état de pureté.

Schéele et Priestley firent connoître l'action de l'acide fluorique sur la silice. Enfin M. Berzelius en sépara le silicium, et il prépara une quantité suffisante de ce corps pour déterminer toutes les propriétés principales qui le caractérisent.

Chlorure de Silicium.

Préparation.

On chauffe le silicium au milieu du chlore. Les corps s'unissent en dégageant de la lumière. Le chlorure de silicium se condense en un liquide qui est jaunâtre, s'il contient un excès de chlore, et qui est incolore dans le cas contraire.

Propriétés.

Le chlorure de silicium est incolore, très-fluide; il se réduit presque instantanément, lorsqu'on l'expose à l'air libre, en fumées blanches. Il reste un peu de silice.

Il a une forte odeur, qui rappelle celle du cyanogène.

Il surnage sur l'eau, mais par l'agitation il s'y dissout. Quelquefois il se sépare un peu de silice.

Une goutte d'eau jetée sur une goutte de chlorure de silicium est bientôt enveloppée par ce dernier. De la silice apparoît sous forme de gelée.

Le chlorure de silicium semble avoir plus d'analogie avec les acides qu'avec les corps neutres. Sous ce rapport il mériteroit de porter le nom d'acide chloro-silicique. Ce qu'il y a de certain, c'est qu'il rougit la teinture de tournesol.

A froid, le potassium n'a pas d'action sur lui; mais si on chauffe le métal dans la vapeur du chlorure; la combinaison des corps s'opère avec émission de lumière.

Phtore et Silicium.

Voyez Phtoro-silicique (acide).

Sulfure de silicium.

Préparation.

Si l'on chauffe du siliciure d'hydrogène dans la vapeur de soufre, il y a émission de lumière et formation d'un sulfure de silicium ; celui-ci est sous la forme d'une scorie qui est souvent mélangée de silice, au moins quand on n'a pas opéré la combinaison dans un vaisseau préalablement vidé d'air.

Propriétés.

Quand le silicium est saturé de soufre, il est blanc, semblable à une terre.

Jeté dans l'eau, il s'y dissout instantanément avec production d'acide hydrosulfurique et de silice. Il est remarquable que si l'on n'emploie qu'une très-petite quantité d'eau, on obtient une liqueur tellement chargée de silice qu'en la concentrant légèrement elle se prend en gelée.

Le sulfure de silicium, exposé à l'air humide, répand une odeur d'acide hydrosulfurique, et a bientôt perdu tout son soufre.

Il ne s'altère pas ou que très-lentement, si on le conserve dans l'air sec.

Chauffé au rouge avec le contact de l'air, il se réduit en acide sulfureux et en silice.

Siliciure d'hydrogène.

M. Berzelius présume que le silicium qui s'enflamme dans l'air et qu'on obtient dans la préparation de ce corps, doit son inflammabilité à de l'hydrogène auquel il est combiné : ce qu'il y a de certain, c'est qu'en le brûlant dans des vases parfaitement desséchés, on obtient de la vapeur d'eau, et en l'exposant à la chaleur, il perd sa combustibilité. M. Berzelius pense que, si le silicium brûle quand il est uni à l'hydrogène, cela est dû à ce que la chaleur dégagée par la combustion de l'hydrogène est suffisante pour embraser le silicium ou plutôt une portion de ce corps; car il ne brûle jamais entièrement, par la raison que la silice formée préserve une certaine quantité de silicium du contact de l'air, et qu'en outre l'hydrogène n'est uni au silicium qu'en une foible proportion.

Siliciure de platine.

·On sait qu'on obtient du platine siliciuré en chauffant du potassium et de la silice avec du platine.

Siliciure de potassium.

Le potassium s'unit au silicium à une température élevée. ·On peut obtenir deux combinaisons.

1.° Celle qui contient le plus de potassium : elle est d'un brun-gris foncé, entièrement soluble dans l'eau.

2.° Celle qui en contient le moins, peut s'obtenir en exposant la précédente à une température très-élevée. (Ch.)

SILICULE. (*Bot.*) Voyez Silique. (Mass.)

SILIGO. (*Bot.*) On trouve dans C. Bauhin ce nom ancien cité comme synonyme du froment, du seigle, et même du maïs, qui est le *siligo turcica*. (J.)

SILINIANG. (*Bot.*) Dans le petit herbier de plantes de Pékin, cueillies par le P. d'Incarville, jésuite, on trouve sous ce nom le chalef ou olivier de Bohème, *elæagnus*. (J.)

SILIQUA. (*Bot.*) Ce nom latin, cité par Prosper Alpin et par Belon pour le caroubier, adopté d'abord par Tournefort, a été changé ensuite par Linnæus en celui de *ceratonia*, dérivé du nom grec *ceratia*. La casse des boutiques, *cassia fistula*, est aussi nommée *siliqua* par Lobel et Daléchamps, ainsi que le gaînier et le tamarin par C. Bauhin. (J.)

SILIQUAIRE, *Siliquaria*. (*Malacoz.*) Genre de coquilles tubuleuses, cricostomes, établi par Bruguière, adopté par MM. de Lamarck, Bosc, Cuvier, etc., et tous les zoologistes vivans, pour un certain nombre d'espèces, que Linné et tous les auteurs qui ont admis son système, confondoient avec les serpules, comme l'avoient fait avant eux tous les conchyliologistes, si ce n'est toutefois Guettard, qui en faisoit un genre sous le nom de Tenagode. Cependant Bruguière et M. de Lamarck, ainsi que tous les naturalistes qui ont adopté ce genre, l'ont placé auprès des serpules, dont ils paroissent ne le distinguer que par l'existence d'une fissure médio-dorsale. Cela se conçoit, en voyant que dans le genre Serpule M. de Lamarck lui-même place un assez grand nombre de vermets; mais en en retirant ceux-ci, comme cela est aisé, quand on a bien défini les serpules, il est évident que les siliquaires doi-

vent suivre le sort des vermets et passer avec eux dans la classe
des mollusques, à côté des cyclostomes et des scalaires, etc.
C'est ce qu'a exécuté le premier M. de Blainville dans le
Genera, qui fait suite à l'article MOLLUSQUES. M. de Savigny
avoit également douté que ce genre dût rester parmi les chétopodes ou annelides.

Lorsqu'on étudie avec soin une coquille de siliquaire et qu'on
la compare alternativement avec celle des vermets et avec le
tube de la serpule la moins adhérente, on reconnoît aisément
qu'elle offre tous les caractéres de la première et aucun de
ceux du second. Elle n'est jamais adhérente dans aucune partie
de son étendue. Son sommet, bien fermé, est toujours plus
ou moins régulièrement spiré comme dans les vermets. Sa
cavité est souvent partagée en arrière par des cloisons adhérentes, plus ou moins serrées, en forme de calotte de montre,
comme cela a également lieu dans les vermets et jamais dans
les serpules. On trouve même que les siliquaires sont toujours légèrement épidermées et même un peu colorées en
jaune roussàtre ; ce qui n'a jamais lieu pour les serpules, dont
le tube est une excrétion complète et n'est pas, comme une
coquille, contenue entre le derme et le pigmentum épidermé.
Malheureusement on ne connoît pas l'animal des siliquaires,
et l'on n'a pas même encore observé d'opercule qui ferme-
roit l'orifice de la coquille, comme il y en a constamment dans
les vermets. Malgré cela, pour les personnes qui auront
égard aux considérations qui viennent d'être exposées, ainsi
qu'à la description des genres Siliquaire et Vermet, il est
probable qu'il leur restera peu de doutes. Dans cette nouvelle
manière de voir, voici comment on peut caractériser ce
genre : Coquille fort mince, conique, tubuleuse, à coupe
complétement circulaire, enroulée en spire làche et irréguliére, si ce n'est au sommet, souvent assez régulièrement
spiré et cloisonné ; ouverture ronde, à péristome continu,
tranchant, fendu dans la ligne médio-dorsale par une échancrure prolongée en fissure dans presque toute la longueur
de la coquille et quelquefois arrêtée brusquement à quelque
distance du sommet.

Nous avons déjà fait observer que l'on ne connoît absolument rien de l'animal de la siliquaire, ce qu'en dit Denys

de Montfort d'un corps annelé, d'une tête pourvue de bras simples, multipliés, capteurs par le simple contact, d'un bec qui arme la bouche, d'un manteau qui sort par la fissure, étant indubitablement de son imagination. L'existence de la fissure médio-dorsale de la coquille porte à penser que la cavité branchiale est un peu comme dans les émarginules, et non pas, comme le suppose M. de Lamarck, seulement sur un côté; ce qui seroit une chose fort anomale, surtout même pour les serpules, dont le système respiratoire est toujours parfaitement pair. Quant à cette fissure, elle varie beaucoup pour sa largeur, sa forme simple ou renflée d'espace en espace; ce qui la rend comme articulée, au point que quelquefois ce n'est qu'une série de trous, un peu comme dans les haliotides.

Toutes les siliquaires connues viennent des mers de l'Inde. Les stries d'accroissement sont toujours fort visibles; ce qui les rend rugueuses en dehors; mais en dedans elles sont toujours fort lisses.

M. de Lamarck en caractérise quatre espèces vivantes; ce sont :

La Siliquaire anguine : *S. anguina*; *Serpula anguina*, Linn., Gmel., p. 3743, n.º 15; Born, *Mus.*, p. 440, tab. 18, fig. 15. Coquille épaisse, à coupe circulaire, mutique, fortement ridée en travers, légèrement sillonnée dans sa longueur, enroulée en spirale régulière, cylindrique à son sommet et très-variable dans les inflexions et la longueur de la partie antérieure; fissure égale et terminée bien avant le sommet. Couleur d'un blanc roussâtre.

Des mers de l'Inde.

C'est l'espèce la plus commune dans les collections.

J'ai observé dans la collection du prince d'Esling un grand nombre de beaux échantillons de siliquaires, entre autres ceux qui proviennent du cabinet de M. de Lamarck, et il m'a semblé qu'il y avoit des variations infinies sur la forme et l'étendue de la partie régulièrement spirée, sur la longueur de celle qui n'est que flexueuse, sur le diamètre de l'ouverture, sur le plus ou moins de rugosité produite par les stries d'accroissement, de manière que l'on pourroit multiplier les espèces dans ce genre avec la plus grande facilité.

En effet, Guettard porte le nombre de ses espèces de Tenagode à six, dont deux, il est vrai, sont fossiles; mais je suis
bien éloigné de penser qu'elles soient réellement distinctes.

La Siliquaire muriquée : *S. muricata; Serpula muricata*, Born,
Mus., p. 440, tab. 18, fig. 16. Première espéce de Tenagode de
Guettard. Coquille tubuleuse, angulaire, tortillée d'une manière assez irréguliére, plus ou moins hérissée par des séries
d'écailles voûtées le long des côtes longitudinales dont elle
est pourvue. Couleur d'un blanc rougeâtre, quelquefois d'un
violet rosé.

De la mer des Indes.

La S. lactée; *S. lactea*, de Lamk., Anim. sans vert., t. 5,
pag. 338, n.° 5. Coquille assez petite, irrégulièrement contournée, semi-transparente, blanche, très-lisse, avec la fissure inarticulée.

Rapportée des mers de l'Australasie par MM. Péron et Lesueur.

La S. lisse; *S. lævigata*, de Lamk., *ibid.*, n.° 3; Chemn.,
Conch., 1, tab. 2, fig. 13, *C?* Coquille à coupe circulaire,
lâchement enroulée, à côtes obsolètes et à fissure articulée.
Couleur blanche.

Patrie inconnue.

La S. écailleuse, *S. squamata*. Coquille tubuleuse, grêle,
très-longue, à stries d'accroissement peu distinctes, à sillons
longitudinaux, au contraire, très-marqués et hérissés d'écailles
voûtées, surtout en arrière, avant la partie spirée; fissure
subarticulée ou renflée d'espace en espace, et se prolongeant
jusqu'à la pointe de la spire, qui est conique : couleur roussàtre dans cette partie et violacée dans le reste.

J'ai vu un bel individu de cette espéce dans la collection
du prince d'Esling, provenant de celle de Mme Juliani. On
ignoroit sa patrie. J'ai pu la comparer avec la S. muriquée
de M. de Lamarck, qui existe dans la même collection, portant encore l'étiquette écrite de la main de ce savant, et
m'assurer qu'elle en est fort distincte; celle-ci ne me paroissant qu'une variété de la S. anguine; mais n'y auroit-il
pas eu transport d'étiquette?

La S. polygonale, *S. polygona*. Coquille très-épaisse, solide, tubuleuse, grêle, presque régulièrement heptagonale,

avec une fissure tellement articulée, qu'elle semble composée de trous placés les uns à la file des autres, enroulée d'une manière irrégulière, et peu serrée au sommet. Couleur d'un blanc subtransparent.

La SILIQUAIRE ROSE, *S. rosea.* Coquille tubuleuse, très-épaisse, très-solide, grêle, striée en travers et creusée dans sa longueur par quatre sillons profonds, séparés par cinq côtes épaisses, à dos mousse, enroulée d'une manière fort irrégulière et peu serrée; fissure remplacée par une série de trous assez distans et ovales. Couleur toute rose.

Cette espèce, bien distincte de la précédente, surtout par l'excavation longitudinale de ses faces et par l'élévation de ses angles, se trouve, comme elle, dans la collection du prince d'Esling. J'en ai vu deux individus également roses, un autre étoit cependant d'un blanc subagatisé, quoiqu'il eût tous les caractères de l'espèce.

M. Schumacher, dans son Nouveau système de conchyliologie, donne à ce genre le nom d'Anguinaire. Klein en faisoit aussi un genre sous le nom de Solen ; mais il y confondoit beaucoup d'autres coquilles tubuleuses. Enfin, le genre Agathirse de Denys de Montfort est aussi établi sur une espèce fossile de ce genre, en ayant égard, pour le distinguer du genre Siliquaire, qu'il adopte également, à l'existence des cloisons dans l'extrémité du tube, comme s'il n'y en avoit pas dans toutes les siliquaires et dans les vermets. (DE B.)

SILIQUAIRE, *Silicaria.* (*Conchyl.*) M. Schumacher, dans son Nouveau système de conchyliologie, a établi sous cette dénomination un genre avec une espèce de solen, qu'il appelle *S. gibbus*, et que nous ne connoissons pas. (DE B.)

SILIQUAIRE. (*Foss.*) Ce n'est que dans les couches plus nouvelles que la craie que, jusqu'à présent, on a trouvé à l'état fossile les espèces dépendant de ce genre.

SILIQUAIRE ANGUINE, *Siliquaria anguina.* Cette espèce, qui vit dans la mer des Indes, se trouve à l'état fossile à Saint-Clément, au nord d'Angers (M. Menard) et dans le Plaisantin (Brocc.. *Conch. foss. subapp.*). Quelques débris que je possède, et qui paroissent appartenir à cette espèce, présentent un têt qui a près d'une ligne d'épaisseur.

SILIQUAIRE STRIÉE; *Siliquaria striata*, Def. On trouve à Saint-

Félix, département de Seine-et-Oise, dans la couche du calcaire grossier, des débris de cette espèce qui ont quelquefois deux pouces de longueur sur quatre à cinq lignes de diamètre. Ils sont contournés en spirale alongée et couverts de stries longitudinales peu élevées et régulières. La fente longitudinale est composée de petits trous oblongs, rapprochés les uns des autres. Cette espèce n'est peut-être qu'une variété de la précédente.

Siliquaire tire-bouchon ; *Siliquaria terebella*, Lamk., Anim. sans vert., tom. 5, p. 338. Tube cylindrique, lisse, voluté, à fente subarticulée. Fossile de Saint-Clément de la Plaie, à trois lieues d'Angers.

On trouve à Thorigné et à Sceaux près d'Angers des débris d'une espèce de siliquaire fossile qui pourroit se rapporter à celle qui précède immédiatement ; mais, dans les morceaux que je possède, la partie supérieure du tube est couverte de stries longitudinales et de fissures transverses.

On rencontre dans les faluns de la Touraine des tubes qui ont de très-grands rapports avec ceux que l'on trouve à Thorigné. Après avoir tourné cinq à six fois sur eux-mêmes, ils se redressent un peu. Ils portent aussi quelques stries longitudinales et des fissures transverses. Longueur, plus d'un pouce.

On trouve à Castel-Arquato en Italie des siliquaires contournées six à sept fois sur elles-mêmes. Elles ont un pouce et demi de longueur et sont plus grosses que le pouce. On voit quelques stries longitudinales sur le dernier tour. Le têt est épais, couvert de fissures transverses très-serrées, et la fente longitudinale paroît s'être fermée dans les trois premiers tours.

Ces tubes sont plus gros que ceux de l'espèce qu'on trouve dans la Touraine et dans les environs d'Angers, mais ils ont tant d'analogie avec eux, que je les regarde comme dépendant de la même espèce, modifiée par la localité où elle a vécu. Cette espèce a quelques rapports avec celle qui se trouve figurée dans l'ouvrage de Favannes, pl. 6, fig. G, 1.

Siliquaire lime ; *Siliquaria lima*, Lamk., *loc. cit.* Tube cylindrique peu épais, à tours éloignés les uns des autres, et couvert de stries longitudinales et écailleuses. La fente longitudinale est composée de petits trous ronds. Fossile de Grignon, département de Seine-et-Oise.

Siliquaire épineuse : *Siliquaria spinosa*, Lamk., *loc. cit.*; Siliquaire fossile, Faujas, Ess. de géol., tom. 1, pl. 3, fig. 6 et 7; Agatirse furcelle, Den. de Montf., Conch. systém., pag. 399. Tube cylindrique, contourné, peu épais, couvert de côtes longitudinales épineuses. La fente longitudinale est composée sur certains morceaux de petites fentes qui ont plus d'une ligne de longueur et qui sont séparées par de petits intervalles solides comme le reste du tube. Quelques-uns sont munis d'une cloison intérieure vers leur sommet; mais je n'en ai jamais vu dans les derniers tours, et il y a lieu de croire que les morceaux cloisonnés représentés dans les essais de géologie, appartiennent à la vermilie? cornue, qu'on trouve assez communément à Grignon avec cette siliquaire.

Je possède des débris de siliquaire trouvés à Grignon, et qui sont plus ou moins épineux ou écailleux. Dans les uns la fente est composée de petits trous ronds très-rapprochés, et dans d'autres de petites fentes, comme il est dit ci-dessus. Ces débris pourroient se rapporter aux deux espéces qui précèdent immédiatement; mais je crois qu'ils peuvent dépendre de la même et qu'il n'en existe qu'une seule à Grignon.

Siliquaire florine; *Siliquaria florina*, Def. Je n'ai vu de cette espéce que des portions du sommet qui se trouvent attachées sur une cérite de la grosseur du poing et qui a été trouvée dans la couche du calcaire grossier de Néhou, département de la Manche. Cette coquille est couverte de petits trous sur l'un de ses côtés seulement, l'autre ayant été probablement enfoncé dans le sable et garanti du ravage des animaux qui ont formé ces trous : sur le côté où se trouvent ces derniers on voit, avec des supports d'hipponices, des restes de cinq à six tubes de cette espéce de siliquaire, qui sont couverts de stries longitudinales assez élevées et garnies de petits appendices en cuilleron qui s'appuient sur le tube.

Quoiqu'on ait eu bien des raisons de penser que les tubes des siliquaires qui ne sont pas réguliers, ont dû être adhérens, il paroît que jusqu'à présent on n'a pu s'en assurer;

mais on a la preuve que l'espèce dont il est ici question, a été attachée par ses premiers tours.

Le sommet des tubes paroît sortir constamment d'un des trous qui sont sur la coquille, et comme leur dernier tour est brisé, on peut croire qu'ils étoient beaucoup plus longs, et tels qu'ils sont, ils ressemblent à des spirorbes qui auroient plus de six lignes de diamètre.

Ces tubes sont tournés de gauche à droite, et les animaux qui les ont formés, ont creusé la cérite avant d'y appliquer leur tube, qui s'y trouve enfoncé en partie, et la fente longitudinale, qui est placée dans la portion du tube qui touche la coquille, n'est apparente que dans les endroits où il se trouve des trous.

On trouve à Grignon des fragmens de tubes qui ont quelquefois un pouce de longueur, sur trois à quatre lignes de diamètre, et qui sont couverts de stries longitudinales garnies d'appendices en cuilleron, comme la siliquaire florine : ils ont les plus grands rapports avec cette espèce; mais ils n'ont point de fente longitudinale. On voit des figures de ces tubes dans les Vélins du Muséum, vélin n.° 21, fig. 1 et 4. (D. F.)

SILIQUARIA. (*Bot.*) Ce genre de Forskal est réuni au *cleome* dans la famille des capparidées. (J.)

SILIQUARIA. (*Bot.*) Stackhouse place dans ce genre de sa création les *fucus siliquosus*, *siliculosus* et *denudatus*, et le caractérise ainsi : Fronde cartilagineuse, glabre, rameuse, à rameaux distiques; vésicules oblongues, acuminées, sillonnées en travers, contenant de l'air; fruits oblongs, muqueux, sillonnés transversalement, renfermant de petites séminules. Ce genre, dont l'espèce principale est décrite au mot Fucus, entre dans le *cystoseira* d'Agardh. Roussel (Fl. du Calv.) l'avoit établi avant Stackhouse et nommé *siliquarius*. (Lem.)

SILIQUARIA. (*Conchyl.*) Nom latin du genre Siliquaire. Voyez ce mot. (De B.)

SILIQUARIUS. (*Bot.*) Voy. Siliquaria de Stackhouse. (Lem.)

SILIQUASTRUM. (*Bot.*) Pline dit que le *panax* a la saveur du poivre, et plus encore le *siliquastrum*, nommé aussi pour cette raison *piperitis*. C'est peut-être pour cela que Fuchsius désigne sous le nom de *siliquastrum* le poivre ordinaire et plusieurs autres poivres. Castor-Durantes donnoit au gaînier ou arbre de Judée le même nom, que Tournefort avoit conservé à ce genre ; mais Linnæus lui a substitué celui de *cercis*, et ne l'emploie que comme nom spécifique. (J.)

SILIQUE, SILICULE. (*Bot.*) Fruit capsulaire, bivalve, ayant un placentaire élargi en une cloison longitudinale, sur les côtés de laquelle les graines et les valves sont attachées. Ce fruit caractérise la famille des crucifères. Lorsqu'il est alongé, il prend le nom de silique proprement dite ; exemples : *turritis, sisymbrium*, etc. Lorsqu'il est court, et surtout large relativement à sa longueur, il reçoit le nom de silicule ; exemples : *iberis, myagrum, lunaria*, etc. Les graines, en général en nombre assez considérable, et rangées en deux séries dans chaque loge (*cheiranthus, brassica*, etc.), sont quelquefois réduites à une ou deux (*myagrum, cochlearia coronopus*, etc.). La cloison persiste après la chute des graines et des valves ; quelquefois cependant elle s'oblitère, le fruit ne s'ouvre point, et tout tombe à la fois ; exemples : *crambe, cochlearia coronopus*. (Mass.)

SILIQUE, *Siliqua*. (*Conchyl.*) Mégerlé dans sa Classification des coquilles bivalves, donne ce nom à un petit genre, qu'il établit avec le *solen radiatus*, type du genre Léguminaire de M. Schumacher, et qui entre dans la division des Solécuates de M. de Blainville. Voyez ce mot et Solen. (De B.)

SILIS. (*Entom.*) M. Mégerlé a désigné ainsi un genre d'insectes coléoptères apalytres, voisin des téléphores. (C. D.)

SILK-TAIL. (*Ornith.*) Dénomination angloise du jaseur de Bohème, *ampelis garrulus*, Linn., et *bombycivora*, Temm. (Ch. D.)

SILL. (*Ichthyol.*) Un des noms norwégiens de l'appât de vase. Voyez Ammodyte. (H. C.)

SILLAGO, *Sillago*. (*Ichthyol.*) M. Cuvier a désigné par ce nom un genre de poissons acanthoptérygiens, de la famille des gobioïdes, et reconnoissable aux caractères suivans :

Deux nageoires dorsales : la première courte, mais haute, à rayons flexibles ; la seconde longue et basse ; museau peu alongé, terminé par une petite bouche protractile, garnie de lèvres charnues et de dents en velours, avec un rang de plus fortes à l'extérieur ; tête couverte d'écailles ; opercules armées d'une petite épine ; préopercule légèrement dentelé ; cinq rayons aux ouïes.

Le Pêche-bicout : *Sillago acuta*, Cuvier; *Sciæna malabarica*, Schn. Teinte générale fauve; taille d'un pied au plus.

Ce poisson, dont le nom de pays est *sering*, passe pour le plus délicat de la mer des Indes. Il est surtout connu à Pondichéry.

Le Pêche-madame; *Sillago domina*, Cuvier. Premier rayon dorsal aussi long que le corps.

Du même pays que le précédent. Ce poisson a aussi une chair d'une saveur exquise. (H. C.)

SILLI. (*Bot.*) Nom donné en Italie à des champignons plus connus sous les dénominations de *cèpes* ou *potirons*. *Silli* est une altération de *suillus*, nom des mêmes plantes chez les Latins. (Lem.)

SILLIMANITE. (*Min.*) Nous ne connoissons ce minéral que par la description que M. G. T. Bowen en a donnée dans les journaux scientifiques des États-Unis d'Amérique.

Sa couleur est d'un gris foncé passant au brun. Il cristallise en prisme rhomboïdal-oblique, dont les angles sont d'environ $106^d 30'$ et $73,30$; l'inclinaison de l'axe du prisme sur sa base est de 113^d. Il n'a qu'un seul clivage parallèle à la grande diagonale. Il est plus dur que le quarz. Sa pesanteur spécifique est de 3,41. Il est absolument infusible au chalumeau, même avec le borax.

Il est composé, d'après l'analyse qu'en a fait M. Bowen,

$$
\begin{array}{ll}
\text{de silice} \dots\dots\dots & 42,66 \\
\text{d'alumine} \dots\dots\dots & 54,11 \\
\text{d'oxide de fer} \dots\dots & 1,99 \\
\text{d'eau} \dots\dots\dots\dots & 0,51 \\
\hline
& 99,27 \\
\text{Perte} \dots\dots\dots\dots & 00,73.
\end{array}
$$

Ce minéral a été trouvé dans une veine de quarz qui traverse un gneiss près de Saybrook, ville du Connecticut. M. Bowen l'a dédié à M. Silliman.

On a cherché à rapprocher ce minéral d'espèces connues.

On peut en effet lui trouver beaucoup de ressemblance avec le disthène par sa composition, dans laquelle Klaproth indique 43 de silice et 55 d'alumine; par la valeur des angles du prisme, qui sont, suivant Haüy, de 106.6 et 73,54, et par sa pesanteur spécifique ; mais il en diffère par la dureté, par le clivage, par l'inclinaison de l'axe sur la base, etc.

On a voulu le considérer comme une variété d'anthophyllite ; mais il n'a d'analogie avec cette pierre que par la forme de prisme rhomboïdal, par la valeur des angles de la base, et un peu par l'éclat du clivage ; tandis qu'il en diffère par l'obliquité du prisme sur sa base, par sa dureté, par sa pesanteur spécifique, et surtout par sa composition.

Ce minéral ne peut donc être reuni jusqu'à présent avec aucune espèce connue. (B.)

SILLONNÉ, STRIÉ. (*Bot.*) Marqué de sillons parallèles, longitudinaux. Lorsque les sillons sont très-petits, on les nomme stries. La tige du panais, par exemple, est sillonnée ; celle de l'*erysimum alliaria* est striée. (Mass.)

SILLONNÉ. (*Erpét.*) Voyez Lézardet. (H. C.)

SILLONNÉ. (*Ichthyol.*) Nom spécifique françois du *Balistes ringens*. Voyez Baliste. (H. C.)

SILLONNÉE. (*Erpét.*) Nom spécifique d'une couleuvre décrite dans ce Dictionnaire, tome XI, pag. 213. (H. C.)

SILLONNETTE. (*Bot.*) Nom françois que Bridel donne au genre de mousses qu'il a établi sous le nom de *Glyphomitrium*. Il est justifié par la coiffe, qui est sillonnée. Bridel a porté des modifications au genre *Glyphomitrium*, dans sa Bryologie universelle. Il réduit les espèces à une seule, le *glyphomitrium Daviesii*, décrit dans ce Dictionnaire à l'article Glyphomitrium, que nous avons exposé d'après Bridel, Suppl., 4, pag. 30. Déjà R. Brown avoit fait remarquer cette nécessité en établissant le même genre sous le nom de *Griffithia*. Ce genre ainsi modifié est le *glyphomitrium* de Schwægrichen, le *glyphomitrion* de Greville et d'Arnott. Bridel en établit ainsi le caractère générique : Péristome simple, à seize dents rapprochées par paires, pyramidales, sillonnées en travers. Coiffe campanulée, glabre, striée, divisée à sa base en plusieurs lanières. Capsule régulière, lisse, sans anneau et sans apophyse. Le *glyphomitrium* a des rapports avec le *grimmia*, mais il s'en distingue surtout par les dents de son péristome rapprochées par paire. (Lem.)

SILMAD, SILMAHD. (*Ichthyol.*) Nom qu'en Estonie on donne à la Pricka. Voyez Pétromyzon. (H. C.)

SILONA. (*Bot.*) Nom brame du *flagellaria indica*, cité par Rhéede. (J.)

SILOXERE, *Siloxerus* ou *Ogcerostylus*. (*Bot.*) Ce genre de plantes, établi en 1806 par M. Labillardière, dans le second volume (pag. 58, tab. 209) de son *Novæ Hollandiæ planta- rum specimen*, appartient à l'ordre des synanthérées, à notre tribu naturelle des Inulées, à la section des Inulées-gna- phaliées, à la sous-section des Sériphiées, et au groupe des Léontopodiées, dans lequel nous l'avons placé auprès de nos genres *Hirnellia* et *Gnephosis*. (Voyez notre tableau des Inu- lées, tome XXIII, pag. 563.)

M. Labillardière rapporte son genre *Siloxerus* à la Syngé- nésie séparée; il le croit voisin du *Sphæranthus*, et le carac- térise ainsi : Calicules contenant chacun deux à cinq fleurs: corolles enflées, hermaphrodites; style en massue renversée; réceptacle commun poilu ; réceptacle partiel paléacé; aigrette quinquéfide, dentée.

Le nom de *Siloxerus* signifie (selon M. Labillardière) *style enflé*. Il nous semble que, d'après cette étymologie, le nom devroit être *Ogcerostylus*.

L'auteur a fondé ce genre sur une seule espèce, trouvée par lui dans la partie sud-ouest de la Nouvelle-Hollande appelée Terre de Leuwin. Il nomme cette plante *Siloxerus humifusus*, et la décrit de la manière suivante :

Petite plante à tiges ordinairement couchées, à feuilles linéaires, obtuses, glabres, opposées, rarement alternes, un peu distantes, mais rapprochées sous les capitules, où elles semblent former un calice commun ; calicules rassemblés en capitule terminal, ovale, sur un réceptacle commun oblong, presque en forme de massue, garni de poils, sans autre ca- lice commun que les feuilles rapprochées sous le capitule ; chaque calicule sessile, formé de cinq à sept écailles égales, disposées presque sur un seul rang, obovales-oblongues, dia- phanes, plus longues que les fleurons; deux à cinq fleurons uniformes, hermaphrodites, à corolle ovale-oblongue, enflée comme un ballon, à cinq dents, un peu rétrécie au-dessous du sommet; cinq étamines à filets courts, attachés à la co- rolle, à anthères incluses, réunies en un tube quinquédenté; ovaire en pyramide renversée, tuberculé; style aminci supérieurement, très-épaissi inférieurement; deux stigmates obtus, inclus; graines en pyramide renversée, marquées de tubercules disposés presque en série, bordées au sommet d'environ douze petites dents, et couronnées par une aigrette monophylle, campanulée, membraneuse, diaphane, quinquéfide, à lanières ovales-acuminées, dentées-ciliées; réceptacle paléacé, à paillettes oblongues, diaphanes, à peine plus longues que les fleurons.

Nous avons dû traduire littéralement la description générique et spécifique de M. Labillardière, parce que, n'ayant pas pu nous permettre d'analyser complétement l'échantillon unique que nous avons observé dans l'herbier de M. de Jussieu, nous n'avons étudié que quelques pièces détachées du capitule de cet échantillon. Voici les résultats de nos observations :

L'ovaire est oblong, obconique; il paroît couvert d'une pellicule charnue, et est hérissé de papilles éparses; l'aigrette est plus longue que l'ovaire, aussi longue que la corolle, caduque, membraneuse-scarieuse, demi-transparente, colorée, dorée, composée de cinq squamellules unisériées, à peu près égales, entregreffées inférieurement, libres supérieurement, paléiformes, ovales-lancéolées, réticulées, découpées sur les bords en lanières subulées; en dehors de cette aigrette il y en a une autre extrêmement petite, stéphanoïde, plane, annulaire, blanchâtre, découpée presque jusqu'à sa base en petites dents simples, obtuses. Cette petite aigrette extérieure, presque imperceptible, et qui ne paroît pas caduque, est-elle analogue à l'aigrette du *Gnephosis?* ou bien est-elle formée par un assemblage, une rangée de papilles analogues à celles qui sont éparses sur l'ovaire? Le style est extrêmement épais et ovoïde inférieurement, filiforme supérieurement; il porte deux stigmatophores égaux, analogues à ceux des inulées-gnaphaliées. La corolle est jaune, longue comme l'aigrette; son tube est plus large que le limbe, et paroît être formé d'une substance épaisse; son limbe est cylindracé, à cinq divisions. Les anthères ne paroissent pas avoir d'appendices basilaires; la libération des filets paroît être au-dessous du sommet du tube de la corolle. Le calathiphore porte des bractées un peu variables, grandes, obovales, planes, membraneuses-scarieuses, demi-transparentes, dorées, munies d'une nervure qui disparoît subitement avant d'atteindre le sommet, lequel est trilobé, ou plus souvent simplement plissé en trois parties imitant des lobes quelquefois jaunâtres ou noirâtres; chacune de ces bractées accompagne probablement une calathide née dans son aisselle, mais qui n'adhère point à sa base, comme dans le *Gnephosis*. Le péricline, très-supérieur aux fleurs, est formé de squames tout-à-fait analogues aux bractées ci-dessus décrites, si ce n'est qu'elles sont simples, elliptiques-oblongues, non-colorées au sommet. Le clinanthe porte-t-il des squamelles ? Nous sommes tenté de le croire; cependant chaque fleur nous a paru être enveloppée par une squame qui appartient probablement au péricline. Nos lecteurs concevront facilement que, n'ayant point observé toutes ces pièces dans leur situation naturelle, mais seulement détachées de leur support, nous n'avons pas pu distinguer avec certitude les bractées, les squames, les squamelles.

Quoi qu'il en soit, en combinant nos propres observations avec la description de M. Labillardière, et avec les figures qui accompagnent cette description, nous connoissons le *Siloxerus* assez bien pour être convaincu que nos *Gnephosis* et *Hirnellia*, décrits dans ce Dictionnaire (tom. XIX, pag. 127; tom. XXI, pag. 199), lui ressemblent beaucoup, mais que pourtant ils en diffèrent par des caractères suffisans pour constituer des genres distincts.

Notre tableau des inulées, publié en 1822, a subi, depuis cette époque, des changemens et des additions que nous pouvons indiquer ici sans alonger beaucoup le présent article.

Première section. INULÉES-GNAPHALIÉES.

I. Leysérées : 1. *Relhania*; 2. *Eclopes*; 3. *Rosenia*; 4. *Lapeirousia*; 5. *Leysera*; 6. *Leptophytus*; 7. *Longchampia*.

II. Luciliées : 8. *Chevreulia*; 9. *Lucilia*; 10. *Facelis*; 11. *Phœnopoda*.

III. Faustulées : 12. *Syncarpha*; 13. *Faustula*.

IV. Gnaphaliées vraies : 14. *Phagnalon*; 15. *Gnaphalium*; 16. *Lasiopogon*.

V. Cassiniées : 17. *Ifloga*; 18. *Piptocarpha*; 19. *Billya*; 20. *Cassinia*; 21. *Ammobium*; 22. *Ixodia*.

VI. Hélichrysées : 23. *Lepiscline* ou *Lepidocline*; 24. *Edmondia*; 25. *Macledium*; 26. *Argyrocome*; 27. *Helichrysum*; 28. *Scalia*; 29. *Podolepis*; 30. *Antennaria*; 31. *Ozothamnus*; 32. *Petalolepis*; 33. *Metalasia*.

VII. Sériphiées : (A. Sériphiées vraies.) 34. *Endoleuca*; 35. *Anaxeton*; 36. *Perotriche*; 37. *Seriphium*; 38. *Stæbe*; 39. *Leucophyta*; 40. *Disparago*; 41. *Œdera*; 42. *Elytropappus.* = (B. Léontopodiées.) 43. *Ogcerostylus* ou *Siloxerus*; 44. *Hirnellia*; 45. *Gnephosis*; 46. *Angianthus*; 47. *Calocephalus*; 48. *Richea*; 49. *Leontonyx*; 50. *Leontopodium.*

Seconde section. INULÉES-PROTOTYPES.

I. Filaginées : 51. *Filago*; 52. *Gifola*; 53. *Logfia*; 54. *Micropus*; 55. *Oglifa.*

II. Inulées-Prototypes vraies : 56. *Conyza*; 57. *Inula*; 58. *Limbarda*; 59. *Francœuria*; 60. *Pulicaria*; 61. *Tubilium*; 62. *Jasonia*; 63. *Chiliadenus*; 64. *Carpesium*; 65. *Denekia*; 66. *Columellea*; 67. *Pentanema*; 68. *Iphiona*; 69. *Pegolettia.*

III. Rhantériées : 70. *Rhanterium*; 71. *Cylindrocline*; 72. *Molpadia*; 73. *Neurolæna.*

Troisième section. INULÉES-BUPHTHALMÉES.

I. Buphthalmées vraies : 74. *Buphthalmum*; 75. *Pallenis*; 76. *Nauplius*; 77. *Ceruana.*

II. Pyrardées : 78. *Egletes*; 79. *Pyrarda*; 80. *Grangea*; 81. *Centipeda.*

III. Sphéranthées : 82. *Sphæranthus*; 83. *Gymnarrhena.* (H. CASS.)

SILPHE, *Silpha.* (*Entom.*) Genre d'insectes coléoptères pentamérés, de la famille des hélocères, à corps aplati, à élytres de la longueur de l'abdomen, ayant les bords relevés et dont les antennes sont en masse globuleuse.

Ce genre a été établi primitivement par Linnæus, qui en avoit emprunté le nom des ouvrages d'Aristote. Le mot Σιλφη, employé par cet auteur, indiquoit un insecte plat, une sorte de blatte; mais il y joignoit les boucliers, les nécrophores, les nitidules.

Les silphes diffèrent par la forme aplatie de leur corps

des sphéridies, qui ressemblent à de petites coccinelles hé-
misphériques, des scaphidies, des birrhes, qui sont ovés;
des dermestes, des parnes et des hydrophiles, qui ont le dos
très-convexe. On les distingue ensuite des nécrophores et des
boucliers, dont l'abdomen se prolonge en pointe et dépasse
les élytres: des clophores, dont le corselet est comprimé et
comme plissé en long, et dont les élytres n'ont pas les bords
relevés, et, enfin, des nitidules, dont la masse des antennes,
ainsi que celle des boucliers, est alongée, tandis que dans les
silphes cette masse est globuleuse comme dans les nécrophores.

D'ailleurs les mœurs sont à peu près les mêmes que celles
des boucliers et des nécrophores. Elles se nourrissent principalement de cadavres; quelques espèces, cependant, se trouvent sur les arbres, où elles poursuivent les chenilles et les
larves pour les dévorer. Leurs larves sont semblables à celles
des boucliers : elles ressemblent à des blattes; leurs mouvemens sont très-vifs; elles s'enfouissent dans la terre et elles
y subissent leurs métamorphoses.

Nous avons fait figurer une espèce de ce genre sous le
n.º 4 de la planche 6 de l'atlas de ce Dictionnaire, et nous
allons indiquer les principales espèces qui se rencontrent
aux environs de Paris.

1. La Silphe thoracique, *Silpha thoracica*.

C'est le bouclier à corselet jaune de Geoffroy, tome 1,
page 121, n.º 6.

Car. Noire; les élytres ont trois lignes longitudinales élevées; le corselet est d'un jaune de rouille comme velouté.

On trouve cette espèce sous les cadavres desséchés à la
forte chaleur de l'atmosphère.

2. La Silphe rugueuse, *Silpha rugosa*.

Bouclier noir, à corselet raboteux, à élytres chiffonnés, de
Geoffroy.

Car. D'un noir sale; élytres plissés, à trois lignes saillantes,
comme sinuées à l'extrémité.

On la trouve avec la précédente.

3. La Silphe noircie, *Silpha atrata*.

Bouclier noir, à trois raies et corselet lisse, de Geoffroy.

Car. Noire, élytres à trois lignes saillantes et pointillées;
corselet large, aplati, lisse et bordé.

4. La Silphe lissée, *Silpha lævigata.*

La gouttière de Geoffroy, tome 1.er, page 122, n.° 8.

Car. Toute noire, élytres lisses, mais finement chagrinés, à rebords très-relevés.

On trouve cette espèce dans les bois.

5. La Silphe sinuée, *Silpha sinuata.*

Car. Noire, à corselet échancré, raboteux; élytres à trois lignes élevées, échancrés à l'extrémité libre.

Cette espèce se trouve sous les cadavres très-humides.

6. La Silphe quatre-points, *Silpha quadripunctata.*

C'est le bouclier jaune, à taches noires, de Geoffroy, que nous avons fait figurer sur la planche indiquée ci-dessus.

Car. Noire, corselet et élytres d'un jaune pâle; une tache sur le corselet et deux points noirs sur chaque élytre.

On la trouve sur les chênes, où elle poursuit les chenilles, dont elle se nourrit. Elle vole mal et tombe lorsque l'on secoue les branches. (C. D.)

SILPHIDÉES. (*Entom.*) M. le docteur Leach désignoit ainsi cette famille des coléoptères, à laquelle il rapportoit les nécrophores, les peltides ou boucliers et les silphes. Voyez Hélocères. (C. D.)

SILPHIE, *Silphium.* (*Bot.*) Genre de plantes dicotylédones, à fleurs composées, de l'ordre des *radiées*, de la *syngénésie polygamie nécessaire* de Linnæus, offrant pour caractère essentiel : Un calice composé de larges écailles imbriquées, scarieuses; des fleurs radiées; les fleurons du centre sont mâles, pourvus de cinq étamines syngénèses; point d'ovaires; les demi-fleurons de la circonférence femelles, fertiles; les semences larges, ovales, comprimées, à deux cornes, ou échancrées au sommet; le réceptacle garni de paillettes.

Ce genre renferme de très-belles espèces, presque toutes d'ornement, remarquables par la hauteur de leurs tiges, par l'élégance de leur port, par la beauté et souvent la grandeur de leurs fleurs, en général plus petites que celles des *helianthus*, mais avec lesquelles elles ont beaucoup de rapports. Dans les *helianthus* les fleurons du centre sont fertiles, les demi-fleurons stériles : c'est le contraire dans les *silphium*.

Silphie perfoliée : *Silphium perfoliatum*, Linn., *Sp.*; Jungh., *Plant. ic.*, centur. 1, n.° 35. Cette plante a des tiges droites,

médiocrement tétragones, cannelées, d'un vert jaunâtre,
hautes d'environ cinq à six pieds. Les feuilles sont opposées,
ovales, presque deltoïdes; les radicales et inférieures pétiolées, sinuées et dentées, rudes, fermes, épaisses, échancrées
en cœur, courantes sur les pétioles, réunies à leur base; les
supérieures sessiles, grandes, ovales-lancéolées, acuminées,
rétrécies en pétiole à leur base, conniventes et perfoliées,
entières ou munies de quelques dents très-distantes. Les fleurs
sont disposées en une panicule terminale, presque en corymbe. Cette panicule se divise à sa base en une bifurcation
dans le milieu de laquelle est placée une fleur à long pédoncule; chaque branche est trichotome, chargée d'une ou de
plusieurs fleurs pédicellées. Le calice est glabre, composé de
larges écailles ovales, imbriquées; la corolle jaune; les demi-
fleurons linéaires, étroits, de la longueur du calice; les semences planes, larges, ovales, membraneuses, presque ailées,
échancrées au sommet, terminées par deux petites pointes;
le réceptacle garni de paillettes à peine de la longueur des
semences. Cette plante croit dans l'Amérique septentrionale.

Silphie à feuilles réunies : *Silphium connatum*, Linn., *Mant.*,
574; Mich., *Flor. bor. amer.*, 2, p. 146. Très-rapprochée de
la plante précédente; celle-ci a des tiges rudes, très-simples,
chargées de poils courts et couchés, hautes de quatre à cinq
pieds, de la grosseur du pouce à leur partie inférieure. Les
feuilles sont opposées, sessiles, réunies à leur base et perfoliées, concaves à la portion qui embrasse la tige, rudes, ovales-
lancéolées, longues de cinq à six pouces, dentées, un peu
aiguës. Les fleurs sont disposées à l'extrémité des tiges en une
panicule dichotome, dans la bifurcation de laquelle est une
fleur solitaire, pédonculée. Le calice est scarieux; les écailles
lisses, ovales, imbriquées, un peu obtuses, réfléchies au sommet; la corolle jaune; les demi-fleurons de la circonférence
femelles et fertiles, au nombre de douze environ; les fleurons nombreux, stériles. Cette plante croit dans l'Amérique
septentrionale.

Silphie étoilée : *Silphium asteriscus*, Linn., *Spec.*; Lamk.,
Ill. gen., tab. 707, fig. 1; Dill., *Eltham.*, tab. 57, fig. 42.
Ses tiges sont hautes de quatre ou cinq pieds, droites, épaisses,
cylindriques, simples, hautes de quatre ou cinq pieds, mar-

quées souvent de taches purpurines, hérissées de poils courts
et piquans. Les feuilles sont sessiles, opposées ou alternes,
ovales - oblongues ou lancéolées, sinuées, crénelées ou dentées à leur contour, rudes, hispides et velues à leurs deux
faces, un peu ciliées à leurs bords; les supérieures un peu
obtuses au sommet. La corolle est grande, radiée, de couleur
jaune; les demi-fleurons étalés en étoile, ordinairement au
nombre de neuf, lancéolés, un peu élargis, obtus, terminés
par trois petites dents, tous femelles et fertiles; les fleurons
du centre stériles. Cette plante croît dans la Caroline et la
Virginie.

SILPHIE A FEUILLES EN CŒUR : *Silphium terebinthinaceum*, Linn.
fils, *Suppl.*, 383; Lamk., *Ill. gen.*, tab. 707, fig. 2; Gærtn.,
De fruct., tab. 171. Espèce remarquable par l'ampleur de ses
feuilles. Ses tiges sont droites, très - hautes, glabres, cylindriques, striées, paniculées au sommet. Les feuilles sont très-
grandes, alternes, pétiolées, fortement échancrées en cœur
à leur base, ovales, obtuses, rétrécies au sommet, très-rudes,
chagrinées à leurs deux faces, épaisses, sinuées, dentées en
scie à leur contour; les dentelures fines, inégales, aiguës,
traversées par une forte nervure saillante et des nervures latérales, un peu jaunâtres. Les pétioles sont plus longs que les
feuilles, fortement striées, un peu rougeâtres; les feuilles
caulinaires moins pétiolées, ovales, elliptiques, arrondies au
sommet; les supérieures sessiles, plus petites, un peu lancéolées. Les fleurs forment un corymbe terminal et rameux. Les
pédoncules sont grêles, striés, inégaux; le calice un peu globuleux; ses écailles membraneuses, très-glabres; les extérieures
ovales, un peu arrondies; les intérieures plus grandes, presque lancéolées, acuminées; la corolle jaune; les demi-fleurons nombreux, linéaires; les fleurons d'un jaune pâle, séparés par des petites paillettes linéaires; les semences planes,
ovales, échancrées au sommet. Cette plante croît dans l'Amérique septentrionale, au pays des Illinois.

SILPHIE COMPOSÉE : *Silphium compositum*, Mich., *Flor. bor.
amer.*, 2, page 145; Willd., *Spec.*, 3, pag. 2331; *Silphium
laciniatum*, Walt., *Fl. car.*, 217. Cette plante a des tiges droites,
très-lisses, élevées, striées, garnies de feuilles alternes, distantes, pétiolées; les radicales divisées en trois folioles pé-

dicellées, sinuées, à plusieurs divisions à leur contour; les feuilles caulinaires sinuées, pinnatifides, distantes. Les fleurs sont jaunes et terminales. Cette plante croit dans les forêts maritimes de la Caroline.

Silphie a feuilles ternées : *Silphium trifoliatum*, Linn., *Spec.*; *Silphium ternifolium*, *Flor. bor. amer.*, 2, p. 146; Moris., *Hist.*, 3, 116, tab. 3, fig. 68. Cette espèce a des tiges droites, lisses, cannelées, ordinairement à six angles, divisées vers leur extrémité en rameaux paniculés, hautes de quatre ou cinq pieds et plus. Les feuilles sont réunies trois par trois à chaque nœud, en forme de verticille; les inférieures pétiolées, embrassant la tige par leur pétiole; les supérieures presque sessiles, rudes à leurs deux faces, épaisses, dentées inégalement à leurs bords; les feuilles du milieu ovales, lancéolées; les inférieures et les supérieures plus étroites, alongées, lancéolées, longues d'environ trois ou quatre pouces. Les fleurs sont disposées, à l'extrémité des tiges, en une panicule trichotome, étalée, supportée par de longs pédoncules glabres, striés, munis à leur base de bractées lancéolées, aiguës. Les calices sont glabres; les écailles larges, ovales, presque sur trois rangs; les extérieures plus courtes, réfléchies, les intérieures lancéolées; la corolle jaune; les demi-fleurons étroits, linéaires, à trois dents, au moins de la longueur du calice. Cette plante croit dans l'Amérique septentrionale, sur les montagnes de la Caroline et de la Virginie.

Silphie a trois feuilles; *Silphium ternatum*, Willd., *Spec.*, 3, pag. 2333. Cette plante a des tiges droites, cylindriques, non anguleuses, très-lisses, hautes de quatre pieds. Les feuilles inférieures et supérieures sont éparses, celles du milieu rangées trois par trois en verticille; les feuilles des rameaux de la panicule deux par deux et sessiles; les feuilles caulinaires pétiolées : toutes sont lancéolées, un peu rudes, à lâches dentelures, rétrécies au sommet, ciliées à leurs bords, particulièrement vers la base. Les fleurs sont disposées à l'extrémité des tiges en une panicule dichotome; le calice composé d'écailles imbriquées, ciliées à leur contour, placées sur quatre rangs; la corolle jaune; les demi-fleurons assez larges. Cette plante croit dans l'Amérique septentrionale.

Silphie purpurine; *Silphium atropurpureum*, Willd.. *Spec.*,

3, pag. 2334. Cette espèce a des tiges droites, lisses, striées, cylindriques, souvent d'un pourpre foncé ou noirâtre, hautes de trois ou quatre pieds. Les feuilles inférieures sont alternes, pétiolées, celles qui suivent sont ternées, les supérieures quaternées, presque sessiles, en verticille, épaisses, oblongues, lancéolées, rudes à leurs deux faces, un peu rétrécies à leur base, et à demi embrassantes, aiguës au sommet, ciliées à leurs bords, un peu tuberculeuses en dessus, finement réticulées en dessous, à dentelures distantes, longues de trois ou quatre pouces; la côte du milieu purpurine. Les tiges se bifurquent à leur sommet ; chaque branche supporte une panicule dont les ramifications sont très-ouvertes, inégales, munies à leur base de deux folioles opposées, sessiles, très-aiguës, et aux sous-divisions, de bractées solitaires, étroites, lancéolées, ciliées : les pédicelles grêles, courts, uniflores, très-glabres, cylindriques : le calice glabre, composé de trois rangs de folioles élargies, ovales-lancéolées, un peu obtuses; les extérieures courbées en dehors; la corolle jaune; les demi-fleurons linéaires, oblongs, très-étroits. Cette plante croit dans l'Amérique méridionale.

SILPHIE LACINIÉE : *Silphium laciniatum?* Linn., *Spec.*, et Linn. fils, fasc. 1, tab. 3 ; Mich., *Flor. bor. amer.*, 2, pag. 145. Ses tiges sont presque simples, droites, cylindriques, cannelées, hautes de six ou huit pouces, lisses et de la grosseur du pouce à leur partie inférieure, chargées à leur partie supérieure de tubercules de couleur brune, hérissées de poils rudes, blanchâtres. Les feuilles sont alternes, pétiolées, très-amples, longues de deux pieds, larges d'un pied, laciniées ou pinnatifides; les pinnules courantes, distantes, étroites, oblongues, sinuées et dentées à leurs bords, rudes à leurs deux faces; les pétioles velus, embrassans ; les feuilles supérieures presque sessiles, souvent un peu purpurines à leur contour. Les fleurs sont alternes, axillaires, très-médiocrement pédonculées, solitaires, placées le long des tiges en forme d'épi. Le calice est ample, composé d'écailles imbriquées, grandes, presque en cœur, très-rudes, hérissées de poils courts, réfléchies au sommet. La corolle est jaune ; les demi-fleurons nombreux, au moins de la longueur du calice; les fleurons séparés par autant de paillettes linéaires. Les semences sont ovales, membraneuses, échancrées au sommet, terminées par deux petites pointes. Cette plante croît au Mississipi, et dans l'Amérique méridionale, au pays des Illinois.

Silphie pétiolée; *Silphium petiolatum*, Poir., Encycl., Suppl. Cette plante a des tiges glabres, presque quadrangulaires, fistuleuses à leur partie supérieure, très-lisses, garnies de feuilles lancéolées, acuminées, inégalement dentées; les dentelures terminées par une petite pointe très-fine, comme une épine; les feuilles inférieures de la tige presque opposées, longues de cinq ou six pouces et plus, soutenues par de très-longs pétioles, légèrement membraneux à leurs bords, glabres, comprimés; les feuilles supérieures réunies et concaves à leur base, rétrécies en un pétiole ailé. Les fleurs sont jaunes, terminales, pédonculées, solitaires ou agrégées, axillaires; le calice glabre, composé d'écailles ovales, obtuses; les demi-fleurons linéaires, bidentés, une fois plus longs que le calice. Je possède de cette plante un échantillon cultivé dans les pépinières de Versailles : je la crois originaire de l'Amérique septentrionale.

Silphie a feuilles entières; *Silphium integrifolium*, Mich., *Flor. bor. amer.*, 2, pag. 146. Cette espèce a des tiges droites, rudes au toucher, à quatre faces anguleuses, garnies de feuilles sessiles, opposées, toutes de même forme, redressées, ovales-oblongues, extrêmement rudes à leur face supérieure, entières à leurs bords. Les fleurs sont peu nombreuses, soutenues par des pédoncules courts. Cette plante a été découverte par Michaux père, dans l'Amérique septentrionale, au pays des Illinois.

Silphie a feuilles rudes; *Silphium scabrum*, Walter, *Flor. carol.*, pag. 216. Dans cette espèce les tiges sont glabres, hautes d'environ deux pieds, simples ou médiocrement rameuses, garnies de feuilles alternes, à peine pétiolées, élargies, lancéolées, dentées en scie à leur contour, très-rudes à leurs deux faces, plus pâles en dessous, fermes, ciliées à leurs bords, soutenues par des pétioles très-courts. Les fleurs sont jaunes, grandes, solitaires, axillaires, terminales; les pédoncules lisses et simples. Cette plante croît dans la Caroline.

Silphie lisse ; *Silphium lævigatum*, Pursh, *Flor. amer.*, 2, pag. 578. Ses tiges sont simples, glabres, tétragones, hautes d'environ deux pieds, garnies de feuilles sessiles, opposées, ovales, acuminées, légèrement dentées en scie, presque en cœur à leur base, glabres à leurs deux faces. Les fleurs sont disposées en un corymbe serré ; les écailles du calice sont ovales et ciliées. Cette plante croît dans l'Amérique septentrionale, à la Nouvelle-Géorgie. (Poir.)

SILPHION. (*Bot.*) Voyez Sylphion. (L. D.)

SILPHIUM. (*Bot.*) On a toujours été embarrassé pour déterminer avec précision quelle étoit la plante qui fournissoit le suc du silphium, célèbre chez les anciens, loué par Hippocrate et par Dioscoride, dont la mémoire avoit été aussi conservée par des médailles antiques, représentant sous le nom de silphium deux larges bases de feuilles presque opposées, embrassant une portion de tige. Pline, dans le chapitre trois de son dix-neuvième livre sur l'histoire naturelle, dit qu'il existoit long-temps avant lui, dans la province cyrénaïque, une plante nommée *laserpitium*, qui étoit le *silphion* des Grecs, dont le suc, connu sous le nom de *laser*, étoit regardé comme un excellent médicament et se vendoit au poids de l'argent. D'après l'autorité des meilleurs auteurs grecs, il ajoutoit que cette plante croissoit dans la Cyrénaïque, non loin du jardin des Hespérides et de la grande Syrte (au nord de l'Afrique), et que depuis long-temps elle y avoit été détruite par les troupeaux que l'on menoit paître dans ce lieu. De son temps on ne connoissoit plus qu'un laser provenant de la Perse, de la Médie et de l'Arménie, regardé comme très-inférieur à celui de la Cyrénaïque, et, de plus, souvent altéré par le mélange de sagopenum et d'autres substances. Sans entrer dans les autres détails, que l'on peut lire dans Pline, nous voyons le cas qu'on faisoit du silphium, exhalant de plus une odeur agréable qui ne permet pas de le confondre avec l'*assa-fœtida*, autre suc très-connu, dont l'odeur est repoussante. On croyoit au moins que le silphium provenoit de même d'une plante ombellifère, et on la trouve dans C. Bauhin sous le nom de *laserpitium verum*. Des auteurs plus récens croyoient que ce pouvoit être une férule.

Telles étoient les opinions émises sur cette plante, lors-

que le docteur Della Cella fit, en 1817, un voyage dans la
Lybie dont l'ancienne Cyrénaïque fait partie. Il y recueillit
beaucoup de plantes, qu'il remit à son retour à son ami
M. Viviani, célèbre professeur de botanique et d'histoire naturelle à Gènes, qui les a publiées en 1824 sous le nom de
Floræ lybicæ specimen. Cet ouvrage présente plusieurs genres
nouveaux, et dans le nombre des espèces nouvelles, il cite
sous le nom de *thapsia silphium* la plante qu'il croit être la
plante du *silphium*, cueillie dans les mêmes lieux, confor-
mée dans les bases de ses feuilles comme elle l'est dans les
médailles antiques, et ayant ses graines absolument semblables à celles du *thapsia.* Il faut donc croire que nous connoissons maintenant le vrai *silphium*, dont Linnæus a peut-
être eu tort d'assigner le nom à un genre de la famille des
corymbifères, originaire de la Louisiane, parce qu'il avoit
de même ses feuilles rapprochées et même réunies par le
bas. (J.)

SILURE, *Silurus.* (*Ichthyol.*) On donne ce nom à un genre
de poissons osseux holobranches, abdominaux, de la famille
des oplophores, et reconnoissable aux caractères suivans:

*Opercules des branchies mobiles; bouche au bout du museau;
dents en carde aux deux mâchoires, et se présentant sur une bande
vomérienne en arrière de la bande intermaxillaire; une seule nageoire dorsale, à rayons osseux, mais courte et sans épine; anale
fort longue et arrivant près de la caudale.*

On isolera sans peine les Silures des Asprèdes, qui ont les
opercules des branchies immobiles; des Schilbés, dont la dorsale a une épine; des Macroptéronotes, qui ont cette nageoire
extrêmement longue; des Malaptérures, chez lesquels elle est
adipeuse; des Cataphractes, des Pogonathes, des Tachysures,
des Plotoses, des Macroramphoses, des Corydoras, des Cen-
tranodons, des Doras, des Hétérobranches, des Pimélodes,
des Bagres, des Silais et des Ageneioses, qui ont deux nageoires dorsales; des Loricaires et des Hypostomes, enfin, qui
ont la bouche sous le museau. (Voyez ces divers noms de
genres et Oplophores.)

Parmi les silures nous citerons les espèces suivantes.

Le Glanis ou Saluth; *Silurus glanis*, Linn. Deux barbillons
à la mâchoire supérieure; quatre à l'inférieure; nageoire

caudale arrondie ; tête grosse et déprimée ; museau fort obtus ; mâchoire inférieure un peu plus avancée que la supérieure ; dents petites et recourbées ; gueule largement ouverte ; yeux ronds, saillans, très-écartés l'un de l'autre et d'un très-petit volume ; dos épais ; ventre boursouflé ; peau enduite d'un mucus visqueux et gluant ; premier rayon de chaque nageoire pectorale très-fort et dentelé sur son bord intérieur.

La teinte générale de ce poisson est un vert mêlé de noir, qui s'éclaircit sur les côtés et passe au blanc jaunâtre en dessous. Les nageoires pectorale et dorsale, ainsi que les catopes, sont noirs ; ces derniers ont leur extrémité bleuâtre ; l'anale et la caudale sont d'un gris mêlé de jaune et bordées d'une bande violette.

Le glanis habite dans les eaux douces de l'Europe, de l'Asie et de l'Afrique. Il fréquente plus particulièrement les rivières d'Allemagne et de Hongrie, où il se tapit dans la vase pour surprendre sa proie. Très-rarement on l'a trouvé dans la mer, encore étoit-ce dans le voisinage de l'embouchure de grands fleuves, du sein desquels des circonstances fortuites paroissoient alors l'avoir entraîné. C'est ainsi que le professeur Kolpin, de Stettin, en 1766, en vit pêcher un individu auprès de l'île de Rügen, dans la Baltique.

Ce silure est le plus grand de tous les poissons des eaux douces de l'Europe, et le seul du genre que cette partie du monde nourrisse. Long de six, de douze et même de quinze pieds, et pesant trois et même quatre cents livres, il a été nommé la *baleine des rivières et des lacs*, par quelques observateurs qui se sont plu à croire qu'il dominoit et régnoit sur les eaux douces comme les grands cétacés sur l'Océan.

Il n'atteint, au reste, son entier développement qu'au bout d'un grand nombre d'années ; mais alors, nageant avec peine et ne paroissant remuer sa lourde masse qu'avec difficulté, il étonne, il surprend, il effraie par ses énormes dimensions. Près de Limritz, en Poméranie, on a vu un de ces monstrueux animaux, dont la gueule pouvoit facilement livrer passage à un enfant de six ou sept ans ; un autre, qui fut pêché à Writzen sur l'Oder, pesoit quatre cents livres.

Il se nourrit de proie, mais il ne poursuit pas ses victimes et, préférant la ruse à la violence, il se tient en embuscade, se couvre de limon et épie patiemment les poissons qui doivent le sustenter.

Il ne quitte que pendant un mois ou deux le fond des rivières où il a établi sa pêche, et c'est ordinairement vers le printemps qu'il se montre à la surface de l'eau, ou qu'il va frayer près des rivages.

Le nombre de ses œufs n'est nullement proportionné à son volume. Bloch rapporte qu'une femelle du poids de trois livres et demie, n'en renfermoit dans ses deux ovaires que 17,500.

La forte épine qui fait le premier rayon de ses nageoires pectorales, est tellement articulée avec l'épaule, qu'elle peut à volonté être rapprochée du corps ou fixée perpendiculairement dans une situation immobile, ce qui en fait une arme dangereuse et dont les blessures passent généralement pour venimeuses, sans doute à cause du tétanos que doivent déterminer les déchirures que ses dentelures opèrent.

Sa chair est blanche, grasse, douce, d'une saveur assez agréable, mais mollasse, visqueuse et difficile à digérer. Dans certains lieux son lard est substitué à celui du porc ; dans les environs du Volga on fabrique de l'ichthyocolle avec sa vessie natatoire, et, du temps de Belon, on recouvroit avec sa peau des instrumens de musique.

On a essayé de le naturaliser en Alsace, et les sieurs Durr, de Strasbourg, le furent chercher, dans cette intention, dans un lac de Souabe, à quelques milles de Doneschingen. Cette entreprise a été abandonnée ; cependant on reçoit quelquefois à Paris, de Strasbourg et de quelques autres villes du Nord, des glanis assez volumineux et en assez bon état.

Les Suisses appellent ce poisson *saluth*, les Allemands le nomment *wels* ou *scheid*, et les Suédois *mal*.

Le Silure asote, *Silurus asotus*. Deux barbillons à la mâchoire supérieure : deux à l'inférieure ; épines pectorales très-fortes et très-dentelées.

De l'Asie.

Le Silure fossile ; *Silurus fossilis*, Bloch. Quatre barbillons à chaque mâchoire : nageoire caudale arrondie. Teinte générale du chocolat.

Décrit par Bloch, d'après un individu reçu de Tranquebar.

Le Silure a deux taches; *Silurus bimaculatus*, Bloch. Un barbillon à chaque angle de la bouche; deux barbillons à l'extrémité de la mâchoire inférieure; nageoire caudale en croissant.

Ce poisson a le dos d'un violet clair; ses flancs brillent de l'éclat de l'argent; les deux pointes du croissant de sa nageoire caudale, qui est jaune, sont teintes d'un violet foncé; les autres nageoires sont variées de jaune et de violet.

Sa chair a une saveur désagréable.

Il vit dans les lacs et les rivières de la côte du Malabar.

Le Silure chinois; *Silurus sinensis*, Lacép. Deux barbillons très-longs à la mâchoire supérieure; nageoire caudale fourchue; dos verdâtre, marbré de vert; ventre et flancs argentés, avec des reflets verts.

Il faut encore rapporter à ce genre le *silurus attu* de Schneider, et peut-être bien l'ompok siluroïde de feu de Lacépède. Voyez Ompok. (H. C.)

SILURE ANGUILLÉ. (*Ichthyol.*) Voyez Plotose et Macroptéronote. (H. C.)

SILURE ARMÉ. (*Ichthyol.*) Voyez Agénéiose. (H. C.)

SILURE ASCITE. (*Ichthyol.*) Voyez Pimélode. (H. C.)

SILURE ASPRÈDE. (*Ichthyol.*) Voyez Asprède. (H. C.)

SILURE BAGRE. (*Ichthyol.*) Voyez Bagre. (H. C.)

SILURE BAYAD. (*Ichthyol.*) Voyez Bayad. (H. C.)

SILURE BRUN. (*Ichthyol.*) Voyez Macroptéronote. (H. C.)

SILURE CALLICHTE. (*Ichthyol.*) Voyez Callichthe. (H. C.)

SILURE CASQUÉ. (*Ichthyol.*) Voyez Pimélode. (H. C.)

SILURE CATAPHRACTE. (*Ichth.*) Voyez Doras. (H. C.)

SILURE CHARDONNERET. (*Ichthyol.*) Voyez Macroramphose. (H. C.)

SILURE CHAT. (*Ichthyol.*) Voyez Pimélode. (H. C.)

SILURE DÉSARMÉ. (*Ichthyol.*) Voyez Agénéiose. (H. C.)

SILURE DOCMAC. (*Ichthyol.*) Voyez Bagre. (H. C.)

SILURE ÉLECTRIQUE. (*Ichthyol.*) Voyez Malaptérure. (H. C.)

SILURE FASCIÉ. (*Ichthyol.*) Voyez Bagre. (H. C.)

SILURE GRENOUILLER. (*Ichthyol.*) Voyez Macroptéronote. (H. C.)

SILURE LIME. (*Ichthyol.*) Voyez Bagre. (H. C.)

SILURE MILITAIRE. (*Ichthyol.*) Voyez l'article Agénéiose. (H. C.)

SILURE RAMONEUR, *Pimelodus chilensis.* (*Icith.*) Voyez Pimélode. (H. C.)

SILUROÏDE. (*Ichthyol.*) Voyez Ompok. (H. C.)

SILUROÏDES. (*Ichthyol.*) M. Cuvier a donné ce nom à la cinquième et dernière famille de ses poissons malacoptérygiens abdominaux.

Les poissons qui la composent paroissent privés de véritables écailles et ne sont recouverts que d'une peau nue et de grandes plaques osseuses. Leurs os intermaxillaires, suspendus sous l'ethmoïde, forment le bord de la mâchoire supérieure, et les os maxillaires sont réduits à de simples vestiges ou alongés en barbillons. Leurs nageoires pectorale et dorsale ont presque constamment une forte épine pour premier rayon. Souvent aussi, comme dans les saumons, ils offrent une seconde nageoire dorsale adipeuse. (Voyez Oplophores.)

Les genres qui doivent rentrer dans cette famille sont, suivant M. Cuvier, les genres Silure, Schilbé, Machoiran, Pimélode, Shal, Bagre, Agénéiose, Doras, Hétérobranche, Macroptéronote, Plotose, Callichthe, Malaptérure, Asprède, Loricaire, Hypostome. (H. C.)

SILURUS. (*Ichthyol.*) Nom latin du Silure. Voyez ce mot. (H. C.)

SILUS. (*Conchyl.*) Adanson (Sénég., page 143, pl. 9) décrit et figure sous ce nom une très-petite espèce de buccin, que les auteurs systématiques ne nous paroissent pas avoir introduite dans leur catalogue. Il paroît qu'elle est fort commune sur les rochers de l'île de Gorée. (De B.)

SILVAIN ou SYLVAIN. (*Entom.*) Noms de papillons.

Le grand Sylvain est le *papillon du peuplier*, n.° 124.

Le petit Sylvain est le *papillon Sybille*, n.° 125.

Le Sylvain azuré est le *papillon Camille*, n.° 126.

Le Sylvain cénobite d'Engramelle est le *papillon Lucille*, n.° 127. (C. D.)

SILVANDRE ou SYLVANDRE. (*Entom.*) Noms d'un papillon, qui est l'*hermione*. Voyez Papillon. n.° 50. (C. D.)

SILVANE, *Silvanus*. (*Entom.*) M. Latreille a proposé ce nom de genre pour y placer quelques espèces d'ips d'Olivier, petits coléoptères que Fabricius avoit rangés avec les dermestes, en particulier le *dermestes unidentatus*, qu'il a décrit dans son Système des éleuthérates, sous le n.° 27, et dont Olivier a donné la figure, n.°⁵ 10, 11, 12, 18, pl. 1, fig. 4. (C. **D.**)

SILVER-BIRD. (*Ornith.*) Nom anglois du sterne pierregarin, *sterna hirundo*, Linn. (Cʜ. D.)

SILVER-PAMPEL. (*Ichthyol.*) Nom anglois du stromatée argenté. Voyez Sᴛʀᴏᴍᴀᴛᴇ́ᴇ. (H. C.)

SILVER-PERCH. (*Ichthyol.*) Nom anglois du spare mélanote de feu de Lacépède. Voyez Sᴘᴀʀᴇ. (H. C.)

SILVER-SKIÆREL. (*Ichthyol.*) Nom suédois du pailleen-cul, *trichiurus lepturus*. Voyez Cᴇɪɴᴛᴜʀᴇ. (H. C.)

SILVESTRE. (*Bot.*) On lit dans le petit Recueil des voyages, où il est question des productions du Mexique, que le silvestre est la graine d'une espèce de cochenillier ou raquette, *cactus*, dont la fleur est jaune, et dont le fond rouge laisse tomber, à l'époque de la maturité, ses graines également rouges, dont la teinture est presque égale en beauté à celle de la cochenille; et l'auteur ajoute que Dampier reçut ces éclaircissemens d'un gentilhomme dont il avoit eu occasion de connoître la bonne foi. Si l'on redonnoit une édition de cet ouvrage, on ne commettroit pas l'erreur de prendre un insecte pour une graine : on sait depuis long-temps que deux espèces de cochenilles vivent sur des *cactus*, et, ayant l'apparence de graines, sont nommées pour cette raison au Mexique *grana finæ* et *grana sylvestre*, et qu'elles donnent toutes deux une belle couleur pourpre. (J.)

SILYBE, *Silybum*. (*Bot.*) Genre de plantes dicotylédones, à fleurs composées, de l'ordre des *flosculeuses*, de la *syngénésie polygamie égale* de Linnæus, offrant pour caractère essentiel : Un calice ventru, imbriqué d'écailles très-serrées, prolongées en un appendice en bec, réfléchi, élargi et denté à sa partie inférieure; les fleurs toutes flosculeuses, hermaphrodites; le réceptacle garni de paillettes; les semences couronnées par une aigrette de paillettes linéaires, caduques, réunies en anneau à leur base.

Silybe de Marie : *Silybum marianum*, Gærtn., *De fruct.*, 2,
p. 378, tab. 162, fig. 2; *Carduus marianus*, Linn., *Spec.*; *Carthamus maculatus*, Lamk., *Encycl.*; Fuchs, *Hist.*, 56; Matth.,
Comm., 503, fig. 1; Camer., *Epit*, 445; Lob., *Icon.*, 2, p. 7,
fig. 2; Dod., *Pempt.*, 722. Plante très-remarquable par la
beauté de son feuillage, parsemé, sur un fond d'un beau vert,
de grandes taches laiteuses, auxquelles la superstition reli-
gieuse a attribué une origine miraculeuse, en supposant que
ces taches provenoient de quelques gouttes de lait échappées
du sein de la vierge Marie, d'où lui est venu le nom de
chardon Marie : c'étoit répéter, en d'autres termes, l'origine
de la voie lactée, substituer une fable pieuse à une fable my-
thologique. Cette plante s'élève à la hauteur de deux ou trois
pieds, sur une tige droite, épaisse, cannelée et rameuse. Ses
feuilles sont fort grandes. larges, sinuées, épineuses; les fleurs
terminales, assez grosses, purpurines. Cette plante croit sur
le bord des chemins, aux lieux incultes, en France, en Angleterre, en Allemagne, etc.

Une plante décorée d'un nom religieux devoit avoir de grandes propriétés : aussi a-t-elle été indiquée comme souveraine
dans la pleurésie, et de plus fébrifuge, sudorifique, diurétique, etc.; qualités reconnues à peu près illusoires par le petit
nombre des médecins éclairés et bons observateurs : mais
sous d'autres rapports cette plante n'est point à mépriser. Ses
feuilles, jeunes, débarrassées de leurs épines, se mangent en
salade dans plusieurs contrées de l'Europe; ses tiges, cuites,
sont apprêtées comme les légumes : les Grecs les mangeoient
avec de l'huile et du sel. Le réceptacle des fleurs remplace
nos artichauts : il ne lui manque que la grosseur. Les racines
plaisent beaucoup à différens animaux. On dit les lapins très-
friands des jeunes tiges et des feuilles.

Silybe penché : *Silybum cernuum*, Gærtn., *De fruct.*, *loc. cit.*,
tab. 162; *Cnicus cernuus*, Linn., *Hort. Ups.*, 251; Gmel., *Sibir.*,
2, pag. 47, tab. 19; *Serratula cernua*, Poir., *Encycl.* Cette
plante a des tiges droites, hautes de six pieds, cendrées,
creusées par des stries purpurines, presque simples, divisées à leur sommet en rameaux paniculés. Les feuilles sont
sessiles, alternes, embrassantes, en cœur, ovales, dentées,
échancrées à leur face inférieure. pourvues d'épines molles;

les feuilles radicales pétiolées, en cœur, un peu lancéolées : les pétioles ailés, un peu crépus et denticulés. Les fleurs sont inclinées, terminales, presque solitaires, assez grandes : le calice est hémisphérique, composé d'écailles scarieuses, imbriquées, dont les extérieures sont prolongées en un appendice presque en cœur, denté, terminé par une épine molle ; les écailles intérieures sont linéaires, plus longues, terminées par un appendice concave, réfléchi ; tous les fleurons jaunes, égaux ; le réceptacle est garni de paillettes sétacées ; les semences sont lenticulaires, comprimées, striées, en ovale renversé ; l'aigrette est caduque, plus longue que la semence. Cette plante croît dans la Sibérie. (Poir.)

SILYBUM. (*Bot.*) Ce nom, cité par Daléchamps, soit pour l'*echinops sphærocephalus*, soit pour l'*onopordum acanthium*, plantes de la famille des cinarocéphales, a été appliqué par C. Bauhin à un autre genre de la même famille (*carduus marianus*), adopté pour la même plante par Vaillant, Haller et Adanson, et récemment par Gærtner et M. De Candolle. Adanson cite encore ce nom, d'après Rauwolf, pour le genre *Gundelia*. Voyez Silybe. (J.)

SIMA-UTSUGI, NIPPON-UTSUGI, KOREI-UTSUGI. (*Bot.*) M. Thunberg cite ces noms japonois de son genre *Weigela japonica*, originaire de la Corée, suivant Kæmpfer, lequel n'est pas encore rapporté à une famille connue. (J.)

SIMABE, *Simaba*. (*Bot.*) Genre de plantes dicotylédones, à fleurs complètes, polypétalées, de la famille des *simaroubées*, de la *décandrie monogynie* de Linnæus, offrant pour caractère essentiel : Un calice en cupule, à cinq divisions ou à cinq dents ; cinq pétales ; dix étamines ; les filamens élargis à leur base en une écaille velue ; cinq ovaires rapprochés, uniloculaires, monospermes ; cinq styles, souvent soudés en un seul ; cinq stigmates courts ; cinq capsules ou coques à une loge monosperme. Quelquefois la fleur a une partie de moins ou une de plus.

Simabe a fleurs nombreuses ; *Simaba floribunda*, Aug. S. Hil., Mém. du Mus., vol. 10, pag. 277. Arbrisseau d'environ dix pieds, à tige grêle, à feuilles ailées, avec une impaire et les folioles glabres, lancéolées, elliptiques, un peu obtuses, longues de deux à cinq pouces, luisantes, rétrécies à leur base ;

la panicule est ample, pubescente, terminale, à ramifications
étalées, munies à leur base d'une petite bractée en spatule ; les
fleurs, presque sessiles, agglomérées, ont le calice pubescent,
à cinq divisions ; cinq pétales verdâtres, ovales, aigus ; dix
étamines ; cinq ovaires distincts, velus ; les styles soudés. Cette
plante croît au Brésil, dans les lieux secs, proche la ville de
Villa-do-Fanedo. L'écorce et les feuilles sont très-amères ; les
fleurs ont une odeur de miel.

Simabe ferrugineux ; *Simaba ferruginea*, Aug. S. Hil., *l. c.*
Ses tiges sont ligneuses, hautes de deux pieds et plus, revêtues d'une écorce amère ; les rameaux pubescens, ferrugineux ;
les feuilles composées de deux ou trois paires de folioles opposées, elliptiques, pubescentes et nerveuses en dessous, très-
obtuses ; la panicule est terminale, presque sessile, pubescente,
plus courte que les feuilles, à ramifications anguleuses, ferru-
gineuses ; les fleurs, ramassées, médiocrement pédicellées, ont
le calice petit, tomenteux, roussâtre ; cinq pétales linéaires,
verdâtres, tomenteux, un peu obtus ; dix étamines ; les anthères rougeâtres ; les styles soudés ; cinq ovaires ovales, trigones, lanugineux. Cette plante croît au Brésil. Ses fleurs
répandent une odeur de miel.

Simabe odorant ; *Simaba suaveolens*, Aug. S. Hil., *loc. cit.*,
tab. 18, *A.* Cette espèce a des rameaux tétragones, couverts
d'un duvet cendré : les feuilles sont ailées, sans impaire ; les
supérieures simples ou ternées ; les folioles médiocrement pédicellées, glabres, coriaces, elliptiques ou un peu arrondies,
très-obtuses ; les fleurs disposées en grappes terminales, pubescentes, un peu lâches, composées, longues d'environ cinq
pouces : elles ont le calice pubescent, à découpures ovales, obtuses ; la corolle blanche, à pétales lancéolés, parsemés de
points glanduleux ; quelquefois huit étamines ; cinq styles soudés, pubescens à leur base ; cinq ovaires portés sur un réceptacle en colonne, épais, cannelé. Les fleurs répandent une
odeur de miel très-agréable. Cette plante croît au Brésil.

Simabe trichilioïde ; *Simaba trichilioides*, Aug. S. Hil., *l. c.*,
tab. 18, *B.* Cet arbrisseau a l'aspect d'un *trichilia.* Ses feuilles
sont pétiolées, ailées avec ou sans impaire, à trois ou quatre
paires de folioles longues de trois pouces, elliptiques, très-
obtuses, nerveuses, un peu mucronées au sommet, pubes-

centes en dessus, légèrement tomenteuses en dessous ; la panicule est presque simple , roussâtre , tomenteuse, longue de deux
pieds et plus ; une petite bractée est à la base des ramifications : les fleurs sont agglomérées : elles ont le calice roussâtre ,
tomenteux , en forme de cupule , à cinq dents ; les pétales
verdâtres, soyeux, linéaires, obtus; dix étamines rapprochées
en tube ; les styles soudés, tomenteux à leur base ; les ovaires
très-velus , ainsi que leur réceptacle très-long. Cette plante
croît au Brésil.

Simabe de l'Orénoque; *Simaba orinocensis*, Kunth, *in* Humb.
et Bonpl., *Nov. gen.*, 6, pag. 18, tab. 514, *A*, *B*. Arbre garni
de rameaux épars, glabres, ridés, d'un brun noirâtre. Les
feuilles sont alternes, pétiolées, ailées sans impaire, quelquefois binées ou ternées ; les folioles opposées, un peu pédicellées, oblongues, arrondies au sommet, rétrécies en coin à
leur base, très-glabres, coriaces, longues de trente à quarante lignes, larges d'environ un pouce ; point de stipules. Les
grappes sont terminales, presque sessiles, solitaires ou géminées, longues d'un à trois pouces, un peu hérissées sur leur
rachis ; les fleurs pédicellées, solitaires ou réunies deux ou
trois, munies de petites bractées hérissées et caduques : le
calice est fort petit, hérissé, à cinq divisions profondes, ovales, concaves, un peu aiguës; les pétales sont oblongs, obtus,
inégaux à leurs côtés, élargis à leur base, beaucoup plus longs
que le calice ; lès dix étamines sont beaucoup plus courtes que la
corolle, cinq opposées aux pétales ; les filamens dilatés à leur
base ; l'ovaire est composé de trois ou quatre coques, dont très-
souvent une seule reste dans le fruit. Cette plante croît aux
lieux sablonneux et très-chauds, proche Carichana.

Simabe de Guinée : *Simaba guianensis*, Aubl., Guian., 1,
tab. 153 ; *Wingera amara*, Willd., *Sp.*, 2, p. 569. Arbrisseau
de sept à huit pieds, dont la tige est droite, cylindrique,
à écorce ridée, et rameaux étalés. Les feuilles sont alternes, pétiolées, ternées ou ailées avec une impaire, composées de quatre ou six folioles opposées, fermes, lisses, vertes,
ovales-oblongues, entières, acuminées, longues d'environ
trois pouces et demi, larges d'un pouce et plus ; la foliole impaire pédicellée. Les fleurs sont axillaires, réunies au nombre
de cinq à six en un petit corymbe ; les pédoncules sont courts ,

inégaux, munis à leur base d'une petite bractée en forme
d'écaille. Le calice est glabre, à quatre ou cinq divisions
profondes, aiguës ; la corolle blanche, un peu plus longue
que le calice, à quatre ou cinq pétales ovales, étroits, obtus ; le fruit composé de quatre ou cinq coques jaunâtres,
ovoïdes, revêtues d'une écorce verte, mince, coriace, d'une
saveur amère. Cet arbrisseau croît dans la Guiane. On le
rencontre dans les forêts d'Orapu, sur les terrains découverts.
(Poir.)

SIMAROUBA. (*Bot.*) Nicolson cite sous ce nom trois arbres
de Saint-Domingue : le simarouba de Cayenne, ou bois amer,
paroît devoir être le vrai simarouba. Celui dit de Saint-Domingue est peut-être le même que le bois blanc de la Martinique. Le simarouba faux est selon lui un *malpighia*. (J.)

SIMAROUBA DE LA MARTINIQUE. (*Bot.*) Voyez Bois
blanc de la Martinique. (J.)

SIMAROUBÉES. (*Bot.*) On a parlé de cette famille dans
l'énumération de celles qui font partie du groupe des Ruta-
cées, où elle est placée la cinquième, tom. XLVI, pag. 469.
On n'a pas oublié de citer les noms et les travaux des auteurs
célèbres qui ont concouru à l'établir, à la distinguer d'autres
familles voisines, et à déterminer leurs rapports respectifs.
Son caractère général a été tracé avec soin ; et pour éviter
des répétitions inutiles, nous croyons devoir renvoyer à
l'article cité. (J.)

SIMARUBA. (*Bot.*) Voyez Quassier. (Poir.)

SIMBI. (*Ornith.*) On donne ce nom , dans l'Histoire générale des voyages, édition in-4.°, tom. 3, p. 304, à une des
espèces d'aigles qui se trouvent à la côte occidentale d'Afrique
et font leur proie des oiseaux. (Ch. D.)

SIMBLEPHILE. (*Entom.*) Nom donné par M. Jurine à quelques espèces de philanthes, insectes hyménoptères, dont il
a formé un genre ; tels sont les *philanthus coronatus, triangu-
lum, pictus, ventilabris,* etc. Voyez Philanthe. (C. D.)

SIMBULETA. (*Bot.*) Genre de plantes dicotylédones, à
fleurs complètes, monopétalées, de la *didynamie angiospermie*
de Linnæus, jusqu'alors imparfaitement connue, dont le caractère essentiel consiste dans un calice campanulé, persistant, à cinq divisions ; la corolle campanulée : le limbe par-

tagé en deux lèvres ; la supérieure bifide et réfléchie ; l'inférieure plus longue, à trois lobes ; quatre étamines didynames ; les anthères réunies ; un ovaire supérieur ; un style ; un stigmate en tête. Le fruit inconnu.

SIMBULETA D'ARABIE ; *Simbuleta arabica*, Forsk., *Flor. œgypt. arab.*, pag. 115. Plante herbacée, dont les tiges sont hautes d'environ un pied, grêles, simples, droites, cylindriques, anguleuses, garnies de feuilles éparses, alternes, rapprochées, linéaires, presque filiformes ; les supérieures très-simples, longues d'environ un demi-pouce ; les inférieures partagées en deux, glabres, acuminées, longues d'environ un pouce. Les fleurs sont blanches et forment une grappe terminale longue de quatre pouces, composée de fleurs solitaires, penchées, médiocrement pédonculées, munies à la base de chaque pédoncule d'une bractée linéaire, semblable aux feuilles. Le calice est partagé en cinq découpures égales, linéaires ; la corolle monopétale, irrégulière, partagée en deux lèvres ; les étamines didynames ; les anthères noirâtres, réunies, formant comme un seul corps quadrangulaire, un peu comprimé ; l'ovaire ovale, supère ; le style filiforme, surmonté par un stigmate oblique, ovale ou globuleux. Cette plante croît dans l'Arabie et sur la montagne de Kurma. (POIR.)

Ce genre de Forskal a été réuni à l'*anarhinum* dans la famille des personées ou scrophularinées par Vahl, possesseur de son herbier. C'est le *symbulet ennosem* ou *safal* des Arabes, suivant Forskal. (J.)

SIMERI. (*Conchyl.*) Adanson (Sénég., page 79, pl. 5) décrit et figure sous ce nom une très-petite coquille abondante sur la côte du Sénégal, et dont il fait une espèce de son genre Péribole ; mais qu'il auroit mieux fait, à ce qu'il nous semble, de porter dans son genre Porcelaine, correspondant à celui que M. de Lamarck a nommé Marginelle. Gmelin rapporte cette coquille au *voluta pallida* de Linné. Je ne vois pas que M. de Lamarck en ait parlé ; peut-être l'a-t-il regardée comme une jeune porcelaine. (DE B.)

SIMESSI. (*Ichthyol.*) C'est ainsi qu'on nomme les poissons aux îles Fidji ; mais aux îles de la Société ils portent le nom générique d'*eïa*, qui paroît être un diminutif du malais *ikan*.

Le mot *ika* est aussi usité aux îles de Mendoce. (LESSON.)

SIMIA. (*Mamm.*) Nom latin des singes. Il paroît que les anciens le donnoient spécialement au pithèque ou magot, espèce du genre Macaque. (DESM.)

SIMIA MARINA. (*Ichthyol.*) Dans Jonston , c'est la chimère arctique. Voyez CHIMÈRE. (H. C.)

SIMIBIL. (*Bot.*) Voyez SEMBEL. (J.)

SIMILAIRES [PARTIES]. (*Bot.*) Parties élémentaires semblables à elles-mêmes dans les divers végétaux. Voyez TISSU ORGANIQUE. (MASS.)

SIMILIFLORE [OMBELLE]. (*Bot.*) Ses fleurs, au lieu d'être irrégulières à la circonférence, comme dans la coriandre , par exemple, sont toutes semblables ; exemples : *sium verticillatum , imperatoria*, etc. (MASS.)

SIMILOR. (*Chim.*) Alliage de cuivre et de zinc, qui a la couleur de l'or. (CH.)

SIMIRA. (*Bot.*) Genre de plantes dicotylédones, à fleurs complètes, monopétalées, de la famille des *rubiacées*, de la *pentandrie monogynie* de Linnæus, offrant pour caractère essentiel : Un calice fort petit, à cinq dents ; une corolle petite, tubulée, à cinq lobes ; cinq étamines insérées à l'orifice du tube ; un ovaire inférieur ; un style quelquefois bifide au sommet ; deux stigmates obtus ; une petite baie à deux loges monospermes, couronnée par les dents du calice.

Ce genre est tellement voisin du *Psycothria* que plusieurs auteurs les ont réunis avec assez de raison , n'offrant que quelques différences peu importantes dans les parties de la fructification, ainsi que dans le port des espèces : ce sont des arbres ou de grands arbrisseaux. En rejetant ce genre, il faudra transporter au *Psycothria* les espèces suivantes :

SIMIRA DES TEINTURIERS : *Simira tinctoria*, Aubl., Guian. , 1, tab. 65 ; *Psycothria parviflora*, Willd., *Spec.*, 1, pag. 962. Arbre élevé d'environ dix à douze pieds sur un tronc de dix pouces de diamètre, revêtu d'une écorce épaisse , roussâtre, rouge en dedans, et dont le bois est blanchâtre ; ses branches sont étalées ou dressées ; les rameaux opposés, garnis de feuilles opposées, médiocrement pétiolées, molles , ovales , entières, elliptiques, vertes en dessus, plus pâles en dessous, glabres, aiguës, longues d'environ quatorze pouces sur six de large, marquées en dessous de nervures rougeâtres, saillantes, et garnies de deux stipules opposées, ovales, aiguës, très-caduques. Les fleurs sont disposées en une panicule ample, terminale, touffue ; les ramifications opposées; les pédicelles courts; le calice est petit, d'une seule pièce, à cinq petites dents. La corolle est blanche, monopétale, en entonnoir ; le tube au moins une fois plus long que le calice ; le limbe à cinq lobes un peu arrondis ; les étamines sont plus longues que le tube, et le style plus long que les étamines. Le fruit est une petite baie à deux loges monospermes. Cet arbre croît dans les grandes forêts d'Orapu, aux lieux humides. Son écorce, trempée dans l'eau, lui communique une couleur d'un très-beau rouge, ce qui fait présumer qu'elle pourroit être employée utilement dans la teinture. Les essais qu'on en a fait à Cayenne donnent lieu de croire qu'elle seroit bonne pour teindre en un rouge vif les étoffes de soie et de coton.

Simira luisante : *Simira nitida*, Poir., Encycl., *Mapouria guianensis*, Aubl., Guian., 1, tab. 167 ; *Psycothria nitida*, Willd., *Spec.*, 1, pag. 963. Arbrisseau qui, des mêmes racines, pousse plusieurs tiges moelleuses, cassantes, rameuses, hautes de sept à huit pieds, revêtues d'une écorce verdâtre. Les feuilles sont opposées, pétiolées, larges, ovales, un peu arrondies, vertes, tendres, luisantes, entières, acuminées, rétrécies à leur base, longues d'environ huit pouces, sur quatre ou cinq de large, munies de deux stipules ovales, opposées, très-caduques. Les fleurs sont disposées en une ample panicule ; les ramifications opposées, munies à leur insertion d'une petite bractée caduque. Le calice est d'une seule pièce, évasé, à cinq dents terminées par une petite pointe noirâtre. La corolle est blanche, infundibuliforme ; le tube court; le limbe à cinq lobes obtus ; les étamines sont de la longueur de la corolle; le style est terminé par un stigmate à deux lames. Cet arbrisseau croît dans la Guiane, sur les bords de la rivière de Sinémari. Les Galibis lui donnent le nom de *maypouri-crabri*, parce que les *maypouri* ou vaches sauvages se nourrissent volontiers de ses feuilles et de ses rameaux.

Simira palicourier : *Simira palicourea*, Poir., Encycl., *Palicourea guianensis*, Aubl., Guian., 1, tab. 66; *Psycothria palicourea*, Willd., *Spec.*, 1, pag. 971 ; *Stephanium*, Schreb.,

Gen. Arbrisseau de sept à huit pieds, revêtu d'une écorce lisse, verdâtre. Le bois est blanc, dur, cassant; les rameaux sont opposés, et forment avec les branches une tête pyramidale. Les feuilles sont opposées, pétiolées, fermes, larges, ovales, glabres, entières, aiguës à leurs deux extrémités, longues d'un pied et plus, larges de cinq à six pouces; le pétiole est long d'un pouce, muni à sa base de deux larges stipules oblongues, aiguës, presque conniventes à leur base. Les fleurs répandent une odeur agréable, et forment une panicule terminale, d'un rouge écarlate, de couleur orangée à la partie inférieure. Le calice est fort petit, à cinq dents courtes, très-aiguës; la corolle infundibuliforme, d'un rouge écarlate; le tube long, cylindrique, un peu renflé vers le sommet, légèrement courbé; le limbe à cinq lobes ovales, aigus, un peu inégaux; les étamines sont de la longueur du tube; le style a la longueur de la corolle et deux stigmates comprimés, élargis. Le fruit est une petite baie à deux loges. Cette plante croît à la Guiane, dans les forêts de Caux. (Poir.)

SIMIRA. (*Bot.*) Ce genre d'Aublet est un de ceux qui ont été réunis au *Psychotria* dans les rubiacées. On donne aussi, suivant lui, le nom de simira, dans la Guiane, à son *Vouapa simira*, genre de légumineuses. (J.)

SIMIRE, KINSAI. (*Bot.*) Noms japonois de la violette odorante, cités par Kæmpfer, ainsi que du *viola tricolor*. (J.)

SIMMOGUSA. (*Bot.*) Voyez KATABAMI. (J.)

SI-MOMU, SU-MOMU. (*Bot.*) Noms japonois du prunier ordinaire, cités par Kæmpfer et M. Thunberg. (J.)

SIMON. (*Mamm.*) Le dauphin a reçu ce nom vulgaire. (DESM.)

SIMON. (*Ornith.*) Voyez PETIT-SIMON. (CH. D.)

SIMPLA EGGEN. (*Ichthyol.*) Nom suédois de l'asprède lisse. Voyez ASPRÈDE. (H. C.)

SIMPLA-NOBLA. (*Bot.*) La plante qui porte dans les Canaries ce nom, sous lequel Plukenet l'a désignée, est le *Phyllis* de Linnæus, genre de la famille des rubiacées. (J.)

SIMPLE. (*Bot.*) On distingue par cette épithète la racine, la tige, les vrilles, les épines, etc., qui ne sont point ramifiés; la feuille dont toutes les parties sont continues ensemble; l'ombelle dont les pédoncules ombellés ne se subdivisent point (*butomus*, etc.); le corymbe dont les pédicelles partent immédiatement du pédoncule commun (*sedum*, *kalmia*, etc.); l'involucre composé d'une seule pièce ou bien de plusieurs pièces disposées sur un seul rang (*urospermum*, etc.) ; la fleur dont le nombre des pétales qu'elle doit avoir n'est point augmenté par la transformation des autres parties qui la composent; le périanthe qui ne présente qu'une seule enveloppe (lis, *daphne*, aristoloche, etc.); le stigmate qui n'est pas sensiblement distinct du sommet du style (*valeriana rubra*, etc.); le fruit qui provient d'un ovaire unique (*amygdalus*, etc.); les poils qui ne sont ni ramifiés ni divisés par des cloisons transversales. (Mass.)

SIMPLEGADE, *Simplegas*. (*Conchyl.*) Denys de Montfort (Conchyl. systém., tome 1, page 82) a établi sous ce nom une division générique parmi les ammonites : ce sont celles dont les cloisons sont constamment sinueuses avec le siphon dorsal, c'est-à-dire, le plus grand nombre des espèces d'ammonites. Il nomme, au contraire, Ammonie, les espèces de coquilles également enroulées dans le même plan vertical, de manière à laisser voir les tours de spire; mais dont les cloisons sont simples ou non sinueuses, comme le nautile ombiliqué. M. de Blainville, pour moins changer les habitudes, a laissé le nom d'ammonites aux espèces à cloisons sinueuses, et celui de simplegade aux autres; mais il sera peut-être préférable, en ayant égard à la position seule du siphon, de laisser les espèces à cloisons non sinueuses parmi les nautiles. (De B.)

SIMPLEGADE. (*Foss.*) Dans la Conchyliologie systématique (1808), Denys de Montfort, qui avoit présenté pour type des ammonites un nautile ombiliqué et à l'état frais, avoit donné le nom générique de simplegade à toutes celles des ammonites qui ont des cloisons dentelées, lobées et persillées; M. de Blainville (Manuel de malacologie, p. 384) a fait ce qu'il a cru que Denys de Montfort auroit dû faire, en donnant le nom de simplegade à celles des ammonites dont les cloisons ne sont pas sinueuses, et celui d'ammonite à celles dont les cloisons sont sinueuses ou persillées.

L'un des caractères des ammonites étant d'avoir des cloisons sinueuses ou persillées (Lamk., Anim. sans vert., 1801),

Denys de Montfort, pour faire passer une de ses idées, n'auroit pas dû changer ce que M. de Lamarck avoit fait ; mais cet auteur se jouoit trop souvent de ses lecteurs. Il paroît convenable de conserver le nom d'ammonites à toutes celles des coquilles roulées sur le même plan qui ont des cloisons lobées et découpées dans leur contour.

On a divisé les Ammonées en Ammonites, Orbulites, Planulites, Ammonocérates, Turrilites, Baculites (Lamk.); Ellipsolites, Amaltés, Pélagures, Simplegades, Tiranites (Montf.); *Nautilus argonauta* (Rein.); Ammonelliptiques (Park.); Ophiomorphites (Plett.); Globites, Cératites, Goniatites, Rhabdites (de Haan); Orthocératites (Schlot.); Hamites et Scaphites (Sow.).

Il semble que de tous les genres ci-dessus il doit être seulement conservé, sous les noms les plus anciens, ceux qui ne vont pas se fondre dans d'autres par des passages insensibles.

Sans trop savoir au juste ce que c'est qu'un genre dans celles des coquilles fossiles dont on ne connoît pas les animaux, je vais passer en revue ceux dont les noms sont rapportés ci-dessus, et hasarder mes opinions sur chacun d'eux.

Les turrilites, qui malheureusement viennent d'être nommées turrites par un estimable savant, étant contournées en spirale, et les baculites, qui sont droites, peuvent constituer des genres particuliers très-distincts.

Les scaphites, avec la forme singulière de leur dernière loge et de leur ouverture, ne sont peut-être que des ammonites.

Les orbulites n'étant distingués que par le dernier tour, qui enveloppe tous les autres, et quelques espèces faisant passer à ce caractère par des tours plus ou moins enveloppans, il semble que ce genre ne peut être conservé, et qu'il doit rentrer dans celui des ammonites.

Les planulites paroissent n'être que des ammonites aplaties.

Les ammonocérates se sont présentés rarement, et paroissent avoir été moulés dans des coquilles auxquelles il étoit arrivé quelque accident qui les avait brisées vers leur sommet.

S'il étoit reconnu, comme le dit Denys de Montfort, que la forme elliptique des ellipsolites est toujours constante, ils pourroient former une section dans les ammonées; mais cela n'est peut-être pas encore bien prouvé : on voit plusieurs espèces d'ammonites qui se sont présentées sous cette forme, et il reste à vérifier si elle est constante dans ces espèces.

Les amaltés ne sont que des ammonites à dos caréné, et c'est par erreur que, dans la figure que Denys de Montfort en a donnée, le siphon a été placé au milieu, au lieu d'être présenté sous la carène dorsale.

Les noms de pélaguse et de cératite ont été donnés à la même espèce d'ammonite par Montfort et par M. de Haan. Les cloisons de ces coquilles sont sinueuses, et si elles n'étoient pas découpées ou persillées, on pourroit peut-être les ranger dans un genre particulier; mais il paroît qu'indépendamment des sinuosités des cloisons, elles sont persillées, ainsi que Montfort l'annonce. Ce que je puis affirmer à cet égard, c'est que je possède trois moules de ces coquilles, dont deux, qui ont plus de cinq pouces de diamètre, ont des cloisons sinueuses, simples, non persillées; et une autre, qui n'a que deux pouces de diamètre, dont le bord des cloisons est garni de dents, en sorte que ce caractère paroît devoir faire rester ces coquilles dans les ammonites, ainsi que l'a fait M. d'Orbigny dans son Tableau méthodique de la classe des céphalopodes (p. 76), où il a dit que, pour un très-grand nombre de genres formés aux dépens des ammonites, les passages sont insensibles d'une forme à l'autre.

Les tiranites de Montfort, qui sont les mêmes coquilles que celles que M. de Haan a nommées rhabdites, étant droites, appartiendroient aux baculites, si le siphon n'étoit pas central; mais je pense que ce caractère doit les faire ranger dans les orthocératites.

M. d'Orbigny (*loc. cit.*) range dans les ammonites le *nautilus argonauta*, les ammonelliptiques et les ophiomorphites, que je ne connois pas. Je crois qu'il en doit être ainsi des globites; mais, à l'égard des goniatites, j'avois pensé depuis long-temps que leurs cloisons simples sur leurs bords, anguleuses et non persillées, devoient les faire distinguer des ammonites.

Comme dans les scaphites on ne voit que des portions de coquille, on n'en connoît pas tous les caractères; mais la forme coudée des portions qu'on rencontre, ne permet pas de les confondre avec les ammonites, quoique leurs cloisons soient persillées : celles de l'*ammonites Gervillii* (Sow. et de Haan) paroissant simples sur leurs bords, et ayant cela de particulier qu'en divisant la coquille dans son épaisseur, on voit que dans l'un des morceaux elles sont concaves du côté qui regarde l'ouverture, tandis que dans l'autre elles présentent une convexité, il semble que cette espèce doive être distinguée des ammonites.

Lorsque les ammonites sont entières, elles présentent une diversité étonnante dans la forme des bords de la bouche : quelquefois elles sont munies d'un bourrelet épais et réfléchi en dehors. Dans quelques espèces deux languettes alongées en pointe ou digitées s'étendent de chaque côté de la bouche : dans d'autres, un troisième appendice part du milieu des deux languettes, et se replie sur l'entrée de la bouche ; enfin, on en voit qui terminent seulement leur ouverture en la rétrécissant. On voit des figures de ces différentes ouvertures dans l'atlas de ce Dictionnaire, planches de fossiles. (D. F.)

SIMPLICICORNES ou APLOCÈRES. (*Entom.*) Nous avons indiqué sous ce dernier nom dans ce Dictionnaire, Suppl. du tom. II, pag. 100, une famille d'insectes diptères, sans suçoir corné, à trompe charnue, rétractile, à antennes sans poil isolé, particularité qui est indiquée par le nom ; tels sont en particulier les genres Bibion, Anthrax, Stratiome, Sique, Némotèle, etc. Voyez Aplocères. (C. D.)

SIMPSKRABBAN. (*Ichthyol.*) Nom suédois de la rascasse. Voyez Scorpène. (H. C.)

I. SIMSIA. (*Bot.*) Genre de plantes dicotylédones, à fleurs composées, de l'ordre des *radiées*, de la *syngénésie polygamie frustranée* de Linnæus, offrant pour caractère essentiel : Un calice presque cylindrique, à plusieurs folioles presque égales, linéaires-lancéolées, toutes appliquées les unes sur les autres ; la corolle radiée ; les fleurons du disque hermaphrodites et fertiles ; les demi-fleurons de la circonférence femelles et stériles ; le réceptacle couvert de paillettes ; les semences planes, un peu échancrées au sommet, avec une double arête.

Ce genre faisoit d'abord partie des *coreopsis* ; il en a été séparé par M. Persoon, à cause du caractère du calice et du port des espèces. Il l'a consacré à Sims, continuateur du *Botanical magazin* de Curtis. Depuis, M. Rob. Brown a établi un autre genre sous le même nom. Il sera mentionné à la suite de celui-ci ; mais on conçoit la nécessité de changer un de ces deux noms , en supposant que l'on conserve ces deux genres. M. Kunth réunit le *Simsia* au *Ximenesia* de Cavanilles.

Simsia a feuilles de figuier : *Simsia ficifolia*, Pers., *Synops.*, 2, pag. 478 ; *Coreopsis fœtida*, Cavan., *Ic. rar.*, 1, tab. 77. Espèce remarquable par la forme de ses feuilles, approchant de celles du figuier, grandes, ovales, en cœur, glutineuses, d'une odeur forte, à trois lobes aigus, dentées en scie ; les pétioles connivens à leur base. Les feuilles sont alternes, sessiles, lancéolées ; les tiges droites, cylindriques, rameuses, hautes de cinq à six pieds, glutineuses, légèrement tomenteuses, ainsi que toutes les autres parties de la plante. Les fleurs sont disposées en corymbe ; le calice est ovale, presque cylindrique, à seize folioles aiguës, disposées sur deux rangs, dont les huit externes d'un vert noirâtre ; la corolle jaune ; huit demi-fleurons ovales, oblongs, un peu échancrés, à trois nervures ; les semences sont presque trigones, surmontées de deux pointes blanchâtres, droites, capillaires. Cette plante croît au Mexique.

Simsia amplexicaule : *Simsia amplexicaulis* , Pers., *Synops.*, *loc. cit.*; *Coreopsis amplexicaulis*, Cavan., Descript., 226. Cette espèce a des tiges droites, blanchâtres et pubescentes, garnies de feuilles alternes, pétiolées, presque palmées, un peu rudes ; ordinairement divisées en trois lobes, quelquefois en cinq ; les pétioles embrassent à demi les tiges par leur base foliacée , auriculée. Les feuilles inférieures sont rudes, entières, obliques ; les fleurs d'un jaune de safran. Le lieu natal de cette plante n'est pas connu.

Simsia hétérophylle : *Simsia heterophylla*, Pers., *Synops.*, *loc. cit.*; *Coreopsis heterophylla*, Cavan., *Ic. rar.*, 3, tab. 268. Cette espèce est très-belle. Ses tiges sont herbacées, hautes d'environ un pied , épaisses, légèrement tomenteuses. Les feuilles sont rudes : les radicales nombreuses, longues d'un pied, panduriformes, sinuées, crénelées et courantes sur le pétiole ; les caulinaires alternes, sessiles, lancéolées, dentées en scie; les fleurs très-grandes, solitaires, axillaires; les pédoncules alongés, renflés vers leur sommet. Le calice est urcéolé, à plusieurs folioles longues d'un pouce, rudes, ovales, ciliées; les demi-fleurons ovales, oblongs, d'un violet clair, longs d'un pouce, obtus, à trois dents; les fleurons d'un jaune verdâtre, à cinq dents; les ovaires surmontés de deux pointes recourbées. Cette plante croît à la Nouvelle-Espagne. (Poir.)

II. SIMSIA. (*Bot.*) Genre de plantes dicotylédones, à fleurs incomplètes, de la famille des *protéacées*, de la *tétrandrie monogynie* de Linnæus, offrant pour caractère essentiel : Une corolle à quatre divisions profondes, régulières, réfléchies à leur partie supérieure; point de calice; quatre étamines saillantes; les anthères libres, d'abord conniventes; un ovaire supérieur; un style; un stigmate concave, dilaté; une noix conique.

Ce genre renferme des arbrisseaux peu élevés, très-glabres, garnis de feuilles alternes, filiformes, bifides, pétiolées, dilatées à la base des pétioles. Les fleurs sont réunies en une petite tête terminale, globuleuse, formant par leur ensemble une grappe ou une panicule, munie d'un involucre court, quelquefois nul. Les fleurs sont jaunes, glabres, pourvues d'une seule bractée.

M. Rob. Brown, auteur de ce genre, n'en a mentionné que deux espèces dans les Transactions linnéennes, tom. 10, pag. 152; savoir : le *simsia tenuifolia*, dont les fleurs, ramassées en tête, sont privées d'involucre; les rameaux de la panicule ne portent presque qu'une seule fleur, munie de petites bractées : le *simsia anethifolia*, dont les petites têtes de fleurs sont accompagnées d'un involucre, et de petites bractées imbriquées; les rameaux de la panicule garnis de plusieurs fleurs; les pédicelles presque aussi longs que les têtes de fleurs. Ces deux plantes croissent sur les côtes de la Nouvelle-Hollande. (Poir.)

SIMULACRUM COTURNICIS. (*Ornith.*) Cette dénomination désigne, dans Jonston, la caille de la Louisiane ou Colcuicuiltic. Voyez ce mot. (Ch. D.)

SIMULIE, *Simulium*. (*Entom.*) M. Latreille a fait connoître sous ce nom une espèce d'insectes, dont il a formé un genre que M. Meigen a appelé Atractocère : ce sont des espèces de moustiques qui piquent les quadrupèdes. (C. D.)

SIN, MAKI. (*Bot.*) Noms japonois, cités par Kæmpfer, d'un if qui est le *taxus macrophylla* de M. Thunberg, employé au Japon pour faire des coffrets et autres meubles ; le noisetier, *corylus avellana*, est aussi nommé *sin* ou *fasi-bami* ; l'*eupatorium album* est nommé *sin-ran* ; le *chrysanthemum coronarium* est le *singikf* ; le *sin-san* de Kæmpfer est le *skinnera japonica* de M. Thunberg ; le *sin-ut* est le *cornus sanguinea*. (J.)

SIN-SAM. (*Bot.*) Voyez Mijama-skimmi. (J.)

SINA-HORIC. (*Bot.*) Plante de Madagascar, indiquée par Flacourt comme semblable à l'aigremoine, mais classée dans le Catalogue de l'herbier de Vaillant parmi les mauves. (J.)

SINA-NO-KAKI. (*Bot.*) Nom japonois d'un plaqueminier, *diospyros kaki*, cité par M. Thunberg. (J.)

SINAIRE. (*Ornith.*) La Chesnaye-des-Bois dit, au mot *Faucon sacre*, tome 2 de son Dictionnaire universel des animaux, que les fauconniers distinguent trois espèces de sacres ; savoir, le *saph*, qui se trouve en Égypte et prend les lièvres et les biches ; le *leury*, qui prend les daims et les chevreuils, et le *sinaire* ou *pélerin*, qui est nommé de passage, parce qu'il passe vers les Indes et vers le Midi. On en prend, ajoute-t-il, dans les îles du Levant, en Chypre, à Candie et à Rhodes. (Ch. D.)

SINAPI. (*Bot.*) Ce nom ancien de la moutarde (*sinepi* des Grecs), adopté par Tournefort, a été changé par Linnæus en celui de *sinapis*. Les anciens le donnoient aussi au velar, *erysimum*, à la roquette sauvage, *sisymbrium tenuifolium*, et à quelques autres plantes crucifères. (J.)

SINAPI, Encycl. (*Bot.*) Voyez à l'article Cordylolocarpe. (Poir.)

SINAPISTRUM. (*Bot.*) Tournefort nommoit ainsi le Mozambé, genre de plantes dont plusieurs espèces ont un goût piquant et sont employées dans l'Inde en assaisonnement. Linnæus a substitué à ce nom celui de *cleome*. (J.)

SINAPOU. (*Bot.*) Nom donné dans la Guiane, suivant Aublet, au *galega cinerea*, qui est cultivé sur toutes les habitations et dont on fait usage pour enivrer les poissons. Il est aussi nommé *senepou*. (J.)

SINARA. (*Bot.*) Nom vulgaire d'une espèce d'ixore. Voyez Ixore. (Poir.)

SINASBAR. (*Bot.*) Nom arabe de la menthe aquatique, suivant Mentzel. (J.)

SINCANA-WAREI. (*Bot.*) On connoît sous ce nom le *commelina cristata* sur la côte de Coromandel, suivant Burmann. (J.)

SINCIALO. (*Ornith.*) La perriche qui porte ce nom à Saint-Domingue, est le *psittacus rufirostris* de Linné et de Latham. (Ch. D.)

SINDOE. (*Bot.*) Ce nom malabare, cité par Rhéede, a été appliqué par Burmann à son *laurus malabatrum*. (J.)

SINETHÈRE. (*Mamm.*) Nom donné par M. Fréderic Cuvier à l'un des genres de Rongeurs épineux et non claviculés, qu'il admet pour subdiviser le genre Porc-épic, *hystrix*, de Linné. Il a pour type le *coëndou à longue queue* de Buffon, qui a déjà été considéré par feu de Lacépède comme devant former un genre particulier, auquel il a donné le nom de Coëndou, *Cuandu*. Voyez l'article Porc-épic, tome XLII, page 533 de ce Dictionnaire, où les caractères des sine-thères sont exposés. (Desm.)

SING-DROSTEL. (*Ornith.*) Nom allemand de la grive proprement dite, *turdus musicus*, Linn. et Lath., laquelle a été confondue avec la grive mauvis par Salerne, qui lui en a mal à propos appliqué les divers noms vulgaires. (Ch. D.)

SINGADI. (*Bot.*) Voyez Parisataco. (J.)

SINGANE, *Singana*. (*Bot.*) Genre de plantes dicotylédones, à fleurs complètes, polypétalées, de la famille des *guttifères*, de la *polyandrie monogynie* de Linnæus, offrant pour caractère essentiel: Un calice à trois ou cinq divisions; trois ou cinq pétales; des étamines nombreuses, insérées sur le réceptacle; un ovaire supérieur; un style courbé au sommet; un stigmate concave en tête; une capsule cylindrique, alongée, à une seule loge; des semences imbriquées, environnées d'une substance pulpeuse, attachées à trois réceptacles latéraux.

Singane de la Guiane : *Singana guianensis*, Aubl., Guian. 1, tab. 250; Lamk., *Ill. gen.*, tab. 460; *Sterbeckia lateriflora*, Willd., *Spec.*, 2, pag. 1177. Arbrisseau sarmenteux et grimpant, dont les rameaux se roulent autour des plus grands arbres, sur la cime desquels ils se répandent en grand nombre. Ces rameaux sont noueux, revêtus d'une écorce verte, marquée de taches blanches. Le bois est dur, compacte, jaunâtre. Les feuilles sont placées deux à deux à chaque nœud, presque opposées, pétiolées, grandes, ovales, elliptiques, très-entières, glabres à leurs deux faces, vertes, minces, acuminées, longues de six à sept pouces sur trois de large; les pétioles longs d'un pouce. Les fleurs sont latérales, axillaires, presque fasciculées; les pédoncules courts. Le calice est verdâtre, à trois ou cinq folioles concaves, arrondies; la corolle blanche, petite, à trois ou cinq pétales dentés à leurs bords. Les étamines sont nombreuses, plus courtes que les pétales; la capsule grisâtre, longue de six à dix pouces, sur un ou deux de diamètre, relevée en bosse, soutenue par un long pédoncule ligneux. L'écorce est ferme, épaisse, cassante; les semences sont renfermées dans une seule loge, de la grosseur d'une châtaigne, contenant, dans une membrane coriace et blanchâtre, une amande blanche, légèrement amère. Ces semences sont enveloppées d'une substance blanche, pulpeuse, douceâtre, dont l'odeur approche de celle de la citrouille. Cette plante croît dans les grandes forêts de la Guiane. (Poir.)

SINGARI. (*Bot.*) Rhéede désigne sous ce nom brame le Nelam-mari du Malabar. Voyez ce mot. (J.)

SINGE D'ANGOLA. (*Mamm.*) Ce nom a été donné au chimpanzée ou *simia troglodytes* de Linné, le jocko de Buffon. (Desm.)

SINGE ANNELÉ de Pennant. (*Mamm.*) Ce petit quadrumane présente tous les traits principaux de l'ouistiti proprement dit; mais il se pourroit néanmoins qu'il appartînt à l'une des espèces que M. Geoffroy en a séparées dans son Prodrome sur la classification des singes. (Desm.)

SINGE D'ANTIGOA. (*Mamm.*) Singe de l'île d'Antigoa ou d'Antigue, dont Pennant a fait mention. Il semble appartenir au genre des Sapajous; mais son espèce ne sauroit être déterminée. Son pelage est noir, mêlé de roux en dessus et blanc en dessous; ses membres, noirs extérieurement, sont gris intérieurement, et la queue est de cette dernière couleur; la face est noire et ses joues portent une barbe. (Desm.)

SINGE ARABATA. (*Mamm.*) Ce nom, rapporté par Gumilla comme appartenant à un singe américain, a été appliqué par les naturalistes modernes à une espèce du genre Alouate. Voyez le mot Singes, où l'histoire de ce genre sera traitée, ne l'ayant pas été à son ordre alphabétique. (Desm.)

SINGE ARAIGNÉE. (*Mamm.*) Les formes très-alongées du corps et des membres des atèles, singes particuliers à l'Amérique méridionale, leur a fait quelquefois donner ce nom. Nous décrirons ces animaux à l'article Singes, le mot Atèle n'ayant été dans ce Dictionnaire que l'objet d'un simple renvoi. (Desm.)

SINGE DU BENGALE. (*Mamm.*) Ce nom a été donné à plusieurs singes que l'on trouve dans le Bengale, et qui appartiennent notamment à quelques espèces de macaques et de semnopithèques. (Desm.)

SINGE BLANC DE BAMBUK. (*Mamm.*) On a cru pouvoir rapporter ce nom, qu'on trouve dans les récits des voyageurs, au semnopithèque entelle, à cause, sans doute, de la couleur pâle du pelage de ce dernier singe. On a également pensé qu'il désignoit la *guenon atys* d'Audebert, mais sans la moindre certitude ; aucun caractère ne signalant d'ailleurs la forme et la taille de ces singes blancs, qui, comme l'atys, ne sont peut-être que des individus albinos de toute autre espèce. (Desm.)

SINGE BLANC-NEZ. (*Mamm.*) Le nom de *blanc-nez* a servi à désigner deux espèces de singes du genre Guenon, l'une, l'ascagne, et l'autre, le hocheur. Voyez l'article Guenon, tome XX, page 30. (Desm.)

SINGE BLEU, ROUGE, DE LA GAMBRA. (*Mamm.*) Cette désignation, l'indication des contrées où existent les singes auxquels elle a été appliquée, la grande taille de ces animaux et les détails rapportés sur leurs habitudes naturelles, toutes ces données font présumer qu'il s'agit des mandrills. Voyez le mot Cynocéphale. (Desm.)

SINGE BOGGO. (*Mamm.*) Sorte de singe mentionnée par Smith et qui paroît appartenir au genre Cynocéphale, sans qu'on puisse précisément déterminer l'espèce dont elle se rapproche le plus. (Desm.)

SINGE-BOUC de Pennant. (*Mamm.*) Ce singe, qui ne nous est pas connu, est, à ce qu'il paroît, un cynocéphale.

rapproché des babouins ou papions par la longueur très-considérable de sa queue, et du mandrill, par la couleur bleue de sa face, qui est ridée obliquement, et par l'existence d'une barbe à son menton. (Desm.)

SINGE BRUN de Pennant. (*Mamm.*) Quadrumane inconnu, qu'on trouveroit aux Indes orientales, et qui auroit la taille d'un chat; le corps généralement couvert de poils bruns, mais à base grise; le dos orangé; le ventre blanc; les membres gris; la face et les oreilles couleur de chair; la queue plus courte que le corps, etc. Une variété auroit la face noire entourée de grands poils de couleur blanche. (Desm.)

SINGE A CAMAIL. (*Mamm.*) C'est le *colobe à camail* d'Illiger, décrit à l'article Guenon de ce Dictionnaire, tom. XX, page 34. (Desm.)

SINGE CAPUCIN. (*Mamm.*) Nom vulgairement d'usage pour désigner les singes américains qui appartiennent au genre Sapajou. Il a aussi été employé comme dénomination spécifique d'un saki. (Desm.)

SINGE CERCOPITHÈQUE. (*Mamm.*) Ce nom est applicable aux singes à longue queue et à face courte de l'ancien continent, tels que les guenons et les semnopithèques. Nos cercopithèques étoient les *cebos* des anciens, et il paroît que leur *cercopithecos* se rapportoient aux babouins, tandis que les *cynomolgos* étoient nos macaques.

Systématiquement, le nom de cercopithèque ou *cercopithecus* n'appartient maintenant qu'au genre Guenon. Voyez ce mot et Semnopithèque. (Desm.)

SINGE DE LA COCHINCHINE. (*Mamm.*) Deux singes, le *douc* et le *kahau*, qui sont des semnopithèques, et qui ont été décrits dans ce Dictionnaire au mot Guenon, ont quelquefois été ainsi désignés. (Desm.)

SINGE CORNU. (*Mamm.*) Cette dénomination a été appliquée à plusieurs singes remarquables par les aigrettes ou touffes de poils relevés dont leur tête est ornée, tels que le sapajou cornu et le macaque femelle ou aigrette de Buffon. (Desm.)

SINGE COURONNÉ de Buffon. (*Mamm.*) Cet animal a été rapporté au genre des Guenons par M. Geoffroy. M. F. Cuvier le croit voisin du macaque bonnet-chinois. (Desm.)

SINGE A CRINIÈRE. (*Mamm.*) Singe de l'ancien continent qu'on a rapporté à l'espèce de la guenon malbrouck,
mais sans motif suffisant, et qui seroit plutôt un macaque
ouanderou. (Desm.)

SINGE CYNOCÉPHALE. (*Mamm.*) Singe à tête ou museau
de chien. Voyez l'article Cynocéphale. (Desm.)

SINGE CYNOMOLGUE. (*Mamm.*) Le mot *cynomolgos* étoit
employé par les anciens pour désigner nos Macaques. Voyez
ce mot. (Desm.)

'SINGE EN DEUIL ou SAPAJOU EN DEUIL, *Cebus lugu-
bris.* (*Mamm.*) Espèce de sapajou tout noir, avec la face, les
mains et les pieds d'un rouge de rouille, décrit ou plutôt
indiqué par Erxleben ; mais qui ne figure plus dans nos catalogues systématiques. (Desm.)

SINGE DORMEUR DU CASSIQUIARE. (*Mamm.*) C'est
l'un des noms donnés au nocthore douroucouli. Voyez l'article Saki, tome XLVII, page 38. (Desm.)

SINGE DRILL. (*Mamm.*) Espèce nouvelle de Cynocéphale
(voyez ce mot), distinguée par M. Fréderic Cuvier. (Desm.)

SINGE ÉCUREUIL. (*Mamm.*) Nom quelquefois donné au
saïmiri et aussi aux makis, selon Sonnini. (Desm.)

SINGE A FACE POURPRÉE de Pennant et de Buffon.
(*Mamm.*) Ce singe, suivant M. Geoffroy, n'est autre que la
guenon qu'il admet, d'après M. Temminck, sous le nom de
guenon barbique. (Desm.)

SINGE GUARIBA. (*Mamm.*) Le nom de guariba, dans Marcgrave, désigne un singe qu'on a placé dans le genre Alouate,
genre qui sera décrit à la fin de l'article Singes. (Desm.)

SINGE HOCHEUR ou BLANC-NEZ. (*Mamm.*) C'est la Guenon hocheur de ce Dictionnaire. Voyez t. XX, p. 30. (Desm.)

SINGE DE HONDURAS. (*Mamm.*) Les bradypes ou paresseux, appelés aussi aï et unau, ont quelquefois reçu cette
dénomination. (Desm.)

SINGE HURLEUR. (*Mamm.*) Les singes hurleurs des forêts
de l'Amérique méridionale, remarquables par l'étendue et
la force de leur voix, ainsi que par la conformation particulière de leur larynx, seront décrits ci-après à l'article Singes.
Ils forment un genre voisin de celui des Sapajous, qui a reçu
le nom d'Alouate. (Desm.)

SINGE JAKANAPER. (*Mamm.*) C'est un des noms par lesquels on a désigné la guenon callitriche. (Desm.)

SINGE LION. (*Mamm.*) C'est une petite espèce d'Ouïstiti, décrite et figurée pour la première fois par M. de Humboldt. (Desm.)

SINGE A LONG NEZ. (*Mamm.*) C'est le semnopithèque kahau, décrit dans ce Dictionnaire sous le nom de Guenon kahau. Voyez tome XX, p. 32. (Desm.)

SINGE DU MEXIQUE [Petit]. (*Mamm.*) Brisson a donné ce nom à notre Ouïstiti pinche. Voyez Sapajou, où le genre Ouïstiti a été décrit. (Desm.)

SINGE DE MOCO ou HAMADRYAS. (*Mamm.*) Espèce de singe du genre Cynocéphale. Voyez ce mot. (Desm.)

SINGE MONKIÉ. (*Mamm.*) Le mot *monkey* signifie singe en anglois : un peu défiguré, il est devenu, on ne sait comment, la dénomination françoise d'une fausse espèce de Linné, *simia morta*, établie d'après la description d'un fœtus de sapajou, donnée par Séba. Maintenant le *simia morta* a disparu des catalogues systématiques. (Desm.)

SINGE MUSQUÉ. (*Mamm.*) Le sapajou saï a, dit-on, reçu quelquefois ce nom. (Desm.)

SINGE NÈGRE. (*Mamm.*) C'est une espèce de sapajou dont le pelage tire sur le noir. On donne aussi le nom de nègre ou maure à une espèce de semnopithèque, rangée autrefois parmi les guenons. (Desm.)

SINGE NOIR. (*Mamm.*) Ce nom est donné par Levaillant au cynocéphale noir, *simia porcaria*, Linn. (Desm.)

SINGE DE NUIT. (*Mamm.*) A la Guiane ce nom s'applique aux sakis. M. de Humboldt le rapporte aussi à son douroucouli, qui est le nocthore douroucouli de M. F. Cuvier. Voyez le mot Saki. (Desm.)

SINGE PALATINE. (*Mamm.*) Ce nom a été donné à un singe d'Afrique qu'on a rapporté à l'espèce de la guenon diane. (Desm.)

SINGE DU PARA. (*Mamm.*) L'ouïstiti mico a reçu cette dénomination. (Desm.)

SINGE DU PÉROU. (*Mamm.*) Il paroît que quelques voyageurs ont ainsi désigné des sarigues du Pérou. (Desm.)

SINGE PLEUREUR. (*Mamm.*) La voix grêle et plaintive

des sapajous, et notamment celle des *sais*, les a fait nommer singes pleureurs par plusieurs voyageurs. (Desm.)

SINGE POURPRE ou A FACE POURPRE de Pennant et de Buffon. (*Mamm.*) Ce singe seroit, selon M. Geoffroy, de la même espèce que la guenon barbique de M. Temminck. (Desm.)

SINGE A QUEUE DE RENARD. (*Mamm.*) Dénomination triviale qui s'applique aux Sakis. Voyez ce mot. (Desm.)

SINGE-RENARD. (*Mamm.*) On a ainsi nommé quelques sarigues, sans doute, parce qu'ils joignent à une tête de carnassiers semblable à celle du renard par son museau pointu, des pieds de derrière dont le pouce est opposable, comme cela existe dans ceux des singes. (Desm.)

SINGE ROUGE. (*Mamm.*) A Carthagène on donne à l'Alouate proprement dit le nom de *mono colorado*, c'est-à-dire singe rouge.

Ce nom a aussi été appliqué par les voyageurs à une espèce de guenon qui vit dans l'intérieur de l'Afrique, et qui est vraisemblablement le patas à bandeau noir. (Desm.)

SINGE SIFFLEUR. (*Mamm.*) La voix sifflante des sapajous les a fait désigner ainsi. (Desm.)

SINGE SYRICHTA. (*Mamm.*) Linné a donné la dénomination spécifique de *simia syrichta* à un singe si mal figuré et décrit par Pétiver, qu'il est impossible de le rapporter même plutôt à un genre qu'à un autre, entre celui des guenons et celui des sapajous. (Desm.)

SINGE TÊTE-DE-MORT, *Simia morta*. (*Mamm.*) Voyez Singe monkié. (Desm.)

SINGE VARIÉ ou SINGE VIEILLARD. (*Mamm.*) M. Virey rapporte ces noms à la guenon mone. (Desm.)

SINGE VERT. (*Mamm.*) La couleur générale du pelage de la guenon callitriche lui a fait donner cette dénomination. (Desm.)

SINGE VIEILLARD. (*Mamm.*) Voyez Singe varié. Une variété du macaque ouanderou, ou le *lowando*, est ainsi appelée par quelques auteurs. (Desm.)

SINGE VOLANT. (*Mamm.*) On a désigné sous ce nom les galéopithèques et peut-être quelques autres mammifères pourvus d'un développement de la peau des flancs entre les membres antérieurs et postérieurs, tels que les polatouches, les taguans et les pétauristes. (Desm.)

SINGE VOLTIGEUR. (*Mamm.*) Nom donné aux singes du genre des Atèles, qui vivent constamment sur les arbres en se suspendant aux branches par leurs membres ou leur longue queue prenante, et conséquemment semblent s'exercer à la voltige. (Desm.)

SINGE DE WURMB. (*Mamm.*) Audebert a donné ce nom au pongo de Borneo, décrit par Wurmb dans les Mémoires de la Société de Batavia. Voyez l'article Orang, tom. XXXVI, pag. 285 de ce Dictionnaire. (Desm.)

SINGES, *Simiæ.* (*Mamm.*) Famille de mammifères de l'ordre des quadrumanes, caractérisée par les quatre extrémités pourvues de mains, dont le pouce est ordinairement séparé et plus ou moins opposable aux autres doigts; les formes générales du corps et de la tête plus analogues à celles de l'homme, que celles des autres animaux de la même classe; les dents, qui sont de trois sortes, savoir, quatre incisives, deux canines et dix ou douze molaires à chaque mâchoire; deux mamelles pectorales.

Ces animaux, dont la taille ne s'élève que dans une seule espéce jusqu'à celle de l'homme, sont souvent réduits à de très-petites proportions. Dans le plus grand nombre le crâne est arrondi, la face médiocrement prolongée, le nez plus ou moins proéminent; les yeux sont dirigés en avant; le cou est court; le corps svelte; les membres sont grêles et longs. Plusieurs sont dépourvus totalement de queue; tous les autres en ont une, mais qui varie considérablement dans sa longueur,

La tête des singes, assez petite ou moyenne, est tantôt de forme arrondie ou ovalaire, avec la face peu prolongée, quoique plus néanmoins que celle de l'homme (sapajous, guenons), et d'autres fois au contraire tout aussi avancée que celle des animaux carnassiers du genre des Chiens (Cynocéphales). La mesure de l'angle facial varie entre 65 et 30 degrés, et cela non-seulement dans la série des espèces, mais encore dans les différens âges d'une seule de ces espèces. Le crâne est tantôt lisse, orbiculaire et sans éminences extérieures bien prononcées, tel que l'est le crâne humain, et d'autres fois pourvu de crêtes surcilières, sagittales ou occipitales plus ou moins relevées, généralement en proportion de l'alongement de la face et de l'âge des individus. Dans quelques-uns les os maxillaires supérieurs sont comme tuméfiés et augmentent considérablement la saillie de cette face (mandrill). La mâchoire inférieure, presque toujours de même forme que celle de l'homme et s'articulant de la même manière avec le crâne, offre dans un seul genre (Alouate) une anomalie singulière, dans la hauteur et l'écartement de ses branches montantes, entre lesquelles se trouve placé un tambour, dépendant de l'hyoïde et qui sert à augmenter prodigieusement le volume de la voix. La capacité crânienne est très-vaste, bien qu'il y ait encore, selon les espèces, des variétés nombreuses à cet égard. Les fosses orbitaires sont, comme celles de l'homme, totalement séparées des fosses temporales, et leurs ouvertures sont très-rapprochées et dirigées en avant. Les os propres du nez sont assez courts; les arcades zygomatiques, médiocrement fortes et peu écartées de la tête, ne laissent qu'une assez médiocre capacité aux fosses temporales; celles-ci ne se trouvent augmentées que dans les espèces dont le crâne est garni de fortes crêtes. Les arcades dentaires sont, dans les espèces des premiers genres de la famille, en demi-cercle, comme celles de l'homme; mais, dans les espèces qui ont la face très-alongée, elles présentent une figure elliptique ou même comme anguleuse en avant. Les incisives sont en général analogues par leur forme à celles de l'homme, surtout les deux du milieu de chaque mâchoire, mais les deux latérales affectent plus ou moins la forme des canines. Ces dernières dents quelquefois n'ont que très-peu de saillie au-dessus des autres et leur sont immédiatement contiguës, mais le plus souvent elles s'alongent et prennent d'autant plus de force que la face se prolonge davantage, et que les crêtes du crâne sont plus proéminentes. Les molaires, au nombre de cinq de chaque côté, dans les singes de l'ancien continent, et de six dans une partie de ceux du nouveau, ont des tubercules mousses sur la couronne, et sont conséquemment conformées comme celles des animaux omnivores. Les autres singes américains, qui n'en ont que cinq, les ont pourvues de tubercules assez pointus, comme en présentent les molaires des insectivores. Les yeux, médiocrement grands, sont très-vifs et très-mobiles; ceux des sakis sont assez proéminens. Les oreilles ont souvent leur conque appliquée contre la tête, avec le contour supérieur plus ou moins arrondi et rebordé, comme dans l'oreille humaine; mais, dans les singes les plus rapprochés des carnassiers, cette conque se simplifie et présente supérieurement un angle un peu dirigé en arrière, qui est comme l'indice de la forme en cornet si commune dans la plupart des oreilles de mammifères. Aucune espèce n'est dépourvue de conques auditives. Le nez est tantôt dessiné par une simple gibbosité au milieu de la face (guenons, sapajous); d'autres fois il se prolonge d'une manière remarquable (semnopithèque kahau), et dans les cynocéphales il se compose d'une surface nue, comme tronquée au bout de la face, telle que celle qui termine le museau des chiens (cynocéphales). Les narines, qui sont simples, ont tantôt une cloison très-mince qui les sépare (singes de l'ancien continent), et tantôt un intervalle très-remarquable (singes américains). La face est nue ou à peu près nue et ornée de diverses façons : tantôt elle est couleur de chair livide, d'autres fois noire ou rouge de cuivre, ou variée de ces différentes teintes. Dans une espèce, le visage est coloré en bleu indigo et en rouge de sang (mandrill); deux guenons ont le nez d'un blanc de lait (le Hocheur et l'Ascagne); un autre singe du même genre a ses lèvres marquées d'une sorte de moustache bleuâtre, etc. Tantôt les poils du sommet de la tête sont lisses et couchés dans le sens ordinaire d'avant en arrière; d'autres fois ils convergent vers le sinciput et forment une aigrette (macaque proprement dit femelle), ou bien ils divergent du centre à la circonférence (macaque bonnet-chinois); deux aigrettes sont relevées sur les côtés du front du sajou cornu; une sorte de toupet très-touffu, divisé en deux masses, garnit celui du saki capucin : plusieurs singes, comme la guenon callitriche et l'ouïstiti, ont des poils longs ou des favoris sur les joues; d'autres ont le visage encadré de poils relevés et divergens (atèle chuva); quelques-uns ont une sorte de perruque sur la tête, en forme de crinière (cynocéphale hamadryas et macaque ouanderou); enfin, il en est, comme le saki couxio et le mandrill, dont le menton est garni d'une barbe tantôt touffue, tantôt grêle et pointue.

Le cou est toujours court proportionnellement comme celui de l'homme; ce qu'on remarque d'ailleurs dans tous les mammifères qui peuvent employer les membres antérieurs pour porter leur nourriture à la bouche.

Nous avons dit que le corps est généralement alongé; néanmoins il y a quelques exceptions à cet égard pour plusieurs espèces, et notamment le semnopithèque kahau et les alouates, dont le ventre est volumineux; d'autres, au contraire, comme les atèles, présentent presque l'extrême de la minceur. Le nombre des vertèbres dorsales, lombaires et sacrées, ainsi que celui des côtes, quoique variant selon les espèces, n'est jamais néanmoins très-différent de ce qu'il est dans l'homme. Toutes les parties supérieures sont couvertes d'un poil assez serré et seulement de nature soyeuse : il n'y a pas de poil laineux intérieur; les parties inférieures sont toujours moins vêtues, et dans quelques espèces même elles semblent presque nues. Chez un orang on voit sur le haut de la poitrine une place tout-à-fait dénudée, qui correspond à une poche ou sac aérien intérieur, que l'animal enfle lorsqu'il veut faire entendre sa voix. Les mamelles sont placées sur les côtés de la poitrine, comme dans l'homme. Les environs de l'anus, et principalement vers les points où font saillie les tubérosités des os ischions, présentent dans la plupart des singes de l'ancien continent, mais dans aucun de ceux du nouveau, des places nues et plus ou moins étendues, auxquelles on donne le nom de callosités. Ces callosités sont quelquefois démesurément grandes et surtout à l'époque du rut, où elles se tuméfient : leur couleur varie entre celle de chair livide et le rouge le plus intense ou le violet. Le pénis du mâle est visible au dehors, et dans un prépuce libre et non adhérent au ventre, comme le fourreau de la verge des animaux herbivores. Le gland, qui est extrêmement variable dans ses formes, a fourni à M. F. Cuvier d'excellens caractères pour séparer plusieurs espèces très-voisines les unes des autres et que l'on avoit long-temps confondues. Les testicules sont placés dans un scrotum pendant, et dont la peau nue affecte souvent des couleurs bleues, rouges ou vertes très-vives. La vulve des femelles, qui n'a rien de bien remarquable, est surmontée par un clitoris très-apparent et qu'on pourroit prendre à la première vue pour la verge du mâle.

Les membres sont toujours conformés le mieux possible pour grimper. Ils sont alongés, grêles, mais musculeux.

Les deux os des avant-bras et ceux des jambes sont mobiles l'un sur l'autre, comme ceux des avant-bras de l'homme, de manière à pouvoir faire exécuter à la main ou au pied des mouvemens de pronation et de supination bien faciles; les os carpiens et tarsiens sont nombreux. Les doigts sont alongés, nus en dessous, peu poilus en dessus, et terminés pour l'ordinaire par un ongle plat ou fort peu arqué. Le pouce est séparé aux mains et aux pieds, et opposable aux autres doigts. Néanmoins dans quelques-uns de ces animaux il existe certaines anomalies. Ainsi, dans les ouïstitis ou petits singes insectivores d'Amérique, les doigts sont moins mobiles séparément; le pouce est à peu près dans la même direction, et les ongles sont crochus et comprimés, comme de véritables griffes. Dans une espèce d'orang, le syndactyle, le premier et le second doigt du pied après le pouce sont réunis dans une grande partie de leur étendue. Enfin, dans les atèles, le pouce des mains, ou n'existe pas, ou est à l'état rudimentaire.

Du reste, aucun singe n'a les extrémités conformées pour la natation, ni pour fouiller la terre; et chez aucun, la plante du pied ne pose à plat sur la terre, comme celle de l'homme. Dans ceux mêmes qui ont le plus de propension à se tenir debout, c'est toujours le tranchant externe du pied qui repose sur le sol.

La queue n'existe pas dans quelques singes de l'ancien continent, tels que les orangs; ou bien, elle est représentée par un simple tubercule, comme celui qu'on voit dans le macaque magot; dans d'autres elle est très-courte et très-grêle, comme dans le mandrill et le drill. Quelques macaques l'ont un peu plus longue et plus forte; enfin, les guenons et les semnopithèques l'ont très-étendue et couverte de poils dans son entier, lâche et très-mobile, agissant comme un balancier pour maintenir l'équilibre, lorsque l'animal exécute de grands sauts, mais jamais pour l'attacher aux branches d'arbre. Tous les singes américains ont la queue fort longue; mais cette queue présente des différences notables dans les divers genres entre lesquels se partagent ces animaux. Ainsi, les sagoins, les ouïstitis et les tamarins l'ont lâche et couverte de poils assez courts. Les sakis l'ont très-touffue et également lâche ; les sapajous ont la leur couverte de poils courts, mais elle est prenante vers le bout, et les atèles, ainsi que les alouates, ont la leur éminemment douée de cette qualité, et terminée en dessous par un espace dénudé qui est un véritable instrument de tact et de préhension.

On sait que le cerveau des singes est plus volumineux, comparativement au volume du corps, que celui de tous les autres mammifères, si ce n'est l'homme, et que les circonvolutions de sa surface sont très-nombreuses. Ce développement de l'encéphale est en rapport avec l'intelligence très-marquée dont ces animaux font preuve. Leurs sens ont aussi beaucoup de perfection ; ils voient très-bien, et jugent parfaitement les distances des corps qu'ils essaient d'atteindre, ou des branches sur lesquelles ils s'élancent avec une vivacité incroyable ; leur ouïe paroit avoir beaucoup de finesse. L'odorat et le goût semblent chez eux inférieurs aux deux premiers sens. On conçoit que le tact est au contraire au maximum de perfection, puisqu'ils ont quatre mains, à peu de chose près, conformées comme celles de l'homme, et que souvent l'extrémité de leur queue leur rend l'office d'un cinquième membre. Leur face nue, leurs lèvres très-mobiles, le peu d'épaisseur de leur fourrure, le manque presque complet de graisse, et la grande irritabilité de leur système nerveux, doivent concourir puissamment à cette perfection.

L'organisation des parties internes des singes a la plus grande analogie avec celle des mêmes parties dans l'homme. Les intestins ont une longueur et une grosseur qui est à peu près proportionnelle. L'estomac est médiocrement grand, membraneux et de forme ovalaire (si ce n'est dans une espèce de semnopithèque, récemment disséquée par M. Otto, de Berlin, où il présente une ampleur, et des divisions ou boursouflures très-remarquables). Le cœcum est médiocre, et même dans une espèce (l'orang roux), son fond est pourvu d'un appendice vermiculaire. Tous les autres viscères ont encore plus de ressemblance avec les nôtres.

Ici se termine tout ce que nous avons à dire de la conformation tant externe qu'interne de ces animaux. Il nous reste à exposer leur distribution sur la surface du globe et à passer en revue leurs habitudes.

Les singes ont pour patrie générale les zones intertropicales; on les trouve aux mêmes latitudes à peu près, en Amérique, en Afrique, dans l'Inde et dans les îles de l'archipel Indien. Néanmoins ils sortent dans quelques contrées de ces limites, et, d'un autre côté, plusieurs points qu'elles comprennent n'offrent aucune espèce de ces animaux. Les pays peu élevés au-dessus de la surface de la mer, très-boisés, où la température est fort élevée, sont ceux qui conviennent à leur nature. Aussi en Amérique ne les trouve-t-on que sur toutes les parties qui sont situées à l'est des Andes, et jamais sur ces montagnes ou celles qui en sont le prolongement, et sur l'étroite lisière des terrains qui sont à l'ouest de cette chaîne : passé l'isthme de Panama, on n'en rencontre plus vers le nord, et il en est de même pour le Paraguay au sud. Ainsi les seules parties de l'Amérique qui offrent les animaux de cette famille, sont le Brésil, le Paraguay, les Guianes, et une partie du Mexique.

L'Afrique est peuplée de singes dans tous les lieux où l'on a pénétré; mais le pays de Congo, le Sénégal et le cap de Bonne-Espérance semblent être leur patrie par excellence. Deux ou trois espèces au plus se voient sur la côte de Barbarie, et les mêmes se montrent dans la haute Égypte. L'île de Madagascar paroît posséder un petit nombre de ces animaux.

Les rochers de Gibraltar, inaccessibles à l'homme, et dans lesquels quelques magots se sont échappés, sont le seul point de l'Europe où il existe des singes à l'état de liberté.

Il n'y en a pas en Asie mineure, en Géorgie, en Syrie, et vraisemblablement la Perse en est dépourvue; mais deux ou trois espèces sont signalées comme propres à l'Arabie. La chaîne de l'Himalaya et des montagnes du Thibet est une limite à l'existence des singes, et on ne les trouve qu'au sud de ces cîmes les plus élevées du globe, c'est-à-dire dans la presqu'île de l'Inde, surtout au voisinage de la mer, au Bengale, à Ceilan, à Malacca, à Sumatra. Les grandes îles de l'archipel Indien et surtout Bornéo, en renferment, et il paroît que dans quelques provinces méridionales de la Chine il en existe aussi. Tout le nord et les parties de l'est de l'Asie, à l'exception de celles que nous venons de nommer, n'ont aucune espéce de singes, et il en est de même du continent entier de la Nouvelle-Hollande et de toute la série des îles du grand océan Pacifique.

Ces animaux constituent dans les diverses contrées des genres particuliers, parce qu'ils offrent des différences caractéristiques dans leur organisation, et ce ne sont guère que les guenons et les macaques, qui offrent à la fois des espéces dans l'Asie méridionale et dans l'archipel Indien, mais encore ces espéces sont parfaitement distinctes entre elles. Les orangs et les semnopithèques sont particuliers à l'Asie et à ce même archipel Indien; les cynocéphales et les troglodytes à l'Afrique; les sapajous, atèles, alouates, sakis, sagoins et ouïstitis à l'Amérique.

Quoique les macaques et les guenons soient communs, ainsi que nous venons de le dire, à l'Afrique et à l'Asie, on reconnoît néanmoins que le plus grand nombre des espéces du premier genre appartient au dernier de ces continens, et que c'est le contraire pour le genre des Guenons, qui sont presque toutes du Sénégal, du Congo ou du Cap.

Certains caractères distinguent parfaitement les singes de l'ancien continent de ceux qui habitent le nouveau, et ces caractères sont les uns positifs et les autres négatifs. Ainsi tous les singes africains ou asiatiques ont les narines séparées par une cloison fort mince, tandis que ceux d'Amérique ont un large intervalle entre ces ouvertures. Tout singe pourvu de callosités ou d'abajoues, est de l'ancien monde, bien néanmoins qu'il existe en Asie quelques espéces (les orangs) qui ont leur bouche sans duplicature de la peau interne, et leurs fesses complétement revêtues de poils. Toute espéce sans queue (orang), ou à queue rudimentaire (magot), ou à queue plus ou moins courte (cynocéphales mandrill et drill, macaques rhésus et maimon), sont de l'ancien continent. Au contraire, tout singe à queue longue et prenante, soit que cette partie soit velue ou nue à son extrémité, est propre à l'Amérique méridionale (sapajous, atèles, alouates). Toute espéce qui a six molaires à chaque côté des mâchoires, est aussi de cette même contrée. Ce n'est qu'en Amérique qu'on rencontre des singes noctures (nocthores, sakis), ou des singes pourvus de griffes, au lieu d'ongles plats ou en gouttière, et des molaires à couronne garnies de tubercules aigus (ouïstitis).

Les rapports de l'intelligence des singes avec celle de l'homme ont été l'objet des écrits d'une multitude d'auteurs, soit naturalistes, soit psychologistes, et l'orang roux a été surtout l'espèce sur laquelle on a fait le plus d'observations et de raisonnemens, pour prouver tantôt qu'il n'y avoit qu'une différence très-minime entre cet animal et l'homme, sous le rapport intellectuel, tantôt pour restreindre à sa juste valeur cette ressemblance. Nous n'entreprendrons pas de traiter ici un tel sujet, et nous ne croyons pouvoir mieux faire que de renvoyer aux articles INSTINCT et ORANG, dans lesquels M. F. Cuvier, qui s'est livré à de longues et profondes méditations sur l'intelligence des animaux, a développé avec toute la clarté possible la théorie qui nous semble la plus saine et la plus rationnelle, qui, suivant nous, ait été présenté jusqu'alors sur des matières d'un aussi difficile examen.

Quelques singes sont forts lents dans leurs mouvemens, et, ce qui est remarquable, cela n'a lieu que dans les espèces dont les membres, et surtout les bras, sont très-alongés et très-grêles (les gibbons parmi les orangs et le genre entier des atèles); mais la généralité de ces animaux, au contraire, se distingue par la vivacité des mouvemens et la pétulance du caractère.

Dans l'état de nature le plus grand nombre vivent en polygamie et sont partagés en petites troupes; mais quelques-uns sont monogames (quelques gibbons). Intermédiaires pour ainsi dire entre les mammifères ordinaires et les oiseaux, ils ne viennent presque jamais à terre et se tiennent presque constamment sur les arbres. C'est ainsi que dans les vastes forêts du Brésil et de l'Afrique ils voyagent de branche en branche et d'arbre en arbre, en cherchant les fruits et les œufs d'oiseaux, dont ils font leur nourriture habituelle. Dans quelques espèces les petites troupes ne font chacune qu'une famille réunie sous la direction d'un vieux mâle. Celui-ci est suivi par tous les autres, qui se rassemblent à sa voix : c'est du moins ce qu'on rapporte des alouates ou singes hurleurs du Brésil et du Paraguay, dont les cris retentissans sont produits par une modification très-singulière de leur la-

rynx. Très-rapides dans leurs mouvemens, ils examinent ce
qu'ils rencontrent d'un peu remarquable sur leur chemin ;
mais cet examen n'a que la durée de l'éclair et ne semble
donner chez eux lieu à aucune réflexion ; car on les voit revenir à plusieurs reprises sur le même objet et le regarder
en le retournant rapidement sous toutes ses faces, comme
s'ils ne l'avoient pas encore aperçu. Ils changent d'actions
vingt fois par minute, et remplacent les unes par d'autres
qui n'ont avec elles aucune espèce d'analogie ou de rapport.
Ils passent aussi subitement de l'état tranquille aux gestes les
plus désordonnés et à la manifestation de la colère la plus
furieuse. Leurs sens les dominent avec énergie, et chacun
d'eux semble commander seul à son tour. Aussi les voit-on
successivement passer de l'indolence à la gloutonnerie et aux
excès de la lubricité la plus dégoûtante. Dans la captivité on
observe que certains individus parmi les singes, et surtout
de sexes différens, sont susceptibles de prendre de l'affection
l'un pour l'autre ; mais cette affection ne va pas jusqu'au
partage tranquille des alimens qu'ils aiment : dans ce cas
ils diffèrent néanmoins des carnassiers, en ce que, au lieu
d'employer la force pour rester seuls maîtres de l'objet con-
voité, ils ont toujours recours à l'adresse pour l'enlever fur-
tivement à celui qui le perd de vue un seul instant.

L'apprentissage au vol est la base de l'éducation que les
femelles de singes donnent à leurs petits. Lorsqu'ils sont nés,
elles les soignent d'abord avec la plus grande tendresse, les
transportent partout dans leurs bras, et les alaitent souvent ;
mais cela ne dure ainsi que tant qu'ils ne peuvent manger
seuls. Quand cette époque est venue, elles cessent non-seulement de leur donner des alimens, mais elles s'emparent de
tous ceux qu'on leur distribue, s'ils s'en dessaisissent un seul
instant.

Ce que l'on a dit du penchant qu'éprouvent les singes pour
les individus de l'espèce humaine d'un autre sexe que le leur,
est fort exact, surtout pour les grosses espèces dont la face
est prolongée, comme les babouins, les mandrills, les macaques, et l'on sait que les relations des voyageurs renferment de nombreuses histoires de Négresses enlevées par des
singes, qui les transportent dans leurs forêts pour en jouir.

Il est très-probable, qu'il y a exagération dans ces récits, et que les voyageurs ont fait souvent à cet égard ce qu'ils font dans maintes occasions, c'est-à-dire qu'ils se sont copiés les uns les autres, et ont menti ; mais le fait ne paroît pas impossible, lorsque l'on réfléchit que la force musculaire de ces animaux est grande, qu'on a vu quelquefois des hommes forts et robustes terrassés avec la plus grande facilité par un papion.

Les femelles des singes ne font ordinairement qu'un petit, mais quelquefois deux par portée. La durée de la gestation varie selon les espèces, mais est toujours moindre que celle de la femme. M. F. Cuvier l'a reconnu être de sept mois dans les macaques Maimon et Rhésus.

Les petits singes diffèrent de leurs parens par les couleurs du pelage et de la face, et par des formes plus arrondies. Souvent ils ont la queue proportionnellement plus longue que la leur. Dans leur jeunesse ils sont d'un naturel fort doux et fort gai. Plus tard, la pétulance augmente, et lorsqu'ils sont vieux, ils deviennent plus ou moins indociles, farouches et même intraitables. Dans beaucoup d'espèces la face devient très-saillante ; les crêtes du crâne s'élèvent ; les muscles qui s'y attachent, acquièrent plus de force et l'animal n'est plus reconnoissable. L'exemple de cette sorte de métamorphose, le plus frappant qu'on puisse produire, si, ainsi qu'on le croit, sa réalité est démontrée, c'est sans nul doute celui de l'orang roux, dont le crâne est vaste et arrondi, la face peu prolongée, et dont le caractère offre un si remarquable mélange de douceur et d'intelligence, qui ne seroit que l'état d'enfance du farouche pongo de Bornéo, dont la tête est encore plus rapprochée par ses formes de celle des carnassiers les plus féroces que ne l'est celle des mandrills et des babouins ou papions.

L'âge de la puberté arrive de bonne heure chez les singes : à cette époque les parties sexuelles se développent complétement. Plusieurs femelles sont sujettes à un écoulement périodique qui, comme chez la femme, revient douze fois dans une année, et qui est accompagné d'une tuméfaction des callosités et d'une vive coloration en rouge de ces parties.

Les singes, transportés en Europe et gardés en captivité,

vivent généralement peu d'années, et la plupart périssent attaqués de phthisie pulmonaire. Ceux qui ont une longue queue sont enclins à en ronger l'extrémité et à y faire ainsi une plaie, qu'ils ne laissent jamais guérir, parce qu'ils l'avivent de nouveau quand elle est au moment de se fermer. Comme ils paroissent éprouver un certain plaisir lorsqu'ils se livrent à cette occupation, le mal empire toujours, et ils finissent quelquefois par atteindre le canal vertébral ; ce qui cause leur mort assez promptement.

Ces animaux étant imitateurs de leur nature, apprennent plus facilement que les autres à exécuter des mouvemens plus ou moins compliqués et plus ou moins ressemblans à ceux qui sont particuliers à l'homme , et les jongleurs tirent parti de cette disposition. Dans leur jeunesse, il est facile de les dresser, en faisant usage d'appâts pour leur gourmandise, ou de châtimens, dont ils conservent très-bien la mémoire ; mais en vieillissant ils deviennent toujours plus ou moins rebelles aux volontés de leur maître et souvent même d'une indocilité complète.

Les espèces de la famille des singes sont très-nombreuses et ont été divisées ainsi qu'il suit :

1.ʳᵉ *Tribu.* Singes de l'ancien continent ou Catarrhins, Geoffr. Narines rapprochées, n'ayant entre elles qu'une cloison mince. Cinq molaires de chaque côté des deux mâchoires, à couronne garnie de tubercules mousses, souvent des abajoues et des callosités. Genres Troglodyte, Orang, Semnopithèque, Guenon, Macaque et Cynocéphale. (Voyez ces mots.)

2.ᵉ *Tribu.* Singes du nouveau continent ou Platyrhinins, Geoffr. Cloison des narines larges ; narines placées sur les côtés du nez ; six molaires de chaque côté des deux mâchoires, à tubercules mousses, ou cinq seulement à tubercules aigus, jamais d'abajoues, ni de callosités. Genres Atèle, Lagotriche, Alouate, Sapajou, Nocthore, Saki, Sagoin et Ouistiti. (Voyez ces mots.¹)

La famille des mammifères qui a le plus de rapport avec celle des singes, est celle des Makis ou Lémuriens. (Voyez ces

---

1 L'article Sagoin renferme l'histoire des sagoins, des ouistitis et des tamarins. Celui des Sakis traite des nocthores.

mots.) Toutes deux réunies composent l'ordre des quadrumanes.

Les articles Atèle et Alouate n'ayant pas été traités à leur ordre alphabétique, et l'un d'eux étant remplacé par un simple renvoi au mot Singe, nous allons, en décrivant les caractères de ces deux genres, compléter la description entière de la famille des singes.

ATÈLE, *Ateles.* Genre de singes du nouveau continent, caractérisés principalement par l'extrême alongement de leurs membres et de leur queue, qui est éminemment prenante et nue en dessous vers l'extrémité ; par la forme de leur mâchoire inférieure, qui est dans les proportions ordinaires à celle des autres singes américains, sauf les alouates, et surtout par leur pouce des mains, qui manque totalement ou qui n'est que rudimentaire. Ils ont d'ailleurs la tête ronde, la face perpendiculaire ; l'angle fascial de 60° ; les canines peu saillantes, entrecroisées de mâchoire à mâchoire et coniques ; les molaires conformées à peu de chose près comme celles des sapajous et des sakis ; l'os hyoïde non apparent au-dehors, mais un peu renflé et demi-caverneux ; leurs fesses ne sont pas calleuses et ils n'ont point d'abajoues. Les membres grêles, la longue queue des atèles, leurs doigts démesurément alongés et le manque de pouce, ou le remplacement de celui-ci par un simple tubercule qui supporte un petit ongle, sont leurs traits les plus frappans. Si l'on ajoute à cela un pelage très-fourni et d'un noir profond dans les espèces les plus connues et une face d'un rouge-brun de cuivre, on complétera l'idée qu'on peut se former en général de ces singes.

Ils sont très-peu agiles, et sous ce rapport, ainsi que sous celui de la gracilité de leurs membres, on peut les considérer comme représentant les gibbons dans le nouveau continent. Leur séjour habituel est au milieu des vastes forêts du Brésil et des Guianes. Ils se tiennent sur les sommités des arbres et parcourent ainsi des distances considérables, en passant de branche en branche, sans descendre à terre. C'est de ces singes que l'on rapporte, mais vraisemblablement sans que ce fait soit constaté, qu'ils traversent les petites rivières en s'accrochant les uns aux autres par la queue et les mains, et formant ainsi une longue chaîne qu'ils suspendent à une branche surplombant sur l'eau; après avoir donné un mouvement à l'extrémité de cette chaîne, ils augmentent son balancement jusqu'à ce que le dernier des singes qui la composent puisse saisir un arbre de la rive opposée : alors, grimpant à son tour sur cet arbre et entraînant les autres, celui-ci devient le chef de file, et le premier, lâchant la branche qui avoit servi de point de départ, se trouve le dernier; ensuite ces animaux se séparent.

On rapporte que les atèles ne font qu'un seul petit par portée. Ils ont pour ennemis les petites espèces de chats et les serpens, qui les poursuivent sur leurs arbres. En captivité, ces singes se tiennent des journées entières presque sans mouvement et perchés sur les bâtons de leur cage. Lorsqu'ils veulent saisir un fruit ou une racine à terre, et que cet objet est à portée de l'extrémité de leur queue, ils se servent de celle-ci pour l'entourer, le saisir et le rapprocher de leurs mains. Quand ils dorment, ils enroulent cette longue queue autour de leur corps, en manière de bandoulière, à peu près comme le font les makis proprement dits; mais ils cherchent toujours à en accrocher le bout à quelque objet solide. Leur voix est un cri aigu et pleureur, et qui ressemble à celui des sapajous.

Parmi les espèces de ce genre les unes conservent un petit rudiment de pouce aux mains antérieures, ce sont :

L'Atèle hypoxanthe (*Ateles hypoxanthus*, Kuhl, Desm. , Mamm., esp. 44), qui habite le Brésil entre le 13.ᵉ et le 14.ᵉ degré de latitude australe. Ce singe a deux pieds et quatre pouces de hauteur depuis la plante des pieds jusqu'au sommet de la tête. Il est pourvu d'un très-petit pouce armé d'un ongle comprimé et arqué aux mains de devant, en quoi il diffère de l'atèle arachnoïde, auquel il ressemble d'ailleurs assez par ses formes et la couleur générale de son pelage. Son dos, son ventre et sa poitrine, sont couverts de poils fins d'un gris fauve, mais plus foncé sur les parties supérieures que sur les inférieures; la face, couleur de chair, est nue autour des yeux seulement; les poils des sourcils sont très-longs, noirs et dirigés en haut; les lèvres et le menton portent quelques poils noirs et fins: ceux du sommet de la tête sont très-fournis, d'un gris pâle lavés de fauve, assez courts

et cachant peu les oreilles, qui sont petites; on remarque
une touffe plus foncée derrière chaque oreille; les mamelles
sont rapprochées des aisselles, avec un petit espace nu autour
du mamelon; les extrémités des membres sont d'un gris moins
lavé de fauve que le corps; la base de la queue et la région
anale sont d'un jaune ferrugineux dans quelques individus.

L'ATÈLE CHAMECK (*Ateles subpentadactylus*, Geoff., Desm.,
Mamm., esp. 45), qui est le plus grand du genre et qui a
les plus grands rapports avec le coaïta; mais qui en diffère
essentiellement parce qu'il a un petit rudiment de pouce,
sans ongle, aux mains antérieures. Sa longueur, mesurée depuis le sommet de la tête jusqu'à l'origine de la queue, est
d'un pied cinq pouces; lorsqu'il marche à quatre pattes, sa
hauteur peut être estimée à un pied huit pouces; sa queue
est longue de deux pieds neuf pouces; son poil est noir foncé
partout, sec, grossier et luisant. Il a le museau gros et alongé;
le front élevé; la face entière et les oreilles d'un brun rouge;
le menton nu, avec quelques poils épars; les poils du sommet de la tête, depuis l'occiput jusqu'au vertex, dirigés en
avant et recouvrant à peine le haut du front et les tempes;
les doigts des pieds et des mains presque nus, grêles et très-
longs, surtout ceux des mains; les mamelles placées très-près
des aisselles; la queue, fort poilue, surtout à sa base et terminée en dessous par une partie nue, aplatie, marquée de
petites rides concentriques les unes aux autres, comme celles
qu'on voit sous le bout des doigts de l'homme; l'iris brun et
entouré d'un petit cercle jaunâtre; la prunelle grande, etc.

Son crâne est plus large, plus court, plus aplati vers la
suture pariétale que celui de l'espèce suivante; le frontal, qui
est déprimé, présente une légère crête surcilière. Le pouce
des mains n'a qu'une seule phalange.

Ce singe habite particulièrement la Guiane française; mais
Buffon l'a signalé aussi comme se trouvant sur la côte de
Bancet au Pérou.

Les autres atèles sont privés complétement de pouce aux
membres antérieurs. Ce sont :

L'ATÈLE COAÏTA (*Ateles paniscus*, Geoff., Desm., esp. 46; le
COAÏTA, Buff., Hist. nat., tom. 15, pl. 1; *Simia paniscus*, Linn.,
Gmel.), qui est plus petit que le chameck, et a le ventre

proportionnellement plus gros. Il a le poil aussi noir, aussi sec et aussi grossier, que ce singe; la face d'une couleur de chair cuivreuse; le front et les tempes très-hauts; les oreilles semblables à celles de l'homme; mais sans lobe; les lèvres minces; la langue douce; le sommet de la tête recouvert par une calotte de poils divergens, qui ont presque pour centre l'occiput; les mains noires; les pouces antérieurs non appa-rens, mais représentés sous la peau par un petit os métacar-pien et une très-petite phalange. L'os frontal est arrondi et sans crête surcilière; la mâchoire inférieure est proportion-nellement moins grande que celle du chameck, et ses bran-ches montantes sont moins étendues. La femelle a un clitoris long de deux pouces, plus gros à l'extrémité qu'à la base, sillonné en dessous.

M. Geoffroy regarde, comme formant une variété, le *coaïta de Surinam*, qui a les orbites saillans en dessus, et la cloison des narines assez peu large, un peu de poil sur le milieu du front et la face peu foncée en couleur; et comme une autre variété, le *coaïta de Cayenne*, qui a le bord supérieur des or-bites peu saillant, les narines très-distantes l'une de l'autre, et le pourtour de la tête entièrement garni de poils. C'est sur l'espèce du Coïta que l'on a observé les détails d'habi-tudes naturelles que nous avons rapportés ci-dessus.

L'Atèle cayou; *Ateles ater*, Fréd. Cuvier, Histoire naturelle des mammifères, 39.ᵉ livraison.

Cette espèce est très voisine de l'atèle coaïta, en ce qu'elle a le pelage entièrement composé de poils grossiers, épais, d'un noir très-foncé, et qu'elle est dépourvue de pouce ou de rudiment de pouce. Mais elle s'en distingue par la cou-leur de sa face, qui est toute noire, au lieu d'être d'un rouge cuivreux.

Elle habite le Brésil.

L'Atèle Beelzebuth : *Ateles Beelzebuth*, Geoffr., Desmarest, Mamm., esp. 47; Marimonda, Humboldt, Obs. zool., p. 325, esp. ; le Coaïta a ventre blanc, G. Cuv., Règne anim. Ce singe est à peu près de la taille du précédent, c'est-à-dire, que sa tête et son corps ensemble ont à peu près un pied trois pouces de longueur : sa queue, pour cette dimension a, selon M. Geoffroy, un pied sept pouces de longueur dans un jeune sujet, et, suivant Brisson, elle a deux pieds. Il a le pelage généralement d'un noir brun, un peu moins foncé, cependant, sur la croupe qu'ailleurs, et d'un blanc-sale jaunâtre sous la gorge, la poitrine et le ventre; une ligne de cette dernière couleur sur la face intérieure des bras et des avant-bras depuis l'aisselle jusqu'au poignet, et une autre ligne pareille sur la face interne des cuisses et des jambes jusque près le talon; la face inférieure de la queue, dans une longueur de deux pouces près de son origine, également blanchâtre; une ligne rousse sur chaque flanc, séparant la couleur du dos de celle du ventre. Le museau est assez prolongé et détaché de la face; les oreilles sont assez semblables à celles de l'homme, mais sans tragus; l'œil est noir; les paupières et le tour des yeux sont couleur de chair, et le reste de la face d'un rouge brun; les lèvres sont très-extensibles; le dessus de la tête est couvert de poils jusqu'aux sourcils, et ceux des sourcils plus noirs sont relevés, et composent un bandeau étroit; ceux du dessus du cou, de l'occiput et du vertex, prennent leur direction en avant, et se rencontrent en opposition avec ceux des sourcils; les joues ont quelques poils noirs épars, et on en voit davantage sous le cou; les poils des avant-bras ont, comme ceux de l'orang-outang et ceux de l'homme, leur pointe tournée du côté du coude.

Dans un jeune individu de la collection on ne voit point de ligne blanchâtre sur la face interne des bras et des jambes.

Ce singe, qui parcourt en petites troupes les rives de l'Orénoque, est d'un naturel fort doux, triste et craintif. Il fait souvent la grimace, en avançant beaucoup ses lèvres, qui sont très-mobiles. Il ne devient méchant que lorsqu'il a été vivement inquiété. En captivité, on en a vu dormir embrassés par couple, à la manière des makis, et s'enroulant mutuellement de leur longue queue.

L'Atèle chuva ou Atèle encadré (*Ateles marginatus*, Geoff., Desm., Mamm., esp. 48) a le corps et la tête, ensemble, longs d'un pied quatre pouces, et la queue longue de près d'un pied sept pouces. Il est très-semblable au coaïta; mais il a, quand il a atteint tout son développement, une sorte de cadre de poils blancs qui entourent toute la face, et dont les plus longs sont au menton, près de la bouche et sur le front; son pelage est d'un noir lustré, surtout foncé sur les membres et sur la queue, et composé de poils longs, flasques et ondulés; ceux du sommet de la tête se dirigent en avant, où ils sont rencontrés par ceux du front, qui se portent en arrière ou sur les côtés; sa face est d'un brun noir, avec quelques poils rares, blanchâtres, au bout du museau.

Dans les mâles adultes les poils blanchâtres du toupet sont teints de jaunâtre ; dans la femelle ils sont blancs, et les jeunes n'ont point l'encadrement de la face qui distingue les individus âgés : on voit seulement quelques poils blanchâtres isolés sur les côtés des joues ou sur le contour du front.

M. de Humboldt dit que cette espèce d'atèle est commune dans la province de Jaen de Bracamoros, sur les bords des fleuves Santiago et des Amazones. Ses mœurs sont encore inconnues.

L'Atèle arachnoïde (*Ateles arachnoides*, Geoff., Desm., Mamm.. esp. 49) est ainsi dénommé, parce qu'il paroît avoir les membres encore plus grêles que les autres. Il ressemble particulièrement à l'hypoxanthe par les couleurs de sa robe et par sa taille. qui est d'un pied onze pouces pour le corps et la tête ensemble, et de deux pieds passés pour la queue; mais il diffère éminemment de ce singe par l'absence totale de pouce à ses mains antérieures. Il a les poils courts, lisses, moelleux, généralement d'un gris châtain brillant en dessus et d'un blanc jaunâtre en dessous, et tous ont leur base un peu obscure; ceux du sommet de la tête ne retombent pas vers le front, comme dans les autres espèces de ce genre, l'atèle hypoxanthe excepté; mais ils se dirigent, au contraire, en arrière; l'occiput et l'entre-deux des oreilles sont teint de marron; les poils du tour des oreilles d'un marron foncé; ceux du front blanchâtres et bordés en avant par une rangée de poils longs, roides et noirs; le bas-ventre, les fesses. la face interne des extrémités postérieures d'un roux assez vif, ainsi que le dessous de la queue, dont les poils, très-touffus à la base, diminuent successivement de longueur jusqu'à l'extrémité; la face est couleur de chair.

La tête de ce singe est moins arrondie et un peu plus longue que celle de l'atèle Beelzebuth ; ses pommettes sont un peu plus rapprochées que les siennes ; son museau est moins relevé, et sa queue est plus courte à proportion.

Il est du Brésil, et sa manière de vivre est inconnue.

L'Atèle mélanocheïre ; *Ateles melanochir*, Desm., Mamm., esp. 5o. Il est de le taille de l'atèle arachnoïde, c'est-à-dire que sa tête et son corps, ensemble, ont un pied trois pouces environ, et que sa queue a deux pieds un pouce. Il a la face noire ; les poils du front, depuis les sourcils, dirigés en arrière et se rencontrant avec ceux du sommet de la tête, ce qui forme une sorte d'épi en ligne transverse ; quelques poils gris sur les joues ; le pelage d'un gris qui résulte du mélange de poils gris très-clair et de poils totalement noirs, plus rares que les premiers ; le dessus de la tête tantôt d'un brun noir, tantôt d'un gris-brun plus foncé que le restant du corps ; les épaules d'un gris un peu plus obscur que celui du dos ; les membres excessïvement grêles, gris comme le corps, mais plus foncés à la face externe qu'à l'interne ; la face extérieure des avant-bras et des mains et les pieds noirs ou d'un gris-brun foncé ; une tache au genou, du côté extérieur ; la queue, de couleur brune en dessus, est grise en dessous.

On n'a aucun renseignement sur la patrie et les habitudes naturelles de ce singe, dont deux individus empaillés sont conservés dans les galeries du Muséum d'histoire naturelle de Paris.

ALOUATE : *Mycetes*, Illig. ; *Alouata*, Lacép. ; *Stentor*, Geoff. ; *Cebus*, Erxl., Cuv. Genre de singes américains, à queue éminemment prenante, et qui partage avec les atèles et les lagotriches seulement le caractère d'avoir le dessous de l'extrémité de cette queue nu dans une certaine étendue de sa longueur ; mais les différences qu'il a avec ces mêmes genres sont nombreuses et assez importantes.

Le crâne des alouates, au lieu d'être arrondi ou ovale d'avant en arrière, comme celui de tous les autres singes du nouveau monde, est au contraire comme pyramidal, l'occiput en étant anguleux et très-relevé ; l'angle facial n'est que de trente degrés environ ; la face est très-oblique, et les trous auditifs sont très-relevés ; mais les branches montantes de la mâchoire inférieure, fort écartées entre elles, sont démesurément élevées, ce qui donne à l'ensemble de la tête une physionomie en apparence peu différente de celle des autres singes de la même tribu.

Cet écartement et cette hauteur des branches montantes de la mâchoire est en accord avec la conformation singulière des organes de la voix. Dans les alouates, que l'on connoît vulgairement sous la dénomination de *singes hurleurs*, le corps de l'os hyoïde, prodigieusement renflé et comme vésiculeux, est destiné à faire résonner l'air qui sort des poumons et à produire un volume de voix très-éclatant. Cet hyoïde, ainsi transformé en un tambour creux, se trouve placé dans l'intervalle vide qu'offre ainsi la mâchoire; mais son volume est tel qu'il fait encore saillie sous le cou et figure comme une sorte de goître.

Dans ces singes les canines sont assez fortes, comme pyramidales et à trois faces. Les molaires ressemblent par leur nombre, qui est de six de chaque côté, en haut et en bas, à celles des atèles, des sapajous et des sakis. Les quatre extrémités sont proportionnées au corps pour la longueur et la grosseur, et les quatre mains sont pourvues d'un pouce opposable et onguiculé. Les ongles sont convexes et courts. Leur queue est très-longue et éminemment prenante.

Nous avons comparé les atèles de l'Amérique aux gibbons de l'archipel Indien. Nous pourrions à peu près en faire autant des alouates, qui nous semblent représenter dans le nouveau monde les macaques de l'ancien. Ce sont des animaux très-farouches, qui vivent comme les atèles et de la même manière par petites troupes, disséminées dans les forêts de l'Amérique méridionale, depuis la Guiane jusqu'au Paraguay. Ils les font retentir de leurs cris, qui sont, dit-on, si forts et éclatans, qu'on les entend à une demi-lieue à la ronde de l'individu qui les pousse. On rapporte à ce sujet que dans chaque troupe il n'y a jamais qu'un seul singe qui hurle ainsi; que c'est ordinairement le plus vieux, celui qui en est comme le chef, et que durant ce temps les autres l'entourent à peu de distance, et sont silencieux. C'est surtout pendant la nuit qu'ils hurlent ainsi. Du reste, l'on ne sait rien sur les mœurs de ces animaux, qui paroissent vivre difficilement en captivité; car il est remarquable qu'on n'en ait pas encore signalé un seul comme ayant été vu existant en Europe.

L'alouate roux (*Stentor seniculus*, Geoffr. ; *Mycetes seniculus*, Illig., Desm. ; l'*Alouate*, Buff., Hist. nat., t. 15, pl. 5, et Suppl., t. 7, pl. 15 ; *Simia seniculus*, Linn., Gmel., ou le Singe hurleur proprement dit) est l'espèce le plus anciennement et le plus généralement connue. Elle a deux pieds deux pouces pour longueur totale, mesurée depuis le bout du museau jusqu'à l'origine de la queue, sur quoi le contour de la tête prend cinq pouces un quart. Sa queue est longue d'un pied dix pouces seulement. Tout le dessus du corps est d'un beau roux assez clair et comme doré. Le sommet de la tête, les joues, la barbe, qui est courte, touffue et recouvre la saillie que fait l'hyoïde, les quatre membres et la queue sont d'un roux ardent, tirant sur la couleur marron - foncé ; la face est noire et nue ; les poils du front sont très- courts et implantés jusque tout près des paupières ; ils sont nettement séparés de la face par une ligne transverse bien tranchée ; il y a de grands poils noirs et rares aux sourcils, aux lèvres et au menton ; la poitrine et le ventre, qui est assez gros, sont presque nus ; les doigts sont longs, parsemés en dessus de poils assez rares, qui s'étendent jusqu'à la racine des ongles ; ceux- ci sont en gouttière.

Cet alouate a les habitudes naturelles que nous avons détaillées pour le genre entier. Il existe à la Guiane françoise, aux environs de Cathagène et sur les bords de la rivière Sainte - Magdeleine. Il est rare au Brésil.

L'alouate ourson (*Stentor ursinus*, Geoffr. ; *Mycetes ursinus*, Illig., Desm., Mamm., esp. 54) est très-semblable au précédent par les proportions et les dimensions de son corps. Il a aussi pour teinte générale de son pelage la couleur rousse ; mais le dessous de sa barbe est plus foncé que le reste, et le tour de sa face est d'un roux plus pâle. Sa face est noire, mais nue sur une bien moins grande surface que celle de l'alouate roux ; les oreilles sont petites, presque cachées ; les sourcils présentent de grands poils épars, et l'on en voit de pareils sur les lèvres et le menton. Son ventre et sa poitrine sont presque nus.

Ce singe, que M. de Humboldt dit être appelé *araguato* en Amérique, habite la province de Venezuela, la Nouvelle-Andalousie, la Nouvelle-Barcelonne, les bords de l'Orénoque, et on le trouve aussi au Brésil. Il recherche les contrées élevées et froids et se tient de préférence près des mares d'eau stagnante, ombragées par le sagoutier d'Amérique ou palmier moriché. Il se nourrit plutôt de feuilles d'arbres que de fruits. En captivité c'est un animal sobre et peu délicat.

L'ALOUATE ARABATA : *Stentor stramineus*, Geoffr.; *Mycetes stramineus*, Illig., Desm., Mamm., esp. 55. Il est un peu plus petit que les deux précédens. Son pelage est généralement d'un jaune de paille, les poils étant de cette couleur à la pointe et bruns à leur base; sa face, couleur de chair, est presque entièrement couverte de poils, si l'on en excepte le tour des yeux et du nez; les poils du front sont dirigés d'avant en arrière, et rencontrent sur leur pointe ceux du sommet de la tête, qui se portent au contraire d'arrière en avant, ce qui forme une petite bande noirâtre transverse sur cette partie; les oreilles sont grandes et nues; les poils du milieu de la face sont courts et noirâtres; il y a une petite barbe formée par les poils des joues, qui se dirigent par en bas, et qui sont d'un jaune de paille; le pelage du dessus du corps est varié de jaune de paille et de brun, les poils de cette partie offrant ces deux couleurs; le ventre et la poitrine sont presque nus; les bras et les jambes sont couverts de poils d'un jaune de paille; la queue est de la même couleur, mais plus obscure.

Cette espéce habite le Para. Ses habitudes naturelles n'ont pas été décrites.

L'ALOUATE GUARIBA : *Stentor fuscus*, Geoffr.; *Mycetes fuscus*, Desm., Mamm., esp. 56; *Simia beelzebuth*, Linn., *Syst. nat.*, édit. 12, p. 57. Il est un peu plus grand que l'alouate roux; les proportions de ses membres et de sa queue sont les mêmes, mais sa tête paroît relativement plus petite que celle de ce singe. Son pelage est généralement d'un brun foncé et présente sur le dos des poils à pointe dorée, ainsi que ceux du vertex et de l'occiput: la face est d'un brun obscur, nue, parsemée de poils noirs et roides sur les paupières, les lèvres et le menton; les poils de la base du front sont dirigés en arrière et rencontrent par leurs pointes ceux du derrière de la tête; les tempes sont couvertes de poils bruns dirigés en arrière ; le menton a une barbe moyenne et de couleur brune.

Dans un jeune individu la rencontre des poils du front avec ceux de l'occiput donne lieu à un épi en ligne transverse ; la barbe et les parties postérieures du corps, les membres et la queue sont d'un brun foncé, et l'on ne voit de poils à pointe dorée que sur le derrière de la tête et du cou. Dans un plus jeune encore le pelage est d'un brun fuligineux ; il n'y a presque point de barbe ; les poils du sommet de la tête sont terminés de jaune.

Il habite les déserts les plus reculés du Brésil. On dit que son caractère est très-farouche, et qu'il témoigne beaucoup d'ardeur pour les femmes.

L'Alouate choro : *Stentor flavicaudatus*, Geoffr. ; *Mycetes flavicaudatus*, Desm., Mamm., esp. 57 ; Choro, Humb., Rec. d'obs. zool., pag. 343, esp. 3.

Un peu plus petit que l'alouate roux, celui-ci a le corps entièrement couvert de poils bruns noirâtres dans la plus grande partie de leur longueur, avec la pointe seulement moins foncée. Ceux du sommet de la tête sont courts ; ceux du dos longs et touffus ; les extrémités sont d'un brun plus foncé que le corps, à l'exception de la face externe des cuisses, qui offre des poils dont l'extrémité est jaunâtre, et du genou, où l'on voit du roux ; la queue est d'un brun olivâtre, avec deux bandes longitudinales jaunes, une de chaque côté, depuis le milieu de sa longueur jusqu'à son extrémité ; les mains et les pieds sont d'un brun clair ; le dessous du corps, surtout le ventre, est plus poilu que dans les autres espèces. La face de ce singe est courte, nue, obscure, avec quelques grands poils épars ; la partie postérieure des joues est couverte de poils longs, bruns, et terminés de jaunâtre, qui descendent sous le cou, et forment les côtés de la barbe ; le milieu de celle-ci est peu prolongé, et formé des poils bruns qui naissent au menton.

M. de Humboldt assigne pour patrie à ce singe la province de Jaën dans la Nouvelle-Grenade, et les bords de la rivière des Amazones. Sa peau est employée pour couvrir les selles des mulets sur lesquels on voyage dans les Cordillères ; aussi lui fait-on la chasse.

L'Alouate caraya : *Stentor niger*, Geoffr. ; *Mycetes ater*,
Desm., Mamm., esp. 58; Caraya, d'Azara. Celui-ci, qui habite non-seulement le Paraguay, mais encore la province de
Bahia, et qui se répand vraisemblablement dans tout l'intérieur du Brésil, a la taille de l'alouate roux, mais il a le
corps beaucoup plus gros et plus ventru, et les membres plus
robustes. Le pelage du mâle, composé de poils lustrés, peu
durs, un peu crépus, longs de deux pouces et non couchés,
est d'un noir-brun foncé dans toutes ses parties, excepté sous
le ventre et la poitrine, où il est peu fourni et d'un roux
obscur; les extrémités des membres sont d'un noir foncé; la
queue est noire, avec les poils de son extrémité terminés de
brun : les poils du scrotum sont d'un brun clair; la face est
d'un brun rougeâtre; le front, les lèvres et le menton présentent quelques poils noirs épars; ceux du devant de la tête
se dirigent en arrière, et ceux de l'occiput, couchés en sens
contraire, les rencontrent par la pointe; la barbe est médiocre.

La femelle ne diffère du mâle que parce que sa barbe est
moins touffue que la sienne, et que le poil de son corps est
un peu plus fin et d'un brun peu foncé ou bai obscur. Les
jeunes mâles ressemblent plus aux femelles qu'aux mâles
adultes. On connoît une variété albine de cette espèce.

Il a les habitudes des autres singes du même genre. M. de
Humboldt rapporte que son cri, qu'il fait entendre à la pointe
du jour, ressemble au craquement d'une quantité de char-
rettes non graissées.

L'Alouate aux mains rousses : *Mycetes rufimanus*, Kuhl;
Desm., Mamm., esp. 59. Cette espèce, établie sur un individu qui existoit dans la collection de Bullock à Londres,
et qui appartient maintenant à M. Temminck, est presque
de la taille de l'arachnoïde, et sa queue est de la longueur
du corps. Son pelage est en totalité d'un noir foncé, à l'exception des quatre mains et de la dernière moitié de la
queue, qui sont de couleur rousse; la face et les parties inférieures du corps sont nues.

On n'a aucun renseignement sur ses habitudes naturelles
et sur sa patrie. (Desm.)

SINGHUMOORY. (*Ornith.*) Ce nom, qui signifie oiseau

marbré, a été donné, par les Indiens, au napaul, *phasianus satyrus*, Vieill. (Ch. D.)

SINGI. (*Bot.*) Nom brame du *nir-pongalion* du Malabar, *bignonia spathacea* de Linnæus fils, que l'on a regardé comme congénère du *spathodea* de Beauvois; mais qui en diffère par sa corolle en entonnoir à long tube et peut-être aussi par le nombre de ses étamines. (J.)

SINGITS, SUNGIKU. (*Bot.*) Kæmpfer cite ces noms japonois du *chrysanthemum coronarium*, plante cultivée dans les jardins à fleurs. (J.)

SINGLA [LÉ]. (*Mamm.*) Le sanglier est ainsi nommé par les habitans du département de l'Aube. (Desm.)

SINGLO. (*Bot.*) Nom d'une variété de thé à la Chine. (J.)

SINGOFAU. (*Bot.*) Flacourt parle d'une herbe de ce nom à Madagascar, qui s'attache au tronc des arbres et dont les feuilles sont appliquées sur les yeux pour éclaircir la vue. C'est peut-être un *epidendrum*, plante parasite. (J.)

SINGSIE. (*Ornith.*) Les Chinois nomment ainsi la grande perruche à longs brins, *psittacus malaccensis*, Gmel., Pl. enl. de Buffon, n.° 887. (Ch. D.)

SINGUING-BIRD. (*Ornith.*) Les Anglois désignent par cette expression le moqueur, *turdus polyglottus*, Linn. (Ch. D.)

SINI. (*Bot.*) Voyez Confusi. (J.)

SINIAKI AMOOFONG. (*Erpét.*) On donne, suivant quelques lexicographes, ce nom à un petit serpent vert tacheté de noir, qui se trouve à Sierra-Leona, et qui lance, à deux ou trois pieds de distance, sur les yeux des animaux dont il fait sa proie ou qui l'attaquent, un venin qui leur fait perdre à l'instant la vue et leur cause des douleurs atroces. (H. C.)

SINIHIDDA. (*Bot.*) Espèce non déterminée d'*alcea*, dans l'ile de Ceilan, citée par Hermann. (J.)

SINIKIAOU. (*Zooph.*) Sous ce nom sont désignées les *astéries* ou étoiles de mer dans l'ile d'Oualan. (Lesson.)

SINIKOSSO. (*Zooph.*) On nomme ainsi une espèce d'éponge dans l'ile d'Oualan. (Lesson.)

SINISTROPHORUM. (*Bot.*) Genre établi par Schrank sur le *myagrum sativum*, Linn., et qui n'a pas été admis. Voyez Caméline. (Lem.)

SINKOO. (*Bot.*) Nom japonois cité par Kæmpfer du Garo

ou Bois d'aigle, *Agallochum* de Rumph, *Aquilaria* de M. de Lamarck, genre de la famille des samydées, ou d'une famille voisine. (J.)

SINODENDRON. (*Entom.*) Ce nom est ainsi orthographié par Fabricius. Voyez SYNODENDRE. (C. **D.**)

SINOGARLICA. (*Ornith.*) Nom polonois de la tourterelle commune, *columba turtur*, Linn. (Ch. **D.**)

SINO-KI, SUI. (*Bot.*) Noms japonois, cités par Kæmpfer, d'un chêne, qui est le *quercus cuspidata* de M. Thunberg. (J.)

SINOPE ou SINOPIS (*Min.*), ou TERRE DE SINOPE (ville de Paphlagonie, pays riche en mines de fer), étoit une ocre rouge. On en distinguoit, suivant Pline, trois sortes : l'une d'un rouge foncé, l'autre d'un rouge pâle, et la troisième, d'un rouge intermédiaire entre les deux précédens, étoit le plus pur.

C'étoit une matière argileuse qu'on trouvoit dans des cavités de l'île de Lemnos, en Cappadoce, en Égypte et dans les îles Baléares. Ce rouge de Sinope fournissoit une des couleurs les plus employées et recherchées par les peintres; une des quatre dont les peintres les plus célèbres de l'antiquité se servoient de préférence, à cause de son éclat.

Le Sinope paroissoit être un bol ou ocre d'un beau rouge, comme le sil étoit la belle ocre jaune. (B.)

SINOPLE. (*Min.*) Variété de quarz hyalin d'un rouge vif et presque opaque. On a quelquefois donné ce nom à un jaspe, auquel on rapporte cette pierre. (Voyez QUARZ HÉMATOÏDE, tom. XLIV, pag. 248, et JASPE, tom. XXIV, pag. 202.)

On a aussi donné ce nom et celui de *Zinopel* à un minérai d'or mêlé de galène et de blende, qui a pour gangue du quarz hématoïde, et qui se trouve principalement dans la mine de Pacherstoll, près Schemnitz en Hongrie. (B.)

SI-NOSA, SIT-SIKU. (*Bot.*) Noms japonois du bambou, cités par Kæmpfer. (J.)

SINSARATI. (*Bot.*) Nom brame du *solanum indicum*, cité par Rhéede. (J.)

SINSIGNOTTE. (*Ornith.*) Ce nom est vulgairement donné, dans la Lorraine allemande, à l'alouette pipi, *alauda trivialis*, Linn.; et celui de *grande sinsignotte* à la rousseline, *alauda mosellana*, dans le pays Messin. (Ch. **D.**)

SINSIN. (*Mamm.*) Le père Duhalde dit, qu'il y à la Chine un singe ainsi nommé. Sonnini prétend que c'est le pithèque, c'est-à-dire le macaque magot. (Desm.)

SINSJO. (*Bot.*) Voyez Seo. (J.)

SINSONTE. (*Ornith.*) Le moqueur, *turdus polyglottus* , Linn., est ainsi désigné par Ulloa, tom. 1.ᵉʳ, p. 187, de ses Mémoires philosophiques, traduction françoise de Lefebvre de Villebrune. Voyez Sésontlé. (Ch. D.)

SINTEMPSUM. (*Bot.*) Ruellius cite ce nom égyptien du *thlaspi*. (J.)

SINTER. (*Min.*) C'est un mot allemand qui équivaut à notre mot de concrétion ou de stalactite. Nous ne l'eussions pas cité, si quelques minéralogistes françois ne l'avoient employé sans traduction, et si Haüy lui-même ne l'avoit inscrit parmi les noms qualificatifs des minéraux. Voyez Concrétions et Stalactite. (B.)

SINTITOK. (*Ornith.*) L'oiseau connu sous ce nom au Groënland, est le hibou figuré dans les Oiseaux de l'Amérique septentrionale de M. Vieillot, pl. 21, *strix asio*, Linn., et Oth. Fabricius, *Fauna groenlandica*, n.° 37. (Ch. D.)

SINTOXIE, *Sintoxia.* (*Conchyl.*) M. Rafinesque, dans la disposition méthodique des espèces nombreuses d'unios de l'Amérique septentrionale, a établi sous ce nom une division générique pour les espèces en général plus longues que hautes, de forme ovale, oblique, qui ont la dent lamellaire et le ligament courbe. Elle n'en contient cependant encore qu'une. Voyez le mot Unio. (De B.)

SINUÉ. (*Bot.*) Découpé en parties saillantes, arrondies, qui sont séparées par des sinus également arrondis; exemples: feuilles du *quercus robur*, nectaire du *cobea*, etc. (Mass.)

SINUEUX. (*Bot.*) Long, linéaire et en zigzags; exemples: anthères du *cucurbita*, raphé du *cookia* , etc. (Mass.)

SINU-KOTAI. (*Bot.*) Nom japonois. cité par Kæmpfer, de l'arbre qui est l'*elœagnus pungens* de M. Thunberg. (J.)

SINZA. (*Bot.*) Nom brame du tamarin, cité par Rhéede. (J.)

SIŒLAERKA. (*Ornith.*) C'est, en Scanie, l'ortolan de neige, *emberiza nivalis*, Linn. (Ch. D.)

SIŒRAKAN. (*Ornith.*) Corneille Lebruyn parle, au tom. 4

de ses Voyages, pag. 453 , d'un oiseau ainsi nommé , qui est
de la taille d'un canard , lui ressemble, et a la tête jaune, le
bec et les pieds rouges. (CH. D.)

SIOFFU. (*Ornith.*) Voyez SOFFU. (CH. D.)

SIOGEI-FIGE. (*Bot.*) Plante du Japon , déjà citée sous le
nom de *mondo*. Voyez MONDO et SOCAIF. (J.)

SIOKU. (*Bot.*) Voyez KIBI. (J.)

SIOMGA. (*Ichthyol.*) On nomme ainsi, au Kamtschatka , un
fort gros poisson de rivière , qui paroît appartenir au genre
des TRUITES. Voyez ce mot. (H. C.)

SION. (*Bot.*) Ce nom grec , mentionné par Dioscoride ,
sium des auteurs latins, a été adopté par Tournefort et Linnæus pour la Berle , genre d'ombellifères, dont toutes les espèces sont aquatiques. Daléchamps et C. Bauhin l'avoient
adopté pour le *cicuta virosa*, Morison pour des espèces de
sison. Tragus et d'autres anciens l'employoient pour le *bec-
cabunga*, espèce aquatique de véronique, et Cratevas pour le
cresson de fontaine, *nasturtium*. Voyez BERLE. (J.)

SIONANNA. (*Bot.*) Le petit Recueil des voyages fait mention d'un arbrisseau de ce nom dans l'Inde, fort agréable à
la vue , qui porte en même temps des fleurs en ombelles et
des fruits en baie, et dont la racine est très-réputée contre
le venin des plus dangereux serpens. Ces détails répondent
exactement à ceux que présente le *sjovanna-amelpodi* du Malabar. (J.)

SIORARTOK. (*Ornith.*) Voyez ARNAVIAK. (CH. D.)

SIOURIAK. (*Ichthyol.*) Un des noms tartares du sterlet.
(H. C.)

SIOUT. (*Mamm.*) Nom kamtchadale du phoque lion-marin ,
que M. F. Cuvier place dans son genre Platyrhynque. Voyez
PHOQUE. tom. XXXIX , p. 554. (DESM.)

SIPALE. *Sipalus.* (*Entom.*) Genre d'insectes coléoptères,
de la famille des rhinocères, et indiqué sous ce dernier nom
dans l'extrait de l'ouvrage de M. Schœnherr. n.° 190. (C. D.)

SIPANE , *Sipanea.* (*Bot.*) Genre de plantes dicotylédones,
à fleurs complètes, monopétalées, de la famille des *rubiacées*,
de la *pentandrie monogynie* de Linnæus, offrant pour caractère essentiel : Un calice persistant, à cinq divisions; une
corolle infundibuliforme; le tube oblong, ventru à son orifice;

le limbe à cinq lobes égaux ; cinq étamines ; les anthères à deux loges ; un ovaire inférieur, couronné par un disque charnu ; un long style filiforme, terminé par deux stigmates ; une capsule orbiculaire, à deux loges, couronnée par les divisions du calice ; chaque loge partagée en deux valves ; les semences fort petites.

Sipane des prés : *Sipanea pratensis*, Aubl., Guian., 1, t. 56; Lamk., *Ill. gen.*, tab. 151; *Virecta pratensis*, Vahl, *Ecl.*, 2. Ses racines sont fibreuses, ramifiées; ses tiges nombreuses, cylindriques, un peu velues, noueuses, très-ramifiées, longues de deux pieds et plus ; la plupart des ramifications couchées, radicantes à leurs nœuds. Les feuilles sont opposées, presque sessiles, ovales-lancéolées, un peu rudes, entières, ciliées à leur partie inférieure, aiguës, munies à leur base de deux stipules opposées et caduques. Les fleurs naissent à l'extrémité des tiges et des rameaux, et forment de petits corymbes de six ou huit fleurs, portées chacune sur un pédoncule court. Le calice est strié, arrondi à sa base, partagé en cinq longues divisions étroites, aiguës, avec un poil assez long dans l'échancrure de chaque division. La corolle est rougeâtre ou couleur de rose; le tube long; le limbe à cinq lobes égaux ; les filamens courts, insérés sur le tube. Cette plante est très-abondante dans les savannes aux environs de la ville de Cayenne. On emploie cette plante dans les tisanes astringentes et contre la gonorrhée ; on se sert de sa décoction pour laver les plaies et les ulcères. (Poir.)

SIPANEA. (*Bot.*) Ce genre de rubiacées, fait par Aublet sur une plante de la Guiane, a été réuni au *Virecta* par Schreber, Vahl et M. Kunth; mais MM. de Lamarck et Persoon le laissent distinct. Il diffère par la gorge de la corolle, qui est velue, et par son fruit qui se partage en deux. (J.)

SIPAROUNIER, *Siparuna*. (*Bot.*) Genre de plantes dicotylédones, à fleurs incomplètes, monoïques, imparfaitement connues, de la *monoécie décandrie* de Linnæus, offrant pour caractère essentiel : Des fleurs monoïques; dans les mâles, un calice à quatre divisions; point de corolle; quatre à dix étamines insérées sur le disque du calice : dans les fleurs femelles, un calice comme dans les mâles; un ovaire supérieur arrondi, un style oblong, strié, terminé par cinq stigmates. Le fruit n'a pas été observé.

Siparounier de la Guiane; *Siparuna guianensis*, Aubl., Guian., 2, tab. 333. Arbrisseau de sept à huit pieds, dont la tige est droite, divisée, presque dès sa base, en branches grêles, alongées, garnies de rameaux opposés, noueux, lisses, verdâtres; chaque nœud produit deux feuilles opposées, ovales, oblongues, très-entières, vertes, aiguës, lisses à leurs deux faces, longues d'environ cinq pouces, sur deux de large, soutenues par un pédoncule très-court. Les fleurs sont petites, verdâtres, monoïques, situées dans l'aisselle des feuilles, réunies en petits corymbes peu garnis. Les divisions du calice sont arrondies, au nombre de quatre; point de corolle; les étamines insérées sur un disque velu, situé au fond du calice. Cet arbrisseau croît dans la Guiane, sur le bord des courans d'eau douce, dans le quartier d'Oyac. (Poir.)

SIPÈDE. (*Erpét.*) On a ainsi appelé une sorte de Couleuvre. Voyez ce mot. (H. C.)

SIPHALE. (*Malacoz.? Actin.?*) Nom de genre donné par M. Rafinesque-Schmaltz à un animal de la mer de Sicile, dont nous ne pouvons pas même reconnoître la classe, et qu'il caractérise vaguement ainsi qu'il suit : Corps oblong, cylindrique, mutique; tête en tube. (Desm.)

SIPHON. (*Bot.*) C'est une espèce d'aristoloche. (L. D.)

SIPHONAIRE, *Siphonaria*. (*Malacoz.*) Adanson, en décrivant les différentes espèces de patelles qu'il avoit observées sur les côtes du Sénégal, avoit parfaitement indiqué les différences nombreuses que présente l'animal de celle qu'il a désignée sous le nom de *mouret*; aussi depuis long-temps, dans mon *Genera*, envoyé en Angleterre en 1816, pour le supplément à l'Encyclopédie d'Écosse, je l'avois séparée pour en constituer un genre distinct, auquel je conservois cette dénomination. Depuis lors M. Sowerby, dans ses Genres de coquilles vivantes et fossiles, ayant trouvé parmi les patelles de M. de Lamarck, ou mieux parmi les cabochons de Denys de Montfort, que quelques espèces présentoient un caractère particulier dans la manière dont l'empreinte musculaire en fer à cheval est partagée inégalement en deux parties séparées par une espèce de siphon, a cru également

devoir en former un genre, qu'il a nommé Siphonaire. Ainsi
ce genre a été également établi d'après la double considération de l'animal et de sa coquille. Il devra donc être
conservé, et bien plus, être placé très-loin des patelles, dans
l'ordre des monopleurobranches de M. de Blainville. Au
reste, voici la caractéristique que l'on en peut donner :
Corps subcirculaire, conique, plus ou moins déprimé; tête
subdivisée en deux lobes égaux, sans tentacules ni yeux
évidens; bords du manteau crénelés et dépassant un pied
subcirculaire, comme dans les patelles; cavité branchiale
transverse, contenant une branchie probablement en forme
d'un grand arbuscule, ouverte un peu avant le milieu du
côté droit et pourvue à son ouverture d'un lobe charnu,
de forme carrée, situé dans le sinus, entre le manteau et
le pied; muscle rétracteur du pied divisé en deux parties :
une beaucoup plus grande, postérieure, en fer à cheval;
l'autre très-petite, à droite et en avant de l'orifice branchial. Coquille non symétrique, patelloïde, elliptique ou
suborbiculaire, à sommet bien marqué, un peu sénestre et
postérieur; une espèce de canal ou de gouttière sur le côté
droit, partageant l'impression musculaire en fer à cheval en
deux parties : l'une droite et antérieure, très-petite; l'autre
occupant tout le reste de l'extrémité postérieure et latérale
de la coquille.

Cette caractéristique est plus complète que celle que j'ai
donnée à l'article Mollusques; mais cela tient à ce qu'outre
la description d'Adanson, j'ai trouvé dans la planche 3 de la
Zoologie d'Égypte, consacrée aux patelles par M. Savigny,
une excellente figure, que je rapporte certainement au genre
Mouret, rapprochement qui sans doute n'avoit pas échappé
à son observation, mais ce que nous ne pouvons assurer, ses
planches étant, par un grand malheur, privées d'explications
tirées de ses manuscrits. Adanson avoit lui-même très-bien
senti que son Mouret différoit beaucoup des Patelles : il avoue,
en effet, qu'il ne connoît pas d'espèce dont la figure du corps
s'éloigne davantage de ses congénères. Ses yeux et ses tentacules sont si petits, qu'on peut dire qu'elle n'a ni les uns ni
les autres; sa tête est faite en demi-lune et elle est coupée
dans le milieu par une large crénelure qui la divise en deux

parties égales. Le cordon de cirrhes tentaculaires qu'on voit sous la racine du manteau dans les véritables patelles, n'existe pas ici, et ses bords, au lieu d'être frangés, sont légèrement crénelés. Dans le sinus circulaire qu'il fait avec le pied, on voit à droite une petite membrane carrée qui est dans une agitation continuelle; c'est, dit Adanson, sans doute avec raison, le tuyau de la respiration. J'avois d'abord supposé que ce pouvoit être la branchie elle-même; mais la figure de M. Savigny a rectifié mes idées à ce sujet. On y voit en effet que cette membrane n'offre rien de branchial, et que, d'ailleurs, sous le manteau, au milieu du dos, est très-probablement la véritable branchie. Je remarque en outre dans cette figure qu'entre le pied et le bord du manteau est une frange indivise qui circonscrit celui-là dans toute son étendue, et dont Adanson n'a pas parlé.

Il paroît, du reste, que les siphonaires vivent, à la manière des patelles, fixées sur les rochers; du moins Adanson dit que celle qu'il a observée est très-commune sur ceux de l'île de Gorée.

Il existe dans les collections plusieurs espèces de fausses patelles, qu'il faut sans doute rapporter à ce genre; peut-être même sont-elles déjà décrites; mais c'est ce qu'il est difficile d'assurer, tant les descriptions et même les figures sont incomplètes, faute de n'avoir pas fait attention à la non-symétrie et au siphon. Nous en connoissons cependant déjà de plusieurs parties du monde.

La Siphonaire a côtes blanches: *Siphonaria leucopleura; Patella leucopleura*, Linn., Gmel., p. 3699, n.° 34; de Lamarck, Système des anim. sans vert., tome 6, 1.ʳᵉ partie, page 332, n.° 31; Lister, *Conch.*, tab. 539, fig. 22. Coquille ovale, assez petite, peu élevée, à sommet submédian, de couleur brune, quelquefois noirâtre ou grisâtre en dehors, radiée par des côtes blanches assez peu nombreuses (30 — 32). Le sommet blanc, entouré d'une ligne brune; l'intérieur blanc ou brunâtre, entouré d'une bande presque noire, radiée de blanc.

Cette petite coquille, dont on ignore la patrie, me paroît principalement définie, du moins dans la couleur, d'après un accident; car il me semble que la blancheur du sommet et même celle des côtés est due au frottement ou à l'usure. Au reste, elle me paroît considérablement varier.

Je rapporte à cette espèce, avec quelques doutes cependant, la *S. concinna* de M. Sowerby, G. *Siphonaria*, fig. 2.

La S. SIPHON ; *S. sipho*, Sowerby, *Gen. of shells*, G. *Siphonaria*, fig. 1. Coquille subcirculaire, à sommet submédian, denticulée, par la terminaison marginale de près de cinquante rayons anguleux, subégaux, dont celui qui correspond au siphon est bien plus prononcé ; couleur d'un gris verdâtre en dehors, roussâtre radiée de roux en dedans.

J'en ignore la patrie.

La S. DE JAVA : *S. javanica* ; *Patella javanica*, de Lamk., *ibid.*, page 357, n.° 36. Coquille ovale, à sommet submédian, subconvexe, à bords crénelés, finement radiée par un petit nombre d'assez grosses côtes blanches, égales, séparées par des stries ; couleur d'un roux noirâtre, avec le sommet noir en dehors, noirâtre en dedans, bordé de jaune, avec un limbe blanc.

Des côtes de Java ; rapportée par M. Leschenault.

La S. RADIÉE, *S. radiata*, de Blainv., Conchyl. princip., pl. 2, fig. 4. Petite coquille ovale, très-déprimée, à sommet peu marqué et submédian, à bords crénelés par des rayons assez gros, dont deux plus gros étoilent sensiblement le côté droit. Couleur grisâtre en dessus, d'un roux marron en dedans, avec un limbe agréablement radié de blanc et de noir.

J'ai vu plusieurs individus de cette espèce, qui, quoique rapprochée de la S. conique, paroît pouvoir en être distinguée, surtout par les deux espèces de digitations de son bord droit. Peut-être cependant n'est-ce qu'une différence d'âge. J'en ignore la patrie.

En général, jusqu'à ce qu'on ait pu étudier l'animal des différentes espèces de siphonaires, les coquilles seront difficiles à caractériser, parce que toutes sont sillonnées du sommet à la base, et, à peu de chose près, semblablement colorées.

La S. CONIQUE, *S. conica*. Coquille ovale, conique, assez élevée, à sommet subcentral, sillonnée par trente-six à quarante côtes un peu inégales, très-saillantes à la circonférence ; couleur roussâtre ou jaune de corne sur les côtés, brune dans les intervalles , en dehors, d'un roux pâle en dedans ; les bords radiés de brun foncé et de blanc.

Cette coquille, dont j'ignore la patrie, pourroit bien n'être qu'une variété de la précédente.

La Siphonaire exiguë ; *S. exigua*, Sow., *l. c.*, fig. 4. Petite coquille ovale, déprimée, à sommet subcentral peu marqué, relevée de neuf côtes assez grosses, dont les intervalles sont striés, de couleur jaune verdâtre.

Cette espèce, dont M. Sowerby n'indique pas la patrie, ne diffère peut être pas de la S. radiée.

La S. étoilée ; *S. stellata*, de Roissy. Coquille subcirculaire, très-déprimée, à sommet bien marqué, submédian et un peu en crochet, relevée de quinze à seize côtes seulement, interstriées , se prolongeant beaucoup à la circonférence, de manière à fortement lacinier le bord qui est en étoile. Couleur de corne grise en dessus, plus foncée en dessous.

De la collection de M. de Roissy, qui en ignore la patrie.

La S. d'Adanson ; *S. Adansonii* ; le Mouret, Adans., *Seneg.*, page 34, pl. 2. Coquille elliptique, à bords entiers, à sommet élevé , submédian, rayonnée par deux cents cannelures extrêmement fines et serrées ; couleur ordinairement grise ou cendré-verdâtre en dehors , brune sur les bords et blanchâtre au fond, en dedans.

Cette espèce , qui a environ un pouce de long sur huit lignes de large, est commune sur la côte du Sénégal. Quand elle a été roulée sur le rivage, son sommet devient blanchâtre ; ses cannelures sont brunes, sur un fond quelquefois blanchâtre , quelquefois vineux , coupé par trois ou quatre bandes brunes , circulaires et concentriques au sommet.

La S. crénelée : *S. crenata*, Savigny, *Ægypt. Zoolog.* ; Gastéropodes, pl. 3, fig. 3—35. Coquille fort petite , assez surbaissée , à sommet submédian et incliné en arrière , rayonnée de côtes fortes , peu nombreuses et denticulant le bord très-sensiblement.

Quoiqu'il se puisse que cette espèce de siphonaire ne soit qu'une variété de la S. à côtes blanches, cependant , en en jugeant seulement par la figure, le petit nombre de côtes , leur grosseur, la crénelure prononcée des bords, peuvent également faire admettre sa distinction.

La Siphonaire de Tristan; *S. Tristensis*, Sowerby, *loc. cit.*, fig. 3. Petite coquille ovale, conique, capuloïde, à sommet pointu, élevé, marqué d'un petit nombre de stries, formant des côtes peu nombreuses. Couleur verdâtre en dehors, brun-foncée en dedans.

Des rivages de l'île de Tristan d'Acunha, à ce que je suppose.

La S. de Lesson; *S. Lessonii*, Lesson, Voyage de *la Coquille*, et Conchyl., pl. 44, fig. 2 et 2 *a*. Coquille conique, élevée, capuloïde, un peu oblique, à sommet bien marqué, pointu, incliné en arrière et un peu à gauche, radiée par une cinquantaine de cannelures peu marquées, groupées deux à deux et à stries d'accroissement très-marquées; couleur d'un gris verdâtre en dehors, brun chocolat en dedans, surtout à la circonférence. Canal peu marqué et assez reculé en arrière.

Cette jolie espèce, de dix lignes de long sur sept à huit lignes de large, a été rapportée des îles Malouines par les naturalistes de l'expédition du capitaine Duperrey, MM. Lesson et Garnot. Elle est bien distincte et ressemble, comme la précédente, à un cabochon. (De B.)

SIPHONANTHE, *Siphonanthus*. (*Bot.*) Genre de plantes dicotylédones, à fleurs complètes, monopétalées, de la famille des *verbénacées*, de la *tétrandrie monogynie*, dont le caractère essentiel consiste dans un calice ample, persistant, à cinq divisions; une corolle infundibuliforme; le tube très-long; le limbe petit, à quatre lobes; quatre étamines saillantes; un ovaire supérieur; un style; un stigmate. Le fruit consiste en quatre baies monospermes, entourées par le calice ouvert.

Siphonanthe des Indes : *Siphonanthus indica*, Linn., *Spec.*; Lamk., *Ill.*, tab. 79, fig. 1; *Clerodendrum siphonanthus*, Ait., *Hort. Kew.*; *Amm. act. Petrop.*, tab. 15. Plante, dont les tiges sont droites, ligneuses, très-simples, glabres, garnies de feuilles sessiles, opposées, plus ordinairement ternées, linéaires, lancéolées, oblongues, un peu rétrécies en pétiole à leur base, entières, acuminées au sommet, glabres à leurs deux faces. Les fleurs sont disposées en petits corymbes opposés, situées dans l'aisselle des feuilles supérieures, portées sur un pédoncule commun assez court, divisé au sommet en trois autres plus courts, presque en ombelle, uniflores. Le calice est glabre,

un peu ouvert, à cinq découpures aiguës ; la corolle jaunâtre,
en entonnoir ; le tube grêle, très-long ; le limbe à quatre
lobes, plans, étroits, obtus, un peu réfléchis ; les quatre étamines ont les filamens plus longs que la corolle et les anthères
oblongues, triangulaires ; l'ovaire est très-court, à quatre lobes ;
le style filiforme, de la longueur des étamines, recourbé au
sommet ; le stigmate simple. Le fruit consiste en quatre petites baies arrondies, situées dans le calice ouvert, renfermant chacune une semence arrondie. Cette plante croît dans
les Indes orientales. (Poir.)

SIPHONANTHUS. (*Bot.*) Ce genre de Linnæus, nommé
auparavant *Siphonanthemum* par Ammann, est un *ovieda* et a
été nommé *ovieda mitis*. (J.)

SIPHONCULÉS. (*Entom.*) M. Latreille avoit donné ce nom
de famille à quelques genres d'insectes à deux ailes, qu'il a
depuis placés avec les tanystomes auprès des taons, et il
n'a plus employé le nom de siphonculés. (C. D.)

SIPHONIA. (*Bot.*) Genre de plantes dicotylédones, à fleurs
monoïques, de la famille des *euphorbiacées*, de la *monoécie
monadelphie* de Linnæus, caractérisé par des fleurs monoïques,
pourvues d'un calice à cinq divisions profondes ; point de
corolle : dans les fleurs mâles, les filamens des étamines réunis
en cylindre, libres à leur partie supérieure ; les anthères,
cinq ou dix, placées en dehors, presque verticillées, presque
sessiles : dans les fleurs femelles, un ovaire placé dans la base
persistante du calice, à six côtes, à trois loges ; un ovule
dans chaque loge ; point de style ; trois stigmates presque à
deux lobes. Le fruit est une grande capsule, revêtue d'une
écorce fibreuse, à trois coques s'ouvrant en deux valves
avec élasticité : quelquefois une ou deux semences avortent.

Siphonia du Brésil ; *Siphonia brasiliensis*, Kunth *in* Humb.
et Bonpl., *Nov. gen.*, 7, pag. 171. Arbre d'environ soixante
pieds, d'où découle une liqueur laiteuse, qui se coagule à
l'air, et forme une sorte de gomme élastique ou de caoutchou. Les feuilles sont alternes, pétiolées, ternées ; les pétioles très-longs ; les folioles oblongues, acuminées, un peu
aiguës à leur base et médiocrement pédicellées, très-entières,
veinées, réticulées, glabres, membraneuses, d'un vert gai
et un peu luisantes en dessus, parsemées en dessous de très-

petits points blanchâtres ; la foliole **terminale** longue de près
de dix pouces, large de trois et plus ; les deux latérales plus
courtes ; les capsules sont presque globuleuses, ligneuses, à
trois loges. Cette plante croît dans les forêts et aux lieux
ombragés, dans le Brésil, près de San Fernando de Atabapo,
et sur les bords du fleuve Tuamini.

SIPHONIA DE LA GUIANE : *Siphonia guianensis*, Adr. Jussieu,
De euphorb., pag. 40 ; *Hevea guianensis*, Lamk., Encycl. ; Aubl.,
Guian., tab. 335 ; *Pao seringa*, *Act. Paris.*, 1751, tab. 20 ;
Mala jatropha elastica, Linn., *Suppl.*, 422. Arbre de cinquante
à soixante pieds, sur deux pieds et demi de diamètre ; son
bois est blanc, peu compacte ; son écorce est épaisse, grisâtre
ou rougeâtre. Le tronc pousse à son sommet des branches
droites ou inclinées, qui s'étendent au loin en tout sens. Les
rameaux sont garnis, à leur extrémité, de feuilles éparses,
rapprochées, composées chacune de trois folioles ovales-cunéiformes, arrondies au sommet, quelquefois un peu mucronées, aiguës à leur base, entières, portées par un pétiole de
la longueur des feuilles. Ces folioles sont épaisses, coriaces,
glabres, vertes en dessus, de couleur cendrée ou un peu
glauques en dessous, longues de trois ou quatre pouces,
larges de deux. Les fleurs sont petites, terminales, disposées
en grappes composées, paniculées, plus courtes que les
feuilles : elles sont monoïques ; les mâles et les femelles souvent placées sur la même panicule ; les fleurs mâles beaucoup
plus nombreuses ; les femelles presque solitaires et terminales.
Cet arbre croît dans les grandes forêts, à Cayenne.

D'après ce que dit Aublet, pour peu qu'on entaille l'écorce
de cet arbre, il en découle un suc laiteux ; et quand on veut
en tirer une grande quantité, on commence par faire, au
bas du tronc, une entaille profonde qui pénètre dans le bois.
On fait ensuite une incision qui prend du haut du tronc jusqu'à l'entaille, et, par distance, on en pratique d'autres latérales et obliques qui viennent aboutir à l'incision longitudinale. Toutes ces incisions, ainsi pratiquées, conduisent le
suc laiteux dans un vase placé à l'ouverture de l'entaille. Ce
suc s'épaissit, perd son humidité, et devient une résine molle,
roussâtre, élastique. C'est cette singulière résine, qui est également indissoluble dans l'eau et dans l'esprit de vin, qui est

flexible, extensible, douée de ressort, que l'on connoît vulgairement sous le nom de *gomme élastique.* Lorsque le suc
dont elle est formée est très-récent, il prend la forme des
instrumens et des vases sur lesquels on l'applique couche par
couche, que l'on fait sécher à mesure, en l'exposant à la
chaleur du feu. Cette couverture devient plus ou moins
épaisse, en raison du nombre des couches que l'on applique,
mais elle est toujours molle et flexible. Si les vases qui ont
servi de moule sont de terre glaise, on introduit de l'eau pour
la délayer et la faire sortir ; si c'est un vase de terre cuite,
on le brise en petits morceaux : c'est la manière d'opérer des
Garipous.

On fait avec cette résine des boules solides, qui, étant
séchées, sont fort élastiques. On en peut faire toutes sortes
de petits instrumens, comme seringues, bouteilles, bottes,
souliers ; on en fait aussi des torches et des flambeaux, dont
la lumière est éclatante. Cette substance singulière, étant
très-flexible, peut s'appliquer sur des corps qui ont de la
souplesse : elle a la propriété de rendre imperméables à l'eau
les toiles et les étoffes qui en sont enduites ou vernissées :
aussi en a-t-on fait en Europe des surtouts qui garantissent de
la pluie, et l'on s'en est servi avec succès pour vernisser les
toiles que l'on emploie dans la construction des aérostats ;
enfin, on fait avec cette résine des sondes élastiques et d'autres instrumens ou petits meubles utiles et commodes pour
différens objets. Les dessinateurs s'en servent pour enlever le
crayon de dessus le papier avec plus de facilité. Au reste,
cet arbre n'est pas le seul qui fournisse une résine élastique.
Voyez Caoutchou. (Poir.)

SIPHONIA. (*Bot.*) Voyez Siphula. (Lem.)

SIPHONION, SIPHON. (*Bot.*) Voyez Syphonion. (J.)

SIPHONOBRANCHES, *Siphonobranchiata.* (*Malacoz.*) Nom
employé par M. de Blainville dans son Système de malacologie, pour désigner le premier ordre de la sous-classe des
paracéphalophores dioïques, ou des mollusques dont la tête
est subdistincte et dont les sexes sont séparés sur des individus différens. Cette dénomination indique que ces animaux
sont tous pourvus d'un tube qui prolonge en avant la cavité
branchiale et qui, sans doute, y conduit et rejette l'eau ser-

vant à la respiration. D'après ce que nous apprend Muller du buccin ondé, il paroît que ce tube sert aussi d'une espèce de tentacule et d'organe pour s'accrocher aux fucus. La coquille des malacozoaires siphonostomes a pour caractère constant d'avoir la partie antérieure de l'ouverture prolongée par un tube ou échancrée. Voyez l'article Mollusques. (De B.)

SIPHONOSTOMES. (*Ichthyol.*) M. Duméril a donné ce nom à une famille de poissons osseux holobranches abdominaux, *à corps arrondi, cylindrique, à tête excessivement prolongée en un museau qui porte la bouche à son extrémité.*

Cette famille, dont le nom dérive du grec σιφων, *canal*, σ]ομα, *bouche*, ne renferme que les genres Fistulaire, Aulostome et Solénostome. Voyez ces mots. (H. C.)

SIPHONOSTOMES, *Siphonostomata.* (*Conchyl.*) C'est le nom de famille sous lequel M. de Blainville, dans son Système de conchyliologie et de malacologie, comprend toutes les coquilles que Linné réunissoit sous le nom de *murex*, et qui ont été subdivisées en un assez grand nombre de genres. Voyez l'article Mollusques et le *Genera* qui le termine. (De B.)

SIPHORINS. (*Ornith.*) Ce nom, qui désigne des narines tubulées, est donné, par M. Vieillot, à la cinquième famille des oiseaux nageurs, tribu des atéléopodes. (Ch. D.)

SIPHORUS. (*Bot.? Zooph.?*) Corps composé d'un tronc d'où partent un grand nombre de tubes; il y en a de deux espèces : l'un, le *siphorus alternus*, offre un tronc simple, flexueux, et les tubes alternes, sessiles, blanchâtres, à ouvertures entières. Le *siphorus fasciculatus* a le tronc rameux et les tubes épars, presque fasciculés et pédonculés, avec l'ouverture munie de dents nombreuses, aiguës. Ces deux espèces se trouvent dans la mer et sur les côtes de Sicile.

Ce genre, établi par M. Rafinesque-Schmaltz, ne paroît pas appartenir au règne végétal, où il le rapporte; mais plutôt au règne animal, dans la classe des polypiers coralligènes. (Lem.)

SIPHOSE, *Siphosis.* (*Polyp.*) M. Rafinesque (Journ. de phys., Juin 1819, page 429, donne ce nom de genre à deux espèces de polypiers calcaires, qui diffèrent, dit-il, des millépores, parce que c'est un tube creux, à pores ex-

térieurs. Il nomme l'une *S. tubicella* et l'autre *S. flexuosa.*
L'une et l'autre sont fossiles. (DE B.)

SIPHOSTOME , *Siphostoma.* (*Ichthyol.*) M. Rafinesque-
Schmaltz a formé , aux dépens de celui des Syngnathes , un
genre de ce nom parmi les poissons téléobranches ostéodermes
de M. Duméril.

Ce genre, caractérisé par l'existence d'une nageoire dorsale, de deux nageoires pectorales , d'une caudale et d'une
anale, a pour type le *syngnathus pelagicus* de Linnæus , et
comprend cinq espèces, que l'auteur appelle *S. acus, S. fas-
ciata, S. Noëlii, S. caroliniana* et *S. capensis.*

La première de ces espèces est la seule qu'on trouve sur
les côtes de la Sicile. Voyez SYNGNATHE. (H. C.)

SIPHOSTOME , *Siphostoma.* (*Chétopod.*) Genre très-remarquable de chétopodes, établi par M. le docteur Otto dans une
dissertation imprimée à Breslau en 1820, pour un animal
trouvé et observé sur les côtes de Naples, au mois de Décembre 1818 , et qu'il a caractérisé ainsi : Corps cylindrique,
alongé , articulé, atténué aux deux extrémités, enveloppé
dans une peau extrêmement mince , diaphane, pourvu de
chaque côté d'une double série de soies dirigées en avant, et
dont les antérieures, rapprochées, forment deux espèces de
peignes avancés; bouche inférieure, subterminale, avec une
masse de cirrhes extrêmement nombreux en avant, et une
paire de cirrhes tentaculaires en arrière, composée de deux
orifices placés l'un en avant de l'autre : le premier plus petit,
canaliculé à la base d'une avance en forme de trompe, et
le second beaucoup plus large et arrondi plus en arrière.
Quelque extraordinaire que soit ce dernier caractère d'une
double bouche, disposition que je ne connois dans aucun
autre animal, M. Otto l'a décrite et l'a figurée avec tant de détails, qu'il est assez difficile d'en nier l'existence, quoiqu'au
premier abord on y soit porté. Peut-être cependant y a-t-il
encore quelques doutes sur l'usage de ces deux orifices, l'un
pouvant très-bien appartenir à l'appareil de la génération.
Quoi qu'il en soit, voici l'extrait de la description extérieure
et intérieure que M. Otto donne de cette espèce de chéto-
pode, qu'il nomme S. diplochaïte, *S. diplochaites,* à cause du
double rang de ses acicules. Son corps, cylindrique , alongé,

flexueux, d'environ trois pouces de long, s'atténue aux deux extrémités, mais surtout en arrière ; à la distance d'un demi-pouce environ de l'antérieure, il offre un renflement, indice de la place qu'occupent les viscères. Le nombre des segmens du corps est d'environ quarante ; mais ils sont peu distincts, si ce n'est du côté du ventre, qui est aplati. Les côtés du corps sont hérissés par un grand nombre de soies roides, longues, épaisses, surtout au milieu, peu brillantes, blanchâtres, formant deux rangées longitudinales, distantes ; chaque anneau portant deux de ces soies de chaque côté. Ce qu'elles offrent encore d'assez singulier, c'est qu'elles sont toutes dirigées en avant, au contraire de ce qui a lieu dans tous les autres chétopodes. Les soies des anneaux qui composent l'extrémité antérieure comme tronquée, sont fort grandes, serrées les unes contre les autres horizontalement, de manière à imiter de chaque côté une sorte de peigne dirigé en avant, comme dans les pectinaires de M. de Lamarck, et pourvu à sa racine d'une quantité considérable de cirrhes tentaculaires extrêmement courts et labiaux. Entre ces deux faisceaux et à la face inférieure est la tête proprement dite, de forme conique, adhérente au corps par le sommet du cône et se prolongeant antérieurement en une petite trompe. C'est à la base de ce prolongement proboscidiforme qu'est le premier orifice buccal, qui se continue en gouttière durant toute sa longueur, et que M. Otto regarde comme servant de suçoir. La seconde bouche est plus en arrière ; elle est beaucoup plus grande et entourée par un bourrelet labial en fer à cheval, à la partie postérieure duquel est une paire de tentacules subcomprimés, mobiles, subarticulés et avec un sillon profond sur le bord. L'anus est arrondi, grand et tout-à-fait terminal. Du reste, M. Otto n'a vu aucun autre orifice à l'extérieur.

L'enveloppe cutanée, assez mince et transparente pour laisser voir à travers le système nerveux et vasculaire, est formée de deux lames, dont l'une est la peau proprement dite, et l'autre, que M. Otto nomme le péritoine, encore beaucoup plus mince, est très-peu adhérente. Celle-ci, au tiers antérieur du corps, sépare la cavité intérieure en deux parties très-inégales par une sorte de diaphragme percé seulement par l'intestin. C'est dans la partie antérieure que sont les principaux viscères. Les deux bouches ont chacune un œsophage d'un pouce de long environ, qui par un orifice latéral communique, en partie, avec une grande vessie, que M. Otto pense être l'estomac, et, en partie, avec un intestin unique, qui le continue. Le premier œsophage, plus étroit, a été trouvé le plus souvent vide, mais quelquefois plein d'un suc blanchâtre ; tandis que le second l'étoit toujours de la même matière brune que le reste de l'intestin. Celui-ci, placé sous l'autre, a aussi des parois plus amples et plus solides. A l'endroit où ils se rapprochent pour former un intestin commun, l'un et l'autre adhèrent avec la vessie stomachale et avec l'intestin ; mais le premier davantage avec celle-là, et le second avec celui-ci ; en sorte qu'il semble que la vessie soit la continuation de l'œsophage supérieur, et l'intestin de l'inférieur. Cette vessie est grande, sphéroïdale, très-mince, diaphane, le plus souvent vide, mais quelquefois remplie d'un suc jaunâtre. M. Otto ne pense pas que ce soit un véritable estomac, mais une sorte de vessie propre à sucer. De chaque côté de la bouche antérieure se trouve un organe en forme de cœcum cylindrique, d'un pouce de long, flexueux et plein d'un suc visqueux. M. Otto en fait une glande salivaire. L'intestin continué, comme il a été dit, est très-étroit, cylindrique ; il fait plusieurs circonvolutions sous la vessie, traverse la cloison membraneuse, prend le calibre d'un gros intestin, la forme celluleuse, et se continue directement jusqu'à l'anus, entouré dans son trajet, ainsi que l'intestin grêle, par une masse hépatique, épaisse et de couleur jaune.

L'appareil de la génération consiste en plusieurs petits sacs d'œufs situés dans la partie antérieure de la cavité viscérale, et tenant entre eux et avec le péritoine par des filamens extrêmement fins. Au mois de Janvier des individus n'avoient ni ces petits sacs ni ovules, tandis que d'autres les avoient très-développés. M. Otto n'a pu voir l'orifice par lequel ils peuvent sortir.

Il a pu aisément s'assurer de l'existence d'un système vasculaire par plusieurs vaisseaux qui se portoient de l'intestin à l'enveloppe cutanée, et de celle-ci à celui-là, et surtout vers la vessie et la masse hépatique de l'œsophage supérieur et sous le gros intestin ; mais il n'a pu en suivre la distribution, à cause de leur finesse, de leur grand nombre, et de leur couleur partout jaunâtre.

Quant au système nerveux, il avoue qu'aucun ver ne le présente d'une manière aussi évidente, à cause de sa grosseur et de la transparence de la peau. Il consiste en un filet étendu d'une extrémité à l'autre de la ligne médiane ventrale, et se renflant en un ganglion donnant des filets pour chaque articulation. Le premier a paru plus gros que les autres ; aussi les nerfs qu'il fournit pour les côtés de la tête sont-ils plus gros.

Dans l'analyse que nous venons de donner des observations de M. le docteur Otto sur le siphonostome diplochaïte, ainsi nommé à cause de la double série des soies dont son corps est pourvu, et qu'il a trouvé souvent en assez grande abondance, rejeté sur le rivage de Naples après une tempête, mais mort, et que d'autres fois des pêcheurs ont pris dans leurs filets et lui ont apporté vivant, nous avons exactement suivi sa manière de voir ; mais ne seroit-il pas possible qu'il eût pris une extrémité pour l'autre, et que les deux orifices qu'il a pris pour une double bouche, ne fussent l'un, l'inférieur, l'anus, et l'autre, le supérieur, l'orifice de l'appareil générateur ? La direction des soies sembleroit militer pour cette opinion, et alors l'anomalie tout-à-fait extraordinaire que présente le siphonostome d'une double bouche, n'existeroit plus. C'est à M. Otto de confirmer ou de détruire par un nouvel examen l'hypothèse que je lui propose. (De B.)

SIPHULA. (*Bot.*) Fries donne ce nom au genre *Dufourea* d'Acharius, de la famille des lichens, qu'il a également proposé de nommer *Siphonia*, attendu qu'il existe déjà en botanique un genre *Dufourea* plus ancien, fondé sur des plantes phanérogames de l'Amérique méridionale. Ce genre, conservé par Fries et Eschweiller, n'est pas adopté par Meyer, qui réunit en grande partie ses espèces au *Parmelia*. (Lem.)

SIPHUNCULUS. (*Foss.*) Luid a donné ce nom à une espèce de serpule ou de vermilie fossile, *Lit. Brit.*, n.° 1201. (D. F.)

SIPHYTUS. (*Bot. ? Zooph. ?*) Corps solitaire, tubuleux, coriace, à extrémité libre, ouverte, contenant au fond du tube une chair ou gelée qui offre des semences éparses, visibles au microscope. Rafinesque, en établissant ce genre et le plaçant dans le règne végétal, auquel il semble étranger, en décrit trois espèces, qui vivent dans la mer Méditerranée, sur les côtes de Sicile, et qui paroissent appartenir plutôt à la classe des polypiers.

Le *Siphytus obconicus* est blanchâtre-jaune à sa base, lisse, presque pédonculé, campanulé, alongé, à ouverture entière.

Le *Siphytus hexodon* est jaune, sessile, lisse, campanulé, alongé, à ouverture à six dents aiguës.

Le *Siphytus filiforme* est jaune, avec la base blanchâtre, sessile, lisse, filiforme, à ouverture entière. (Lem.)

SIPONCLE, *Sipunculus*. (*Annelid.*) Genre établi par Linné et par suite adopté par tous les zoologistes, pour un certain nombre d'animaux lombriciformes, qui ont des caractères de la dernière classe des entomozoaires ou animaux articulés, dans la longueur, la forme du corps, l'absence de toute espèce d'appendice, etc.; mais qui s'en éloignent pour se rapprocher des échinodermes vermiformes, comme les fistulaires parmi les holothuries, parce qu'ils n'offrent aucune trace d'articulations, quoiqu'ils n'aient rien de rayonné dans leur organisation; aussi les zoologistes méthodistes varient-ils dans la place qu'ils assignent à ce genre. Linné le plaçoit parmi ses vers intestinaux, entre les planaires et les sangsues. Bohadsch, qui paroît être le premier observateur qui ait distingué une espèce de ce genre sous une dénomination générique, celle de *syrinx*, la compare avec les holothuries, dont il fait cependant bien sentir la différence. Malgré cela, Pallas en fait des espèces de lombrics. M. de Lamarck, dans la nouvelle édition de son Système des animaux sans vertèbres, place ce genre au commencement de la troisième section de sa classe des radiaires, à laquelle il donne le nom de fistulides, avec les actinies et les holothuries. M. G. Cuvier en fait un genre du deuxième ordre de ses échinodermes sans pieds; enfin, M. de Blainville constitue avec ce genre et quelques autres une classe intermédiaire aux entomozoaires apodes et aux actinozoaires, malgré qu'ils n'aient réellement rien des caractères essentiels de ces deux types, et étant cependant plus rapprochés des premiers. Quoi qu'il en soit, les caractères

40.

de ce genre peuvent être exprimés ainsi : Corps plus ou moins alongé, cylindrique, lombriciforme ou sacciforme, nu, souvent sans traces d'articulations ou d'anneaux, mais quelquefois subannelé, plus ou moins renflé en arrière, atténué en avant et terminé par une sorte de col proboscidiforme, garni de tubercules papillaires, rétractile à l'intérieur ; bouche terminale ; anus au tiers antérieur de la face ventrale ; appareil générateur terminé par deux orifices symétriques latéraux vers le même point.

L'organisation des siponcles n'a pas encore été étudiée d'une manière bien suffisante. Voici ce que j'ai vu sur une espèce de la Méditerranée : l'enveloppe dermo-musculaire est composée d'une peau épidermoïde, assez épaisse, peu adhérente et formant une sorte de sac, et d'une couche musculaire épaisse, robuste, formée elle-même de fibres transverses, constituant les anneaux du corps et de fibres longitudinales ; ce qui produit de petits carrés. Au-dessous se remarquent en outre deux faisceaux musculaires, longitudinaux, distincts et simulant des cordes tendineuses, dont naissent en dedans des plis longitudinaux ; enfin, en avant seulement sont deux paires de muscles ; l'une inférieure à l'œsophage, l'autre latérale, et qui, nés assez en arrière de l'origine de la partie rétrécie ou proboscidiforme, pénètrent dans cette partie, s'épaississent, entourent et adhèrent fortement à l'œsophage et finissent en se réunissant entre eux, ne constituant qu'un seul faisceau circulaire au péristome ou à la circonférence labiale de la bouche. Dans la grande espèce observée par Pallas, en dedans de l'enveloppe dermoïde et de ses muscles, distincts ou non, se remarquoit une autre enveloppe, une sorte de gaîne viscérale, très-intimement et très-fortement adhérente à l'enveloppe par des fibrilles très-courtes et presque tendineuses, disposées en réseau. Cette gaîne, qui n'occupoit qu'une partie plus ou moins considérable de la longueur du corps, étoit ouverte en avant et terminée en cet endroit par une bande charnue, entière, de laquelle naissoient les muscles rétracteurs du prolongement proboscidien. Mais, dans l'espèce que j'ai observée, cette sorte de gaîne n'existoit pas et les viscères étoient flottans dans la cavité abdominale. La bouche, tout-à-fait terminale, est au fond

d'un petit entonnoir, dont le bord labial est un peu lacéré,
suivant Pallas; ce que je n'ai pas vu. Le canal intestinal,
beaucoup plus long que le corps en totalité, commence par
un œsophage étroit, qui occupe toute la longueur de la
partie proboscidiforme. Il se continue presque directement
en un intestin d'un diamètre égal, un peu plus gros qu'une
plume de pigeon, jusque dans la cavité creusée dans l'extrémité renflée et postérieure du corps. Là, après avoir formé
plusieurs circonvolutions spirales, qui la remplissent entièrement, il se recourbe en avant, se continue dans la partie antérieure de l'abdomen, sans grandes inflexions; puis, après
de nouvelles circonvolutions irrégulières et s'être renflé un
peu en une sorte de cloaque, il se termine à l'anus, percé
au commencement du renflement. Le canal intestinal est
formé par une membrane extrêmement mince et qui adhère
à l'enveloppe cutanée par des fibrilles plus nombreuses
en avant et qui sont très-probablement vasculaires. Sous la
partie terminale de l'intestin ou le rectum et au-dessus de
l'œsophage, au bord même de la gaîne, est un corps réniforme, ou mieux, didyme, de consistance molle et de la
grosseur d'une graine de mauve, dont il sort en dessus et
en dessous un filet à peine plus gros qu'un cheveu, pendant
quelque temps un peu roide et de couleur jaune. Pallas fait
de cet organe un cœur et des vaisseaux. Je n'ai pas vu ce
cœur; mais il est aisé d'apercevoir un gros vaisseau qui suit
toutes les circonvolutions de l'intestin, en les bridant, à
la manière d'un mésentère. Ce vaisseau, dont j'ai vu sortir
plusieurs ramifications, commence en arrière à l'extrémité
de la cavité viscérale par un renflement bulboïde, peut-être
en communiquant avec un filament médian, dont Pallas fait
le système nerveux, et qui me paroît à peu près certainement vasculaire. Il arrive à l'intestin, traverse sa masse
postérieure, puis l'antérieure, arrive à la poche anale, et
semble se perdre dans la peau. L'appareil générateur consiste
en deux vésicules de près d'un pouce de long, dans lesquelles
il faut distinguer en arrière une partie à parois épaisses,
granuleuses, en forme de cœcum conique et libre : c'est évidemment l'ovaire. Cet ovaire, dans lequel j'ai très-aisément
distingué les gemmules, communique en avant dans une vési-

cule ovale, arrondie, à parois fort minces, s'ouvrant par un
canal très-court, situé à peu de distance de la ligne médiane,
par un pore transversal, peu apparent, situé latéralement à
la face opposée à celle où se trouve l'anus. Ce qui paroît
être fort singulier, c'est que Pallas nomme positivement celle-
ci la face dorsale, et celle-là la face ventrale : désignation dont
l'exactitude semble être confirmée par la position du système
nerveux qui, d'après Pallas, occupe toute la ligne médiane de
la face dite ventrale, commençant à la pointe de l'extrémité
postérieure, adhérente d'abord à la gaine viscérale, puis s'en
détachant à son origine, s'atténuant, devenant noduleux et
se divisant enfin en filamens considérables dans les parois
de la trompe. Il résulteroit donc de là que l'anus, dans les
siponcles, seroit dorsal comme dans les hirudinés. Le cordon
nerveux, suivant Pallas, est réellement fort considérable, surtout à la partie rétrécie du corps. Il est situé dans la cavité
viscérale au-dessus de la couche musculaire de la peau, re-
tenue par une espèce de mésentère membraneux. En coupant
ce cordon en travers, on distingue aisément une enveloppe
assez épaisse, contenant une matière plus blanche et plus
molle. Il est continu d'un bout à l'autre de l'animal, sans
autre renflement que celui qui occupe toute la longueur du
col. Je me suis assuré que c'est à tort que Pallas regarde cette
partie comme le système nerveux. C'est un véritable vaisseau
dont j'ai vu sortir à droite et à gauche, non symétrique-
ment, les rameaux qui vont à la peau. Alors l'anus est bien
à la face ventrale, comme il a été dit dans la caractéristique.
Quant au système nerveux véritable, je n'ai pas pu l'apercevoir.

Les siponcles, dans leur état de vie, paroissent se mouvoir
un peu à la manière des holothuries vermiformes ou fistulaires, leur corps se renflant, s'alongeant, s'étranglant d'une
manière extrêmement variable, quand on les a tirés de l'eau
et du sable dans lequel ils vivent, à ce qu'il paroît, constamment enfouis. Souvent l'extrémité antérieure est rentrée,
comme un doigt de gant ou comme les tentacules des limaçons, de manière à ce que la surface externe ou papilleuse
est intérieure ; mais il arrive aussi que l'animal la déroule
plus ou moins complétement. On ignore comment les si-

poncles saisissent leur nourriture; mais il paroît certain qu'elle consiste en matières animales, nécessairement mêlées avec le sable dans lequel ils vivent. En effet, on trouve souvent tout le canal intestinal gorgé de sable. Nous ignorons tout le reste des mœurs et des habitudes de ces singuliers animaux, dont nous connoissons des espèces en différentes parties du monde, mais toujours marines. Sur un individu fraîchement conservé dans l'esprit de vin, j'ai trouvé des œufs nombreux, en forme de grains de millet, composés d'une membrane transparente, contenant une masse plus petite, opaque, granuleuse, dans le milieu de laquelle il y avoit une partie encore plus foncée. Ils nageoient dans la liqueur contenue dans la cavité viscérale.

En Chine, où les lombrics et autres vers sont regardés comme un aliment délicat, il paroît que les siponcles servent aussi à la nourriture de l'homme. En Europe, il ne paroît pas qu'on mange aucune des espèces qui s'y trouvent.

Les espèces de ce genre n'ont pas encore été étudiées d'une manière satisfaisante, probablement parce qu'elles sont assez rares dans les collections, les vers ayant été généralement négligés par les voyageurs.

Nous allons faire connoître celles que nous avons vues, en y joignant celles que nous avons trouvées incomplétement caractérisées dans les auteurs, et quoique nous ayons des doutes sur leur distinction.

Le Siponcle nu : *S. nudus*, Linn., Gmel., p. 3094, n.° 1 ; *Syrinx*, Bohadsch, Anim. mar., pag. 93, t. 7, fig. 6 et 7. Corps fort alongé, conique, de huit pouces de long, comme réticulé par le croisement des stries longitudinales et transverses, entièrement uni ou lisse ; trompe courte, garnie de papilles charnues, tricuspidées. Couleur d'un blanc jaunâtre.

Cette grande espèce de siponcle vit en haute mer sur le rivage de Naples. Bohadsch, qui l'y a observée vivante, dit qu'elle peut s'étendre quelquefois jusqu'à la longueur de près d'un pied, et d'autres fois se raccourcir beaucoup en élargissant proportionnellement sa partie postérieure.

Quoiqu'il se puisse que cette espèce de siponcle soit le même animal que ceux dont Rondelet a parlé sous les noms de vers microrhynque et macrorhynque, cependant nous croyons devoir les en distinguer, du moins momentanément, pour exciter l'attention des naturalistes.

Le Siponcle microrhynque ; *S. microrhynchus*, Rond., Anim. mar., édit. fr., page 74, chap. 3. Corps assez court, cylindrique, de la longueur et de la grosseur du doigt, couvert d'une peau molle, avec beaucoup de stries longitudinales et transverses, pourvu d'une trompe courte.

De la Méditerranée.

Le S. macrorhynque ; *S. macrorhyncus*, Rondelet, *ibid.*, chap. 4. Corps cylindrique, très-alongé, long quelquefois de deux pieds, gros comme le pouce et pourvu d'une trompe assez longue.

De la Méditerranée.

Le S. comestible : *S. edulis*; *Lumbricus edulis*, Linn., Gmel., pag. 3035, n.° 12, et Pallas, *Spicil. zool.*, 10, pag. 10. tab. 1, fig. 7. Corps très-alongé, cylindrique, annelé en travers, terminé en massue courte, avec une double papille en arrière; trompe assez longue, renflée à son extrémité et couverte de papilles charnues, courtes, serrées en rangées transversales. Couleur d'un blanc grisâtre dans l'esprit de vin, et, probablement, d'un blanc rosé dans l'état de vie.

Cette espèce, dont nous avons observé un individu conservé dans la collection du Muséum au Jardin du Roi sous le nom de Siponcle nu, atteint un pied de long sur un diamètre d'une plume d'oie. Elle se trouve abondamment dans les sables des rivages du port de Batavia, où elle est appelée *porrest ajang* par les naturels, et *soa-sec* par les Chinois. Elle vit à un pied ou un pied et demi de profondeur dans le sable, dans des trous verticaux qui sont ouverts supérieurement. A la marée basse les Chinois, qui en sont très-avides, arrivent avec un faisceau de petites baguettes de rottang, atténuées à une extrémité avec un petit renflement ou bouton au-dessus. A chaque orifice de siponcle qu'ils rencontrent, ils enfoncent une baguette, jusqu'à ce qu'ils aient épuisé tout ce qu'ils en avoient préparé d'avance, et au bout de quelque temps ils vont les retirer successivement avec précaution, en ayant soin préalablement d'enlever une grande partie du sable qui les entoure. De cette manière ils trouvent le siponcle attaché par la bouche au bâton, et ils peu-

vent l'enlever, sans quoi l'animal, en renflant son corps à
sa partie postérieure, eût rendu son extraction impossible.
C'est ainsi qu'ils se procurent ce ver, qu'ils accomodent de
différentes manières, ou cuit seulement avec de l'ail de Ternate, ou du *garo sooy*.

M. Cuvier suppose que cette espèce ne diffère pas du S.
macrorhynque de Rondelet; mais cela n'est pas probable.

Le Siponcle phalloïde : *S. phalloides*; *Lumbricus phalloides*,
Pallas, *l. c.*, fig. 8; *Sipunculus saccatus*, *var. B*, Linn., Gmel.,
page 3095, n.º 2. Corps cylindrique, d'un demi-pied de long,
plus épais en avant et un peu glandiforme et mucroné avec
une double papille en arrière, subannelé, avec des stries
longitudinales; trompe médiocre, nue, peu renflée au sommet, couverte de granules dans toute sa longueur, si ce n'est
à la base du bourrelet labial, qui est lacinié; deux pores
transverses inférieures, cachés dans une strie transverse à un
demi-pouce de la racine de la trompe, et un orifice anal,
beaucoup plus grand à la face opposée et une seule articulation plus en arrière. Couleur d'un cendré brunâtre, du
moins dans l'esprit de vin; l'épiderme iridescent, comme dans
les chétopodes.

Cette espèce a été trouvée dans le sable des rivages de la
Grenade en Amérique. Pallas doute avec raison que ce puisse
être la même que le *S. saccatus* de Linné. Il n'ose en dire
autant de l'*holothuria priapus*, type du genre Priapule de M.
de Lamarck, sans doute parce qu'il ne connoissoit pas cet
animal.

Le S. tuniqué (*S. saccatus*, Linn., Gmel., page 3095, n.º
2 : d'après Linné, *Amœn. academ.*, 4, page 454, tab. 3, fig. 5,
Nereis sacculo induta). que Gmelin définit : Siponcle dont le
corps est enveloppé par un épiderme séparé, formant une
sorte de tunique, n'est, sans doute, comme l'a fait justement
observer Pallas, et depuis M. Cuvier, qu'un animal altéré
dans la liqueur conservatrice.

Le S. de Leach, *S. Leachii*. Corps assez gros, court, cylindrique, obtus aux deux extrémités, surtout en arrière,
sacciforme, sans indices d'anneaux; trompe fort longue,
garnie de tubercules mamelonnés, du moins à la base; peau
lisse, comme percée d'une foule de pores dans toute la partie

antérieure, et hérissée en arrière de petits mamelons transparens, garnis à leur partie postérieure d'un demi-anneau corné; tout le ventre lisse. Couleur d'un gris blanchâtre, du moins dans l'esprit de vin.

Je dois à l'amitié de M. le docteur Leach cette espèce de siponcle. J'ignore d'où elle provient. En étudiant son organisation, elle m'a paru s'éloigner assez sensiblement de celle des autres espèces que j'ai disséquées. La trompe, rétractée, occupe toute la longueur de la cavité viscérale : elle n'a qu'un muscle rétracteur en arrière.

Le Siponcle oxyure : *S. oxyurus*; *Lumbricus oxyurus*, Linn., Gmel., p. 3086, n.° 12, d'après Pallas, *Miscell. zool.*, p. 146, tab. 11, fig. 7 — 9, et *Spicil. zool.*, 10, page 16. Corps d'un pouce et demi de long, à peine annelé; arrondi, atténué et subulé à l'extrémité postérieure, plus épais et obtus en avant; trompe courte, tronquée, finement granuleuse. Couleur d'un blanc livide.

Cette petite espèce de siponcle, dont Pallas a parfaitement senti les rapports avec le S. phalloïde, ce que prouve son anatomie donnée par le même observateur, a été trouvée sur le rivage de la province de Sussex en Angleterre.

Le S. en masse, *S. clavatus*. Corps cylindrique, fortement atténué en avant, lorsque la trompe est étendue, renflé en arrière et terminé subitement par un cône très-surbaissé ou par une calotte conique, et à plis radiés du sommet à la circonférence; trompe fort longue, hérissée de papilles tuberculeuses à sa base seulement, et lisse dans le reste de son étendue; peau à peine granuleuse : couleur d'un blanc roussàtre.

Cette espèce m'a été envoyée des rivages de la basse Normandie par M. le lieutenant Lesauvage de Caen.

Le S. commun, *S. vulgaris*. Corps cylindrique, un peu plus renflé en avant, où il se prolonge en une trompe médiocre, s'atténuant un peu en arrière et se terminant par une pointe mousse; peau d'une teinte un peu cuivrée, livide, presque lisse ou à peine subtuberculeuse sur tout le corps proprement dit; des tubercules épars, assez serrés au sommet du prolongement proboscidiforme et à sa base, où ils sont plus gros, ainsi qu'à l'extrémité conique postérieure du corps.

Cette petite espèce, dont j'ai trouvé un grand nombre d'individus dans des espèces de fourreaux de grains de sable, qui réunissent les racines des fucus, sur la côte de Dieppe, n'a pas plus de deux pouces dans sa plus grande extension, sur deux lignes de diamètre environ.

Le Siponcle tuberculé, *S. tuberculatus.* Corps d'un à deux pouces de long, cylindrique, atténué aux deux extrémités, mais surtout en avant, où il se termine par une longue trompe conique, pointue, fortement annelée dans sa moitié antérieure, et du reste, sans papilles ; peau du corps entièrement couverte d'un grand nombre de tubercules arrondis, plus élevés en arrière qu'en avant : couleur entièrement noire.

J'ai observé cette espèce dans la collection du Muséum au Jardin du Roi. J'en possède un individu venant des mers de l'Inde, à ce que je crois.

Le S. de Gênes, *S. genuensis.* Corps d'un ou deux pouces de long, cylindrique ou sacciforme, obtus aux deux extrémités ; l'antérieure se prolongeant en une trompe grosse, courte, non papilleuse, mais garnie à son sommet de quelques stries circulaires subcornées ; peau du corps et de la trompe garnie de tubercules subcornés, lenticulaires, de couleur brune, sur un fond blanc grisâtre.

Cette espèce, qui a servi à l'anatomie que j'ai donnée de ce genre, paroît être commune dans la mer de Gênes. J'en ai reçu plusieurs individus de M. Paretto; elle semble différer assez peu de la précédente.

M. Cuvier cite encore plusieurs espèces de siponcle que je ne connois pas. Les *S. lævis* et *verrucosus* sont, dit-il, assez petites, percent les pierres sous-marines et se logent dans leurs cavités. Peut-être cette dernière ne diffère-t-elle pas d'une des deux dernières espèces que je viens de décrire.

Il ajoute en note qu'il y en a une espèce dont l'épiderme est velu, et une autre dont la peau est toute coriace. (DE B.)

SIPOOT BILALO. (*Conchyl.*) Nom donné par les Malais à la porcelaine tigre.

Les mêmes peuples désignent l'ovule-œuf par les dénominations de *sipot saloaco* et *bia saloaco.* (DESM.)

SIPOUIBEI. (*Ornith.*) Flacourt, dans son Histoire de Madagascar, p. 166, cite ce nom comme étant celui d'une espèce de perdrix de cette île. (Cʜ. D.)

SIPPARIS. (*Ichthyol.*) Nom que les Grecs modernes donnent à la Dᴀᴜʀᴀᴅᴇ. Voyez ce mot. (H. C.)

SIPPE. (*Ornith.*) Comme dans les premières éditions d'Aristote on lisoit, au livre 19, chap. 17. le mot *sippé*, au lieu de *sitté*, les anciennes versions françoises écrivoient sippe. Au reste, il est ici question de la sittelle ou torchepot, *sitta europæa*, Linn. (Cʜ. D.)

SIPUNCULUS. (*Actinoz.*) Nom latin des siponcles. (Dᴇsᴍ.)

SIQUE, *Sicus.* (*Entom.*) Nom d'un genre d'insectes diptères, de la famille des aplocères ou à antennes sans poil isolé latéral, à bouche charnue, rétractile, sans suçoir corné évident. Ce genre est en outre caractérisé par la forme des antennes, qui sont courtes, en fer d'alène, rapprochées à leur base; par leur tête petite, arrondie, inclinée, et par des ailes longues, larges, croisées sur un abdomen plat, ovale, obtus, comme dans les stratiomes, les némotèles, les hypoléons, avec lesquels ils ont beaucoup de rapport.

Le nom de *sicus*, dont l'étymologie nous est inconnue, a été d'abord employé par Scopoli dans son Entomologie de la Carniole, page 369, sous le n.° 1004, pour indiquer un genre d'insectes diptères sclérostomes dont Fabricius a fait depuis le genre *Myopa*. en particulier, du *Sicus buccatus* de Scopoli. M. Latreille, reprenant ce nom de *sicus*, l'a appliqué à des diptères voisins des *empis*, tel que le *musca cimicoides*, dont Fabricius a fait depuis le genre *Tachydromie*, d'après Meigen; enfin le même M. Latreille établit le même genre que celui dont nous traitons dans cet article, mais sous le nom de *Conomye*. Nous en avons donné une figure dans l'atlas de ce Dictionnaire, pl. 48, n.° 3 : c'est

Lᴇ Sɪǫᴜᴇ ғᴇʀʀᴜɢɪɴᴇᴜx, *Sicus ferrugineus* et *bicolor.*

Car. Testacé; écusson à deux petites pointes; corselet jaune ou brun. suivant le sexe.

On ne conçoit pas les mœurs de cet insecte. qui se trouve, mais rarement, aux environs de Paris. (C. D.)

SIRA-MANGHITS. (*Bot.*) Petit arbre de Madagascar, mentionné par Flacourt, dont le bois, les feuilles et l'écorce ont une odeur agréable; celle de l'écorce approche du girofle, et il suinte de cette écorce une résine jaune odorante. Ses diverses parties sont employées dans la médecine des Malgaches. (J.)

SIRAPHAH. (*Mamm.*) Nom de la giraffe en arabe. (Desm.)

SIRAT. (*Conchyl.*) Adanson (Sénég., page 125, pl. 8) décrit et figure sous ce nom le *murex anguliferus* de M. de Lamarck, dont Gmelin, par inadvertance, a parlé deux fois; la première sous le nom de *M. senegalensis*, la seconde sous celui de *M. costatus*. (De B.)

SIRÈCE, *Sirex.* (*Entom.*) Genre d'insectes hyménoptères, de la famille des uropristes ou serricaudes, caractérisé par l'abdomen sessile ou non pédiculé sur la poitrine, par les antennes très-longues, grossissant insensiblement, par le corselet rétréci en devant et formant une sorte de col, par l'abdomen comprimé latéralement, garni d'une tarière dans les femelles, et par les pattes qui sont fort alongées.

Nous avons donné la figure d'une espèce de ce genre sur la planche 55, n.° 5, de l'atlas de ce Dictionnaire.

Le nom de *sirex* a été introduit dans la science par Linnæus; nous en ignorons l'étymologie. Geoffroy a indiqué quelques espèces de ce genre sous le nom générique d'Urocère, parce que le dernier anneau de leur abdomen se prolonge en forme de corne. D'autres auteurs, en particulier M. Latreille, en a séparé des espèces qui ont les antennes courtes; la tête arrondie, portée sur un col; l'abdomen conique, arrondi, et les pattes courtes. Il en a formé le genre Xiphidrie; puis, sous le nom d'Orusse, le même auteur a réuni en un genre les espèces sans corne ou prolongement de l'abdomen, sans col ou rétrécissement du corselet au point où il porte la tête, à antennes en fil et à abdomen arrondi; enfin, sous le nom de *trachelus*, M. Jurine a réuni les espèces que nous décrivons ici, et quoique le nom ait été pris dans un tout autre but par M. Latreille, qui l'a employé le premier, M. Klüg, dans sa Monographie des *sirex* d'Allemagne, a décrit sous le nom d'*astates* les espèces que nous allons faire connoître.

Nous ne pouvons passer sous silence la critique de la synonymie qui nous occupe. Le nom d'Astate, employé d'abord par M. Latreille, étoit destiné à désigner un genre d'insectes voisins des pompiles, et ce nom, tiré du grec, indiquoit que ces insectes ne restoient jamais en place. M. Jurine a donné le nom de *tremex* aux urocères; celui d'*urocerus* aux xiphidries de M. Latreille, et aux *hyponotus* de M. Klüg; celui de *trachelus* aux astates de M. Klüg. (Voyez Uropristes, Urocère, Xiphidrie.)

Les sirèces de cet article sont :

1. La Sirèce troglodyte, *Sirex troglodyta.*

Car. Noire, lisse ; abdomen à anneaux jaunes; ailes à bord marginal testacé.

2. La Sirèce spinipède, *Sirex spinipes.*

Car. Noire, lisse ; abdomen à bandes jaunes; tarses et jambes antérieures jaunâtres.

3. La Sirèce anale, *Sirex analis.*

Car. Toute noire, à anus jaune.

4. La Sirèce maigre, *Sirex tabidus.*

Car. Noire, lisse ; bords de l'abdomen tacheté de jaune.

Il paroît que les larves de ces insectes se développent dans les tiges des graminées. M. Tristan a donné des observations fort curieuses sur ce sujet dans les Mémoires de la société des sciences d'Orléans. Il y décrit une espèce qui fait beaucoup de tort aux seigles. (C. D.)

SIRÉE. (*Bot.*) Nom malais du schénanthe, *andropogon schœnanthus*, cité par Rumph. (J.)

SIRENA DE MAR. (*Ornith.*) C'est, en catalan, le guépier commun, *merops apiaster*, Linn. (Ch. D.)

SIRÈNE, *Siren*. (*Erpét.*) On donne ce nom à un genre de reptiles batraciens de la famille des urodèles et reconnoissable aux caractères suivans :

Trois houppes branchiales, libres de chaque côté du cou, sans opercules et persistant toute la vie, en même temps qu'il existe des poumons à l'intérieur ; deux pieds de devant seulement, divisés chacun en cinq doigts; ni pieds de derrière, ni bassin; mâchoire inférieure armée de dents tout autour, plusieurs rangées de celles-ci des deux côtés du palais; corps anguilliforme ; une queue.

Il devient facile de distinguer la Sirène des Crapauds, des Pipas, des Rainettes, des Grenouilles, qui n'ont point de queue ; des Salamandres terrestres et aquatiques, qui n'ont point de branchies à l'état adulte; des Protées, qui possèdent quatre membres. (Voyez ces mots, et Urodèles.)

La Sirène, qui atteint la taille de plus de trois pieds, et dont la teinte générale est noirâtre, est du nombre de ces êtres qui semblent vouloir se soustraire à l'influence de nos méthodes de classification, et qui se distinguent dans tout le règne animal par les anomalies de leur organisation. Elle habite les marais de la Caroline et surtout ceux que l'on consacre à la culture du riz, et la elle se nourrit de lombrics, d'insectes, de jeunes mollusques, etc., au moins au rapport du professeur Barton, qui lui refuse la faculté de pouvoir se repaître de serpens et celle de faire entendre le cri d'un jeune canard, lesquelles lui avoient été attribuées par Alexandre Garden, médecin de Charleston.

C'est en 1765 et 1766 que celui-ci fit connoître, pour la première fois au monde savant, la sirène, dont il envoya la description et des individus à Linnæus et à J. Ellis.

Le savant Suédois, croyant, avec Garden, que l'animal ne change point de forme. créa pour lui l'ordre des *Meantes* parmi ses amphibies, tandis que beaucoup d'autres naturalistes de renom, jusqu'à ces derniers temps, ont soutenu que la *sirena lacertina* de Linnæus n'étoit point un animal parfait, mais seulement la larve de quelque reptile batracien, plus ou moins semblable à une salamandre inconnue, qui devoit finir avec l'âge par perdre les branchies extérieures qui la caractérisent.

Telle fut, en particulier, l'opinion de Pallas, de Hermann, de Schneider, de feu de Lacépède ; et Camper, suivi en cela par Gmelin, alla même jusqu'à en faire un poisson du genre des Anguilles.

Dans un Mémoire lu à l'Institut de France en 1807, M. le baron G. Cuvier établit, d'après des observations anatomiques, que la sirène étoit le type d'un genre à part, dont la charpente osseuse différoit totalement de celle des salamandres ; que ce reptile ne devoit jamais prendre des pieds de derrière, ni perdre ses branchies ; qu'il étoit, par conséquent, un véritable amphibie, qui respire à volonté pendant toute sa vie, ou dans l'eau avec ses branchies, ou dans l'air avec ses poumons.

Le temps n'a fait que confirmer ces conjectures.

Il résulte, en effet, de la Correspondance de Garden avec

Linnæus et avec Ellis, publiée à Londres en 1821 , que le médecin américain a vu des sirènes dont la taille varioit de quatre pouces à trois pieds et demi, également toutes pourvues de branchies et se propageant même sans les quitter.

Tous les voyageurs, tous les naturalistes du nouveau continent, et surtout Barton, ont confirmé les faits annoncés par Garden. MM. Say, Richard, Harlan, Mitchill , Green, ont publié, sur la sirène ou sur les reptiles singûliers qui en sont voisins, des notes intéressantes ; plusieurs sirènes de toutes tailles ont été envoyées en Europe, toujours avec des branchies et sans apparence de pieds de derrière. Et, pourtant, M. Rusconi, savant médecin de Milan , dans ses *Amours des salamandres*, a élevé des doutes sur tous ces témoignages et pense que la sirène subit des métamorphoses, parce qu'un voyageur allemand lui a écrit avoir vu au Muséum des chirurgiens de Londres une *sirène avec ses quatre pieds et ne portant plus de branchies.*

Cette assertion mérite sans aucun doute d'être taxée de légèreté. La prétendue sirène adulte dont il est ici question est connue depuis fort long-temps , et n'avoit point échappé à l'œil investigateur de Garden , celui qui, le premier, a fixé l'attention des naturalistes sur la véritable sirène, et qui , dès 1771 , l'avoit envoyée à Linnæus sous la dénomination d'*amphiuma means*, ainsi qu'il conste de la lecture de la Correspondance du grand naturaliste suédois , publiée par le chevalier James Édouard Smith.

Le genre *Amphiuma* vient d'être rétabli (Novembre 1826) par M. Cuvier. Nous croyons devoir offrir ici quelques détails sur ce genre , puisqu'il n'a pu en être question à sa place dans le présent Dictionnaire.

En 1822 , le docteur Mitchill a envoyé à l'administration du Muséum d'histoire naturelle de Paris une description fort exacte de l'animal qui en est le type , et, dans le cours de la même année , une autre description du même être, qui y est nommé *chrysodonta larvæformis* , fut insérée dans le numéro de Juillet du *Medical Recorder.*

Le troisième volume du Journal de l'Académie des sciences naturelles de Philadelphie , et le numéro de Juin 1825 des Annales du Lycée d'histoire naturelle de New-York , renferment deux articles du docteur Richard Harlan, qui en fait connoître très-exactement les caractères extérieurs et la conformation, et qui en offre deux figures précieuses, l'une due au crayon de notre savant ami M. Alexandre Lesueur, l'autre à celui de M. Rembrandt Peale.

Or, en comparant le résultat de toutes ces observations, en méditant celui des recherches ostéologiques faites par M. Cuvier sur la sirène et l'amphiuma, on se convainc que ces deux reptiles ne peuvent aucunement être des individus d'âges différens l'un de l'autre, et d'une même espèce.

L'existence simultanée d'un larynx et d'une trachée-artère, avec un appareil branchial non-seulement permanent, mais encore parfaitement ossifié dans plusieurs de ses parties, est une spécialité d'une haute importance en anatomie comparative. La sirène nous la présente. Elle contribue ainsi à prouver ce qu'a avancé M. Cuvier à l'occasion des grenouilles et des salamandres, savoir que l'appareil branchial n'est autre qu'un os hyoïde plus compliqué, et non pas une combinaison de pièces provenues du sternum et du larynx.

Tout en se rapprochant beaucoup des salamandres et des protées, la sirène s'en éloigne cependant par un grand nombre de caractères intérieurs, tout autres que les extérieurs dont il a été question précédemment.

Sa tête n'a ni la même conformation générale, ni les mêmes proportions entre ses parties.

Le museau est fort rétréci en avant, à cause de l'excessive réduction des maxillaires, qui ne consistent que dans un très-petit noyau osseux. En arrière, on observe une crête occipitale, qui règne sur les rochers et sur les pariétaux.

Les pièces qui composent la mâchoire inférieure, au lieu d'être transverses comme des branches de croix, se dirigent obliquement en avant.

Les os intermaxillaires ne portent point de dents, mais leur bord est tranchant et garni, ainsi que celui de la mâchoire inférieure, d'une gaine presque cornée, qui se détache aisément de la gencive et qui a son analogue dans les têtards de grenouilles.

La cavité des fosses nasales est couverte en dessous d'une simple membrane fibreuse ; leur orifice interne est, de chaque côté , près de la commissure des lèvres , entre la lèvre et les dents palatines.

On ne trouve ni mastoïdien , ni ptérygoïdien , ni jugal , ni occipital supérieur , ni basilaire.

Au palais , sous la partie antérieure et latérale du sphénoïde et de l'orbitaire , on voit deux plaques minces , toutes hérissées de dents en crochets , et qu'on pourroit prendre pour des vestiges de vomers ou de palatins , ou de palatins et de ptérygoïdiens. La première de ces plaques porte six à sept rangées de dents , tandis que la plus petite n'en a que quatre.

L'os hyoïde de la sirène est un hyoïde de larve de salamandre ou d'axolotl , mais très-ossifié dans plusieurs de ses parties.

Ses os du carpe sont cartilagineux.

Ses vertèbres sont plus nombreuses et autrement figurées que celles de la salamandre. Leurs corps, qui se correspondent par des faces concaves , sont réunis par des cartilages en forme de double cône, comme dans les poissons.

Ses côtes ne sont qu'au nombre de huit paires.

Son œil est fort petit, son oreille cachée.

Quant à l'*amphiuma means* de Garden, que M. Cuvier voudroit qu'on appelât *amphiuma didactylum* , il a le corps alongé et cylindrique ; la tête déprimée et obtuse ; la queue comprimée, pointue, tranchante en dessus, arrondie en dessous ; les narines percées au bout du museau ; les yeux latéraux , ronds, sans paupières, petits ; les lèvres minces ; des dents coniques, pointues, un peu arquées , serrées les unes contre les autres ; la langue peu apparente ; les pieds de devant en forme de tentacules ; les doigts au nombre de deux seulement à tous les pieds.

Tout cet animal est couvert d'une peau lisse, matte, et qui ne montre d'autres inégalités que les plis des côtés et quelques granulations sur la tête. Il est d'un gris noirâtre en dessus et pâle en dessous, sans aucune tache ni raie.

Il varie en longueur depuis six pouces jusqu'à deux pieds.

Il habite dans les étangs des environs de la Nouvelle-Orléans , de la Floride, de la Géorgie et de la Caroline du Sud. On le trouve quelquefois enfoncé dans la vase à deux ou trois pieds de profondeur et caché comme un ver de terre. On en a trouvé ainsi un grand nombre d'individus en creusant un fossé près de Pensacola. Il peut vivre aussi pendant quelque temps sur la terre.

Les Nègres de ces colonies l'appellent *serpent de Congo*, et le redoutent, mais à tort, comme venimeux.

M. Cuvier a décrit, dans le même genre et sous le nom d'*amphiuma tridactylum*, une nouvelle espèce qui ne diffère guère de la précédente que par le nombre de ses doigts, qui est de trois à tous les pieds.

Ce reptile a été rapporté de la Nouvelle-Orléans par M. Tainturier Desessarts, habitant de cette colonie. (H. C.)

SIRENIA. (*Mamm.*) Ce nom, dans la méthode d'Illiger, est appliqué aux lamantins et aux dugongs, qui seuls composent la famille des cétacés herbivores de M. Cuvier. (Desm.)

SIREX. (*Entom.*) Voyez Sirèce. (Desm.)

SIRGUERITO. (*Ornith.*) Un des noms espagnols du chardonneret, *fringilla carduelis*, Linn. (Ch. D.)

SIRI. (*Bot.*) Tous les Malais mâchent ce qu'ils appellent le *siri*, ou ce qu'on connoit en Europe sous le nom de bétel. Ce nom de *siri* est le seul usité parmi les peuples de race noirâtre qui habitent les îles de l'Est, et notamment la terre des Papous et la Nouvelle-Irlande. C'est un mélange de chaux de corail (*kapou*), de poivre cubébe ou de poivre betel (*siri*) et de noix d'arec (*pinane*), dont l'usage leur vient des Malais. Ils en ont même adopté les noms. Tout ce qu'a écrit Péron sur le bétel est en grande partie erroné; il est aisé de voir qu'il n'en a jamais fait usage. Cette substance qui, au premier coup d'œil, paroît être formée d'élémens corrosifs, acquiert par le mélange de chaque ingrédient des propriétés neutres fort agréables. C'est ainsi que ce composé est dans la bouche, d'abord douceâtre, puis légèrement aromatique, il finit ensuite par enivrer. Son action sur l'émail des dents et sur les muqueuses est très-vive, et il suffit d'un usage de quelques heures pour les teindre en rouge d'une manière assez solide pour exiger plusieurs semaines avant que les traces ne s'en effacent. (Lesson.)

SIRI. (*Bot.*) Nom donné dans l'Inde à diverses espèces de poivres. Le *siri-daun* ou *sirifolium* de Rumph est le *piper amalago*. (J.)

SIRI. (*Ornith.*) Le grand coq de bruyère, *tetrao urogallus*, Linn., se nomme ainsi en Piémont. (Cʜ. D.)

SIRI-BIPAR. (*Bot.*) Nom du *ficus septica* de Burmann, à Java. (J.)

SIRI-CANDALO. (*Bot.*) Voyez Pou-ᴋᴀɴᴅᴇʟ. (J.)

SIRI-KAYA. (*Bot.*) Nom de l'*anona squamosa* à Java, suivant Rumph et Leschenault. L'*anona mucosa* de M. Dunal est nommé *siri-caynona* à Ternate. (J.)

SIRI-PADA. (*Bot.*) Voyez Soʟᴅᴀ. (J.)

SIRIBOA. (*Bot.*) Nom indien, cité par Rumph, d'un poivre que Linnæus a nommé *piper siriboa*. (J.)

SIRICACH. (*Ornith.*) A Narbonne on appelle ainsi la cresserelle, *falco tinnunculus*, Linn. (Cʜ. D.)

SIRIDIUM. (*Bot.*) C'est dans C. Sprengel, *Sp. pl.*, vol. 4, pag. 569, le genre Sᴇɪʀɪᴅɪᴜᴍ. Voyez ce mot. (Lᴇᴍ.)

SIRIFOLE. (*Bot.*) Nom donné dans le Bengale, suivant Clusius, au marmelos, nommé par C. Bauhin *cydonia exotica*; par Linnæus, *crateva marmelos*, ramené par Correa dans la famille des aurantiacées, sous le nom générique *ægle*. (J.)

SIRINGA. (*Bot.*) Voyez Sᴇ́ʀɪɴɢᴀᴛ. (L. D.)

SIRINGIA. (*Polyp.*) Donati (mer Adriatique, page 23) propose ce nom de genre pour une plante marine qui a plusieurs bouquets de capsules arrangées alternativement sur la tige et sur les branches, ces capsules étant en forme de cloche et à bord uni. N'est-ce pas de la *sertularia lendigera* dont il a voulu parler? (Dᴇ B.)

SIRIRE. (*Ornith.*) Nom de la sarcelle, *anas querquedula*, à Madagascar. (Cʜ. D.)

SIRITJAM. (*Bot.*) Nom turc du *chenopodium album*, cité par Forskal. (J.)

SIRIUM. (*Bot.*) Ce genre de Linnæus a été réuni au *santalum*. Le *sirium decumanum* de Rumph, que Linnæus rapportoit à son *piper decumanum*, est reporté par Willdenow au *piper methysticum* de Forster, vu par lui dans plusieurs îles de la mer du Sud ou grand Océan, où on le cultive pour en faire une boisson âcre et nauséeuse et cependant agréable aux naturels de ces îles. Voyez Sᴀɴᴛᴀʟɪɴ, Sᴀɴᴛᴀʟᴜᴍ. (J.)

SIRKSARIARSUNGOAK. (*Ornith.*) Othon Fabricius donne ce terme (*Fauna groenlandica*, n.° 73) comme un des noms groënlandois du chevalier rayé , *tringa striata* , Linn. (Ch.D.)

SIRLI. (*Ornith.*) Cette espèce d'alouette du cap de Bonne-Espérance, *alauda africana*, Linn., est décrite dans ce Dictionnaire, tom. I , pag. 5o3. (Ch. D.)

SIRO. (*Entom.*) Nom latin du ciron. (Desm.)

SIRO-JURI. (*Bot.*) Voyez Juri et Siire. (J.)

SIRON. (*Entom.*) Voyez Ciron , Mitte. (C. D.)

SIROP. (*Chim.*) On donne le nom de sirop à une solution concentrée de sucre dans l'eau. Le sirop est la base d'un grand nombre de boissons, parmi lesquelles on distingue des sirops simples et des sirops composés.

On peut considérer encore le sirop comme un liquide propre à conserver plusieurs matières organiques. Sous ce rapport, il a de l'analogie avec la *saumure* ou l'eau contenant plus ou moins de chlorure de sodium (sel marin). Il n'est pas douteux que la conservation de ces matières tient à ce qu'elles sont plus ou moins préservées du contact de l'air, et à ce que le sirop ou la saumure les maintient dans l'état de dessiccation où elles étaient au moment où on les a plongées dans ces liquides. (Ch.)

. SIROT. (*Ornith.*) Ce nom vulgaire, qui s'écrit aussi *syriot* , est donné, dans le département de la Somme , suivant Salerne, pag. 347, au guignard, *charadrius morinellus* , Linn. (Ch. D.)

SIRR. (*Bot.*) Nom arabe du *gymnocarpos* de Forskal. (J.)

SIRS. (*Bot.*) Forskal dît qu'il a vu une plante de ce nom apportée de l'Inde et cultivée dans l'Arabie. Il la nommoit *glycyrrhiza aculeata;* mais Vahl, devenu propriétaire de son herbier, a reconnu qu'elle étoit la *guilandina bonducella* de Linnæus. (J.)

SIRSAIR. (*Ornith.*) Ce nom , écrit par erreur *sirsuir* dans le Nouveau Dictionnaire d'histoire naturelle , est, en arabe, celui d'une espèce de canard , *anas sirsair,* Linn. (Ch. D.)

SIRTALE. (*Erpét.*) Nom spécifique d'une couleuvre dont il est question tome XI , pag. 216, de ce Dictionnaire. (H.C.)

SIRULE. (*Ichthyol.*) Voyez Silure. (H. C.)

SIS. (*Ornith.*) Ce mot , qui s'écrit aussi *sus,* désigne , en hébreu , les hirondelles. (Ch. D.)

SISALIOS. (*Bot.*) Voyez Séséli. (J.)

SISARON. (*Bot.*) Nom donné par Dioscoride à une plante ombellifère qui est le chervi, *sisarum*, des anciens auteurs latins et de Tournefort, réuni par Linnæus à la berle, *sium*. Sa racine est tubéreuse et bonne à manger, comme celle de la patate, *convolvulus batatas*, qui, pour cette raison, avoit été nommée *sisarum peruvianum* par Tabernæmontanus. Le *sisarum* a encore été nommé, suivant Daléchamps, par quelques anciens, *servillum*, *servilla*, *chervilla*, d'où dérive son nom françois. (J.)

SISELLE. (*Ornith.*) Nom vulgaire de la grive draine, *turdus viscivorus*, Linn., qu'on appelle aussi *sizerre* et *sisette*. (Ch. D.)

SISEN, SUI-SIN. (*Bot.*) Noms donnés dans le Japon au *narcissus tazetta*, suivant Kæmpfer. (J.)

SISER. (*Bot.*) Les Latins donnoient ce nom au *sisaron* des Grecs. Voyez Sisaron. (Lem.)

SISERRE. (*Ornith.*) Voyez Siselle. (Desm.)

SISERTOS. (*Bot.*) Voyez Sicupnoes. (J.)

SISGEN. (*Ornith.*) On nomme ainsi, en Frise, le tarin, *fringilla spinus*, Linn., qui est le *siska* des Suédois et le *siskin* des Anglois. (Ch. D.)

SISIAGI. (*Bot.*) Nom japonois du *chelidonium japonicum* de M. Thunberg. (J.)

SISIKER. (*Ichthyol.*) En Scanie on donne ce nom au Sey. Voyez ce mot. (H. C.)

SISIMBRIUM. (*Bot.*) Voyez Sisymbre. (L. D.)

SISIN. (*Ornith.*) Cet oiseau, auquel Lottinger donne le nom de *petit chêne*, et que Brisson appelle *petite linotte des vignes*, est le *fringilla linaria*, Linn. (Ch. D.)

SISIPHE, *Sisiphus*. (*Entom.*) M. Latreille a ainsi nommé un genre de coléoptères pétalocères, voisin des bousiers ou des ateuches. Voyez Bousier araignée ou de Schæffer, n.° 19. (C. D.)

SISKIN. (*Ornith.*) Voyez Sisgen. (Ch. D.)

SISO. (*Bot.*) Ce nom japonois, qui signifie pourpre, a été donné, suivant Kæmpfer, à un basilic, *ocymum crispum* de M. Thunberg, dont les Japonois font une décoction pour teindre en couleur pourpre des racines et des fruits. (J.)

SISON. (*Bot.*) Cette plante de Dioscoride paroit être, sui-

vant Cordus, le *sison amomum* de Linnæus; il servoit à Lonicer pour désigner l'*æthusa*. (J.)

SISON ; *Sison*, Linn. (*Bot.*) Genre de plantes dicotylédones polypétales , de la famille des *ombellifères* , Juss. , et de
la *pentandrie digynie*, Linn. , dont les principaux caractères
sont les suivans : Collerette générale composée d'un à trois
folioles ; collerette partielle de quatre folioles ; calice très-
petit ; corolle de cinq pétales lancéolés, égaux, recourbés en
dedans ; cinq étamines de la longueur des pétales ; un ovaire
infère, surmonté de deux styles à stigmates obtus; fruit ovale,
relevé de côtes obtuses, et composé de deux graines planes
en dedans , convexes extérieurement.

Les. sisons sont des plantes herbacées à feuilles alternes ,
plus ou moins composées , et à fleurs petites , disposées en
ombelles. Les limites entre ce genre et les Berles (*Sium* ,
Linn.) ne sont qu'imparfaitement circonscrites ; de sorte que
quelques auteurs , au nombre desquels il faut citer MM. de
Lamarck et De Candolle, en ont réuni toutes les espèces à
ces dernières. D'autres, au contraire , tout en conservant le
genre *Sison* de Linné, en ont cependant retranché plusieurs
espèces , qu'ils ont placées dans d'autres genres. Ainsi les
sison inundatum et *canadense* de Linné, et le *sison salsum* ,
Linn. fils, *Suppl.*, sont devenus pour Sprengel : le premier,
meum inundatum ; le second, *myrrhis canadensis*, et le dernier,
siler salsum. Enfin une espèce de Pallas, *sison crinitum* , fait
aujourd'hui le type d'un genre nouveau , sous le nom de
Schultzia crinita. Par opposition à ces espèces retranchées des
Sison, Sprengel y rapporte plusieurs autres plantes que Linné
ou autres auteurs plaçoient dans d'autres genres ; par exemple :
le *pimpinella anisum*, Linn. , le *ligusticum pyrenaicum*, Linn. ,
le *smyrnium integrifolium* , Linn. , l'*ammi divaricatum*, Pers. ,
l'*ægopodium podagraria*, Linn. , etc. , sont des *Sison* dans la
16.ᵉ édition du *Systema vegetabilium*. Quoi qu'il en soit, je
rapporterai ici quatre espèces de sison selon Linné , qui croissent naturellement en France.

SISON AMOME, vulgairement AMOME : *Sison amomum*, Linn.,
Spec., 362; *Sium aromaticum*, Lamk., Dict. encycl., 1, pag.
405. Sa racine est fusiforme, le plus souvent simple , blanche , annuelle, d'une saveur douce et aromatique ; elle pro-

duit une ou plusieurs tiges hautes d'un pied et demi à deux pieds, grêles, glabres, très-rameuses. Ses feuilles radicales sont ailées, composées de sept à neuf folioles ovales-lancéolées, dentées; dans les feuilles supérieures les folioles sont plus étroites et incisées. Ses fleurs sont blanches, disposées en petites ombelles terminales, composées de quatre à six rayons. Les fruits sont menus, arrondis, striés, brunâtres et d'un goût aromatique. Cette espèce croît dans les terrains humides et argileux, en France, en Allemagne, en Angleterre, etc. Les graines d'amome contiennent beaucoup d'huile essentielle aromatique; on les comptoit autrefois, dans les anciens formulaires, au nombre des quatre semences chaudes mineures, et elles étoient employées comme carminatives et diurétiques.

SISON DES MOISSONS : *Sison segetum*, Linn., *Sp.*, 562 ; *Sium segetum*, Lam., Dict. encycl., 1, pag. 406. Sa tige est foible, rameuse; haute d'un pied ou environ. Ses feuilles sont ailées, composées de onze à quinze folioles arrondies dans la partie inférieure de la tige, ovales, aiguës, dentées et quelquefois incisées dans sa partie supérieure. Ses fleurs sont blanches, disposées en ombelles terminales, composées d'un petit nombre de rayons, quelquefois de deux à trois seulement. Cette plante croît dans les champs et les moissons, en France, en Angleterre.

SISON VERTICILLÉ : *Sison verticillatum*, Linn., *Sp.*, 363. *Sium verticillatum*, Lam., Dict. encycl., 1, pag. 407. Sa racine est vivace, composée de plusieurs tubercules alongés, disposés en faisceau; elle produit une tige droite, assez grêle, peu rameuse, haute d'un pied ou environ, garnie à sa base de feuilles alongées, composées de folioles nombreuses, opposées, mais partagées jusqu'à leur base en plusieurs lobes linéaires et divergens, qui paroissent être autant de folioles entourant le pétiole comme par étages et par verticilles. Ses fleurs sont blanches, disposées en ombelles terminales, composées de dix à douze rayons. La collerette générale est formée de cinq à six folioles courtes, ovales; et les partielles d'un plus grand nombre. Le fruit est ovale, comprimé. Cette espèce croît dans les lieux humides et marécageux, en France et dans le Midi de l'Europe.

SISON INONDÉ : *Sison inundatum*, Linn., *Sp.*, 363; *Sium inun-*

datum, Lam. Dict. encycl., 1, pag. 407. Sa tige est simple dans sa partie inférieure, plongée dans l'eau, garnie de feuilles partagées en découpures capillaires; la partie supérieure, qui nage à la surface de l'eau ou qui s'élève un peu au-dessus, est légèrement rameuse, munie de quelques feuilles composées de cinq à sept folioles élargies, dentées ou trifides. Les fleurs sont blanches, disposées en ombelles axillaires, n'ayant souvent que deux à trois rayons. Cette plante croit dans les étangs et les fossés aquatiques, en France et dans d'autres contrées de l'Europe. (L. D.)

SISON. (*Ornith.*) Nom espagnol de la canepétière ou petite outarde, *otis tetrax*, Linn. (Cʜ. D.)

SISOPYGIDA. (*Ornith.*) Gesner, pag. 591, donne ce nom comme désignant plusieurs motacilles ou hoche - queues. (Cʜ. D.)

SISORI. (*Bot.*) Nom brame, cité par Rhéede, du Bᴇʟᴜᴛʜᴀ-ᴍᴏᴅᴇʟᴀ-ᴍᴜᴄᴄᴜ du Malabar. Voyez ce mot. (J.)

SISS. (*Ichthyol.*) On donne ce nom à la Nouvelle-Irlande à un poisson quelconque. (Lᴇssᴏɴ.)

SISTOTREMA. (*Bot.*) Genre de la famille des champignons et de l'ordre des champignons proprement dits. Il est très-voisin de l'*hydnum*, avec lequel même il a été en partie confondu d'abord par M. Persoon et par presque tous les botanistes. M. Persoon, dans sa Mycologie européenne, vol. 2, p. 191, le caractérise ainsi :

Champignons à chapeau coriace, entier, dimidié ou renversé, garni de dents la plupart difformes, entières ou incisées, nues ou velues à leur extrémité, quelques - unes sortant des spores, mais le plus souvent adhérentes par leur base.

M. Persoon ramène à ce genre trente-quatre espèces, dont douze nouvelles. Ces espèces croissent principalement sur les arbres, notamment le chêne, le bouleau, le pin, le hêtre, le cerisier, sur le bois des chantiers, sur le bois pourri, et quelquefois à terre. Presque toutes sont européennes, et quelques autres des États-Unis ont été mentionnées par Schweinitz et viennent augmenter de huit le nombre des espèces indiquées plus haut. Les *sistotrema* ont le port des *hydnum* : ils sont étalés, membraneux, tuberculeux et simplement appliqués sur les écorces ou le bois; leur surface est tantôt velue, tantôt lisse ou glabre. Dans un petit nombre d'espèces le chapeau est distinct et stipité. Ces diverses manières d'être ont donné lieu à diviser ce genre en plusieurs groupes, ainsi que nous allons l'exposer.

§. Ier *Champignons renversés, oblitérés sur le côté qui adhère à la base, difformes ; garnis à la surface de dents fermes.* (XYLODON, Pers.)

* Espèces dont la base (*subiculum*) est glabre et beaucoup plus membraneuse.

1. Le SISTOTREMA DU CHÊNE : *Sistotrema quercinum*, Pers., *Mycol. eur.*, 2, p. 192; *Hydnum membranaceum*, Bull., *Fung.*, pl. 481, fig. 1 ; Sow., *Fung.*, pl. 327 ; *Hydnum quercinum*, Willd., *Bot. Mag.*, 4, fig. 7. En plaque étalée, de trois ou quatre pouces de largeur, glabre, d'un blanc pâle ou brunâtre; dents jaunâtres, un peu épaisses, incisées ou entières, très-rapprochées et finissant par se souder, quelques-unes libres et subulées. Il croît sur le bois du chêne et y adhère fortement; on en connoît plusieurs variétés.

2. Le SISTOTREMA EN FORME DE DENTS; *Sistotrema molariforme*, Pers., *Mycol. eur.*, 2, p. 194, pl. 22, fig. 1. Glabre, étalé-alongé, très-mince, garni de dents obliques, les unes solitaires et presque cylindriques, les autres soudées et réunies en faisceau de manière à ressembler à des dents molaires avec leurs tubercules. Cette espèce a été observée à Neuchâtel sur l'écorce du chêne.

3. Le SISTOTREMA BLANC : *Sistotrema leucoplaca*, Pers., *Myc. eur.*, *loc. cit.*; *Hydnum cerasi?* Decand., *Flor. franç.*, Suppl., p. 36. Ovale, d'un blanc laiteux, pâle, ayant le bord velouté, le disque plissé, et des dents difformes, obliques, confluentes, peu distinctes, lisses et roussâtres. Il naît sur les troncs du cerisier et semble croître entre les rides de l'écorce. Il a cinq à huit lignes de diamètre.

4. Le SISTOTREMA GRIS; *Sistotrema griseum*, Pers., *loc. cit.*, pl. 22, fig. 2. Il est entièrement glabre, d'un gris bleuâtre ou brun, avec des dents écartées, droites, très-courtes, obtuses, à sommet blanc quelquefois incisé. Il a été observé par

M. Persoon sur du bois sec, auquel il adhère fortement sous forme de plaques d'un pouce environ d'étendue.

** Espèces velues.

5. Le Sistotrema des sapins ; *Sistotrema abietinum*, Pers., *loc. cit.*, p. 199, pl. 22, fig. 3. Mince, irrégulier, étalé, velu, d'un blanc jaunâtre, garni de dents courtes, solitaires ou fasciculées, droites, élargies à leur base, entières ou finement incisées à leur extrémité. Cette espèce croît sur les écorces même du sapin dans les Vosges. Elle est velue dans tous ses âges. Ses bords sont un peu farineux.

§. II. *Champignons à chapeau distinct, dimidié, sessile, quelquefois dilaté sur le côté.*

6. Le Sistotrema cendré : *Sistotrema cinereum*, Pers., *loc. cit.; Boletus unicolor*, Bull., pl. 501, fig. 3 ; Bolt., pl. 165 ; Sow., pl. 325. Simple ou imbriqué, chapeau dimidié, velu, d'un gris roussâtre ; dents variables, d'abord poreuses et cendrées. Ce champignon, assez commun sur les arbres et particulièrement le marronnier des jardins, est dans sa jeunesse entièrement poreux ; mais dans l'âge adulte ses tubes se déchirent et prennent diverses formes, et le plus souvent celles de dents ou de pointes, quelquefois aussi celles de lamelles incomplètes, ou formant des sinuosités qui ont fait associer la plante aux *dædalea*. Son chapeau est quelquefois glabre et noir ; sa villosité se maintient même jusque dans sa plus grande vieillesse. Il est un peu subéreux de sa nature.

Le *dædalea cinerea* de Fries est une variété du *sistotrema cinereum*, suivant M. Persoon. Il se fait remarquer par ses touffes composées d'un très-grand nombre de chapeaux imbriqués et entassés quelquefois dans une position renversée. Une autre variété, *sistotrema lutescens*, Pers., est jaunâtre, un peu tomenteuse, avec des pores ou sinus oblongs : les uns situés autour du chapeau et entiers, les autres dans le centre et dentés ou lacérés. Cette variété croît près d'Angers.

§. III. *Chapeau stipité, entier ou dimidié* (Heteroporus, Pers.) *Les espèces sont terrestres et le plus souvent grandes.*

7. Le Sistotrema ferrugineux ; *Sistotrema ferrugineum*, Pers.,

Mycol. eur., 2, p. 2o5. Il est d'une couleur ferrugineuse et presque dimidié ; son chapeau est tomenteux, d'un jaune de soufre , verdâtre en dessous et sur ses bords ; les pores sont grands , difformes et déchiquetés. Cette espèce croît en Allemagne et en France à terre, principalement au bas des troncs d'arbres. Son chapeau acquiert un pied et plus de diamètre. Il est souvent entier, en forme d'entonnoir ; cependant aussi, quoique plus rarement, il est plus ou moins demi-circulaire , avec le stipe latéral. Celui-ci est court, épais, couleur de rouille ; quelquefois il n'existe pas du tout.

8. Le Sıstotrema lamelleux : *Sistotrema confluens*, Persoon, Fries, *Syst. mycol.*, 1 , 426 ; *Hydnum sublamellosum* , Bull., Champ., pl. 453, fig. 1 ; Sow., *Engl. Fung.*, pl. 112. Solitaire ou groupé, petit, d'abord blanchâtre , puis jaunâtre ; chapeau charnu , flexueux, glabre , garni de pointes ou de dents décurrentes, blanchâtres, en forme de petites lamelles entières ou divisées, contournées et imitant quelquefois des caractères ; pédicule central ou latéral court, plein, cylindrique et atténué. Ce champignon croît dans diverses parties de l'Europe , sur la terre, particulièrement dans les endroits sablonneux le long des chemins. Il est un peu fragile , son chapeau n'a guère plus d'un pouce de diamètre.

Fries ne conserve dans le genre *Sistotrema* que cette seule espèce. Toutes les autres indiquées par M. Persoon sont pour lui des *hydnum*, et quelques-unes des espèces de *dædalea*, *merulius* et *polyporus*. (Lem.)

SISTRE , *Sistrum*. (*Conchyl.*) Denys de Montfort (Conchyl. syst., tome 2, page 594), a établi sous ce nom une division générique avec une petite coquille connue sous le nom vulgaire de Mure blanche, et qui entre dans le genre Ricinule de M. de Lamarck, auquel, par conséquent, le genre de Denys de Montfort répond. L'espèce qui lui sert de type et que celui-ci nomme le S. blanc, *S. album*, paroît être la Ricinule muriquée , *R. muricata*, et non la Ricinule mure, comme cela a été indiqué par erreur dans le *Genera* qui suit l'article Mollusques. (De B.)

SISYMBRE ; *Sisymbrium*, Linn. (*Bot.*) Genre de plantes dicotylédones polypétales, de la famille des *crucifères*, Juss. , et de la *tétradynamie siliqueuse*. Linn., qui a pour principaux

caractères : Un calice de quatre folioles demi-ouvertes ou
entièrement fermées, souvent colorées ; une corolle de quatre
pétales à onglet court, et quelquefois plus petits que le calice ; six étamines , dont quatre plus longues et deux plus
courtes; un ovaire oblong, surmonté d'un style très-court ou
presque nul, terminé par un stigmate obtus ; une silique plus
ou moins alongée , à deux valves droites , s'ouvrant sans
élasticité, et à deux loges contenant plusieurs graines très-
petites.

Les sisymbres sont des plantes herbacées, à feuilles alternes , entières, ou souvent plus ou moins découpées ou ailées, et
dont les fleurs sont le plus communément disposées en grappe
terminale. On en connoît aujourd'hui quatre-vingts espèces ,
dont la plus grande partie croit naturellement en Europe.
M. Brown a divisé ce genre en deux; et cette division a été
adoptée par M. De Candolle et par M. Sprengel.

§. 1. *Graines sur un seul rang dans chaque loge.*
(SISYMBRIUM, Linn., Dec.)

* Feuilles non découpées.

SISYMBRE ROIDE : *Sisymbrium strictissimum* , Linn., *Sp.* , 922 ;
Jacq., *Fl. Aust.* , t. 194. Sa tige est cylindrique, roide, pubescente, ainsi que le reste de la plante , haute de deux à trois
pieds , simple dans sa partie inférieure. rameuse dans la supérieure , garnie de feuilles lancéolées, plus ou moins dentées en leurs bords, brièvement pétiolées, et les supérieures
sessiles. Ses fleurs sont jaunes , de grandeur médiocre, rapprochées les unes des autres, au sommet de la tige et des rameaux, en plusieurs grappes , dont l'ensemble forme une
large panicule. Les siliques sont grêles, redressées et glabres.
Cette espèce croît naturellement dans les montagnes , en
France et en Europe ; elle est vivace.

SISYMBRE D'ESPAGNE ; *Sisymbrium hispanicum*, Jacq., *Icon.
rar.*, 1, t. 124. Sa tige est cylindrique, droite, partagée en
rameaux très-étalés, garnie de feuilles lancéolées, sessiles ,
glabres, plus ou moins chargées en leurs bords de dentelures
courtes, aiguës et inégales. Ses fleurs sont jaunes , de grandeur médiocre , disposées. au sommet de la tige et des ra-

meaux, en grappes droites et un peu lâches. Les siliques sont courtes, cylindriques ou légèrement comprimées, redressées et presque appliquées contre l'axe qui les porte. Cette espèce croit dans le Midi de la France et en Espagne.

** Feuilles pinnatifides ou en lyre.

Sisymbre couché; *Sisymbrium supinum*, Linn., *Sp.*, 917. Sa tige est rameuse dès la base, divisée en rameaux inégaux, assez simples, couchés sur la terre, longs de six à douze pouces, légèrement pubescens, ainsi que la plante entière, et garnis, dans toute leur étendue, de feuilles pinnatifides, à divisions obtuses, entières ou seulement dentées. Ses fleurs sont blanches, assez petites, portées sur de courts pédoncules, solitaires dans les aisselles des feuilles et disposées presque dans toute la longueur des tiges. Les siliques sont longues d'un pouce ou environ, chargées de quatre angles un peu saillans, et terminées par un style court. Cette plante croit sur les bords des champs et des rivières, en France : elle est annuelle.

Sisymbre a siliques nombreuses; *Sisymbrium polyceratium*, Linn., *Sp.*, 918. Sa racine est pivotante, annuelle, divisée en un petit nombre de fibres; elle produit une tige cylindrique, plus ou moins glabre, ainsi que le reste de la plante, ordinairement partagée dès sa base en un assez grand nombre de rameaux étalés, longs de quatre à huit pouces. Ses feuilles radicales et celles de la partie inférieure des tiges sont roncinées, à lobes aigus et dentés; les supérieures sont oblongues-lancéolées, simplement dentées. Ses fleurs sont très-petites, blanchâtres, ou d'un jaune pâle, sessiles, ordinairement deux ensemble dans les aisselles des feuilles et dans toute la longueur des tiges et des rameaux. Les siliques sont tubulées, hérissées de quelques poils, redressées et presque appliquées contre les tiges. Ce sisymbre croit dans les lieux incultes et sur les bords des chemins, dans le Midi de la France et de l'Europe.

Sisymbre officinal, vulgairement Vélar, Tortelle, Herbe au chantre : *Sisymbrium officinale*, Scop., *Fl. Carn.*, 2, pag. 26, n.° 824; *Erysimum officinale*, Linn., *Sp.*, 922. Sa racine est pivotante, annuelle, garnie latéralement de quelques

fibres menues; elle produit une tige droite, roide, haute
d'environ deux pieds, légèrement velue ou pubescente,
comme toute la plante, divisée, surtout dans sa partie supérieure, en rameaux ouverts, presque à angle droit. Ses
feuilles sont roncinées ou en lyre, à lobes dentés: le terminal
plus grand que les autres. Ses fleurs sont petites, d'un jaune
pâle, disposées, dans la partie supérieure de la tige et des
rameaux, en un épi peu garni. Les siliques sont obtuses,
portées sur de courts pédicelles, et appliquées contre leur
axe, qui s'alonge beaucoup à mesure que la fructification
avance. Cette espèce est commune dans les lieux incultes et
sur les bords des chemins, en France et dans le reste de l'Europe ; on la trouve aussi dans le Nord de l'Afrique et dans
l'Amérique septentrionale.

Le sisymbre officinal étoit autrefois regardé comme incisif,
pectoral et légèrement antiscorbutique; on l'employoit en infusion théiforme, dans l'asthme humide, les affections catar-
rhales chroniques, et surtout dans l'enrouement, d'où lui
est venu le nom vulgaire d'herbe au chantre. Il commence à
perdre de son crédit; mais il fut un temps où les chanteurs
y avoient une grande confiance et l'employoient beaucoup.
Les pharmaciens en préparent un sirop connu sous le nom de
sirop d'érysimum.

Sisymbre irio : *Sisymbrium irio*, Linn., *Sp.*, 921 ; Jacq., *Fl.
Aust.*, t. 322. Sa racine est annuelle, pivotante; elle produit
une tige cylindrique, droite, simple inférieurement, un peu
rameuse dans sa partie supérieure, haute d'un à deux pieds,
et garnie de feuilles roncinées ou presque pinnatifides, glabres, ainsi que toute la plante. Ses fleurs sont d'un jaune
pâle, petites, briévement pédonculées, disposées en longues
grappes ; les siliques qui leur succèdent sont grêles et très-
alongées. Cette plante est commune sur les bords des chemins, sur les vieux murs et dans les lieux incultes, en France
et autres pays de l'Europe ; on la trouve aussi en Arabie.

*** Feuilles ailées ou décomposées.

Sisymbre a feuilles de tanaisie ; *Sisymbrium tanacetifolium*,
Linn., *Sp.*, 916. Sa tige est cylindrique, droite, ordinairement assez simple, surtout inférieurement, haute d'un pied

ou environ , plus ou moins chargée d'un duvet court, et garnie de feuilles ailées, composées de treize à dix-sept folioles lancéolées, profondément dentées ou même pinnatifides, d'un vert gai en dessus, couvertes en dessous de poils qui les rendent un peu blanchâtres. Ses fleurs sont d'un beau jaune, assez petites, disposées en grappe à l'extrémité des tiges et des rameaux. Il leur succède des siliques lancéolées-linéaires, un peu renflées, ne contenant que deux à trois graines dans chacune de leurs loges. Cette espèce croît dans les prairies ombragées et dans les bois des Alpes , des Pyrénées et de quelques autres montagnes alpines de l'Europe.

SISYMBRE A PETITES FLEURS , vulgairement SAGESSE DES CHIRURGIENS , THALICTRON : *Sisymbrium sophia*, Linn., *Sp.* , 920; *Fl. Dan.*, t. 528. Sa racine est annuelle, pivotante, divisée en quelques fibres menues; elle produit une tige cylindrique, simple inférieurement, ordinairement rameuse dans sa partie supérieure, haute d'un à deux pieds, pubescente, plus ou moins chargée , ainsi que les feuilles et les pédoncules , de poils très-courts, qui rendent quelquefois toutes ces parties blanchâtres. Ses feuilles sont deux fois ailées, à folioles menues, linéaires, entières ou dentées , et même pinnatifides, le plus souvent d'un vert foncé. Ses fleurs sont petites, jaunâtres, à pétales plus courts que le calice, disposées, à l'extrémité de la tige et des rameaux, en grappes qui s'alongent beaucoup pendant la maturation des fruits ; ceux-ci sont des siliques grêles , portées sur des pédoncules assez ouverts, mais elles-mêmes redressées perpendiculairement ; elles contiennent, dans chaque loge, des graines nombreuses. Cette plante est commune sur les bords des champs, dans les lieux incultes et sur les murs couverts de chaume, en France et dans toute l'Europe.

Toutes les parties de ce sisymbre sont antiscorbutiques , et elles ont aussi passé pour astringentes. Ses graines, prises dans du vin, sont, dit-on, dans certains cantons, un remède populaire contre la diarrhée. Quelques médecins les ont conseillées comme vermifuges, sudorifiques et diurétiques. Le suc et l'extrait des feuilles ont été recommandés dans le crachement de sang , dans les hémorrhagies utérines et la leucorrhée. Aujourd'hui cette plante est peu employée par les praticiens.

§. 2. *Graines sur deux rangs dans chaque loge.*
(Nasturtium , Brown ; De Candolle.)

* Feuilles entières.

Sisymbre des Indes: *Sisymbrium indicum*, Linn. , *Mant.*, 93 ; *Nasturtium indicum* , Dec., *Regn. veget.*, 2, p. 199. Ses tiges sont droites, lisses, anguleuses, hautes d'un pied ou environ, médiocrement rameuses , garnies de feuilles lancéolées ou ovales-lancéolées , dentées en scie : les inférieures pétiolées ; les supérieures sessiles. Les fleurs sont petites, blanches, disposées en grappes terminales et axillaires, formant dans leur ensemble une panicule médiocrement étalée. Les corolles sont à peine plus grandes que les calices, et les siliques cylindriques , légèrement arquées. Cette plante croit dans les Indes et à la Chine ; elle est annuelle.

** Feuilles pinnatifides.

Sisymbre des marais : *Sisymbrium palustre*, Willd., *Sp.*, 3 , p. 490; *Nasturtium palustre*, Dec., *Regn. veget.*, 2, p. 191. Sa racine est annuelle , pivotante ; elle produit une tige cylindrique, striée , rameuse , un peu couchée à sa base , ensuite redressée , haute d'un pied ou environ, garnie de feuilles pinnatifides, glabres, composées de sept à onze pinnules ovales-lancéolées , dentées ou incisées en leurs bords : la terminale plus grande que les autres. Les fleurs sont petites, jaunes, disposées , à l'extrémité de la tige et des rameaux, en grappes d'abord fort courtes et s'alongeant ensuite beaucoup à mesure que la fructification avance. Les pétales sont à peine aussi longs que le calice, et les siliques sont oblongues, courtes, un peu renflées , portées sur des pédicelles de leur longueur , et écartées de la tige presque à angle droit. Cette espèce croit dans les lieux humides et sur les bords des fossés, en France , dans toute l'Europe et dans plusieurs parties de l'Asie, de l'Afrique et de l'Amérique.

Sisymbre sauvage, vulgairement Cresson de rivière : *Sisymbrium sylvestre*, Linn., *Sp.*, 916 ; *Nasturtium sylvestre* , Dec. , *Regn. veget.*, 2, p. 190. Cette espèce ressemble un peu à la précédente ; mais elle en diffère par sa racine rampante , vi-

vace ; par sa tige flexueuse ; par ses pinnules en général plus
étroites, à dents plus aiguës ; par ses fleurs plus grandes, dont
les pétales surpassent les folioles du calice ; et enfin par ses
siliques plus étroites, dont quelques-unes avortent souvent
en totalité ou en partie. Ce sisymbre croît dans les lieux humides et sur les bords des rivières, en France et dans d'autres
parties de l'Europe : on le trouve aussi en Asie et dans
l'Amérique septentrionale.

*** Feuilles ailées.

Sisymbre cresson, vulgairement Cresson de fontaine : *Sisymbrium nasturtium*, Linn., *Sp.*, 916 ; *Nasturtium officinale*, Dec.,
Regn. veget., 2, p. 188. Sa racine est fibreuse, vivace ; elle
produit une tige cylindrique, feuillée dans toute sa longueur,
glabre, comme tout le reste de la plante, couchée à sa base
sur la terre, ou nageant dans l'eau, et y prenant racine de
distance en distance, redressée dans sa partie supérieure et
peu rameuse, longue en tout d'un pied ou un peu plus. Ses
feuilles sont d'un vert assez foncé, luisantes et un peu succulentes, composées de cinq à neuf folioles ovales, sessiles,
plus ou moins sinuées en leurs bords, et dont la terminale est
toujours plus grande que les autres, pétiolée. Ses fleurs sont
blanches, médiocrement grandes, d'abord disposées en corymbe terminal, s'alongeant ensuite en grappe. Les siliques
sont courtes, un peu recourbées en haut, écartées de l'axe,
portées sur des pédicelles très-ouverts. Cette espèce croît
dans les ruisseaux, les eaux des fontaines et sur leurs bords,
en France, dans d'autres contrées de l'Europe et dans les
trois autres parties du monde.

Le cresson de fontaine est non-seulement une plante très-
employée en médecine comme antiscorbutique, mais encore,
à Paris et dans beaucoup de villes du Nord on en fait une
grande consommation pour le manger en salade. Le vulgaire
l'appelle la *santé du corps*. De beaucoup de préparations
pharmaceutiques dans lesquelles le cresson entroit autrefois,
il n'est guère resté que le vin et le sirop antiscorbutiques
dont les feuilles de cette plante font encore partie.

Par la grande consommation qu'on fait du cresson à Paris,
cette plante est devenue assez rare dans les campagnes des

environs pour que de pauvres gens aillent en recueillir jusqu'à vingt et vingt-cinq lieues, et l'expédient le plus promptement possible par les voitures qui se dirigent sur la capitale, où elle est exposée et vendue dans les marchés.

Quelques particuliers cultivent aussi le cresson pour le
même objet. On le plante ou on le sème, selon les localités.
Les meilleures cressonnières (on donne ce nom aux planta-
tions de cresson) sont celles qui sont faites dans des terrains
où l'on peut diriger des eaux vives, principalement celles
de source et de fontaine, qui ne gèlent point en hiver. Lorsqu'on n'a pas d'eaux courantes ou de fontaine dont on puisse
disposer, on cultive le cresson dans des plate-bandes creusées
dans le voisinage d'un puits, et tous les jours on les arrose.
Le cresson y vient beau; mais il a plus d'âcreté que celui
qui est venu dans des eaux vives. C'est de semis qu'on l'é-
lève : on le coupe quand il a six à huit pouces de hauteur,
et on le traite ordinairement comme plante annuelle, c'est-
à-dire qu'on ne laisse pas repousser les pieds et qu'on fait un
nouveau semis. Une cressonnière faite au contraire dans un
terrain qui est baigné par une eau courante, dure plusieurs
années, et les tiges de cresson s'y cueillent et se renouvellent
plusieurs fois par an. On dit que la culture du cresson est
plus étendue en Allemagne qu'en France. (L. D.)

SISYRINCHIUM. (*Bot.*) Ce nom, donné d'abord par des
anciens à des *iris* et à des *ixia* (*bulbocodium* de Tournefort,
ilimu d'Adanson), ainsi qu'a l'*ornithogalum luteum*, a été dans
la suite appliqué par Linnæus au *bermudiana* de Tournefort.
Voyez Bermudienne. (J.)

SISYROPHORE, *Chlænobolus*. (*Bot.*) Ce nouveau genre
de plantes, que nous proposons, appartient à l'ordre des Synanthérées, et à notre tribu naturelle des Vernoniées, dans
laquelle nous le plaçons immédiatement auprès du *Pluchea*,
dont il pourroit être considéré comme un sous-genre.

Voici les caractères génériques du *Chlænobolus*.

Calathide discoïde : disque pauci-multiflore, régulariflore,
androgyni-masculiflore; couronne bi-plurisériée, tubuliflore, féminiflore. Péricline inférieur aux fleurs, formé de
squames régulièrement imbriquées, appliquées, uninervées,
plus ou moins caduques : les extérieures plus courtes et plus

larges, ovales-lancéolées, coriaces, moins caduques ; les intérieures longues, étroites, oblongues-lancéolées, coriaces inférieurement, un peu membraneuses supérieurement, très-
caduques. Clinanthe plan, hérissé de fimbrilles plus ou moins
nombreuses, longues, fines, laineuses. *Fleurs du disque :* Ovaire
fertile ou stérile, presque semblable, tant par lui-même
que par son aigrette, à celui des fleurs de la couronne. Corolle régulière, à limbe peu distinct du tube, divisé supérieurement en cinq lanières garnies de glandes extérieurement. Anthères plus ou moins exsertes, munies d'appendices
apicilaires très-obtus et d'appendices basilaires subulés. Style
hérissé de collecteurs vers le sommet, et portant deux stigmatophores courts, hérissés de collecteurs sur leur face externe. *Fleurs de la couronne :* Ovaire oblong, hispide, muni
d'un bourrelet basilaire ; aigrette longue, blanche, composée
de squamellules nombreuses, inégales, filiformes, fines, peu
barbellulées. Corolle très-longue, tubuleuse, très-grêle supérieurement, terminée au sommet par trois dents très-petites. Style à deux stigmatophores longs, grêles, très-divergens, arqués en dehors, glabres.

Les *Chlœnobolus* sont des plantes américaines, herbacées,
plus ou moins tomenteuses ; à tige ailée ; à feuilles alternes,
sessiles, très-décurrentes, indivises ; à calathides sessiles,
plus ou moins rapprochées ou agglomérées, formant ensemble
un épi terminal, court ou long, continu ou interrompu, régulier ou irrégulier ; à corolles jaunes.

Sisyrophore a gros épi : *Chlœnobolus pycnostachyos*, H. Cass. ;
Conyza pycnostachya, Mich. C'est une plante herbacée, à tige
dressée, simple, tomenteuse, roussâtre, garnie d'un bout à
l'autre de cinq ou six ailes longitudinales, étroites, linéaires,
glabres d'un côté, tomenteuses de l'autre ; les feuilles sont
alternes, sessiles, décurrentes, glabres en dessus, tomenteuses
et roussâtres en dessous, plus ou moins denticulées sur les
bords ; les inférieures plus larges, ovales-lancéolées ; les supérieures plus étroites, oblongues-lancéolées ; les calathides
sont très-nombreuses, immédiatement rapprochées, et rassem-
blées en un épi terminal très-gros, long, continu, régulier ;
elles sont sessiles autour de son axe. Ces calathides, très-
difficiles à étudier sur l'échantillon sec que nous décrivons,

à cause de la caducité de toutes leurs parties, nous ont offert
les caractéres suivans : le disque paroît être large, composé
de fleurs nombreuses, régulières, dont les extérieures semblent être hermaphrodites ou fertiles, et les intérieures mâles
ou stériles; la couronne paroit étroite, composée seulement
d'un ou deux rangs de fleurs tubuleuses, femelles; le péricline, très-inférieur aux fleurs, est formé de squames régulièrement imbriquées, appliquées, caduques, se détachant et
s'arquant en dehors, uninervées, laineuses sur la face externe,
glabres sur la face interne; les squames extérieures plus
courtes et plus larges, moins caduques, moins susceptibles de
s'arquer, oblongues, aiguës au sommet, coriaces; les squames
intérieures graduellement plus longues et plus étroites, très-
caduques, très-arquées, linéaires, subcoriaces, à sommet
subulé, submembraneux; le clinanthe est plan, hérissé de
fimbrilles nombreuses, longues, fines, laineuses; les ovaires
de la couronne sont oblongs, hispides et parsemés de glandes,
munis d'un bourrelet basilaire cartilagineux; leur aigrette est
longue, blanche, composée de squamellules nombreuses,
inégales, filiformes, fines, peu barbellulées; les ovaires du
disque sont aigrettés comme ceux de la couronne; ceux du
centre paroissent imparfaits et stériles; mais les extérieurs
sont probablement fertiles, car ils sont longs comme ceux
de la couronne, ils contiennent un ovule, et leurs stigmatophores sont divergens; les styles de la couronne ont deux
stigmatophores longs, grêles, glabres, très-divergens, arqués
en dehors; les styles du disque sont très-longs, hérissés de
collecteurs vers le sommet, et ils portent deux stigmatophores
courts, hérissés de collecteurs sur leur face externe; les anthères sont très-exsertes, munies d'appendices apicilaires
comme tronqués ou très-obtus au sommet, et d'appendices
basilaires subulés; les corolles du disque ont le limbe cylindrique, à peine distinct du tube, et divisé supérieurement
en cinq lanières longues, linéaires, chargées de glandes sur
la partie supérieure de leur face externe; les corolles de la
couronne sont très-longues, tubuleuses, très-grêles supérieurement, terminées par trois ou quatre dents extrèmement
petites.

Sisyrophore queue-de-renard : *Chlœnobolus alopecuroides*.

H. Cass.; *Conyza alopecuroides*, Lam. Cette espéce diffère de la précédente par ses feuilles plus rapprochées, plus courtes. plus larges, moins tomenteuses, terminées au sommet par une pointe courte et fine; elle en diffère aussi par la disposition de ses calathides, qui forment par leurs assemblages un épi terminal, dense, peu épais, et quelques autres petits épis très-courts, nés dans l'aisselle des petites feuilles supérieures; l'épi terminal est composé de groupes sessiles, arrondis, capituliformes, inégaux, plus ou moins rapprochés le long d'un axe ailé comme la tige; les groupes inférieurs sont plus distans, en sorte que les derniers, qui sont pédonculés, oblongs, semblent former, à la base de l'épi terminal, de petits épis partiels, simples; les calathides sont sessiles, composées d'un disque bi-triflore, et d'une couronne plurisériée, multiflore; le péricline est formé de squames imbriquées, caduques, dont les intérieures sont glabres et ont la partie supérieure membraneuse et ciliée; le clinanthe paroît être laineux, mais nous n'avons pas pu bien reconnoître sa structure, non plus que celle des ovaires, les calathides observées par nous étant en fort mauvais état.

Sisyrophore en baguette : *Chlœnobolus virgatus*, H. Cass.; *Conyza virgata*, Lam. Les feuilles sont très-longues, très-étroites, linéaires; la tige est divisée supérieurement en rameaux longs, grêles, simples, dont la partie terminale est l'axe d'un épi irrégulier, très-interrompu, formé par des calathides sessiles, hautes de quatre lignes, quelques-unes plus ou moins distantes, les autres rapprochées en groupes plus ou moins distans, composés chacun de cinq ou six calathides, à corolles jaunes; leur disque est de trois ou quatre fleurs régulières; la couronne est plurisériée, multiflore, tubuliflore, féminiflore; le péricline, inférieur aux fleurs, est formé de squames régulièrement imbriquées, appliquées, caduques, uninervées, plus ou moins tomenteuses ou laineuses; les extérieures plus courtes et plus larges, ovales-lancéolées, très-aiguës au sommet, coriaces; les intérieures longues, étroites, oblongues-lancéolées, presque subulées au sommet, coriaces inférieurement, un peu membraneuses et rougeâtres supérieurement; le clinanthe est plan, plus ou moins hérissé de longues fimbrilles laineuses; les ovaires de la couronne sont oblongs, hispides, munis d'un bourrelet basilaire; leur aigrette, un peu plus longue que leur corolle, est composée de squamellules non chiffonnées, un peu inégales, filiformes, très-fines, presque nues; les ovaires du disque, presque aussi longs que ceux de la couronne, et à peu près semblables à eux, sont oblongs, cylindracés, striés, hispides, munis d'un bourrelet basilaire; leur aigrette est moins longue, blanche, un peu chiffonnée inférieurement, composée de squamellules nombreuses, inégales, filiformes, très-fines, à peine barbellulées; leur style a sa partie supérieure collectifère, divisée au sommet en deux branches courtes; les étamines ont l'article anthérifère long, l'appendice apicilaire très-obtus, les appendices basilaires subulés; les corolles du disque, beaucoup plus courtes que celles de la couronne, ont le tube long et le limbe peu distinct, divisé au sommet en cinq lanières peu longues, garnies de glandes extérieurement; les corolles de la couronne sont très-longues, tubuleuses, très-grêles supérieurement, terminées au sommet par trois dents très-petites.

Les trois espèces que nous venons de décrire habitent l'Amérique septentrionale ou les Antilles : elles ont été observées par nous sur des échantillons secs de l'herbier de M. Desfontaines; mais nous n'avons point vu les deux espèces suivantes, de l'Amérique méridionale, que nous rapportons néanmoins au genre ou sous-genre *Chlœnobolus*, à cause de l'affinité qu'elles paroissent avoir avec les autres.

Sisyrophore en épi : *Chlœnobolus spicatus*, H. Cass.; *Conyza spicata*, Lam. Cette plante habite l'Amérique méridionale; ses feuilles sont décurrentes, lancéolées, dentées, tomenteuses en dessous; ses calathides sont disposées en un épi terminal, cylindracé, pédonculé.

Sisyrophore ridé : *Chlœnobolus rugosus*, H. Cass.; *Conyza rugosa*, Willd. Celle-ci, qui habite le Brésil, a les feuilles décurrentes, elliptiques, crénelées, tomenteuses en dessous, et les calathides disposées en tête, c'est-à-dire probablement en épis courts, imitant des capitules.

Le genre ou sous-genre *Chlœnobolus* diffère du *Pluchea* décrit dans ce Dictionnaire (tom. XLII, pag. 1), 1.° par le disque androgyni-masculiflore, ayant les ovaires à peu près semblables à ceux de la couronne, presque aussi longs, contenant un ovule, et souvent fertiles ; 2.° par le péricline formé de squames caduques: 5.° par le clinanthe hérissé de fimbrilles laineuses ; 4.° par l'aigrette composée de squamellules nombreuses ; 5.° enfin, par un port très-différent et fort remarquable.

Le nom latin *Chlænobolus*, composé de deux mots grecs, signifie *qui jette son enveloppe*, et fait ainsi allusion au péricline caduc. Le nom françois Sisyrophore, également dérivé du grec, signifie *qui porte un habit grossier de peau velue*, parce que toutes les espèces connues de ce genre sont tomenteuses.

Nous avons trouvé le disque large et la couronne étroite dans le *Chlæn. pycnostachyos*, le disque étroit et la couronne large dans les *Chlæn. alopecuroides* et *virgatus*. Si l'on pouvoit observer un grand nombre d'individus de chaque espèce, on reconnoîtroit peut-être que ces deux dispositions inverses existent ensemble dans toutes les espèces du genre. Ainsi, les *Chlænobolus* seroient subdioïques, à peu près comme les *Petasites*, c'est-à-dire que chaque espèce auroit des individus subfemelles, ou à calathides composées de fleurs femelles très-nombreuses, accompagnées de quelques fleurs mâles ou hermaphrodites centrales, et des individus submâles, ou à calathides composées de fleurs mâles ou hermaphrodites très-nombreuses, accompagnées d'un petit nombre de fleurs femelles marginales.

Le *Piptocarpha* de M. Brown, que nous avons rapporté avec doute aux Inulées-Gnaphaliées, en le plaçant dans le groupe des Cassiniées, ne seroit-il pas une Vernoniée voisine de nos *Chlænobolus*? (H. Cass.)

SITAKI. (*Bot.*) Nom japonois d'une des variétés du champignon de couches, *tam* ou *taki, agaricus campestris* de Linnæus, que l'on met au Japon dans beaucoup d'apprêts de cuisine et que l'on vend dans tous les marchés, suivant M. Thunberg. (J.)

SITANION. (*Bot.*) Nom grec donné au blé trémois par Dioscoride, suivant Ruellius, son commentateur. (J.)

SITARIDE. *Sitaris.* (*Entom.*) Genre d'insectes coléoptères, de la famille des sténoptères ou à élytres durs, rétrécis, à suture séparée et écartée en arrière, à antennes courtes, en fil.

Ce genre, établi par M. Latreille sous un nom dont l'étymologie ne nous est pas connue, avoit été confondu avec les cantharides et avec les nécydales par la plupart des auteurs et même avec les lymexylons. L'espèce principale est

La SITARIDE HUMÉRALE, *Sitaris humeralis*.

Nous l'avons fait figurer dans l'atlas de ce Dictionnaire, pl. 11, n.° 1. C'est la cantharide à bande jaune de Geoffroy.

Car. Noire; élytres jaunes à la base.

Nous avons trouvé très-souvent cet insecte dans les nids d'abeilles construits dans l'argile ou dans les murs faits avec de la terre. Il est surtout très-commun à Amiens. Il est probable que la larve est élevée en parasite ou qu'elle dévore celles des abeilles. (C. D.)

SITCHATCHITCH. (*Ornith.*) Kraschenninikow, pag. 505 de sa Description du Kamtschatka, faisant suite au Voyage de l'abbé Chappe, dit que c'est, dans cette contrée, le nom d'une espèce d'hirondelle de mer ou sterne, appelée chez les Russes *martichli*; chez les Koriaques, *kanitchongou*, et chez les Kouriles, *sitchaatcha*. (Ch. D.)

SITHILCAS. (*Bot.*) Nom donné par les Carthaginois à l'épervière, *hieracium*, suivant Ruellius et Meutzel. (J.)

SITNIC. (*Mamm.*) Espèce de rongeur de la Sibérie, qui a été décrite par Pallas sous le nom de *mus agrarius*. Voyez l'article RAT. (DESM.)

SITODIUM. (*Bot.*) Nom sous lequel Gærtner désigne l'arbre du fruit à pain, *artocarpus*. (J.)

SITONE, *Sitona*. (*Entom.*) Nom donné par M. Germar et adopté par M. Schœnherr pour désigner un genre d'insectes coléoptères, de la famille des charansons. Ce nom, qui signifie acheteur de blé, *frumenti emptor*, est indiqué à l'article RHINOCÈRES, extrait de Schœnherr, genre 67. (C. D.)

SITOSPELOS. (*Bot.*) Adanson désigne sous ce nom grec, tiré de Théophraste, l'*elymus* de Linnæus, genre de plante graminée. (J.)

SITS, SITZ-DSJU. (*Bot.*) Noms japonois du vernis du Japon, *rhus vernix* de Linnæus : c'est celui qui fournit le vernis le plus précieux, bien supérieur à celui de la Chine : on l'extrait sous forme de suc laiteux, en faisant des incisions à l'écorcé, et on le retire aussi des côtes des feuilles et de leur pétiole. (J.)

SIT-SIKU. (*Bot.*) Voyez Si-nosa. (J.)

SITTA. (*Ornith.*) Nom latin du genre Sittelle. (Ch. D.)

SITTACE. (*Ornith.*) Ce terme et celui de *bittace* désignent les perroquets dans l'Inde, où il paroît qu'on les connoit aussi sous le nom de *sittau* ou *psittau.* (Ch. D.)

SITTELLE. (*Ornith.*) Cet oiseau, auquel tous les naturalistes se sont accordés à donner le nom latin *sitta*, a pour caractères génériques : Un bec droit, médiocre, *prismatique* (Cuvier), pointu, tranchant à la pointe ; la mandibule inférieure quelquefois un peu retroussée ; des narines basales, arrondies, nues ou légèrement recouvertes par des poils dirigés en avant ; la langue courte, aplatie, non susceptible d'alongement, cartilagineuse à sa base, et *trifide* (Illiger) ; quatre doigts aux pieds : l'extérieur de ceux de devant soudé, par la base, à celui du milieu ; le pouce robuste, long et muni d'un ongle très-courbé ; la première rémige fort courte et les troisième et quatrième les plus longues ; la queue est composée de douze pennes carrées ou légèrement étagées, à baguettes foibles.

Ces oiseaux grimpent sans cesse, soit en montant, soit en descendant, au tronc et aux branches des arbres, et ils diffèrent en cela des pics, qui ne grimpent presque jamais qu'en montant. Quoiqu'ils n'aient qu'un doigt derrière, leur queue ne sert pas à les soutenir et ne leur est d'aucun usage pour cet exercice. Les insectes et leurs larves, qu'ils trouvent sur le tronc des arbres ou sous l'écorce, en les saisissant avec leur langue, comme les pics, sont leur nourriture ordinaire. Les coups de bec qu'ils donnent à cet effet s'entendent d'assez loin, mais pas autant que le bruit *grrrro* qu'ils font en mettant leur bec dans une fente ou en le frottant contre les branches sèches et creuses. On prétend que ce bruit est si fort, qu'il est entendu à plus de cent toises, et qu'il semble produit par un oiseau bien plus gros. Leur mue ne paroît avoir lieu qu'une fois l'année.

Le nombre des oiseaux décrits dans l'édition de Buffon donnée par Sonnini, et dans le Nouveau Dictionnaire d'histoire naturelle, sous le nom de *sittelles*, est assez considérable,

mais il n'y en a que cinq qui paroissent réellement appartenir à ce genre; et la seule sittelle qui vive en Europe y a
reçu plusieurs noms, qui présentent des idées fausses et tendent
à la confondre avec des oiseaux d'espèce différente : tels sont
ceux de *pic cendré*, *pic de Mai*, *pic bleu*, *pic-maçon*, *picotelle*,
tappe-bois, *grimpard*, *grand grimpereau* ou *torchepot*, *hoche-queue*,
cendrille, *casse-noisette*, d'après le dernier desquels Charleton
l'a prise pour le casse-noix, *cariocatactes*, etc.

Sittelle commune ou Torchepot : *Sitta europæa*, Linn., Pl.
enl. de Buffon, n.° 623, fig. 1; de Lewin, Ois. d'Angl., t. 2,
fig. 52; de Borkhausen, Ois. d'Allemagne, 10.ᵉ fascicule. La
taille de cette espèce est de près de six pouces; le bec est long
de dix lignes; le haut de la tête et le dos sont d'un gris
bleuâtre; la gorge est blanche; un trait noir part de l'angle
du bec et passe sur les yeux; les couvertures des ailes, de la
même couleur que la tête, sont légèrement teintes de brun;
les pennes alaires sont de couleur sombre; la poitrine et le
ventre d'un orangé terne; les flancs et les cuisses d'un roux
marron; les pennes caudales, au nombre de douze, sont en
partie noires, en partie grises, et les quatre extérieures ont
une tache blanche transversale vers le bout; le bec, d'un
noir clair par dessus et à la pointe, est d'une couleur pâle à
sa partie inférieure; l'iris est de couleur noisette, et les pieds
sont gris. La femelle est un peu plus petite, et ses couleurs
sont moins pures.

Cette sittelle, qui habite dans les diverses parties de l'Europe, est sédentaire dans les contrées où elle a pris naissance;
elle passe l'été dans les bois, où elle mène une vie solitaire,
et elle vient en hiver dans les vergers et les jardins.

Le cri ordinaire de la sittelle est *ti, ti, ti, ti, ti*; mais c'est
par le chant, ou cri d'amour, *guiric, guiric*, souvent répété, que cet oiseau rappelle, au printemps, sa femelle,
avec laquelle il travaille à l'arrangement du nid, qu'ils
établissent dans un trou d'arbre. Quelquefois ils font choix
d'un trou de pic abandonné. Si l'ouverture du trou est
trop grande, ils la rétrécissent avec de la terre grasse, ce
qui a donné naissance aux dénominations de *pic-maçon*, *torchepot*, et ils garnissent d'un léger matelas de mousse le fond
de ce nid, sur lequel la femelle pond cinq à sept œufs gri-

sâtres, marqués de petites taches rouges, qui sont figurés dans Lewin, pl. 12, n.° 3. Si l'on fourre une baguette dans ce trou, elle siffle, comme font les mésanges, et elle se laisse prendre plutôt que de les abandonner. C'est du moins le motif que l'on donne à cette action, qui pourroit s'expliquer par la difficulté qu'elle auroit à se retirer. Au surplus, on la dit si attachée à sa couvée, qu'elle ne la quitte pas, et qu'elle attend, pendant la durée de l'incubation, que le mâle lui apporte des alimens. Les petits éclosent au mois de Mai, et ils s'éloignent pour vivre seuls dès qu'ils peuvent se passer des soins des père et mère.

Ces oiseaux, qui sont tout à la fois entomophages et granivores, ne quittent point nos climats en hiver, saison pour laquelle ils ont la précaution d'amasser, en automne, une provision de noisettes, de faînes de hêtre, de graines de tournesol, de chanvre, etc. Le moyen qu'ils emploient pour extraire la substance des premières, est de les fixer solidement dans une fente quelconque et de les percer ensuite à coups de bec. Ils ont une manière particulière de se percher, car on les voit souvent suspendus par les pieds, ou se reposant de côté, et jamais de la même manière que les autres oiseaux. On a remarqué que des individus mis en cage passoient la nuit sur le plancher, quoiqu'il y eût des juchoirs. On en voit quelquefois dans la compagnie des mésanges, avec lesquelles ils ont une autre analogie par leur goût pour les graisses et le suif, qui, suivant Schwenkfeld, servent d'appât pour les prendre.

Des auteurs font mention, d'après Belon, d'une *petite sittelle d'Europe* comme d'une espèce distincte; mais il paroît que les individus observés étoient des jeunes de l'année, dont la taille n'étoit pas encore entièrement développée.

Sittelle brune; *Sitta fusca*, Vieill. Cet oiseau, qui se trouve au Brésil, et qu'on voit au Muséum d'histoire naturelle de Paris, est de la taille du rossignol, et la couleur brune est celle qui domine sur la tête, le cou, les ailes, la queue et le dessous du corps; il a un collier blanc à la partie supérieure du cou, et une bande longitudinale de la même couleur derrière l'œil; la gorge est d'un blanc qui devient roussâtre sur les parties postérieures. Le bec, glabre à la base, est plus

pointu que celui des autres sittelles , circonstance d'après laquelle M. Vieillot pense qu'on pourroit en faire une section;
ce bec est brun , ainsi que les pieds , mais d'une nuance plus
claire.

Sittelle a tête noire: *Sitta melanocephala*, Vieill. ; *Sitta ca-
rolinensis*, Lath., pl. 2 , fig. 3 de l'Ornith. américaine de
Wilson. Cet oiseau, regardé par Gmelin comme une variété ,
est considéré par Latham et M. Vieillot comme identique
avec la sittelle à huppe noire. Elle a cinq pouces trois lignes
de longueur ; les joues et les sourcils sont d'un gris blanc ,
ainsi que les soies qui recouvrent les narines ; le dessus de la
tête et le derrière du cou sont noirs; le dos est de couleur
d'ardoise ; la poitrine et le ventre sont d'un gris blanc ; il y
a des taches rousses sur les flancs ; les pennes alaires et leurs
couvertures sont noires et bordées d'un gris bleuâtre ; cette
teinte est également celle des deux pennes caudales intermédiaires : les deux qui les approchent le plus sont noires et
terminées de blanc ; les suivantes sont d'un gris bleuâtre à
leur extrémité, et les autres blanches de chaque côté et de
couleur d'ardoise à leur extrémité. La couleur noire est moins
foncée chez la femelle.

Cette espèce niche dans les trous d'arbres, dans ceux des
clôtures en bois et sous les corniches boisées des cavernes.
La femelle pond cinq œufs d'un blanc terne, et tachetés de
brun au gros bout. Le cri de l'oiseau est, en hiver, *ti, ti, ti,
ti, ti.* et en été *quank. quank.* Il est répandu dans le Nord de
l'Amérique. jusqu'à la baie d'Hudson , et on le trouve aussi
à la Jamaïque.

Sittelle folle ; *Sitta stulta*, Vieill. Cet oiseau, long d'un
peu plus de quatre pouces, est figuré dans l'Ornithologie
américaine de Wilson, pl. 2, n.° 4, et l'espèce avec laquelle
il paroit avoir le plus de rapport , est le *sitta jamaicensis*,
Linn., ou *sittelle à huppe noire* de Buffon, laquelle ne porte
pas réellement de huppe, puisque Browne et Sloane, qui ,
les premiers, l'ont observée. n'en parlent point. et que le
second dit seulement qu'il a la tête grosse. Cette espèce paroit
être aussi, comme le remarque Wilson, la même que la sittelle du Canada, figurée. sous le n.° 1 , sur la 685.° planche
de Buffon . quand elle étoit encore dans son jeune âge.

Lorsque son plumage est parfait, cet oiseau a le dessus de la tête d'un beau noir terminé en pointe sur la nuque; une bande blanche, partant du front, passe au-dessus de l'œil et descend sur le cou: sous cette bande il y en a une autre de couleur noire; un gris ardoisé règne sur le cou, le dos, le croupion et une partie des rémiges et des rectrices, dont les autres sont noires et les trois les plus extérieures terminées par une tache blanche. Les parties inférieures du corps sont d'un roux rougeâtre; les pieds sont d'un vert sombre, et le bec est noir. Le noir de la tête est moins foncé sur la femelle, qui a la poitrine et le ventre d'un roux rembruni. Tout le dessus du corps est cendré chez le jeune, dont les sourcils, les côtés de la tête et la gorge, sont blanchâtres, et les parties inférieures d'un gris roussâtre.

Ces oiseaux, dont la Jamaïque, dit Sloane, est le pays natal, fréquentent les buissons des savannes, et se laissent approcher de si près, qu'on les tue souvent à coups de bâton; ce qui leur a fait donner le nom d'*oiseaux fous*.

Sittelle [petite] a tête brune: *Sitta pusilla*, Lath.; Petite Sittelle a tête brune de Buffon, figurée pl. 15, n.° 2, dans l'*American ornith.* Cet oiseau, dont la longueur totale est de trois pouces huit lignes, est brun sur la tête et le cou, et il a une tache blanche sur la nuque; les joues et la gorge sont blanchâtres, ainsi que tout le dessous du corps; les ailes sont noirâtres; leurs couvertures et les pennes secondaires sont d'un gris ardoisé: cette couleur est celle des autres parties supérieures et des deux pennes intermédiaires de la queue, dont les autres pennes offrent un mélange de noir, de cendré et de blanc. Le bec est noir en dessus, et bleu à la base et en dessous; l'iris est de couleur noisette, et les pieds sont d'un bleu terne.

Cette sittelle habite dans les parties sud des États-Unis; elle ne pénètre pas, dans le Nord, au-delà de la Virginie. On la trouve aussi à la Jamaïque. Ses habitudes sont les mêmes que celles de la sittelle folle; mais elle est vive, alerte et plus difficile à approcher. On la rencontre souvent dans les forêts de pins avec le pic boréal.

Les autres oiseaux indiqués par Latham, par Buffon ou ses continuateurs, et par M. Vieillot, comme portant le nom de *sittelles*, sont réputés par ce dernier des espèces douteuses. Ce sont :

1.º La Sittelle a long bec de Batavia, qui a sept pouces et demi de long, et dont le sommet de la tête et les parties supérieures du corps sont d'un gris-bleu clair, et les parties inférieures d'une couleur de tan. C'est le *sitta longirostra* de Latham.

2.º La Sittelle rousse de Surinam ; *Sitta surinamensis*, Lath., qui l'a figurée planche 28 de son *Synopsis*; laquelle, longue de trois pouces un quart, a la tête et le dessus du cou d'un roux châtain ; les couvertures des ailes noires et tachetées de blanc ; le dessous du corps d'un blanc châtain ; la queue terminée de blanc ; et le bec est représenté comme arqué et pointu, ce qui seroit contraire aux caractères du genre.

3.º La Sittelle grivelée ; *Sitta nævia*, Lath., pl. 476 des *Glanures* d'Edwards ; laquelle, originaire de la Guiane, longue d'environ six pouces, et dont la couleur dominante est un cendré obscur, a paru à M. Vieillot être un fourmilier.

4.º La grande Sittelle a bec crochu ; *Sitta major*, Lath., qui est longue d'environ sept pouces et demi, a le bec renflé dans son milieu et un peu crochu à sa pointe, le dessous du corps blanchâtre, les pennes alaires et caudales brunes et bordées d'orangé, et se trouve à la Jamaïque.

5.º La Sittelle cafre ; *Sitta cafra*, Lath., qui est figurée par Sparrman, tab. 4, comme étant du cap de Bonne-Espérance et la plus grande des sittelles connues. Sa longueur est de huit pouces et demi ; sa queue, composée de dix pennes, en a deux plus longues : ses couleurs présentent un mélange de jaune, de brun, de noir et d'olive.

6.º La Sittelle chloris ; *Sitta chloris*, Lath., figurée par Sparrman, tab. 33, comme étant aussi du cap de Bonne-Espérance. Elle offre un joli vert sur le dessus du corps et du blanc au-dessous; son bec est plus long que la tête.

7.º La Sittelle de la Chine ; *Sitta chinensis*, Osb., Voyage, tom. 2, pag. 10, dont la tête porte une belle huppe, dont la taille est celle du chardonneret, et dont le plumage élégant est d'un ferrugineux foncé, glacé de bleu sur le corps et d'un blanc de neige en dessous, avec deux taches, dont l'une, d'un rouge écarlate, près de l'œil. Le croupion est jaune; le bec et les pieds sont noirs. Cet oiseau porte à la Chine le nom de *kowkay koun*.

M. Temminck, qui ne cite que trois espèces de sittelles dans l'Analyse de son Système, y comprend le *sitta chrysoptera* ou sittelle aux ailes orangées; mais M. Vieillot a renvoyé cet oiseau au genre Sittine, et, d'après la figure qu'en donne Latham, on a cru devoir l'y laisser. (Cʜ. D.)

SITTICH. (*Ornith.*) Les perruches sont ainsi nommées en Allemagne, suivant Buffon. (Cʜ. D.)

SITTINE. (*Ornith.*) Ce genre, de la famille des grimpereaux et voisin du genre Sittelle, a été nommé *Xenops*, de deux mots grecs signifiant *visage nouveau*. Ce nom qui, suivant la remarque de Levaillant, ne désigne pas une physionomie nouvelle, extraordinaire, puisqu'elle se rapproche de celle des sittelles, du tournepierre, etc., a été formé par le comte de Hoffmannsegg et adopté par Illiger. M. Vieillot y a apporté un léger changement en substituant *Neops* à *Xenops*. Ses caractères consistent dans un bec grêle, très-comprimé, entier, dont la mandibule supérieure est presque droite, mais dont l'inférieure, plus étroite, fléchie vers le milieu, est ensuite retroussée à la pointe; des narines ovales, situées à la base du bec et recouvertes d'une membrane nue; la queue médiocre, composée de douze pennes foibles, entières et sans piquans; des pieds ayant quatre doigts, dont trois en devant et un derrière, et dont les doigts latéraux, à peu près égaux, sont unis à celui du milieu. savoir, l'externe jusqu'à la seconde articulation, et l'interne jusqu'à la première seulement; des ongles arqués, forts, et celui du pouce le plus long.

M. Vieillot avoit transporté dans ce genre l'oiseau de la Nouvelle-Hollande figuré par Latham, 2.ᶜ supplément du *Synopsis*, p. 146, pl. 127, sous le nom de *sitta chrysoptera*, sittine aux ailes orangées; mais M. Temminck, suivant lequel les espèces du genre Sittine ne se trouvent que dans les contrées méridionales du Nouveau-Monde, prétend que la figure de Latham est très-défectueuse, et qu'on ne doit point placer cet oiseau avec les sittines, attendu que ce n'est pas un *xenops*, mais un torchepot, son bec n'étant point recourbé en haut, comme la figure sembleroit l'indiquer.

Les seules espèces de sittine seroient donc :

1.º La Sittine Hoffmannsegg , *Xenops genibarbis* d'Illiger, figurée par Levaillant sous ce nom dans ses Promérops, pl. 31 , n.º 2, et dont le mâle l'est également dans les Oiseaux coloriés de MM. Temminck et Laugier, pl. 150, n.º 1 , et sur la pl. gravée p. 20, n.º 2 , du tom. 31 du Nouveau Dictionnaire d'histoire naturelle , sous le nom de sittine à queue rousse , *neops ruficauda* , Vieillot. Cet oiseau , qui se trouve à Cayenne , est long de quatre pouces et demi. La description en est à peu près la même dans les deux auteurs. Le sommet de la tête est d'un brun terne ; les yeux sont surmontés d'un sourcil blanc , et un trait de la même couleur se voit aux deux côtés du cou ; la gorge et la poitrine sont d'un blanc cendré ; le dos et tout le manteau sont d'un brun roux qui s'éclaircit en s'approchant du croupion. Les scapulaires sont largement frangées de roux ; les rémiges sont lisérées de roux orangé et bordées de noir ; la queue , un peu étagée et noire, dans le milieu , a les bords latéraux d'un roux orangé ; la mandibule inférieure , blanche à sa base , est noire au bout, ainsi que la totalité de la mandibule supérieure ; les pieds sont grisâtres.

2.º La Sittine anabatoïde , *Xenops anabatoides* , que M. Temminck a ainsi nommée à cause de sa ressemblance , par la taille et par les couleurs du plumage , aux espèces qui composent le genre *Anabates*. Cet oiseau , dont le mâle est figuré sur la planche 150 de MM. Temminck et Laugier , n.º 2, a sept pouces de longueur totale ; le bec , quoique sur une plus grande échelle, est formé comme celui des autres espèces, et sa mandibule inférieure est fortement retroussée ; la queue , qui est d'un roux vif , est longue et à peu près égale : les ailes n'en couvrent que les deux tiers ; la tête , les joues, le dos et les ailes, sont d'un brun roux ; il y a derrière les yeux une raie d'un blanc pur , qui s'étend sur les côtés de l'occiput ; la nuque est entourée d'un collier blanc ; la gorge est de cette couleur, qui devient d'un roux terne sur la poitrine et le milieu du ventre, et passe au roux foncé sur l'abdomen ; toute la queue est d'un roux vif ; les pieds sont gris et le bec est blanchâtre.

3.° La Sittine bibandé; *Xenops rutilans*, Lichtenst., pl. 72 des Oiseaux coloriés, fig. 2. Cette espèce, de quatre pouces quatre lignes de longueur, et qui se trouve au Brésil, se distingue par deux traits blancs, disposés longitudinalement sur chaque côté du cou ; la forme du bec est très-prononcée en lame aplatie et recourbée en haut; le sommet de la tête et les joues sont de couleur brune, avec des moucheteures d'un brun plus clair; le dos et les couvertures des ailes sont d'un brun olivâtre, et les rémiges, d'un jaune doré à leur base, sont ensuite noires et bordées de roux; le croupion et la queue sont d'un roux ardent; la gorge est blanche, et les parties inférieures ont des mèches de cette couleur sur un fond d'un cendré olivâtre ; le bec est brun, à l'exception de la base de la mandibule inférieure, qui est blanche.

Levaillant a figuré à la suite de ses Promérops, pl. 31, n.° 1, sous le nom de *grimpar sittelle*, un autre oiseau également trouvé au Brésil, qui est représenté dans les Oiseaux coloriés de M. Temminck, pl. 72, n.° 1, avec la dénomination de grimpar fauvette ou bec-fin, *dendrocolaptes sylviellus*.

M. Vieillot a fait sa sittelle à queue en spirale, *neops spirurus*, de cet oiseau, qui est surtout remarquable par la forme particulière de sa queue, très-étagée, dont toutes les pennes, terminées par une griffe, sont contournées vers le bout en spirale. Le sommet de sa tête est d'un brun roux, avec une teinte olivâtre; les yeux sont surmontés d'un petit sourcil jaunâtre, ce qui est aussi la couleur des plumes de la gorge. Le dos et les ailes sont d'un roux brun ; la queue et ses couvertures d'un roux plus vif; le bec et les pieds sont gris. (Ch. **D.**)

SITULE. (*Erpét.*) Nom spécifique d'une Couleuvre. Voyez ce mot. (H. C.)

SIU. (*Ornith.*) Cet oiseau du Chili ressemble un peu au chardonneret, *gilghero* des Espagnols; son bec, blanc à la base et noir à la pointe, est conique, droit et pointu : c'est le *fringilla barbata* de Gmelin et de Latham. Le mâle a la tête d'un noir velouté, le dos d'un jaune tirant sur le vert, les ailes bariolées de vert, de jaune, de rouge et de noir. Dans son jeune âge la gorge est jaune; mais, dit Molina, après les six premiers mois il pousse à la base de son bec des poils noirs qui, à mesure qu'il vieillit, lui couvrent toute la gorge et s'étendent enfin jusqu'à la moitié de la poitrine; son chant, qu'il fait entendre toute l'année, est, dit le même auteur, supérieur à celui du serin, et il apprend facilement à imiter la voix des autres oiseaux. La femelle n'a ni voix ni barbe; le fond de son plumage est gris, avec des taches jaunes sur les ailes.

On voit pendant toute l'année le siu sur les montagnes maritimes, mais il ne se trouve qu'en hiver dans les plaines des provinces méditerranées, qu'il abandonne au printemps pour aller faire dans les Andes, sur différentes sortes d'arbres, un nid composé d'herbes menues et de plumes, où la femelle, dit l'auteur, ne pond que deux œufs chaque couvée, qui se renouvelle sans doute, car cet oiseau est très-multiplié. Il s'élève facilement en cage, où on le nourrit avec les graines du *madia sativa*, et les feuilles du *scandix chilensis*. (Ch. D.)

SIUBA. (*Bot.*) Nom péruvien du *stereoxylum corymbosum* de la Flore du Pérou, qui a le port d'un myrte et dont le bois, très-dur, brûle difficilement. (J.)

SIUM. (*Bot.*) Voyez Sion et Berle. (J.)

SIUTERUT. (*Conchyl.*) Ce nom groënlandois est, dit-on, celui de notre buccin ondé, *buccinum undatum*. (Desm.)

SIUTUT. (*Ornith.*) On nomme ainsi, dans l'île d'Œland, le pigeon ramier, *columba palumbus*, Linn. (Ch. D.)

SIVITOULA. (*Ornith.*) Ce nom est cité, dans le Nouveau Dictionnaire d'histoire naturelle, comme étant celui de la *chevêche* en Piémont, où la *chouette* se nomme Sivitouloun. (Ch. D.)

SIVOUTCHAS. (*Mamm.*) Nom kamtchadale qu'on dit être celui du phoque ou de l'otarie lion-marin du genre Platyrhynque de M. F. Cuvier. (Desm.)

SIX-BANDES. (*Ichthyol.*) Nom d'un Glyphisodon. Voyez ce mot. (H. C.)

SIY. (*Ornith.*) Le perroquet que d'Azara, tom. 4, décrit sous le n.° 287, comme portant ce nom au Paraguay, est le papegai à tête et gorge bleues de Buffon, *psittacus menstruus*, Linn. (Ch. D.)

SIYAH-GHUSH. (*Mamm.*) Nom persan du caracal, espèce du genre Chat. (Desm.)

SIZAIN. (*Ornith.*) Ce nom est cité dans le Nouveau Dictionnaire d'histoire naturelle comme étant la dénomination vulgaire d'un chardonneret dont la queue n'a que six pennes terminées de blanc. (CH. **D.**)

SIZERIN. (*Ornith.*) On a donné, au mot LINOTTE, t. XXVI, page 540 et suiv. de ce Dictionnaire, la description du sizerin proprement dit, et l'on est entré dans quelques détails sur le genre que M. Vieillot a établi sous ce nom. (CH. **D.**)

SIZIN. (*Ornith.*) Voyez SIZERIN. (CH. **D.**)

SJABET, SJAMAR. (*Bot.*) Noms égyptiens de l'aneth, *anethum graveolens*, suivant Forskal : c'est le *chebet* de Delile. (J.)

SJADJARET-EN-NEDŒ, SJŒBE-ELDJŒBHEL. (*Bot.*) Noms arabes, cités par Forskal, du *lichen pyxidatus* de Linnæus, espèce de *bæomyces* d'Acharius. Il cite encore le second de ces noms pour son *crithmum pyrenaicum*, *bubon tortuosum* de M. Desfontaines, qui est le *chebet-el-gebel* de Delile, signifiant fenouil du désert. (J.)

SJAKUNA. (*Bot.*) Le chervi, *sium sisarum*, plante potagère, est ainsi nommée au Japon, suivant M. Thunberg. (J.)

SJAMI. (*Bot.*) Forskal dit que le chou qui fournit le *brocoli* est ainsi nommé en Égypte et en Arabie. (J.)

SJARANEK. (*Bot.*) Nom égyptien du chanvre, suivant Forskal. Delile le nomme *charaneq* et *el-cachyeh*. (J.)

SJEF. (*Bot.*) Nom arabe d'un dolic, *dolichos polystachios* de Forskal. (J.)

SJENOSTAVEZ. (*Mamm.*) Les habitans du Kolyvan donnent ce nom, qui signifie *faucheur*, au lagomys pika, à cause de l'habitude qu'il a de couper les herbes, et de s'en faire des provisions pour l'hiver. (DESM.)

SJERK EL FŒLAK. (*Bot.*) Nom égyptien d'une grenadille, *passiflora cærulea*, selon Forskal. (J.)

SJIBB-ELLEIL. (*Bot.*) Nom égyptien de la belle-de-nuit, *nyctago*, suivant Forskal. (J.)

SJIKO, RINTSJO. (*Bot.*) M. Thunberg cite ces noms japonois de son *daphne odora*, qui croît aux environs de Nangasaki, et que l'on cultive dans les jardins à cause de sa bonne odeur. (J.)

SJIKURIE. (*Bot.*) La chicorée endive est ainsi nommée chez les Arabes, suivant Forskal. (J.)

SJIORO. (*Bot.*) Kæmpfer cite ce nom japonois de la truffe, *tuber*, comestible au Japon comme elle l'est en Europe. (J.)

SJIRE, SJIROI, SIRO-JURI. (*Bot.*) Noms japonois du lis blanc, cités par M. Thunberg. (J.)

SJIRO-BANNA. (*Bot.*) Voyez Ominamisi. (J.)

SJIRO-IWO. (*Ichthyol.*) Nom japonois de l'Éperlan; voyez ce mot. (H. C.)

SJIRO-OO, TSIO. (*Bot.*) Noms japonois de l'*urtica nivea*, selon Kæmpfer, qui ajoute que son écorce est textile et propre à faire des cordes, et que ses graines donnent par expression une huile caustique. (J.)

SJIRSJÆIR. (*Ornith.*) Forskal cite, pag. 10, n.ᵒˢ 22 et 23, ce mot et celui de *sirsæiræ*, qu'il recommande de ne pas confondre, comme étant les noms de deux des oiseaux qui arrivent de l'Occident pendant la crue du Nil, et ne quittent l'Égypte que quand les eaux se retirent, après quarante ou cinquante jours. Il paroît que le second oiseau est une sarcelle. Voyez Sirsair. (Ch. D.)

SJO. (*Bot.*) Ce nom japonois est donné, suivant Kæmpfer et M. Thunberg, à plusieurs végétaux très-différens. Le *sjo*, ou *kus-no-ki*, ou *surno-fa*, est le camphrier, *laurus camphora*; le *sjo, ri* ou *kaadsi* est le mûrier à papier, *morus papyrifera* de Linnæus, *broussonetia* de l'Héritier; le *sjo* ou *maats* est le *pinus sylvestris*; le *sjo* ou *jamma-sonsjo* est le *fagara piperita*, nommé aussi Soo. Voyez ce mot. (J.)

SJO-KUSO, TOO-KIBBI. (*Bot.*) Le maïs, *zea*, est ainsi nommé au Japon, suivant Kæmpfer. Le *sjo-kua* est le concombre serpent, *cucumis flexuosus*. (J.)

SJOBLICK. (*Conchyl.*) C'est le nom suédois de la térébelle. (Desm.)

SJŒ-ORRE. (*Ornith.*) Ce nom est indiqué par Buffon comme étant, en Suède, celui de son *petit guillemot* ou colombe du Groënland. (Ch. D.)

SJŒBET-EL-DJEBBEL. (*Bot.*) Voyez Sjadjaret-en-nedœ. (J.)

SJŒBR. (*Bot.*) Une espèce d'orge, *hordeum hexastichum* porte ce nom dans l'Égypte, suivant Forskal. (J)

SJŒFSJUF. (*Bot.*) Nom arabe, cité par Forskal, de son *aristida lanata*, que Vahl a réuni à l'*aristida plumosa* de Linnæus. (J.)

SJŒHTAREDI. (*Bot.*) Voyez SCHEITEREGI. (J.)

SJOK-EDSJAMMEL. (*Bot.*) Voyez CHASJIR. (J.)

SJOK-LHAMNASCH. (*Bot.*) Ce nom arabe, qui signifie chardon rampant, est celui du *salsola mucronata* de Forskal, *anabasis spinosissima* de Linnæus fils, selon Vahl, qui croit en Égypte près d'Alexandrie, et dont tous les rameaux se terminent en pointes très-épineuses. (J.)

SJOORIKE. (*Bot.*) Nom japonois du *phytolaca octandra*, cité par Kæmpfer. (J.)

SJOORO. (*Bot.*) Nom japonois de la truffe que l'on mange, cité par Kæmpfer. Elle est nommée *sjiroo* par M. Thunberg. (J.)

SJORALLO. (*Bot.*) Voyez VALLIA-TSJORI-VALLI. (J.)

SJOVANNA-AMELPODI. (*Bot.*) Nom malabare, cité par Rhéede, d'un arbrisseau qui porte des fleurs blanches en ombelle ou corymbe, et des baies petites, du volume d'un gros pois, tantôt didymes, tantôt simples par avortement, contenant deux noyaux. Ces fleurs et ces fruits existent en même temps sur la plante, dont la résine est employée contre la morsure des serpens. La figure que Rhéede en donne, répond parfaitement à celle du *radix mustelæ* de Rumph, indiquée pour les mêmes usages et rapportée comme synonyme par Linnæus à son *ophioxylon serpentinum*, ainsi que le *sjovanna*, retranché postérieurement par Willdenow. Celui-ci est le *talona* des Portugais du Malabar. Nous ajouterons ici que M. Persoon a réuni, probablement à tort, l'*ochrosia* de Commerson à l'*ophioxylon*, dont il diffère par ses deux folicules charnus, de forme ovale, alongée, écartés l'un de l'autre et contenant chacun deux ou trois graines planes. (J.)

SJOVANNA POLI TALI. (*Bot.*) Nom malabare, cité par Rhéede, du *crinum latifolium* de Linnæus. (J.)

SJU, SOOBU. (*Bot.*) Kæmpfer cite ces noms japonois de l'*iris versicolor*, plante aquatique, cultivée dans les pièces d'eau à cause de la beauté de ses fleurs. (J.)

SJU-SJIM. (*Bot.*) Voyez SODSAI. (J.)

SJUBBAITA. (*Bot.*) Voyez DABBUNA. (J.)

SJUKI. (*Bot.*) Voyez O-reni. (J.)

SJUN. (*Bot.*) M. Thunberg cite ce nom japonois, soit pour le *camellia japonica*, bel arbrisseau conservé dans nos orangeries, soit pour le nympheau, *menyanthes nymphoides* de Linnæus, maintenant *Villarsia* (genre distinct), plante aquatique, très-commune, qui est aussi nommée *sjun-sai*. Son *serapias longifolia* est nommé *sju-ran*. (J.)

SJURO, SODIO. (*Bot.*) Kæmpfer cite ces noms japonois pour le *chamærops humilis*, genre de palmier. Une variété à tige plus basse est nommée *sjuro-tuku*. Le *sju-sjir*, plante très-différente, est le fameux *ninsi* de la Chine, regardé dans ces pays comme un excellent cordial et vendu à un très-haut prix. (J.)

SJURYGGFISK. (*Ichthyol.*) Un des noms suédois du lompe. Voyez Cycloptère. (H. C.)

SJUWO. (*Bot.*) Nom japonois de la plante que M. Thunberg nomme *melittis melissophyllum* dans le texte de son *Flora japonica*, et *melittis japonica* dans la gravure qu'il en donne. (J.)

SKAAR. (*Ornith.*) C'est, en Laponie, suivant Muller, l'espèce de canard qui est nommée *anas skorra* dans son *Prodromus*, n.° 130. (Ch. D.)

SKAGITE. (*Ornith.*) Nom lapon du struntjager, *larus parasiticus*, Linn. (Ch. D.)

SKAMBO, SUIBA. (*Bot.*) M. Thunberg cite ces noms japonois du *rumex persicarioides*, espèce de patience. (J.)

SKARFEN. (*Ornith.*) Nom islandois, suivant Olafsen et Povelsen, du cormoran, *pelecanus carbo*, Linn. (Ch. D.)

SKARY. (*Ornith.*) On appelle ainsi, en Norwége, le cormoran, *pelecanus carbo*, Linn. (Ch. D.)

SKAST. (*Ornith.*) C'est, en Silésie, l'orfraie ou pygargue, *falco ossifragus*, *albicilla* et *albicaudus*, Linn. (Ch. D.)

SKATA. (*Ornith.*) On appelle ainsi la pie, *corvus pica*, Linn., en Suède. (Ch. D.)

SKATA. (*Ichthyol.*) Nom islandois de la raie batis. Voyez Raie. (H. C.)

SKATE. (*Ichthyol.*) Un des noms anglois de la raie batis. Voyez Raie. (H. C.)

SKECRE. (*Ornith.*) Buffon cite ce nom comme étant, en Islande, celui d'un jeune goéland brun. (Ch. D.)

SKEGLA. (*Ornith.*) Ce nom paroit désigner en Laponie une espèce de mouette, *larus rissa*, ou kittaviak. (Ch. **D.**)

SKEL-ENDT. (*Ornith.*) C'est en allemand, suivant Buffon, le morillon, *anas fuligula*, Linn. (Ch. **D.**)

SKELEUS. (*Ornith.*) L'oiseau, dont le nom grec κολιος est ainsi rendu par l'ancien traducteur d'Aristote, paroît être un pic-vert. (Ch. **D.**)

SKERIA STEINBITR. (*Ichthyol.*) Nom islandois du Gunnel. Voyez ce mot. (H. C.)

SKIAER-FLAECKA. (*Ornith.*) Nom de l'avocette, *recurvirostra avocetta*, Linn., en suédois. (Ch. **D.**)

SKIALRYTA. (*Ichthyol.*) Voyez Skrabba. (H. C.)

SKIB, SKIBEA. (*Ichthyol.*) Nom spécifique d'un Pomatome. Voyez ce mot. (H. C.)

SKIDE-HEYRE. (*Ornith.*) C'est en danois le nom du héron commun, *ardea cinerea*, Linn., lequel est aussi appelé, dans la même langue, *skred-hegre*. (Ch. **D.**)

SKIDIS-FISKOR. (*Mamm.*) Nom islandois des cétacés pourvus de fanons, et dont le ventre est marqué de plis longitudinaux. (Desm.)

SKIERRO. (*Ornith.*) Ce nom paroît désigner en Laponie un goéland, *larus tridactylus*, Linn. (Ch. **D.**)

SKIMMI, SOMO. (*Bot.*) Noms japonois de la badiane, *illicium anisatum*, cités par Kæmpfer et M. Thunberg. Ce dernier a fait du *misama-skimmi* (*skimmi* sauvage, en langue japonoise) un genre très-différent, sous le nom de *skimmia*. (J.)

SKIMMIE, *Skimmia*. (*Bot.*) Genre de plantes dicotylédones, à fleurs complètes, polypétalées, de la *tétrandrie monogynie* de Linnæus, offrant pour caractère essentiel : Un calice persistant, fort petit, à quatre ou cinq divisions ovales; quatre pétales concaves; quatre étamines; un ovaire supérieur; un style; un stigmate; une baie ovale, presque à quatre valves, à quatre sillons, contenant, dans une pulpe farineuse, quatre semences blanchâtres.

Skimmie du Japon : *Skimmia japonica*, Thunb., *Fl. Jap.*, 62; Willd., *Spec.*, 1, pag. 671; *Sin san*, vulgairement *Mijanea skimmi*, Kæmpf., *Amœn.*, 5, page 779, *reliq. ic.*, tab. 5. Cet arbrisseau a une tige droite, glabre, divisée en rameaux lisses, alternes, légèrement tétragones. Les feuilles sont pé-

tiolées, alternes, placées vers la partie supérieure des rameaux, très-rapprochées, presque verticillées, nombreuses,
oblongues, entières, ondulées à leurs bords, droites, longues
de trois à quatre pouces, vertes et ridées en dessus, plus
pâles et ponctuées à leur face inférieure, toujours vertes,
d'une saveur aromatique, légèrement crénelées vers le sommet, un peu repliées à leur contour, soutenues par des
pétioles épais, à demi cylindriques, longs d'environ un
pouce. Les fleurs sont disposées, à l'extrémité des tiges, en
panicule. Les pédoncules sont cylindriques, épais, longs d'environ un pouce. Le calice est d'une seule pièce, fort petit,
de couleur verte, à quatre, quelquefois cinq divisions ovales,
aiguës. La corolle est blanche, à pétales fort petits, ovales, concaves; les filamens des étamines sont très-courts; l'ovaire est supérieur surmonté d'un seul style. Le fruit est une baie rouge,
de la grosseur d'un pois, blanche et pulpeuse en dedans,
très-glabre, un peu farineuse, à quatre sillons, presque
à quatre valves, renfermant quatre semences blanchâtres.
Cette plante croît au Japon. (POIR.)

SKINKORE. (*Erpét.*) L'animal figuré par Shaw, sous ce
nom, est la salamandre pointillée. Voyez SALAMANDRE. (H. C.)

SKINNALING. (*Ichthyol.*) Un des noms suédois de l'épi-
nochette. Voyez GASTÉROSTÉE. (H. C.)

SKINNERA. (*Bot.*) Genre de Forster, réuni au *Fuchsia* de
Plumier et de Linnæus. Voyez FUCHSIE. (J.)

SKIOLRISTA. (*Ichthyol.*) Voyez SKRABBA. (H. C.)

SKIOR. (*Ornith.*) C'est en Norwége le nom de la pie commune, *corvus pica*, Linn., qui est aussi appelée, dans la même
langue, *skiære* et *skate*. (CH. D.)

SKIOR-AND. (*Ornith.*) Nom islandois du harle commun,
mergus merganser, Linn. (CH. D.)

SKIOR - VINGE. (*Ornith.*) Nom de la buse commune,
falco buteo, Linn., en Norwége. (CH. D.)

SKIPPOG. (*Ornith.*) Le bec en ciseaux, *rhynchops nigra*,
Linn., est ainsi appelé par les Anglois de New-York. (CH. D.)

SKITOSTEGA. (*Bot.*) Voyez SCHISTOSTEGA. (LEM.)

SKITPIGG. (*Ichthyol.*) Un des noms suédois de l'épinoche.
On le prononce *skættspigg*. Voyez GASTÉROSTÉE. (H. C.)

SKJALRYTA. (*Ichthyol.*) Voyez SKRABBA. (H. C.)

SKOGSKNETT. (*Ornith.*) Ce nom est, en suédois, celui de la fauvette grise ou grisette, *stoparola* d'Aldrovande. (Ch. **D.**)

SKOLESITE. (*Min.*) Voyez Scolésite. (**B.**)

SKOLPIZA. (*Ornith.*) La spatule d'Europe, *platalea leucorodia*, Gmel., est ainsi nommée en kalmouk. (Ch. **D.**)

SKOPA. (*Ornith.*) Nom que porte le pygargue en Russie sur les bords du Jaïk. (Desm.)

SKORODITE. (*Min.*) Voyez Scorodite. (**B.**)

SKORPINA. (*Ichthyol.*) Nom que les Grecs modernes donnent à la rascasse. Voyez Scorpène. (**H. C.**)

SKORZA. (*Min.*) Variété granulaire ou arénacée d'Épidote. Voyez ce mot et cette variété. (**B.**)

SKORZEK. (*Ornith.*) C'est, en Pologne, l'étourneau, *sturnus vulgaris*, Linn. (Ch. **D.**)

SKOURA. (*Ornith.*) Nom danois d'une espèce de canard, *anas scandiaca*, Gmel. et Lath. (Ch. **D.**)

SKOURONECK. (*Orn.*) C'est le nom polonois de l'alouette, *alauda*, Linn., qui se nomme en illyrien *surzium*. (Ch. **D.**)

SKOUT. (*Ornith.*) Nom que porte, dans le comté d'York, le grand guillemot, *colymbus troile*, Linn. (Ch. **D.**)

SKRAAP. (*Ornith.*) C'est, selon Muller, le nom norwégien du pétrel-puffin, *procellaria puffinus*, Linn. (Ch. **D.**)

SKRABBA. (*Ichthyol.*) Un des noms suédois du scorpion de mer, *cottus scorpius*. Voyez Cotte. (**H. C.**)

SKRABE. (*Ornith.*) Ce nom est cité par Othon Fabricius, *Fauna groenlandica*, n.° 56, et par Muller, n.° 145, comme un des synonymes du pétrel-puffin, *procellaria puffinus*, Linn. C'est probablement l'histoire du même oiseau qui, sous le nom de *skraben*, est rapportée d'une manière étrange et peu digne de foi, d'après Lucas-Jacobson Deves, *Curiosités naturelles de l'île de Féroë*, dans la collection académique, tom. 4, part. étrang., p. 198. « Cet oiseau, dit-on, fait son nid dans la terre;
« en grattant avec les ongles et fouillant avec le bec, couché
« sur le dos (d'où il a tiré son nom), il se creuse un trou
« sous terre à la profondeur de huit ou dix pieds, et choisit
« le voisinage d'une pierre pour plus de sûreté. Il ne couve
« jamais qu'un œuf à la fois. Quand le petit est éclos, il
« le quitte pendant le jour et lui donne à manger dans la
« nuit. Si, par hazard, il oublie de sortir de son nid dès le

« matin, il y reste toute la journée et ne va que la nuit sui-
« vante chercher dans la mer la provision qui doit servir pour
« la nuit d'après. Quoique ce petit ne mange qu'une fois
« le jour, il devient cependant plus gras que l'oie commune,
« et les habitans de ces îles sont obligés de le saler pour l'hi-
« ver, autrement ils ne pourroient le manger. On se sert
« de sa graisse pour mettre dans les lampes : ce petit s'ap-
« pelle *licren*. On ne se soucie pas de prendre la mère. »
(Ch. **D.**)

SKRAND KARASSE. (*Ichthyol.*) Nom danois du Labre
rone. décrit dans ce Dictionnaire , tome XXV, page 25.
(H. C.)

SKREY. (*Ichthyol.*) Un des noms lapons et norwégiens
de la Morue. Voyez ce mot. (H. C.)

SKROFA. (*Ornith.*) Cet oiseau est donné, dans les Voyages
d'Olafsen et Povelsen en Islande , comme de la même espèce
que le Skrabe des îles Féroë. Voyez ce mot. (Ch. **D.**)

SKRZIWAN. (*Ornith.*) Nom illyrien de l'alouette commune, *alauda arvensis*, Linn. (Ch. **D.**)

SKUA. (*Ornith.*) Nom que le goéland varié ou grisard,
larus marinus, Linn., porte aux îles Féroë. C'est le *skua hoieri*
de Clusius, dont le nom s'écrit aussi *skue* ou *skuen*. (Ch. **D.**)

SKUNK. (*Mamm.*) Ce nom est donné dans l'Amérique du
Nord aux mammifères carnassiers du genre des Moufettes.
(Desm.)

SKUR. (*Ornith.*) Nom norwégien du bruant commun.
emberiza citrinella, Linn. (Ch. **D.**)

SKYTOPHYLLUM. (*Bot.*) M. Bachelot de la Pylaie donne
ce nom au genre *Fissidens* d'Hedwig, Bridel, etc. Voyez Fissidens. (Lem.)

SLAG-HOEG. (*Ornith.*) Un des noms de la buse bondrée
en Norwége. (Ch. D.)

SLAMI-MORESKI. (*Mamm.*) Nom donné par les Russes
aux fourrures composées de peaux de lièvres. (Desm.)

SLANGA. (*Chétop.*) Les serpules sont ainsi nommées par
les Suédois. (Desm.)

SLANGEN-WREETER. (*Ornith.*) Les Hollandois du cap
de Bonne-Espérance nommoient ainsi la spatule, *platalea leucorodia*, Linn. (Ch. **D.**)

SLATERIA. (*Bot.*) Genre de plantes monocotylédones, à fleurs incomplètes, de la famille des *asparaginées*, de l'*hexandrie monogynie* de Linnæus, offrant pour caractère essentiel: Une corolle à six divisions profondes; point de calice; six étamines à la base de l'ovaire; les filamens très-courts; un ovaire à demi infère, à trois loges : six ovules dans chaque loge; un style terminé par trois stigmates bilobés; une baie presque globuleuse, entourée d'un petit bourrelet vers son sommet, à trois loges: plusieurs des semences avortent.

Ce genre avoit été établi par Richard, sous le nom de *Fluggea*, pour le *convallaria japonica*, Linn. fils, *Suppl.*; mais un autre genre ayant été publié sous le même nom, M. Desvaux y a substitué celui de *Slateria*. Ce genre se distingue essentiellement des *convallaria* par la forme de sa corolle presque à six pétales, par l'insertion des étamines en contact avec l'ovaire, par les anthères presque sessiles, par l'ovaire à demi infère, par six ovules dans chaque loge, enfin par une baie entourée d'un bourrelet vers son sommet.

Slateria du Japon: *Slateria japonica*, Desv., Journ. bot., 1, pag. 244; *Convallaria japonica*, Linn. fils, *Suppl.*, 204; *Fluggea japonica*, Rich. *in New Journ. bot.*; Schreber, 2, pag. 8, tab. 2, fig. *A*; *Ophiopogon japonicum*, *Bot. magaz.*, tab. 1063. Cette plante est petite, et ne s'élève pas à plus de deux ou trois pouces de haut. Ses feuilles sont toutes radicales, étroites, linéaires, presque semblables à celles des graminées, un peu rétrécies au-dessus de leur base, glabres, un peu courbées en faucille, planes en dessus, triangulaires en dessous. De leur centre s'élève une hampe nue, grêle, à deux angles tranchans, plus courte que les feuilles, quadrangulaire à la partie qui porte les fleurs : celles-ci sont disposées en une grappe unilatérale et courbée, peu garnie; la corolle est petite, à six divisions lancéolées, accompagnée à sa base d'une petite bractée filiforme; les anthères sont presque sessiles, aiguës, droites, roussâtres, plus courtes que la corolle. Le fruit est une baie presque ovale, bleuâtre, glabre, obtuse, à une seule loge, à trois valves, de la grosseur d'un pois. Cette plante croit à la Chine et au Japon. Thunberg en cite une variété dont les feuilles sont beaucoup plus longues ; les semences diaphanes, d'une odeur qui approche de celle de l'ail. (Poir.)

SLAWICK. (*Ornith.*) Nom illyrien du rossignol, *motacilla luscinia*. (Ch. D.)

SLEPEZ ou SLEPETZ, SLEPYSCHOK. (*Mamm.*) Nom de l'aspalax ou rat-taupe en langue russe. (Desm.)

SLERBOK. (*Ornith.*) Ce nom et ceux de *fiskeren* et *smaa skarv*, sont donnés, en Norwége, au *procellaria graculus* de Miller, n.° 147. (Ch. D.)

SLICKTEBACK. (*Mamm.*) Selon feu de Lacépède, ce nom est donné par les Danois à la baleine. (Desm.)

SLINGER KONIGLICHER ou Serpent royal. (*Erpét.*) Un des noms allemands du devin. Voyez Boa. (H. C.)

SLOANEA. (*Bot.*) Voyez Quapalier. (Poir.)

SLOMCKA. (*Ornith.*) C'est la bécasse commune, *scolopax rusticola*, Linn., en polonois. (Ch. D.)

SLOTH. (*Mamm.*) En anglois, ce mot qui signifie *paresseux*, est donné aux bradypes. (Desm.)

SLOWIK. (*Ornith.*) Nom du rossignol en Pologne. (Desm.)

SMAA-FISKUR. (*Ichthyol.*) En Islande on appelle ainsi le Tacaud. Voyez ce mot. (H. C.)

SMAA-SILD. (*Ichthyol.*) Un des noms norwégiens de la sardine. Voyez Clupée. (H. C.)

SMAA-SPUE. (*Ornith.*) Nom norwégien du corlieu ou petit courlis, *scolopax phæopus*, selon Muller, n.° 180. (Ch. D.)

SMAA-STORSK. (*Ichthyol.*) Un des noms danois du Muschebout. Voyez ce mot. (H. C.)

SMALING. (*Ichthyol.*) En Norwége on appelle ainsi le corégone *able*. Voyez Corégone. (H. C.)

SMALL-BITTERN. (*Ornith.*) C'est, dans Catesby, le crabier vert de Buffon. (Ch. D.)

SMALL-BLACK BIRD. (*Ornith.*) C'est, en anglois, le troupiale noir de Brisson. (Ch. D.)

SMALL-PEWIT. (*Ornith.*) Ce nom, qui signifie *petite huppe*, a été donné par les Américains au moucherolle plaintif, *muscicapa querula*, figuré pl. 39 de l'Histoire naturelle des oiseaux de l'Amérique septentrionale par M. Vieillot. (Ch. D.)

SMALLER-FLYING-FISH. (*Ichthyol.*) Un des noms anglois de la trigle Caroline. Voyez Trigle. (H. C.)

SMALLER RED-BEART. (*Ichthyol.*) Un des noms anglois du rouget, *mullus barbatus* de Linnæus. (H. C.)

SMALT. (*Chim.*) C'est le verre bleu qu'on obtient en fondant des matières vitrifiables avec la mine de cobalt grillée. C'est en réduisant le smalt en poudre qu'on prépare l'*azur.* (Ch.)

SMARAGDITE. (*Min.*) De Saussure avoit donné ce nom à un minéral d'un beau vert d'émeraude, qui se trouve en parties laminaires disséminées dans certaines roches granitoïdes. Ce nom n'étoit pas bon, puisqu'il étoit employé dans une autre langue pour désigner un autre minérai que l'émeraude. Mais ce motif suffisoit-il pour le changer en celui de Diallage, qu'Haüy lui a donné, et qui a généralement prévalu? Voyez ce mot. (B.)

SMARAGDO - CHALZIT. (*Min.*) C'est ainsi que M. Haussmann et M. Freiesleben demandent qu'on nomme le cuivre muriaté, en chargeant, comme on voit, un nom significatif de *composition* en un nom significatif de *caractère extérieur.* C'est le minérai qu'on a désigné par le nom univoque d'*atacamite,* qui est tiré de celui du lieu où ce cuivre sous-muriaté a été trouvé. Voyez Cuivre muriaté pulvérulent, tome XII, p. 175. (B.)

SMARAGDO - PRASE. (*Min.*) Nom donné par les anciens minéralogistes à différens minéraux qui avoient la couleur verte et l'éclat vitreux de l'émeraude. Il paroît que le fluorite (chaux fluatée) a été un de ceux qu'on a le plus souvent désigné par ce nom. (B.)

SMARE, *Smaris.* (*Ichthyol.*) On donne aujourd'hui ce nom à un genre de poissons formé aux dépens de celui des Spares de Linnæus, et qui a pour type le Picarel, *Sparus smaris.*

Il appartient à la famille des léiopomes de M. Duméril et à la troisième tribu de la quatrième famille des acanthoptérygiens de M. Cuvier.

Il est reconnoissable aux caractères suivans :

Mâchoires protractiles, extensibles en une sorte de tube, à cause des longs pédicules de leurs intermaxillaires et du mouvement de bascule que leur font faire les maxillaires, et garnies chacune d'une rangée de dents fines et pointues, derrière lesquelles il y en a quelques rangées de très-petites; corps étroit, presque fusiforme, comprimé; une seule nageoire dorsale.

On distinguera facilement les Smares de presque tous les genres de la nombreuse famille des Léiopomes en général, où les lèvres ne sont point extensibles. et de celui des Filous, en particulier, où les dents sont en rang simple. (Voyez Bogue, Canthère, Chéiline. Chéilion, Chéilodiptère, Coris, Diptérodon, Daurade, Hiatule, Denté, Filou, Girelle, Gomphose, Holobranches, Hologymnose, Labre, Labroïdes, Léiopomes, Monodactyle, Mulet, Ophicéphale, Osphroneme, Pagre, Plésiops, Pogonias, Spare, Sparoïde, Rason, Sargue, Thoraciques.)

Parmi les espèces de ce genre nous signalerons :

Le Picarel : *Smaris vulgaris*, N. ; *Sparus smaris*, Linnæus. Des dents incisives comme tronquées et mêlées à des dents plus petites et plus serrées ; un grand nombre de pores sur la partie antérieure de la tête ; teinte générale d'un gris roussàtre argenté ; une belle tache quadrangulaire noire sur les flancs ; bouche ample ; yeux argentés ; nageoires pectorales ,et catopes terminés en pointe et rougeàtres comme les autres nageoires ; taille de sept à huit pouces.

Ce petit mais excellent poisson, habite la mer Méditerranée et l'Adriatique. Au rapport d'Azuni, auteur estimé d'une Histoire de Sardaigne, sa pêche est si copieuse sur les côtes de cette île, depuis le mois d'Octobre jusqu'au mois de Mars, que son prix ne peut s'élever au-dessus d'un sou la livre, la loi municipale ayant établi une amende contre les pêcheurs qui le vendroient davantage.

A Nice, où on le nomme *gavaron*, quand il est jeune, on en prend toute l'année, dit M. Risso.

Sur les côtes de la Méditerranée, du temps de Rondelet, les pêcheurs exposoient les picarels à l'air pour les faire sécher, ou les conservoient dans une saumure comme les anchois ; circonstance qui paroît avoir donné naissance au nom par lequel on les désigne et qui dénote leur saveur piquante. Alors aussi, dans plusieurs de nos provinces méridionales, on en préparoit un *garum* par macération dans l'eau.

En Italie, on les mange de même salés et desséchés.

La Mendole : *Smaris mendola*, N. ; *Sparus mœna*, Linn. Dents petites, pointues, en poinçon sur le premier rang : langue lisse ; palais rude ; bouche petite : museau effilé ; teinte générale d'un gris argenté, avec des raies longitudinales bleuâtres ; nageoires rouges ; une grande tache noire sur chaque flanc.

Un peu plus grand que le précédent, ce poisson varie de couleur avec les saisons, et perd de son éclat et de la vivacité de ses teintes en hiver.

Il est très-fécond. Ses œufs, qui sont aurores, éclosent en Juillet.

Il fréquente également la mer Méditerranée et l'Adriatique.

Sa chair est habituellement maigre, coriace, sans saveur. Du côté de Venise on le pêche en telle abondance, qu'on le vend par monceaux, et qu'on en sale une énorme quantité. Dioscoride a vanté sa saumure comme un excellent purgatif, tant à l'intérieur qu'à l'extérieur.

Le SMARE QUEUE-ROUGE : *Smaris erythrurus*, N. ; *Sparus erythrouros*, Bloch. Tête et ouverture de la bouche petites ; de petites écailles sur une partie des opercules et des nageoires du dos, de l'anus et de la queue ; teinte générale argentée ; dos bleu ; nageoires rouges ; yeux grands et presque verticaux.

De la mer du Japon.

Le SMARE BRETON : *Smaris britannus*, N. ; *Sparus britannus* et *Labrus longirostris*, Lacép. Hauteur du corps égalant le tiers de sa longueur ; teinte générale argentée ; dos bleuâtre ; de petites taches et de petites raies interrompues brunes sur les côtés. Taille d'un pied au plus.

Observé par Commerson sur les rivages de l'Isle-de-France, où sa chair est estimée.

Le SMARE OSBECK : *Smaris Osbeck*, N. ; *Sparus Osbeck*, Lacép. ; *Sparus zebra*. Mâchoire inférieure recourbée et garnie de quatre dents assez longues ; corps large et aplati ; dos nuancé d'or, d'azur et de brun ; flancs pointillés de bleu et rayés de jaune doré ; ventre argenté ; une tache blanche sur la nuque ; nageoires tachetées de bleu ; catopes très-longs.

Ce poisson, de la taille de huit à dix pouces, vit dans la Méditerranée. On en doit la connoissance à Osbeck.

Sur la côte de Nice on le nomme *goro*.

Il faut encore rapporter aux SMARES le *wodawahah* de Russel et le spare alcyon de M. Risso, *sparus alcedo*, lequel brille d'une parure si riche en couleurs, que les habitans des Alpes maritimes lui donnent le nom de *martin-pêcheur*. Sa taille est de huit à dix pouces, mais sa chair ne vaut point celle du picarel. (H. C.)

SMARID. (*Ichthyol.*) Nom turc du Sparaillon. Voyez ce mot. (H. C.)

SMARIDIE, *Smaridia.* (*Entom.*) M. Latreille a désigné sous ce nom un genre d'insectes aptères, de la famille des parasites ou rhinaptères, dont le corps est globuleux ; la tête, le corselet et l'abdomen indiqués par quelques lignes enfoncées : qui n'ont que deux yeux ; les palpes alongés et les pattes de devant plus longues que les autres.

Ce genre est encore très-peu connu. Le nom Σμαρίς-ιδος, est celui d'un labre, sorte de poisson que M. Latreille a pris à peu près au hazard.

L'espèce que nous avons fait figurer dans l'atlas de ce Dictionnaire, pl. 52. fig. *a*, *b*, très-grossie, a été observée par nous vivante en société dans les fentes de boiseries près d'un endroit où l'on tenoit accrochée une cage dans laquelle on élevoit des serins. Il paroît que ces insectes sont nocturnes et qu'ils profitent du sommeil des oiseaux pour venir les sucer.

On ne peut observer ces insectes qu'à la loupe. (C. D.)

SMARIS. (*Ichthyol.*) Voyez Smare. (H. C.)

SMARIS. (*Entom.*) Voyez Smaridie. (Desm.)

SMASJK. (*Ichthyol.*) Nom suédois du *corégone able.* Voyez Corégone. (H. C.)

SMA-TORSK. (*Ichthyol.*) Nom suédois du *dorsch.* Voyez Morue. (H. C.)

SMECTITE. (*Min.*) C'est l'argile des foulons et la terre à foulon. Nous avons décrit cette terre à l'article Argile, sous le nom d'*Argile smectique.* (Voyez ce mot, tom. III, pag. 17.)

Nous croyons pouvoir rapporter à cette variété d'argile et sous le nom de *smectite saponiforme,* le minéral remarquable par son éclat presque résinoïde, et surtout par son toucher onctueux, que les minéralogistes allemands nomment *Bergseife* (savon de montagne), et qui est composé, d'après Buchholz,

<pre>
         d'alumine 26,5
         de silice 44
         d'oxide de fer. . . . 8
         d'eau. . . . . 20.5.
</pre>

Il se trouve en Thuringe, en Bohême près de Billin, en Pologne près d'Olkucz et de Miedziana - Gora , dans l'île de Skye en Écosse, et près de Rabenscheid, aux environs de Dillenbourg, duché de Nassau. Leonhard. (B.)

SMEGMADERMOS. (*Bot.*) Ce genre, de la Flore du Pérou, que Willdenow a nommé *Smegmaria*, est le quillai du Pérou, que Molina, par cette raison, avoit auparavant indiqué sous le nom de *quillaia*, qui doit être conservé. (J.)

SMEL-PUNGER. (*Bot.*) Voyez Pungjer. (J.)

SMELLUS, SMERDUS, Σμέλον. (*Ichthyol.*) Noms de deux poissons, dont ont parlé Tarentinus, Varinus et Hésychius, et qui ne nous sont point connus. (H. C.)

SMELT. (*Ichthyol.*) Nom anglois de l'Éperlan. Voyez ce mot. (H. C.)

SMERDIS. (*Crust.*) Nom d'un genre de crustacés, fondé par M. Leach, et qui correspond à celui que M. Latreille a nommé *Érichte*. Voyez Malacostracés, tom. XXVIII, p. 342. (Desm.)

SMERIGLIO. (*Ornith.*) Nom italien de l'émérillon, qui s'écrit aussi *smerlo* : c'est le *falco œsalon*, Linn., et le *falco smirillus*, Sav. (Ch. D.)

SMÉRINTHE, *Smerinthus*. (*Entom.*) Genre d'insectes lépidoptères, séparé de celui des sphinx, d'après quelques considérations, telles que la brièveté de la trompe, un moindre renflement de la partie moyenne des antennes , qui sont quelquefois dentelées dans le sexe mâle ; enfin, par leur port et leurs habitudes.

Fabricius avoit rangé les espèces de ce genre, établi par M. Latreille, dans un autre, auquel il a donné le nom de laothoe. Le nom de smérinthe est grec , Σμήρινθυς, et signifie une petite corde ; ce qui exprime la forme des antennes.

Nous décrirons les espèces de ce genre à l'article Sphinx ; telles sont celles qui ont été nommées Demi-paon, du Tilleul, du Peuplier ou à ailes dentelées, de Geoffroy. (C. D.)

SMERLE. (*Ichthyol.*) Un des noms saxons de la *loche franche*. Voyez Cobite. (H. C.)

SMERLING. (*Ichthyol.*) Nom danois de la *loche franche*. Voyez Cobite. (H. C.)

SMEROULA. (*Ornith.*) M. Vieillot dit que, dans les îles

de l'Archipel, on nomme ainsi le merle bleu ou solitaire. (DESM.)

SMIGUET. (*Bot.*) Nom de la salsepareille épineuse aux environs de Narbonne. (LEM.)

SMILACÉES. (*Bot.*) La famille des asparaginées, telle qu'elle est exposée dans le *Genera plantarum* et dans le tome III de ce Dictionnaire, comprend des plantes à fleurs hermaphrodites et des plantes à fleurs unisexuelles. Ventenat sépara ces dernières pour en faire une famille particulière, qu'il nomma *smilacées*. A une époque plus récente, M. R. Brown établit une famille du même nom, mais non identique avec celle de Ventenat. En effet, il réunit la plupart des asparaginées de Jussieu, et notamment le genre Asperge, aux asphodelées. Le *Dioscorea*, le *Rajania* et le *Tamus*, dont le fruit est adhérent au calice, constituent, pour lui, une famille particulière, qu'il nomme *dioscorées*. Les genres *Trillium*, *Paris*, *Medeola*, *Convallaria*, *Streptopus*, *Drymophila*, *Smilax*, se rattachent à celle des smilacées, qu'il caractérise de la manière suivante : Fleurs hermaphrodites ou dioïques ; calice libre, pétaloïde, à six divisions ; six étamines insérées à la base de ces divisions ; ovaire à trois loges polyspermes ; style le plus souvent trifide ; trois stigmates ; baie globuleuse ; graines revêtues d'un tégument membraneux ; périsperme charnu, cartilagineux ; embryon souvent éloigné de l'ombilic. Voyez ASPARAGINÉES. (J.)

SMILACINA. (*Bot.*) Le *convallaria racemosa* et quelques espèces voisines, rapportées auparavant par Tournefort au *smilax*, diffèrent du *convallaria* et du *polygonatum* par leur port et surtout par leur calice, divisé profondément en six parties. Ce caractère avoit déterminé quelques auteurs à en faire un genre distinct du *Convallaria*, auquel Linnæus les avoit réunis. Heister nommoit ce genre *Salomonia* ; Adanson, *Wagnera* ; Necker, *Tovaria* ; Mœnch, *Polygonastrum* ; M. Desfontaines, *Smilacina*. Si l'on doit choisir le plus ancien, ne pouvant adopter *Salomonia*, déjà employé ailleurs, on se décideroit pour *Wagnera* ; mais il paroît que le nom *smilacina* a prévalu. (J.)

SMILAX. (*Bot.*) Voyez SALSEPAREILLE. (POIR.)

SMILLI. (*Bot.*) Nom arabe d'un concombre, *cucumis smilli* de Forskal, dont on mange en Arabie le fruit cru, qui est lisse, long de trois pouces, et jaune à sa maturité. L'auteur cite plusieurs autres espèces du même pays, plus ou moins estimées. (J.)

SMINARIA. (*Ichthyol.*) Nom que les Grecs modernes donnent à la MURÈNE. Voyez ce mot. (H. C.)

SMINARIDA. (*Ichthyol.*) Nom que les Grecs modernes donnent au PICAREL. Voyez ce mot. (H. C.)

SMINTHURE, *Sminthurus.* (*Entom.*) M. Latreille a décrit sous ce nom de genre quelques espèces de podures, insectes aptères de la famille des nématoures. Nous avons décrit quelques espèces de sminthures à la fin de l'article PODURE. Mais l'orthographe veut, d'après l'étymologie, que ce nom ne soit pas écrit smynthure, mais sminthure, par *i* simple, du grec, Ξμίνθουρος, qui remue fortement la queue. (C. D.)

SMIRLIN. (*Ichthyol.*) Voyez SMERLE. (H. C.)

SMIRRING. (*Ornith.*) L'oiseau ainsi nommé en Allemagne, et dont Buffon parle sous la même dénomination, est la gallinule ou poule d'eau commune, *fulica chloropus*, Linn. (CH. D.)

SMITHIA. (*Bot.*) Le nom de M. Smith, président de la Société linnéenne de Londres, connu par plusieurs ouvrages estimés, le doyen des botanistes anglois, ne pouvoit manquer d'être donné à un genre de plantes. Gmelin l'avoit substitué à celui du *quapoya* d'Aublet. Scopoli l'appliquoit à l'endrach de Madagascar, nommé auparavant par nous *endrachium*. Le *smithia* de Salisbury, Aiton et Schreber, qui a prévalu, appartient à la famille des légumineuses. (J.)

SMITHIA. (*Bot.*) Genre de plantes dicotylédones, à fleurs complètes, papilionacées, de la famille des *légumineuses*, de la *diadelphie décandrie* de Linnæus, dont le caractère essentiel consiste dans un calice bifide, à deux lèvres, persistant, renfermé entre deux bractées; une corolle papilionacée; dix étamines diadelphes; un ovaire supérieur, un style persistant; une gousse à plusieurs articulations monospermes, renfermée dans le calice; une semence dans chaque articulation.

SMITHIA SENSITIVE : *Smithia sensitiva*, Ait., *Hort. Kew.*, 3, pag. 496, tab. 13; Lamk., *Ill. gen.*, tab. 627. Plante herbacée, munie d'une tige lisse, cylindrique, renversée, et de rameaux

diffus, alternes, garnis de feuilles pétiolées, alternes, ailées
sans impaire, composées de cinq à dix paires de folioles petites, ovales, oblongues, opposées, presque sessiles, obtuses,
couvertes de poils fins et soyeux, tant à leurs bords que sur
les principales nervures; les pétioles courts et soyeux. Les
stipules sont opposées, persistantes, situées à la base des pétioles, à demi lancéolées, entières, prolongées à la base en
deux découpures sagittées, inégales: l'une courte, obtuse;
l'autre plus longue, acuminée. Les fleurs sont axillaires, disposées en grappes courtes, composées de trois ou six fleurs
au plus, à peine de la longueur des feuilles; le pédoncule
commun filiforme, plus long que les pétioles; les pédicelles
plus courts que le calice; à leur base est située une bractée
semblable aux stipules, mais plus petite: deux autres, opposées, ovales, lancéolées, hérissées de poils roides, enveloppent le calice. Celui-ci est chargé de poils tuberculés, divisé
en deux lèvres ovales, lancéolées, presque égales; la corolle
est jaune, papilionacée; l'étendard en cœur renversé; les ailes
oblongues, obtuses, plus courtes que l'étendard; la carène
linéaire, oblongue, fendue à sa base et de la longueur des
ailes; les étamines diadelphes; les anthères oblongues; l'ovaire
surmonté d'un style capillaire, persistant, terminé par un
stigmate simple. Le fruit est une gousse renfermée dans le
calice, à quatre ou sept articulations distinctes, hérissées,
orbiculaires, renfermant chacune une semence glabre, réniforme, comprimée. Cette plante croît dans les Indes orientales. (POIR.)

SMITTEN. (*Mamm.*) Il paroît que le singe d'Afrique auquel Bosman attribue ce nom, est le chimpanzée. (DESM.)

SMŒTORSK. (*Ichthyol.*) Nom suédois du TACAUD. Voyez
ce mot. (H. C.)

SMONT. (*Ichthyol.*) Nom écossois du saumoneau. (H. C.)

SMOOTH-BLENNY. (*Ichthyol.*) Un des noms anglois du
PHOLIS. (II. C.)

SMOOTH-HOUND. (*Ichthyol.*) Un des noms anglois de
l'ÉMISSOLE. Voyez ce mot. (H. C.)

SMORKUSSA. (*Ichthyol.*) Nom suédois du GUNNEL. Voyez
ce mot. (H. C.)

SMOTH-SKAN. (*Ichthyol.*) Voyez SMOOTH-BLENNY. (H. C.)

SMURR. (*Bot.*) Nom arabe du *mimosa unguis cati* de Forskal, *mimosa mellifera* de Vahl, maintenant *inga mellifera* de Willdenow. Voyez Dorr. (J.)

SMYNTHURE. (*Entom.*) Voyez Sminthure. (C. D.)

SMYRAINA. (*Ichthyol.*) Voyez Sminaria. (H. C.)

SMYRLIN. (*Ornith.*) Un des noms de l'émérillon, *falco œsalon*, Linn. (Ch. D.)

SMYRNÉEN. (*Ichthyol.*) Nom d'un Gobioïde, que nous avons décrit à la page 146 du tome XIX de ce Dictionnaire. (H. C.)

SMYRNIUM. (*Bot.*) Ce nom latin du maceron, genre de plante ombellifère, avoit aussi été donné par Cordus à l'*angelica archangelica*, et par Fuchsius au *ligusticum levisticum*. (J.)

SNÆPPA. (*Ornith.*) On nomme ainsi en Suède la guignette, *tringa hypoleucos*, Linn. (Ch. D.)

SNAGRUEL. (*Bot.*) Murray croit que la plante de l'Amérique septentrionale, désignée sous ce nom par Cornutus, est la serpentaire de Virginie, *aristolochia serpentaria*. (J.)

SNAK. (*Mamm.*) Sonnini rapporte que les Tartares donnent ce nom à l'antilope proprement dite. (Desm.)

SNAPPING TURTLE. (*Erpétol.*) Dans l'état de New-York on appelle ainsi la tortue à longue queue, *emys serpentina*. Voyez Émyde. (H. C.)

SNASI. (*Ornith.*) Nom kamtschadale d'une espèce de canard. (Ch. D.)

SNATTER. (*Bot.*) Voyez Latoch. (J.)

SNAWDRAP. (*Bot.*) Les Anglois nomment ainsi l'arbre de neige, *chionanthus virginica*, dont les fleurs sont blanches comme la neige : c'est le *sneebaum* des Hollandois. (J.)

SNEE-BAUM. (*Bot.*) Voyez Snawdrap. (J.)

SNEE - FUGL. (*Ornith.*) Nom norwégien de l'ortolan de neige, *emberiza nivalis*, qu'on appelle aussi, dans les langues du Nord, *sneerok* et *snee-titling*. (Ch. D.)

SNEPPE. (*Ornith.*) Nom flamand de la bécasse commune, *scolopax rusticola*, Linn. Le même nom, selon Fabricius, n.° 73, désigne au Groënland le chevalier rayé, *tringa striata*, Linn. (Ch. D.)

SNETK. (*Ichthyol.*) On a ainsi appelé un petit poisson des lacs de la Sibérie , dont on fait un grand **commerce** dans toute la Russie. Quoiqu'il paroisse appartenir au genre Cyprin, l'espèce en est indéterminée. (H. C.)

SNIEGULA. (*Ornith.*) C'est l'ortolan de neige, *emberiza nivalis*, en polonois, lequel s'appelle aussi, dans la même langue, *sniezniczka*, et en suédois, *snæsparf*. (Ch. D.)

SNIPE. (*Ornith.*) Nom anglois de la bécassine , *scolopax gallinago*, Linn. (Ch. D.)

· SNIPPEFISH. (*Ichthyol.*) Un des noms anglois de la *bécasse de mer*. Voyez Centrisque. (H. C.)

SNIPVISCH. (*Ichthyol.*) Nom hollandois de la *bécasse de mer*. Voyez Centrisque. (H. C.)

SNOBAR. (*Bot.*) Forskal cite ce nom égyptien du pin. Mentzel le nomme *sonobar*. (J.)

SNOËK. (*Ichthyol.*) Un des noms hollandois du brochet. Voyez Ésoce. (H. C.)

SNORDOLK. (*Ichthyol.*) Nom norwégien du Gunnel. Voyez ce mot. (H. C.)

SNOTTOLFF. (*Ichthyol.*) Nom belge du lompe. Voyez Cyclooptère. (H. C.)

SNOW BUNTING. (*Ornith.*) Nom de l'ortolan de neige en anglois. (Ch. D.)

SOA. (*Bot.*) Voyez Cuiang. (J.)

SOAGIA. (*Ichthyol.*) Un des noms vénitiens du Carrelet. Voyez ce mot. (H. C.)

SOAJER. (*Erpét.*) Un des noms de pays de l'*iguane* ordinaire. Voyez Iguane. (H. C.)

SOALOUKITCHI. (*Ornith.*) Nom kamtschadale d'une espèce de canard que les Russes appellent *loatki*, mais que Krascheninnikow ne désigne pas autrement. (Ch. D.)

SOAMOUNA. (*Bot.*) Parmi les productions végétales de l'Inde , mentionnées dans le petit Recueil des voyages, il est question d'un arbre de ce nom dont le tronc est plus renflé dans son milieu qu'à sa base et à son sommet. Son bois, blanc en dedans et gris en dehors , est moelleux et mou comme le liége . chargé d'épines . que l'on coupe quand elles sont vertes et desquelles découle un suc employé comme ophthalmique. Les feuilles ont un long pétiole terminé par cinq folioles, et les fruits sont des gousses oblongues contenant des pois rouges.

Cette réunion de caractères ne suffit pas pour déterminer le genre de cet arbre. Ses gousses et ses graines rouges semblent indiquer une plante légumineuse voisine du *Robinia* ou de l'*Eythrina*, mais aucune espèce de ces genres n'a la tige renflée et les feuilles digitées. Des fromagers, *bombax*, ont des troncs énormes et quelques-uns chargés d'épines, mais leurs fruits ne sont pas des gousses. (J.)

SOASOAJER. (*Erpét.*) Nom que les habitans d'Amboine donnent au *basilic porte-crête*. Voyez Basilic. (H. C.)

SOB. (*Bot.*) Nom sous lequel le monbin, *spondias*, est connu au Sénégal, suivant Adanson. (J.)

SOBA, KJO. (*Bot.*) Noms japonois du sarrasin, *polygonum fagopyrum*, cité par Kæmpfer. Le *soba-uri* ou *ko-kwo* est le *cucurbita verrucosa* de Linnæus, suivant Thunberg. (J.)

SOBCA, SOBEL. (*Bot.*) Noms égyptiens, cités par Mentzel, de la plante nommée par les anciens *chamæleon niger*, espéce de chardon, qui est le *cnicus acarna* ou le *carthamus corymbosus*, maintenant *cardopatium* des modernes. (J.)

SOBER. (*Bot.*) Voyez Tragium. (J.)

SOBOL ou SOBLE. (*Mamm.*) Noms de la marte zibeline, appelée aussi *sabel*, *sable*, etc. (Desm.)

SOBOLE. (*Bot.*) Rudiment d'un nouveau pied ou d'une nouvelle branche, suivant M. Linck ; bulbille péricarpiale, suivant M. Thouin. Les corps charnus qui se développent dans le péricarpe de l'*amaryllis belladonna*, etc., et qui ont l'apparence de bulbilles, sont de véritables graines pourvues d'embryon. (Mass.)

SOBORTING. (*Ichthyol.*) En Laponie on appelle ainsi la *truite saumonée*. Voyez Truite. (H. C.)

SOBRALIA. (*Bot.*) Genre de plantes monocotylédones, de la famille des *orchidées*, de la *gynandrie diandrie* de Linnæus, offrant pour caractère essentiel : Une corolle renversée ; cinq pétales alongés, égaux, très-étalés, un peu rabattus ; deux intérieurs un peu plus étroits ; un sixième inférieur, en forme de lèvre, en cœur renversé, frangé, presque linéaire à sa partie supérieure, trifide, canaliculée ; des bulbes fasciculées.

Ce genre a été établi par les auteurs de la Flore du Pérou pour plusieurs plantes de ce pays qu'ils ne font que mentionner ; savoir : le *sobralia dichotoma*, à feuilles ovales, très-aiguës; les pédoncules dichotomes; le *sobralia biflora*, à feuilles oblongues, lancéolées, très-aiguës; les tiges terminées par deux fleurs; le *sobralia amplexicaulis*, à feuilles en cœur, embrassantes; les fleurs disposées en une grappe terminale. (Poir.)

SOBRETURON. (*Mamm.*) Le surmulot, espèce la plus commune et la plus grosse de nos rats, est ainsi désigné en espagnol. (**Desm.**)

SOBREYA. (*Bot.*) M. R. Brown a démontré , dans ses Observations sur les Composées (pag. 104), que le *Meyera* de Schreber , le *Sobreya* de la Flore du Pérou, l'*Enydra* de Loureiro, l'*Hingstha* de Roxburg, et le *Cryphiospermum* de M. de Beauvois , ne devoient former qu'un seul et même genre . auquel il conserve le nom de *Meyera*. Mais comme le second volume des *Genera plantarum* de Schreber, dans lequel se trouve le genre *Meyera*, n'a été publié qu'en 1791 , tandis que la *Flora Cochinchinensis* de Loureiro , dans laquelle se trouve le genre *Enydra*, étoit publiée dès 1790 , nous pensons que le nom générique d'*Enydra* doit être préféré à celui de *Meyera*, conformément à la règle établie. Voyez nos articles Énydre, tom. XIV, pag. 555 , et Meyera, tom. XXX, pag. 479. (H. Cass.)

SOCCEN-YREIRA. (*Ornith.*) C'est en gallois le mauvis, *turdus iliacus*, Linn. (Ch. **D.**)

SOCCOUCHA. (*Bot.*) Nom donné dans le Pérou à plusieurs espèces de sauges citées dans la Flore de ce pays. Un autre genre de la même Flore, de la même famille, le *Gardoquia*, ayant le calice du thym et la corolle approchant de celle des sauges, porte aussi dans le pays le nom de *soccoucha*. (J.)

SOCCUS. (*Bot.*) C'est sous ce nom que Rumph décrit plusieurs espèces de jaquier, *artocarpus*, nommées *soccum* dans la langue malaise. (J.)

SOCKA, TSCHÆBA, VUZAR. (*Bot.*) Forskal cite ces noms donnés dans divers cantons de l'Arabie au *sida ciliata*, plante malvacée. (J.)

SOCO. (*Ornith.*) Ce nom générique des hérons au Brésil, a été appliqué particulièrement par Buffon à une espèce de cette contrée. (Ch. **D.**)

SODA. (*Bot.*) Un des noms latins anciens de la soude. (J.)

SODAD. (*Bot.*) Nom arabe du genre *Sodada* de Forskal,

de la famille des capparidées, dont le Hombak (voyez ce mot)
de Lippi paroît congénère et qui est décrit sous ce dernier
nom dans ce Dictionnaire. (J.)

SODADA. (*Bot.*) Genre de plantes dicotylédones, à fleurs
complètes, polypétalées, de la famille des *capparidées*, de l'oc-
tandrie monogynie de Linnæus, offrant pour caractère essentiel : Un calice à quatre folioles, la supérieure plus grande,
en bosse ; quatre pétales inégaux ; les deux supérieurs ovales,
plus courts, situés sous la plus grande foliole du calice ; huit
étamines inégales ; les anthères lancéolées, recourbées ; un ovaire
supérieur, placé sur un long pivot, à quatre sillons, surmonté
d'un style et d'un stigmate. Le fruit est rouge, de la grosseur
d'une aveline et plus.

Sodada caduque : *Sodada decidua*, Forsk., *Fl. ægypt. arab.*, 81 ;
Delil., *Ægypt.*, t. 26 ; ou Hombac (voyez ce mot), Lipp., *mss.*
Arbrisseau dont les rameaux sont étalés, diffus, alternes, distans, longs d'un pouce et demi ; à chaque nœud croissent deux
épines courtes, subulées. Les feuilles sont sessiles, très-caduques, oblongues. Du milieu des épines sortent trois pédoncules
uniflores. Les fleurs sont rouges ; le calice coloré, à quatre folioles caduques, inégales : la supérieure très-grande, convexe,
comprimée, en bosse, quelquefois déchiquetée à l'endroit par
où sort la fleur ; les trois folioles inférieures égales, linéaires-lancéolées, étalées, bordées à leurs bords. La corolle est composée
de quatre pétales inégaux, plus longs que le calice ; les deux
supérieurs plans, ovales, acuminés, d'abord cachés sous la
grande foliole du calice ; les deux pétales inférieurs alternes,
avec les trois plus petites folioles du calice, plans, oblongs,
aigus, velus en dessous et à leurs bords ; huit étamines filiformes, plus longues que les pétales, inégales, inclinées, d'un
brun verdâtre ; les anthères simples, lancéolées ; l'ovaire, porté
sur un pivot filiforme, incliné, de la longueur des étamines,
est globuleux, à quatre sillons ; le style subulé ; le stigmate
aigu ; le fruit rouge : on le mange après l'avoir fait cuire.
Cette plante croît dans l'Yémen. (Poir.)

SODAÏTE (*Min.*) On croit que le minéral d'Alhvidaberg
et de Hesselkulla, en Suède, auquel on a donné ce nom et
aussi celui de natrolithe, n'est autre chose qu'une variété
de Néphéline. Voyez ce mot. (B.)

SODALITE. (*Min.*) Ce nom fort impropre a été donné par le docteur Thomson à un minéral du Groënland qu'il a décrit, le premier, dans les Transactions de la société royale d'Édimbourg (t. 1, p. 390), d'après des échantillons tirés de la collection de M. Allan. Ce minéral a d'abord été pris pour une natrolithe, parce que sa composition chimique a beaucoup d'analogie avec celle de cette variété principale de mésotype ; mais on a été forcé de l'en séparer, à raison des différences que présentent les caractères extérieurs des deux substances, et on lui a donné un nom qui signifie la même chose que le premier, et fait allusion à la grande quantité de soude que renferme ce minéral. M. Jameson, dans son Manuel de minéralogie, le désigne par le nom de *Zéolite dodécaèdre*. On a réuni depuis à la sodalite une pierre du Vésuve qui renferme aussi beaucoup de soude, et qu'on croit être de la même espèce. Comme l'identité de ces deux minéraux ne paroît pas encore suffisamment démontrée aux yeux de quelques minéralogistes, nous les décrirons ici séparément sous les dénominations respectives de *Sodalite du Groënland* et de *Sodalite du Vésuve*.

1. SODALITE DU GROËNLAND. [1]

En cristaux assez nets, présentant la forme du dodécaèdre rhomboïdal, et plus ordinairement en masses composées de grains cristallins, clivables, avec assez de netteté, parallèlement aux faces du dodécaèdre primitif, et quelquefois de grains à texture compacte.

La couleur de cette sodalite est le vert-obscur plus ou moins intense ; elle est translucide, a l'éclat vitreux, la cassure conchoïde et un peu inégale. Suivant M. Allan, cette cassure, lorsqu'elle est fraîche, présente une belle teinte d'un rouge cramoisi, qui se ternit bientôt à l'air.

Elle est facile à casser ; sa dureté est inférieure à celle du felspath, et supérieure à celle de l'apatite ; sa pesanteur spécifique est de 2,5-3.

Chauffée seule dans le matras, elle dégage une petite quan-

---

[1] Et aussi *Sodalite de Thomson.* — La zéolite dodécaèdre de Jameson, et le *Couphone-spath dodécaèdre* d'Haüy.

tité d'eau, sans perdre sa transparence. Sur le charbon, elle fond en se boursouflant en un verre incolore ; avec le sel de soude, elle donne un verre opaque. Elle est soluble en gelée dans l'acide nitrique.

Composition.

	Silice.	Alumine.	Chaux.	Oxide de fer.	Soude.	Acide muriatique.	Matières volatiles.
Thomson.......	38,52	27,48	2,10	1,00	23,50	3,00	2,10
Eckeberg [1]......	36,00	32,00	0,00	0,15	25,00	6,75	0,00

En faisant abstraction de l'acide muriatique, et se bornant aux silicates, on trouve que cette composition est analogue à celle du *lapis lazuli.*

La sodalite forme au Groënland une couche de six à douze pieds d'épaisseur dans du micaschiste, et elle y est associée avec le grenat, l'amphibole hornblende, le pyroxène, le felspath, et une substance rougeâtre nommée *eudialite.* M. Montéiro, en examinant un fragment de cette roche, y a remarqué un cristal de zircon de la variété dodécaèdre. Ce gisement a été observé par M. Giesecke au mont Nunasornaursak, situé dans une langue de terre dite Kangerdluarsuk, de la partie occidentale du Groënland.

2. Sodalite du Vésuve.

Les couleurs de cette sodalite sont le blanc-verdâtre pâle, le bleuâtre, le grisâtre ou le jaunâtre. Sa forme ordinaire est celle du dodécaèdre rhomboïdal combinée avec celle du cube, et alongée dans le sens d'un des axes qui aboutissent aux angles solides trièdres, ce qui donne aux cristaux l'apparence de prismes hexaèdres terminés par des sommets à trois faces rhombes. Souvent aussi deux de ces cristaux se réunissent en un groupement régulier, de manière que le

---

1 *Annals of philosophy,* t. 1, p. 104.

plan de jonction est perpendiculaire à l'un des pans du dodécaèdre, et parallèle en même temps à l'axe qui a subi un
alongement: cette disposition fait naître des angles rentrans
vers les sommets du groupe. (HAIDINGER.)

Le clivage a lieu très-distinctement, parallèlement aux
faces du dodécaèdre. La cassure transversale est quelquefois
conchoïde. La texture des masses et même des cristaux est
généralement granulaire.

La dureté de la sodalite du Vésuve est intermédiaire entre
celles de l'apatite et du felspath; sa pesanteur spécifique est
de 2,349 (HAIDINGER). Elle est quelquefois limpide, mais
communément sa transparence est imparfaite.

Chauffée seule dans le matras, elle ne donne point de
traces d'eau; sur le charbon, elle ne subit aucune altération: elle se dissout dans le borax avec une extrême lenteur,
en formant un verre incolore et transparent. Avec la solution de cobalt, elle fond sur les bords, où elle se colore foiblement en bleu. Elle est promptement décomposée par l'a-
cide nitrique ou par l'acide muriatique.

Composition.

	Silice.	Alu-mine.	Soude.	Oxide de fer.	Acide muriatique.
Dunin Borkousky	44,87	25,75	27,50	0,12	0
Wachtmeister...	50,98	27,64	20,96	0	1,29

L'analyse de la sodalite du Vésuve a été faite presque en
même temps par le comte Dunin Borkousky et par M. Arfwedson. Les résultats auxquels ces deux chimistes sont par-
venus, diffèrent essentiellement de celui qu'a obtenu plus
récemment M. Wachtmeister[1], qui considère la sodalite du
Vésuve comme formée d'un atome de bisilicate de soude et
de deux atomes de silicate d'alumine. En comparant le minéral qu'il avoit analysé, avec celui de M. Arfwedson, M.
Wachtmeister observa que ces minéraux présentoient entre
eux d'assez grandes différences, soit dans leurs caractères ex-

---

[1] Mém. de l'acad. de Suède, 1823, p. 131.

térieurs, soit dans la manière de se comporter au chalumeau.

Les cristaux réguliers et les grains de sodalite tapissent les cavités ou font partie de la masse de ces blocs de la Somma qui proviennent des premières éruptions du Vésuve, et qui n'ont point été altérés par le feu. Ils sont fréquemment engagés dans des druses calcaires, et associés au grenat, au mica vert-pâle, au felspath gris, au pyroxène augite et à l'idocrase brune. Plus rarement on rencontre, dans ces mêmes druses, des cristaux fort petits de fer pyriteux, de fluorite et de spinelle pléonaste. Une sodalite grenue, parfaitement semblable à la sodalite verdâtre et massive du Vésuve, a été observée dans ces derniers temps à Marino, sur le lac Albano, dans la Campagne de Rome. Elle y est engagée dans une roche micacée, que l'on prendroit pour l'une des roches de la Somma, tant leur ressemblance est frappante.

La sodalite du Vésuve a évidemment des rapports intimes de composition et de forme avec la sodalite du Groënland. La comparaison de ces variétés de sodalite entre elles se lie à une autre question plusieurs fois agitée, celle de savoir si la sodalite, le lapis, la haüyne et le spinellane de Nose, qui s'identifient par leur forme, ont des caractères chimiques assez prononcés pour obliger les minéralogistes à les considérer comme espèces distinctes. M. Haidinger[1] est porté à croire, avec c MM. Bergmann, Breithaupt, de Gerolt, Nöggerath et quelques autres savans, que tous ces minéraux ne sont que des variétés d'une seule et même substance.

M. Breithaupt pense en outre, que le minéral du Kaiserstuhl, dans le district de Freyberg, qui a été décrit pour la première fois par d'Ittner, et que le docteur Gmelin, de Tubingue, a comparé à l'éléolite verte de Laurvig en Norwége[2], est encore une variété de sodalite. Il auroit, suivant ce minéralogiste, le clivage en dodécaèdre, la propriété de se dissoudre dans les acides, et une pesanteur spécifique d'environ 2,3. D'après l'analyse de M. Gmelin, il est composé de :

---

1 Journal philosophique d'Édimbourg, Octobre 1825, p. 222.
2 Nouveau Journal de Schweigger, t. 6, p. 74.

Silice........................ 54.016
Alumine...................... 28.400
Chaux........................   7.266
Soude........................ 12.150
Potasse......................   1.565
Eau et hydrate sulfuré.... 10,759
Acide sulfurique.........   2,860
Oxide de fer.............   0,616
Acide muriatique........   0,756
                            ————————
                            98,588.
                            (Delafosse.)

SODAR. (*Bot.*) Voyez Sedar. (J.)

SODAREINTA. (*Mamm.*) Nom huron de l'élan américain ou orignal. (Desm.)

SODERELLO. (*Bot.*) Nom qu'on donne en Toscane à une espèce d'agaric comestible, qui est mentionnée à l'article Pain de vache. Il est spécialement désigné par *soderello des oiseleurs*, parce qu'il croit dans les lieux préparés pour prendre les oiseaux à la pipée. Il est d'un blanc roussâtre ou d'un roux pâle. (Lem.)

SODERINO. (*Bot.*) C'est à Florence un champignon du genre Agaric, qu'on y porte et que l'on vend dans les marchés. On le nomme ailleurs en Italie *piazzajolo*: c'est la *touffe bise et grise* de Paulet. (Lem.)

SODETS, SOTITS, TESSIO. (*Bot.*) Kæmpfer cite ces noms japonois du *cycas revoluta*, qui est le *ciserboom* des Hollandois résidant au Japon, dont on mange le fruit, et surtout la moelle du tronc, qui est très-nutritive. Thunberg ajoute qu'en temps de guerre on en nourrit les soldats, et que, pour priver de ce secours les ennemis voisins, il est défendu sous peine de mort d'en exporter un pied vivant hors du Japon. (J.)

SODIO. (*Bot.*) Voyez Sjuro. (J.)

SODIUM. (*Chim.*) Corps simple, compris dans la seconde section des métaux. Voyez Corps, tome X. page 511. Il est caractérisé surtout par les propriétés de son protoxide, qui est la soude.

A la température ordinaire le sodium est solide, mou et

ductile comme la cire. Son éclat est vif et sa couleur ressemble à celle du plomb, qui n'est point oxidé; à 15^d, sa densité est de 0,972; à — 20 il a de la dureté; à 90^d il se fond.

Il est volatil, mais moins que le potassium : c'est pourquoi il ne peut être distillé, comme ce dernier, dans des vaisseaux de verre.

Le sodium est moins combustible que le potassium. A froid, il n'éprouve pas d'altération dans l'oxigène et l'air qui ont été desséchés. Chauffé sur le mercure dans une cloche remplie d'oxigène, il brûle avec flamme, et il se produit un protoxide et un peroxide; si on le chauffoit dans une petite cloche pleine d'air, il ne s'enflammeroit pas, mais il s'oxideroit lentement. Jeté dans un têt rouge de feu, ou jeté par terre lorsqu'il est lui-même incandescent, il brûle avec flamme. MM. Gay-Lussac et Thénard, qui ont observé ces phénomènes, les attribuent à ce que, dans ce cas, le métal est dans une atmosphère moins raréfiée que quand on le chauffe dans une petite cloche. Le produit de la combustion vive du sodium est du peroxide.

Le sodium décompose l'eau instantanément, comme le fait le potassium. Il se forme du protoxide de sodium ou soude, et de l'hydrogène est mis en liberté. En recueillant l'hydrogène dégagé de l'eau par un poids connu de sodium, MM. Gay-Lussac et Thénard ont conclu que 100 de sodium absorbent 33,995 d'oxigène.

Le sodium, jeté sur l'eau qui est contenue dans une capsule placée au milieu de l'air, s'agite dans tous les sens, donne lieu à un dégagement d'hydrogène, diminue de volume; mais il n'y a point d'émission de lumière, ainsi qu'on le remarque avec le potassium.

Le sodium, chauffé dans le protoxide d'azote, s'y enflamme, en lançant des étincelles. Il se produit d'abord du peroxide, qui passe ensuite à l'état d'hyponitrite.

Le sodium ne s'oxide pas au maximum dans le deutoxide d'azote, ainsi que le fait le potassium.

L'iode s'unit directement au sodium.

L'azote ne s'y combine que sous l'influence de l'hydrogène.

Le phosphore, le soufre, s'y combinent, en donnant lieu aux mêmes phénomènes que ceux qu'on observe, en opérant avec le potassium.

L'action des hydrogènes phosphuré et sulfuré sur le sodium est analogue à celle de ces gaz sur le potassium.

Un grand nombre de métaux s'allient au sodium à l'aide de la chaleur. Ces alliages se préparent comme ceux de potassium.

Le sodium ne décompose l'oxide de carbone qu'à chaud et sans dégagement de lumière.

Il se comporte avec les oxides métalliques absolument comme le potassium, seulement, pour que l'action ait lieu, il faut élever un peu plus la température des corps.

Les résultats sont les mêmes encore avec les acides de nature inorganique, si ce n'est, cependant, 1.° que la décomposition des acides carbonique, borique et nitreux à chaud s'opère sans dégagement de lumière, tandis qu'il y en a lorsque c'est le potassium qui les décompose ; 2.° que dans le cas où les acides enflamment le sodium, celui-ci ne devient pas d'abord bleuâtre, ainsi que cela a lieu avec le potassium ; 3.° que le sodium demande, pour agir, plus de chaleur que n'en demande le potassium.

Tous les acides, dissous dans l'eau et qui sont exposés à l'air, enflamment le potassium qu'on y projette. Les résultats sont différens quand on opère avec le sodium, car s'il existe plusieurs acides qui l'enflamment, il en est d'autres qui le font disparoître sans qu'il y ait dégagement de lumière. Ainsi l'acide sulfurique concentré, l'acide nitrique concentré à 36ᵈ, l'acide nitreux, l'enflamment. Ces acides, suffisamment étendus, ne l'enflamment pas. L'acide hydrochlorique concentré et étendu, ainsi que le chlore dissous dans l'eau, ne l'enflamment pas.

Le sodium se comporte avec le gaz ammoniaque comme le potassium. Il se dégage un volume d'hydrogène égal à celui qui seroit dégagé de l'eau par ce métal, et il se produit un azoture ammoniacal de sodium vert, qui, étant exposé à une température convenable, laisse pour résidu de l'azoture de sodium.

Des oxides de sodium.

Protoxide de sodium.

Soude.

Les anciens ont connu cet alcali : ils l'appeloient *nitrum*. On l'a appelé depuis acali minéral, pour le distinguer de la potasse, que l'on appeloit alcali végétal. Ces noms sont mauvais, par la raison que la potasse et la soude se trouvent dans les végétaux et dans les minéraux. La distinction de ces alcalis ne date que de 1736, ce fut Duhamel qui la fit. Margraff, en 1758, la confirma par beaucoup d'expériences.

Composition.

Berzelius.
Oxigène...... 25,58
Sodium ...... 74,42.

Préparation.

La soude du commerce se retire des cendres de plusieurs végétaux marins. Toutes les espèces du genre *Salsola* peuvent en donner. On en obtient encore des algues et des fucus. Lorsqu'on veut extraire la soude, on forme un tas de ces végétaux ; on creuse, à côté de ce tas, une fosse ronde, qui s'élargit vers le fond, et qui a 3 pieds de profondeur et 4 de largeur ; on met les plantes dans ces fosses ; on les allume et on entretient la combustion pendant plusieurs jours. Lorsque toutes les plantes sont brûlées, on trouve une masse de cendres qui est demi-vitrifiée ; on la divise en morceaux, qu'on met ensuite dans des barils.

La soude obtenue des *salsola* porte le nom de *soude* de *barille*, parce que c'est le nom que l'on donne en Espagne à l'espèce de *salsola* avec lequel on prépare la soude. La soude des algues et du fucus, qui est de qualité inférieure, à la première, porte le nom de *varec*. La première soude se prépare dans le Midi ; la seconde, dans le Nord ; celle-ci est toujours mélangée de sels à base de potasse.

Ce qui prouve bien que les alcalis ne sont pas formés par la végétation, qu'ils sont simplement puisés dans le sol, c'est que les plantes qui fournissent de la soude sur les bords de la mer, donnent de la potasse lorsqu'on les cultive dans l'intérieur des terres, ainsi que Duhamel l'a vu pour les *salsola*, et Broussonet pour les glaciales. M. Vauquelin a confirmé cette observation : il a vu en outre que la plus grande partie de la soude que l'on obtient du *salsola soda*, est combinée dans cette plante à l'acide oxalique. L'autre partie de l'alcali provient probablement de la décomposition que le sulfate de soude, qui se trouvoit dans la plante, a éprouvée par les actions simultanées du charbon et de la chaux. Cette dernière base est le résultat de la décomposition de sels calcaires organiques.

La soude récemment obtenue est en masses extrêmement dures, parce que, l'alcali et les matières salines y étant en grande quantité, il arrive que les matières terreuses qui les accompagnent, se fondent avec elles et forment ainsi une espèce de fritte vitreuse. Si on lessivoit la soude ainsi vitrifiée, on n'en retireroit qu'une très-foible portion de l'alcali qu'elle contient ; mais si on l'expose dans un lieu humide, dans une cave, par exemple, peu à peu elle absorbe de l'eau à l'atmosphère ; elle se gonfle, se délite, et le sous-carbonate de soude s'isole des matières étrangères qui étoient avant l'exposition à l'air à l'état de fritte : alors il est facile de dissoudre dans l'eau toutes les substances qui y sont solubles par elles-mêmes à l'état de pureté.

Les soudes du commerce peuvent contenir : 1.° du sous-carbonate de soude ; quand elles sont à l'état de fritte, il y a très-probablement de la soude qui n'est pas carbonatée ; 2.° du sulfate de soude ; 3.° du sulfite de soude ; 4.° de l'hyposulfite de soude ; 5.° du chlorure de sodium ; 6.° du sulfure de sodium ; 7.° des traces de cyanure de sodium [1] ; 8.° du sous-carbonate de chaux ; 9.° du sous-sulfure de chaux ; 10.° du sous-carbonate de magnésie [1] ; 11.° du sulfure de fer ; 12.° de la silice ; 13.° de l'alumine ; 14.° du sous-phosphate de chaux [1] ; 15.° du sous-phosphate de magnésie. [1]

Essai des soudes de commerce.

On appelle essai des soudes, la détermination de la pro-

---

[1] Il ne s'en trouve pas dans les soudes artificielles.

portion de la soude qui se trouve dans une soude du commerce ou dans un *sel de soude*, et qui peut y être à l'état caustique, à l'état de sous-carbonate, à l'état de carbonate.

Principe.

L'essai des soudes est fondé d'abord sur ce qu'un certain poids de soude, soit à l'état de pureté, soit carbonaté, exige une quantité constante d'un même acide pour être neutralisé, et, en second lieu, sur la possibilité de reconnoître qu'une soude est neutralisée, en mettant cette soude en contact avec une matière colorante, dont la couleur est changée par l'acide employé dès qu'on a outrepassé la quantité nécessaire à la neutralisation de l'alcali.

Préparation de l'acide.

On essaie les soudes, en général, avec l'acide sulfurique étendu. Pour préparer cet acide on met dans un ballon, portant un trait sur le col qui indique une capacité de 1 litre, 100 gr. d'acide sulfurique à 66^d ou d'une densité de 1,848 ; on y ajoute une quantité d'eau suffisante pour que le volume total soit de 1 litre ou de 1000 centimètres cubes : tel est l'acide que le commerce a adopté, d'après Décroizille. On doit le conserver dans un flacon fermé.

On sait que 100 gr. d'acide sulfurique, d'une densité de 1,848, contiennent 81^g,68 d'acide réel ; lesquels neutralisent 63^g,71 de soude, ou 105^g,88 de sous-carbonate de soude sec, suivant M. Berzelius.

Lessivage des soudes.

On pulvérise dans un mortier de fer ou de bronze la soude qu'on veut essayer ; on en pèse 10 gr. ; on les met dans un matras de verre de 1 décilitre et demi à 2 décilitres de capacité environ ; on verse dessus 100 centimètres cubes d'eau ; on agite les matières quand la liqueur est éclaircie, et qu'on a jugé d'ailleurs que toute la partie soluble de la soude est dissoute ; on mesure 50 cent. de lessive, soit en versant doucement la liqueur dans une mesure, soit en la mesurant avec une pipète graduée ; on verse les 50 cent. dans un bocal ; on lave la mesure ou la pipète avec de l'eau distillée, et on ajoute le lavage à la liqueur du bocal.

Tout le liquide doit former une couche de $0^m,03$ à $0,^m04$ environ d'épaisseur. Par ce moyen on a une lessive représentant la quantité de soude vénale contenue dans 5 grammes de la soude à essayer.

Au lieu de ce procédé on peut lessiver à froid 5 grammes de soude à essayer : on filtre et on lave le résidu jusqu'à ce qu'il ne cède plus d'alcali à l'eau.

Dans l'une et l'autre manière de lessiver la soude on ajoute assez d'infusion de tournesol à la lessive pour lui donner une teinte bleue prononcée.

Si on opéroit à chaud, le sulfure de chaux seroit décomposé, et conséquemment la qualité de la soude seroit altérée.

Si on avoit un sel de soude à essayer, on procéderoit de la même manière, c'est-à-dire, qu'on en dissoudroit 5 grammes dans 50 cent. d'eau environ.

Neutralisation d'une liqueur ne contenant pas de sulfure, ni de sulfite, ni d'hyposulfite.

On met dans un tube, gradué en dixièmes de centimètre cube, un volume déterminé d'acide étendu, comme nous l'avons dit plus haut, on en met, par exemple, 50 cent. (cette quantité neutralise $5^g,185$ de soude ou $5^g,294$ de sous-carbonate sec); on verse ensuite l'acide dans la lessive de soude du commerce, avec la précaution de n'en mettre qu'une petite quantité à la fois, et d'agiter : l'effervescence, causée par le dégagement de l'acide carbonique, n'a lieu que quand la moitié de l'alcali du sous-carbonate est neutralisée ; et ce n'est qu'à partir de ce moment que le tournesol commence à prendre une couleur rouge de vin ; lorsqu'on présume que l'on est près d'atteindre le point de neutralisation, on n'ajoute l'acide que par $\frac{1}{5}$ ou $\frac{1}{10}$ de centimètre cube, et l'on fait après chaque addition un trait sur du papier de tournesol avec un tube de verre mince, dont le bout a été plongé dans la liqueur ; on ne cesse de faire cet essai qu'après qu'on a obtenu un trait bien décidément rouge ; on retranche alors du volume de l'acide employé autant de $\frac{1}{5}$ ou $\frac{1}{10}$ de centimètre cube qu'il y a de *traits rouges*, moins 1. (Les traits rouges ne peuvent être produits que par l'acide sulfurique en excès, car le papier de tournesol n'est pas rougi par l'acide carbonique contenu dans la liqueur que l'on applique sur lui au moyen d'un tube.)

Maintenant, connoissant le volume de l'acide employé V', vous savez le poids d'acide réel qu'il contient, puisque 50 cent. de cet acide V représentent 5^g d'acide à 66^d, ou $4^g,84$ d'acide réel, qui neutralisent $3^g,185$ de soude ou $5^g,294$ de sous-carbonate sec ; donc le quatrième terme de la proportion

$$V : V' :: 5^g,294 : x$$

donne la quantité de sous-carbonate sec que la soude de l'essai représente.

Ce que Décroizille appelle 1 degré de son tube alcali-métrique, est un volume d'un demi-centimètre cube d'acide étendu, lequel contient $0^g,05$ d'acide sulfurique à 66^d.

Neutralisation d'une liqueur contenant, avec la soude carbonatée, du sulfite ou du sulfure, mais pas d'hyposulfite.

a. Contenant du sulfite.

On reconnoit l'existence de ce sel dans une soude ou un *sel de soude*, au dégagement d'acide sulfureux, qui a lieu lorsqu'on verse de l'acide sulfurique dans la lessive concentrée, sans qu'il se produise de dépôt de soufre.

On lessive la soude ou le *sel de soude*, qui est dans ce cas, comme à l'ordinaire ; on fait évaporer le lavage en y ajoutant un peu de chlorate de potasse ; on chauffe la matière desséchée au rouge obscur dans une capsule de platine ; on lessive le résidu et on le neutralise par l'acide sulfurique.

Dans cette opération on convertit le sulfite en sulfate, et, comme on sait, cette conversion s'opère par l'oxigène du chlorate sans changer la proportion de la soude carbonatée de l'essai. Si l'on n'eût pas pris cette précaution, une partie de l'acide sulfurique employé auroit neutralisé la moitié de la soude du sulfite, par la raison que l'acide sulfureux de cette moitié, en se concentrant sur l'autre moitié de la soude du sulfite, auroit formé un bisulfite, qui est sans action sur le tournesol ; conséquemment on auroit estimé le **titre** de la soude essayée au-dessus du véritable, d'une quantité correspondante à la moitié de la soude du sulfite.

b. Contenant du sulfure.

On reconnoît l'existence du sulfure dans la lessive de soude, en y versant de l'acide sulfurique, qui dégage de l'acide hydrosulfurique, sensible à l'odorat, et recounoissable par la couleur noire qu'il donne au papier imprégné de sous-carbonate de plomb.

La lessive d'une soude qui est dans ce cas, se traite par le chlorate de potasse de la même manière que ci-dessus, *a.*

L'action du chlorate de potasse sur le sulfure de soude est la même que sur le sulfite, c'est-à-dire, que le sulfure est converti en sulfate en conservant toute sa soude et tout son soufre.

Si l'on veut déterminer la quantité du sulfite on fait deux essais, l'un sur la lessive de soude, l'autre sur la lessive de soude évaporée et calcinée avec du chlorate de potasse. Le double de la différence des deux essais donnera le sulfite.

Si l'on veut déterminer la quantité de sulfure, on procédera de la même manière, mais on prendra la différence sans la doubler.

Neutralisation d'une liqueur contenant, avec la soude carbonatée, de l'hyposulfite, sans sulfure ni sulfite.

Les soudes ou sels de soude qui sont dans ce cas, donnent une lessive qui ne dégage par l'acide sulfurique que de l'acide sulfureux, en laissant précipiter du soufre.

On les essaie comme les soudes qui ne contiennent pas de sulfure ni de sulfite, par la raison, 1.° que si on les calcinoit, il se produiroit, aux dépens de l'acide hyposulfureux, une quantité de sulfate double de celle qui peut être produite par la soude de l'hyposulfite ; 2.° que, dans le cas où l'acide sulfurique est versé sur de l'hyposulfite, il ne se produit pas de bisulfite, quoiqu'il n'y ait pas assez d'acide sulfurique pour neutraliser toute la base de l'hyposulfite.

Neutralisation d'une soude contenant du sulfure, du sulfite et de l'hyposulfite.

L'essai d'une pareille soude laisse toujours de l'incertitude :

mais les soudes qui sont dans ce cas, sont fort rares, par la raison que toutes les fois qu'une soude est d'une bonne fabrication, l'alcali en excès ne permet pas la production d'un hyposulfite, mais celle d'un sulfite.

Telles sont les précautions à prendre dans l'essai des soudes. La première idée de cet essai appartient à Home et à M. Vauquelin. On doit à Décroizille de l'avoir adaptée au commerce au moyen de son alcalimètre, et, enfin, on doit à MM. Gay-Lussac et Welter toutes les précautions que nous venons d'énoncer pour rendre ces essais satisfaisans.

HYDRATE DE SOUDE.

Berzelius.

Eau.............. 22,34
Soude........... 77,66.

La soude à l'alcool est un hydrate, qui contient sur 100 p., suivant M. Darcet, 28 d'eau ; suivant M. Berard, 18,86 ; suivant MM. Thénard et Gay-Lussac, 25.

Préparation de l'hydrate de soude.

On obtient la soude à l'état d'hydrate pur, en employant les mêmes procédés que ceux que nous avons décrits à l'article de la POTASSE.

Propriétés de l'hydrate de soude.

Il est blanc. Sa pesanteur spécifique est de 1,336, suivant Hassenfratz.

Son odeur et sa saveur sont analogues à celles de la potasse. Il est volatil à une chaleur rouge.

Quand il est exposé à l'air, il en absorbe d'abord l'humidité et l'acide carbonique ; il devient pâteux, et. enfin, il se dessèche et tombe en poudre, en quoi il diffère de la potasse, qui, dans les mêmes circonstances, se liquéfie. Ces phénomènes sont dus à ce que la soude, combinée à l'acide carbonique, forme un sel qui a moins d'affinité pour l'eau que n'en a le sous-carbonate de potasse ; mais si la potasse est exposée pendant assez long-temps dans une atmosphère suffisamment sèche, alors elle donne des cristaux de sous-carbonate.

La soude, combinée avec une plus grande quantité d'eau, peut cristalliser.

Le phosphore se comporte avec la soude comme avec la potasse.

Les combinaisons du soufre et celles de l'acide hydrosulfurique avec la soude sont analogues à celles de la potasse avec les mêmes corps.

La soude est décomposée par le fer, comme l'est la potasse.

La manière de distinguer la soude de la potasse, est de verser ces alcalis dans la dissolution de platine : la première n'y fait pas de précipité ; la seconde en produit un qui est jaune.

D'un autre côté l'acide sulfurique forme avec la soude une combinaison qui cristallise en prismes à six pans, terminés par une pyramide à six faces, et la potasse une combinaison qui cristallise en dodécaèdres ou en solides à 18 facettes. La solution de sulfate de potasse concentrée, mêlée à une solution également concentrée de sulfate d'alumine, donne de petits cristaux d'alun. La solution de sulfate de soude ne produit pas ce phénomène.

L'hydrate de soude, fondu dans des creusets d'argent ou de platine, absorbe du gaz oxigène comme le fait la potasse.

DEUTOXIDE DE SODIUM.

Berzelius.

Oxigène 34,02
Sodium. .... 65,98.

Le sodium, brûlé dans l'air ou dans le gaz oxigène, absorbe une fois et demie autant de ce dernier gaz qu'il lui en faudroit pour passer à l'état de soude. Cet oxide ne se forme pas, comme celui de potassium, dans le gaz oxigène froid.

L'oxide de sodium au maximum présente des phénomènes analogues à ceux du peroxide de potassium.

CHLORURE DE SODIUM.

Composition.

Chlore.............. 60,48
Sodium .... 39,52.

Synonymie : *Selmarin, Sel gemme, Muriate de soude anhydre.*

Préparation.

On l'extrait du sein de la terre ou des eaux salées qui le tiennent en dissolution.

Propriétés.

Il cristallise en cubes ; il est incolore ; il est fusible et volatil à une chaleur rouge.

Il a une saveur fraîche, salée, agréable. qui le fait rechercher des animaux.

Ses propriétés chimiques sont absolument analogues à celles du chlorure de potassium, sauf les différences qui tiennent à la nature spécifique de sa base.

AZOTURE DE SODIUM.

Il est analogue à l'azoture de potassium.

SULFURE DE SODIUM.

Il est probable qu'il existe autant de sulfures de sodium que de sulfures de potassium. Quant aux propriétés des sulfures de sodium qu'on a préparés, elles sont analogues à celles des sulfures de potassium correspondans.

ARSENIURE DE SODIUM.

2 volumes de sodium et $\frac{1}{2}$ volume d'arsenic en fragmens, chauffés dans une cloche pleine de gaz azote, s'unissent en dégageant de la lumière.

Le composé a une couleur d'un brun marron ; il est dépourvu conséquemment du brillant métallique. Mis dans l'eau, il passe à l'état de soude ; il se dégage de l'hydrogène arseniqué, et il se dépose des flocons d'hydrure d'arsenic.

1 volume de sodium et 3 volumes d'arsenic, chauffés au-dessous du rouge-cerise, s'unissent en dégageant une foible lumière.

La combinaison est cassante, quand elle est d'un gris blanc.

PHOSPHURE DE SODIUM.

Ce composé est analogue au phosphure de potassium.

Sodium et Antimoine.

1 volume de sodium et 4 volumes d'antimoine en poudre, chauffés, se combinent en dégageant de la lumière à une température voisine de celle où l'antimoine entre en fusion.

Cet alliage est cassant.

Il ressemble au métal de cloches.

Il se décompose rapidement à l'air.

Sodium et Étain.

1 volume de sodium, 4 volumes d'étain en limaille fine, chauffés dans une cloche étroite, dont le bout ouvert est effilé, se combinent dès que l'étain est fondu. Il ne se dégage pas de lumière.

L'alliage est très-cassant, moins fusible que l'étain.

Il est promptement altéré par le contact de l'air.

Sodium et Bismuth.

1 volume de sodium et 4 volumes de bismuth, chauffés dans une cloche étroite, dont l'extrémité ouverte est effilée, s'unissent au-dessus de la température qui est nécessaire pour fondre le bismuth.

L'alliage est gris-jaunâtre, très-cassant, grenu.

Sodium et Mercure.

$0^g,0238$ de sodium, mis dans un petit tube de verre, sur lesquels on verse $53,069$ de mercure, s'y combinent à froid en dégageant de la lumière.

L'amalgame est liquide.

$1^g,0476$ de sodium, mis avec $3^g,069$ de mercure, dégagent de la chaleur et de la lumière, et donnent un composé qui se fige quand il est refroidi.

$0^g,0714$ de sodium, mis avec $6^g,156$ de mercure, dégagent de la chaleur et de la lumière. La masse refroidie présente beaucoup de petits cristaux grenus.

Ces alliages sont tous décomposables par la chaleur.

Ils font une vive effervescence avec l'eau. Le sodium passe à l'état de soude.

Sodium et Plomb.

1 volume de sodium et 4 volumes de plomb en limaille fine, s'unissent dès que le plomb entre en fusion.

L'alliage est un peu ductile.

La fusibilité est à peu près la même que celle du plomb.

1 volume de sodium et 3 volumes de plomb en limaille s'unissent en présentant les mêmes phénomènes.

L'alliage qui en résulte est plus altérable à l'air que le précédent.

Sodium et Zinc.

1 volume de sodium et 4 volumes de zinc en limaille ne se combinent qu'à une chaleur rouge-cerise.

L'alliage est gris-bleuâtre, cassant, lamelleux.

Sodium et Potassium.

Le sodium s'allie au potassium et forme des alliages qui sont toujours plus fusibles que le sodium, et qui sont cristallisables et plus ou moins cassans.

3 volumes de sodium et 1 volume de potassium forment un alliage fusible à zéro, qui cristallise quand on le plonge dans un mélange de glace et de sel. En augmentant la proportion du sodium, l'alliage perd de sa fusibilité. $\frac{1}{30}$ de potassium rend le sodium fusible, cassant, et lui donne la blancheur de l'argent.

Si l'on combine moins de 3 parties de sodium à 1 partie de potassium, on obtient des alliages qui sont de plus en plus fusibles, et dont la fusibilité ne diminue que quand il y a beaucoup de potassium. 10 de potassium et 1 de sodium forment un alliage liquide à zéro, qui est plus léger que l'huile de naphte.

On fait ces alliages en chauffant les métaux dans l'huile que nous venons de nommer.

Tous ces alliages, exposés à l'air, même quand ils sont couverts d'huile de naphte, se détruisent; le potassium se brûle et le sodium reste à nu. Cette décomposition donne le moyen d'obtenir à l'état de pureté du sodium qui auroit été obtenu d'une soude contenant de la potasse.

Préparation du sodium.

Elle s'opère comme celle du potassium , mais il faut des moyens plus énergiques.

État du sodium dans la nature.

Il n'existe dans la nature que des combinaisons de sodium.

Usages.

Le sodium , à l'état de métal, n'est d'aucun usage ; mais son chlorure, son oxide, les combinaisons de cet oxide avec les acides, sont d'une grande utilité.

Histoire.

Le sodium a été obtenu et caractérisé par H. Davy en 1807. MM. Gay-Lussac et Thénard l'ont ensuite étudié avec beaucoup de soin, et c'est d'après leur travail que nous avons tracé l'histoire de ce métal. (Ch.)

SODSAI. (*Bot.*) Kæmpfer cite ce nom tartare du Ninsi (voyez ce mot), plante précieuse dans le Japon, où elle est nommée *sju-sjim*, et dans la Chine on lui donne le nom de *som*. Cet auteur en donne une figure et une longue description, ainsi que l'énumération de ses vertus. (J.)

SOE-BAVER, SOE-HEST. (*Ichthyol.*) Noms norwégiens de l'Hippocampe. Voyez ce mot. (H. C.)

SOE-BIORN. (*Mamm.*) Le phoque ours marin porte ce nom chez les Danois : il est la traduction de notre mot ours marin, de même que *soe-love* est celle de lion marin, et que *soe-kale* est celle de veau marin, qui sont des qualifications spécifiques de deux autres phoques. (Desm.)

SOE-BORDING, AURRIDE. (*Ichthyol.*) Noms norwégiens de la *truite saumonée.* Voyez Truite. (H. C.)

SOE-DRAGE. (*Ichthyol.*) Un des noms norwégiens de la vive. (H. C.)

SOE-HANE, KNURR-HANE. (*Ichthyol.*) Nom danois du perlon, *trigla hirundo.* Voyez Trigle. (H. C.)

SOE-HONE. (*Ornith.*) Nom danois du petit grèbe cornu, qui est appelé en Norwége *soe-orre.* (Ch. D.)

SOE-KONGE. (*Ornith.*) Nom norwégien du petit guillemot, *alca alle* et *uria alle.* (Ch. D.)

SOE-PAPEGOY. (*Ornith.*) Nom norwégien du macareux, *alca arctica*, Linn. (Ch. D.)

SOE-RAEV, SOE-ROTTE, SOE-MUUS. (*Ichthyol.*) Trois des noms norwégiens de la *chimère arctique.* Voyez Chimère. (H. C.)

SOE-SCORPION. (*Ichthyol.*) Un des noms norwégiens du scorpion de mer, *cottus scorpius.* Voyez Cotte. (H. C.)

SOE-SVALE. (*Ornith.*) On appelle ainsi, en Norwége, le *sterna nigra*, ou hirondelle de mer à tête noire. (Ch. D.)

SOEDT. (*Bot.*) Nom arabe, suivant Rauwolf, d'un souchet, *cyperus rotundus*, qui est l'*hodueg* des Égyptiens. (J.)

SŒFEN. (*Ichthyol.*) Nom que les Arabes de l'Yemen donnent à la *sephen.* Voyez Pastenague. (H. C.)

SŒGARIEK. (*Ornith.*) Nom turc du pic, *picus.* (Ch. D.)

SŒING. (*Ornith.*) Nom norwégien de la mouette cendrée, *larus canus*, Linn. (Ch. D.)

SŒKE. (*Ornith.*) On appelle ainsi, en Suisse, la petite sarcelle, *anas crecca*, Linn. (Ch. D.)

SŒKOK. (*Ichthyol.*) Un des noms norwégiens du perlon, *trigla hirundo.* Voyez Trigle. (H. C.)

SŒPIA. (*Malacoz.*) Nom latin du genre Sèche. Voyez ce mot. (De B.)

SŒPIACEA [Sépiacés]. (*Malacoz.*) Quelques auteurs emploient cette dénomination pour désigner le groupe d'animaux mollusques que Linné comprenoit sous la dénomination de *Sæpia*, même en y conservant les poulpes qui s'en éloignent d'une manière évidente; tandis que d'autres ne l'appliquent qu'à une famille qui ne comprend que les cryptodibranches décacères, c'est-à-dire les calmars et les sèches. (De B.)

SŒSMED. (*Ichthyol.*) Un des noms groënlandois du *gal verdâtre.* Voyez Gal. (H. C.)

SOFAR-HERAMON. (*Bot.*) Nom arabe du *sparganium*, cité par Mentzel. (J.)

SOFERA. (*Bot.*) Voyez Sophora. (J.)

SOFFEYR. (*Bot.*) Voyez Suffeir. (J.)

SOFFIETTA. (*Ichthyol.*) A Rome, on appelle ainsi la *bécasse de mer.* Voyez Centrisque. (H. C.)

SOFFO-O-KOKOTOO. (*Ornith.*) L'oiseau qui se nomme

ainsi à Ternate et à Tidor, est le paradisier superbe, *paradisea superba*, Gmel. (Ch. D.)

SOFIO. (*Ichthyol.*) Voyez Rabanenco. (H. C.)

SOGAF, ZOGAF. (*Bot.*) Noms arabes, suivant Forskal, de son *acanthus edulis*, dont on mange les feuilles crues. (J.)

SOGAIF, MONDO. (*Bot.*) Noms japonois de l'œillet des jardins. *dianthus caryophyllus*, cités par Kæmpfer et Thunberg. Celui de Mondo (voyez ce mot) est aussi donné à un genre de la famille des asparaginées, *Convallaria* de Thunberg. Adanson en fait le nom générique de ce genre et y ajoute comme synonyme le *siogai-fige* de Kæmpfer. (J.)

SOGALGINE, *Sogalgina*. (*Bot.*) Ce genre de plantes, que nous avons proposé dans le Bulletin des sciences de Février 1818 (pag. 31), appartient à l'ordre des Synanthérées, à la tribu naturelle des Hélianthées, et à notre section des Hélianthées-Héléniées, dans laquelle nous l'avons placé immédiatement auprès du *Ptilostephium*. (Voyez notre article Ptilostèphe, tom. XLIV, pag. 60 et 65.)

La *Sogalgina trilobata*, qui est le type du genre, présente les caractères génériques suivans, observés par nous sur des individus vivans, cultivés au Jardin du Roi.

Calathide radiée: disque multiflore, régulariflore, androgyniflore; couronne unisériée, biliguliflore, féminiflore. Péricline inférieur aux fleurs du disque, hémisphérique, subglobuleux, formé de squames inégales, paucisériées, imbriquées, larges, arrondies, foliacées, avec une bordure membraneuse. Clinanthe convexe, garni de squamelles inférieures aux fleurs, demi-embrassantes, ovales-acuminées, membraneuses, uninervées. Ovaires obovoïdes, non comprimés, pubescens; aigrette composée de squamellules unisériées, inégales, entregreffées à la base, filiformes, charnues, barbellées sur les deux côtés. Corolles de la couronne à tube long, à languette extérieure grande, large, elliptique, trilobée au sommet, à languette intérieure beaucoup plus courte et plus étroite, divisée jusqu'à sa base en deux lanières linéaires, obtuses. Stigmatophores du disque pourvus d'un appendice semi-conique, glabre, prolongé en un filet pénicillé.

Sogalgine trilobée: *Sogalgina trilobata*, H. Cass.; *Galinsoga trilobata*, Cavan., *Icon. et descr.*, tom. 3, pag. 42, tab. 282.

C'est une plante mexicaine, herbacée, annuelle, à feuilles opposées, oblongues-lancéolées, dentées, triplinervées, les inférieures hastées, trilobées; les calathides, composées de fleurs jaunes, sont terminales et longuement pédonculées.

Sogalgine fausse-balbisie : *Sogalgina balbisioides*, H. Cass.; *Galinsogea balbisioides*, Kunth., *Nov. gen. et sp. pl.*, tom. 4, pag. 253, tab. 386. Cette plante, trouvée dans le Mexique par MM. de Humboldt et Bonpland, est remarquable principalement par les corolles de la couronne, dont la languette extérieure est extrêmement large, presque réniforme, très-entière, à bord ondulé.

Nous avons démontré, dans notre article Galinsoge (tom. XVIII, pag. 97), que l'ancien nom de *Galinsoga* doit être conservé à l'espèce nommée *parviflora*, puisqu'elle fut évidemment le vrai type originaire du genre; et que le nouveau nom générique doit être appliqué à celle que Cavanilles associoit inexactement à la précédente, en la nommant *Galinsoga trilobata*. On s'en convaincra facilement si l'on remarque avec nous que Ruiz et Pavon sont réellement les premiers auteurs du genre *Galinsoga*, qu'ils ont établi avant Cavanilles et publié en même temps que lui, mais dont ils n'ont connu que l'espèce *parviflora*, qu'ils ont nommée plus tard *quinqueradiata*, et une autre espèce très-peu différente, qu'ils ont nommée *quadriradiata*. Mais l'espèce *trilobata* de Cavanilles leur étoit inconnue. M. Kunth nous paroit donc s'être écarté des règles, en conservant le nom de *Galinsoga* (ou *Galinsogea*) à l'espèce *trilobata*, et en appliquant, avec Roth, celui de *Wiborgia* à l'espèce *parviflora*.

Ce botaniste dit que, dans son genre *Galinsogea*, qui correspond à notre *Sogalgina* (publié antérieurement), l'aigrette est composée tantôt de petites écailles ciliées-frangées, tantôt de rayons plumeux; et comme il assigne l'aigrette plumeuse à l'espèce *balbisioides*, il suppose sans doute que l'espèce *trilobata* offre l'aigrette écailleuse ou paléacée. Nous ne sommes pas d'accord avec lui sur ce point; car, selon nous, l'aigrette plumeuse, ou composée de squamellules filiformes barbellées, appartient au genre *Sogalgina*, tandis que l'aigrette de squamellules paléiformes et frangées est propre au vrai *Galinsoga*.

Dans la *Sogalgina trilobata*, l'ovaire paroît quelquefois un peu comprimé bilatéralement ; il est obovoïde , arrondi au sommet, sans côtes, ni arêtes, ni nervures saillantes; mais il est hérissé de poils bicuspidés. et muni d'un bourrelet apicilaire vert ; son aréole basilaire est petite , orbiculaire , oblique-intérieure, située dans une échancrure; l'aréole apicilaire est large, orbiculaire. L'aigrette, beaucoup plus courte que l'ovaire, est composée de squamellules unisériées , inégales, irrégulières, filiformes-laminées, un peu charnues, verdâtres, garnies de barbelles sur les deux côtés. Cette aigrette, comparée à celle de la *Sogalgina balbisioides*, n'en diffère évidemment que parce qu'elle est beaucoup plus courte.

Dans la *Galinsoga parviflora* (qui seroit mieux nommée *Gal. microcephala*), l'ovaire n'est pas sensiblement comprimé ; mais il est un peu arqué en dedans, obconique ou obpyramidal, à quatre faces et à quatre arêtes, et tout hérissé de soies roides; il a un bourrelet apicilaire cartilagineux, verdâtre, glabre; son aréole basilaire est petite, oblique-intérieure, située dans une échancrure, et entourée d'un petit bourrelet basilaire cartilagineux, glabre. L'aigrette , longue comme l'ovaire , est composée d'environ dix squamellules uni-bisériées, paléiformes-laminées, à partie inférieure linéaire, un peu charnue. continue avec le bourrelet apicilaire de l'ovaire, à partie supérieure demi-lancéolée , membraneuse , frangée sur les bords. Cette aigrette, fort différente de celle des *Sogalgina*, est tout-à-fait analogue à celle du *Carphostephium* (tom. XLIV, pag. 62).

Notre genre *Sogalgina* diffère du vrai *Galinsoga*, non seulement par l'aigrette plumeuse , ou composée de squamellules filiformes , barbellées, mais encore par la couronne biliguliflore, c'est-à-dire composée de fleurs à deux languettes, par le péricline imbriqué, par le clinanthe presque plan , et par les stigmatophores pourvus d'un appendice semi-conique, glabre, prolongé en un filet pénicillé. (H. Cass.)

SOGO. (*Ichthyol.*) Nom spécifique d'un HOLOCENTRE, décrit dans ce Dictionnaire, tome XXI, page 287. (H. C.)

SOGUR. (*Mamm.*) Nom tartare de la marmotte bobac. (Desm.)

SOHAL. (*Ichthyol.*) Nom arabe du SOHAR. Voyez ce mot. (H. C.)

SOHAR. (*Ichthyol.*) Nom spécifique de l'Aspisure. Voyez ce mot. (H. C.)

SOHER. (*Ichthyol.*) On appelle ainsi un grand et excellent poisson du Gange, que l'on ne sait encore à quel genre rapporter, faute de renseignemens positifs.

Il a les écailles vertes, bordées d'or, et les nageoires bronzées. (H. C.)

SOHIATAN. (*Mamm.*) Suivant Thevet, ce nom est celui d'un rat, que mangeoient les sauvages de l'Amérique du Nord. Sonnini croit, sans aucun motif suffisant, que ce prétendu rat étoit un sarigue. (DESM.)

SOHNA. (*Ornith.*) Nom sous lequel est connu, dans certains cantons de l'Inde, le jacana, qui porte plus généralement celui de *vuppi-pi*; c'est le jacana à longue queue ou *parra sinensis* de Latham, pl. 117 de son premier supplément au *Synopsis*. (CH. D.)

SOIE. (*Bot.*) Dans les mousses on nomme soie le pédicule ou support de l'urne; dans les synanthérées on désigne par ce mot, ou par celui de paillettes, les espèces de bractées qui accompagnent les fleurs sur le réceptacle commun; dans les graminées on nomme soies ou arêtes, les filets roides qui partent des écailles florales. M. de Beauvois distingue la soie de l'arête. La soie est le prolongement d'une ou plusieurs nervures; l'arête ne laisse apercevoir aucun indice de son origine au-dessous de son point d'attache. Le froment a des soies, l'avoine a des arêtes. On donne le nom de soies de l'anthère aux petits filets formés par le prolongement de la partie inférieure des loges. (MASS.)

SOIE. (*Entom.*) On donne ce nom aux fils déliés que les insectes sécrètent, tantôt pour se former un cocon, lorsqu'ils se changent en chrysalides, comme cela arrive à beaucoup de lépidoptères et en particulier aux chenilles des bombyces, à un grand nombre de larves d'hyménoptères et de névroptères, etc.; tantôt pour en former des toiles, des filets, des cordeaux, comme le font les araignées; tantôt, enfin, pour déposer leurs œufs sous une espèce de tente, comme les hydrophiles femelles nous en offrent un exemple. On appelle aussi *soies*, les poils plus ou moins alongés qui recouvrent le corps de certaines larves ou de quelques insectes parfaits : ou quelques parties prolongées et dont la base est un peu plus grosse que l'extrémité libre, à peu près comme une soie de cochon.

Nous traiterons séparément de ces deux acceptions.

La Soie, *Sericum.* On désigne plus particulièrement sous ce nom les fils d'une ténuité extrême et d'un diamètre à peu près égal, dont la flexibilité, la souplesse, la mollesse, le luisant, ne peuvent être exprimés que par le terme même de soyeux. On sait que le mot *sericum* des Latins est emprunté du grec Σηρικὸν, dont l'étymologie, d'après Pausanias, seroit tirée du nom Σηρ, *vermiculus quidam sericum texens.* Quelques auteurs font dériver le mot *sericum* d'un peuple d'Asie ou d'une ville de Scythie, d'où provenoit la soie chez les Romains, qui pensoient que cette matière étoit produite par des arbres, puisqu'on l'y récoltoit, comme on le voit par ces deux vers, l'un de Virgile, l'autre d'Ausone.

> *Velleraque ut foliis depectant tenuia seres.*
>
> Virg., *Georg.*, lib. II.
>
> *Assyrius gemmas, Ser vellera, thura Sabæus.*
>
> Ausone.

Nous avions commencé cet article dans le dessein d'y présenter les détails que nous avions promis à nos lecteurs, lorsque nous avons traité du *bombyce du mûrier;* mais nous avons dû consulter auparavant tout ce qui avoit été écrit à ce sujet, et nous avons reconnu que notre travail, tel que nous l'avions préparé, donnoit absolument les mêmes faits à connoître que ceux qui sont consignés à l'article Mûrier par l'un de nos collaborateurs, qui a recueilli les plus grands détails sur ce bombyce et sur l'histoire de la soie dans cet article, auquel nous renvoyons le lecteur, quoiqu'il n'y ait pas tout l'ordre que nous pourrions désirer. Nous donnerons seulement quelques renseignemens sur l'organisation des parties qui préparent et sécrètent la soie, et sur celles qui la moulent pour ainsi dire au passage à travers les filières.

Les chenilles en général sécrètent la soie à l'aide d'organes qui font l'office de glandes, mais qui n'ont l'apparence que de longs canaux repliés sur eux-mêmes et susceptibles d'être développés dans l'eau. Ces tuyaux, qui, lorsqu'ils sont étendus, offrent sept à huit fois la longueur de la chenille, vont toujours en grossissant vers le point où ils doivent se terminer. Ils forment là une sorte de réservoir d'où il est facile de faire sortir la matière liquide, qui ressemble à un vernis et qui aboutit, à l'aide d'un canal excréteur plus ou moins long, vers la lèvre inférieure, où se trouve un tubercule mobile dont la longueur varie; mais c'est là une véritable *filière*. La chenille, en portant cette partie sur un corps solide, y fait adhérer la matière ductile, qui s'écoule par le trou de sa filière, dont le diamètre déterminé constitue la grosseur de la soie. Dans quelques chenilles cette sécrétion s'opère dès le plus jeune âge, et l'animal s'en sert dans mainte circonstance, tantôt pour se construire une tente isolée, ou commune à un grand nombre d'individus; tantôt pour se soustraire au danger; car au moment où celui-ci se fait craindre, l'insecte, saisi d'une crainte salutaire, colle un fil sur le plan qui le supporte et s'abandonne à son propre poids : il tombe verticalement et reste suspendu à une distance convenable jusqu'à ce que, le danger étant passé, il puisse, à l'aide de ses pattes onguiculées, se raccrocher sur le fil, qu'il pelotonne pour remonter au point où il étoit fixé d'abord, ou jusqu'à ce que le vent le pousse et le dirige vers une branche sur laquelle il a l'espoir de trouver une nouvelle nourriture.

La matière de la soie est le plus souvent destinée à la construction de la coque dans laquelle la chenille, et surtout celles des bombyces, doivent subir leur métamorphose. Ce follicule ou cocon est plus ou moins épais, et la matière soyeuse s'y trouve dans un état souvent altéré par la bave ou par la mucosité que l'insecte y dégorge pour la déguiser aux animaux qui voudroient y pénétrer. Quelquefois ces chenilles y font entrer des corps étrangers, qu'elles empruntent et détachent tantôt de leur propre corps, tantôt des objets qui sont à leur portée.

On a profité de cette matière soyeuse, lorsqu'elle est encore liquide et contenue dans les organes qui la sécrètent, pour en obtenir des fils beaucoup plus grossiers, mais aussi extrêmement résistans et imperméables ou indissolubles par l'eau. C'est une sorte d'industrie qu'on exerce avec le ver-à-soie, en tirant ainsi de la chenille la substance de la soie,

que l'on alonge pour en former une sorte de gros crin très-
solide, qui sert pour la pêche à la ligne et sur lequel on
monte des haims ou hameçons. On vend cette matière sous
le nom vulgaire de *mord-à-pêche*; elle est aussi faussement désignée sous les noms de fil de pitte, ou d'aloës et d'agavé.

Les larves de quelques coléoptères se filent aussi une coque;
mais ce sont surtout celles des hyménoptères en général et
celles de quelques névroptères, comme la plupart des stégoptères, qui sont douées de cette faculté. Nous citerons en particulier les chenilles des uropristes, des mellites, des néott-
ocryptes, telles que celles des petits ichneumons à cocons
blancs et jaunes.

La Soie, *Seta*, est, comme nous l'avons dit au commencement de cet article, une forme particulière de quelques parties d'insectes. Ainsi, on dit antennes *en soie* ou *sétacées*, celles
qui sont plus grêles à l'extrémité libre qu'à la base, par opposition à filiformes, dont la grosseur est à peu près la même
dans toute la longueur. Ainsi les éphémères ont l'abdomen
terminé par deux ou trois soies, qui sont des appendices ou
des prolongemens du ventre. Les podures, les forbicines, les
machiles, ont des soies à la queue. La chenille des bombyces dites *écailles* ou *hérissonnes* sont couvertes de poils alongés en forme de soie. (C. D.)

SOIE. (*Chim.*) La soie, à l'état de pureté, passe généralement pour une substance azotée analogue à la laine, aux poils,
à la corne, en un mot, pour une substance de la nature du
mucus. Le travail que j'ai commencé sur la soie n'est point
assez avancé pour que je puisse émettre une opinion défini-
tive sur la nature de cette substance. (Ch.)

SOIE DE MER. (*Entomoz.*) Voyez l'article Dragonneau.
(Desm.)

SOILETTE. (*Bot.*) C'est une variété de froment. (L. D.)

SOJA. (*Bot.*) Voyez Mame. (J.)

SOKÆJKA. (*Bot.*) Nom arabe, cité par Forskal, d'un mozambé, *cleome ornithopodioides*. (J.)

SOKÆJT. (*Bot.*) Nom arabe d'une carmentine, *justicia
lanceolata* de Forskal, qui est, selon Vahl, le *barleria noctiflora*
de Linnæus fils. (J.)

SOKAM. (*Bot.*) Voyez Obre. (J.)

SOKAR. (*Bot.*) Nom arabe des *ipomœa biloba* et *triflora* de Forskal. (J.)

SOKOL. (*Ornith.*) L'épervier est ainsi nommé en polonois. (Cʜ. D.)

SOKU-SUISI. (*Bot.*) L'épurge, *euphorbia lathyris*, dont les graines sont un violent purgatif, est ainsi nommée au Japon, suivant Thunberg. (J.)

SOKUSA-SA. (*Bot.*) Voyez Sᴀᴋɪ-ᴛᴇᴋɪ. (J.)

SOL. (*Bot.*) Nom arabe du sureau, cité par Mentzel d'après Avicenne. Il est encore donné, comme nom latin, au soleil, *helianthus annuus*, qui est le *sol indianus* de Lonicer, cité par C. Bauhin. (J.)

SOL. (*Ichthyol.*) Nom anglois de la Sᴏʟᴇ. Voyez ce mot. (H. C.)

SOL-BAKKE. (*Ornith.*) Nom danois de l'hirondelle de rivage, *hirundo riparia*, Linn. (Cʜ. D.)

SOLA. (*Ichthyol.*) Voyez Tᴜɴɢᴀ. (H. C.)

SOLADI-TIRTAVA. (*Bot.*) Rhéede cite sous ce nom une plante du Malabar qui paroît être un basilic. (J.)

SOLANAN. (*Bot.*) Voyez Hᴇʀʙᴇ ᴀᴜx ʜᴇʙᴇᴄʜᴇᴛs. (J.)

SOLANASTRUM. (*Bot.*) Heister donnoit ce nom au *solanum sodomœum* de Linnæus. (J.)

SOLAND-GOOSE. (*Ornith.*) Nom anglois du fou de bassan, *pelecanus bassanus*, Linn. (Cʜ. D.)

SOLANDRA. (*Bot.*) Ce nom, qui rappelle la mémoire du botaniste Solander, compagnon de voyage de Cook et de Banks, a été donné à plusieurs genres. Celui de Murray est un *Lagunœa*, genre de malvacées; celui de Linnæus est maintenant l'*Hydrocotyle solandra*, genre d'ombellifères; celui de Swartz, voisin du *Datura* dans les solanées, confondu avec lui par quelques-uns, a été conservé par d'autres. (J.)

SOLANDRE, *Solandra*. (*Bot.*) Genre de plantes dicotylédones, à fleurs complètes, de la famille des *malvacées*, de la *monadelphie polyandrie* de Linnæus, offrant pour caractère essentiel : Un calice simple, à cinq divisions profondes, persistantes, une corolle à cinq pétales soudés à leur base et attachés sur le tube des étamines; celles-ci nombreuses; les filamens réunis en un tube alongé, portant les anthères à sa surface vers le sommet; un ovaire supérieur; un style

terminé par cinq stigmates en tête; une capsule à cinq loges polyspermes, à cinq valves, divisées dans leur milieu
par une cloison; les semences insérées sur un réceptacle
central.

Le nom de *Solandra* avoit été employé pour trois genres
différens, d'abord pour une très-belle plante de la famille
des solanées, le *solandra grandiflora*, Swartz, réuni aux *Datura* par M. de Lamarck. Ce même nom de *solandra* avoit été
appliqué auparavant par Linné à une ombellifère, le *solandra capensis*, que Linné fils a fait entrer depuis parmi les
hydrocotyle. Willdenow a donné le nom de *solandra* au *Datura sarmentosa*, Lamk.; M. de Lamarck a consacré le nom de
solandra pour la plante que Cavanilles a décrite sous ce nom,
et il y réunit le *laguna* du même auteur.

SOLANDRE LOBÉ : *Solandra lobata*, Poir., Encyc.; Lamk., *Ill.
gen.*, tab. 580; Murr *in* Gœtt., 1784, tab. 1; Cavan., *Diss.*,
5, tab. 136, fig. 1; *Lagunœa lobata*, Willd., *Spec.*, 3, p. 733;
Hibiscus solandra, l'Hérit., *Stirp.*, 1, tab. 49; *Triguera aceri-
folia*, Cavan., *Diss.*, 1, tab. 11. Cette plante s'élève à la hauteur de deux ou trois pieds sur une tige droite, rameuse,
velue, striée, cylindrique. Les feuilles sont alternes, pétiolées, hérissées par quelques poils; les inférieures petites, en
cœur, entières, un peu arrondies, aiguës; celles du milieu
divisées en plusieurs lobes, presque palmées, dentées à leurs
bords; les supérieures élargies, divisées en trois lobes inégaux,
oblongs, aigus, dentés en scie; les terminales étroites, lancéolées, entières et dentées; les pétioles beaucoup plus longs
que les feuilles; les stipules oblongues, linéaires, aiguës, un
peu ciliées. Les fleurs sont axillaires, situées à l'extrémité des
rameaux, soutenues par des pédoncules velus, simples, très-
longs, uniflores, avec des bractées assez semblables aux stipules.
Le calice est ovale-oblong, légèrement hispide, à cinq découpures lancéolées, aiguës. La corolle est blanche, très-ouverte,
à pétales ovales, oblongs, un peu obtus, veinés, presque au-
riculés à un des côtés de leur base; l'ovaire est ovale, oblong,
acuminé; le style surmonté d'un stigmate à cinq rayons, terminés chacun par une petite tête. La capsule est ovale,
acuminée, presque à cinq angles, un peu plus longue que le
calice persistant. Les valves sont légèrement ciliées; les se-

mences nombreuses, petites, arrondies. Cette plante a été découverte à l'Isle-de-France par Commerson.

SOLANDRE A FEUILLES TERNÉES: *Solandra ternata*, Cavan., *Diss.*, 5, tab. 136, fig. 2; *Lagunœa ternata*, Willd., *loc. cit.* Cette plante s'élève à la hauteur d'un pied sur plusieurs tiges herbacées, velues, rameuses dès leur base. Les feuilles sont alternes, pétiolées, velues, distantes; les inférieures ternées, composées de trois folioles ovales, linéaires, très-inégales, dont celle du milieu étroite, fort longue, entière; les supérieures échancrées en cœur et hastées à leur base, très-longues, lancéolées, fort étroites; les pétioles plus courts que les feuilles; les stipules courtes, petites, caduques. Les fleurs sont solitaires, latérales, axillaires, soutenues par de très-longs pédoncules géniculés à leur sommet; les divisions du calice lancéolées, très-aiguës. La capsule est ovale, acuminée, à cinq valves, à cinq loges; dans chaque loge sont trois semences noirâtres, hérissées de quelqùes petits tubercules. Cette plante croît au Sénégal.

SOLANDRE ÉPINEUSE: *Solandra spinosa*, Poir., Enc.; *Lagunœa aculeata*, Cavan., *Diss.*, 3, tab. 71, fig. 1; Lamk., *Ill. gen.*, tab. 577. Cette espèce a une tige droite, cylindrique, tomenteuse, chargée de quelques petits aiguillons courts et droits, un peu rameuse, haute d'environ un pied et demi. Les feuilles sont alternes, pétiolées, profondément divisées en trois ou plusieurs découpures dentées en scie; la découpure du milieu plus alongée; les pétioles très-longs. Les fleurs sont axillaires, solitaires, situées vers l'extrémité des rameaux; les pédoncules courts, uniflores. Le calice est tomenteux, ovale, oblong, terminé au sommet en cinq dents courtes et subulées, puis divisé latéralement jusque vers son milieu par le développement de la corolle. Celle-ci est jaune, étalée, une fois plus longue que le calice, à pétales un peu élargis, rétrécis à leur onglet; le stigmate rougeâtre, pelté, peu saillant; la capsule oblongue, acuminée, à cinq faces, à cinq loges, à cinq valves, renfermant des semences réniformes, noirâtres. Cette plante croît sur les côtes de Coromandel. Les feuilles sont regardées comme résolutives.

SOLANDRE ÉCAILLEUSE: *Solandra squamosa*, Poir., Enc.; *Lagunœa squamosa*, Vent., Jard. de Malm., tab. 42; Andr., *Bot. rep.*, tab. 226. Très-belle espéce, distinguée par son port et par ses feuilles. Sa tige est ligneuse, haute de dix ou douze pieds, rameuse, droite, cylindrique, écailleuse, à rameaux alternes, garnis de feuilles pétiolées, alternes, oblongues, lancéolées, coriaces, entières, longues d'environ trois pouces, obtuses, d'un vert foncé, parsemées, surtout à leur face inférieure, d'écailles blanchâtres; les pétioles sont très-courts; les stipules linéaires, caduques. Les fleurs sont grandes, solitaires, axillaires, inodores, d'un violet terne; les pédoncules plus longs que les pétioles, uniflores, articulés à leur base. Le calice est campanulé, écailleux, velu et soyeux en dedans, visqueux, à cinq découpures ovales, aiguës; la corolle en cloche, à cinq pétales ovales, oblongs, obtus; les anthères d'un jaune doré, vacillantes, à quatre sillons. L'ovaire est soyeux, en poire, à cinq loges, renfermant plusieurs ovules disposés sur deux rangs; le stigmate pubescent, à cinq lobes ovales, un peu arrondis, ouverts en étoile. Cette plante croît dans l'île de Norfolk, à l'est de la Nouvelle - Hollande. (Poir.)

SOLANÉES. (*Bot.*) Cette famille de plantes très-naturelle et généralement admise, tire son nom de la Morelle, *Solanum*, son genre le plus nombreux en espèces; elle fait partie de la classe des hypocorollées ou dicotylédones à corolle monopétale insérée au support de l'ovaire. Son caractère général est formé de la réunion des suivans.

Un calice d'une seule pièce, non adhérent à l'ovaire, divisé plus ou moins profondément en cinq parties ordinairement égales, quelquefois en moins ou plus de cinq. Corolle hypogyne, monopétale, ordinairement régulière, dont le limbe se divise en lobes plissés avant la floraison, égaux en nombre à ceux du calice et alternes avec eux. Étamines insérées au tube de la corolle au-dessous de ses lobes, alternes avec eux et en nombre égal; filets distincts; anthères (quelquefois inégales en grosseur) biloculaires, s'ouvrant dans leur longueur ou quelquefois par deux pores terminaux. Le fruit est ordinairement à deux loges (très-rarement plus), séparées par une cloison portant sur le milieu de chacune de ses faces un placentaire chargé de plusieurs graines, proéminant quelquefois dans l'intérieur de sa loge au point de la diviser presque en deux demi-loges. Ce fruit est tantôt une baie variant beaucoup dans sa forme et son volume; tantôt une capsule bivalve, dont la cloison, séparant les loges, et parallèle aux valves, s'applique par son contour sur leurs bords (comme dans beaucoup de genres de Scrophularinées voisins de cette famille). Graines nombreuses, sessiles sur les placentaires, recouvertes de deux tégumens, dont l'extérieur est solide. Embryon dans un périsperme charnu, cylindrique, dirigé vers l'ombilic de la graine, tantôt droit ou légèrement courbé, tantôt plus ordinairement très-recourbé en forme d'hameçon, à radicule plus longue que les lobes ordinairement demi-cylindriques et non débordée par eux (excepté dans le *cestrum*, dans lequel ils sont orbiculaires).

Les plantes de cette famille sont des herbes ou des sous-arbrisseaux ou arbrisseaux. Les feuilles sont alternes, simples ou rarement pennées: les florales partent quelquefois deux d'un même point. Les fleurs, dont la disposition et l'assemblage varient, sont quelquefois extra-axillaires, sortant à côté des feuilles.

Les solanées se divisent assez naturellement en deux sections principales, caractérisées par le fruit capsulaire ou charnu.

Dans celle des fruits capsulaires on rapporte les genres *Celsia* et *Verbascum*, servant de transition aux Scrophularinées, ayant comme elles la corolle un peu irrégulière et l'embryon droit; *Hyoscyamus*; *Nierembergia* de la Flore du Pérou; *Markea* de Richard, adopté par M. de Lamarck; *Nicotiana* et son congénère *Tabacum* de Mœnch; *Petunia* de Jussieu; *Salpiglossis* de la Flore du Pérou; *Anthocercis* de M. de Labillardière; *Datura*, auquel plusieurs réunissent le *Solandra* de Linnæus fils et de Swartz, ou *Brugmansia* de M. Persoon, ou *Swartzia* de Gmelin, ayant le fruit un peu charnu et tenant ainsi le milieu entre cette section et la suivante.

La section des fruits charnus ou en baie réunit les genres *Triguera* de Cavanilles; *Jaborosa*; *Mandragora*; *Nectouxia* de MM. de Humboldt et Kunth; *Atropa*, auquel se rapporte le *Saracha* de la Flore du Pérou, ou *Bellunia* de Rœmer; *Nicandra*, avec lequel se confond le *Calydermos* de la même Flore; *Rapinia* de Loureiro; *Physalis*, comprenant aussi le *Physalodes* de Mœnch, le *Herschellia* de Bewdich et peut-être le *Wi-*

thania de M. Paques ; *Witheringia* de l'Héritier ; *Duboisia* de M. Brown ; *Aquartia*, que M. Dunal réunit au suivant; *Solanum*, dont on ne sépare ni le *Dulcamara* et le *Pseudocapsicum* de Mœnch, ni le *Nycterium* de Ventenat ; *Lycopersicon* de Tournefort, détaché du précédent par M. Dunal, non admis par d'autres; *Capsicum* ; *Lycium*, auquel le *Panzeria* de Gmelin, le *Jasminoides* de Mœnch et le *Lycioserissa* de Rœmer restent unis ; *Dunalia* de M. Kunth ; *Cestrum* ; *Dartus* de Loureiro ; *Ulloa* de M. Persoon ou *Juan - Ulloa* de la Flore du Pérou.

A la suite de cette famille on place avec doute les genres suivans, qui ont avec elle quelque affinité, mais en différant en plusieurs points importans, qui feront peut-être de quelques-uns les types de nouvelles familles. Ces genres sont *Nolana*; *Cerium* de Loureiro; *Codon* de Van-Royen ; *Billanderia* de M. Smith ; *Brunsfelsia* et *Crescentia*. (J.)

SOLANÉE PARMENTIÈRE. (*Bot.*) Nom donné à la pomme de terre en l'honneur de Parmentier, qui a beaucoup contribué à répandre cette plante précieuse. (L. D.)

SOLANIFOLIA. (*Bot.*) C'est sous ce nom qu'on trouve cité dans C. Bauhin le *circæa alpina*. (J.)

SOLANOIDES. (*Bot.*) Ce genre, fait par Tournefort et que Mœnch a voulu rétablir, est resté réuni au *Rivina* de Plumier et de Linnæus. (J.)

SOLANUM. (*Bot.*) Voyez Morelle. (L. D.)

SOLARIS. (*Bot.*) Quelques anciens, cités par Daléchamps, ont donné ce nom à l'héliotrope ordinaire, probablement parce qu'il tourne ses fleurs vers le soleil. (J.)

SOLARIUM [Cadran]. (*Conch.*) Subdivision du genre *Trochus* de Linné, établie par M. de Lamarck, depuis l'impression des premiers volumes de ce Dictionnaire et de leurs Supplémens, pour un assez petit nombre de jolies coquilles que les anciens conchyliologistes désignoient en effet sous le nom de cadrans, et dont ils formoient aussi une sorte de section générique. Comme on n'a aucune connoissance de l'animal des cadrans, et qu'on ne sait pas même s'il est pourvu d'un opercule, ce qui est cependant extrêmement probable, et de quelle nature il est, la caractéristique de ce genre ne porte absolument que sur la coquille et peut être ainsi énoncée : Coquille orbiculaire, enroulée presque dans le même plan vertical ou subplanorbique, à spire très-surbaissée, fortement ombiliquée de la base au sommet, et par conséquent sans columelle ; l'ombilic plus ou moins crénelé dans sa circonférence ; ouverture très-déprimée et plus ou moins quadrangulaire. D'après cela, il est aisé de voir que c'est une exagération de certaines espèces de troques, dont la base, très-plate, est circonscrite par un bord tranchant. On ne sait rien du reste sur les cadrans, si ce n'est qu'ils sont tous marins et des mers des pays chauds ; il paroît cependant qu'il en existe déjà dans la Méditerranée. Les espèces que M. de Lamarck caractérise dans ce genre sont les suivantes :

Le CADRAN STRIÉ : *S. perspectivum; Trochus perspectivus*, Linn., Gmel., pag. 3566, n.° 3 ; Enc. méth., pl. 446, fig. 1, *a*, *b*. Coquille orbiculaire, à spire conoïdale, fortement striée dans le travers de ses tours ; à ombilic grand, crénelé de tubercules assez petits : couleur d'un fauve blanchâtre, avec une double bande articulée de blanc et de fauve ou de châtain le long de la suture, décurrente sur les tours de spire.

Cette jolie coquille, commune dans les collections, et dont le diamètre est quelquefois de deux pouces et demi, vient de la mer des Indes, où elle porte le nom de *cadran* ou d'*escalier*. Linné et M. de Lamarck disent qu'elle se trouve aussi dans la Méditerranée, sur la côte d'Afrique.

Le C. GRANULÉ : *S. granulatum*, de Lamk., Syst. des anim. sans vert., tom. 7, p. 3, n.° 2 ; Enc. méth., pl. 446, fig. *a*, *b*. Coquille orbiculaire, conoïdale, lisse ou non striée ; ombilic rétréci et entouré de tubercules épais : couleur d'un blanc fauve, avec plusieurs bandes granuleuses tachetées de brun le long de la suture. Diamètre dix-neuf lignes. Patrie inconnue.

Le C. GLABRE : *S. lœvigatum*, de Lamk., *ibid.*, n.° 3 ; Enc. méth., pl. 446, fig. 3, *a*, *b*. Coquille orbiculaire, conique, presque lisse et avec quelques stries seulement au sommet de la spire ; ombilic rétréci avec des tubercules assez épais : couleur blanche, avec plusieurs bandes tachetées de jaune ou de roux.

C'est encore une espèce dont on ne connoît pas la patrie, et qui me paroît n'être qu'une variété du cadran ridé : elle est cependant un peu plus élevée et son ombilic est plus resserré. Son diamètre a un pouce et demi.

Le Cadran treillissé : *S. stramineum; Trochus stramineus*, L., Gmel., p. 3575, n.° 59; Chemn., *Conch.*, 5, t. 172, p. 1699. Coquille orbiculo-convexe, sillonnée dans la décurrence de la spire, striée en travers, et par conséquent treillissée, assez légèrement arrondie à son dernier tour; ombilic très-ouvert, avec des crénelures extrêmement fines; ouverture tout-à-fait ronde: couleur d'un jaune fauve sans taches.

Cette petite espèce, puisqu'elle n'a pas plus de dix lignes de diamètre, vient des côtes de Tranquebar.

Le C. hybride : *S. hybridum, Trochus hybridus*, Linn., Gmel., p. 3567; Enc. méth., pl. 446, fig. 2, *a, b*. Coquille petite (huit lignes de diamètre), orbiculaire, raccourcie, conoïdale, lisse, à ombilic étroit et assez fortement crénelé à sa circonférence; ouverture ronde, avec une échancrure dans le dernier tubercule de l'ombilic: couleur d'un jaune roussâtre, tacheté de blanc en dessus, à fascies articulées de blanc et de fauve en dessous.

De la Méditerranée.

Le C. bigarré : *S. variegatum; Trochus variegatus*, Linn., Gmel., p. 3575, n.° 60; Enc. méth., pl. 446, fig. 6, *a, b*; vulgairement le Lépreux de la Nouvelle-Zélande. Petite coquille de huit lignes de diamètre, orbiculo-convexe, un peu treillissée par des sillons décurrens et des stries transverses, à ombilic ouvert et crénelé dans son pourtour par une double série de tubercules; ouverture grande, arrondie, avec deux échancrures columellaires: couleur bigarrée ou variée, tant en dessus qu'en dessous, de blanc et de roussâtre.

Des mers australes.

Le C. jaunatre; *S. luteum*, de Lamk., *ibid.*, pag. 5, n.° 7. Très-petite coquille (quatre lignes et demie de diamètre), orbiculo-conoïdale, glabre, avec un double sillon à la circonférence et un ombilic étroit, cerné de tubercules blancs: couleur jaune, ponctuée de rouge le long des sillons et de la suture.

Des mers de la Nouvelle-Hollande.

Le C. planorbe, S. *planorbis*. Petite coquille presque tout-à-fait plate, discoïde, labourée par des sillons décurrens inégaux, à peine tuberculeux, et par des stries transverses; ombilic très-ouvert, bordé par une série de tubercules dont le dernier est échancré; ouverture ronde : couleur toute blanche.

Cette petite espèce, dont j'ignore la patrie, existe dans la collection du duc de Rivoli.

En remarquant que tous les caractères employés pour différencier les espèces de cadrans établies par Gmelin et par M. de Lamarck, ne portent que sur des choses susceptibles de beaucoup de variations, comme la grosseur relative, la hauteur de la spire, la grandeur de l'ombilic et de ses crénelures, le développement des stries, et enfin, la couleur, je ne serois pas étonné que plusieurs ne fussent réellement que des variétés de la même espèce. On trouve cependant trois formes distinctes : la première est celle des véritables cadrans, contenant les *S. perspectivum, granulatum* et *lævigatum;* la seconde, qui est un peu différente, parce que le dernier tour est moins plissé en dessous et moins caréné, contient les *S. stramineum, hybridum* et *planorbis,* qui ont en outre pour caractère commun : une échancrure au dernier tubercule de l'ombilic; enfin, la troisième forme est beaucoup plus rapprochée de celle des turbos : l'ombilic est très-évasé, et il y a deux rangs de tubercules décurrens, et deux échancrures par conséquent au bord columellaire. Ce sont les *S. variegatum* et *luteum.* (DE B.)

SOLART. (*Ornith.*) Ancien nom, suivant Cotgrave, de la bécasse commune, *scolopax rusticola*, Linn. (CH. D.)

SOLAT. (*Conchyl.*) Adanson, Sénég., p. 122, pl. 8, fig. 15, décrit et figure sous ce nom une petite coquille de son genre Pourpre, dont Gmelin a fait une espèce de *murex* sous le nom de *murex semilunaris*, et que M. de Lamarck rapporte avec doute au *murex brandaris*. (DE B.)

SOLDA. (*Bot.*) Au Malabar, suivant Rhéede, on nomme ainsi une espèce de câprier à grandes fleurs et à très-grandes feuilles, non mentionnée dans les livres modernes, lequel est le *sivi pada* des Brames. (J.)

SOLDADO. (*Ichthyol.*) Nom spécifique d'un HOLOCENTRE, décrit dans ce Dictionnaire, tome XXI, page 303.

Soldado est aussi le nom latin du genre Holocentre, réformé par M. Cuvier. (H. C.)

SOLDANELLA. (*Bot.*) La plante maritime ainsi nommée par les anciens est un liseron, *convolvulus soldanella*. Le solda-

nella alpina est la Soldanelle, genre de la famille des primu-lacées. (J.)

SOLDANELLE; *Soldanella*, Linn. (*Bot.*) Genre de plantes dicotylédones monopétales, de la famille des *primulacées*, Juss., et de la *pentandrie monogynie*, Linn., qui a pour principaux caractères : Un calice monophylle, à cinq divisions ; une corolle monopétale, campanulée, ayant son limbe partagé en un grand nombre de lobes linéaires ; cinq étamines ayant leurs anthères terminées par un filet; un ovaire supère, surmonté d'un style filiforme; une capsule oblongue, s'ouvrant par le sommet en plusieurs valves, contenant des graines nombreuses et très-petites. On n'en connoît qu'une espèce.

Soldanelle des Alpes : *Soldanella alpina*, Linn., *Sp.*, 206 ; Jacq., *Fl. Aust.*, t. 13. Sa racine est horizontale, fibreuse, vivace ; elle produit trois à six feuilles arrondies, glabres, échancrées à leur base, portées sur des pétioles longs d'un à deux pouces. Du milieu de ces feuilles s'élève une hampe cylindrique, nue, droite, une ou deux fois plus longue que les feuilles, portant à son sommet une à trois fleurs penchées, dont les pédicelles particuliers sont munis à leur base d'un petit involucre de deux à trois folioles linéaires, une ou deux fois plus courtes que les pédicelles eux-mêmes. La corolle est presque toujours bleue, rarement blanche, et les divisions de son limbe sont souvent au nombre de plus de vingt. Cette plante croît dans les lieux frais et dans le voisinage des glaciers, sur les sommets des Alpes, des Pyrénées et des autres montagnes alpines de l'Europe. (L. D.)

SOLDANIE. (*Foss.*) Dans le tableau méthodique de la classe des céphalopodes, M. Dorbigny a signalé sous ce nom un genre de coquilles microscopiques, auquel il assigne les caractères suivans : Coquille libre, déprimée; spire régulière, également apparente de chaque côté; ouverture présumée marginale ou à l'angle extérieur des loges. Soldani en a donné la description et les figures de six espèces, dont trois vivent dans la Méditerranée, et les trois autres se trouvent fossiles à la Corroncine, savoir :

Soldanie carinée : *Soldania carinata*, Dorb.; Sold., 4, *App.*, p. 146, tab. 18, fig. *P* et Q.

SoLDANIE SPIRORBE : *Soldania spirorbis*, Dorb.; Sold., 4, *App.*, tab. 4, fig. *G* et *H*, p. 140.

SoLDANIE BLANCHE : *Soldania nitida*, Dorb.; Sold., 2, tab. 135, fig. 1.

Nous ne connoissons pas ces espèces, et ce n'est que d'après les figures de l'ouvrage de Soldani qu'elles ont été décrites par M. Dorbigny. (D. F.)

SOLDANITE. (*Min.*) M. Thomson, de Naples, a proposé de désigner par ce nom les pierres météoriques en l'honneur du P. Soldani. (B.)

SOLDAT. (*Ornith.*) Nom vulgaire du combattant, *tringa pugnax*, Linn. (Cʜ. D.)

SOLDAT. (*Conchyl.*) Nom du *turbo pica* ou méléagre de Denys de Montfort. (Dᴇsᴍ.)

SOLDAT DES BOIS. (*Entom.*) Nom vulgaire sous lequel on désigne aux Moluques et dans l'Amérique du sud de grandes espèces de mantes; ce sont des insectes orthoptères, de la famille des anomides, qui ressemblent à des branches de bois sec. Voyez les articles Pʜᴀsᴍᴇ et Sᴘᴇᴄᴛʀᴇ. (C. D.)

SOLDAT DE MER. (*Crust.*) Désignation attribuée quelquefois aux pagures. (Dᴇsᴍ.)

SOLDATENFISCH. (*Ichthyol.*) Nom allemand du *chétodon bridé*. Voyez Cʜᴇᴛoᴅoɴ. (H. C.)

SOLDEVILLA. (*Bot.*) Voyez notre article Hɪsᴘɪᴅᴇʟʟᴇ, tom. XXI, pag. 247; et notre tableau des Lactucées, tom. XXV, pag. 63. (H. Cᴀss.)

SOLDIDO. (*Ichthyol.*) Nom portugais que l'on donne au callichthe dans le Brésil. Voyez Cᴀʟʟɪᴄʜᴛʜᴇ. (H. C.)

SOLDIGO. (*Ichthyol.*) Les Portugais du Brésil donnent ce nom au Tᴀᴍoᴀᴛᴀ. Voyez ce mot. (H. C.)

SOLE, *Solea*. (*Ichthyol.*) En conséquence des nombreux démembremens opérés dans le grand genre Pʟᴇᴜʀoɴᴇᴄᴛᴇ de Linnæus et de la plupart des ichthyologistes qui l'ont suivi, M. Cuvier a formé sous ce nom un genre de poissons holobranches osseux, qui appartiennent à la famille des hétérosomes de M. Duméril, et qu'il est facile de reconnoître aux caractères suivans:

Corps comprimé, haut verticalement, oblong, non symétrique; bouche contournée et comme monstrueuse du côté opposé aux yeux,

*et garnie seulement de ce côté-là de fines dents en velours serré,
tandis que le côté des yeux n'a aucune dent; museau rond et presque toujours plus avancé que la bouche; nageoire dorsale commençant sur celle-ci et régnant, aussi bien que l'anale, jusqu'à
la caudale; ligne latérale droite; deux nageoires pectorales.*

Par suite il devient très-facile de distinguer les SOLES des
FLÉTANS et des PLIES, qui ont la nageoire dorsale beaucoup
plus courte; des MONOCHIRES, qui n'ont qu'une seule nageoire
pectorale; des ACHIRES, qui n'en ont point du tout; des TUR-
BOTS, dont la bouche n'est point contournée. (Voyez ces différens noms de genres, et HÉTÉROSOMES et PLEURONECTE.)

Parmi les Soles nous décrirons les suivantes :

La SOLE COMMUNE : *Solea vulgaris*, N.; *Pleuronectes solea*.
Linn. Les deux yeux à droite; nageoire caudale arrondie,
non échancrée; nageoire dorsale étendue jusqu'au bout du
museau; mâchoire supérieure plus avancée que l'inférieure;
corps et queue très-alongés, couverts d'écailles tenaces, ra-
boteuses et dentelées, d'un brun olivâtre sur la face droite
et grisâtre sous la gauche; nageoires pectorales tachetées;
des barbillons blancs et très-courts au côté gauche des deux
mâchoires; intestin long, à plusieurs sinuosités et sans cœcum.

La sole habite un grand nombre de mers; on la trouve
non-seulement dans la Baltique et dans l'océan Atlantique
boréal, mais encore dans les environs de Surinam et dans la
mer Méditerranée, où l'on en fait particulièrement une pêche
très-abondante auprès d'Orytana et de Saint-Antioche de
Sardaigne. Elle habite aussi la vase de l'embouchure du Var,
et la Gambie où Bowdich l'a observée. On la voit entrer
quelquefois dans les rivières, et Noël de la Morinière l'a vu
pêcher dans les guideaux de la Seine, auprès de Tancarville,
et jusque dans le lac de Tôt.

La grandeur des soles paroît varier suivant les eaux qu'elles
fréquentent. Auprès de l'embouchure de la Seine, on en prend
qui ont dix-huit à vingt-cinq pouces de longueur; non loin
de celle du Var, elles parviennent au poids de quatre livres,
et sur quelques côtes d'Angleterre, à celui de six et huit livres.

On les pêche de plusieurs manières, et spécialement aux
hameçons dormans et au harpon.

La chair de la sole est tendre, délicate, d'une saveur

exquise ; aussi ce poisson, que dans quelques-unes de nos provinces, et pour cette raison, on a surnommé *Perdrix de mer*, paroit-il avec honneur sur les tables les plus somptueuses. Il peut d'ailleurs se garder plusieurs jours avant d'être mangé, sans inconvénient et même avec avantage ; car non-seulement il ne se corrompt point, mais encore il acquiert une saveur de plus en plus fine. Voilà pourquoi, toutes choses égales d'ailleurs, les soles de l'océan sont meilleures à Paris qu'auprès du Hâvre, et celles de la Méditerranée à Lyon qu'à Toulon ou à Montpellier.

Les soles qui passent pour l'emporter sur les autres pour l'excellence de leur chair, sont celles du cap de Bonne-Espérance.

Auprès de l'embouchure de l'Orne on pêche, sous la dénomination de *cardine*, une variété de sole à tête grande et alongée, à côté droit d'un fauve-roux clair, et à chair moins délicate.

La POLE : *Solea cynoglossa*, N. ; *Pleuronectes cynoglossus*, Linn. Les deux yeux à droite ; nageoire caudale arrondie ; écailles ovales, molles et lisses ; dents obtuses ; côté droit d'un rouge brun ; côté gauche blanc.

Ce poisson, dont la taille se balance habituellement entre vingt-huit et trente pouces, habite la partie de l'océan Atlantique qui baigne la Belgique. On le trouve aussi dans les mers du Groënland.

Sa chair passe pour fort bonne.

La SOLE ŒILLÉE : *Solea ocellata*, N. ; *Pleuronectes ocellatus*, Linn. Quatre taches noires, bordées de blanc et rondes sur le côté droit, qui est d'une couleur vigogne clair avec des reflets d'un rouge obscur ; une bandelette noire sur la queue ; côté gauche d'un blanc de chair, qui passe au bleu céleste vers les nageoires ; yeux relevés en bosse, avec l'iris d'un bleu de saphir et la pupille d'une teinte d'améthyste ; nageoires obscures et variées de rougeâtre et de violet.

Ce poisson n'a que trois à quatre pouces de longueur, et ne pèse que trois onces à trois onces et demie.

On l'avoit cru relégué dans les mers de Surinam ; mais M. Risso l'a vu dans celles de Nice, où néanmoins il est rare.

Il paroît d'ailleurs que le *Pleuronectes ocellatus* de Schneider (40) n'est que le *Pleuronectes Rondeletii* de Shaw, et que la *Solea ocellata* ou *Pégouze* de Rondelet, probablement.

La Pégouze : *Solea peguza*, N. ; *Pleuronectes peguza*, de Lacép. Écailles petites, ciliées, fort adhérentes à la peau ; les deux yeux, comme dans l'espèce précédente, placés du côté droit, qui est d'un rouge brunâtre et orné de taches inégales et de bandes noirâtres ; côté gauche d'un blanc sale ; nageoire caudale rougeâtre, lunulée de noir à sa base : taille de trois à cinq pouces.

La Pégouze vit dans les algues près des rochers sous-marins de la Méditerranée. Noël de la Morinière dit aussi qu'on l'a prise parfois aux environs de Caen; mais ce fait est douteux.

Son nom lui vient du patois languedocien, et indique l'extrême adhérence de ses écailles à la peau, où elles semblent fixées comme avec de la poix.

La Sole Lascaris : *Solea Lascaris*, N. ; *Pleuronectes Lascaris*, Risso. Corps aplati ; écailles ciliées ; très - adhérentes ; côté droit d'un fauve tigré de noir, avec des reflets violets et des points grisâtres ; côté gauche d'un blanc azuré ; dessous de la tête orné de petits cils soyeux, blanchâtres, entourant un long tube d'où s'écoule une humeur muqueuse ; nageoires dorsale et anale grandes et tachetées de rouge, de blanc et de noir.

Ce poisson des mers qui baignent les rivages des Alpes maritimes, est excellent à manger. Il atteint la taille d'un pied environ.

La Sole Théophile : *Solea Theophila*, N. ; *Pleuronectes Theophilus*, Risso. Dessus d'une couleur cendrée, parsemée de petits points noirs; dessous d'un gris sale; nageoire pectorale droite tachetée de noir; la gauche blanche.

Ce poisson n'a pas plus de quarante à cinquante lignes de longueur, comme le précédent, et a été décrit aussi, comme lui pour la première fois, par M. Risso : on le prend dans le golfe de Nice en Juillet et Septembre.

La Sole zèbre : *Solea zebra*, N. ; *Pleuronectes zebra*, Linn. Les deux yeux à droite; la nageoire caudale pointue et réunie avec les nageoires dorsale et anale; corps et queue très-alongés; côté droit blanchâtre avec des lignes transversales brunes, très-longues, réunies ou rapprochées deux à deux. Des Indes orientales.

La Plagieuse : *Solea plagiusa*, N. ; *Pleuronectes plagiusa*, Linn. Yeux, nageoires, corps et queue comme dans l'espèce précédente. Côté droit grisàtre.

Observée dans les eaux de la Caroline, par le docteur Garden.

Il faut encore rapporter aux soles le *Pleuronectes orientalis* de Schneider, et le Pleuronecte Commersonien de feu de Lacépède. (H. C.)

SOLE. (*Conchyl.*) Nom vulgaire d'une espèce de peigne dont la coquille est très-mince et très-plate, *Pecten pleuronectes* de Lamarck ; *Ostrea pleuronectes*, Linn. (De B.)

SOLE EN BÉNITIER. (*Conchyl.*) Nom marchand rarement employé aujourd'hui pour désigner le P. zig-zag , *Ostrea zig-zag* de Linné. (De B.)

SOLE PÉTONCLE ou PETITE SOLE. (*Conchyl.*) Bruguière paroît douter que ce soit le *spondylus plicatus*. (De B.)

SOLEA. (*Ichthyol.*) Nom latin de la Sole. Voyez ce mot. (H. C.)

SOLEARIA. (*Foss.*) Ce nom a été quelquefois donné à des numismales. (Desm.)

SOLEASTER. (*Bot.*) Un des noms anciens du *sideritis*, cité par Ruellius et Mentzel. (J.)

SOLÉCURTE, *Solecurtus*. (*Conch.*) C'est le nom sous lequel M. de Blainville a rangé plusieurs espèces de solens des conchyliologistes les plus modernes, par exemple de M. de Lamarck, qui diffèrent d'une manière évidente des autres par la forme générale, la position et la composition de la charnière, etc. Les caractères qu'il a assignés à ce genre sont entièrement tirés de la coquille, l'animal étant tout-à-fait inconnu ; ce sont les suivans : Coquille ovale, alongée, équivalve, subéquilatérale, à bords presque droits et parallèles ; extrémités également arrondies et subtronquées ; sommets très-peu marqués, submédians ; charnière édentule ou formée par quelques petites dents cardinales rudimentaires ; ligament saillant, bombé, porté sur des callosités nymphales épaisses ; deux impressions musculaires distantes ; impression palléale étroite, profondément sinueuse en arrière et se prolongeant bien en arrière de l'origine de la sinuosité. Quoique rapprochés des véritables solens, les solécurtes ont réellement un *facies* particulier qui permet de les distinguer au premier aspect, et ils font le passage entre ceux-là et les sanguinolaires, qui étoient aussi des solens pour Linné. Il se trouve des espèces de solécurtes dans toutes les mers, où très-probablement elles vivent enfoncées dans le sable, à la manière de tous les pyloridés.

A. *Espèces plates, minces, inéquilatérales, pourvues d'une barre intérieure, décurrente obliquement du sommet au bord abdominal.* (G. SILIQUE, Megerle.)

Le SOLÉCURTE RADIÉ : *Solecurtus radiatus ; Solen radiatus,* Linn., Gmel., pag. 5224, n.° 6; Enc. méth., pl. 225, fig. 1. Coquille mince, plate, ovale-oblongue, lisse, de couleur violette, avec trois ou quatre rayons blancs, sous un épiderme inconnu.

Cette coquille, que nous ne connoissons que dépouillée et qui est commune dans les collections, vient des mers de l'Inde.

Le S. ÉCAILLE, *S. squama.* Coquille ovale-alongée, très-plate, très-mince, fragile, à bords convexes, surtout l'abdominal, très-inéquilatérale, arrondie et plus large en avant, subrostrée en arrière ; une longue dent lamellaire transverse sur la valve droite seulement, avec une barre décurrente au-dessous : couleur d'un blanc de lait, sous un épiderme épais brun corné.

Cette coquille, que je crois unique dans les collections de Paris, me provient de Terre-Neuve ; elle a deux pouces un quart de long sur un pouce de haut.

Le S. GOUSSE : *S. legumen,* Linn., Gmel., pag. 5224, n.° 4; Enc. méth., pl. 225, fig. 3. Coquille fort mince, semi-transparente, oblique, étroite, un peu plus large en arrière qu'en avant, très-plate ; deux dents cardinales sur la valve gauche et une intrante sur la droite, avec une apophyse oblique en arrière, supportée par une barre décurrente atteignant seulement le milieu de la coquille : couleur toute blanche, sous un épiderme verdâtre.

J'ai reçu cette jolie espèce de la Méditerranée. C'est très-probablement le molan d'Adanson.

Le Solécurte très-petit ; *S. minimus*, Linn., Gmel., p. 3227, n.° 14. Coquille linéaire, ovale, droite, avec deux dents cardinales, et une côte intérieure traversant toute la coquille : couleur toute blanche, sous un épiderme jaunâtre.

Du golfe de Tranquebar.

B. *Espèces plus cylindriques, sans barre intérieure et subéquilatérales.*

Le S. rose : *S. strigillatus*, Linn., Gmel., p. 3225, n.° 7 ; Enc. méth., pl. 224, fig. 5, et Dict. des sc. nat., pl. 79, fig. 4. Coquille ovale-oblongue, épaisse, solide, très-convexe, comme tronquée aux extrémités, striée obliquement : couleur rose, avec deux rayons blancs sous un épiderme brun.

Cette espèce, qui se trouve dans la Méditerranée et dans la mer Atlantique, n'a quelquefois qu'une seule dent cardinale, comme dans une variété plus petite, indiquée par M. de Lamarck. C'est le golar d'Adanson.

Le S. blanc, *S. albus.* Coquille oblongue-subcylindrique, épaisse, solide, arrondie aux deux extrémités, à bord abdominal un peu rentré, striée obliquement vers le milieu et en arrière : couleur toute blanche.

Cette espèce, des côtes de la Manche, que j'ai reçue de M. Hérissier de Gerville, sous le nom de *Solen strigillatus*, en est bien distincte par sa grandeur beaucoup moins considérable, sa forme plus cylindrique, sa couleur et la position de son sommet beaucoup plus médian. C'est le *S. strigillatus* de tous les conchyliologues anglois, qui paroît ne pas exister dans la Méditerranée.

C. *Espèces encore plus alongées et subcylindriques.*

Le S. de Dombey : *S. Dombeii*, de Lamk., tom. 5, p. 454, n.° 12 ; Enc. méth., pl. 224, fig. 1, *a*, *b*, *c.* Coquille assez étroite, alongée, arrondie aux extrémités, à bord abdominal un peu excavé ; une seule ou deux dents cardinales : couleur d'un blanc mat, radiée de brun vers les crochets, sous un épiderme roussâtre.

Des côtes du Pérou.

Le S. des Antilles : *S. caribœus*, de Lamk., *ibid.*, n.° 14 ; Enc. méth., pl. 225, fig. 1. Coquille oblongue-ovale, droite, avec deux dents cardinales sur une valve, et une seule bifide sur l'autre : couleur d'un fauve pâle non radié, sous un épiderme roussâtre.

De l'Océan des Antilles.

Le Solécurte de Java : *S. javanicus*, id., ibid., n.º 3. Coquille étroite, alongée, droite, striée longitudinalement, avec deux dents cardinales sur une valve, et trois dont la médiane bifide sur l'autre : couleur jaune, à épiderme rembruni.

Des côtes de Java.

Le S. resserré; *S. constrictus*, id., ibid.. n.º 16. Coquille mince, oblongue, presque droite, arrondie aux deux extrémités, un peu étranglée au milieu : couleur blanche.

Des mers de la Chine ou du Japon, d'après Péron.

Le S. sublamelleux : *S. antiquatus*, Montagu; *Solen cultellus*, Penn., Zool. brit., 4, pl. 46, fig. 25. Coquille mince, subpellucide, ovale-oblongue, assez courte, arrondie aux deux extrémités, avec des stries longitudinales très-fines sur les côtés et une ou deux dents cardinales : couleur blanche, sous un épiderme d'un jaune brunâtre.

Des côtes d'Angleterre, dans le Hampshire, et en Cornouailles.

MM. Maton et Rakett, dans leur Catalogue descriptif des testacés de l'Angleterre, disent que les observations de Montagu ont prouvé que le *solen fragilis*, qu'il avoit adopté d'après Pulterey *in* Hutch., Dorset., pag. 28, n'est qu'un jeune âge du *S. antiquatus*.

Le S. tagal; *S. tagal*, Adanson, Sénég., p. 255, pl. 19, fig. 1. Coquille ovale-oblongue, droite, arrondie aux deux extrémités, un peu plus large en avant qu'en arrière, striée dans sa longueur; deux dents cardinales, étroites, rapprochées sur chaque valve : couleur blanche en dedans comme en dehors, sous un épiderme de couleur cendrée.

Cette espèce, qui pourroit bien ne pas différer du *S. caribæus*, est, à ce qu'il paroît, fort commune dans le limon noir et sablonneux de l'embouchure du Niger.

La glycimère rousse de Daudin, Bosc, Coq., tom. 5, pl. 17, fig. 5, qui se trouve probablement à l'embouchure des fleuves de l'Amérique méridionale, pourroit bien n'être encore que le *S. caribæus*. (De B.)

SOLEIL. (*Astr.*) Voyez Système du monde. (L. C.)

SOLEIL. (*Ichthyol.*) Le gal verdâtre et l'ortagorisque lune ont quelquefois reçu ce nom. (Desm.)

SOLEIL COUCHANT. (*Conchyl.*) Nom vulgaire de la *sanguinolaria occidens* de M. de Lamarck ; *solen occidens* de Linné et Gmelin. (De B.)

SOLEIL LEVANT. (*Conchyl.*) Nom marchand d'une espèce de solételline, *solen rostratus* de M. de Lamarck ; *S. radiatus* de quelques auteurs. (De B.)

SOLEIL MARIN. (*Conchyl.* et *Actinoz.*) Sous ce nom on a indiqué une coquille du genre Turbo, *T. calcar*, plus ordinairement appelée l'éperon ; d'autres fois les espèces d'astéries, qui ont un grand nombre de rayons. (De B.)

SOLEMYE, *Solemya*. (*Conchyl.*) Genre de coquilles établi par M. de Lamarck, tom. 6, pag. 488, de son Système des anim. sans vert., pour un très-petit nombre d'espèces, dont l'une, de la Méditerranée, avoit été rangée par Poli parmi les Solens. En voici la caractéristique : Coquille fortement épidermée, régulière, ovale, alongée, à bords droits et parallèles, équivalve, très-inéquilatérale ; sommets postérodorsaux peu marqués ; charnière similaire, édentule ; ligament sub-extérieur très-reculé et porté sur un cuilleron dentiforme, court et très-oblique ; deux impressions musculaires, petites, arrondies, écartées, sans impression palléale visible. Ce petit genre, qui se distingue assez aisément des Solens et des Myes par la position des sommets très-reculés en arrière, ce qui le rapproche des Glycimères, dont le ligament est aussi sur le côté court de la coquille, ne contient encore que deux espèces, qui probablement vivent dans le sable, à la manière de presque tous les pyloridés ; elles sont remarquables par l'épaisseur de leur épiderme, qui sans doute les clot et les enveloppe de toutes parts. Ce sont :

La Solemye australe : *Solemya australis*, de Lamarck, *loc. cit.*, pag. 489 : Atlas de ce Dictionnaire, pl. LXXIX, fig. 1 ; *Mya marginipectinata*, Péron et Lesueur. Coquille oblongue, échancrée vers les natèces, d'un brun luisant, rayonnée.

Des mers de la Nouvelle-Hollande, au port du roi George.

La S. méditerranéenne : *S. mediterranea*, de Lamarck, *ibid.*, n.º 2 ; Poli, Test., 2, pag. 42, et tom. 1, tab. 15, fig. 10 ;

Solen , Encycl. , pl. 225 , fig. 4. Petite coquille oblongue ,
entière vers les natèces, brune , luisante, rayonnée de jaune'.
De la Méditerranée.

J'ai vu plusieurs individus de cette espèce dans la collection de M. Deshaies, et je me suis assuré qu'il n'y a réellement pas de dents à la charnière, mais bien une sorte de
cuilleron fort court et oblique, sur lequel repose le ligament. (DE B.)

SOLEN , *Solen.* (*Malacoz.*) Cette dénomination , que les
auteurs latins , et entre autres Linnæus, ont adoptée de
la langue grecque, dans laquelle elle signifie *canal* ou *tuyau* ,
paroît avoir été employée de bonne heure pour désigner le
genre de coquilles auquel elle est maintenant appliquée par
les zoologistes, puisqu'on la trouve déjà dans Aristote avec des
circonstances qui ne permettent pas de douter que c'étoient
bien les mêmes animaux que nos solens, qu'il comprenoit sous
ce nom. (Il ne me paroît pas aussi certain que, comme le veulent la plupart des commentateurs , cette dénomination de
solen puisse être appliquée aux animaux dont parle Pline
sous les noms d'*unguis*, d'*aulus* , de *donax* et de *dactyli ;* en
effet, la propriété éminemment phosphorescente appartient
aux pholades et non aux solens.) Cela tient sans doute à ce
que la forme singulière de la coquille et de son animal ,
commun sur tous les rivages sablonneux, a dû presque constamment frapper la vue des observateurs les moins atten-
tifs. Aristote semble même avoir connu plusieurs espèces de
solens, car il parle quelque part du genre des Solens; mais
il est probable qu'il avoit réservé ce nom à des espèces qui
le méritoient par leur ressemblance avec un canal ou un
tuyau. Linnæus et son éditeur Gmelin n'ont pas été aussi ri-
goureux qu'Aristote , et ils ont compris dans leur genre Solen
des coquilles qui ne ressembloient plus le moins du monde à
des tuyaux, probablement parce que par la suite ils ont fait
davantage attention à la ressemblance des caractères tirés de
la charnière qu'à celle de la forme générale. Au reste, comme
l'organisation et les mœurs des animaux qui les habitent sont
si semblables avec les pandores et les pholades, que Poli a été
obligé de les renfermer dans le même genre, qu'il nomme
Hypogée, il n'en pouvoit résulter d'inconvénient qu'en pure

et simple conchyliologie. Cependant les zoologistes modernes, et entre autres Bruguière, de Lamarck, Megerle, Schumacher, de Blainville, ont trouvé d'assez nombreuses coupes génériques à faire dans le genre Solen de Linnæus et surtout dans celui de son éditeur Gmelin. Ainsi les genres Anatine, Sanguinolaire, Psammobie, Hiatelle, Silique, Vagina, Solécurte, Solételline, en ont été successivement séparés; en sorte qu'aujourd'hui le genre Solen étant presque réduit à des coquilles bivalves, presque tubuleuses, il peut être ainsi défini : Corps cylindrique, fort alongé, enveloppé dans un manteau en forme de canal ouvert seulement à ses deux extrémités, et réuni dans le reste de son étendue par un épiderme épais, sous lequel est la coquille; tubes réunis dans toute leur longueur et assez courts; pied cylindroïde, tout-à-fait antérieur; coquille fortement épidermée, équivalve, très-inéquilatérale : les sommets étant plus ou moins antéro-dorsaux et très-peu marqués, à bords presque complétement droits ou parallèles; une ou deux dents transverses à la charnière; ligament bombé, assez long : deux impressions musculaires fort distantes : l'antérieure longue et étroite, la postérieure subanguleuse; impression palléale, droite, fort longue et terminée en arrière par une courte bifurcation.

L'organisation des solens n'offre rien de bien différent de ce qu'elle est dans les pyloridés en général ; seulement la réunion des lobes du manteau est beaucoup plus considérable, de manière qu'ils forment un long canal ouvert seulement aux deux extrémités ; la postérieure donne attache à un double tube indivis, assez court, percé dans toute sa longueur de deux canaux, dont le branchial ou l'inférieur est d'un calibre plus considérable que l'autre. Par l'orifice antérieur du tube palléal sort le pied, qui est par conséquent attaché très-obliquement à la masse abdominale. Ce pied, remarquable par son étendue, puisqu'il égale au moins la moitié de la coquille, porté par une espèce de pédicule fort gros, est cependant terminé par un renflement conoïde dans l'état ordinaire, mais réellement susceptible de se durcir, de se renfler, de s'alonger, en un mot de changer considérablement de forme. Les lobes labiaux et les branchies sont très-étroits. Celles-ci sont cependant beaucoup moins longues qu'on pourroit le croire d'après la forme du corps ; ce qui tient à la grandeur du pied.

La coquille qui enveloppe le corps des solens, quoique composée de deux pièces ou valves semblables, ne forme réellement qu'un véritable canal par la manière dont l'épiderme très-épais, qui l'entoure, passe d'une valve à l'autre, et en réunit les deux bords en dessus comme en dessous, si ce n'est à ses deux extrémités, qui restent toujours distantes et forment des orifices presque arrondis. Cette coquille est la plus inéquilatérale connue; en effet, le sommet, quoique bien dorsal, est quelquefois presque tout-à-fait à l'extrémité orale : dans un petit nombre d'espèces il est seulement un peu plus reculé. Il en est résulté que les deux impressions musculaires sont toutes deux en arrière des sommets. Quoiqu'il y ait un véritable engrenage à la charnière par l'application réciproque des dents cardinales horizontales, il y a un assez grand nombre de variations dans le nombre et le développement de ces dents.

Les solens vivent tous à peu de distance des rivages, enfoncés verticalement dans le sable, la bouche en bas et l'anus en haut. Les trous qu'ils y font ne sont jamais tapissés par un dépôt calcaire, comme dans certains genres voisins, ce dont on conçoit très-bien la raison, puisque le manteau est entièrement couvert par la coquille. Les mouvemens des solens se bornent ordinairement à une ascension ou une descente dans leur trou, qui a quelquefois près de deux pieds de profondeur. Ce mouvement est sans doute produit par l'action du pied qui taraude le sable, en s'atténuant à son extrémité pour descendre, ou qui, en s'élargissant, en s'épàtant, prend un point d'appui sur lui, pour monter, et faire que leur tube et même une partie de la coquille dépassent l'orifice du trou, à la surface du sable, et s'élèvent plus ou moins dans l'eau qui le recouvre. Il n'est pas probable que l'animal en sorte jamais de lui-même, quoiqu'on en conçoive très-bien la possibilité; mais il est certain, d'après les observations de Réaumur et Adanson, que si, par quelque cause que ce soit, il en a été retiré, il peut y rentrer de nouveau. Le premier a décrit dans les Mémoires de l'Académie des sciences pour l'année 1716, la manière dont l'animal s'y prend. En courbant et enfonçant l'extrémité de son pied, disposé en coin, il commence à soulever sa coquille plus ou moins obliquement à l'horizon; une nouvelle impulsion, en redressant le pied, commence l'enfoncement de la coquille en même temps qu'elle fait un angle encore plus aigu avec l'horizon. La même action la rend verticale et un peu enfoncée. Alors il étend son pied le plus directement possible, et, en lui donnant la forme de coin, en le retirant ensuite, la coquille à laquelle il est attaché descend; en répétant ces mouvemens, il s'enfonce très-vîte. L'ascension se fait, au contraire, en retirant fortement le pied et en l'élargissant beaucoup; le point résistant est sur le renflement et le mouvement se fait à la coquille ou en haut.

Nous ne savons rien de plus sur l'histoire naturelle des solens. Aristote nous dit cependant que ces animaux paroissent entendre quand on fait du bruit auprès d'eux; ce qui veut dire que, si on vient à faire un bruit subit et un peu fort auprès d'eux, ils s'enfoncent dans leur trou; mais cela ne vient-il pas tout simplement du choc immédiat sur l'eau et sur les cirrhes qui terminent leurs tubes?

On ignore comme les solens se reproduisent et comme leurs germes ou œufs sont placés par la mère. Aristote avançoit qu'ils se reproduisent dans le sable, ce qui se conçoit, s'il a voulu dire que les œufs sont déposés à une très-petite profondeur dans le sable lui-même. La distinction que l'on trouve dans Pline, et, par suite, dans Rondelet et autres auteurs de cette époque, en solens mâles et en solens femelles, ne repose absolument sur rien de positif.

Les auteurs anciens, et entre autres Pline, disent que les solens sont essentiellement phosphorescens; mais cela tient sans doute à ce qu'ils comprenoient sous ce nom des animaux du genre Pholade et même des Lithodomes; car Réaumur ne dit pas que les véritables solens jouissent de cette propriété.

Les habitans des côtes où se trouvent communément des espèces de ce genre, et qui sont connues sous les noms de *manches de couteau*, de *coutelier*, vont à leur recherche, soit pour en faire leur nourriture, ce qui est assez rare et seu-

lement parmi les pauvres gens, soit pour amorcer les haims
pour la pêche du merlan et des autres poissons qui se pê-
chent de cette manière. C'est lorsque la mer est fortement
retirée, surtout dans les grandes marées, qu'ils peuvent s'en
procurer en plus grande abondance et avec plus de facilité.
Ils reconnoissent l'endroit où il en existe à une ouverture
transverse, élargie à chaque extrémité en forme de trou de
serrure, au-dessus du trou qu'ils habitent. Pour les en retirer,
ce qui est assez souvent difficile, l'animal s'étant quelquefois
enfoncé très-profondément, on jette, dit-on, quelques pincées de sel dans leur trou. Le sel produit un effet si irritant
sur l'extrémité de son tube, qu'il remonte aussitôt hors de
son trou pour s'en débarrasser. C'est alors qu'on le saisit ;
mais il faut encore y mettre quelque adresse et surtout beaucoup de prestesse, sans quoi l'animal rentre aussi rapidement
qu'il étoit sorti, et de nouvelles pincées de sel ne produisent
plus le même effet que les premières; c'est-à-dire qu'averti
par le danger auquel il a échappé, il préfère éprouver l'action irritante du sel à la certitude d'être pris. Alors le pê-
cheur est obligé d'avoir recours à un long crochet de fer,
qu'il enfonce assez profondément pour qu'en le retirant obliquement, il enléve avec le sable le solen qui y étoit enfermé.
En Italie et, à ce qu'il paroit, en Angleterre, on emploie
pour le même but une baguette de fer terminée par un
bouton conique, avec une lèvre proéminente; on enfonce
cette baguette dans le trou et même on la fait traverser toute
la coquille, et on l'enléve.

On connoit des solens dans toutes les mers.

Le nombre des espéces est assez peu considérable, du moins
en en retirant celles dont M. de Blainville a fait ses genres
Solécurte et Solételline, et que l'on peut partager en deux
sections. Dans la première sont les espèces qui n'ont pas le
sommet tout-à-fait antéro-dorsal, et dans la seconde, celles
qui l'ont: ce sont les véritables manches de couteau.

A. *Espèces ovales, très-alongées, à sommet suban-*
      térieur. (Genre Couteau, *Cultellus.*)

Le Solen plat : *S. planus; Solen maximus,* Linn., Gmel.,
p. 3227, n.° 15 : Chemn., *Conch.,* 6, tab. 5, fig. 35, copié dans

l'Enc. méth. , pl. 223 , fig. 5. Coquille mince, pellucide, plate, alongée , droite , à bords parallèles , arrondis aux extrémités ; deux dents cardinales sur chaque valve ; celles de la gauche obliques et divergentes. Couleur blanche sous un épiderme jaunâtre. Quatre pouces de long sur un et demi de haut.

Cette coquille rare , qui vient des îles Nicobar, forme avec la *tellina gari* , Linn. , Gmel., le genre Solen de Megerle.

Le SOLEN COUTELET : *S. cultellus* , Linn. , Gmel., p. 3224 , n.° 5 , vulgairement la COSSE DE POIS, Chemn., *Conch.*, 6 , tab. 5 , fig. 36 et 37 ; Atlas du Dict., pl. 79 , fig. 3. Coquille mince, ovale - oblongue , un peu arquée, avec deux dents cardinales sur une valve et une seule sur l'autre. De couleur blanche, maculée irrégulièrement de violet et de fauve sous un épiderme jaunâtre.

Des mers de l'Inde.

Le S. PELLUCIDE : *S. pellucidus* , Pennant, *Brit. zool.* , 4 , tab. 46 , fig. 23 ; *S. minutus* , Montagu ; *S. pygmœus* , de Lamarck, Syst. des anim. sans vert., tom. 6 , pag. 452 , n.° 6. Très-petite coquille, mince, pellucide , étroite , alongée , sub-arquée , avec deux dents cardinales , dont l'antérieure peu marquée , surtout sur la valve droite , et un support oblique en arrière de la principale. Couleur blanche sous un épiderme verdâtre.

Très-jolie espèce, commune sur les côtes d'Angleterre et sur celle de la Normandie, d'où elle m'a été envoyée par M. Hérissier de Gerville.

B. *Espèces très-alongées , à bords parallèles , un peu courbes ou droits ; le sommet antérieur.* (Genre VAGINA , Megerle.)

Le S. AMBIGU ; *S. ambiguus* , de Lamk., *loc. cit.*, p. 452, n.° 7. Coquille très-épaisse, étroite, alongée, assez courte cependant, à bords parallèles, un peu arquée, de couleur fauve-pâle , avec des rayons blancs et obliques, partant des sommets.

Des mers d'Amérique ?

M. de Lamarck, qui possédoit cette espèce dans son cabinet, dit qu'elle ressemble beaucoup au *S. vagina*, mais que sa charnière est bien plus reculée. D'après ce que j'ai vu moi-même sur l'échantillon qui fait maintenant partie de la collection du duc de Rivoli, les sommets sont seulement un peu moins antérieurs que dans les autres véritables solens.

Le SOLEN SABRE; *S. ensis*, Linn., Gmel., p. 3224, n.° 3; Enc., pl. 223, fig. 3. Coquille fort alongée, un peu arquée, surtout en avant, avec une dent cardinale forte, à la valve droite, entre deux plus petites de la gauche, couleur blanche sous un épiderme brun assez foncé.

Cette grande espèce est commune dans toutes nos mers, et elle paroît sujette à d'assez grandes variations pour qu'on en ait fait deux variétés : l'une, que M. de Lamarck nomme *S. major* et l'autre *S. minor*; celle-ci est en général plus courbe dans toute sa longueur. Un individu de la Manche a ses dents cardinales gauches extrêmement fortes, et celles de la valve droite lamelleuses; tandis que sur un autre individu, moins courbe, il est vrai, il n'y avoit qu'une dent cardinale à chaque valve.

Un individu encore plus petit de la Méditerranée a ses dents presque effacées, surtout sur la valve gauche, et sa coloration violette, avec des bandes verticales brunes, est beaucoup plus vive sous un épiderme également corné.

Le S. VAGINOÏDE; *S. vaginoides*, de Lamk., *ibid.*, pl. 51, n.° 3. Coquille étroite, alongée, subarquée, avec une seule dent cardinale à chaque valve, de couleur rougeàtre.

Très-commune sur le rivage de toutes les îles de la Nouvelle-Hollande.

Le S. SILIQUE; *S. siliqua*, Linn., Gmel., page 3223, n.° 2; Enc. méth., pl. 222, fig. 2, *a*, *b*, *c*. Coquille droite ou un peu arquée, assez courte pour son diamètre, ayant à la charnière deux dents cardinales très-serrées à la valve gauche, entre lesquelles pénètre une seule dent de la valve droite. Couleur blanche sous un épiderme d'un brun corné, surtout en avant.

Cette espèce, qui se trouve communément dans nos mers, a réellement quelque chose d'intermédiaire au *S. ensis* et au *S. vagina*. En effet, quand elle est droite, elle ressemble beaucoup à celui-ci, dont elle ne diffère que par la disposition des dents cardinales et l'absence du bourrelet marginal.

Quand elle est un peu courbe, alors c'est assez bien le *S. ensis*, dont elle diffère surtout par beaucoup plus de brièveté. Gmelin en cite, d'après Schröter, *Einleit. in die Conch.*, 2. tab. 7, fig. 6, une variété de l'Inde, qui est un peu courbée et qui est peinte de taches lunulées roses.

Le SOLEN RASOIR ; *S. novacula*, Montagu, *Test. brit.*, p. 47. Coquille droite et tout-à-fait semblable à la précédente, si ce n'est qu'elle n'a qu'une seule dent cardinale à chaque valve.

Des côtes de l'Angleterre.

Le S. CORNÉ ; *S. corneus*, de Lamk., *l. c.*, p. 451, n.° 2. Coquille très-petite, étroite, droite, avec une seule dent cardinale à chaque valve. Couleur uniforme cornée-verdâtre.

Des côtes de l'île de Java.

Le S. GAÎNE : *S. vagina*, Linn., Gmel., page 3223, n.° 1 ; Lister, *Conch.*, t. 409, fig. 255, pour une variété; Rumph, *Mus.*, t. 45, fig. M, pour une seconde. Coquille assez peu étroite, tout-à-fait droite, comme tronquée aux deux extrémités, avec une sorte de bourrelet marginal. Une seule dent cardinale à chaque valve. Couleur blanche ou rousse, quelquefois avec des stries roses.

Cette espèce, qui, dit-on, se trouve dans toutes les mers de l'Europe, de l'Inde et d'Amérique, paroît susceptible d'un assez grand nombre de variétés. La première est remarquable par sa grande taille; la seconde est très-courte, et, enfin, une troisième, pour laquelle M. de Lamarck ne cite pas de figure, est plus petite et variée de taches.

Le *S. vagina* de la Manche me paroît plus court proportionnellement et d'un diamètre plus considérable, par rapport à sa longueur; en outre son bourrelet marginal est très-marqué.

M. de Lamarck ne l'a pas cru différent de cette espèce, puisqu'il forme une de ses variétés du *S.* gaîne; cependant l'inspection de l'individu qu'il possédoit dans sa collection, et qui appartient maintenant au duc de Rivoli, m'a permis de l'en distinguer.

Le S. DE CEILAN; *S. ceylonensis*, Leach, *Miscellan.*, 1, page 21, tab. 7. Coquille assez haute par rapport à sa longueur, et paroissant assez courte, tout-à-fait droite, arrondie

à une extrémité, tronquée à l'autre, sans bourrelet marginal;
une seul dent cardinale sur chaque valve; l'une plus grande
que l'autre. Couleur rosée dans la moitié oblique inférieure.
comme annelée de violet sur l'autre moitié.

Cette espèce, qui vient des côtes de Ceilan, diffère-t-elle
réellement du *S. vagina?*

M. de Lamarck décrit encore comme devant appartenir à
la première section des solens, le S. DOUBLE - CÔTÉS, *S. minutus,* Linn., Gmel., page 3226, n.º 11, dont M. le docteur
Leach a fait son genre *Biapholius,* figuré dans Chemn., *Conch.,*
6, t. 6, fig. 51 et 52, et dans Montagu, *Test. brit.,* 1, 53,
t. 1, fig. 4. Petite coquille ovale, ayant une double carène
denticulée à l'extrémité postérieure; deux dents cardinales
à la charnière, et qui se trouve dans les mers du Nord,
entre les anfractuosités des corps marins. J'ai supposé que
c'étoit la même coquille que le *mya cretica,* Linn., Gmel.,
page 3220, n.º 17, type du genre Hiatelle de Daudin.

Gmelin décrit encore sous le nom de *solen:*

Le SOLEN MACHA; *S. macha,* d'après Molina, *Hist. nat. Chil.,*
page 178, qui se borne à dire que c'est une coquille marga-
ritacée, ovale-oblongue, tronquée en arrière, de six à sept
pouces de long, brune, variée de blanc, avec deux dents
cardinales sur une valve, et qu'elle vit dans le sable. Il est
impossible, d'après cela, d'assurer ce que c'est.

Le S. BULLATUS est le *cardium bullatum* de M. de Lamarck.

Le S. CRISPUS est une pholade, *P. crispata,* et, en effet.
il cite la même figure de Lister pour les deux coquilles.

Le S. VERDOYANT, *S. virens,* de Gmelin. p. 3226, n.º 12, dont
la coquille, ovale-oblongue, très-fragile, diaphane, blanche,
est inéquivalve, à peine close en avant et en arrière, avec
deux dents approchées ou opposées à la charnière et les natèces saillantes, pourroit bien n'être qu'une anatine.

Cela est certain pour le *S. anatinus,* page 3227, n.º 8.

Le *S. sanguinolentus,* page 3227, n.º 18, et le *S. occidens,*
page 3228, n.º 21, appartiennent au genre Sanguinolaire de
M. de Lamarck.

Les *S. striatus* et *vespertinus* appartiennent au genre Psammobie du même auteur.

Enfin j'ignore ce que c'est que

Le Solen de Spengler ; *S. Spengleri.* n.° 23.

Le Solen rétréci, *S. coarctatus*, p. 3227, n.° 16 ; Schröter, *Fluss-Conch.*, t. 9, fig. 17, dont la coquille, rugueuse dans sa longueur, étranglée au milieu, arrondie et bàillante aux deux extrémités, a une ou deux dents sur chaque valve, dont la couleur est d'un blanc sale et qui vient des iles Nicobar. Ce pouvoit cependant fort bien être une espèce d'unio.

Le S. rose : *S. roseus*, page 3227, n.° 17 ; Chemn., *Conch.*, 6, t. 7, fig. 55, dont la coquille équivalve, bàillante aux deux extrémités, a à sa charnière une dent subbifide sur chaque valve, insérée dans une fossette de l'autre.

Elle vient des iles de la mer Rouge et offre des rapports avec la *tellina radiata.*

Je trouve encore dans Olivi, Mer Adriat., page 98, le S. calleux, *S. callosus*, tab. 4, fig. 1, qui n'est que la *lutraria compressa* de M. de Lamarck.

Enfin, les auteurs anglois, et entre autres, Montagu, Maton et Rakett, décrivent encore parmi les solens les coquilles suivantes, qui certainement n'en sont pas, savoir :

Le S. écailleux ; *S. squamosus*, Montagu, *Test. brit.*, p. 565. Très-petite coquille, mince, transparente, plate, suborbiculaire, équilatérale, à stries concentriques, à sommet peu marqué, avec deux dents cardinales, droites, divisées par un sillon en deux lames divergentes. Couleur blanche en dehors comme en dedans.

Il paroit que Montagu seul a trouvé cette coquille extrêmement petite, puisqu'elle a six lignes de long sur quatre lignes et demie de haut, sur la côte du Devonshire.

Le S. pinne ; *S. pinna*, Montagu, *loc. cit.*, page 566, t. 15, fig. 3. Très-petite coquille, mince, fragile, pellucide, déprimée, subovale, un peu inéquivalve, à stries concentriques serrées ; sommet petit auprès de l'extrémité ; une seule dent obtuse, cardinale à chaque valve.

C'est encore une coquille découverte par Montagu sur la côte du comté de Devon. (De B.)

SOLEN. (*Foss.*) Les espèces fossiles de ce genre sont assez nombreuses, et ce n'est que dans les couches plus nouvelles que la craie que jusqu'à présent elles ont été trouvées.

Solen a rebord : *Solen vagina*, Lamk., Ann. du Mus., tom. 7,

p. 427, n.° 1, et tom. 12, pl. 43, fig. 3; Desh., Descript. des coq. foss. des env. de Paris, tom. 1, p. 25, pl. 2, fig. 20 et 21; de Bast., Mém. géol. sur les env. de Bord., p. 96; Brocc., Conch. subap., p. 496. Coquille linéaire, droite, marginée à son bord antérieur, portant seulement une dent sur chaque valve. Fossile de Grignon, de Valmondois, département de Seine-et-Oise, de Parnes, de Mouchy, de Chaumont, département de l'Oise, du Plaisantin, de Saucats, près de Bordeaux.

M. de Lamarck rapporte cette espèce au *solen vagina* de Linné, qui vit dans les mers de l'Europe, dans celles de l'Amérique et de l'Inde, et dont on voit une figure dans les planches de l'Encyclopédie, pl. 222, fig. 1, *a*, *b* et *c*; mais cette espèce, n'ayant point de rebord à son extrémité supérieure, ne peut être identique avec celle qui est fossile; et, comme le pense M. Deshayes (*loc. cit.*), elle a beaucoup plus de rapports avec le *solen ambiguus*. Les coquilles de l'espèce de S. *vagina*, que l'on trouve à Grignon, n'ont que trois pouces de longueur; mais des fragmens qu'on a trouvés, prouveroient que quelques individus ont jusqu'à quatre pouces et demi; ceux que l'on trouve dans le Plaisantin ont jusqu'à cinq pouces de longueur.

SOLEN FRAGILE : *Solen fragilis*, Lamk., *loc. cit.*, n.° 2, et même pl., fig. 2, *a*, *b*; Desh., *loc. cit.*, pl. 4, fig. 3 et 4. Coquille ovale-oblongue, courbée, mince, lisse, fragile, portant deux dents cardinales sur chaque valve; largeur quinze lignes; longueur sept lignes. Fossile de Grignon et de la ferme de l'Orme près de Grignon. Cette espèce a de grands rapports avec le *solen cultellus*, qui vit dans les mers de l'Inde, et il est probable qu'elle a vécu dans les mêmes circonstances que celles dans lesquelles vit ce dernier.

SOLEN PAPYRACÉ; *Solen papyraceus*, Desh., *loc. cit.*, pl. 2, fig. 18 et 19. Coquille ovale-alongée, très-mince, lisse, portant intérieurement une côte solide, transverse, qui part de la charnière pour se rendre au bord inférieur. Largeur six lignes; longueur trois lignes. Fossile de Mouchy-le-Châtel, département de l'Oise, où il n'a été trouvé qu'une valve de cette espèce.

SOLEN APPENDICULÉ : *Solen appendiculatus*, Lamk., *loc. cit.*, même pl., fig. 4, *a*, *b*; Desh., *loc. cit.*, pl. 4, fig. 5 et 6.

Coquille elliptique, lisse. A sa base, près des crochets, on voit un appendice ou une petite oreillette formant une saillie assez remarquable. Il y a deux petites dents cardinales sur une valve et une seule sur l'autre. Largeur huit lignes ; longueur quatre lignes. Fossile de Grignon, de Mouchy et de Houdan. Cette espéce n'est pas rare : on trouve à Hauteville une espèce de solen un peu plus grande et plus épaisse, et qui a beaucoup de rapports avec celle-ci.

SOLEN VERSANT : *Solen effusus*, Lamk., *loc. cit.*, même pl., fig. 1, *a*, *b* ; Desh., *loc. cit.*, pl. 2, fig. 24 et 25. Coquille ovale-oblongue, droite, lisse, couverte de stries, provenant de ses accroissemens, obtusément anguleuse à son bord postérieur ; une seule dent cardinale sur une valve et deux sur l'autre. Sur la partie postérieure on voit des traces obliques qui partent du sommet et vont jusqu'au bord, et qui, avant que la coquille eût passé à l'état fossile, ont été très-probablement marquées de couleurs différentes du reste. Largeur, quelquefois plus de deux pouces, sur treize lignes de longueur. Fossile de Grignon et de Mouchy-le-Châtel.

Je possède une valve non fossile, qui paroît dépendre d'une espéce identique avec celle-ci ; mais j'ignore où elle a été trouvée.

SOLEN STRIGILLÉ : *Solen strigillatus*, Lamk., *loc. cit.*, même planche, fig. 5, *a*, *b* ; Desh., *loc. cit.*, fig. 22 et 23 ; de Bast., *loc. cit.*, page 96 ; *Solen candidus*, Brocc., *loc. cit.*, page 497. On trouve dans la Méditerranée, dans l'océan Atlantique (Lamk.), au Sénégal, au Brésil, dans la mer Adriatique et dans celles des Indes orientales (de Bast.), l'espéce de coquille à laquelle M. de Lamarck a donné le nom de solen rose, *S. strigillatus* (Anim. sans vert.).

Cette espèce se trouve représentée à l'état fossile dans les couches du calcaire grossier de différens pays, par des variétés moins grandes que celle qui vit dans la Méditerranée, puisque celle-ci a quelquefois plus de trois pouces de largeur, tandis que les autres n'ont que la moitié de cette dimension. Ces variétés diffèrent encore de celle qui n'est pas fossile, parce qu'elles ont un plus grand nombre de stries obliques, et elles diffèrent entre elles par un plus ou moins grand nombre de ces stries. On en trouve à Grignon, à

Parnes, département de l'Oise, à Mouchy-le-Châtel, aux environs de Bordeaux, à Dax, dans le Plaisantin, dans le val d'Andone et aux environs de Vienne en Autriche.

SOLEN TELLINELLE; *Solen tellinella*, Desh., *loc. cit.*, pl. 4, fig. 1 et 2. Coquille ovale-oblongue, étroite au bord antérieur, portant un pli comme les tellines et une dent bifide à la charnière, à lunule enfoncée et striée. Largeur, dix lignes. Longueur, cinq lignes. Fossile de Tancrou, près de Meaux, dans le grès marin supérieur.

SOLEN OVALE; *Solen ovalis*, Desh., *loc. cit.*, pl. 2, fig. 26 et 27. Coquille elliptique, très-mince, couverte de stries concentriques, déprimée; ses nymphes sont longues, proéminentes, et ses crochets sont à peine sensibles. La charnière ne présente qu'une seule dent. On remarque une côte saillante à l'intérieur, qui parcourt jusqu'à la charnière, qui est médiane, le bord supérieur et le bord postérieur. Largeur, vingt lignes. Longueur, un pouce. Cette espèce rare a été trouvée par M. Deshayes à Maulette, près de Houdan, et à Mouchy-le-Châtel.

SOLEN GOUSSE; *Solen legumen*. M. de Basterot, *l. c.*, annonce qu'on trouve fossile à Saucats près de Bordeaux, cette espèce, qui vit dans la Méditerranée et dans la mer Adriatique.

SOLEN RÉTRÉCI: *Solen coarctatus*, Lamk., Anim. sans vert., tome 5, page 455, n.° 17; *S. coarctatus*, Linn., Brocc., *loc. cit.*, page 497. Coquille ovale-oblongue, transversalement striée, rétrécie au bord supérieur, arrondie aux deux bouts; dents cardinales obliques, une sur une valve et deux sur l'autre, insérées dans une fossette. Largeur, dix-sept lignes. Longueur, sept lignes et demie. Fossile de Plaisantin et du val d'Andone.

SOLEN SABRE; *Solen ensis*. Brocchi annonce (*loc. cit.*) que dans le Plaisantin on trouve à l'état fossile cette espèce, qui vit dans les mers d'Europe et de l'Amérique.

SOLEN DÉPRIMÉ; *S. depressus*, Risso, Hist. nat. des princip. prod. de l'Europe mérid., tome 4, page 275. Coquille alongée, droite, déprimée, sculptée de rides concentriques et de sillons également distans. Largeur, un pouce. Fossile de l'argile chloritée des environs de Nice. On trouve à Grignon des débris d'une espèce, qui est couverte de stries concentriques et qui pourroit avoir rapport avec celle-ci.

Solen douteux; *Solen dubius*, Desh. Coquille ovale-alongée, mince, luisante, à charnière portée vers le bord antérieur et sur laquelle il se trouve deux dents obliques. Près des crochets on voit une petite oreillette comme dans le S. appendiculé. Largeur, six lignes. Longueur, trois lignes. Fossile de Grignon.

Solen affinis, Sow., *Min. conch.*, tome 1.ᵉʳ, page 15, tab. 3. Coquille linéaire, un peu arquée, arrondie à chaque extrémité. La charnière est placée vers le bord antérieur, et la surface est lisse. Largeur, un pouce. Longueur, trois lignes. Fossile de Highgate près de Londres. M. Sowerby trouve que cette espèce a les plus grands rapports avec le *solen pellucidus* (Montagu); *solen pygmœus* (Lamk.), qui vit sur les côtes de France et d'Angleterre. (D. F.)

SOLEN DU SABLE. (*Chétop.*) On a désigné ainsi une serpule. (Desm.)

SOLENA. (*Bot.*) Ce genre de Willdenow est le même que le *Posoqueria* d'Aublet, de la famille des rubiacées. Le *Solena* de Loureiro, genre de cucurbitacées, est conservé. (J.)

SOLÉNACÉES. (*Conchyl.*) Famille de coquillages bivalves établie par M. de Lamarck, et contenant les genres Solen, Panopée et Glycimère. (Desm.)

SOLENARIUM. (*Bot.*) Genre de la famille des champignons et de l'ordre des pyrénomycètes de Fries ou hypoxylées. Il est formé de petits rameaux couchés, divisés, rayonnans, cylindriques, remplis d'une matière gélatineuse qui finit par s'endurcir, s'ouvrant par une fente longitudinale. Les sporidies sont fusiformes, divisées par une cloison et contenues dans des thèques droites, fixes, cylindriques et terminées en massue.

Ce genre, que Sprengel a nommé *Solenarium*, ainsi que Kunze, est le *Glonium* de Muhlenberg, de Schweinitz et de Fries, et comme cette dénomination est plus ancienne, elle doit être adoptée de préférence.

Le *Glonium stellatum*, Muhl., *Cat.*; Schwein., Fries, *Syst. myc.*, 2, page 595; *Solenarium byssoideum*, Spreng.; S. *Muhlenbergii*, Kunze, *Mycol.*, 1, page 48, tab. 2, fig. 24. Cette espèce, la seule du genre, a été découverte aux États-Unis, sur le bois carié ou réduit en terreau. C'est un champignon d'un brun noir, byssoïde, qui forme des plaques de quatre à cinq pouces d'étendue, composé de fibres rameuses, entrelacées, etc. (Lem.)

SOLENIA. (*Bot.*) Genre de la famille des champignons, établi par Hoffmann, adopté par Persoon, Nées, Fries, etc. Il est fondé sur quelques espèces de *peziza*, qui diffèrent beaucoup des autres espèces du même genre. Ce sont des champignons alongés, en forme de tube simple, membraneux, droit, terminé en un petit disque; le bord est entier et rétréci, et la surface privée d'hyménium ou membrane fructifère distincte; les sporidies, à peine discernables, sont éparses.

Les espèces de ce genre sont peu nombreuses : elles croissent sur le bois mort ou qui se pourrit.

1. Le Solenia fasciculé : *S. fasciculata*, Pers., *Mycol. europ.*, page 535, pl. 12, fig. 8 et 9; Fries, *Syst. mycol.*, 2, p. 200; *Peziza solenia*, Decand., Fl. fr., n.° 209, *excl. synon*. Blanc, quelquefois brunâtre; tubes fusiformes ou en massue, presque glabres; perpendiculaires, réunis en groupes assez nombreux, plus ou moins rapprochés; extrémités des tubes d'abord clos, puis se développant en un petit disque grisâtre. Ce champignon a une ligne et demie de hauteur environ. M. Persoon le compare à un bolet réduit à quelques portions de sa partie tubuleuse. On le trouve en Suisse et dans les Vosges, sur les bois pourris et vermoulus du pin et du sapin.

2. Le Solenia blanc : *S. candida*, Pers., *loc. cit.*, p. 334; Hoffm., *Crypt. Germ.*, pl. 8, fig. 1. Tubes épars, solitaires, glabres, droits et blancs, d'une ténuité extrême, parfaitement cylindriques. On le trouve en Allemagne, sur le bois de hêtre pourri.

3. Le Solenia couleur d'ocre ; *S. ochracea*, Pers., *loc. cit.* Tubes de couleur de rouille ou d'ocre, épars, un peu velus ou tomenteux, en forme de cylindres élargis à la partie supérieure. On trouve cette espèce sur les troncs d'arbres pourris : elle est plus petite que le solenia fasciculé, mais distinctement velue, creusée à sa base et blanche intérieurement.

Fries indique une quatrième espèce, le *solenia villosa*, qui croît en tubes épars, blanchâtres, cylindriques, velus. On la trouve sur les bois tombés et ramollis. (Lem.)

SOLENIA. (*Bot.*) Fronde tubuleuse, membraneuse, striée et aréolée; sporidies infiniment petites, très-denses dans la fronde. C'est le caractère que donne Agardh à ce genre, qu'il établit dans la famille des algues aux dépens du genre *Ulva*, pour y placer l'espèce la plus connue sous le nom d'ulve, et qui a été dans l'origine le type du genre *Ulva* : c'est l'*ulva intestinalis*, Linn. Agardh en compte neuf espèces, et, outre la précédente, on peut citer les *ulva linza* et *compressa*, Linn. Plusieurs autres espèces ont été placées dans le genre *Scytosiphon* par Lyngbye.

Le *solenia* est dans le *Species* d'Agardh une simple division du genre *Ulva*. (Voyez Ulva.)

Fries, qui l'admet comme un genre distinct, propose de le nommer *Ilea*, parce qu'il existe déjà un genre *Solenia*. (Lem.)

SOLÉNITE. (*Foss.*) Nom des solens fossiles. (Desm.)

SOLÉNOPE, *Solenopus*. (*Entom.*) Nom tiré du grec et signifiant *patte canaliculée*, donné par M. Schœnherr à un genre d'insectes rhinocères, dont les pattes de devant ont les jambes comprimées, dilatées et profondément canaliculées. Voyez à l'article Rhinocères le n.° 157. (C. D.)

SOLENORHINE. (*Entom.*) Nom donné au 149.ᵉ genre des rhinocères par M. Schœnherr. (C. D.)

SOLÉNOSTERNE. (*Entom.*) Sous-genre de rhinocères, établi par M. Schœnherr dans son genre Baridie, n.° 162. (C. D.)

SOLÉNOSTOME, *Solenostoma*. (*Ichthyol.*) D'après les mots grecs Σωλήν, *tube*, et σΊόμα, *bouche*, Klein, Séba, de Lacépède ont donné ce nom à un genre de poissons cartilagineux téléobranches, de la famille des aphyostomes de M. Duméril, et reconnoissable aux caractères suivans :

Branchies à opercule et à membrane; squelette cartilagineux; catopes très-grands et unis ensemble en arrière des nageoires pectorales; bouche sans dents; corps couvert d'écailles; deux nageoires du dos.

Conséquemment on distinguera facilement les Solénostomes des Syngnathes, qui n'ont point de catopes; des Macrorhinques, qui ont des dents; des Centrisques, qui ont le corps couvert de plaques. (Voyez ces divers noms de genres et Aphyostomes et Téléobranches.)

Le Solénostome bécasse, *Solenostoma scolopax*. Écailles dures, rudes, imbriquées : corps comprimé, ovale, alongé; bec arrondi; bouche oblique, terminale et recouverte par la mâchoire inférieure; premier rayon de la première nageoire du dos en forme d'aiguillon mobile et à double dentelure; nageoire caudale arrondie.

Ce poisson, qui atteint la taille de trois à quatre pouces au plus, habite la mer Méditerranée, et est le seul parmi les cartilagineux qui ait de véritables écailles. A Nice, où il est assez rare, on le nomme *troumbetto*; dans d'autres lieux on l'appelle *bécasse* et *soufflet*.

Sa chair est tendre et d'une fort bonne saveur.

Il faut encore rapporter à ce genre le *fistularia paradoxa* de la mer des Indes, décrit par Pallas (*Spicil.*, VIII, IV, 6). (H. C.)

SOLÉNOSTOMES. (*Entom.*) M. Latreille avoit anciennement composé sous ce nom un ordre d'insectes aptères, qui renfermoit tous les *acarus* de Linné dont la bouche est en forme de suçoir simple. (Desm.)

SOLENUS. (*Entom.*) M. Megerle nomme ainsi un genre d'insectes coléoptères, voisin des scolytes. (C. D.)

SOLETARD. (*Min.*) Valmont de Bomare dit, à l'article Smectis, que les cardeurs de laine donnent ce nom à une terre savonneuse dont ils se servent pour dégraisser les laines. (B.)

SOLÉTELLINE, *Soletellina*. (*Conchyl.*) Genre de coquilles établi par M. de Blainville dans son Manuel de conchyliologie pour un petit nombre d'espèces de solens de Linné et de M. de Lamarck, dont la forme rappelle beaucoup mieux les psammocoles et les sanguinolaires que les véritables solens. Les caractères qu'il a assignés à ce genre sont les suivans : Coquille ovale-oblongue, comprimée, à bords tranchans et courbes, équivalve, subéquilatérale, beaucoup plus large et arrondie à l'extrémité ovale, plus ou moins atténuée et subcarinée; sommets submédio-dorsaux, peu marqués; une ou deux très-petites dents cardinales; ligament épais, porté par des callosités nymphales, très-relevées; deux impressions musculaires, arrondies, distantes, réunies par une impression palléale très-sinueuse en arrière.

Les solétellines, dont on ne connoît pas l'animal, vivent sans doute, comme tous les pyloridés, enfoncées dans le sable.

La Solételline rostrée : *S. diphos*, Linn., Gmel., p. 3226, n.° 13; d'après Chemn., *Conch.*, 6. p. 68, t. 7, fig. 53 et 54; Enc. méth., pl. 226, fig. 1. Coquille assez grande, oblongue, atténuée et comme rostrée à l'extrémité postérieure; deux dents cardinales sur une valve, une seule sur l'autre : couleur violette imbue, avec plusieurs rayons obscurs sous un épiderme vert.

Cette coquille, qui a cinq pouces de long sur la moitié de hauteur, vient de l'Océan des grandes Indes.

M. de Lamarck doute que la *S. virens*, Linn., Gmel., p. 3226, pourroit être rapportée à cette espèce; mais cela n'est pas probable, puisque Gmelin dit positivement que son *S. virens* est inéquivalve.

La S. violette; *S. violacea*, de Lamk., Syst. des anim. sans vert., tom. 6, p. 455, n.° 20. Coquille un peu moins grande que la précédente, oblongue-ovale, arrondie aux deux extrémités, avec une dent cardinale à chaque valve et les callosités nymphales très-saillantes : couleur violette imbue, avec deux rayons blanchâtres en dehors, sous un épiderme verdâtre.

De l'océan des grandes Indes, comme la précédente, dont elle est évidemment très-rapprochée.

La S. chinoise, *S. chinensis*, Chemn., *Conch.*, t. 1, p. 200, tab. 198, fig. 1953, doit aussi appartenir à ce genre. (De B.)

SOLFATARE. (*Min.*) Nom d'origine italienne, qui veut dire la même chose que *soufrière* : c'est, en général, un terrain volcanique, même un ancien cratère de volcan; ce que semble indiquer la forme circulaire, à fond plan et à bords relevés des solfatares, d'où s'exhalent des vapeurs sulfureuses qui déposent du soufre sur les parois des fissures qui leur donnent passage. Ces vapeurs, en passant à l'état d'acide et en réagissant sur l'alumine des trachytes, qui forment souvent la roche des solfatares, y produisent de l'alun que l'on en extrait avec avantage. La solfatare la plus célèbre, celle que l'on entend quand on se sert de ce nom sans désignation de lieu, est la solfatare de Pouzzole, près de Naples, connue et exploitée même du temps de Pline. (**B.**)

SOLHAG. (*Mamm.*) Nom polonois de l'antilope saiga. (**Desm.**)

SOLIDAGO. (*Bot.*) Ce nom ancien, que Linnæus a substitué à celui de *virga aurea* de Tournefort, avoit été antérieurement donné à d'autres plantes composées; par Brunfels à la paquerette, *bellis*; par Tragus à l'*inula germanica*, et à la salicaire, *lythrum salicaria*; par Lonicer au *senecio sarracenicus* et au *serratula tinctoria*. (**J.**)

SOLIDAGO ou VERGE D'OR. (*Bot.*) Genre de plantes dicotylédones, à fleurs composées, de l'ordre des *radiées*, de la *syngénésie polygamie superflue* de Linnæus, offrant pour caractère essentiel: Des fleurs radiées; environ cinq demi-fleurons femelles, et plus, à la circonférence; des fleurons hermaphrodites dans le centre; cinq étamines syngénèses; un calice droit, serré, imbriqué; les semences surmontées d'une aigrette simple; le réceptacle nu.

Solidago du Canada : *Solidago canadensis*, Linn., *Sp.*; Pluk., *Almag.*, tab. 236, fig. 1. Sa tige s'élève à la hauteur de deux à quatre pieds, droite, presque simple, rude, velue. Les feuilles sont alternes, éparses, presque sessiles, étroites, lancéolées, alongées, très-rapprochées, rétrécies à leur base, très-aiguës au sommet, glabres ou un peu pubescentes, entières ou un peu dentées, à trois nervures longitudinales. Les fleurs sont axillaires, disposées en grappes alongées, latérales; les supérieures plus courtes, formant une ample panicule pyramidale, aiguë; les rameaux inférieurs munis d'une feuille à leur base; les supérieurs sans feuilles; les pédicelles courts, filiformes, pubescens, accompagnés de fines bractées presque filiformes: toutes les fleurs redressées et tournées vers le ciel du même côté : elles sont petites, de couleur jaune, très-nombreuses. Cette plante croit dans la Virginie et le Canada. On la cultive dans les jardins de l'Europe comme plante d'ornement, où elle produit plusieurs variétés.

Solidago a haute tige : *Solidago altissima*, Linn., *Spec.*; Mart., centur. 14, tab. 14. Cette espèce peut se confondre facilement avec les variétés de la précédente ; elle en diffère par sa grandeur, par ses feuilles sans nervures, par les dentelures plus profondes : elle a également ses variétés. Les tiges sont hautes de cinq à six pieds, médiocrement rameuses, hérissées de poils roides. Les feuilles sont fort longues, sessiles, un peu embrassantes, étroites, lancéolées, très-aiguës ; les inférieures profondément dentées en scie, très-rudes, veinées. Les fleurs forment une belle panicule très-étalée, dont les rameaux sont recourbés et quelquefois ascendans. Cette plante croît dans l'Amérique septentrionale.

Solidago élevée : *Solidago procera*, Ait., *Hort. Kew.*, 3, p. 211; Willd., *Spec.*, 4, p. 2055. Cette plante se distingue de la précédente par son port, ses panicules moins étalées, ses grappes droites ; ses tiges hautes, épaisses, roides, cylindriques, simples, rudes, velues et très-droites. Les feuilles sont sessiles, nombreuses, éparses, lancéolées, épaisses, très-rudes à leurs deux faces, pubescentes en dessous, à trois nervures saillantes, dentées en scie, longues de trois à quatre pouces, larges de six ou huit lignes. Les fleurs sont terminales, disposées en une panicule très-peu étalée, composée de grappes en forme d'épi, un peu touffues, droites à l'époque de la floraison, un peu inclinées en avant; les pédicelles courts, uniflores; les fleurs petites ; la corolle est jaune, les demi-fleurons sont courts, fort petits; les aigrettes blanchâtres et pileuses, à peine plus longues que le calice. Cette plante croît dans l'Amérique septentrionale.

Solidago pileuse : *Solidago pilosa*, Mill., Dict.; *Solidago altissima*, var. β; Willd., *Spec.*, *loc. cit.*; Ait., *Hort. Kew.*, 3, pag. 212. Des panicules petites, étroites, formant presque un seul épi touffu et rameux, distinguent cette espèce du *solidago altissima*. Ses tiges sont hautes d'environ trois pieds, velues, à peine rameuses, d'un blanc jaunâtre. Les feuilles sont alternes, presque sessiles, nombreuses, oblongues, lancéolées, dentées en scie, à trois nervures blanchâtres et saillantes, longues de trois pouces sur six lignes de large. Les fleurs sont terminales et forment une petite panicule droite, étroite, lancéolée, composée de petites grappes latérales, un peu recourbées ; les pédoncules sont pubescens, filiformes, blanchâtres, ainsi que les pédicelles accompagnées de petites bractées presque sétacées, pubescentes, aiguës; les folioles du calice glabres, scarieuses et blanchâtres à leurs bords; la corolle est petite, radiée, d'un jaune de soufre. Cette plante croît dans les contrées septentrionales de l'Amérique.

Solidago géante ; *Solidago gigantea*, Ait., *Hort. Kew.*, *loc. cit.* Cette espèce est très-élevée; sa tige est droite, glabre, cylindrique, presque simple, divisée au sommet en rameaux paniculés. Les feuilles sont alternes, lancéolées, dentées en scie, aiguës, rudes à leurs bords, traversées par trois nervures longitudinales peu sensibles. Les fleurs sont unilatérales, disposées en panicules composées de grappes latérales, feuillées à la base; les pédoncules hérissés de poils courts; les calices un peu colorés; la corolle est jaune ; les demi-fleurons sont courts, peu nombreux. Cette plante croît dans les contrées septentrionales de l'Amérique.

Solidago a feuilles rudes : *Solidago aspera*, Ait., *Hort. Kew.*, *loc. cit.;* Dillen., *Eltham.*, tab. 305, fig. 392. Cette plante s'élève à la hauteur de deux pieds sur une tige droite, pubescente et pileuse. Les feuilles sont alternes, presque sessiles, ovales, lancéolées ; les inférieures rudes au toucher, ridées à leurs deux faces, un peu velues en dessous, dentées en scie, longues de deux pouces et plus, larges d'un pouce, un peu rétrécies en pétiole à leur base ; les nervures hérissées de poils très-courts ; les feuilles supérieures beaucoup plus petites, sessiles, ovales, obtuses, très-entières, à peine pubescentes; celles des rameaux à fleurs petites, elliptiques, unilatérales; les écailles du calice scarieuses, petites, obtuses ; la corolle est jaune, petite ; les aigrettes sont blanches, pileuses, à peine plus longues que les fleurons. Cette plante croît au Canada et dans les contrées septentrionales de l'Amérique.

Solidago ridée : *Solidago rugosa*, Willd., *Sp.*, *loc. cit.* ; *Solidago altissima*, var. ε; Ait., *loc. cit.;* Dill., *Eltham.*, tab. 308, fig. 396. Sa tige est droite, haute de deux ou trois pieds, velue ou hérissée de poils courts, divisée vers le sommet en rameaux paniculés. Les feuilles sont alternes, sessiles, lancéolées, les inférieures longues de deux pouces et plus, oblongues, rétrécies à leurs deux extrémités, munies à leurs bords de dentelures serrées, en scie, courtes, égales; les supérieures plus petites, aiguës, presque entières. Les fleurs

forment, à l'extrémité des rameaux et des tiges, une panicule feuillée, composée de grappes latérales, étalées, tournées du même côté, un peu recourbées, garnies de petites
bractées; les fleurs sont jaunes. Cette plante croît dans l'Amérique septentrionale, à la Nouvelle-Angleterre.

SOLIDAGO ELLIPTIQUE: *Solidago elliptica*, Poir., Enc.; Willd.,
Spec.? Cette espèce s'élève à la hauteur de trois ou quatre
pieds, sur une tige droite, très-glabre, d'un blanc jaunâtre,
simple, épaisse, rameuse vers le sommet. Les feuilles sont
alternes, elliptiques, lancéolées, glabres à leurs deux faces,
dentées en scie, longues de trois à quatre pouces, larges
d'un pouce. Les fleurs sont d'un jaune pâle, disposées en
grappes courtes à l'extrémité des rameaux latéraux, rapprochés, formant par leur ensemble une panicule fastigiée; les
pédoncules munis de petites bractées éparses, subulées, nombreuses. Les calices sont composés d'écailles imbriquées,
étroites, un peu aiguës; les demi-fleurons très-étroits, une
fois plus longs que le calice; les aigrettes simples, d'un blanc
grisâtre. Cette plante croît au Canada.

SOLIDAGO TOUJOURS VERTE : *Solidago sempervirens*, Linn., *Sp.*;
Cornut., *Canad.*, tab. 169; Moris., *Hist.*, 3, §. 7, tab. 23,
fig. 15. Ses tiges sont hautes de quatre ou six pieds, presque
simples, droites, glabres, épaisses, rougeâtres, garnies de
feuilles dans toute leur longueur; les radicales fort longues,
lancéolées, entières, rétrécies en pétiole à leur base, glabres, un peu charnues, entières, d'un vert gai, un peu rudes
à leurs bords, très-aiguës, persistantes pendant tout l'hiver.
Les fleurs sont disposées en une panicule terminale, oblongue, touffue, ou un peu lâche, composée quelquefois de corymbes, plus souvent de grappes en forme d'épi, droites,
unilatérales; les pédoncules un peu pileux; les folioles du
calice larges, presque scarieuses, d'un jaune pâle; la corolle
est d'un beau jaune; les demi-fleurons sont d'une grandeur
médiocre. Cette plante croît au Canada.

SOLIDAGO A GRAPPES SERRÉES; *Solidago conferta*, Poir., Enc.
Cette plante a des tiges droites, simples, grêles, cylindriques,
hérissées de poils courts et grisâtres. Les feuilles sont éparses,
presque sessiles, d'un vert cendré, oblongues, lancéolées,
entières, quelques-unes munies de deux ou trois dents fort

petites vers le sommet, larges de deux pouces, longues de quatre, rétrécies en pétiole à leur base : les feuilles supérieures renferment dans leur aisselle de petits rameaux courts, non développés, munis de petites feuilles étroites, linéaires. Les fleurs sont nombreuses, fort petites, presque unilatérales, très-serrées, réunies en grappe ou en épi touffu à l'extrémité de rameaux axillaires, presque fasciculés. Les pédoncules sont courts, souvent rameux, accompagnés de petites bractées aiguës. La corolle est jaune et radiée; les demi-fleurons rares, très-étroits, un peu plus longs que les aigrettes; les fleurons peu nombreux; l'aigrette blanche, pileuse, un peu plus longue que le calice. Cette espèce est cultivée au Jardin du Roi. Son lieu natal n'est pas connu.

SOLIDAGO A DEUX COULEURS : *Solidago bicolor*, Linn., *Mant.*, 114; Pluken., *Almag.*, tab. 114, fig. 8. Sa tige est haute de deux ou trois pieds, striée, un peu pubescente; les rameaux sont grêles, très-simples. Les feuilles sont alternes, ovales, lancéolées; les inférieures plus larges, plus grandes, ovales, rétrécies en pétiole à leur base, dentées, un peu aiguës; les supérieures sessiles, lancéolées, presque elliptiques, rétrécies à leurs deux extrémités, blanchâtres en dessous, rudes, un peu pubescentes, longues d'un pouce et demi. Les fleurs sont réunies en un épi droit et touffu, quelquefois interrompu. Le calice est coloré, les écailles sont glabres, scarieuses, obtuses; la corolle est radiée : les demi-fleurons sont linéaires et blanchâtres; les fleurons jaunes; l'aigrette est blanche, pileuse, à peine plus longue que les fleurons. Cette plante croit sur les montagnes de la Caroline et du Canada.

SOLIDAGO DU MEXIQUE : *Solidago mexicana*, Linn., *Sp.*; Dod., *Act. Par.*, 4, p. et tab. 219; Pluk., *Phyt.*, 235, fig. 2. Cette plante s'élève à la hauteur d'environ deux pieds sur une tige oblique, striée, de couleur brune. Les feuilles sont lancéolées, sessiles, à demi embrassantes, longues de trois ou quatre pouces, sur un de large, glabres, entières, à peine aiguës, rétrécies à leur base. Les fleurs sont disposées en grappes axillaires, droites, unilatérales, feuillées et munies de petites bractées subulées. Les écailles du calice sont courtes, glabres, à peine aiguës, un peu scarieuses à leurs bords; la corolle est jaune, assez grande : les demi-fleurons sont oblongs. Cette plante croît au Mexique et dans l'Amérique septentrionale. Elle fleurit au Jardin du Roi dans les mois de Juillet et d'Août.

Solidago tortueuse : *Solidago flexicaulis*, Linn., *Sp.*; Pluk., *Almag.*, tab. 235, fig. 3; Herm., *Parad.*, tab. 244. Cette espèce est remarquable par ses tiges flexueuses surtout à leur partie supérieure : elles sont glabres, hautes de deux pieds, presque simples, un peu anguleuses; les feuilles sont presque sessiles, ovales-lancéolées, glabres, acuminées, un peu membraneuses, denticulées; les radicales plus grandes, rétrécies en un long pétiole ailé. Les fleurs sont axillaires, réunies en petites grappes courtes, droites, épaisses, presque agglomérées, ou prolongées en un petit rameau garni de feuilles petites, linéaires; les écailles du calice scarieuses, un peu obtuses; la corolle est d'un jaune de soufre; les demi-fleurons sont d'une grandeur médiocre. Cette plante croît au Canada. On la cultive au Jardin du Roi.

Solidago a larges feuilles : *Solidago latifolia*, Linn., *Sp.*; Pluk., *Almag.*, tab. 235, fig. 4. Très-rapprochée de la précédente, cette espèce s'en distingue par ses tiges droites, non flexueuses, par ses feuilles plus grandes, plus alongées. Ses tiges sont hautes de deux ou trois pieds, glabres, cylindriques, à peine anguleuses, quelquefois marquées de taches purpurines, garnies de feuilles presque sessiles : les supérieures plus étroites, oblongues, lancéolées; les inférieures ovales, glabres, dentées. Les fleurs sont axillaires, disposées en grappes courtes, simples, latérales; les bractées linéaires, oblongues, fort étroites; la corolle jaune. Cette plante croît dans l'Amérique septentrionale. On la cultive au Jardin du Roi.

Solidago verge-d'or : *Solidago virga aurea*, Linn., *Spec.*; *Flor. Dan.*, tab. 663; Lamk., *Ill.*, tab. 680; Tabern., *Icon.*, 873, fig. 2. Sa tige est rougeâtre, cannelée, garnie dans une partie de sa longueur de belles grappes de fleurs jaunes, droites, axillaires, ramassées par paquets, ou formant des rameaux courts, nombreux et feuillés. Les feuilles inférieures sont ovales, lancéolées, aiguës, dentées, presque glabres; les supérieures plus étroites. Les écailles du calice sont glabres, scarieuses, d'un vert jaunâtre; la corolle est d'un jaune doré; les demi-fleurons sont alongés, en petit nombre. On en distingue plusieurs variétés. Cette plante croît dans les bois, les sols

arides, les prés secs de l'Europe. Elle passe pour amère, détersive, diurétique, apéritive : elle fait partie des vulnéraires
de Suisse. On emploie ses feuilles et ses fleurs en infusion
théiforme dans les maladies des reins et de la vessie, dans
les hydropisies naissantes et dans les ulcères putrides. Les
bestiaux la mangent volontiers : elle pourroit figurer comme
plante d'ornement avec celles de nos parterres.

SOLIDAGO DES ROCHERS: *Solidago alpestris*, Willd., *Spec.*, 3,
pag. 2065. Cette espèce, très-rapprochée du *solidago virga
aurea*, en diffère par ses tiges très-glabres, par ses feuilles
caulinaires, elliptiques, lancéolées, presque entières : elle acquiert par la culture un port très-différent, qui la rend mé-
connoissable. Dans l'état sauvage sa tige est très-simple, droite,
très-glabre, haute d'un pied. Les feuilles sont alternes, longues d'environ un pouce et demi ; les fleurs, réunies au sommet des tiges en grappes serrées, forment une sorte d'épi.
Dans la plante cultivée les tiges sont hautes de deux pieds
et plus, glabres, rameuses ; les feuilles ont jusqu'à trois pouces
de longueur ; celles des tiges sont très-entières ; les fleurs sont
disposées en grappes très-courtes, axillaires, peu garnies.
Cette plante croît sur les hautes montagnes, dans la Bohème,
l'Autriche, etc.

SOLIDAGO DES MONTAGNES : *Solidago montana*, Poir., Encycl. ;
Barrel., *Icon. rar.*, tab. 783. Cette plante a des tiges hautes
d'un pied, droites, glabres, striées, un peu anguleuses, un
peu pubescentes vers leur sommet. Les feuilles sont alternes,
pétiolées, oblongues, lancéolées, un peu courantes sur le pétiole, aiguës, à larges dentelures en scie, presque mucronées ; chaque aisselle des feuilles supérieures contient un pédoncule solitaire, pubescent, muni de deux ou trois petites
bractées filiformes, et quelquefois d'autant de fleurs assez
grandes. Les écailles calicinales sont scarieuses, glabres, lancéolées, aiguës ; les demi-fleurons linéaires. Cette plante croît
dans les Alpes, sur les montagnes de la Suisse. Peut-être n'est-
elle qu'une variété de la suivante.

SOLIDAGO A TIGE BASSE : *Solidago minuta*, Linn., *Sp.* ; Herm.,
Parad., tab. 245 ; Pluk., *Alm.*, tab. 235, fig. 8. Cette espèce,
assez semblable à la précédente, en diffère par ses tiges basses,
hautes de cinq à six pouces au plus, velues ; par ses feuilles

lancéolées, un peu obtuses, entières, ou à peine dentées, d'un
vert cendré ; les feuilles supérieures presque sessiles ; les pédoncules solitaires, aussi longs que les feuilles qui les accompagnent, portant une ou deux grosses fleurs d'une belle couleur jaune ; les demi-fleurons linéaires ; les bractées alternes,
très-étroites, aiguës. Cette plante croît dans les Pyrénées et
les Alpes.

Solidago a tige grêle ; *Solidago gracilis*, Poir., Enc. Plante
remarquable par ses petites fleurs disposées en grappes courtes,
peu garnies. Ses tiges sont glabres, cylindriques, à peine
striées, ramifiées vers le sommet en une panicule étalée et
fleurie. Les feuilles sont sessiles, lancéolées, minces, glabres,
un peu rudes, entières, aiguës. Les fleurs sont situées le long
des rameaux, en grappes plus courtes que les feuilles, munies
de petites bractées ; les pédicelles un peu pubescens ; les
écailles calicinales d'un vert jaunâtre, glabres, obtuses ; la
corolle est jaune, à trois ou quatre demi-fleurons ovales,
obtus ; l'aigrette blanche et pileuse. On cultive cette plante
au Jardin du Roi. Son lieu natal n'est pas connu.

Solidago a feuilles dures : *Solidago rigida*, Linn., *Spec.*;
Herm., *Parad.*, tab. 243. Cette plante a des racines composées de fibres blanchâtres, étalées : elles produisent plusieurs
tiges droites, roides, simples, un peu rudes, paniculées à leur
sommet. Les feuilles sont fermes, alternes; les inférieures très-
grandes, ovales, oblongues, un peu dentées, longues de
quatre ou six pouces et plus, sur deux ou trois de large, à
pétioles de leur longueur ; les supérieures sessiles, ovales,
presque en cœur, entières, rudes à leurs deux faces. Les
fleurs sont réunies en grappes courtes, épaisses, rapprochées
en corymbe, formant ensuite, par leur ensemble, une ample
panicule droite, terminale. La corolle est d'un jaune brillant ;
les demi-fleurons sont alongés. Cette plante croît sur les montagnes, à la Caroline, et dans la Pensylvanie. Elle est cultivée au Jardin du Roi.

Solidago des sables ; *Solidago arenaria*, Poir., Encycl. Ses
tiges sont droites, glabres, verdâtres, cylindriques, presque
simples, garnies de feuilles roides, entières, rudes à leurs
deux faces ; les inférieures pétiolées, ovales-oblongues, aiguës, rétrécies à leur base, un peu courantes, longues de

quatre à cinq pouces, larges d'un pouce et demi; les pétioles au moins de la longueur des feuilles; celles des tiges sessiles, ovales. très-obtuses, presque en spatule; les supérieures et celles des rameaux beaucoup plus étroites, lancéolées, aiguës. Les fleurs sont jaunes. peu nombreuses, disposées en grappes axillaires le long des jeunes rameaux, formant une panicule droite, terminale, un peu serrée; les pédicelles plus longs que les fleurs, solitaires, placées dans l'aisselle d'une bractée subulée. On soupçonne cette plante originaire de la Hongrie. Elle est cultivée au Jardin du Roi.

SOLIDAGO A FEUILLES PÉTIOLÉES; *Solidago petiolaris*, Ait., *Hort. Kew.*, 5, pag. 216. Cette plante a des tiges droites, velues, cylindriques, garnies de feuilles alternes, pétiolées, elliptiques, un peu rudes à leurs deux faces, rétrécies à leurs deux extrémités. Les fleurs sont jaunes, disposées au sommet des tiges et des rameaux en grappes droites. Les demi-fleurons sont peu nombreux, linéaires, oblongs. Cette plante croît dans l'Amérique septentrionale. On la cultive au Jardin du Roi. (Poir.)

SOLIDICORNES ou STÉRÉOCÈRES. (*Entom.*) Noms sous lesquels nous avons désigné une petite famille d'insectes coléoptères pentamérés, à élytres durs, dont les antennes forment une masse ronde, solide, comme on les observe dans les léthres, les escarbots, les anthrènes. Voyez STÉRÉOCÈRES. (C. D.)

SOLIPÈDES. (*Mamm.*) Famille de mammifères herbivores onguiculés ou à sabots, non ruminans, caractérisée principalement par les quatre pieds, qui ne sont formés extérieurement que par un seul doigt et un seul sabot, et par l'absence de trompe.

Le mot de *solipèdes*, dès long-temps employé pour désigner les animaux compris dans cette famille, est inexact, en ce qu'il signifie *un seul pied*, au lieu d'*un seul doigt*, comme ont voulu sans doute l'exprimer ceux qui l'ont inventé et qui s'en sont servi les premiers. Aussi pensons-nous que le nom de *solidungula*, proposé par Illiger, celui de *monochires*, imaginé par Klein, ou celui de *monodactyles*, en usage parmi les vétérinaires, seroient à préférer, s'ils étoient plus généralement adoptés. Dans ces derniers temps M. Gray, ayant partagé en deux le seul genre Cheval ou *Equus*, compris dans cette famille par les zoologistes qui l'ont précédé, a donné à celle-ci la dénomination d'*équidés*, qui convient peut-être encore mieux que toutes les autres.

Originairement Linné plaçoit le genre *Equus* dans son ordre des *belluæ*, c'est-à-dire, des mammifères onguiculés non ruminans; plus tard M. Cuvier en a fait un ordre à part sous le nom de solipèdes; mais plus récemment encore, dans son *Règne animal*, replaçant dans l'ordre des pachydermes tous les *belluæ* de Linné, ce célèbre naturaliste a composé des solipèdes la troisième famille de cet ordre.

Selon M. Cuvier la famille des pachydermes solipèdes, ne se composant que du genre Cheval, présente absolument les mêmes caractères que celui-ci, c'est-à-dire, tous les pieds terminés par un seul doigt et un seul sabot; six incisives à chaque mâchoire; des canines dans les mâles; six molaires à couronne plane, et marquées de linéamens émailleux nombreux; point de mufle; estomac simple. Il n'admet dans cette famille ou ce genre que cinq espèces, savoir : l'âne, le cheval, le dziggetaï, le zèbre et le couagga.

M. Gray reconnoît les mêmes caractères à ses équidés; mais il les partage en deux genres et six espèces, savoir : 1.º Genre Cheval, *Equus* : queue couverte de crins depuis son origine jusqu'à son extrémité; une plaque cornée ou châtaigne à la face interne de chaque membre; espèces : cheval et dziggetaï. 2.º Genre Ane, *Asinus* : queue terminée par un flocon de poils plus longs que ceux qui la couvrent dans toute son étendue; des plaques cornées ou châtaignes seulement aux jambes de devant; espèces : âne, zèbre, couagga, daws ou zèbre de Burchell, espèce nouvelle. Voyez Cheval. (Desm.)

SOLITAIRE. (*Bot.*) Isolé ou unique ; les stipules du *berberis*, par exemple, sont solitaires; chaque feuille n'en a qu'une, tandis que presque toutes les feuilles stipulées en ont deux. (Mass.)

SOLITAIRE. (*Mamm.*) Nom donné par les chasseurs aux vieux sangliers. (Desm.)

SOLITAIRE. (*Entom.*) Nom donné par Engramelle à une espèce de papillon de jour de la Franconie. C'est une espèce du genre Coliade (voyez à l'article Papillon, page 382 du tome XXXVII). Esper l'a nommée europome. (C. D.)

SOLITAIRE. (*Entom.*) Goëdaert nomme ainsi, dans une
de ses Expériences sur les métamorphoses naturelles, tom. 2,
expér. 2, une mouche qui paroît être l'échinomye des larves,
qu'il a obtenue d'une larve sortie d'une chenille qui se nour-
rissoit de l'absinthe. (C. D.)

SOLITAIRE. (*Ornith.*) Cet oiseau est, avec le dronte et
l'oiseau de Nazare, un des trois dont l'existence est encore
regardée par plusieurs naturalistes comme problématique.
Il y a dans ce Dictionnaire, tom. XIII, pag. 519, un article
assez étendu sur le dronte. On trouve dans le tome XXXV,
page 494, une courte notice sur l'oiseau de Nazare, et l'on
en va donner une plus étendue sur le solitaire; mais on ne
peut l'appuyer sur des faits plus authentiques que celle des
autres, et comme la race en est perdue, s'il n'y a pas eu originairement de confusion avec quelque autre oiseau, on ne
peut malheureusement plus espérer de renseignemens ulté-
rieurs à ce sujet. C'est dans des contrées peu éloignées les
unes des autres que les anciens navigateurs disent les avoir
trouvés, c'est-à-dire dans les iles de France et de Bourbon,
connues jadis sous les noms d'ile Rodrigue et ile Maurice. Les
voyageurs Leguat et Carré s'accordent dans la manière de
parler du solitaire, et il est difficile de ne pas ajouter foi à
leurs récits. Le premier, dans son *Voyage en deux iles dé-
sertes*, entre dans de grands détails sur cet oiseau, qu'il paroit avoir étudié soigneusement; et le second, dans le sien,
qui est inséré au volume IX, in-4.°, de l'Histoire générale des
voyages, cite deux individus embarqués pour en faire présent
au Roi, s'ils n'avoient péri dans le vaisseau, où ils refu-
sèrent toute nourriture.

Il résulte de la relation de Leguat, que le solitaire figuré
tom. 1, pag. 98, de son Voyage, étoit d'une taille supérieure
à celle du dindon, dont il avoit les pieds. Les jambes et le
cou étoient plus longs: il ne portoit ni crête, ni huppe; ses
ailes, impropres au vol, ne lui servoient qu'à faciliter la
course, et à faire, en quatre ou cinq minutes, vingt à trente
pirouettes, avec un bruit semblable à celui d'une cresserelle,
et destiné au rappel des femelles par les mâles. Cet oiseau
n'avoit point de pennes caudales, et son croupion étoit garni
de plumes lâches et décomposées. Le plumage du mâle étoit

gris et brun, mais celui de la femelle offroit un mélange agréable de cette dernière couleur et de fauve.

Il est aisé de concevoir comment les îles Rodrigue et Maurice, d'abord couvertes de forêts, auront cessé de fournir, en se peuplant, un refuge suffisant à des oiseaux dont la chair abondante étoit bonne à manger, et qui, d'ailleurs, n'étoient pas d'une fécondité assez grande pour compenser la destruction des chasseurs. La ponte ne consistoit qu'en un seul œuf, plus gros que celui de l'oie, qui étoit trois semaines avant d'éclore, et dont le petit ne pouvoit pourvoir à ses besoins que plusieurs mois après sa naissance. Il paroît que le nid, construit avec des feuilles de palmier, étoit élevé à un pied et demi de terre, et que le mâle et la femelle participoient à l'incubation. (Cʜ. **D.**)

SOLITAIRE ou VER SOLITAIRE. (*Vers.*) Voyez Tænia. (Dᴇsᴍ.)

SOLIUM. (*Vers.*) Voyez Tænia. (Dᴇsᴍ.)

SOLIVA ou SOLIVÆA. (*Bot.*) M. R. Brown a remarqué, dans ses Observations sur les Composées (pag. 101), que le genre *Gymnostyles* de M. de Jussieu pouvoit être réuni au genre *Soliva* de Ruiz et Pavon, publié long-temps auparavant dans le Prodrome de la Flore du Pérou et du Chili. Quoique nous n'ayons point vu les *Soliva*, nous étions très-disposé à partager l'opinion de M. R. Brown; et nous l'avons définitivement adoptée, dans notre tableau des Anthémidées (tom. XXIX, pag. 177), en réunissant, sous le titre générique de *Solivæa*, les *Soliva* de Ruiz et Pavon et les *Gymnostyles* de M. de Jussieu. Mais dans un article précédent (tom. XX, pag. 152), nous avions décrit ce genre sous le nom de *Gymnostyles*. Nous devons donc ici nous borner à renvoyer le lecteur à cet article Gʏᴍɴᴏsᴛʏʟᴇ. (H. Cᴀss.)

SOLIVIAR. (*Ornith.*) Nom du merle solitaire, *turdus solitarius* ou *cyanus*, Linn., en Catalogne. (Cʜ. **D.**)

SOLKONGUR. (*Conchyl.*) Nom islandois du buccin ondé, *buccinum undatum*. (Dᴇsᴍ.)

SOLLE. (*Ichthyol.*) Voyez Sᴏʟᴇ. (H. C.)

SOLLEÏHEK. (*Ornith.*) M. Savigny parle sous ce nom, dans son Histoire de l'Ibis, page 12, de l'oiseau que Buffon a décrit sous celui d'ibis blanc, et qui est le couricaca d'Égypte, *tantalus ibis*, Lath., dont le nom est, par erreur, écrit *solleï-kel* dans le Nouveau Dictionnaire d'histoire naturelle. (Ch. D.)

SOLLO. (*Ichthyol.*) Nom nicéen de la *sole commune*, de la *sole Lascaris* et de la *sole Théophile*. Voyez l'article Sole. (H. C.)

SOLLO D'ARGO. (*Ichthyol.*) Nom nicéen de la *monochire Mangili*. Voyez Monochire. (H. C.)

SOLLO DE FOUNT. (*Ichthyol.*) Nom nicéen de la *sole œillée*. Voyez Sole. (H. C.)

SOLLO DE PLANO. (*Ichthyol.*) Nom nicéen de la Plie. Voyez ce mot. (H. C.)

SOLLO DE ROCCO. (*Ichthyol.*) Nom nicéen de la pégouze. Voyez Sole. (H. C.)

SOLOM. (*Bot.*) Nom tamoul du sorgho, *holcus sorghum* de Linnæus, *sorghum* des modernes. (J.)

SOLOPLETTER. (*Ichthyol.*) Nom norwégien du Vomer. Voyez ce mot. (H. C.)

SOLORI. (*Bot.*) Voyez Noel-valli. (J.)

SOLORINA. (*Bot.*) Genre de la famille des lichens, établi par Acharius et généralement adopté, excepté par Meyer, qui persiste à le maintenir dans le genre *Peltidea* (*Peltigera*, Hoffm.), où l'avoit d'abord laissé Acharius lui-même.

Ce genre est caractérisé par son expansion foliacée, coriace, lobée, libre en dessous et couverte de fibrilles laineuses, disposées en veines. Les conceptacles ou apothéciums sont d'abord recouverts par le thallus, puis découverts, presque orbiculaires, adhérens, sans rebord, recouverts d'une membrane colorée et formée à l'intérieur d'un noyau solide, celluleux et vésiculeux, contenant des thèques grandes, oblongues, simplement annulées.

Ce genre ne comprend que deux espèces, toutes deux remarquables et de nos contrées.

1. Le Solorina safrané : *S. crocea*, Ach., *Lichen univ.*, page 149; *Peltigera crocea*, Hoffm., *Lich.*, 2, pl. 41, fig. 2 — 4, et pl. 42, fig. 4 et 5; *Lichen croceus*, Linn., *Engl. bot.*, pl. 498; Jacq., *Coll.*, 4, pl. 11, fig. 2 et 5. Expansion lobée, d'un roux brun en dessus, et en dessous d'une couleur rouge-orangée très-vive, avec quelques veines et quelques fibrilles radicales roussâtres ; apothéciums sessiles, orbiculaires ;

plans, bruns, situés dans le centre, sortant au sommet des lobes. Cette espèce, qui se fait remarquer par la vive couleur de la partie inférieure de son expansion, n'est pas très-grande, et végète dans les hautes montagnes sur la terre qui recouvre les rochers dans les lieux secs et découverts.

2. Le SOLORINA A POCHETTES : *S. saccata*, Achar.; *Lichen saccatus*, Linn., *Engl. botan.*, pl. 288; *Lichen*. Michéli, *Gen.*, pl. 5*a*, fig. 1; *Lichenoides*, Dill., *Musc.*, pl. 50, fig. 121. Expansion arrondie, coriace, déprimée, lobée, un peu imbriquée, d'un gris-cendré verdâtre ou glauque en dessus, blanchâtre et garnie de fibrilles; apothéciums d'un brun noir, orbiculaires, épars et enfoncés très-profondément dans l'expansion, de sorte à former autant de petites cavités qui sont comme des petites poches. Cette espèce, assez répandue, quoique rare partout, forme des plaques d'un à trois pouces sur la terre humide et les mousses qui couvrent le pied des troncs d'arbres et les rochers ombragés, particulièrement dans les pays de montagnes. (LEM.)

SOLOURA. (*Ichthyol.*) Les Yakouts donnent ce nom au véron. Voyez ABLE, dans le Supplément du tome Ier de ce Dictionnaire. (H. C.)

SOLPUGA ou SOLIFUGA. (*Entom.*) Noms donnés à une sorte de scorpion. d'autres disent de fourmi, dont parle Pline et dont Lucain a dit : *Quis calcare tuas metuat, solpuga, latebras.* Ce nom avoit été pris pour désigner le genre Pince, porte-pince ou chélifère, dont Illiger a fait aussi le genre Obisium. Voyez PINCE. (C. D.)

SOLSENSUDG. (*Ichthyol.*) En Laponie on appelle ainsi l'aphye, *leuciscus aphya*. Voyez ABLE, dans le Supplément du tome Ier de ce Dictionnaire. (H. C.)

SOLSIRORA. (*Bot.*) Voyez RORELLA. (J.)

SOLSTICES. (*Astr.*) Ce sont les deux points où l'ÉCLIPTIQUE (voyez ce mot) s'éloigne le plus de l'équateur. L'étymologie latine de ce mot exprime l'état presque stationnaire du soleil, lorsqu'il paroît à l'un des *points solstitiaux*. Le mouvement par lequel cet astre semble alternativement s'éloigner et se rapprocher de l'équateur, est presque insensible pendant quelques jours. L'un de ces points est placé dans notre hémisphère au commencement du signe du cancer, et se nomme *solstice d'été* : c'est aussi la dénomination de l'époque. Elle est pour nous celle du plus long jour de l'année.

L'autre solstice est dans l'hémisphère austral , au premier point du signe du capricorne : c'est le *solstice d'hiver*, et l'époque du jour le plus court de l'année (voyez ÉTÉ et HIVER). Il faut bien observer que les positions précédentes sont rapportées au mouvement apparent du soleil ; dans la réalité la terre en occupe de diamétralement opposées. Au solstice d'été, elle est au premier point du capricorne, et à celui du cancer , au solstice d'hiver. (Voyez SYSTÈME DU MONDE.)

Les parallèles à l'équateur qui passent par les solstices, prennent le nom de *tropiques*, mot tiré du grec , et indiquant que ces parallèles sont le terme de la marche alternative du soleil vers chaque pôle : l'un est le *tropique du cancer*, l'autre celui du *capricorne*. (L. C.)

SOLULO. (*Bot.*) Nom malais du *solulus* de Rumph, arbre originaire de Ternate et naturalisé à Amboine , dont la figure donnée par l'auteur présente une fleur de plante légumineuse et une gousse renflée sur chaque graine comme celle du sophore : ce qui peut faire présumer que c'est un *sophora*. (J.)

SOLUTION. (*Chim.*) Ce mot est généralement employé comme synonyme de dissolution, dans le cas surtout où l'on veut désigner le résultat de l'action qu'un liquide exerce sur un solide, et même sur un gaz, lorsqu'il lui fait partager son état. Cependant Lavoisier, frappé de la différence qui existe entre le phénomène qu'un sel présente lorsqu'il est dissous par l'eau, et le phénomène que présente un métal qui se dissout dans un acide, en s'oxidant, soit aux dépens de cet acide, soit aux dépens de l'eau qu'il contient , avoit proposé de désigner le premier produit par la dénomination de *solution*, et le second par celle de *dissolution* ; mais cette distinction n'a jamais été adoptée, probablement parce qu'il n'existe pas de verbe correspondant à solution comme le verbe dissoudre correspond à dissolution ; et, en second lieu, parce que la même liqueur peut être, suivant Lavoisier, dissolution ou solution : par exemple, du nitrate d'argent fait en dissolvant le métal dans l'acide nitrique, est une dissolution . tandis que. si l'on fond des cristaux de nitrate d'argent dans l'eau, on obtient une solution. Voyez Dissolution. (Ch.)

SOLV-FISK. (*Ichthyol.*) Voyez Sill. (H. C.)

SOLVHAEN. (*Ichthyol.*) Un des noms danois de la *chimère arctique.* Voyez Chimère. (H. C.)

SOM. (*Bot.*) Voyez Sodsai. (J.)

SOM. (*Ichthyol.*) Nom russe du *glanis.* Voyez l'article Silure. (H. C.)

SOMBAC. (*Bot.*) Nom du *dracæna terminalis* dans l'île de Banda, cité par Rumph. (J.)

SOMBOUG. (*Bot.*) Nom malais, cité par Burmann, du *conyza balsamifera*, commun dans l'île de Java, où il est employé aux mêmes usages que la sauge, dont on lui donne aussi le nom. (J.)

SOMBRE. (*Erpét.*) Nom spécifique d'un Agame, *agama atra.* Voyez ce mot. (H. C.)

SOMBRE A DEUX RAIES. (*Erpét.*) Nom spécifique d'une Couleuvre, décrite à la page 205 du tome XI de ce Dictionnaire. (H. C.)

SOMERVILLITE. (*Min.*) M. Brooke a décrit sous ce nom, dans le tome 16 du Journal de Brande, pag. 274, un minéral que l'on trouve au Vésuve, associé à du mica noir et à d'autres substances. Il ressemble à l'idocrase par quelques-uns de ses caractères extérieurs, mais il en diffère par une dureté moins grande et un éclat plus vitreux dans la cassure transversale. Sa couleur est le jaune pâle. Ses formes cristallines se rapportent à la variété d'idocrase qu'on nomme *unibinaire;* elles dérivent, selon M. Brooke, d'un octaèdre à base carrée, dans lequel deux faces voisines sur une même pyramide font entre elles l'angle de 134° 48′, tandis que les faces de la pyramide supérieure s'inclinent sur celles qui leur sont adjacentes inférieurement, de 65° 50′. Cet octaèdre se divise par une coupe très-nette dans le sens perpendiculaire à l'axe; il n'offre au contraire aucun clivage sensible parallèlement à cet axe. Traité seul au chalumeau, ce minéral décrépite et fond en un globule grisâtre; avec le borax, il donne un verre sans couleur. (Delafosse.)

SOMI. (*Bot.*) Nom égyptien de l'absinthe, cité par Ruellius et Mentzel. (J.)

SOMION. (*Bot.*) Adanson réunit sous ce nom générique les champignons du genre *Hydnum* de Linnæus, dont la substance est coriace ou subéreuse, et le chapeau demi-orbiculaire, horizontal, lisse, attaché par le côté, sans tige, doublé en dessous de poils ou piquans coniques, ou plats et pendans, à la surface desquels sont des graines sphériques. Adanson donne pour exemple les *agaricum* figurés par Michéli, pl. 64, fig. 3 — 5 de son *Nova genera*, qui sont les *hydnum occarium*, Pers.; *pectinatum*, Fries, et *orbiculatum*, Pers. Mais ces espèces ne diffèrent que par leurs chapeaux sessiles des autres espèces du genre *Hydnum*, et ne méritent pas d'en être séparées pour former un genre particulier. (Lem.)

SOMMAK. (*Bot.*) Adanson cite ce nom arabe du sumac, *rhus*, qui en dérive probablement. (J.)

SOMMARGULING. (*Ornith.*) Un des noms suédois du loriot, *oriolus galbula*, Linn. (Ch. D.)

SOMMEIL DES PLANTES. (*Bot.*) Position que prennent certaines feuilles pendant la nuit. Voyez Feuilles. (Mass.)

SOMMITE. (*Min.*) C'est le nom qui a été donné en premier lieu à un minéral du mont Somma au Vésuve, parce qu'il s'était fait plus particulièrement remarquer qu'aucun des nombreux minéraux de cette montagne. Haüy l'a érigée en espèce sous le nom de Néphéline. Voyez ce mot. (B.)

SOMMOSE. (*Ichthyol.*) M. Lesueur a proposé sous ce nom la création d'un sous-genre de squales, qui ne diffère de celui des aiguillats que par une forme plus raccourcie et plus obtuse de la partie antérieure de la tête. Il le compose d'une espèce qui vit sur les côtes des États-Unis. (Desm.)

SOMO. (*Bot.*) Voyez Skimmi. (J.)

SOMOÏNITE. (*Min.*) C'est un minéral qui s'est trouvé avec le platine dans les terrains meubles de l'Oural. Il a beaucoup de ressemblance avec la variété de corindon qu'on nomme saphir. (B.)

SOMP. (*Bot.*) Ce nom est donné dans le Sénégal, suivant Adanson, à l'*agihalid* de Prosper Alpin, *balanites* de Delile. (J.)

SOMPHIA. (*Bot.*) Nom égyptien de l'hellébore blanc, *veratrum*, cité par Ruellius et Mentzel. (J.)

SOMPUR. (*Bot.*) Nom donné dans l'île de Java, suivant

M. **Blume**, à son *colbertia obovala*, qui croît dans les vallées de cette île. (J.)

SOMROKKE et SOMSKATTE. (*Ichthyol.*) Noms norwégiens de la *raie bouclée*. Voyez RAIE. (H. C.)

SON. (*Phys.*) L'impression que l'agitation de l'air, mu avec une très-grande rapidité, produit sur l'organe auditif, se nomme en général *bruit*; mais on distingue dans les bruits ceux qui semblent éteints aussitôt que formés, et ceux qui ont une durée sensible ou un retentissement particulier. Ces derniers constituent le *son*. Pour montrer que l'ébranlement de l'air est nécessaire à la production du son, on place sous le récipient de la machine pneumatique un carillon, mis en mouvement par un ressort. Le son s'affoiblit à mesure que l'air se raréfie, et finit par cesser tout-à-fait, quand on a produit le vide. (Voyez AIR, tome Ier, page 399.)

Toutes les causes qui excitent dans l'air des compressions et des dilatations alternatives, par suite de son élasticité, y produisent des vibrations, desquelles résulte le son. Le claquement du fouet, le bruit que fait l'ouverture prompte d'un étui bien fermé, sont le résultat de la compression produite par la rentrée subite de l'air dans un espace où il s'est trouvé d'abord raréfié. (Voyez MOUVEMENT, tom. XXXIII, p. 254.)

La propagation du son dans l'air a beaucoup de rapport avec celle des ondes que forment, sur la surface de l'eau, les corps qu'on y laisse tomber; mais il faut concevoir des sphères au lieu des cercles que l'on voit dans l'eau, parce que l'ébranlement de l'air a lieu dans toutes les directions qui partent du point où le son est excité, et qui sont les rayons des sphères dont ce point est le centre.

La coexistence de plusieurs sons qu'on entend ensemble au même point, sans qu'ils se confondent, est un fait analogue à ce qui se passe dans l'eau dont les ondes se croisent sans se mêler, lorsqu'on y laisse tomber divers corps sur plusieurs points, ou les uns après les autres.

Le son ne se transmet que successivement par la communication de l'ébranlement de chacune des couches sphériques à celle qui l'enveloppe. De là résulte la vitesse avec laquelle le son, produit dans un point, passe dans un autre, et qui est appréciable dès que la distance n'est pas très-petite. Quand, par exemple, on voit une personne frapper sur un corps un peu éloigné, il s'écoule un temps sensible entre l'impression reçue par l'œil et celle qui arrive par l'oreille, la première étant presque instantanée, à cause de l'excessive rapidité de la propagation de la lumière. (Voyez Lumière, tome XXVII, page 291.)

En observant avec soin le temps que le bruit de l'explosion d'une pièce d'artillerie met à parcourir une distance mesurée exactement, on a déterminé plusieurs fois la vitesse du son. L'expérience la plus récente sur ce sujet, et qui a été faite avec le plus de soin, est rapportée dans la *Connoissance des temps* pour l'année 1825 (page 361) et dans le tome 20 des *Annales de chimie, de physique* (pag. 210). MM. Prony, Bouvard, Arago, Mathieu, de Humboldt et Gay-Lussac ont trouvé qu'à la température de 10 degrés, *la vitesse du son doit être de* 173,01 toises, ou 557^m,2, par seconde sexagésimale. Par ce moyen on peut estimer les distances à la mer, par exemple, en observant le temps qui s'écoule entre le moment où l'on aperçoit le feu d'une pièce de canon, et celui où l'on entend le bruit, on prendra pour la distance autant de fois 557^m,2 que l'on a compté de secondes. En observant de même l'intervalle qui a lieu entre l'éclair et le bruit du tonnerre, on appréciera la distance du nuage dans lequel l'explosion a été produite.

En transportant la masse d'air vibrante dans le sens où il souffle, le vent augmente la vitesse du son, qui se propage de ce côté plus loin du centre d'ébranlement, qu'il ne seroit parvenu dans un temps calme. Le contraire a lieu dans la direction opposée à celle du vent.

Le son est *direct* ou *réfléchi*, selon qu'il nous parvient immédiatement du point où l'ébranlement primitif a été excité, ou qu'il nous est renvoyé dans une autre direction par un corps qui forme alors un Écho. (Voyez ce mot.)

L'air est mis en vibration de diverses manières : d'abord par les corps élastiques, lorsqu'ils y sont eux-mêmes. (Voyez Ressort. tome XLV. page 268.) Le cas le plus simple de ce genre est celui des vibrations que les cordes élastiques tendues exécutent transversalement à leur longueur. Elles ont été observées les premières. parce qu'elles sont les plus faciles à saisir. On peut voir dans les traités spéciaux de physique les phénomènes qu'elles présentent.

Je me bornerai à énoncer les faits suivans :

1.° Le nombre des vibrations qu'elles font dans un temps donné, une seconde par exemple, est en raison inverse de leur longueur, lorsque, étant de la même matière, elles ont même grosseur, même poids et même tension ;

2.° Ce nombre est en raison inverse de leur diamètre, lorsque les autres circonstances sont les mêmes ;

3.° Il est en raison directe des racines carrées des tensions, si tout est égal d'ailleurs ; c'est-à-dire que la corde tendue par un poids de 9 kilogrammes, fera 3 fois plus de vibrations dans le même temps que si le poids était seulement de 3 kilogrammes, parce que 3 est la racine carrée de 9 ;

4.° La gradation des sons qu'elles rendent dépend du nombre des vibrations qu'elles font dans le même temps ; ils sont d'autant plus aigus que ce nombre est grand, et d'autant plus graves qu'il est moindre ;

5.° Une même corde peut faire entendre divers sons, lorsque dans son mouvement elle se divise en plusieurs parties égales, qui vibrent comme si elles étoient seules, et qu'il y eût entre chacune un point de la corde fixement arrêté.

Les vibrations des corps sonores ne nous paroissent pas toujours accompagnées de sons. Pour en produire qui soient appréciables par notre oreille, il faut que ces vibrations aient une vitesse comprise entre certaines limites : trop petite, le son est si grave qu'il cesse d'être entendu ; trop grande, le son devient si aigu qu'il nous échappe. Lorsqu'on ébranle une corde assez longue, et tendue par un poids assez foible pour que l'on puisse compter les vibrations qu'elle exécute dans un temps donné, une seconde par exemple, on n'entend aucun son ; mais si l'on augmente le poids tendant jusqu'à ce que le son soit appréciable, on en déduira, par la troisième loi énoncée ci-dessus, le nombre de vibrations que fait la corde dans le second cas, quoiqu'on ne puisse plus les compter. La limite des sons élevés s'obtiendra ensuite par la première loi, en raccourcissant la corde de plus en plus, jusqu'à ce qu'on parvienne à des sons tellement aigus qu'on ne puisse plus les saisir. Ces expériences, dont je ne fais ici qu'indiquer la possibilité, ont été faites, il y a plus d'un siècle, avec des moyens susceptibles de plus de précision, et ont appris que 52 vibrations par seconde donnent le son le plus grave qui soit appréciable, et 7552 le plus aigu. [1]

En faisant vibrer des plaques élastiques, recouvertes de poussière, M. Chladni a produit des phénomènes analogues à la division des cordes. Suivant le point de sa surface par lequel la plaque est tenue, et celui de sa tranche par lequel elle est frottée pour la mettre en vibration (ordinairement c'est avec un archet), on voit la poussière se ranger sur certaines lignes droites ou courbes. qui doivent être composées de points demeurant immobiles pendant les vibrations, et indiquant ainsi les portions dans lesquelles la plaque s'est divisée. [2]

Le même M. Chladni a fait voir que les corps étoient susceptibles de diverses sortes de vibrations : les cordes, par exemple, dont on ne connoissoit que les vibrations transversales, en ont aussi de longitudinales. M. Savart, que j'ai déjà eu occasion de citer à l'article LUMIÈRE (tome XXVII, page 529), pour une expérience remarquable, a fait de ce sujet l'objet de recherches très-suivies et très-intéressantes, auxquelles nous ne saurions nous arrêter ici ; mais on les trouvera dans les *Annales de chimie et de physique* et dans son *Mémoire sur la construction des instrumens à cordes et à archet.*

Si les vibrations des corps solides se communiquent à l'air, réciproquement celles de ce fluide en excitent de semblables

---

1 Pour plus de simplicité. je n'ai parlé que d'une seule corde ; mais, comme il auroit fallu d'abord la prendre assez grosse, elle ne *parleroit plus*, lorsqu'elle seroit très-raccourcie. On éviteroit cet inconvénient, en prenant ensuite une corde fine, mise à l'unisson du ton le plus élevé que la première puisse faire entendre distinctement.

Rapportés à l'échelle musicale, les sons appréciables embrassent un peu moins de huit octaves.

2 C'est dans les dernières années du 18.ᵉ siècle que M. Chladni faisoit ces belles expériences ; jusque-là personne n'avoit remarqué celle que Galilée raconte dans son *Dialogo primo intorno alle scienze nove*, page 59 du tome 3 de l'édition de ses Œuvres. Padoue. 1744

dans les corps solides; c'est par là qu'on peut expliquer comment un corps vibrant fait résonner ou frémir ceux qui sont placés dans son voisinage, et qui, mis eux-mêmes dans cet état, auroient des vibrations d'une durée égale à celle des vibrations du premier, ou qui en seroit une aliquote.

Les corps solides transmettent le son et en augmentent la force dans certaines circonstances. C'est sur cette dernière remarque qu'est fondée la construction des caisses qui font partie des instrumens à cordes; et, quant à la première, on s'en assure bien aisément, en appliquant l'oreille contre l'extrémité d'une pièce de bois un peu longue, pendant qu'on frappe très-légèrement à l'autre extrémité : le son, qui ne seroit pas entendu à cette distance dans l'air, l'est très-distinctement au bout de la pièce de bois.

De plus, la transmission est beaucoup plus rapide que dans l'air. En faisant produire à l'une des extrémités d'une ligne de tuyaux de conduite, longue de $951^m,25$, un son assez fort pour être entendu dans l'air à l'autre extrémité, M. Biot a trouvé que, si l'on appliquoit l'oreille à cette extrémité, le son étoit transmis par le tuyau environ dix fois plus vîte que par l'air. MM. Coladon et Sturm, dans un Mémoire qui vient d'être couronné par l'Académie des sciences, ont inséré les expériences qu'ils ont faites dans le lac de Genève, pour mesurer la vitesse du son transmis par l'eau. Ils ont trouvé que cette vitesse étoit de 1466 mètres par seconde (752 toises).

L'air peut devenir lui-même le corps sonore : c'est ce qui a lieu dans les instrumens à vent, tels que la flûte, qui sont tenus de manière à étouffer les vibrations dont ils pourroient être affectés. Le corps de ces instrumens ne fait que contenir la colonne d'air mise en vibration; et les trous latéraux, divisant cette colonne, servent à varier le ton. La théorie des instrumens à vent est trop compliquée pour trouver place dans cet article; je me bornerai à rappeler deux faits principaux. Il ne suffit pas de souffler d'une manière quelconque dans un tuyau pour produire un son. En poussant l'air par l'ouverture tout entière d'un tuyau cylindrique, par exemple, on ne feroit que chasser le fluide par l'autre extrémité, si elle étoit ouverte, ou le comprimer, si cette extrémité étoit fermée. Il est nécessaire que l'ébranlement de la colonne soit produit par une lame d'air d'une dimension moindre que la section du tuyau ; c'est ce qu'on peut voir par la forme du bec d'un sifflet, et par la disposition que prennent les lèvres quand on se sert d'une clef forée. On remarque encore que c'est lorsqu'il passe par des ouvertures resserrées, comme entre des portes ou des fenêtres, que le vent produit des sons, dont le degré dépend de la largeur de ces ouvertures et de la force du courant qui s'y établit.

Il y a des instrumens dans lesquels l'air est mis en vibration, non pas immédiatement par la bouche, mais par l'ébranlement d'une languette nommée *anche*, construite en bois ou en métal, et appliquée sur une gouttière qui conduit le souffle dans le corps de l'instrument. Libre par l'une de ses extrémités, c'est en s'approchant et en s'éloignant alternativement de l'orifice ou canal qu'elle recouvre, que cette languette met en vibration l'air intérieur. Pour bien saisir ces détails, il faut examiner les instrumens eux-mêmes, surtout, l'orgue qui en rassemble les principales circonstances, et recourir aux traités d'*acoustique*, ou de la science des sons.

Deux sons peuvent être du même degré, ou à l'unisson, c'est-à-dire, résulter du même nombre de vibrations pendant le même temps, et cependant différer beaucoup dans la *qualité* qu'on appelle *timbre* : ainsi un cor, une flûte, un violon, peuvent rendre un son du même degré par rapport au grave ou à l'aigu ; mais il tiendra de chaque instrument un caractère particulier, qui sert, comme l'on sait, à varier l'expression musicale.

La force du son dépend de l'étendue des vibrations, ainsi qu'on le reconnoît aisément sur les cordes. Plus on les écarte de la situation rectiligne, plus le son est fort, mais, lorsque cet écart passe certaines limites, le son baisse un peu, quand les vibrations diminuent d'amplitude. Enfin, la prolongation du son, après que le corps sonore est abandonné à lui-même, dépend non-seulement de la matière de ce corps, mais aussi du degré du son. Les sons graves durent plus long-temps que ceux qui sont aigus.

Dans ces derniers temps on a trouvé encore deux nouvelles manières de produire des sons ; l'une est le résultat de la combustion du gaz hydrogène, dont on reçoit la flamme dans un tube de verre. Le courant déterminé par cette combustion fait entrer en vibration l'air contenu dans le tube. (Voyez le *Traité de physique élémentaire et mathématique*, par M. Biot, tome 2, page 182.)

L'autre manière de produire du son s'est présentée à M. Savart comme une conséquence de la remarque faite par M. Clément, sur ce qui se passe lorsqu'on met au-dessus d'une ouverture pratiquée à la paroi de la chaudière d'une machine à vapeur une plaque mince, mais plus étendue que l'ouverture. Au lieu d'être enlevée par l'expansion de la vapeur, cette plaque, repoussée par la réaction de l'atmosphère, reste sur l'ouverture sans la boucher tout-à-fait, parce que la vapeur s'échappe latéralement. Par un appareil dont M. Hachette a eu l'idée, on produit le même effet à l'aide du souffle seulement, et c'est alors que M. Savart s'est aperçu que la plaque vibroit, et qu'il en a tiré des sons. Sans entrer dans l'explication détaillée de ces phénomènes, on voit bien qu'il s'y produit des impulsions intermittentes, desquelles résultent des alternatives de condensation et de dilatation, c'est-à-dire un mouvement de vibration. (L. C.)

SONÆFA. (*Bot.*) Nom arabe d'une gesse, *lathyrus tomentosus* de Forskal. (J.)

SONÆMÆ. (*Bot.*) Nom arabe d'un plantain, *plantago decumbens* de Forskal. (J.)

SONARD. (*Ornith.*) Le canard milouin porte ce nom dans le département de l'Ain et dans ceux qui l'avoisinent. (Desm.)

SONATLI SCHUSCHI. (*Mamm.*) Nom tartare tschuwache des chéiroptères ou chauve-souris. (Desm.)

SONCHORUS. (*Bot.*) Rumph désigne sous ce nom le *kœmpferia galanga* de Linnæus. (J.)

SONCHUS. (*Bot.*) Voyez Laitron. (Lem.)

SONDAQUA. (*Ornith.*) L'oiseau qui se nomme ainsi chez les Hurons, est l'orfraie, *falco ossifragus*, *albicilla* et *albicaudus*, Gmel. (Ch. D.)

SONDAT. (*Bot.*) Nom donné dans l'île de Bala, voisine de Java, au *cananga* de Rumph, *uvaria odorata* de M. de Lamarck. (J.)

SONDENVINDS-FUGL. (*Ornith.*) Un des noms norwégiens du pétrel tempête , *procellaria pelagica.* (Ch. D.)

SONDIFAFAT. (*Bot.*) Voyez Soudifafat. (J.)

SONDMEER KONG. (*Ichthyol.*) Nom norwégien de la Plie. Voyez ce mot. (H. C.)

SONERI-ILA. (*Bot.*) Nom d'une herbe du Malabar, décrite et figurée par Rhéede, qui lui trouve de l'affinité avec une pulmonaire. C'est peut-être la même plante dont Roxburg a fait son genre *Sonerila,* rapporté par M. Don, dans son *Fl. Nepaul.,* à la suite des éricinées et conséquemment loin des borraginées. (J.)

SONG-LA-CHA. (*Bot.*) Nom du thé vert à la Chine, cité dans le petit Recueil des voyages. Le thé est nommé *cha* dans cet empire, et cette espèce tire son prénom d'une montagne de la province de Kiang-nam, qui en est entièrement couverte. Il est inférieur au thé hou, et a besoin de sucre pour corriger un peu son âcreté. (J.)

SONGAR. (*Mamm.*) Espèce de hamster de Sibérie, décrite par Pallas sous le nom de *mus songarus.* (Desm.)

SONGIUM. (*Bot.*) Nom sous lequel Rumph décrit et figure le *syalita* du Malabar, *dillenia indica.* (J.)

SONGO. (*Ornith.*) C'est le coucou indicateur, principalement connu sous le nom de coucou moroc, *cuculus abyssinicus,* Lath. (Ch D.)

SONI. (*Conchyl.*) M. Bosc dit que c'est une très-petite coquille des genres Volute ou Mitre de M. de Lamarck. (Desm.)

SONICÉPHALE. (*Entom.*) Ce nom vulgaire a été donné à quelques insectes coléoptères qui font du bruit avec la tête, en particulier à une sorte de vrillette, *anobium pertinax.* (C. D.)

SONK. (*Bot.*) Le sesban, *sesbania,* est ainsi nommé au Sénégal, suivant Adanson. (J.)

SONNANT. (*Erpét.*) Nom spécifique d'un Crapaud. Voyez ce mot. (H. C.)

SONNENFISCH. (*Ichthyol.*) Un des noms allemands du poisson Saint-Pierre. Voyez Dorée. (H. C.)

SONNENVIS. (*Ichthyol.*) Nom hollandois du poisson Saint-Pierre. Voyez Dorée. (H. C.)

SONNERAT. (*Ichthyol.*) Nom spécifique d'un Holocentre,

décrit dans ce Dictionnaire, tome XXI, page 3o4. (H. C.)

SONNERATIA. (*Bot.*) Nous avons réuni au *cœlastrus* le genre que Commerson avoit fait sous ce nom. Le *sonneratia* de Gmelin étoit déjà connu sous le nom de *cookia* dans les aurantiacées. Le genre qui a conservé ce nom fait partie des myrtées. Voyez PAGAPATE. (J.)

SONNEUR. (*Ornith.*) Cet oiseau, auquel on a généralement appliqué le nom de *coracias* huppé, est probablement, d'après la remarque de M. Savigny, page 6 de ses Observations sur les oiseaux d'Égypte et de Syrie, une espéce de courlis, *numenius.* (CH. D.)

SONOBAR. (*Bot.*) Voyez SNOBAR. (J.)

SONOFFRIG. (*Bot.*) Voyez SENOFFIGI. (J.)

SONOKI. (*Bot.*) Thunberg, qui cite ce nom japonois du *carissa spinarum*, espéce de calac, ajoute qu'il pousse des fleurs au mois d'Avril, étant encore couvert de fruits mûrs. (J.)

SONORO-MAUTS, SONARI-MAUTS. (*Bot.*) Noms japonois, cités par Thunberg du *juniperus virginica.* (J.)

SONOU. (*Bot.*) Voyez KANSJIRAM-MARAVAM. (J.)

SONSOUTI. (*Bot.*) Nom caraïbe du *coreopsis coronata*, cité dans l'herbier de Surian. (J.)

SON-TO. (*Bot.*) Selon M. Bosc, on donne ce nom, dans le commerce, à un thé; mais on ignore s'il s'agit ici d'une espéce de thé, ou d'un mode de préparation. (LEM.)

SONZES. (*Bot.*) Flaccourt dit qu'on nomme ainsi à Madagascar une espéce de gouet, *arum*, dont les feuilles, rondes et très-larges, sont bonnes à manger, étant cuites avec la viande, et ont le goût de chou. Le goût de la racine est aussi agréable que celui de l'artichaut. (J.)

SOO, KUWA. (*Bot.*) Kæmpfer cite ces deux noms, soit pour le mûrier à fruit blanc, soit pour celui à fruit noir auquel Thunberg les attribue plus particulièrement. L'oignon, *allium cepa*, est aussi nommé *soo* ou *fitomosi*; le *suo-huso* est l'*aconitum japonicum* de Thunberg. Une variété très-basse du *chamærops excelsa* du même auteur, est le *soo-tsiku*, et le *xanthium orientale* est nommé *sooni* ou *namomo.* (J.)

SOOBI, SJOUR. (*Ichthyol.*) Deux des noms arabes du *spare mahsena.* Voyez SPARE. (H. C.)

SOOBU. (*Bot.*) Voyez Sju. (J.)

SOOK. (*Bot.*) Suivant Adanson. le sesban, *sesbania*, genre de plante légumineuse, est ainsi nommé au Sénégal. (J.)

SOOKO. (*Bot.*) Voyez Seo. (J.)

SOOKOON. (*Bot.*) Nom que porte à Sumatra, suivant Marsden, l'arbre à pain, *artocarpus* : c'est l'espèce cultivée, laquelle n'a point de noyaux et est multipliée par drageons. Les habitans le coupent par tranches, et le mangent bouilli ou rôti avec du sucre. Il a été transporté dans cette île, où il n'est pas naturel, comme le Calawea (voyez ce mot), autre espèce du même genre, dont le fruit a des graines. (J.)

SOONDAL-MOLLAM. (*Bot.*) Plante de Sumatra, nommée aussi belle-de-nuit selon Marsden, parce qu'elle ne s'épanouit que la nuit. Elle a, comme la tubéreuse, suivant l'auteur, un calice tubulé, divisé par le haut en six lobes, muni de six étamines et un style terminé par trois stigmates. (J.)

SOOTY. (*Ornith.*) Ce nom et celui d'*oiseau quaker* ont été donnés par les matelots anglois à l'albatros gris-brun, *diomedea fuliginosa*, Lath., qui n'est vraisemblement que l'albatros commun dans son jeune âge. (Ch. **D.**)

SOP-CLOO. (*Ornith.*) Nom du paradisier manucode chez les Papous. (Ch. **D.**)

SOPE. (*Ichthyol.*) Nom spécifique d'un Labéon. Voyez ce mot. (H. C.)

SOPHERA. (*Bot.*) Nom cité par Prosper Alpin et par C. Bauhin, d'une casse, qui est le *cassia sophora* de Linnæus. C'est, peut-être, la même plante que Clusius nomme *sofera*. (J.)

SOPHIA. (*Bot.*) La plante crucifère que Dodoëns et Lobel nommoient ainsi, est le *sisymbrium sophia* de Linnæus. Sa silique, plus longue que dans ses congénères, avoit déterminé Adanson a en faire, sous le nom de *sophia*, un genre, dont Guettard faisoit aussi son *descurea*. (J.)

SOPHIE. (*Entom.*) Nom donné par Geoffroy à une espèce de demoiselle, n.º 5, insecte névroptère. Voyez Agrion fillette. (C. **D.**)

SOPHIO. (*Ichthyol.*) Voyez Vandoise. (H. C.)

SOPHISTÈQUE. (*Bot.*) Ce genre de Commerson fait partie du *Gomphia* de Schreber, dans la famille des ochnacées. (J.)

SOPHO. (*Bot.*) C'est, suivant Ruellius, le nom égyptién du *sampsuchus amaracus*, la marjolaine, *origanum majorana.* (J.)

SOPHOBI. (*Bot.*) Nom égyptien de la garance, cité par Adanson, d'aprés Ruellius. (J.)

SOPHOEPH. (*Bot.*) Mentzel cite ce nom égyptien de l'aristoloche clématite. (J.)

SOPHORA. (*Bot.*) Genre de plantes dicotylédones, à fleurs complétes, papilionacées, de la famille des *légumineuses*, de la *décandrie monogynie* de Linnæus, dont le caractère essentiel consiste dans un calice campanulé, à cinq dents; une corolle papilionacée; les ailes de la longueur de l'étendard; dix étamines libres; un ovaire supérieur; un style; une gousse alongée, en forme de chapelet.

Depuis l'établissement de ce genre par Linné il y a été fait de grands changemens. Beaucoup d'espèces en ont été exclues et transformées en genres particuliers. Tel est le genre EDWARDSIA (voyez ÉDOUARDE), qui n'en diffère que par sa corolle, dont les pétales sont tous connivens; le calice oblique, fendu latéralement; les gousses munies de quatre ailes. Le VIRGILIA est un autre genre, établi par M. de Lamarck, à gousses longues, comprimées, point articulées, ainsi que le PODALYRIA, à gousses courtes et renflées. (Voyez ces différens articles.)

SOPHORA QUEUE-DE-RENARD : *Sophora alopecuroides*, Linn., *Syst. veget.*; Dill., *Hort. Elth.*, tab. 112, fig. 136; Buxb., cent., 3, tab. 46. Cette plante a des racines vivaces et rampantes qui produisent plusieurs tiges droites, herbacées, rameuses, hautes de trois à quatre pieds. Les feuilles sont alternes, ailées, composées d'un très-grand nombre de folioles ovales, oblongues, presque opposées, médiocrement pétiolées, terminées par une impaire. Les fleurs naissent à l'extrémité des branches, dans l'aisselle des rameaux, disposées en longues grappes simples, presque droites; les pédicelles sont épars, filiformes. Le calice est presque campanulé, muni à son orifice de cinq dents peu marquées, obtuses. La corolle est petite, à peine une fois aussi longue que le calice, d'un bleu pâle, quelquefois blanche. Les gousses sont alongées, noueuses, presque articulées. Cette plante croît dans le Levant. Elle fleurit dans le mois de Juillet au Jardin du Roi.

Sophora a fleurs jaunes : *Sophora flavescens* , Ait. , *Hort. Kew.* , 2 , pag. 43 ; Willd. , *Spec.* , 3 , pag. 499. Cette espèce, voisine de la précédente , a des tiges glabres , herbacées , presque cylindriques , rameuses , striées , un peu anguleuses vers leur sommet. Les feuilles sont alternes , ailées , avec impaire , pétiolées , composées d'environ six paires de folioles oblongues , ovales ou lancéolées , obtuses. entières, alternes , pédicellées , glabres à leurs deux faces , longues d'un pouce et plus. Les fleurs sont disposées en longues grappes termi-nales , simples , un peu pendantes ; les pédicelles épars , fili-formes , plus courts que les fleurs. Le calice est glabre , ovale , campanulé , presque tronqué , à cinq dents courtes , très-ob-tuses. La corolle est d'un blanc jaunâtre , au moins une fois plus longue que le calice. Cette plante croît dans la Sibérie. Elle est cultivée au Jardin du Roi.

Sophora du Japon : *Sophora japonica* , Linn. , *Mant.* , 68 ; Duham. , *edit. nov.* , 3 , pag. 84 , tab. 21 ; Andr. , *Bot. rep.* , tab. 585. Arbre de soixante pieds et plus. Ses rameaux sont étalés , diffus ; l'écorce est grise sur le tronc et d'un vert foncé sur les jeunes rameaux ; son feuillage est léger et touffu , d'un vert un peu sombre ; ses feuilles sont composées de six à sept paires de folioles opposées , pédicellées , ovales , aiguës , glabres , entières. Les fleurs sont blanches , nombreuses , un peu odorantes , disposées au sommet des rameaux en grap-pes étalées , formant une ample panicule. Le calice est petit , campanulé , à cinq dents ; la corolle un peu odorante ; l'éten-dard fort grand , réfléchi sur le calice ; les gousses sont pul-peuses , charnues , pendantes , relevées en bosse à leurs ar-ticulations ; les semences noires , ovales , luisantes.

Cet arbre , originaire de la Chine et du Japon , est cul-tivé au Jardin du Roi et dans beaucoup d'autres. On le doit, dit M. Desfontaines , au père d'Incarville , qui en envoya des graines à Bernard de Jussieu , en 1747. Elles furent semées au Jardin des plantes , et c'est de là que ce sophora s'est répandu en Europe. On a ignoré à quel genre il appartenoit jusqu'en 1779 , époque à laquelle il fleurit à Saint-Germain-en-Laye , dans le jardin du maréchal de Noailles , et à Tria-non , dans celui de la Reine. Un cultivateur , nommé Tro-chereau , en publia , la même année , une description et une gravure dans le Journal de physique ; il lui donna le nom de *sophora sinica*, et bientôt après on reconnut que c'étoit le *sophora japonica* de Linnæus. Avant ce temps il étoit désigné sous le nom d'*arbor incognita Sinarum* ; depuis, les mêmes individus et beaucoup d'autres ont fleuri et fructifié successivement, et ce sophora est devenu très-commun en Europe. Ses fleurs paroissent vers la fin du printemps ; ses gousses mûrissent vers la fin de l'automne. Cet arbre ne craint pas les gelées ; il résiste aux hivers les plus froids de nos climats : il faut seulement l'abriter lorsqu'il est très-jeune. On l'emploie à la décoration des parcs et des jardins. Il seroit très-important de le multiplier dans nos forêts. Son accroissement est rapide ; il se multiplie facilement de drageons et de graines, qu'il faut semer vers la fin d'Avril, en ayant la précaution de ne les couvrir que d'une légère couche de terre. On les dégage de leur enveloppe avant de les semer ; cette opération facilite l'éruption du germe, et elles lèvent en plus grande abondance. Les racines sont douces et un peu sucrées ; les feuilles sont purgatives, et on dit qu'à la Chine les fleurs servent à la teinture. Le bois est liant, compacte, d'une couleur jaune-pâle, d'un tissu uni et serré. On pourroit en tirer partie pour la menuiserie et l'ébénisterie. M. Desfontaines rapporte qu'on lui a assuré que des ouvriers qui en scioient des tronçons, avoient été purgés par les émanations qui s'en exhaloient : d'autres disent qu'il occasionne des coliques suivies de diarrhées aux ouvriers qui le travaillent.

Sophora d'Occident : *Sophora occidentalis*, Linn., *Syst. veg.*; Trew., *Ehret.*, 27, tab. 59 ; Brown, *Jam.*, tab. 31, fig. 1 ; *Sophora tomentosa*, var., Linn., *Syst.*; Herm., *Lugd. bat. Fl.*, tab. 171 ; vulgairement Bois de pigeon. Cet arbrisseau s'élève à la hauteur de sept à huit pieds sur une tige droite, divisée en rameaux diffus, alternes, un peu pubescens. Les feuilles sont ailées, alternes, pétiolées ; les folioles nombreuses, entières, ovales, très-obtuses, quelquefois un peu échancrées au sommet, d'un vert cendré en dessus, blanchâtres et un peu pubescentes en dessous, un peu pédicellées, opposées. Les fleurs sont réunies en grappes simples, terminales, alongées. Le calice est campanulé, un peu renflé à sa base, divisé à son orifice en cinq dents inégales, obtuses. La corolle est jaune, assez grande; l'étendard oblong, couvrant la carène et les ailes, de la longueur de l'étendard. Les gousses sont alongées, divisées en nœuds sphériques, un peu velues et cendrées; les semences sont jaunâtres, globuleuses, comprimées à leurs deux extrémités. Cette plante croît aux Antilles. Le *sophora tomentosa*, originaire de Ceilan, est à peine une variété de cette espèce.

SOPHORA A SEPT FOLIOLES : *Sophora heptaphylla*, Linn., *Syst. veg.*; *Anticholerica*, Rumph., *Amb.*, 4, pag. 60, tab. 22. Sous-arbrisseau glabre sur toutes ses parties. Sa tige est ligneuse, divisée en rameaux alternes; les feuilles sont pétiolées, alternes, ailées avec une impaire, composées très-ordinairement de sept folioles pédicellées, ovales, oblongues, distantes, étroites, entières, un peu aiguës au sommet, glabres à leurs deux faces. Les fleurs sont disposées, à l'extrémité des rameaux, en longues grappes nues; les pédicelles sont simples et épars. Le calice est glabre, campanulé; la corolle d'une grandeur médiocre. Le fruit est une gousse noueuse, dont le dernier nœud est terminé par une longue corne aiguë. Cet arbrisseau croît dans les Indes orientales. Il paroît se rapprocher beaucoup du biti, grand arbre mentionné par Rhéede. (Voyez BITI.)

SOPHORA DU CAP : *Sophora capensis*, Andr., *Bot. rep.*, tab. 547; Poir., *Encycl.*, Suppl. Arbrisseau très-élégant, dont la tige se divise en rameaux glabres, cylindriques, garnis de feuilles alternes, ailées, composées d'un grand nombre de folioles sessiles, lancéolées, entières, la plupart alternes, rétrécies à leur base, mucronées au sommet, vertes en dessus, pubescentes en dessous. Les fleurs sont disposées en grappes axillaires, pédonculées, plus courtes que les feuilles; les fleurs pédicellées, blanchâtres, un peu mélangées de rose. Le calice est glabre, renflé en bosse à sa base; les pétales sont onguiculés; les onglets un peu courbés, excepté ceux de la carène. Le fruit est une gousse alongée, noueuse sur les semences. Cette plante croît au cap de Bonne-Espérance. (POIR.)

SOPHRONIA. (*Bot.*) Genre de la famille des iridées et de la *triandrie monogynie*, qui a été établi par Lichtenstein et très-voisin du *Witsenia*, avec lequel il a des rapports d'affinité si étroits, que la plupart des botanistes pensent qu'il faut les réunir.

Dans le *sophronia* la corolle est hippocratériforme et divisée en six parties; le stigmate trifide, et la capsule inférieure trivalve et à trois loges polyspermes.

La seule espèce de ce genre est le *Sophronia cæspitosa* (Lichtenst., *Spicileg. fl. cap.*; Rœmer et Schult., *Syst. veget.*, 1, pag. 482; *Mant.*, 1, p. 151; *Witsenia*, Ker., Curt Spreng., *Syst. veget.*, 1, pag. 147). C'est une plante acaule, dont les feuilles sont linéaires, nerveuses, recourbées, à bases dilatées, engaînantes, membraneuses, semblables à des spathes et plus longues que les fleurs. Celles-ci sont presque en ombelle sur des pédoncules radicaux, qui peuvent être les divisions d'une hampe commune. Les corolles sont jaunes; leur tube est filiforme à sa base, et leurs divisions sont oblongues et ouvertes. Cette espèce se trouve au cap de Bonne-Espérance. (LEM.)

SOPI. (*Ichthyol.*) Voyez SOPE. (H. C.)

SOPRAGINE. (*Bot.*) Nom italien de la laitue, cité par Adanson. (J.)

SOR-ENTLE. (*Ornith.*) C'est la petite sarcelle, *anas bochas*, Linn., en Suisse. (CH. D.)

SOR-SPŒR. (*Ornith.*) C'est, en Norwége, le pic noir, *picus martius*, Linn. (CH. D.)

SORA. (*Ichthyol.*) Un des noms du MILANDRE. Voyez ce mot. (H. C.)

SORA. (*Mamm.*) C'est, selon Flaccourt, à Madagascar le nom des hérissons ou plutôt celui des tanrecs. (DESM.)

SORA-MAME, SANDSU. (*Bot.*) Nom japonois de la fève de marais. (J.)

SORAMIER, *Soramia*. (*Bot.*) Genre de plantes dicotylédones, à fleurs complètes, polypétalées, de la famille des *dilléniacées*, de la *polyandrie monogynie* de Linnæus, dont le caractère essentiel consiste dans un calice persistant, à cinq divisions étalées; cinq pétales alternes avec les divisions du calice; des étamines nombreuses, insérées sur le réceptacle; un ovaire supérieur; un style long, courbé, persistant; un stigmate en tête: une baie monosperme; la semence enveloppée d'une membrane épaisse, visqueuse.

Ce genre, peu tranché, est réuni par Willdenow aux *tetracera*, aux *doliocarpus* par M. De Candolle ; c'est un *mappia* dans Schreber.

Soramier de la Guiane : *Soramia guianensis*, Aubl., Guian., 1, tab. 219 ; Lamarck, *Ill. gen.*, tab. 463, fig. 1 ; *Tetracera obovata*, Willd., *Spec.*, 2, pag. 1241 ; *Doliocarpus soramia*, Dec., Syst. vég., 1, pag. 406. Arbre sarmenteux, dont les branches, chargées de tubercules, se répandent sur les troncs des arbres, et s'élèvent jusque sur leur sommet ; elles se divisent ensuite en plusieurs rameaux alternes, très-longs et pendans. Les feuilles sont pétiolées, alternes, ovales, lisses, très-entières, vertes, épaisses, rétrécies à leur base, obtuses et mucronées au sommet, longues d'environ six pouces, sur trois et plus de large, nerveuses et veinées. Les fleurs sont réunies en une sorte de corymbe dans l'aisselle des feuilles ou sur les petits tubercules des branches et des rameaux. Les pédoncules sont fort longs, grêles, rougeâtres, plus courts que les feuilles. Le calice est partagé en cinq découpures profondes, concaves, arrondies, verdâtres en dehors, rouges en dedans. La corolle est blanche, à cinq pétales un peu plus longs que le calice ; les filamens des étamines sont nombreux, insérés sur le réceptacle ; les anthères comprimées ; l'ovaire est sphérique ; le style rougeâtre, charnu ; le stigmate large, convexe, arrondi. Le fruit est une baie ovale, de la grosseur d'une cerise, revêtue d'une écorce ferme, charnue, légèrement acide, accompagnée du calice charnu, d'un rouge foncé ; elle ne renferme qu'une seule semence blanche, couverte d'une membrane épaisse, visqueuse. Cette plante croit dans la Guiane, sur les bords de la rivière de Sinamary ; elle fleurit et fructifie dans le courant du mois de Mai. (Poir.)

SORANTHE. (*Bot.*) Genre de la famille des protéacées, fait par M. Salisbury, qui est le même que le *Sorocephalus* de M. R. Brown. (J.)

SORBASTRILLA. (*Bot.*) Adanson cite ce nom italien de la pimprenelle, *sanguisorba*. (J.)

SORBATES ou MALATES. (*Chim.*) Combinaisons salines de l'acide sorbique ou malique avec les bases salifiables.

Par la raison qu'on a adopté dans ces derniers temps la dénomination d'acide malique pour désigner l'acide sorbique (voyez SORBIQUE [Acide]), nous décrirons les sorbates sous le nom de *malates*.

La composition des malates est telle, suivant M. Braconnot, que 100 p. d'acide neutralisent une quantité d'oxide salifiable contenant 11,253 d'oxigène ; et suivant M. Vauquelin, l'oxigène de l'acide est à celui de la base :: 4 : 1.

Suivant M. Braconnot, les sur-malates sont des bimalates, c'est-à-dire qu'ils contiennent deux fois plus d'acide que les malates neutres.

MALATES D'AMMONIAQUE.

Le malate neutre est incristallisable : mais le bimalate cristallise.

MALATES D'ALUMINE.

Suivant M. Braconnot, l'acide malique, étendu d'eau, dissout l'alumine pulvérisée, surtout à une douce chaleur.

La solution est incristallisable. Évaporée, elle laisse une masse transparente, gommeuse, inaltérable à l'air.

M. Braconnot ajoute que ce malate n'est précipité ni par la potasse, ni par l'ammoniaque.

Le même chimiste dit qu'il existe un sous-malate d'alumine peu soluble.

M. Donovan n'avoit pu, avant M. Braconnot, unir l'acide malique à l'alumine.

M. Chennevix avoit conseillé de précipiter par l'acide malique l'alumine qui est en solution avec la magnésie, afin de séparer ces deux bases l'une de l'autre ; mais il est évident qu'il s'est servi d'un acide impur.

MALATES D'ARGENT.

Suivant M. Braconnot, quand on met une solution d'acide malique en contact avec l'oxide d'argent à chaud, la liqueur brunit, et il se dégage du gaz acide carbonique : il se forme de l'acide acétique. Ces produits proviennent d'une portion de l'acide et d'une portion de l'oxide, qui se décomposent mutuellement, tandis que le reste des deux substances forme un sel neutre soluble, qui est incolore quand on l'a filtré. Cette solution donne un résidu incristallisable.

Il existe un sur-malate d'argent peu soluble et cristallisable.

Malates de baryte.

L'acide malique forme, suivant M. Braconnot, trois combinaisons avec la baryte.

Le malate neutre, formé avec des solutions d'acide étendu et de baryte, est soluble, incristallisable. En faisant évaporer la solution, on obtient des pellicules inaltérables à l'air.

Le sur-malate de baryte est incristallisable, inaltérable à l'air, plus soluble et plus transparent que le sel neutre.

Le sous-malate de baryte s'obtient en versant un excès d'eau de baryte dans du sur-malate. Il se précipite en flocons qui sont solubles à l'aide de la chaleur.

Malates de chaux.

Malate neutre.

	Braconnot.	
Acide	72 . .	100
Chaux	28 . .	38,89.

L'acide malique ne précipite pas l'eau de chaux ; mais si l'on mêle des solutions d'hydrochlorate de chaux et de malate de soude suffisamment concentrées, on obtient, au bout de quelque temps, du malate de chaux cristallisé et transparent.

Ce sel est inaltérable : il ne contient pas d'eau de cristallisation.

Il exige 65 p. d'eau chaude et 147 p. d'eau à 12^d pour être dissous. Cette solution a une saveur salée : elle précipite l'acétate de plomb et le nitrate de protoxide de mercure en blanc. L'acide sulfurique en précipite, au bout de quelque temps, du sulfate de chaux cristallisé. La potasse, la soude, l'ammoniaque ne le décomposent qu'en partie ; les sous-carbonates le décomposent en totalité. L'eau de chaux en précipite, si la solution est concentrée, du *sous-malate.*

Bimalate de chaux.

Braconnot.

Acide . . . . . 65,48 . . 100
Chaux . . . . . 11,99 . . 19,483
Eau . . . . . . 22,53.

M. Braconnot l'a obtenu en dissolvant à chaud du malate de chaux dans l'acide malique.

Il cristallise en prismes transparens à six faces, dont deux plus larges; les prismes sont terminés en biseau.

Il a une saveur plus forte que celle du bitartrate de potasse.

Il exige 50 p. d'eau à 12^d pour se dissoudre.

Le sous-carbonate de soude trouble à peine sa solution, même quand on la fait bouillir.

L'eau de potasse versée dans la même solution, en précipite un sous-malate de chaux et de potasse. Il reste dans l'eau une combinaison incristallisable d'acide et des deux bases.

Le bimalate de chaux, en s'unissant aux autres bases salifiables, forme des sels doubles comme le fait le bitartrate de potasse.

Le *sel double ammoniacal* a cela de remarquable, qu'il cristallise précisément comme le sur-malate de chaux, suivant M. Braconnot.

MALATES DE DEUTOXIDE DE CUIVRE.

L'acide malique dissout le deutoxide de cuivre. La solution ne cristallise pas; elle est verte.

Le sur-malate de cuivre est incristallisable. La solution n'est qu'incomplétement précipitée par la potasse.

MALATES D'ÉTAIN.

Ils sont très-solubles, incristallisables et un peu déliquescens.

MALATES DE FER.

L'acide malique dissout le fer avec effervescence. La liqueur concentrée laisse une masse gommeuse brune, inaltérable à l'air.

Il existe un sur-malate de fer analogue par ses propriétés au malate neutre, suivant M. Braconnot.

Malates de magnésie.

Le *malate neutre* est, suivant M. Donovan, susceptible de cristalliser parfaitement.

Il se dissout dans 28 p. d'eau à 15^d.

Le *sur-malate* est, suivant M. Braconnot, très-soluble, inaltérable à l'air ; il a l'aspect d'une gomme.

La potasse ne le précipite qu'en partie ; le précipité est un sous-sorbate de magnésie et de potasse.

Malates de manganèse.

Le *malate neutre*, obtenu en saturant l'acide par le sous-carbonate de manganèse, a l'aspect d'une gomme ; il est incristallisable.

Le *sur-malate* s'obtient, suivant M. Braconnot, en versant de l'acide malique dans la solution du malate neutre. Il se précipite du sur-sel cristallisé.

Ce sel exige 41 p. d'eau à 15^d pour être dissous.

Malates de mercure.

L'acide malique, versé dans le nitrate de protoxide de mercure, en précipite un malate blanc pulvérulent, peu soluble dans l'eau.

La solution d'acide malique, chauffée avec le peroxide de mercure, le dissout. Le sel est incristallisable : il ressemble à une gomme, et quand on le traite par l'eau, on le réduit en sur-sel soluble et en sous-sel qui n'est pas dissous.

Malates de plomb.

Malate neutre.

Braconnot.
Acide 100
Oxide de plomb . . 157,4.

M. Donovan a obtenu, le premier, ce sel à l'état de pureté. On peut le préparer en versant une solution d'acide malique dans l'acétate de plomb. Il se précipite des flocons blancs qui passent bientôt à l'état cristallin.

Ce sel cristallise en belles lames minces très-éclatantes, absolument incolores, ou en prismes tétraèdres très-aplatis.

tronqués obliquement, ou bien encore en houppes soyeuses, qui ne sont qu'une réunion d'aiguilles fines.

M. Donovan dit qu'il n'est pas dissous par 5000 p. d'eau bouillante. Ce résultat est difficile à admettre. Ce qu'il y a de certain, c'est qu'en traitant ce sel en excès par l'eau bouillante, il y en a une quantité notable qui est dissoute, et qui peut s'obtenir cristallisée par le refroidissement. Le résidu reste fondu tant qu'il est chaud, mais ensuite il devient dur. Suivant MM. Braconnot et Vauquelin, la neutralité du sel ne change pas dans cette opération. En cela ils ne pensent pas comme M. Donovan, qui prétend que l'eau bouillante réduit le malate de plomb en sur-sel et en sous-sel.

L'acide acétique augmente le pouvoir dissolvant de l'eau bouillante sur le malate de plomb.

M. Braconnot a observé que, si l'on met de l'acétate de plomb dans une solution de malate de potasse ou de soude neutre, on obtient un précipité qui est un mélange de malate neutre et de sous-malate, et une liqueur acide qui, étant filtrée, donne, après quelques heures, du malate de plomb cristallisé.

Sous-malate de plomb.

M. Braconnot l'a obtenu en faisant digérer le malate neutre dans l'ammoniaque. La liqueur, séparée par la filtration du sous-malate qui n'est pas dissous, abandonnée à elle-même à l'air, donne du sous-malate et ensuite un sel double ammoniacal qui cristallise.

MALATES DE POTASSE.

Le malate neutre est déliquescent, incristallisable ; le bimalate cristallise.

MALATES DE SOUDE.

Ils sont analogues aux précédens.

MALATES DE STRONTIANE.

Le *malate neutre*, obtenu en neutralisant l'eau de strontiane par l'acide malique, est insoluble dans l'eau froide. Il cristallise confusément. Il est inaltérable à l'air.

Le *sur-malate* s'obtient en versant un excès d'acide dans la solution concentrée de malate neutre. Il se précipite en petits cristaux qui sont solubles dans l'eau, surtout quand elle est bouillante.

MALATES DE ZINC.

Braconnot.
Acide 58,05
Oxide 31,95
Eau . . . . . . 10.

On l'obtient en unissant l'acide malique à l'oxide de zinc, ou en décomposant le malate de chaux par le sulfate de zinc.

Il est cristallisable en prismes courts tétraèdres , souvent terminés en biseaux durs et brillans.

Il est soluble dans 10 p. d'eau bouillante et dans 55 p. d'eau à 12^d. Chaque fois qu'on le dissout dans l'eau, il se sépare un peu de sous-sorbate cristallisé.

L'ammoniaque ne le décompose qu'en partie, parce qu'il se forme un sel double ; celui-ci est cristallisable.

Bimalate de zinc.

Braconnot.
Acide . . . . . 71,88 . . 100
Oxide . . . . . 19,79 . . 27,6744
Eau . . . . . . 8,32.

M. Braconnot l'a obtenu en dissolvant le sel neutre dans un excès d'acide, et faisant cristalliser la solution. Les cristaux doivent être lavés avec de l'eau ou de l'alcool.

Il est plus soluble que le sel neutre. Il exige seulement 23 p. d'eau à 15^d pour être dissous.

Il cristallise en octaèdres alongés, à base carrée.

Sous-malate de zinc.

Braconnot.
Acide . . . . . 51,89 . . 100
Base . . . . . . 48,11 . . 92,708.

On l'obtient en dissolvant plusieurs fois le malate neutre dans l'eau. Chaque fois il se sépare une poudre cristallisée de sous-sorbate qui est insoluble dans l'eau bouillante.

Histoire.

M. Braconnot est le chimiste qui a examiné avec le plus de détail les combinaisons salines de l'acide malique. (Cн.)

SORBIER ; *Sorbus*, Linn. (*Bot.*) Genre de plantes dicotylédones polypétales, de la famille des *rosacées*, Juss., et de l'*icosandrie trigynie*, Linn., dont les caractères sont d'avoir : Un calice monophylle, adhérent à l'ovaire, divisé à sa partie supérieure en cinq découpures persistantes; une corolle de cinq pétales arrondis, insérés sur le calice; vingt étamines ou plus, inégales, attachées sur le calice; un ovaire turbiné ou globuleux, infère ou adhérent au calice, surmonté de trois et quelquefois de cinq styles filiformes, à stigmates en tête; une petite pomme globuleuse ou pyriforme, ombiliquée à son sommet, à trois et quelquefois à cinq loges renfermant chacune une ou deux graines oblongues, planes d'un côté, convexes de l'autre, acuminées à chacune de leurs extrémités.

Les sorbiers sont des arbres à feuilles alternes, ailées ou pinnatifides, et à fleurs disposées en corymbe à l'extrémité des rameaux. On en connoit huit espèces, dont deux sont un peu incertaines.

Plusieurs botanistes modernes, entre autres Gærtner, Smith, Sprengel et M. De Candolle, ont réuni les sorbiers aux poiriers, en se fondant sur ce que le caractère de trois styles, qui pourroit les faire distinguer, n'est pas constant, et que souvent ils en ont cinq, comme dans les poiriers; mais ils sont, d'ailleurs, si faciles à distinguer par leurs grandes feuilles ailées ou pinnatifides, qu'il m'a paru préférable de les conserver comme genre, ainsi que l'avoient fait tous les botanistes antérieurs.

Sorbier des oiseaux, vulgairement Cochesne : *Sorbus aucuparia*, Linn., *Spec.*, 1, pag. 683 ; *Pyrus aucuparia*, Gærtn., *Fruct.*, 2, p. 45, t. 87. C'est un arbre qui s'élève à vingt ou vingt-cinq pieds de hauteur, et dont le tronc est d'une grosseur médiocre, revêtu d'une écorce grisâtre; celle des rameaux est d'un brun foncé, très-glabre. Ses feuilles sont grandes, ailées, composées de treize à dix-sept folioles sessiles, opposées, excepté la terminale, oblongues-lancéo-

lées , dentées en scie , légèrement pubescentes dans leur
jeunesse, glabres dans l'âge adulte. Ses fleurs sont blanches,
nombreuses , un peu odorantes , disposées en un large corymbe terminal. Les pédoncules propres et les calices sont
très-pubescens, presque cotonneux. Les fruits sont arrondis,
de la grosseur d'une très-petite cerise et d'un rouge vif. Cet
arbre croît naturellement dans les forêts des montagnes, en
France et dans d'autres contrées de l'Europe.

Le sorbier des oiseaux se plante communément dans les
jardins paysagers qu'il embellit au printemps par ses beaux
corymbes de fleurs blanches. et dans lesquels il produit, en
automne et pendant une partie de l'hiver, un très-agréable
effet, lorsqu'à ses fleurs ont succédé de gros bouquets de fruits
d'un rouge éclatant. C'est du goût que beaucoup d'oiseaux.
comme les grives, les merles, les poules, etc., ont pour les
fruits de cet arbre, qu'il a pris son nom. Les bestiaux même
recherchent, dit-on, ces fruits et les mangent. Dans quelques
pays du Nord on fait avec ces mêmes fruits. fermentés dans
l'eau , une boisson qui n'est pas désagréable, et dont on peut
tirer de l'eau-de-vie par la distillation. On les fait aussi sécher
pour les manger pendant l'hiver. Un chimiste a découvert,
en 1815, dans les fruits mûrs de cet arbre. un acide auquel
il donna le nom d'acide sorbique; mais d'autres chimistes ont
trouvé depuis que ce n'étoit pas un acide particulier, mais
seulement de l'acide malique pur.

Ce sorbier se multiplie facilement de graines; mais le plus
souvent les pépiniéristes le greffent sur l'aubépine, parce
qu'il croit alors plus rapidement et qu'il devient plus grand.
On le greffe aussi sur l'alizier, le néflier, le poirier, etc.
C'est un arbre qui n'est pas délicat et qui vient bien presque
partout, pourvu que le terrain ne soit pas trop aride, ni
trop aquatique. Son bois est assez dur; il a le grain fin, et il
prend bien le poli par le travail. On l'emploie pour les ouvrages de tour, pour faire des vis, des montures d'outils;
mais on lui préfère en général le sorbier domestique. qui
possède les mêmes qualités que lui dans un degré supérieur.

Sorbier d'Amérique ; *Sorbus americana*, Pursh. *Flor. bor.
amer.*, 1. pag. 341. Cette espèce a beaucoup de rapports avec
la précédente ; mais on l'en distingue aisément. parce qu'elle

ne s'élève guère qu'à dix ou douze pieds ; parce que ses feuilles sont plus glabres, un peu glauques en dessous, à dentelures plus serrées et plus aiguës ; parce que les pédoncules et les calices sont presque glabres, à peine pubescens ; et enfin, parce que les fruits sont moitié plus petits et jaunâtres.

Ce sorbier croit naturellement dans les montagnes du Canada. Il est cultivé depuis quarante et quelques années en France, en Angleterre, et on le plante, comme le sorbier des oiseaux, dans les jardins paysagers et d'agrément. On le multiplie soit de marcottes, soit en le greffant sur l'aubépine et le néflier.

SORBIER DOMESTIQUE, vulgairement CORMIER : *Sorbus domestica*, Linn., *Sp.*, 634 ; Jacq., *Fl. Aust.*, t. 447 ; *Pyrus sorbus*, Gærtn., *Fruct.*, 2, pag. 45, t. 87. Arbre élevé de quarante à cinquante pieds, dont le tronc est droit, recouvert d'une écorce grise, brunâtre, et divisé en branches formant une tête pyramidale assez régulière. Ses feuilles sont alternes, pétiolées, ailées avec impaire, composées d'environ quinze folioles ovales-oblongues, dentées, vertes en dessus, velues et blanchâtres en dessous. Ses fleurs sont blanches, petites, disposées, un grand nombre ensemble, sur des pédoncules rameux, et formant un beau corymbe à l'extrémité des rameaux. Les fruits, connus sous les noms de sorbes ou de cormes, sont d'un rouge jaunâtre dans leur parfaite maturité ; ils ont la grosseur et la forme d'une très-petite poire ; ils contiennent trois à cinq graines, selon qu'il y en a qui avortent ou qui se développent bien. Cet arbre croit naturellement dans les forêts, en France et dans d'autres contrées de l'Europe : on le cultive dans les campagnes, mais en général peu fréquemment.

Le sorbier domestique croit lentement ; il lui faut beaucoup plus de cent ans pour acquérir un pied de diamètre ; mais il vit très-longtemps. Il y a quelques années, j'en ai vu un arbre abattu qui avoit douze pieds de tour, et dont l'âge remontoit peut-être à cinq ou six cents ans. On peut greffer cet arbre sur le poirier et l'aubépine, mais il ne se multiplie bien que de graines, qu'il faut semer aussitôt la maturité des fruits ou stratifier jusqu'au moment de faire le semis. Comme il croît très-lentement, ainsi qu'il vient d'être dit, il n'est guère bon

à mettre en place avant l'âge de dix ans. Il reprend assez
difficilement quand il est replanté ; de sorte qu'il vaut mieux
le semer en place. Il n'est d'ailleurs pas difficile sur la nature
du terrain ; et vient assez bien partout : cependant sa crois-
sance, comme celle de tous les arbres, est un peu plus accé-
lérée quand il est placé dans un bon fond. Son bois est d'un
brun rougeâtre, très-dur, très-compacte, d'une grande solidité ; il a le grain fin et prend un beau poli. Selon Varennes
de Fenille, il pèse par pied cube, étant vert, plus de soixante-
douze livres, et soixante-trois livres et près de douze onces
quand il est sec. Ce bois est très-recherché par les ébénistes,
les tourneurs, les menuisiers, les armuriers, les machinistes,
et il est fort cher, surtout quand il a une certaine grosseur.
L'arbre de douze pieds de tour dont j'ai parlé plus haut,
fut vendu six cents francs.

Les fruits de ce sorbier, sorbes ou cormes, sont très-
acerbes et fortement astringens avant leur parfaite maturité,
et ce n'est qu'en les laissant quelque temps sur de la paille,
après les avoir cueillis, qu'ils deviennent un peu mous et
bons à manger ; tant qu'ils sont durs, ils ont une saveur âpre
insupportable. Ces fruits sont peu estimés, et passent pour
être difficiles à digérer. On ne les connoît guère que dans les
campagnes, et il faut en avoir mangé dans son enfance pour
les aimer plus tard. Le suc qu'on en exprime produit, après
une légère fermentation, une sorte de cidre qui ressemble
assez à celui qu'on retire des poires. En Allemagne, on en
obtient, par la distillation, une eau-de-vie assez estimée dans
le pays. On préparoit autrefois dans les pharmacies une con-
fiture de sorbes qu'on donnoit comme astringente, et il en
étoit ainsi d'une eau distillée. Ces préparations sont tombées
en désuétude.

Sorbier hybride : *Sorbus hybrida*, Linn., Dec., 6 ; *Fl. Dan.*,
t. 30. Cet arbre a le port du sorbier domestique, mais il en
diffère beaucoup par la forme de ses feuilles ; celles-ci sont
ovales-oblongues, vertes en dessus, cotonneuses et blanches
en dessous, découpées seulement à leur base en quatre à huit
pinnules, et terminées par un grand lobe irrégulièrement
denté. Ses fleurs sont blanches, disposées, à l'extrémité des
rameaux, en un corymbe touffu. Les pédoncules propres et

les calices sont cotonneux, blanchâtres. Ses fruits sont globuleux et d'un beau rouge. Cette espèce croît dans les bois montueux, en Suède, en Allemagne et en Angleterre. On la cultive en France pour l'ornement des jardins. (L. D.)

SORBIQUE [Acide] ou ACIDE MALIQUE. (*Chim.*) Schéele donna le nom d'acide malique à un acide qu'il découvrit, en 1785, dans le suc du *ribes grossularia*, et dans celui des pommes. Il l'obtenoit en saturant ce dernier suc par la potasse, séparant par le filtre une matière gélatineuse, précipitant l'acide malique par l'acétate de plomb, et décomposant le précipité par l'acide sulfurique foible. Schéele fit voir que, dans un grand nombre de fruits, l'acide malique est accompagné d'acide citrique, et que, dans ce cas, on peut les séparer l'un de l'autre en saturant à chaud les sucs qui les contiennent par le sous-carbonate de chaux, parce qu'alors il se forme du citrate de chaux, qui se précipite, et il reste un sur-malate en dissolution. Schéele fit voir encore qu'en traitant plusieurs matieres organiques, le sucre entre autres, par l'acide nitrique, on en obtient une matière acide incristallisable, qui lui parut être identique avec l'acide malique. En 1815, M. Donovan annonça l'existence d'un acide particulier dans les baies du *sorbus aucuparia*, qu'il désigna par le nom de *sorbique*. Il obtint cet acide en précipitant le suc des baies du *sorbus* par l'acétate de plomb, lavant le précipité sur un filtre, d'abord avec de l'eau froide, ensuite avec de l'eau bouillante : par le refroidissement il se précipitoit du *sorbate de plomb* cristallisé ; et, en retraitant la matière restée sur le filtre par l'acide sulfurique, précipitant la solution par l'acétate de plomb, et ensuite le précipité par l'eau bouillante, il obtenoit par ce moyen de nouveau sorbate. Enfin, il traitoit le sel de plomb par une quantité d'acide sulfurique un peu plus foible que celle nécessaire à la neutralisation de l'oxide ; il obtenoit un acide qui ne contenoit pas d'acide sulfurique, mais qui retenoit du plomb : il en séparoit ce dernier par un courant d'acide hydro-sulfurique.

En 1817, MM. Braconnot et Vauquelin répétèrent les expériences de M. Donovan, et ils en confirmèrent les résultats principaux. M. Braconnot étudia les sorbates avec détail et détermina la capacité de saturation de l'acide. M. Vauquelin détermina la proportion des élémens de l'acide sorbique, et fit voir qu'il a la propriété de cristalliser. Enfin, en 1818, MM. Braconnot et Houton-Labillardière, ayant étudié comparativement l'acide sorbique et l'acide malique extrait du suc de joubarbe, virent qu'ils sont identiques lorsqu'on a séparé de l'acide malique, obtenu par les anciens procédés, des corps étrangers de nature variable. Après ces travaux, on avoit à choisir entre les noms d'acide malique et d'acide sorbique; les chimistes françois se sont décidés pour le premier, comme étant le plus ancien.

Composition.

Vauquelin.

Oxigène 54,9
Carbone 28,3
Hydrogène . . . 16,8.

Propriétés de l'acide sorbique hydraté.

a. Cas où l'acide ne s'altère pas.

L'acide sorbique hydraté cristallise confusément en mamelons. Il est incolore.

Il a une saveur très-acide, analogue à celle des acides citrique et tartrique. Il est déliquescent.

La solution ne précipite pas les eaux de chaux, de baryte; elle précipite la solution d'acétate de plomb en flocons blancs, qui cristallisent bientôt après en lames brillantes, semblables à du talc. C'est une des propriétés caractéristiques de l'acide malique.

Il est précipité par les nitrates de plomb, d'argent et de mercure.

Il est très-soluble dans l'alcool.

b. Cas où l'acide est altéré.

L'acide nitrique convertit très-promptement l'acide malique en acide oxalique. Dès que l'action commence, il se dégage de l'acide carbonique avec le gaz nitreux.

L'acide malique, distillé dans une petite cornue, se fond, dégage une eau acide, donne un sublimé abondant d'acide pyromalique, et ne laisse qu'une trace de charbon.

(Voyez PYROMALIQUE [Acide]).

État.

Il existe dans un grand nombre de fruits. On peut citer particulièrement le *sorbus aucuparia* et diverses espèces du genre *Prunus*; enfin il existe dans le verjus et dans le suc du *sempervivum tectorum*, où il a été signalé depuis long-temps par M. Vauquelin.

Extraction.

Procédé de M. Donovan.

Nous avons exposé, au commencement de cet article, le procédé à l'aide duquel M. Donovan a extrait l'acide malique du suc des sorbes. M. Vauquelin l'a suivi pour préparer l'acide qu'il a examiné.

Procédé de M. Braconnot.

On écrase des fruits du sorbier, lorsqu'ils ne sont pas encore parfaitement mûrs, dans un mortier de marbre: on les soumet à la presse. On fait bouillir le suc dans une bassine et on le neutralise autant que possible avec de la craie. On évapore à consistance de sirop et on enlève les écumes qui se forment: le sorbate de chaux se sépare à l'état de petits grains. On décante le liquide; on lave le sorbate avec un peu d'eau froide: on le fait bouillir dans l'eau pendant un quart d'heure avec un poids de sous - carbonate de soude cristallisé égal au sien; on ajoute de l'eau de chaux ou un lait de chaux à la liqueur, afin de précipiter une matière colorante, que salit le sorbate de soude. On fait chauffer pendant quelques minutes: on filtre; on fait passer dans la liqueur filtrée un courant d'acide carbonique pour séparer l'excès de la chaux. On filtre de nouveau: on précipite l'acide sorbique du sorbate de soude par le sous-acétate de plomb, on lave le sorbate de plomb, et on décompose à chaud par l'acide sulfurique foible.

Procédé de M. Houton-Labillardière.

On sature le suc de joubarbe par un lait de chaux employé en excès. On fait évaporer aux trois quarts la liqueur séparée de l'excès de la chaux. Pendant qu'elle se concentre eile dépose du malate de chaux. Quand le dépôt est bien séparé de son eau-mère, on décante celle-ci ; on lave le sorbate avec de l'alcool de 12 à 15^d ; on le traite par l'eau, qui dissout le malate, à l'exclusion d'une combinaison de chaux et de matière colorante ; on décompose la liqueur filtrée par le nitrate de plomb neutre. On lave le malate de plomb, on le délaie dans l'eau et on le décompose par un courant d'acide hydro-sulfurique : on filtre ; et la liqueur évaporée donne de l'acide malique, qui cristallise, si l'évaporation est faite dans une atmosphère suffisamment sèche.

Usages.

L'acide malique, à l'état de pureté, n'est employé ni dans les arts ni dans l'économie domestique, mais il contribue certainement à donner aux fruits qui le contiennent une partie des propriétés qu'ils ont comme alimens.

L'acide malique, à l'état de pureté, pourroit être employé avec le sucre comme le sont les acides acétique, tartrique et citrique. On pourroit en composer un sirop ou une limonade sèche. (CH.)

SORBUS. (*Bot.*) Voyez SORBIER. (L. D.)

SORCIÈRE. (*Ichthyol.*) Nom spécifique d'une MURÈNE, que nous avons décrite dans ce Dictionnaire, tome XXXIII, page 521. (H. C.)

SORCIÈRE. (*Conchyl.*) Nom spécifique françois d'une coquille du genre Troque, *Trochus magus*, qui se trouve sur toutes les côtes de France.

Il paroît qu'on le donne aussi quelquefois, en ajoutant la spécification *à clavicule élevée*, à une autre petite espèce du même genre, également commune sur nos côtes, *Trochus ziziphinus*. (DE B.)

SORCIO. (*Mamm.*) Nom italien qui, ainsi que ceux de *sorce* et de *sorco*, signifie souris ou rat. (DESM.)

SORDAWALITE. (*Min.*) C'est le nom sous lequel M. Nordenskiöld a décrit un minéral noir, ayant l'apparence du charbon, et qui se trouve près de la ville de Sordawala, en Finlande, dans le roc sur lequel l'église est bâtie. Sa ressemblance avec le grenat noir de Swaphawara, analysé par M. Hisinger, l'avoit fait regarder d'abord comme un grenat mélanite massif; mais on ne peut douter que ce ne soit une espèce distincte, d'après la description et l'analyse qu'en a données M. Nordenskiöld (Journal philosoph. d'Édimbourg, tom. 9, pag. 162).

La sordawalite se présente en masse compacte, sans aucun indice de clivage.

Elle est plus dure que le fluorite, et même que l'apatite; mais elle est rayée par le quarz. Sa pesanteur spécifique est de 2,55.

Elle est absolument opaque. Sa couleur est le noir tirant quelquefois sur le grisâtre ou le verdâtre. Sa poussière est grise. Son éclat est vitreux, et passe au métalloïde.

Elle est facile à casser, surtout dans un sens perpendiculaire à la direction de ses couches. Sa cassure est conchoïdale.

Elle devient rougeâtre par une longue exposition à l'air. Chauffée seule dans le matras, elle dégage une grande quantité d'eau. Sur le charbon, elle fond, sans se boursoufler, en un globule noirâtre, et avec addition de borax, en un verre d'une teinte verdâtre. Elle est en partie soluble dans l'acide muriatique.

Composition. $= MS^2 + 2fS^2 + 3AS^2$. Berz.,

avec un mélange d'eau et de phosphate de magnésie. D'après l'analyse de Nordenskiöld, elle contient :

Silice...................... 49,40
Alumine................... 13,80
Magnésie.................. 10,67
Peroxide de fer.......... 18,17
Acide phosphorique..... 2,68
Eau........................ 4,38.

La sordawalite a été trouvée en lits d'un demi-pouce à un pouce d'épaisseur, dans une roche trapéenne, à Sordawala dans le gouvernement de Wiborg, en Finlande. (Delafosse.)

SORDID DRAGONED. (*Ichthyol.*) Un des noms anglois du *callionyme dragonneau.* Voyez Callionyme. (H. C.)

SORDIDE. (*Ichthyol.*) Voyez Sale. (H. C.)

SORDING. (*Ichthyol.*) Les Yakouts appellent ainsi le brochet. Voyez Ésoce. (H. C.)

SORÉDION. (*Bot.*) Les auteurs modernes désignent par ce mot, dans les lichens, les propagules, lorsque ces corps reproducteurs, composés de fragmens de la plante, sont agglomérés çà et là sous la forme de taches pulvérulentes. Cette poussière est désignée sous le nom de fleurs mâles dans les ouvrages de Linné, d'Hedwig, etc. (Mass.)

SORÉE. (*Ornith.*) C'est le râle widgeon dans Catesby. (Ch. D.)

SORELLA. (*Ornith.*) Nom que, suivant Aldrovande, les Ferrarais donnent au pigeon nonain, *columba cuculata*, Br. (Ch. D.)

SORES. (*Bot.*) Nom donné, dans les fougères, aux conceptacles qui contiennent les corps reproducteurs, lorsque ces conceptacles, étant très-multipliés, forment des groupes. Ces amas de conceptacles se présentent sous l'aspect de petites taches arrondies dans le *polypodium*; de lignes dans le *pteris*; de croissans dans le *lonchitis*, et ils couvrent souvent toute la surface de la feuille dans l'*achrosticum*. (Mass.)

SOREX. (*Mamm.*) Nom latin adopté par les naturalistes pour les musaraignes; il répond à notre mot *souris*, et a été quelquefois employé pour désigner le petit quadrupède de ce nom, ainsi que le lérot. (Desm.)

SORGE-MARINA. (*Ichthyol.*) Nom italien de la mustelle commune. (H. C.)

SORGHO. (*Bot.*) Voyez Houque. (Poir.)

SORGO. (*Mamm.*) L'un des noms italiens du rat ou plutôt de la souris. (Desm.)

SORIA. (*Bot.*) Adanson, regardant l'*anastatica syriaca* de Linnæus comme genre distinct, a adopté pour lui le nom *soria*, emprunté de Zanoni, synonyme du *myagrum de Sumatra*, sous lequel cette plante est figurée par Morison. M. Desvaux avoit conservé le nom d'Adanson dans son Journal de botanique ; mais M. R. Brown, dans l'*Hort. Kew.*, a donné à ce genre le nom *Euclidium*, que M. de Candolle a conservé dans son *Systema*. Voyez Jérose. (J.)

SORICIENS. (*Mamm.*) Nom d'une petite famille de mammifères insectivores que nous avions formée anciennement, et qui comprenoit les genres Musaraigne, Desman, Scalops et Chrysochlore. (Desm.)

SORIGUA. (*Mamm.*) Nom italien, qui s'applique aux petits animaux du genre des Rats. (Desm.)

SORINDEIA. (*Bot.*) M. du Petit-Thouars (*Nov. gen. Madag.*, pag. 23) a mentionné sous ce nom une plante de Madagascar, dont il a formé un genre de la famille des *térébinthacées*, qu'il soupçonne être le *mangifera pinnata* de Linnæus. Ses fleurs paroissent être polygames et dioïques ; les mâles étant pourvues d'un calice urcéolé, à cinq dents ; cinq pétales lancéolés, élargis à leur base ; environ vingt étamines insérées au fond du calice. Dans les fleurs hermaphrodites, on voit le même calice et la même corolle que dans les mâles ; cinq étamines peut-être fertiles ; les filamens courts ; un ovaire conique ; trois stigmates sessiles. Le fruit est un drupe renfermant un noyau alongé, comprimé, filamenteux ; l'embryon est nu et épais.

Ce genre ne renferme qu'une seule espèce ; c'est un arbrisseau foible, garni de feuilles alternes, ailées avec une impaire. Les pétioles sont ligneux ; les fleurs disposées en petites grappes axillaires. Le fruit est bon à manger ; il ressemble presque à celui du *mangifera*, mais il est beaucoup plus petit, bien moins savoureux, avec un arrière-goût de térébenthine. On le nomme vulgairement *mangier à grappes*, et en langue malgache, *voa sorindi*. (Poir.)

SORING ou PÊCHE-BICOUS. (*Ichthyol.*) Voyez Sillago. (H. C.)

SORMET. (*Conchyl.*) Adanson (Sénég., pag. 3, pl. 1) donne et figure sous ce nom un petit animal mollusque ; il fait la première espèce de son genre Gondole, *Cymbium*, la seconde étant une véritable bulle. Aucun zoologiste systématique ne paroît en avoir parlé, si ce n'est M. de Blainville, qui en a fait un genre distinct de la famille des acères dans l'ordre des monopleurobranches, qu'il caractérise ainsi : Corps alongé, semi-cylindrique, largement gastéropode, sans traces de tentacules ou d'appendices céphaliques ; bouche ronde, marginale ; appareil de la respiration communiquant avec le fluide ambiant par un petit orifice arrondi, situé au côté droit et protégé par une petite coquille ovale, déprimée, subsymétrique, à sommet à peine indiqué et à bords un peu repliés en dedans. Ce genre ne comprend que l'espèce

observée par Adanson et que M. de Blainville nomme le S.
D'ADANSON, *S. Adansonii.* Voici l'extrait de ce qu'en dit cet
observateur : «On ne distingue dans l'animal aucune partie qui
ait rapport à ce qu'on appelle tête, tentacules, yeux, manteau,
dans les autres limaçons. Tout son corps n'est qu'un morceau
de chair musculeux assez ferme, et coupé en un demi-cylindre arrondi à ses deux extrémités. Il est convexe en dessus,
aplati en dessous, et creusé sur les côtés par deux sillons très-
profonds qui s'étendent dans toute sa longueur, ne dépassant guère dix lignes. Sa largeur est égale partout, et d'environ trois lignes. A l'extrémité antérieure on aperçoit un
grand trou rond, percé dans le milieu de son épaisseur; mais
il n'a pas été possible d'y voir ni mâchoires, ni dents. On
voit sur le côté droit, fort proche de l'extrémité postérieure,
une ouverture ronde, qui donne une entrée libre à la respiration et laisse issue aux excrémens; depuis cette ouverture
latérale jusqu'à l'extrémité où est la bouche, le dessous du
corps sert à l'animal de pied pour se traîner. Ce pied n'est
distingué du reste du corps que par les deux sillons latéraux
dont il a été parlé ci-dessus. »

Rien ne ressemble mieux à un ongle que la coquille du
sormet : elle est ovale, extrêmement mince et fort petite proportionnellement avec le corps, puisqu'elle n'en couvre que
la moitié postérieure. En dehors elle est convexe, polie et
luisante : en dedans elle est concave et assez transparente ; ses
bords étant repliés en dedans et formant une espèce de bourrelet qui règne tout autour, si ce n'est en avant. L'extrémité
antérieure est un peu plus large que la postérieure, qui
paroît comme coupée et formée par une ligne droite. Sa
longueur est de cinq lignes environ, et sa largeur de trois.
Elle est couleur de corne, l'animal étant d'un blanc sale.

Le sormet vit dans l'eau de la mer, enfoncé d'un à deux
pouces dans le sable de l'embouchure du Niger.

D'après cette description, quoiqu'elle ne soit pas aussi
complète qu'on pourroit le désirer, il me semble qu'il n'est
guère possible de douter que ce soit un animal de la famille
des acères. Le trou respiratoire, servant à la fois d'issue aux
extrémités, est sans doute une erreur d'observation.

Il est difficile de concevoir comment Bruguière a pu supposer que le sormet étoit le *patella crepidula*, type du genre Crépidule de M. de Lamarck. (De B.)

SORMULE. (*Ichthyol.*) Un des noms vulgaires du Surmulet. Voyez ce mot. (H. C.)

SOROCÉPHALE, *Sorocephalus*. (*Bot.*) Genre de plantes dicotylédones, à fleurs incomplètes, de la famille des *protéacées*, de la *tétrandrie monogynie* de Linnæus, offrant pour caractère essentiel : Une corolle (calice, Brown) à quatre divisions très-profondes, égales, caduques; quatre étamines; un stigmate vertical, en massue; une noix ventrue, médiocrement pédicellée ou échancrée à sa base ; un involucre à trois ou six folioles presque sur un seul rang, peu garni de fleurs, quelquefois uniflore, point changé à l'époque de la maturité; le réceptacle pourvu de paillettes.

Ce genre a été établi par M. Rob. Brown pour des plantes très-voisines des *Protea*, et a reçu plusieurs espèces de ces derniers. Il renferme des arbrisseaux à rameaux effilés, garnis de feuilles éparses, planes ou filiformes, entières; quelquefois les inférieures sont deux fois pinnatifides; les involucres forment une tête en épi, avec des bractées imbriquées. Les fleurs sont purpurines.

Sorocéphale imbriqué : *Sorocephalus imbricatus*, Rob. Brown, *Trans. linn.*, tom. 10, pag. 112; *Protea imbricata*, Linn., *Suppl.*, 116 ; Thunb., *Diss. de prot.*, 38, tab. 5, fig. 2; Andr., *Bot. rep.*, tab. 527. Petit arbrisseau dont la tige est haute de deux ou trois pieds et plus, divisée en rameaux filiformes, pubescens, réunis par deux ou trois, garnis de feuilles sessiles nombreuses, fortement imbriquées, étroites, lancéolées, aiguës, un peu velues, profondément striées, glanduleuses ou calleuses à leur sommet, longues de trois ou quatre lignes, couvrant les tiges en entier. Les fleurs sont réunies en une tête terminale, solitaires ou quelquefois au nombre de deux, de la grosseur d'une forte noix, un peu alongée, composée d'écailles lancéolées, ciliées, aiguës, glanduleuses, presque aussi longues que les feuilles. La corolle est couverte extérieurement d'un duvet tomenteux et jaunâtre. Cette plante croît au cap de Bonne-Espérance.

Sorocéphale laineux : *Sorocephalus lanatus*, Rob. Brown, *loc. cit.; Protea lanata*, Thunb., *Diss. de prot.*, 30. tab. 5, fig. 1. Cette espèce est remarquable par ses grosses têtes de fleurs terminales, couvertes de poils argentés, et par ses feuilles courtes, aiguës, fortement imbriquées. Ses tiges sont glabres, droites, presque filiformes, rameuses, hautes de deux pieds, garnies dans toute leur longueur de feuilles droites, nombreuses, appliquées contre les rameaux, glabres, subulées, convexes, presque triangulaires, à peine longues d'un pouce. Les fleurs sont réunies en une tête au moins de la grosseur d'une noix, très-soyeuse; l'involucre est composé d'écailles lancéolées; la corolle revêtue d'un duvet argenté et tomenteux. Cette plante croît au cap de Bonne-Espérance.

SOROCÉPHALE SÉTACÉ; *Sorocephalus setaceus*, Rob. Brown, *Trans. linn.*, tom. 10, pag. 140. Cette plante a des tiges droites, des rameaux roides, élancés, velus, presque disposés en ombelle, garnis de feuilles nombreuses, longues à peine d'un pouce et demi, entières, sétacées, recourbées, terminées par une pointe très-fine, scarieuse: les inférieures plus redressées. La tête des fleurs est sessile, ovale, terminale, de la grosseur d'une petite cerise; l'involucre ne renferme qu'une seule fleur; les onglets de la corolle sont tomenteux; le limbe est barbu; le stigmate ovale et conique. Cette plante croît au cap de Bonne-Espérance.

SOROCÉPHALE A FEUILLES DE SOUDE; *Sorocephalus salsoloides*, Rob. Brown, *loc. cit.* Arbrisseau à tige droite, très-rameuse. Les rameaux sont glabres: les plus jeunes légèrement pubescens; les feuilles glabres, nombreuses, à demi cylindriques, filiformes, courbées en dedans, longues d'un demi-pouce, terminées par une pointe aiguë. Les fleurs sont placées dans une tête sessile, ovale, terminale, à peine de la grosseur d'une petite cerise, composée de petites bractées très-courtes, peu nombreuses, linéaires-lancéolées, ne renfermant qu'une seule fleur; la corolle est couverte de poils courts; le stigmate droit, un peu incliné. Cette plante croît au cap de Bonne-Espérance.

SOROCÉPHALE IMBERBE; *Sorocephalus imberbis*, Rob. Brown, *loc. cit.* Cette plante a des tiges droites, très-rameuses; les rameaux pubescens; les feuilles glabres, simples, filiformes, longues d'un pouce, médiocrement étalées, un peu courbées, sillonnées en dessus, aiguës, mucronées; les fleurs en une tête terminale, très-peu pédonculée, presque globuleuse, de la grosseur d'une petite cerise, contenant trois de ces fleurs; les bractées glabres, ciliées, lancéolées, terminées par une pointe subulée; la corolle barbue à sa partie inférieure; le style roide; le stigmate ovale, en massue. Cette espèce croit au cap de Bonne-Espérance.

SOROCÉPHALE SPATALLOÏDE ; *Sorocephalus spatalloides*, Rob. Brown, *loc. cit.* Cette espèce a des tiges droites, des rameaux un peu pubescens, en ombelles. Les feuilles sont médiocrement étalées, un peu courbées, velues dans leur jeunesse, longues d'un pouce et plus. Les têtes de fleurs sont solitaires ou réunies deux ou trois ensemble, médiocrement pédonculées, ovales ou alongées, de la grosseur d'une noisette; les bractées lancéolées, aiguës, pubescentes, glabres vers leur sommet; le limbe de la corolle est barbu; le style courbé au sommet ou droit; le stigmate ovale. Cette plante croit au cap de Bonne-Espérance.

SOROCÉPHALE A FEUILLES MENUES ; *Sorocephalus tenuifolius*, Rob. Brown, *loc. cit.* Dans cette espèce les tiges sont hautes de trois ou quatre pieds, et se divisent en rameaux glabres, rougeâtres : les plus jeunes un peu velus. Les feuilles sont imbriquées, filiformes, un peu rudes, longues de cinq ou six lignes, aiguës, mucronées, un peu hérissées dans leur jeunesse. La tête de fleurs est sessile, terminale, de la grosseur d'un pois, composée de deux ou quatre autres petites têtes peu garnies de fleurs; les involucres sont presque imbriqués ; les folioles lancéolées, barbues ; le limbe de la corolle est plumeux et barbu; le style roide ; le stigmate droit, ovale , à côtés égaux. Cette plante croit au cap de Bonne-Espérance. (POIR.)

SOROCH ou SCHOROK. (*Mamm.*) La brebis est ainsi appelée par les Tartares Tschuwasches et les Tschérémisses. (DESM.)

SORON. (*Conchyl.*) Adanson (Sénég., p. 52, pl. 2) décrit et figure sous cette dénomination une petite espèce de patelle non symétrique, qui doit entrer dans le genre Cabochon des conchyliologistes modernes. C'est le *patella nivea* de Linn., Gmel., p. 5727, n.° 287. (DE B.)

SOROSE. (*Bot.*) Réunion de plusieurs fruits en un seul corps par l'intermédiaire des enveloppes florales, succulentes et entregreffées ; exemples : la mûre, l'ananas, etc. (Mass.)

SORRAT EN NAGHÏ. (*Bot.*) Nom arabe du *centaurea acaulis* de Forskal, qui est le *centaurea glomerata* de Vahl. (J.)

SORROCUCO. (*Erpét.*) Serpent du Brésil, non déterminé par les naturalistes, mais passant pour fort venimeux. (H. C.)

SORS. (*Ornith.*) Cette dénomination s'applique, en fauconnerie, à plusieurs oiseaux de proie, et notamment aux jeunes faucons pris à leur passage. (Ch. D.)

SORTLAK. (*Bot.*) On lit dans le petit Recueil des voyages, que les Groënlandois nomment ainsi une racine ayant la forme d'une noisette oblongue et une forte odeur de rose musquée ou de girofle, qu'elle retient encore étant sèche. On ajoute qu'elle est nommée Chicotin (voyez ce mot), *Telephium*. Il faut observer que ce ne peut être le *telephium* de Linnæus, qui n'a point de racine tuberculeuse, mais que c'est plutôt l'orpin, *sedum telephium*, ou une de ses variétés figurées par Clusius, *Rar. plant.*, dont la racine est composée de plusieurs tubercules alongés. (J.)

SORTRÆV. (*Mamm.*) Les Danois nomment ainsi le loup noir, *canis lycacon*. Voyez au mot Chien. (Desm.)

SORY. (*Min.*) On convient généralement que le sory des anciens étoit ce qu'on appelle un sel vitriolique, c'est-à-dire, un sulfate métallique. Le sory faisoit partie du *chalcitis*, minérai de cuivre pyriteux. Il résultoit souvent du chalcitis ancien ou vieilli ; il venoit, ou d'Égypte ou de Chypre. Celui d'Égypte étoit le plus vanté ; celui de Chypre étoit au second rang. Le sory exhaloit une odeur désagréable, devenoit noir, avoit une consistance spongieuse, un aspect gras quand on le broyoit ; son odeur étoit si nauséabonde qu'elle excitoit au vomissement.

Il nous semble qu'il y a rarement dans les auteurs anciens des substances mieux décrites et mieux caractérisées que ne l'est ici le sory, et qu'on ne peut se refuser à y reconnoître un sulfate de cuivre, peut-être avec excès d'acide, et, par conséquent, un peu déliquescent et résultant de la décomposition du cuivre pyriteux, *chalcitis*.

J'ai reçu des environs de Cuença en Espagne, un sulfate de cuivre naturel, en masse, d'un blanc-verdâtre sale, qui avait tous les caractères du sory, sa consistance spongieuse, son aspect gras dans le broyage, et son odeur nauséabonde. (B.)

SOSANDRON. (*Bot.*) Voyez DELPHINION. (J.)

SOSJEDKA. (*Mamm.*) Nom sibérien de la taupe. (DESM.)

SOSO. (*Bot.*) La plante de ce nom, à Tusco, dans le Mexique, est l'*hydrolea urens* de la Flore du Pérou ; *Wigandia urens* de M. Kunth : l'*hydrolea spinosa* de Linnæus est nommé *spina de vagra* à Popayan. (J.)

SOSOVÉ. (*Ornith.*) Cette espèce de touï ou perruche à queue courte est le *psittacus sosové*. (CH. D.)

SOSSOPORO. (*Bot.*) Barrère cite sous ce nom un arbre ou arbrisseau épineux de Cayenne, qu'il nomme *jasminum arborescens*, dont le fruit, de la grosseur de celui du *momordica elaterium*, est divisé intérieurement en quatre loges contenant plusieurs graines et remplies d'une pulpe noire, aigrelette, moelleuse comme la casse, purgative et quelquefois émétique. Cette indication ne suffit pas pour déterminer son genre. Aucun jasmin n'a un fruit de la grosseur indiquée. Il a quelque rapport avec le *ropourea* d'Aublet, arbrisseau épineux de la Guiane, dont le fruit charnu, à quatre loges, et rempli d'une pulpe douce, jaune et visqueuse, est sucé avec plaisir par les Créoles et les Coussaris, une des nations de la Guiane, qui nomment ce végétal *aroupoarou*. (J.)

SOT. (*Ichthyol.*) Un des noms de la *raie oxyrhynque*. Voyez RAIE. (H. C.)

SOTAR. (*Bot.*) Nom arabe de l'*ipomœa triflora* de Forskal. (J.)

SOTART. (*Ornith.*) Voyez SOLART. (CH. D.)

SOTEETSOU. (*Bot.*) Rhéede cite ce nom japonois du *todda-panna* du Malabar, qui est le *cycas circinalis*. (J.)

SOTERIAU. (*Ichthyol.*) Autrefois, et jusqu'au 12.e siècle, on appeloit ainsi à Paris un poisson des plus estimés, mais qu'on ne sait à quel genre rapporter aujourd'hui. (H. C.)

SOTITS. (*Bot.*) Voyez SODETS. (J.)

SOTOO-KADSURA. (*Mamm.*) M. Bosc rapporte ce nom, comme étant employé par les Japonois pour désigner une espèce de baleine. (DESM.)

SOTTELITTE. (*Ornith.*) Un des noms vulgaires du pluvier guignard, *charadrius morinellus*, Linn. (CH. D.)

SOTTULARI. (*Bot.*) Nom brame de l'*adamboe* du Malabar, *lagerstrœmia regina* de Roxburg. (J.)

SOU. (*Ichthyol.*) A Gênes, on appelle ainsi le maquereau bâtard ou trachure. Voyez CARANX. (H. C.)

SOUANNA-POUSPA. (*Bot.*) Voyez PONNAMPOU-MARAVARA. (J.)

SOUBENISSA. (*Bot.*) Voyez PEC-PONNAGAM. (J.)

SOUBEYRANIA. (*Bot.*) Necker avoit fait sous ce nom un genre du *barleria cristata*, de la famille des acanthées, qui a deux des divisions du calice plus grandes et épineuses, et la capsule comprimée, se divisant en deux valves cymbiformes. (J.)

SOUBUSE. (*Ornith.*) Depuis l'impression de l'article BUSE de ce Dictionnaire, tome V, page 464 et suivantes, l'auteur des articles d'ornithologie dans le Nouveau Dictionnaire d'histoire naturelle, a décrit au tome 31, comme espèce particulière, le *busard Montagu*, dédié à l'auteur de l'*Ornithological Dictionnary*, et a donné, d'après M. Baillon, d'Abbeville, une description comparative de ce busard, *falco cinerarius* ou *circus Montagui*, Vieill., et du busard soubuse ou oiseau Saint-Martin, *falco cyaneus*, Linn., ou *circus cyaneus*, Vieill. En voici l'extrait :

Le busard soubuse mâle a les pennes primaires noires en dessous, depuis le milieu jusqu'à leur pointe, et blanches dans le reste ; celles du busard Montagu sont totalement noires en dessous. Les pennes intermédiaires de l'aile du premier sont d'une couleur uniforme, tandis que dans l'autre elles sont traversées en dessus par une bande composée de taches noires. Le ventre, les parties postérieures et les couvertures inférieures de la queue sont absolument blanches chez le premier, et tachetées longitudinalement de cendré ou de roux chez le second, qui a aussi des taches sous les pennes caudales, lesquelles sont d'un blanc pur à l'autre.

La femelle de la première espèce a une collerette très-prononcée, et cette collerette est très-peu apparente dans la deuxième. Chez celle-là le tour des yeux est sans taches blanches, et il y en a deux chez l'autre. La première a les parties inférieures d'un roux foible avec de larges taches brunes, et la seconde a les mêmes parties d'un roux foncé avec des taches étroites. (CH. D.)

SOUCHET; *Cyperus*, Linn. (*Bot.*) Genre de plantes mono-cotylédones qui a donné son nom à la famille des *cypéracées*, Juss., et qui appartient à la *triandrie monogynie* du Système sexuel. Ses principaux caractères sont d'avoir pour calice des glumes univalves, uniflores, imbriquées, et disposées, sur deux rangs opposés, en épillets comprimés; point de corolle; trois étamines à filamens courts, chargés d'anthères oblongues; un ovaire supère, surmonté d'un style filiforme, terminé par trois stigmates capillaires; une graine entre chaque écaille calicinale et l'axe de l'épillet.

Les souchets sont des plantes herbacées, à feuilles étroites, graminiformes, et dont les fleurs sont disposées en épis rapprochés en tête, ou disposés en ombelle. On en connoît un grand nombre d'espèces. Sprengel, dans la 16.ᵉ édition du *Systema vegetabilium*, en compte deux cent trente-sept. Ou en trouve dans toutes les parties du monde.

* *Tige cylindrique.*

Souchet articulé; *Cyperus articulatus*, Linn., *Sp.* 66. Ses racines sont tubéreuses, odorantes; elles produisent des tiges cylindriques, droites, hautes de deux pieds ou environ, grosses comme le petit doigt dans leur partie inférieure, dépourvues de feuilles, rétrécies insensiblement à leur sommet, paroissant articulées quand on les glisse entre les doigts. Ses fleurs sont disposées en plusieurs épillets formant une ombelle terminale et composée. Cette espèce croît sur les bords des ruisseaux, dans les Indes, en Égypte et en Amérique.

Souchet a épis serrés; *Cyperus congestus*, Willd., *Spec.*, 1, p. 271. Ses racines sont fibreuses; elles produisent des tiges cylindriques, striées, hautes de deux pieds. garnies inférieurement de feuilles linéaires, glabres, égales aux tiges en hauteur; les épillets sont rapprochés en tête, composés d'environ six fleurs, et disposés en ombelle de plusieurs rayons soutenant des ombellules de trois à cinq rayons. Les écailles calicinales sont subulées, striées, purpurines, mêlées de vert. L'ombelle générale est munie à sa base d'une collerette à cinq folioles inégales, dont une est fort longue. Cette plante croît à la Chine.

Souchet jonciforme: *Cyperus junciformis*, Desf., Fl. Atl. 1, p. 42, t. 7, fig. 1; *Cyperus distachyos*, All., *Auct. Fl. Ped.*, 48, t. 2, fig. 5. Sa racine est rampante, vivace; elle produit des tiges grêles, presque cylindriques, feuillées seulement à leur base, hautes de six pouces à un pied. Les fleurs sont disposées sur des épillets lancéolés-linéaires, sessiles, réunis, depuis deux jusqu'à six, dans la partie latérale et supérieure des tiges. Les épillets ont à leur base une espèce d'involucre formé de deux folioles : l'une qui est le prolongement de la tige et beaucoup plus longue que les épillets; l'autre qui est toujours plus courte. Cette espèce croît en Espagne, en Barbarie, et dans les lieux marécageux des bords du Var, dans le pays de Nice.

** *Tige triangulaire; un ou plusieurs épis sessiles, disposés en ombelles simples ou médiocrement composées.*

Souchet a un seul épi; *Cyperus monostachyos*, Linn., Mant., 180. Ses racines sont un peu tuberculeuses, odorantes; elles produisent plusieurs tiges filiformes, triangulaires, disposées en gazon, hautes de huit à dix pouces ou environ, munies, seulement à leur base, de feuilles linéaires, très-étroites, un peu plus courtes que les tiges. Les fleurs sont réunies en un seul épi terminal, ovale, un peu comprimé, composé d'écailles imbriquées; les supérieures très-serrées et un peu mucronées; les inférieures lâches et terminées par une arête. Chaque fleur n'a qu'une étamine et deux stigmates. Cette plante croît dans l'Amérique méridionale.

Souchet a deux épis; *Cyperus distachyos*, Willd., Spec., 1, pag. 272. Ses tiges sont droites, filiformes, striées, triangulaires, hautes de cinq à six pouces, munies à leur base d'une seule feuille étroite, graminiforme, engaînante par sa partie inférieure. Les fleurs sont disposées sur deux épillets oblongs, de couleur brune, sessiles à l'extrémité des tiges, et accompagnés à leur base d'un involucre de trois folioles, dont une très-longue, et les deux autres plus courtes que les épillets. Cette espèce croît en Italie.

Souchet de Hongrie : *Cyperus pannonicus*, Linn., *Suppl.*,

103 ; Jacq., *Fl. Aust.*, app., p. 29? t. 6. Ses tiges sont grêles, un peu triangulaires, feuillées seulement à leur base, réunies en gazon. Les fleurs forment des épillets ovales-alongés, d'un brun noirâtre, sessiles, réunis latéralement trois à quatre ensemble; l'involucre est formé de trois à quatre folioles, dont deux toujours plus longues que les épillets. Cette plante croît en Autriche, en Hongrie, en Espagne, dans les Pyrénées.

SOUCHET FASCICULÉ; *Cyperus fascicularis*, Lam., *Illust.*, n.° 708, tab. 38. Ses feuilles sont toutes radicales, et ses tiges triangulaires, hautes d'un pied à un pied et demi. Ses fleurs sont disposées sur des épillets linéaires, d'un jaune pâle, très-nombreux, ramassés en tête sur des pédoncules très-courts et formant une sorte de corymbe serré, muni à sa base d'un involucre de quatre à six feuilles inégales. Cette espèce croît dans les lieux humides, aux environs de Nice, et en Barbarie.

SOUCHET TRAÇANT; *Cyperus hydra*, Mich., *Fl. bor. amer.*, 1, pag. 27. Ses racines sont formées de longues fibres traçantes, menues, munies, de distance en distance, de petits tubercules qui produisent par la suite de nouvelles plantes. Ses tiges sont simples, grêles, triangulaires, hautes d'un pied tout au plus, garnies, seulement à leur base, de feuilles étroites, subulées, aiguës, souvent recourbées en dehors. Ses fleurs forment des épillets linéaires, très-étroits, aigus, brunâtres, presque sessiles, disposés en une ombelle simple, terminale, dont les rayons sont très-inégaux : les extérieurs longs d'un à deux pouces; les intérieurs très-courts, enveloppés à leur base par un involucre de quatre folioles souvent plus courtes que l'ombelle elle-même. Cette espèce croît naturellement dans les terrains cultivés de la Caroline, de la Virginie, de la Floride, et à Porto-Ricco. C'est une des plantes les plus nuisibles aux cultures par la grande facilité et par la rapidité avec lesquelles elle se multiplie, soit par ses graines, soit par ses racines traçantes et les tubercules dont elles sont munies.

***** *Tige triangulaire; épillets disposés en ombelle composée.***

SOUCHET BRUN : *Cyperus fuscus*, Linn., *Sp.*, 69. Sa racine est fibreuse, annuelle; elle produit des tiges triangulaires, feuillées seulement à leur base, réunies en gazon, hautes de deux à six pouces. Ses fleurs forment des épillets linéaires-lancéolés, bruns, réunis plusieurs ensemble sur des pédoncules inégaux, et disposés en ombelles terminales, presque sessiles, enveloppées à leur base par un involucre de trois folioles inégales, beaucoup plus longues que les rayons de l'ombelle. Ses graines sont blanchâtres, à trois angles. Cette plante se trouve dans les prés marécageux, en France, en Allemagne, en Suisse, dans le Nord de l'Afrique, etc.

SOUCHET JAUNATRE; *Cyperus flavescens*, Linn., *Sp.*, 68. Cette espèce a le port de la précédente et s'élève à peu près à la même hauteur; elle en diffère par ses tiges et ses feuilles plus grêles, et surtout par ses épillets lancéolés, jaunâtres, et par ses graines lenticulaires, noires, rétrécies à la base et au sommet. Cette espèce croît dans les prés humides et marécageux, en France, en Suisse, en Allemagne, en Italie, en Barbarie, etc.

SOUCHET GLABRE; *Cyperus glaber*, Linn., *Mant.*, 179. Ses feuilles sont toutes radicales. Du milieu d'elles s'élève une tige triangulaire, haute de trois à quatre pouces, terminée par une ombelle dont les épillets sont d'un jaune verdâtre, agglomérés par paquets pédonculés; l'ombelle est munie à sa base d'un involucre de six folioles. Cette espèce est indiquée en Dauphiné, en Languedoc, dans les Pyrénées, et en Italie: elle est annuelle.

SOUCHET COMESTIBLE; *Cyperus esculentus*, Linn., *Sp.*, 67. Sa racine est rampante, vivace, munie çà et là de tubercules oblongs ou arrondis; elle produit des tiges triangulaires, hautes de six à douze pouces. Ses feuilles sont toutes radicales, presque aussi longues que les tiges, étroites, carénées. Ses fleurs sont disposées sur des épillets linéaires, d'un rouge ferrugineux, portés sur des pédoncules rameux, inégaux, et disposés en une ombelle assez serrée, munie à sa base d'un involucre de quatre à cinq feuilles. Cette plante croît dans les lieux marécageux du Midi de la France, en Italie, en Barbarie, dans l'Orient, etc. Les tubercules de sa racine ont une saveur douce, agréable et assez semblable à celle de la châtaigne. On les mange crus dans les pays où ils sont communs. Les Espagnols les emploient à faire une sorte d'orgeat.

Souchet long , vulgairement Souchet odorant ; *Cyperus longus* , Linn., *Sp.*, 67. Sa racine est rampante, vivace; elle produit une tige triangulaire , haute de deux à trois pieds , garnie , dans sa partie inférieure , de feuilles linéaires, carénées. Ses fleurs sont disposées en épillets roussàtres, linéaires, portés sur des pédoncules rameux , inégaux , disposés en petites ombelles faisant elles-mêmes partie d'une ombelle plus considérable , munie de quatre à six feuilles à sa base, et dont les plus grands pédoncules ont quelquefois jusqu'à six ou huit pouces de longueur. Les écailles calicinales sont très-serrées. Cette espèce croît dans les fossés, sur les bords des eaux et dans les marais, en France, dans le Midi de l'Europe , etc. Ses racines ont une odeur aromatique agréable; ce qui fait que les parfumeurs les emploient comme parfum , après les avoir réduites en poudre. Elles sont un peu amères, et on en a fait usage en médecine comme toniques, emménagogues et diurétiques.

Souchet rond ; *Cyperus rotundus*, Linn., *Sp.*, 67. Cette espèce ressemble beaucoup à la précédente , et elle n'en diffère guère que par ses racines, dont les fibres sont traçantes, renflées de distance en distance en tubercules ovales, d'une saveur âcre et amère. Ce souchet croît dans le Midi de la France et de l'Europe. (L. D.)

SOUCHET. (*Ornith.*) Cette division du genre Canard est remarquable par un long bec dont la mandibule supérieure, pliée en demi-cylindre , est élargie au bout; les lamelles sont si longues et si minces qu'elles ressemblent à des cils. La nourriture de ces oiseaux consiste en vermisseaux qu'ils recueillent dans la vase au bord des ruisseaux. L'espèce commune est l'*anas clypeata*, Linn. Voyez Canard. (Ch. D.)

SOUCHET D'AMÉRIQUE. (*Bot.*) C'est une espèce de rotang, *calamus*. (Lem.)

SOUCHET DES INDES. (*Bot.*) C'est une espèce de *curcuma*. (Lem.)

SOUCHETS. (*Bot.*) Famille de plantes maintenant désignées par le nom de Cypéracées. (Lem.)

SOUCI , *Calendula*. (*Bot.*) Genre de plantes dicotylédones , à fleurs composées, de l'ordre des *radiées*, de la *syngénésie polygamie nécessaire*, dont le caractère essentiel consiste dans un calice composé de plusieurs folioles égales, lancéolées, disposées sur un ou deux rangs; les fleurs radiées; les fleurons du centre mâles; ceux du disque hermaphrodites; les demi-fleurons femelles et fertiles; les semences membraneuses, courbées, irrégulières, point aigrettées; le réceptacle nu.

Ce genre est, en grande partie, composé d'espèces, les unes européennes, d'autres originaires du cap de Bonne-Espérance : il existe entre elles une différence telle qu'on pourroit presque s'en servir pour l'établissement de deux genres, dont cependant on conçoit tout l'inconvénient. Dans les premières la corolle est jaune, et les semences de la circonférence courbées en arc, très-souvent différentes de celles du centre ; dans les secondes la corolle est assez généralement de deux couleurs aux demi-fleurons, d'un beau blanc de lait en dessus, d'un pourpre violet plus ou moins foncé en dessous, caractère qui les rapproche des *arctotis*. Les semences sont planes, membraneuses, en cœur, rarement de deux sortes. Ventenat a remarqué que toutes les espèces qu'il avoit eu occasion d'observer, avoient leurs feuilles parsemées de points transparens, et que les poils étoient articulés. Les calendes, chez les Romains (*calendæ*), désignoient le premier jour de chaque mois. Comme notre souci des champs fleurit tout l'été, que ses fleurs reparoissent presque à chaque mois, on lui a appliqué le nom de *calendula*.

Souci des champs: *Calendula arvensis*, Linn., *Spec.*; Gærtn., *De fruct.*, tab. 168; Bull., Herb., tab. 239; Moris., *Hist.*, 3, §. 6, tab. 4, fig. 6; J. Bauh., Hist., 3, pag. 103. Cette plante est très-commune partout, dans les champs et dans les vignes. Ses tiges sont étalées, très-variables dans leur grandeur, longues de trois ou quatre pouces jusqu'à un pied ; elles produisent successivement un grand nombre de rameaux, ce qui fait que cette plante fournit des fleurs pendant toute la belle saison et au-delà : ces rameaux sont grêles, cylindriques, chargés de quelques poils. Les feuilles sont sessiles, entières, ovales-oblongues ou lancéolées, un peu sinuées ou munies de quelques dents rares, glabres, aiguës ou un peu obtuses. Les fleurs sont jaunes, solitaires, terminales; les folioles du calice lancéolées, aiguës, disposées sur deux rangs; les fleurons du centre stériles; les semences du milieu fortement arquées, creusées en nacelle d'un côté, hérissées d'aspérités sur le dos, renfermées dans des espèces de capsules membraneuses et convexes; les semences de la circonférence plus alongées, souvent terminées par une pointe bifide. Le port de cette plante est très-variable, selon son âge: d'abord la tige est simple, très-courte, uniflore; à mesure qu'elle se ramifie, elle s'étale, se charge de fleurs, et offre quelquefois un grand développement, surtout dans les bonnes terres.

Cette plante est un peu amère, légèrement acide; elle passe pour résolutive, antiscorbutique, dépurative; elle est aujourd'hui très-peu en usage. Les fleurs s'emploient pour colorer le beurre en jaune; ses feuilles, confites dans le vinaigre, servent souvent d'assaisonnement aux sauces et aux salades. Ce souci est d'ailleurs un fléau pour les cultivateurs, par son abondance: il leur est assez difficile de s'en débarrasser, parce qu'il offre des graines mûres dans toutes les saisons, et que celles de ces graines que les labours enterrent, même à six pouces, se conservent un grand nombre d'années en état de germination. On a dit à tort que cette plante pouvoit communiquer sa mauvaise odeur au vin fait avec les raisins des vignes dans lesquelles elle est abondante. Les bestiaux la recherchent: et comme elle donne un excellent lait aux vaches, on la ramasse pour elles dans beaucoup de cantons, surtout au commencement du printemps, où la nourriture des bestiaux devient rare: on pourroit même la semer comme fourrage précoce, ou l'enterrer comme engrais à toutes les époques de l'année.

Souci des jardins: *Calendula officinalis*, Linn., *Sp.*; Gærtn., *De fruct.*, tab. 168; Dod., *Pempt.*, 254; J. Bauh., 3, p. 101. Beaucoup plus grande dans toutes ses parties que l'espèce précédente, celle-ci lui ressemble dans presque toutes ses formes. Ses tiges, plus grosses et très-rameuses, ont leurs feuilles inférieures rétrécies à leur base en spatule; les fleurs sont très-grandes, d'un jaune orangé; les semences du centre sont courbées en arc et rudes sur le dos: celles de la circonférence élargies, creusées en forme de nacelle, obtuses à leur sommet, hérissées d'aspérités sur le dos. Cette plante croît dans les contrées méridionales de la France, aux environs de Montpellier, sur les côtes de Barbarie, etc. Elle produit dans les jardins plusieurs variétés remarquables soit par la couleur plus ou moins foncée des fleurs, soit par leur grandeur, ou par une prolification abondante. Il en est de simples, de semi-doubles et de parfaitement doubles : elles ne cessent de se succéder jusqu'à l'époque des gelées.

On multiplie cette plante de boutures, mais plutôt de graines. Les meilleures sont celles fournies par les fleurs épanouies les premières, qu'il faut préférer quand on veut obtenir des pieds vigoureux et des fleurs bien doubles. Toute terre qui n'est pas trop aride ou trop aquatique convient à ce souci. Les vaches aiment autant cette espèce que la précédente : on ne devroit donc jamais jeter dans les allées les pieds qu'on arrache dans les parterres, lorsqu'on veut éclaircir le plant.

Souci étoilé : *Calendula stellata*, Desf., *Flor. Atlant.*, 2, p. 304; Cav., *Ic. rar.*, 1, tab. 5. Cette plante a de grands rapports avec la précédente : on l'en distingue par la forme de ses semences. Ses tiges sont un peu couchées à leur base, hautes d'environ deux pieds, rudes, velues, dures, rameuses. Les feuilles sont sessiles, alternes, un peu rudes, pubescentes dans leur jeunesse, oblongues, lancéolées, légèrement ciliées, rétrécies en spatule à leur base ; les feuilles supérieures étroites, lancéolées, un peu aiguës. Les fleurs sont solitaires, terminales, assez nombreuses, supportées par de longs pédoncules très-rudes, feuillés. Le calice est pubescent, chargé d'aspérités, et ses folioles sont disposées sur deux rangs, presque égales, lancéolées, subulées. La corolle est d'un jaune pâle : les demi-fleurons étroits sont linéaires ; les semences roussâtres, de deux sortes ; celles du centre étroites, fortement arquées, presque en coquille de limaçon, hérissées de pointes sur le dos; celles de la circonférence au nombre de dix : cinq extérieures ovales, alternes, membraneuses, un peu élargies, échancrées, denticulées ou lobées à leurs bords, un peu courbées, hérissées sur leur dos, ouvertes en étoile; les cinq autres naviculaires, fortement courbées tant à leurs bords qu'à leur sommet. Ces formes sont sujettes à plusieurs variétés. Nous avons , M. Desfontaines et moi , découvert cette espèce sur les côtes de Barbarie , près le bastion de France et aux environs de la Calle. Elle croît également en Espagne.

Souci tomenteux : *Calendula tomentosa* , Desf. , *Fl. Atlant.* , 2 , pag. 3o5 , tab. 245 ; *Calendula incana* , Willd. , *Spec.* , 3 , pag. 2341. Toutes les parties de cette plante sont recouvertes d'un duvet épais, tomenteux et très-blanc. Ses tiges sont droites, hautes d'environ un pied et demi , divisées en rameaux diffus. Les feuilles sont alternes, presque sessiles , un peu courantes ou rétrécies en pétiole, ovales ou lancéolées , obtuses, denticulées ou un peu sinuées à leurs bords. Les pédoncules sont solitaires, inégaux, uniflores, un peu feuillés à leur partie inférieure ; le calice est composé de folioles inégales, disposées sur deux rangs, subulées, lancéolées, pubescentes ; la corolle est d'un jaune doré, de moitié plus petite que celle du souci des jardins. Les semences intérieures ou des fleurons sont courtes, naviculaires, oblongues, membraneuses à leurs bords , striées, mais sans aspérités , divisées en dessous presque en deux lobes, avec une cloison saillante ; les semences de la circonférence ou des demi-fleurons, plus longues que les intérieures, sont arquées, subulées, légèrement hérissées. Cette plante a été découverte par Broussonnet dans le royaume de Maroc.

Souci a fleurs rougeatres ; *Calendula flaccida* , Vent. , Jard. de la Malm. , tab. 20. Cette plante a des tiges droites, cylindriques, un peu ligneuses à leur partie inférieure ; des rameaux foibles, herbacés, rapprochés, tombans, un peu pubescens au sommet. Les feuilles sont sessiles , linéaires, ciliées, lancéolées, très-entières, marquées de trois nervures. Les pédoncules sont simples, pubescens, striés, uniflores ; le calice est composé de plusieurs folioles presque égales, lancéolées , aiguës, membraneuses à leurs bords, parsemées de quelques poils articulés. La corolle est de la grandeur de l'*aster chinensis* (la reine Marguerite), d'un rouge orangé à sa circonférence, d'un pourpre foncé dans le disque, exhalant une odeur peu agréable, s'ouvrant vers les sept heures du matin , et se fermant le soir vers les quatre heures. Les fruits sont inclinés, presque globuleux, légèrement déprimés ; les semences ovales, en cœur, planes, comprimées, membraneuses, de couleur brune. Cette plante croît au cap de Bonne-Espérance : on la cultive au Jardin du Roi ; elle passe l'hiver dans l'orangerie et fleurit au commencement du printemps.

Souci a feuilles de chrysanthème; *Calendula chrysanthemifolia*, Venten., Jard. de la Malm., tab. 56. Ses tiges sont épaisses, ligneuses, rudes au toucher; ses rameaux glauques, cylindriques, dressés, puis inclinés à mesure que les fleurs paroissent. Les feuilles sont alternes, pétiolées, réfléchies, ovales, profondément sinuées, presque en forme de lyre, rudes, courantes sur le pétiole. Les fleurs sont d'un beau jaune doré, deux fois plus grandes que celles de la reine Marguerite; elles s'épanouissent vers les trois heures du matin et se ferment vers les trois ou quatre heures du soir; les pédoncules sont solitaires, pubescens, un peu courbés, uniflores; le calice est hémisphérique, pubescent, composé de plusieurs folioles lancéolées, aiguës, disposées sur plusieurs rangs; les demi-fleurons sont parsemés de poils articulés. Les semences sont brunes; celles de la circonférence, en cœur renversé, bordées d'une large membrane; celles du disque et du centre cunéiformes, comprimées, stériles, bordées d'une courte membrane. Cette plante croît au cap de Bonne-Espérance; on la cultive au Jardin du Roi.

Souci des pluies : *Calendula pluvialis*, Linn., *Spec.; Hort. Lugd.*, t. 105; Moris., *Hist.*, 3, §. 6, t. 3, fig. 8. Plante très-agréable par la grandeur et la couleur de ses fleurs, d'un blanc de neige en dessus, d'un violet foncé en dessous, aujourd'hui cultivée dans quelques jardins comme plante d'ornement, et qui a la propriété de se fermer toutes les fois que le temps se dispose à la pluie: elle ne s'ouvre, d'ailleurs, que lorsqu'elle est éclairée par le soleil, et se ferme lorsqu'il commence à se retirer vers l'horizon. Ses tiges sont annuelles, un peu couchées à leur partie inférieure; puis redressées; ses rameaux longs, diffus; ses feuilles sessiles, lancéolées, un peu étroites, succulentes, sinuées et dentées à leurs bords. Les fleurs sont grandes, nombreuses; les pédoncules élancés et feuillés; les folioles du calice un peu velues, blanches et membraneuses à leurs bords, étroites, lancéolées, aiguës; les demi-

fleurons linéaires , entiers et obtus ; les fleurons du centre
d'un pourpre foncé. Le pédoncule se courbe pendant la maturation des semences ; il se redresse lorsqu'elles sont mûres.
Les semences extérieures sont ovales, en cœur, point membraneuses, planes, d'un roux clair , à rebord épais ; celles de
l'intérieur plus courtes , coniques , tuberculées. Cette plante
croît au cap de Bonne-Espérance.

Souci hybride : *Calendula hybrida*, Linn., *Spec.*, 274 ; Mill.,
Icon., tab. 75, fig. 1 ; Breyn., *Icon.*, 26, tab. 14, fig. 2.
Cette espèce semble tenir le milieu entre la précédente et
la suivante. Ses tiges sont épaisses, pubescentes, herbacées ;
ses feuilles très-longues, lancéolées, presque ovales, élargies
et obtuses à leur partie supérieure , munies de quelques dents
vers leur sommet. Les fleurs sont nombreuses , supportées
par de très-longs pédoncules droits , uniflores , renflés vers
leur sommet. La corolle est petite, d'un pourpre violet en
dessous, d'un très-beau blanc en dedans ; les semences sont
planes, grandes, oblongues , un peu membraneuses, légèrement échancrées en cœur. Cette plante croît au cap de Bonne-
Espérance.

Souci a tige nue : *Calendula nudicaulis*, Linn. , *Spec.*
Commel. , *Hort.*, 2 , tab. 33. Ses tiges sont un peu ligneuses
à leur base , à peine rameuses, droites, presque nues et sans
feuilles à leur partie supérieure , garnies inférieurement de
feuilles alternes, sessiles, peu distantes, lancéolées, oblongues, très-entières ou un peu sinuées et dentées, rudes à leurs
bords. Les fleurs sont solitaires à l'extrémité d'un long pédoncule simple , pubescent ; les folioles du calice égales , lancéolées, un peu aiguës ; la corolle blanche en dedans , d'un
violet clair en dehors , d'une grandeur médiocre. Les semences
sont planes, orbiculaires , un peu membraneuses, légèrement
échancrées. Cette espèce se rencontre au cap de Bonne-Espérance.

Souci arbrisseau : *Calendula fruticosa*, Linn. , *Spec.;* Mill. ,
Dict. icon., 283. Ses tiges se divisent, presque dès leur base ,
en longs rameaux grêles , ligneux , tombans et diffus, longs
de trois ou quatre pieds, un peu rudes, pubescens. Les feuilles
sont alternes, éparses , presque sessiles, spatulées, longues
d'un ou deux pouces, très-obtuses, entières , charnues, ci-

liées, un peu dentées à leur contour. Les pédoncules sont terminaux, fort longs, velus, uniflores; les folioles du calice linéaires, lancéolées, acuminées, presque égales, velues sur le dos, un peu membraneuses à leurs bords. La corolle est au moins une fois plus longue que le calice, blanche en dedans, violette en dehors; les semences larges, comprimées, en cœur, un peu membraneuses.

Souci a feuilles de graminées : *Calendula graminifolia*, Linn., *Spec.*; Mill., *Ic.*, tab. 76; Commel., *Hort.*, 2, tab. 54: *Arctotis tenuifolia*, Poir., *Encycl.*, Suppl. Cette espèce est très-bien distinguée par ses feuilles semblables à celles des graminées. Les racines sont fibreuses ; elles poussent plusieurs touffes de feuilles radicales, ramassées en gazon épais, étroites, linéaires, un peu rudes, sessiles, chargées de quelques poils et cils rares et courts; il y a souvent quelques feuilles caulinaires, un peu courantes. Les fleurs sont solitaires, situées à l'extrémité de très-longs pédoncules rudes et striés. Le calice est composé de folioles placées sur un seul rang, étroites, lancéolées, aiguës, blanches et membraneuses à leurs bords, un peu hérissées sur le dos. La corolle est grande et belle, un peu noirâtre dans le centre, blanche en dedans, d'un pourpre rougeâtre, quelquefois un peu jaunâtre en dehors; les demi-fleurons linéaires, obtus, élargis ; les semences ovales-oblongues, en cœur, comprimées, un peu rudes dans leur jeunesse. Cette plante croît au cap de Bonne-Espérance; elle est cultivée au Jardin du Roi.

Souci nain : *Calendula pumila*, Willd., *Spec.*, 3, pag. 2344; Forst., *Prodr.*, n.° 305. Espèce remarquable par sa petitesse. Ses tiges sont des hampes nues, filiformes, uniflores, hautes de deux ou trois pouces. Les feuilles sont toutes radicales, petites, portées sur de longs pétioles, presque orbiculaires, crénelées ou grossièrement dentées en scie, longues d'environ un pouce; les pétioles étant une fois plus longs que les feuilles, chargés de cils articulés. Les fleurs sont solitaires, terminales, semblables à celles de la paquerette, mais beaucoup plus petites. Les semences sont oblongues, courbées en dedans. Cette plante croît à la Nouvelle-Zélande.

Souci de Magellan : *Calendula magellanica*, Willd., *Spec.*, 3, pag. 2344; *Calendula pumila*, var. β. Forst., *loc. cit.*: *Aster nudicaulis*, Lamk., Encycl. et *Illustr.*, tab. 681 , fig. 4. Cette plante est fort petite, et quoique Forster n'en ait fait qu'une variété de la précédente, elle en paroît assez bien distinguée par des caractères qui lui sont propres. Elle offre l'aspect d'une paquerette ; ses racines sont rampantes, stolonifères : elles produisent de très-petites feuilles spatulées, sessiles, rétrécies en pétiole à leur base, terminées par trois ou cinq dents un peu obtuses. Les hampes sont nues , filiformes, longues à peine d'un ou deux pouces, quelquefois munies d'une ou deux petites folioles ; elles soutiennent une fort petite fleur radiée , semblable à celle de l'espèce précédente, mais plus petite. Le calice est composé de folioles non imbriquées, disposées sur un seul rang. Cette plante croît au détroit de Magellan.

Souci visqueux : *Calendula viscosa*, Ait. , *Hort. Kew.*, ed. nov., 5, pag. 168 ; Andr., *Bot. repos.*, tab. 412 ; *Arctotis glutinosa* , *Bot. Magaz.* , tab. 1343. Cette belle espèce est visqueuse sur toutes ses parties. Sa tige est foible, ligneuse, divisée en rameaux grêles et alternes ; ses feuilles sont étroites, alongées, rétrécies en coin à leur base , glabres à leurs deux faces, incisées ou dentées irrégulièrement à leurs bords. Les fleurs sont solitaires, terminales, portées sur un long pédoncule ; le calice est tomenteux, composé de folioles inégales , ciliées, étroites, linéaires, obtuses ; la corolle grande, d'un beau jaune safrané ; les demi - fleurons sont très-étalés, linéaires, recourbés. Cette plante croît au cap de Bonne-Espérance. (Poir.)

SOUCI. (*Ornith.*) Cet oiseau, qu'on nomme aussi *poul*, est le roitelet proprement dit, *motacilla regulus*, L. (Ch. **D.**)

SOUCI. (*Entom.*) C'est le nom vulgaire d'un papillon de jour du sous - genre Coliade, que Geoffroy a décrit sous ce même nom dans le tome II de son Histoire des insectes des environs de Paris, sous le n.° 48 ; c'est l'*hyale* des auteurs. (C. D.)

SOUCI DES BLÉS et SOUCI DES CHAMPS. (*Bot.*) Noms vulgaires du *chrysanthemum segetum*, Linn. (Lem.)

SOUCI D'EAU, SOUCI DE MARAIS. (*Bot.*) Nom vulgaire du *caltha palustris*. Voyez Populage. (J.)

SOUCIO. (*Ichthyol.*) Voyez Souphio. (H. C.)

SOUCOUPE A SEGMENS. (*Bot.*) Paulet désigne ainsi, dans son Traité des champignons, le *peziza lacera*, Willd., qu'il croit être la même plante que le *peziza coronaria*, Jacq. (Lem.)

SOUCOUPE PEAU DOUCE ou DE LIÉGE. (*Bot.*) Paulet (Tr. des champ., 2, page 154, pl. 59, fig. 5 et 6) donne ce nom et celui de *petite soucoupe olivâtre*, à un petit agaric comestible, dont le chapeau imite une soucoupe. Paulet le croit de même espèce que le *fungus* n.º 2, page 149, de l'ouvrage de Michéli, et y semble rapporter encore le *fungus* n.º 8, page 149, de Michéli, connu des Florentins sous le nom de *fungo sugherello*, c'est-à-dire, de petit liége, parce que sa surface unie, douce et sèche, ressemble a celle du liége. (Lem.)

SOUCROURETTE. (*Ornith.*) Ce nom et celui de *soucrourou*, sont donnés à une espèce de sarcelle, *anas discors*, Linn. (Ch. D.)

SOUDE; *Salsola*, Linn. (*Bot.*) Genre de plantes dicotylédones apétales, de la famille des *atriplicées*, Juss., et de la *pentandrie digynie*, Linn., dont les principaux caractères sont les suivans: Calice partagé en cinq divisions profondes, ovales, concaves, persistantes; point de corolle; cinq étamines à filamens courts, terminés par de petites anthères; un ovaire globuleux, surmonté de deux à trois styles courts, à stigmates recourbés; une seule graine roulée sur elle-même en spirale et enveloppée par la base du calice persistant. Les soudes sont des plantes herbacées ou ligneuses, dont les feuilles sont entières, plus ou moins charnues, cylindriques ou semicylindriques, quelquefois planes, ou linéaires, subulées, terminées par une pointe épineuse. On en connoît environ cinquante espèces.

* *Feuilles planes.*

Soude couchée : *Salsola prostrata*, Linn., *Sp.*, 518; Jacq., *Fl. Aust.*, t. 294. Sa racine est vivace; elle produit une tige ligneuse, partagée dès sa base en rameaux grêles, couchés ou redressés, pubescens, garnis de feuilles alternes, sessiles, linéaires, planes, chargées de quelques poils. Ses fleurs sont petites, velues, sessiles, ordinairement solitaires dans les aisselles des feuilles et dans toute la longueur des tiges et des rameaux. Cette espèce croît dans les champs en France, en Allemagne, en Suisse, en Italie, etc. On la trouve aussi en Asie.

Soude des sables; *Salsola arenaria*, Pers., *Synops.*, 1, p. 296. Cette espèce a tout le port de la précédente et lui ressemble beaucoup; mais elle est annuelle, les poils dont les feuilles sont chargées sont plus longs, et les fleurs sont plus velues. Cette plante croît en Allemagne et en Hongrie.

** *Feuilles cylindriques ou presque cylindriques, obtuses.*

Soude commune : *Salsola soda*, Linn., *Spec.*, 323; Jacq., *Hort. Vind.*, t. 68. Sa racine est annuelle, simple ou divisée en un petit nombre de fibres; elle produit une tige rameuse, glabre, souvent couchée à sa base, ensuite redressée, haute d'un pied à dix-huit pouces, garnie de feuilles semi-cylindriques, sessiles, les inférieures souvent opposées, les supérieures toujours alternes. Ses fleurs sont ordinairement solitaires dans les aisselles des feuilles supérieures, quelquefois deux à trois ensemble. Elles sont munies à leur base de deux bractées foliacées. Cette soude croît sur les bords de la mer en France, en Europe, et dans le Nord de l'Afrique.

Soude cultivée; *Salsola sativa*, Linn., *Sp.*, 323. Cette espèce est annuelle comme la précédente; sa tige est longue d'un pied ou environ, divisée en rameaux étalés, garnis de feuilles courtes, sessiles, presque cylindriques, nombreuses, glabres comme toute la plante. Ses fleurs sont sessiles, réunies au nombre de cinq à sept dans les aisselles des feuilles. Cette plante croît naturellement en Espagne, sur les bords de la mer.

*** *Feuilles cylindriques ou subulées et aiguës.*

Soude de Caroline : *Salsola caroliniana*, Mich.; *Flor. bor. amer.*, 1, p. 174. Ses tiges sont herbacées, glabres, étalées, garnies de feuilles sessiles, alternes, dilatées à leur base, ensuite rétrécies et subulées, terminées par une pointe épineuse. Ses fleurs sont sessiles dans les aisselles des feuilles, ayant leur calice dilaté en un limbe membraneux. Cette espèce croît sur les bords de la mer dans la Caroline.

Soude épineuse; *Salsola tragus*, Linn., *Sp.*, 322. Sa tige est haute d'un pied à un pied et demi, divisée en rameaux nombreux, garnis de feuilles charnues, linéaires, glabres, terminées par une pointe épineuse. Ses fleurs sont axillaires, solitaires, et elles ont leurs calices membraneux, arrondis. Cette plante croit sur les bords de la mer, en France, en Europe, en Asie et en Afrique.

Soude kali; *Salsola kali*, Linn., *Sp.*, 322. Cette espèce a beaucoup de rapports avec la précédente; mais elle en diffère sensiblement, parce que ses tiges et ses feuilles sont hérissées de poils courts et roides, qui les rendent rudes au toucher, et parce que leur calice est cartilagineux, rétréci à son sommet en une pointe très-aiguë. Cette soude croit dans les mêmes lieux et les mêmes contrées que la précédente.

****** *Tiges dépourvues ou presque dépourvues de feuilles.***

Soude aphylle; *Salsola aphylla*, Linn. fils, Suppl., p. 173. Sa tige est ligneuse, haute de cinq à six pieds, divisée en rameaux nombreux, diffus, flexueux, dont les dernières ramifications sont blanchâtres, pubescentes, chargées seules de feuilles très-petites, courtes, presque globuleuses, serrées les unes contre les autres. Ses fleurs sont aussi très-petites, sessiles et axillaires. Cette espèce croit naturellement au cap de Bonne-Espérance.

Soude a feuilles de genêt; *Salsola genistoides*, Poir., Dict. encycl., 7, pag. 294. Ses tiges sont cylindriques, ligneuses, hautes de deux à trois pieds, divisées en branches striées, elles-mêmes divisées en petits rameaux roides, glabres, presque fasciculés, garnis de feuilles sessiles, courtes, aiguës, très-petites, semblables à de petites écailles. Ses fleurs sont axillaires, sessiles, disposées, dans la partie supérieure de chaque rameau, en une sorte d'épi terminal. Cette plante croit en Espagne.

Les tiges et les feuilles des soudes fournissent par la combustion l'espèce d'alkali qui porte le même nom que les plantes elles-mêmes, alkali qui est très-employé dans les arts, et principalement dans les fabriques de savon et de verre. Comme la petite quantité de ces plantes, croissant naturellement sur les bords de la mer, ne suffit pas aux besoins du commerce, on cultive les soudes dans les terrains maritimes analogues à ceux où elles viennent spontanément. Jusqu'à présent cette culture n'est pas très-répandue en France ; cependant les essais qu'on a faits à ce sujet aux environs d'Arles, de Montpellier, de Narbonne. de Bayonne, etc.. ont en général eu du succès, et ils pouvoient faire espérer de grands profits. C'est dans les environs d'Alicante en Espagne que les soudes se cultivent en grand, et le produit qu'on en retire est pour ce pays une source de richesse.

Toutes les soudes qui croissent dans les terres salées des bords de la mer, sont susceptibles de fournir en plus ou moindre quantité l'alkali de la soude ; mais, comme certaines espèces en produisent davantage et de meilleure qualité, on ne cultive que ces espèces, qui sont la soude commune, la soude cultivée et la soude kali : cette dernière est la moins répandue sous le rapport de la culture.

Les soudes demandent un terrain fertile. C'est en Octobre et Novembre qu'on sème leur graine, après avoir préalablement préparé le terrain par plusieurs labours et par de bons engrais. Quelquefois on ne sème la graine qu'en Janvier et Février ; mais les semis faits en automne donnent toujours de plus belles plantes et des produits plus abondans. On choisit pour semer un temps pluvieux, et on recouvre la graine avec une herse très-légère, et même assez souvent on se dispense de la recouvrir. A la fin de l'hiver les pieds de soude n'ont guère qu'un pouce de hauteur, et il faut déjà commencer à les débarrasser des herbes qui, croissant plus rapidement, leur seroient très-nuisibles, et on continue ainsi les sarclages au moins tous les mois jusqu'à ce que les plantes de soude aient pris tout leur accroissement.

L'époque de la récolte des soudes varie de la fin de Juillet au commencement et à la fin d'Août, selon que la température a été plus ou moins chaude pendant le printemps et pendant le commencement de l'été, et selon aussi la nature du terrain, ou suivant que les graines ont été semées de bonne heure ou plus tard. En général, le moment propice pour la récolte est indiqué par le changement de couleur des tiges et par la maturité d'une partie des graines ; car si on attendoit trop tard, les produits en alkali seroient diminués. Les pieds de soude s'arrachent à la main, et on les laisse sur le sol par petits tas, pendant quatre à cinq jours. après lesquels on les amoncelle en gros tas ou meules jusqu'à ce qu'on procède à la combustion, en ayant soin de recouvrir ces meules de nattes ou de paillassons, si le temps est pluvieux ou menace de pluie.

Aux environs de Narbonne, la graine excédante aux besoins qu'on peut en avoir pour semer, est employée à la nourriture des bœufs, auxquels on la donne en guise d'avoine. (L. D.)

SOUDE. (*Chim.*) C'est le protoxide de sodium. Il jouit à un haut degré des propriétés alcalines. Voyez Sodium. (Ch.)

SOUDE BORATÉE. (*Min.*) Vulgairement Borax, Tinckal, etc. Le caractère le plus saillant de cette substance minérale est la propriété dont elle jouit de se boursoufler et de se réduire ensuite en un bouton de verre, par l'action de la simple flamme d'une bougie, et c'est cette extrême fusibilité qui le fait rechercher dans les arts. La saveur du borax est douceâtre et savonneuse ; sa transparence est gélatineuse et permet cependant d'observer sa double réfraction. Sa pesanteur spécifique varie de 1,56 à 1,71. Les cristaux, qui sont quelquefois assez volumineux, dérivent d'un prisme rectangulaire oblique, et leurs principales variétés sont les suivantes :

Borax périhexaèdre. Un prisme hexaèdre oblique, dont la base est symétrique.

Borax périoctaèdre. Un prisme à huit pans.

Borax dihexaèdre. C'est un prisme hexaèdre, dont deux bords opposés des bases sont remplacés par une facette oblique.

Ces cristaux sont des produits de l'art ; car, dans la nature, le borax ne se présente qu'en masses informes et impures, qui ont besoin d'être affinées. Dans cet état de pureté, le borax est d'un blanc légèrement jaunâtre, et il n'est composé, d'après Klaproth, que d'acide borique, de soude et d'eau dans les proportions suivantes, savoir :

Acide borique. 37,0
Soude. 14,5
Eau. . . . . 47,0 } 100
Perte. 1,5

et sa formule est $= \text{So Bo}^6 + 18 \text{ Aq.}$

On n'a eu, pendant assez long-temps, que des notions assez vagues et assez incertaines sur le gisement, l'origine et les contrées qui nous fournissent ce sel. Il nous arrive tantôt sous la forme de petites masses, et tantôt sous celle de gros cristaux d'un gris sale, recouverts d'une espèce d'enduit gras. On diroit que l'on se plaît à laisser planer une sorte de mystère sur les lieux d'où il provient, sur la manière dont il se forme ou dont on le fabrique et sur les moyens employés pour le recueillir, on s'accorde cependant assez généralement à considérer le borax comme un produit naturel, mais dont on active la formation par quelques opérations peut-être analogues à celles que l'on pratique dans les nitrières artificielles.

Nous recevons le borax de différentes parties de l'Asie. Quelques voyageurs ont fait présumer qu'on le fabriquoit de toutes pièces en Perse, mais il paroît certain qu'on le retire du fond de certains lacs de Ceilan et du Thibet. On en cite dans la grande Tartarie, en Transylvanie, et en très-grande abondance au Potosi ; enfin on en cite aussi dans la Basse-Saxe. On assure que celui du Thibet se trouve dans un lac situé à quinze journées de marche de *Tisoolumbo*, qui en est la capitale.

Ce lac, qui contient à la fois le borax et le sel commun, est dans une situation si élevée qu'il gèle la plus grande partie de l'année, et c'est sur ses bords et dans ses bas-fonds que l'on trouve le borax sous la forme de couches épaisses, tandis que les parties les plus profondes ne produisent que du sel commun. (W. Phillips.)

Le borax nommé *tinckal* par les Indiens et *baurach* par les Arabes, demande à être épuré avant d'être employé, et pendant assez long-temps les Hollandois ont été les seuls possesseurs de ce secret, mais aujourd'hui l'on pratique cette opération tout aussi bien en France qu'en Hollande. Elle consiste à tenir ce sel en fusion dans un four à réverbère ou dans un creuset chauffé au rouge, ce qui brûle la matière grasse dont il est ordinairement enduit et ce qui le convertit en un verre que l'on fait dissoudre dans l'eau. Cette dissolution, trouble et blanchâtre dans les premiers instans, se repose, s'éclaircit et laisse cristalliser le borax par refroidissement. M. Thénard pense que l'on ajoute en même temps une certaine dose de soude dans la dissolution, parce qu'il croit que le *tinkal* n'en contient point une quantité suffisante.

On connoit dans le commerce plusieurs espèces de borax brut, entre autres, le borax de l'Inde qui est en petits cristaux assez nets, agglutinés par une matière savonneuse; le borax du Bengale et de Chandernagor qui est en très-gros cristaux isolés et graissés ou enveloppés de feuilles, et le borax de la Chine qui est plus pur que les précédens et qui paroit avoir subi un commencement d'affinage. On pense avec raison que la matière grasse dont le borax brut de l'Inde est enduit, a pour but de le garantir du contact de l'air qui le fait effleurir.

Les principaux usages du borax sont de servir aux bijoutiers pour faciliter les nombreuses soudures des pièces qu'ils exécutent habituellement, d'entrer dans la composition de certains verres blancs, de servir de fondant aux couleurs que l'on applique sur la porcelaine et particulièrement à l'or; enfin, de contribuer puissamment à la fusion des minérais de cuivre du Potosi, où il porte le nom de *quemason*.

Les chimistes s'en servent pour préparer l'acide borique qui a le bore pour base, et les minéralogistes en font usage pour reconnoître les différens oxides métalliques en raison des différentes couleurs qu'ils communiquent au verre qui résulte de sa fusion. C'est ainsi que le manganèse le colore en violet, le chrôme et le cuivre en vert, le cobalt en bleu, etc. (Brard.)

SOUDE MURIATÉE. (*Min.*) C'est l'ancien nom du sel, qu'on a nommé depuis *chlorure de sodium* : c'est le Selmarin. Voyez ce mot. (B.)

SOUDE NITRATÉE. (*Min.*) Ce sel a été nouvellement trouvé dans la nature. C'est à M. Mariano de Rivero qu'on en doit la découverte.

La soude nitratée du Pérou a la saveur fraîche et amère qui caractérise ce sel. Il fuse sur les charbons ardens; il est déliquescent; il n'est pas pur, renfermant un peu de sulfate de soude. Ses autres caractères sont les mêmes que ceux du nitrate de soude des laboratoires; mais il ne les manifeste que quand il a été purifié par dissolution et cristallisation ; alors il offre la forme d'un rhomboïde obtus de 106^d $16'$ et 73^d $44'$. Sa structure est laminaire, et les joints naturels sont nets et éclatans; il est tendre; sa pesanteur spécifique est de 2,09; il est composé, d'après Gmelin, de soude, 37,2, et d'acide nitrique, 62,8.

Il se trouve en une couche épaisse de près d'un mètre, dans le district de Tarapaca et d'Atamaca, dans les environs de la baie de Yquique au Pérou, vers la frontière du Chili. Il occupe une étendue de plus de quarante lieues; tantôt il paroît à la surface du sol, tantôt il est recouvert par une couche d'argile ou mêlé avec cette argile et du sable, et, suivant les circonstances, il est ou effervescent ou déliquescent.

On exploite cette masse saline, et on avoit déjà apporté, en 1820, plus de soixante mille quintaux de ce sel purifié dans les ports de la Conception au Chili et d'Yquique au Pérou. Cette découverte peut avoir la plus grande influence sur certains arts industriels en Amérique. (B.)

SOUDE SULFATÉE [1]. (*Min.*) Nous ne reviendrons pas sur la synonymie et les caractères chimiques de ce sel, exposés à l'article du Sulfate de soude; nous rappellerons seulement qu'on les reconnoît à sa saveur salée et en même temps amère, à la propriété de se dissoudre facilement dans l'eau, de ne donner aucun précipité par les alcalis, de cristalliser par le refroidissement en cristaux prismatiques qui s'effleurissent à l'air avec rapidité.

La forme de ces cristaux est un caractère minéralogique très-bon, mais qui ne peut s'observer que sur la soude sulfatée obtenue artificiellement. Haüy a reconnu qu'elle dérivoit d'un octaèdre à faces triangulaires, isocèles, égales et semblables, dans lequel l'incidence de P sur P' est de 100[d]. De Bournon n'a pas adopté cette forme, il fait dériver ces cristaux d'un prisme droit à base rhomboïdale de 72 et 108[d] environ.

Mais, comme on vient de le dire, la soude sulfatée naturelle ne se trouve jamais ni à l'état de cristaux déterminables, ni

---

[1] *Glaubersalz*, *Bloedit*, *Wundersalz*, *Reussin*, Min. allem. Le Reussin n'est pas de la soude sulfatée pure, on le regarde comme un sel particulier (voyez ce mot). Le nom de Bloedit a été particulièrement appliqué à la soude sulfatée d'Ischel, en Autriche.

même à l'état de pureté, en sorte que sa composition doit être prise aussi de celle des laboratoires. D'après M. Berzelius, ce sel est composé de soude 19,2, d'acide sulfurique 24,8 et d'eau 56 ; il est à peine plus dur que le gypse : il se brise avec la plus grande facilité ; sa cassure est vitreuse. Sa pesanteur spécifique est indiquée comme égale à 1,47 dans Leonhard, et à 2,24 par M. Beudant.

Le gisement de la soude sulfatée est assez difficile à déterminer exactement, parce qu'on ne peut savoir si ce que l'on en rapporte dans les ouvrages des voyageurs-naturalistes ou des géologues, ne convient pas plutôt au reussin ou au sulfate de magnésie, sels si souvent confondus avec celui dont nous traitons.

On trouve généralement la soude sulfatée en efflorescence d'un blanc sale ou jaunâtre à la surface des roches schisteuse, calcaire et marneuse, qui font partie des terrains de selmarin. On la trouve aussi dissoute dans plusieurs eaux minérales et dans l'eau de la mer. Dans le premier cas, ces eaux sourdent presque toujours dans le voisinage des terrains de selmarin, et il paroît que ces deux sels sont très-ordinairement associés. Les halurgistes attribuent cette association, qui se présente quelquefois bien plus fréquemment et plus abondamment dans une saison que dans une autre, au changement de base qui a lieu en hiver dans les eaux salines exposées à la température de la glace fondante, entre le muriate de soude et le sulfate de magnésie contenus dans ces eaux.

On a reconnu de la soude sulfatée en dissolution dans les eaux de plusieurs lacs de l'Autriche et de la Basse-Hongrie, notamment dans celui de Neusiedel, entre les comitats d'Œdenbourg et de Wieselbourg. — On la trouve aussi à Villeneuve, près Vevai, et à Schwarzenbourg, en Suisse. — En Espagne, autour d'une source dans les environs d'Aranjuez ; près de Vacia-Madrid, à trois lieues de Madrid, en efflorescences abondantes, dans le fond d'un ravin ; la source qui sort de ce ravin est chargée d'une assez grande quantité de ce sel. On dit aussi que l'eau du Tage en renferme.

La plupart des galeries et travaux souterrains des salines de l'Autriche à Ischel, Aussée, Hallstadt ; du pays de Salzbourg, à Hallein ; du Tyrol, à Salzberg, près Hall, présen-

tent ce sel en petits cristaux aciculaires qui ne tardent pas
à s'effleurir.

Boulduc l'a trouvée en France, près de Grenoble; elle est
en efflorescence à la surface d'anciennes galeries de mines.
— On la trouve aussi en efflorescence sur les murailles à la
manière du nitre; on l'a observée sous cette forme à Copen-
hague, dans la partie haute de la ville, et à Hambourg,
dans le Gymnase. — Les escarpemens de la Solfatare de Pouzzole présentent ce sel dans un seul endroit, du côté du nord.
(Breislak.) — On dit qu'il se présenta sous la forme d'un enduit, comme fondu, à la surface de la lave de l'éruption du
Vésuve du 25 Décembre 1813. — Il est très-commun dans les
lacs de la Sibérie. On remarque que le fond du lac de Gu-
niskoï, entre Toïon et Ilünskoï, se couvre, dès que la température est à la glace, d'une croûte de soude sulfatée. Pallas
assure que la pharmacie d'Orembourg s'approvisionne de
soude sulfatée, en recueillant celle qui se dépose en automne
au fond d'un lac qui est entre le Tobol et le Miœs. — On
la trouve aussi dans un lac des environs de Gourief; dans
un autre, entre Oustoïska et Miniouskaïa, près de l'Enissey;
au pied et dans le milieu de la chaîne des monts Ourals, près
de Tscheliaoinsk : dans ce lieu, ce sel sort de terre au printemps sous forme d'efflorescence ou d'écume. Le sol argileux
qui fait le fond de ce terrain, n'en renferme point, ce qui
feroit penser qu'il se forme comme le nitre à la surface de
la terre et par l'action de l'air. (Pallas.) — On le retire également des schistes alumineux de Duttweiler, près de Saar-
bruck, ancien département de la Saar, et des eaux-mères de
l'alun, à Freyenwalde, dans le Brandenbourg.

Il se trouve enfin dans les cendres de quelques végétaux,
notamment dans celles des varecs, du tamarin, et même dans
celles de certaines tourbes. On fait un grand usage de ce sel
en médecine, et on l'emploie aussi directement et en remplacement de la soude dans la fabrication de certains verres.
(B.)

SOUDE SULFATÉE ANHYDRE. (*Min.*) Voyez Thénar-
dite. (B.)

SOUDE SULFATÉE MAGNÉSIFÈRE. (*Min.*) Voyez Reussin.
(B.)

SOUDIFAFAT. (*Bot.*) Dans un herbier cueilli à Madagascar par Poivre, on trouve sous ce nom la plante que M. de Lamarck a nommée *cotyledon pinnata*, différente du *cotyledon* par les organes de la fructification, dans lesquels il y a une cinquième partie de moins. Elle a été réunie par d'autres au genre qu'ils ont nommé *Kalanchoe* ou *Calanchoe*, mais qui avoit reçu de Commerson le nom de *Crassuvia*, plus convenable à la nature épaisse de ses feuilles, lequel mérite d'être préféré. Rochon nomme cette plante *sondifafat*, et ajoute que les Mulgaches se frottent le corps avec ses feuilles quand ils sont fatigués, et que cette friction les rend frais et dispos. C'est aussi le *souirfafa* de Flaccourt. (J.)

SOUDURE. (*Chim.*) On donne généralement le nom de soudure à un métal ou à un alliage métallique qui est destiné à réunir des pièces métalliques, et qui est plus fusible que ces dernières. Si, après avoir fondu la soudure sur une des pièces, on y place ensuite l'autre pièce, celle-ci adhérera à la première lorsque la matière de la soudure sera solidifiée, et en supposant, d'ailleurs, que sa nature lui permette d'adhérer plus ou moins fortement aux surfaces qu'elle touche.

On opère souvent la réunion de pièces d'un même métal en chauffant celles-ci dans les parties qu'on veut faire adhérer l'une à l'autre, sinon de manière à les fondre, du moins de manière à les ramollir assez pour qu'en les rapprochant et les percutant l'adhésion ait lieu.

Une condition nécessaire pour que les soudures se fassent bien, c'est que les surfaces métalliques soient bien brillantes, c'est-à-dire dépourvues d'oxide.

On soude l'or avec un alliage d'or et d'argent ou de cuivre; l'argent avec un alliage d'argent et de cuivre; le cuivre avec de l'étain ou un alliage de cuivre et d'étain; le fer et la tôle avec ce même alliage de cuivre et d'étain; l'étain et le plomb avec un alliage de ces deux métaux, etc. (Cʜ.)

SOUDVUD. (*Bot.*) Nom arabe du *ruellia intrusa* de Forskal et de Vahl. (J.)

SOUETTE. (*Ornith.*) Un des noms vulgaires de la chouette, *strix ulala* et *strix brachyotos*, Gmel. (Cʜ. D.)

SOUFFLET. (*Ichth.*) Nom spécifique d'un Cʜᴇʟᴍᴏɴ. Voyez ce mot.

On a appelé aussi soufflet, la *bécasse de mer*. Voyez Centrisque. (H. C.)

SOUFFLEUR A BEC DORÉ. (*Mamm.*) Nom sous lequel a été désigné l'*hyperoodon butskopft* de feu de Lacépède. Voyez à l'article Baleine de ce Dictionnaire, tome III, page 417. (Desm.)

SOUFFLEURS. (*Mamm.*) Nom par lequel les marins et les habitans des côtes désignent en général les petits cétacés, pour la plupart appartenant au genre des Dauphins, sans doute à cause des jets d'eau qu'ils font sortir de leurs évents, lorsqu'ils nagent à la surface de la mer. Voyez Cétacés. (Desm.)

SOUFRE. (*Min.*) Substance simple, combustible, non métallique, d'un jaune citron, très-fragile, solide, entrant en fusion à la température de 108°; ayant, lorsqu'elle a été fondue, une pesanteur spécifique de 1,99; faisant entendre, lorsqu'on la serre dans la main, un petit craquement, dû à la rupture de ses parties intérieures; acquérant, par le frottement, l'électricité résineuse avec une odeur assez forte. Le soufre brûle sans laisser de résidu, et en répandant des vapeurs âcres et suffocantes, accompagnées d'une flamme bleue, qui devient blanche et vive, si la combustion est rapide. Lorsqu'on le traite par l'acide nitrique, on obtient de l'acide sulfurique, avec un dégagement de gaz nitreux. Le soufre est assez abondant dans la nature, où il existe tantôt pur ou simplement mélangé, tantôt à l'état de combinaison intime avec l'oxigène et différens métaux, et formant ainsi des sulfates et des sulfures métalliques. Nous ne le considérons ici que sous le premier état, où il est libre de toute combinaison, et où il constitue une espèce minérale bien déterminée, sous le nom de *soufre natif*.

Le Soufre natif[1], dans l'état de pureté, est solide, tendre, transparent, d'un jaune pur ou tirant sur le verdâtre, et d'un éclat vitreux dans la cassure. Il se présente fréquemment en masses cristallines et en cristaux complets et réguliers.

Les formes régulières du soufre naturel dérivent d'un octaèdre rhomboïdal, dont les angles sont de 107° 18′ et 84° 24′

---

[1] *Natürlicher Schwefel*, Wern. — *Prismatic sulfur*, James.

vers un même sommet, et de 143° 7′ à la base (HAÜY). M. Mitscherlich a trouvé pour ces mêmes angles des valeurs un peu différentes : 106″38′, 84° 58′ et 143° 17′. — Le clivage parallèle aux faces de cet octaèdre est sensible dans quelques cristaux. La cassure est généralement conchoïde et éclatante.

Le soufre natif est très-fragile ; sa dureté est inférieure à celle du calcaire spathique, et quelquefois supérieure à celle du gypse. Sa pesanteur spécifique est de 2,072, un peu plus forte que celle du soufre fondu.

Il est doué d'un pouvoir réfringent très-considérable. Il double fortement les images des objets, même à travers deux faces parallèles.

Il acquiert par le frottement, sans avoir besoin d'être isolé, l'électricité résineuse.

Le soufre que l'on fait cristalliser par des moyens artificiels, présente un phénomène très-remarquable : on obtient, en variant les procédés, des cristaux dont les formes appartiennent à deux systèmes de cristallisation différens. On savoit, depuis Rouelle, qu'en faisant fondre du soufre dans un creuset, le laissant refroidir jusqu'au point d'être figé seulement à la surface, puis brisant cette croûte superficielle pour décanter les parties encore fluides à l'intérieur, on avoit ainsi une sorte de géode tapissée de cristaux de soufre en aiguilles prismatiques, qui se croisoient dans différentes directions. Mais, quoique leur forme ne fût pas très-facile à déterminer, on n'avoit pas encore prouvé son incompatibilité avec celle des cristaux naturels. M. Mitscherlich[1] a fait voir, le premier, que ces cristaux en aiguilles étoient des prismes obliques à bases rhombes, susceptibles de clivage parallèlement à leurs faces, et dans lesquels deux pans faisoient entre eux l'angle de 90″ 52′, tandis que la base étoit inclinée sur eux de 85° 54′. D'une autre part, si, d'après les expériences du même chimiste, on laisse évaporer du carbure de soufre, tenant du soufre pur en solution, ou si, comme l'a fait plus anciennement Pelletier, on laisse refroidir de l'huile de térébenthine dans laquelle on a dissous du soufre à l'aide de la chaleur, on obtient des cristaux de cette substance en oc-

---

1 Annales de chimie et de physique, tom. 24 ; pag. 264.

taèdres à bases rhombes, dont la forme est absolument identique avec celle des cristaux naturels. Ainsi, le soufre offre un nouvel exemple de dimorphisme, d'autant plus remarquable, qu'il a lieu ici dans une substance réputée simple, et sans qu'on puisse s'expliquer en aucune manière les circonstances qui ont provoqué ce changement de forme. Mais ce fait, si intéressant pour l'histoire de la cristallisation, importe peu à la méthode minéralogique, puisque le soufre naturel ne s'est montré jusqu'ici que sous des formes qui rentrent toutes dans un seul et même système.

Variétés de formes.

Le soufre, considéré sous le rapport de ses formes, offre cinq modifications principales, savoir : deux sur les angles *A* des sommets de l'octaèdre, une sur les angles latéraux *I*, et deux sur les arêtes *B* et *D*. Ces modifications, seules ou combinées entre elles et avec les faces primitives, donnent neuf variétés de formes, parmi lesquelles nous citerons :

1. Le *Soufre primitif.* L'octaèdre fondamental sans modification. — On trouve cette variété à Césène en Italie. — A la Solfatara de Pouzzole. — A Sainte-Lucie, etc.

2. Le *Soufre basé.* L'octaèdre primitif, dont les sommets sont remplacés chacun par une face rhombe, parallèle et semblable à la base. — A la Catholica, en Sicile.

3. Le *Soufre prismé.* Le même octaèdre, tronqué latéralement sur les arêtes de la base, en sorte que les deux pyramides se trouvent séparées par un prisme.

4. Le *Soufre octodécimal.* Le même octaèdre, dont les angles terminaux sont remplacés par des sommets à cinq faces, dont quatre obliques et une horizontale. — A Saint-Boës, département des Landes. — A la Catholica (Sicile). — Dans la Californie.

5. Le *Soufre équivalent.* La variété précédente, émarginée aux endroits des arêtes longitudinales de la forme primitive. — A Conilla, en Espagne.

Les principales variétés de couleur sont le jaune pur, le jaune de citron ou jaune d'huile : cristaux de Conilla ; le jaune miellé ou jaune rougeâtre : cristaux de Sicile ; le jaune verdâtre : cristaux de Césène, etc. ; le brunâtre, le grisâtre et le blanchâtre. Ces dernières couleurs, jointes à l'opacité, paroissent dues à un mélange du soufre avec une matière argileuse ou bitumineuse. Quant à la teinte rouge, assez ordinaire dans les cristaux de la Sicile et dans ceux des terrains volcaniques, quelques minéralogistes l'attribuent à la présence d'une certaine quantité de réalgar, d'autres à celle du fer combiné avec le soufre. M. Stromeyer, ayant recherché la nature du principe qui colore en rouge-orangé le soufre sublimé de Vulcano, une des îles Lipari, a reconnu que c'étoit une combinaison naturelle de soufre et de sélénium. [1]

Variétés de texture et d'aspect.

Soufre vitreux. Texture, cassure et éclat vitreux, passant quelquefois à l'éclat de résine; transparence presque parfaite; cassure ordinairement conchoïde.

Soufre fibreux. En masses stratiformes, composées d'aiguilles cristallines (la Guadeloupe), ou en concrétions d'un jaune blanchâtre, à texture fibreuse et presque compacte, formant des lits de plusieurs pouces d'épaisseur. A Saint-Philippe et dans la grotte de San-Fedele, près de Sienne, en Toscane. (Dolomieu.)

Soufre compacte. En masses amorphes d'un blanc ou d'un gris jaunâtre, associées au soufre cristallisé des terrains non volcaniques, en Sicile (Mazzarino); en Italie (Césène); en France (Malvesi, près Narbonne). — En concrétions cylindroïdes d'un jaune orangé, dans le cratère de Vulcano. — En nodules d'un brun hépatique, à Radaboy, en Croatie.

Soufre pulvérulent. En masses terreuses, composées de particules foiblement agrégées (Mazzarino, Talamone); ou sous forme d'un enduit jaunâtre ou d'une poudre blanchâtre à la surface des laves; dans l'intérieur des silex (la Charité, près Besançon); dans les marnes argileuses (Montmartre, près Paris); dans le lignite (Artern, en Thuringe), et dans les lieux où il y a des eaux sulfureuses et des matières organiques en décomposition.

---

[1] Archives de Kastner, tom. 1, pag. 326, et Journal philosophique d'Édimbourg, Juin 1825, pag. 188.

Gisement et Localités.

Le soufre affecte différentes maniéres d'être dans la nature. Il ne forme point à lui seul de roche proprement dite ; mais on le rencontre dans des terrains de diverses époques, tantôt implanté en cristaux déterminés sur les roches qui les composent, tantôt disséminé dans leur intérieur en lits de peu d'étendue, en nodules ou en amas plus ou moins volumineux, quelquefois en enduit pulvérulent à leur surface. On le trouve aussi au milieu des filons qui traversent les roches de différens âges.

Dans les terrains primordiaux cristallisés le soufre n'est pas très-abondant, et c'est presque uniquement dans le nouveau monde que se trouvent les seuls exemples que l'on connoisse de ce gisement. On a cité du soufre granulaire, disséminé dans un micaschiste, à Glashütte, près de Schemnitz, en Hongrie (De Born). M. de Humboldt a observé cette substance dans une couche puissante de quarz, subordonnée au micaschiste, entre Ticsan et Alausi, dans les Andes de Quito; dans le porphyre primitif, au volcan de l'Antisana, et à l'Azafral, à l'ouest de Quesaca, près la ville d'Ibarra. M. Eschwege a trouvé du soufre disséminé dans un calcaire, subordonné à un phyllade du même âge que celui auquel est superposée l'itacolumite, à Serro-do-Frio, près de San-Antonio Pereira, au Brésil. Cette même roche (l'itacolumite ou quarz chloriteux) est pénétrée de particules de soufre; car, réduite en plaques minces et fortement chauffée, elle brûle avec une flamme bleue. Enfin, on a cité du soufre dans le calcaire saccaroïde, à Carrara, sur la côte de Gênes.

Dans les terrains primordiaux de sédiment ou *terrains intermédiaires* le soufre se rencontre aussi, mais assez rarement. On le trouve en masse au milieu des gypses de transition des glaciers de Gébrulaz, près de Pesay dans la Tarentaise, et dans ceux de l'Oisans, en Dauphiné ; on l'a trouvé aussi dans des calcaires du même âge, à Sublin, non loin de Bévieux, canton de Berne, en Suisse. M. de Humboldt l'a observé avec l'or au Pérou, dans les Andes de Caxamarca, entre Curimayo et Alto del Tual, sur la limite des porphyres intermédiaires et du calcaire alpin, dans des masses puissantes de quarz, qui sont parallèles au grès rouge; enfin, M. Beudant l'a trouvé à Kalinka, en Hongrie, sur la pente septentrionale de l'Osztroszky, dans une roche qu'il a signalée vers le terrain de diorite porphyrique.

Dans les terrains de sédiment inférieurs et moyens le soufre est beaucoup plus abondant. Son principal gisement est au milieu des gypses, des calcaires et des marnes argileuses des dépôts salifères; on le trouve dans ces roches en nids plus ou moins étendus, qui vont quelquefois jusqu'à plusieurs pieds d'épaisseur. Il y est en association presque constante avec le gypse, le selmarin et la célestine (en Sicile); plus rarement avec le bitume (Saint-Boës, dans les Landes). C'est de ces terrains que proviennent les plus beaux groupes de cristaux connus, savoir: ceux de Conilla, près de Gibraltar, à huit lieues de Cadix; ceux de Césène, à six lieues de Ravennes, sur l'Adriatique; et ceux de Girgenti, du val de Noto et du val de Mazzara, en Sicile. Le soufre de Conilla, d'un jaune citron, est dans une marne argileuse grise, endurcie, contenant du calcaire spathique en petits cristaux, du quarz et de la célestine bleuâtre. Le soufre de Sicile, de couleur jaune ou miellée et quelquefois verdâtre, est en bancs horizontaux très-puissans, qui reposent sur un schiste sablonneux. Le soufre dans ces bancs est mêlé de marne grise endurcie, de calcaire gris avec de beaux cristaux de gypse, de calcaire spathique souvent concrétionné, et de célestine blanche en cristaux très-nets et parfois très-volumineux (la Catholica, près de Girgenti). Le soufre de Césène est, comme celui de Conilla, dans une marne argileuse grise, endurcie; il est accompagné de célestine blanche, et quelquefois de cristaux d'aragonite, semblables à ceux d'Espagne. On a trouvé aussi du soufre dans les mines de sel de Wieliczka, en Gallicie; dans les gypses ou les argiles des salines de la Lorraine, du pays d'Hanovre, de la Thuringe et de la Hongrie. Enfin, on le rencontre quelquefois sous forme pulvérulente dans l'intérieur des silex, à la Charité, département du Doubs, et dans le département de la Haute-Saône.

Dans les terrains de sédiment supérieurs le soufre a été observé à l'état pulvérulent, au milieu des lignites, à Artern en Thuringe; dans la pierre à plâtre aux environs de

Meaux; dans la marne argileuse, à Montmartre, près Paris.

Le soufre se rencontre fréquemment dans le voisinage des eaux thermales, dans lesquelles il est tenu en dissolution par le moyen du gaz hydrogène. Ces eaux déposent journellement du soufre en poudre autour des lieux d'où elles sortent : c'est ce que l'on observe aux eaux thermales d'Aix-la-Chapelle, de Tivoli, d'Aix en Savoie, de Balaruc, de Saint-Boës près de Dax, etc. Les eaux minérales d'Enghien, près de Montmorency, qui paroissent sourdre à travers le gypse grossier, produisent également du soufre en pellicules minces et blanchâtres. Enfin, ce combustible se forme journellement dans nos marais, dans nos étangs, et dans tous les lieux où se trouvent des matières animales et végétales en putréfaction, tels que les égouts, les fosses d'aisance, etc.

Dans les filons. Le soufre a été trouvé dans l'intérieur des filons de cuivre pyriteux qui traversent le granite, à Rippoltsau, en Souabe; dans les filons de galène du calcaire intermédiaire du pays de Siegen; dans les filons aurifères d'Ékaterinebourg et dans les monts Altaï, en Sibérie. On le cite également dans les filons métallifères de la montagne de Chalanches, en Dauphiné; de Truskawice, dans le cercle de Sambor, en Gallicie; de Breznobanya, en Hongrie, etc.

Dans les terrains volcaniques. Le soufre est extrêmement rare dans les terrains pyrogènes anciens. On n'en cite qu'un seul exemple dans le basalte, à l'île Bourbon. Le trachyte en a offert dans quelques points, comme à Budos-Hegy en Transylvanie, au Montdor en France, à Monserrat dans les petites Antilles. Mais les volcans en activité, et surtout les volcans à demi éteints, le fournissent en très-grande abondance (le Vésuve, l'Etna, les volcans d'Islande, de Java, de l'île Lancerote, de la Guadeloupe, de Sainte-Lucie, de Saint-Domingue, etc.). Le soufre sublimé par l'action des feux volcaniques, se dépose à la surface des laves, où il forme des croûtes et des concrétions, et on le retrouve, à la profondeur de quelques pieds, dans le sol encore fumant qui avoisine les vieux cratères. C'est surtout dans les solfatares ou soufrières naturelles, qui sont des volcans à demi éteints, des cratères encore fumans d'anciens volcans affaissés, que le soufre est le plus répandu. Il abonde dans l'île de Vulcano, une des îles Lipari. — En Islande, dans les districts de Husevik et de Krysevik, situés aux extrémités opposées de l'île : le soufre y est en si grande quantité, qu'on le ramasse à la pelle jusqu'à la profondeur de trois à quatre pieds. — A Pouzzole, près de Naples, dont le vieux cratère porte le nom de *solfatare* par excellence, qui a été exploité de toute antiquité, et où le soufre se renouvelle perpétuellement.

Localités. Les lieux où l'on a observé le soufre dans les différens modes de gisement que nous venons de décrire, sont assez nombreux. Nous citerons particulièrement :

En FRANCE. Saint-Boës, près de Dax, dans le département des Landes, dans un banc d'argile mêlée de galets et de bitume pétrole. — Malvesi, près de Narbonne, département de l'Aude. — Oisans, en Dauphiné, dans les gypses. — Montdor, à la cascade de la Dore. — Meaux, près Paris, dans la pierre à plâtre. — Montmartre, dans la marne argileuse. — La Charité, près Besançon, dans des silex.

En SAVOIE. A Pesay, dans la karsténite, avec plomb sulfuré. — A Moustiers, près de Bex, dans du gypse.

En SUISSE. A Bevieux, canton de Vaud, au milieu du gypse et du calcaire.

En ITALIE. Tortona, en Piémont. — Scandiano, dans le Modénois. — En Toscane, à Saint-Philippe ; à Pezetta et dans la grotte de San-Fedele, près de Sienne. — Carrara, sur la côte de Gênes. — Formiguiano, près de Césène, dans le Ravennois. — Urbino, dans les États romains. — Pouzzole, près de Naples. — Le Vésuve. — Isle de Lipari, à Vulcano, avec l'acide borique et l'ammoniaque muriatée. — En Sicile, val de Deucona, à l'Etna ; Racalmuto et la Catholica, près Girgenti ; le val de Noto et le val de Mazzara ; San-Cataldo, dans une géode siliceuse ; Milloco, Palma, Riési, Fiume, Salato, Capo-d'Arso, Licata, Bivona, Falconara, Mazzarino, Summatino, Castro-Giovanni, Occhio.

En ESPAGNE. Conilla, près de Gibraltar. — Hellin, en Arragon ; Séville.

En ALLEMAGNE. Dans le pays de Salzbourg, à Gipsberg, près Golling. — En Souabe, à Rippoltsau, dans des filons de cuivre pyriteux. — Pays de Siegen, dans des filons de galène. — En Thuringe, à Artern, dans les lignites.

En GALLICIE. A Swarzowice, dans la marne argileuse; Wieliczka: Drohobgize, cercle de Santore, avec plomb sulfaté et zinc calamine; Truschawice, cercle de Sambor.

En CROATIE. A Radaboy, près Waradin.

En HONGRIE. A Glashütte, près de Schemnitz, dans un micaschiste; Breznobanya; Kalinga, sur la pente nord de l'Osztroszky.

En TRANSYLVANIE, à Budos-Hegy.

En ISLANDE. Dans les districts de Husevik et de Krysevik.

En RUSSIE. Ékaterinebourg, dans les mines d'or. — En Sibérie, dans les monts Altaï. — A l'embouchure de la Soka. — A Samara et Sernajora, sur le Wolga.

En AFRIQUE. Isle de Ténériffe. — Isle de Bourbon.

En AMÉRIQUE. Dans les Antilles, à Montserrat. — La Guadeloupe, Sainte-Lucie. — Saint-Domingue. — A la Californie, avec calcaire spathique. — Dans l'état de New-York, près des cascades de Clifton. — Au Mexique, au mont Cuencamé, en petits filons dans le calcaire. — Dans les Andes de Quito, entre Ticsan et Alausi, dans des couches de quarz subordonnées au micaschiste; dans les Andes de Caxamarca, dans des bancs de quarz; à l'Azufral, près Ibarra, dans le porphyre primitif. — Au volcan d'Antisana. — Au Brésil, à Serro-do-Frio, près San-Antonio Pereira.

Usages. La propriété qu'a le soufre de brûler à une température peu élevée, le fait employer avec succès pour se procurer facilement du feu, en déterminant par son moyen la combustion dans d'autres corps moins inflammables. A Paris, la fabrication des alumettes forme une branche d'industrie d'une assez grande importance. L'acide sulfureux que l'on produit par la combustion du soufre, peut servir utilement à blanchir les tissus, et principalement les soies; à désinfecter l'air dans les endroits où il est vicié; à faire périr les mites et autres insectes destructeurs dans les collections de zoologie. Ce même acide, ayant la propriété d'éteindre subitement les corps enflammés, sert à étouffer le feu, quand il se manifeste dans une cheminée; il suffit pour cela de jeter une poigné de soufre en poudre dans le foyer. On emploie encore le soufre pour sceller le fer dans la pierre, pour former des moules, et pour prendre des empreintes de pierres gravées; mais les principaux usages sont de servir à la fabrication de la poudre à canon et à celle de l'acide sulfurique. Le soufre entre pour un dixième, et quelquefois pour un cinquième, dans la composition de la poudre, où il est mêlé au nitre et au charbon; c'est encore par le concours du nitre et du soufre que l'on se procure en grand l'acide sulfurique, et dans cette opération le soufre est pour les neuf dixièmes, et le nitre pour un dixième seulement. On peut juger par là de l'énorme quantité de ce combustible que consomment les arts chimiques. La médecine s'en sert à l'extérieur contre les maladies de la peau, et à l'intérieur contre les maladies chroniques du poumon et des viscères abdominaux. Extérieurement on l'applique sous forme d'onguent, en le mêlant aux corps gras, tels que le cérat ou la graisse de porc; intérieurement on le donne sous forme de pastilles, quelquefois à la dose d'un gros par jour. Enfin, il est la base des eaux dites sulfureuses ou hépatiques.

Préparation. On se procure le soufre de deux manières : en le recueillant immédiatement dans les solfatares ou soufrières naturelles, et le séparant des matières terreuses avec lesquelles il est mélangé, ou bien, en l'extrayant des pyrites, c'est-à-dire des composés qu'il forme avec le fer et le cuivre, et qui sont abondamment répandus dans l'intérieur de la terre. Pour purifier le soufre des terrains volcaniques, on place le minérai dans de grands creusets en terre, que l'on chauffe tous ensemble dans un long fourneau nommé *galère.* Ces creusets communiquent avec d'autres vases, qui sont extérieurs au fourneau, par le moyen d'un tuyau de terre. Le soufre, déjà débarrassé de la plus grande partie des matières qui lui étoient mélangées, se dépose dans ces récipiens, et se rend, en dernier lieu, dans des tinettes de bois pleines d'eau, où il se fige. Dans cet état il porte le nom de *soufre brut,* et n'est pas encore parfaitement pur. Pour achever de le purifier, on le soumet à la distillation dans un appareil construit de manière à ce que l'on puisse obtenir à volonté, par son moyen, le soufre sous forme liquide ou sous forme pulvérulente. Dans le premier cas, le soufre va se mouler dans des cylindres de bois, et produit ce que l'on connoit dans le commerce sous le nom de *soufre en canon.* Dans le second cas, on obtient cette poudre impalpable d'un beau jaune, qu'on nomme *fleur de soufre*, à cause de sa pureté. Quant au soufre que l'on extrait des pyrites, c'est encore par une sorte de distillation qu'on parvient à l'obtenir, en opérant soit en vase clos, soit en plein air. Dans le premier cas on opère la distillation dans de grands cornets de terre, inclinés, qui traversent des fourneaux chauffés modérément, et qui communiquent par leur extrémité la plus étroite avec des récipiens pleins d'eau. Dans le second cas, on forme de grands tas de minérai, composés alternativement d'une couche de bois et d'une couche de pyrite, et que l'on fait brûler pendant plusieurs mois. Ces tas, en forme de pyramides, sont terminés par une petite esplanade, sur laquelle on a ménagé des fosses, où le soufre se rassemble, et où on le recueille de temps en temps avec des poches de fer. (Delafosse.)

SOUFRE. (*Chim.*) Corps simple non métallique.

Il est solide, d'un jaune verdâtre, tantôt transparent, tantôt opaque. Il exhale une odeur particulière par le frottement.

Quand il a cristallisé par fusion, il est en prismes obliques à bases rhombes; s'il a cristallisé au milieu du sulfure de carbone, il est en octaèdres, suivant M. Mitscherlich.

Sa pesanteur spécifique est de 1,99 quand il a été fondu, et de 2,033 quand il est cristallisé.

Le soufre est fragile. Lorsqu'on en tient un bâton dans la main, il pétille et se brise en morceaux; parce qu'il est mauvais conducteur de la chaleur, et que les parties qui sont en contact avec la main, s'échauffant beaucoup plus que celles du centre, se dilatent assez pour s'en séparer.

Le soufre, exposé au feu, se fond à 170^d; quand il est fondu, il a une couleur orangée. Si on le laisse refroidir de manière que la partie extérieure seulement soit solidifiée, et si on décante les parties du centre qui sont encore liquides, après avoir fait un trou dans la croûte extérieure, on obtient une géode tapissée de cristaux prismatiques. Le soufre fondu perd, en se refroidissant, la couleur rougeâtre qu'il avoit acquise.

Le soufre, tenu en fusion sans le contact de l'air pendant plusieurs heures, s'épaissit et se colore en rouge foncé. Si, dans cet état, on le coule dans l'eau, il se présente sous la forme d'une matière d'un brun rougeâtre, qui est molle et ductile; mais il reprend à la longue les caractères du soufre. Ce changement, qu'on avoit d'abord attribué à une oxidation, est dû à un arrangement particulier des molécules; car Irvine fils et Davy ont observé que le soufre fondu devenoit rouge sans qu'il eût le contact de l'oxigène. M. Vauquelin a observé depuis long-temps que le soufre rouge, chauffé et refroidi lentement. reprend ses premières propriétés. Le soufre rouge a une pesanteur spécifique de 2,525.

Le soufre fondu se réduit en vapeur et peut bouillir si la température est suffisamment élevée. On peut le distiller, comme de l'eau, dans une petite cornue de verre, à laquelle on a adapté un ballon.

Le soufre, exposé à l'action de fils pointus de platine, chauffés au rouge vif par un appareil de 1000 doubles plaques, a donné un peu de gaz hydrosulfurique.

Le gaz oxigène n'a pas d'action à froid sur le soufre; mais si l'on plonge le soufre enflammé dans le gaz oxigène, il brûle avec une flamme d'un blanc bleuâtre; le produit est du gaz acide sulfureux. Lorsque les corps sont parfaitement nus, il ne se produit que du gaz acide sulfureux. Il paroît, et c'est l'opinion de M. Davy, que le volume du gaz oxigène ne change pas dans cette combinaison; au moins ce chimiste a-t-il obtenu 98 mes. de gaz acide sulfureux, en brûlant du soufre dans 100 mes. d'oxigène.

Outre cette combinaison, le soufre en forme encore, avec l'oxigène, trois autres, qui sont acides.

Il est insoluble dans l'eau et sans action sur elle à toutes les températures connues.

Il se combine avec le chlore à la température ordinaire.

L'iode, par la fusion, s'y unit en toutes proportions.

L'azote ne s'y combine pas.

Le sélénium s'y unit en toutes proportions.

Il en est de même de l'arsenic, mais on peut obtenir des composés définis.

Le phosphore s'y combine en toutes proportions.

Le bore ne s'y unit pas.

Le silicium, le carbone. et la plupart des métaux, s'y

unissent directement, et presque toujours il y a une émission très-forte de lumière.

Tenu en fusion dans le gaz hydrogène, il s'y combine et forme l'hydrogène sulfuré ; le volume de l'hydrogène ne change pas.

Le soufre a plus d'affinité pour l'hydrogène que le carbone, c'est ce qu'on prouve en faisant sublimer du soufre dans du gaz percarburé. Celui-ci double de volume en passant à l'état de gaz hydrosulfurique. Il y a un dépôt de carbone.

État.

Le soufre se trouve natif ou à l'état de pureté dans les environs des volcans ou dans des terrains qui ont été volcanisés. C'est surtout à la Solfatare près de Pouzzole qu'il est abondant ; il y en a dans les environs de Rome, en Sicile, en Islande, à la Guadeloupe, à Quito, dans les Cordillères. Il est en cristaux octaèdres transparens, quelquefois en poussière, et le plus souvent en masses translucides et opaques.

Le soufre existe dans un grand nombre de composés métalliques à l'état de sulfure ou à celui de sulfate.

Les matières organiques qui se décomposent laissent exhaler du soufre ; mais il ne faut pas croire que celui qui est mis à nu dans la putréfaction, provienne en totalité des matières organiques, une grande partie provient des sulfates, particulièrement de celui de chaux, dont l'acide cède son oxigène au carbone et à l'hydrogène de la matière organique.

Extraction.

On extrait le soufre des minéraux qui le contiennent à la Solfatare par le procédé suivant.

On place dix pots de terre d'environ 1 mètre de hauteur, de 20 litres de capacité et renflés vers le milieu, dans un fourneau appelé galère ; on en met 5 d'un côté et 5 de l'autre. On les dispose dans l'épaisseur même des parois de la galère, de manière que leur ventre déborde en dedans et en dehors, et que leur partie supérieure soit à travers la surface du dôme ; on les remplit de morceaux de minérai, de la grosseur du poing ; on les recouvre d'un couvercle en terre et on adapte à une ouverture pratiquée à leur partie supérieure et latérale, un tuyau d'environ 4 centimètres de diamètre, qui se rend, en s'inclinant, dans un autre pot couvert, percé à son fond et situé au-dessus d'une tinette en bois pleine d'eau. On chauffe, le soufre se fond, se volatilise et coule en liquide dans la tinette, où il se congèle. Quand l'opération est terminée, on recharge les pots de matière neuve.

En Saxe et en Bohème on introduit des sulfures de fer et de cuivre dans des tuyaux de terre, qui traversent un fourneau à galère. Le soufre qui se dégage des sulfures coule dans des tuyaux pleins d'eau froide, qui sont placés à l'extérieur ; 900 de sulfure donnent de 100 à 150 de soufre : le résidu est à l'état de protosulfure.

On purifie le soufre de plusieurs manières.

1.° La plus ancienne consiste à fondre le soufre brut dans une chaudière de fonte ; peu à peu les parties hétérogènes se précipitent au fond du vaisseau : lorsqu'elles sont déposées, on puise les couches supérieures au moyen d'une cuiller de fer, et on les coule dans des moules de bois de hêtre, qui sont cylindriques et qui s'ouvrent en deux longitudinalement. Les moules doivent être mouillés et égouttés avant de recevoir le soufre. Le soufre obtenu par ce procédé n'est jamais pur, il est grisâtre, parce qu'il retient les parties hétérogènes les plus ténues auxquelles il étoit mélangé avant la fusion.

Le résidu de cette opération est appelé *soufre gris*.

2.° On met le soufre dans un vaisseau de terre qui peut s'adapter dans un fourneau. On recouvre le vaisseau d'une suite de pots de terre renflés, qui sont ouverts par leurs deux extrémités ; le dernier seul est fermé : il est percé d'un petit trou ou bien il porte un tuyau : on appelle ces vaisseaux des *aludels* ou chauffes. Le soufre se volatilise et se condense dans les pots. Le soufre, sublimé de cette manière, porte le nom de *fleurs de soufre*. Comme l'air a toujours plus ou moins d'accès dans l'intérieur de l'appareil, il en résulte qu'une portion de soufre se brûle. C'est ce qu'on reconnoît facilement en faisant bouillir de l'eau sur les fleurs de soufre : l'eau acquiert des propriétés acides ; elle rougit la couleur du tournesol et précipite le sulfate de baryte. C'est pour cette raison que les fleurs de soufre qu'on emploie en médecine doivent être lavées.

3.° Le procédé qu'on suit généralement en France depuis plusieurs années, est dû aux frères Michel, de Marseille : il consiste à distiller le soufre dans une chaudière de fonte qui est accolée à une chambre en brique. Cette chambre porte une soupape pour évacuer l'air dilaté ; le soufre qui s'y distille peut s'écouler par un conduit placé à fleur du sol, dans un récipient.

Usages et Histoire.

Le soufre est connu depuis la plus haute antiquité : il sert à soufrer les allumettes, à faire la poudre à canon, à fabriquer les acides sulfureux et sulfurique, le cinabre, le sulfure de potasse, plusieurs sulfates. Il est employé pour sceller le fer dans les pierres. On le prescrit en médecine à l'intérieur.

De plusieurs combinaisons du soufre avec les corps non métalliques.

OXIGÈNE ET SOUFRE.

Acide hypo-sulfureux. Voyez SULFUREUX [ACIDE HYPO-].
Acide sulfureux. Voyez SULFUREUX [ACIDE].
Acide hypo-sulfurique. Voyez SULFURIQUE [ACIDE HYPO-].
Acide sulfurique. Voyez SULFURIQUE [ACIDE].

DU CHLORURE DE SOUFRE.

	A. Berthollet.	Dumas.
Chlore	67,92	69,22
Soufre	32,08	30,72.

Le chlorure de soufre est d'un rouge-orangé brun, quand il est vu par la lumière réfléchie, et d'un jaune verdâtre, quand il est vu par réfraction. Il a une odeur analogue à celle des algues marines, mais plus piquante.

Sa pesanteur spécifique est de 1,6, suivant Thomson, et 1,7, suivant A. Berthollet.

Il ne rougit pas le papier de tournesol desséché.

Il est très-volatil. La chaleur rouge ne le décompose pas.

Il n'éprouve pas d'altération de la part du gaz oxigène sec, soit à froid, soit à chaud.

Il répand des fumées blanches à l'air; il se produit alors de l'acide sulfureux et de l'acide hydrochlorique; pour s'en convaincre, on n'a qu'à mêler dans un tube des volumes égaux d'eau et de chlorure : il se dégage assez de calorique pour faire bouillir la liqueur; il se dépose du soufre; il se forme de l'acide sulfureux, un peu d'acide sulfurique et de l'acide hydrochlorique.

L'alcool et l'éther produisent le même effet que l'eau, avec cette différence que l'action paroît plus vive, parce qu'il y a plus de liquide qui se vaporise.

L'action est très-vive quand on mêle le chlorure avec l'ammoniaque fluor; il se dégage des fumées violettes, et l'on obtient du sulfite, du sulfate et de l'hydrochlorate d'ammoniaque.

Le chlorure de soufre peut dissoudre du soufre à l'aide de la chaleur; il prend alors une couleur jaune de tan.

Préparation.

On peut le préparer : 1.º en plongeant du soufre enflammé dans du chlore sec; la flamme s'éteint, mais le soufre se combine au chlore; 2.º en faisant arriver du chlore desséché dans une petite éprouvette où l'on a mis de petits fragmens de soufre.

Histoire.

Il a été découvert, en 1804, par M. Thomson.

Iode et Soufre.

Ces deux corps forment une combinaison fusible d'un gris noir, rayonné comme le sulfure d'antimoine; on peut en dégager l'iode en la distillant avec l'eau.

Sélénium et Soufre.

Voyez Sélénium.

Phosphore et Soufre.

Voyez Phosphore.

Silicium et Soufre.

Voyez Silicium.

Sulfure de carbone.

Sulfure de carbone.

Voyez Carbone, tom. VII, pag. 54.

Soufre et Hydogène.

Voyez Hydrosulfurique [Acide], tom. XXII, p. 290. (Ch.)

SOUFRE DORÉ. (*Chim.*) Préparation antimoniale, contenant du protoxide d'antimoine, de l'acide hydrosulfurique et du soufre. Voyez tom. XXIV, pag. 391 et 394. (Ch.)

SOUFRE DORÉ NATIF D'ANTIMOINE. (*Min.*) Voyez Antimoine mordoré. (Delafosse.)

SOUFRE LAVÉ. (*Chim.*) Plusieurs personnes ont désigné par cette dénomination les *fleurs de soufre* qui ont été dépouillées, par des lavages à l'eau, des acides sulfurique et sulfureux qu'elles contiennent ordinairement. (Ch.)

SOUFRE ROUGE DES VOLCANS. (*Min.*) Voyez Arsenic réalgar. (Delafosse.)

SOUFRE VÉGÉTAL. (*Bot.*) On donne ce nom à la poussière des étamines du lycopode, qui s'enflamme promptement à l'approche d'une lumière ou d'un tison, et que l'on emploie dans les torches de l'opéra. On lui a aussi substitué celle de la massette, *typha.* (J.)

SOUFRE VIF. (*Chim.*) On désignoit autrefois par cette dénomination le soufre natif de couleur grise, dont la couleur jaune est masquée par des impuretés. (Ch.)

SOUFRÉE A QUEUE. (*Entom.*) Nom donné par Geoffroy à la Phalène du sureau, que nous avons décrite sous le n.° 5. (C. D.)

SOUFRÉS. (*Bot.*) Nom par lequel Paulet désigne l'*agaricus sulfureus*, Bull., et l'*agaricus croceus*, Schæff., qu'il considère néanmoins comme deux espèces distinctes. (Lem.)

SOUFRETEUSE. (*Entom.*) Nom trivial appliqué à la chenille de la noctuelle bois veiné ou du bouillon blanc, *noctua verbasci.* (Desm.)

SOUFRIÈRE. (*Min.*) On donne plus particulièrement ce nom aux soupiraux volcaniques par où se dégage presque continuellement du soufre en vapeur, dont une partie se condense en petits cristaux aiguillés sur les parois de ces ou-

vertures. Une soufrière des plus célèbres par la permanence
de ses phénomènes, est celle de la Guadeloupe. (B.)

SOUGHOUM. (*Mamm.*) Les Tartares voisins de l'Irtisch
désignent ainsi une race de buffles sauvages, qui pourroient
appartenir à l'espèce du yak. (Desm.)

SOUGLOUK. (*Ornith.*) Nom sibérien de la corneille freux,
corvus frugilegus, Linn. (Ch. D.)

SOUGNIMBINDOU. (*Ornith.*) Nom donné par les habitans
de Malimbe aux souï-mangas qui fréquentent leur pays, et
que M. Vieillot a appliqué particulièrement à l'espèce figurée dans ses Oiseaux dorés, tome 2, pl. 22. (Ch. D.)

FIN DU QUARANTE-NEUVIÈME VOLUME.

STRASBOURG, de l'imprimerie de V.° Levrault, impr. du Roi.

9 782329 355795